# Auto-Reparaturanleitung Band 1254

AF902324

## Mercedes-
## ·enz
## ·printer

..08 CDI,
308 CDI mit
2151 cm$^3$-Dieselmotor,
60 kW (82 PS),
4-Zylinder
211 CDI,
311 CDI,
411 CDI, 2151 cm$^3$-Dieselmotor,
80 kW (109 PS),
4-Zylinder
213 CDI,
313 CDI,
413 CDI, 2151 cm$^3$-Dieselmotor,
95 kW (129 PS),
4-Zylinder
216 CDI,
316 CDI,
416 CDI, 2686 cm$^3$-Dieselmotor,
115 kW (156 PS),
5-Zylinder

Baujahre
2000–2005

bucheli verlag

**IMPRESSUM**

ISBN 3-7168-2017-2
ISBN 978-3-7168-2017-9

Auto-Reparaturanleitung
Band 1254



**Redaktion,Texte und Abbildungen:** Peter Russek Publications Ltd., High Wycombe, Bucks, England

**Lektorat:**
Myrta Baumberger
**Herstellung:**
IPa, D-71665 Vaihingen/Enz
**Druck und Bindung:**
KN Digital Printforce GmbH
Schockenriedstraße 37
D-70565 Stuttgart



1. Auflage 2006

*Neue sparsame CDI-Dieselmotoren mit mehr Leistung*
*Wichtigste Neuerung sind die leistungsstarken sowie sparsamen Vier- und Fünfzylinder-CDI-Dieselmotoren mit Common-Rail-Einspritztechnik (CDI), Abgasturbolader mit variabler Geometrie und Ladeluftkühlung (Ausnahme 60 kW-Version). Grundlage dieser Motorentechnik ist das von Daimler-Chrysler und Bosch gemeinsam entwickelte Hochdruck-Einspritzverfahren, dessen Kurzbezeichnung CDI von der englischen Bezeichnung »Common Rail Direct Injection« stammt. Das CDI-Prinzip arbeitet mit einer Direkteinspritzung des Kraftstoffs über je einen Injektor pro Zylinder. Sie ist den herkömmlichen Einspritzsystemen deutlich überlegen, da sowohl die Einspritzmenge als auch der exakte Zeitpunkt der Einspritzung von der Motorelektronik weit gehend freigewählt werden kann.*

*Die Funktionsweise des Common-Rail-Prinzips wird im wesentlichen von drei Faktoren bestimmt: der Hochdruckpumpe, der gemeinsamen Leitung und den einzelnen Injektoren. Eine Hochdruckpumpe (Drei-Stempel-Radialkolbenpumpe) versorgt die gemeinsame Leitung (Common Rail) mit Kraftstoff. Um eine gleichmäßige Einspritzung zu gewährleisten, wird der hohe Systemdruck von bis zu 1350 bar von einem Druckregelventil elektronisch reguliert, und zwar bedarfsgerecht in Abhängigkeit von der jeweiligen Drehzahl und der Belastung des Motors. Der Zeitpunkt der Einspritzung wird ebenso wie deren genaue Menge über sehr schnell schaltende Magnetventile von der Elektronik gesteuert.*

# Inhalt

# Inhalt

**Folgende Symbole** verdienen im Laufe der Arbeit besondere Beachtung:

**Sichtprüfung**
*Teil genau ansehen; besonders beachten;*

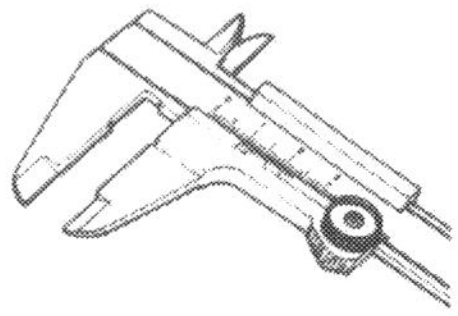

**Messen**
*Messschieber oder anderes Messwerkzeug nötig.*

**Achtung**
*Besondere Vorsicht geboten; Sicherheitshinweise beachten!*

**Tipp**
*Wertvoller Hinweis für einfacheres Schrauben; Erläuterung von Bauteilen und Begriffen.*

# Einleitung

## Allgemeines

Die in dieser Reparaturanleitung behandelten Sprinter-Modelle zeichnen sich durch den Einbau der »Common-Rail«-Einspritzanlage aus, d. h. anstelle einer indirekten Einspritzung wird eine Direkteinspritzanlage verwendet – die Motoren arbeiten ohne Einspritzpumpe. Die Bezeichnung CDI stammt aus dem Englischen und bedeutet »Common-Rail Direct Injection«. Die bis zum Ende des Baujahres 1999 gebauten Motoren mit einem Zylinderinhalt von 2.3 Liter und 2.9 Liter wurden durch Motoren mit einem Hubraum von 2.2 Liter (Vierzylindermotor) bzw. 2.7 Liter-Motor (Fünfzylinder) ersetzt.
Modelle 208 CDI und 308 CDI sind mit einem 2.2-Liter-Vierzylinder-Motor mit einer Leistung von 60 kW (82 PS) versehen. Er arbeitet in Verbindung mit einem konventionellen Abgasturbolader und einem Ladeluftkühler. Modelle 211 CDI, 311 CDI und 411 CDI haben den gleichen Motor, jedoch wurde die Leistung durch Zusatz eines speziell konstruierten Abgasturboladers auf 80 kW (109 PS) erhöht. Auch Modelle 213 CDI, 313 CDI und 413 CDI sind mit dem Vierzylindermotor ausgerüstet, jedoch wurde die Leistung bei diesen Ausführungen auf 95 kW (129 PS) erhöht.
Die Modelle 216 CDI, 316 CDI und 416 CDI sind mit dem 2.7-Liter-Motor mit Abgasturbolader ausgerüstet. Bei diesem Motor handelt es sich um einen Fünfzylindermotor, welcher außer dem zusätzlichen Zylinder baugleich mit dem Vierzylinder ist. Verglichen mit vorher eingebauten Motoren zeichnen sich die neuen Motoren vor allem durch den Einbau von zwei obenliegenden Nockenwellen aus.
Der Vierzylindermotor trägt die Motorkennzeichnung OM 611 DELA, der Fünfzylindermotor die Bezeichnung OM 612 DELA.
Die verschiedenen Fahrzeuge sind in mehreren Längen erhältlich.
Die Vorderräder werden mit einer quer eingebauten Blattfeder abgefedert. Unten wird ein Querlenker mit einem Kugelgelenk an den Außenseiten verwendet. Ein Teleskopstoßdämpfer ist am Achsschenkel verschraubt und an der Oberseite an der Karosserie befestigt. Ein mit den beiden Querlenkern verbundener Kurvenstabilisator vervollständigt die vordere Radaufhängung.
Die Hinterachse besteht aus einer Starrachse mit Blattfederaufhängung und hydraulischen Teleskopstoßdämpfern. Die Hinterräder sind mit Scheibenbremsen ausgestattet.
Scheibenbremsen an den Vorderrädern und Hinterrädern, unterstützt durch einen unterdruckbetätigten Bremskraftverstärker bilden die Bremsanlage. Der Unterdruck für den Bremskraftverstärker wird durch eine getrennte Unterdruckpumpe erzeugt. Je nach Modell ist ABS serienmäßig eingebaut oder auf Sonderwunsch erhältlich, jedoch werden die meisten Fahrzeuge heutzutage mit ABS ausgeliefert. Außerdem kann ein automatisches Bremsdifferential eingebaut sein, kurz als ABD bezeichnet. Bei den stärkeren Motoren und bei allen Minibussen ist ABS/ABD serienmäßig eingebaut.
Eine Zahnstangenlenkung mit Servounterstützung dient zum Lenken des Fahrzeuges.
Alle Fahrzeuge haben eine Modellkennzeichnung, die je nach Modell mit »901«, »902«, »903« oder »904« beginnt. Nach dieser Bezeichnung folgt eine spezifische Bezeichnung für das infrage kommende Modell, welche je nach eingebautem Motor und anderen Baueinzelheiten unterschiedlich ist. Es würde zu weit führen, auf die einzelnen Modelle einzugehen.

## Fahrzeugerkennung

Beim Kauf Ihres Fahrzeuges werden Sie bestimmte Datenkarten erhalten haben, welche alle wichtigen Fahrzeugangaben, wie z. B. Fahrgestellnummer und Komponentennummern sowie Kennzeichnung von Sonderwunschausrüstungen, usw. enthalten. Weitere Einzelheiten können Sie der Betriebsanleitung entnehmen. Falls Sie keine Betriebsanleitung besitzen, wenden Sie sich am besten an Ihren Händler.
Im Typenschild finden Sie auch die Angaben über das zulässige Gesamtgewicht, zulässige Achsenlast vorne und hinten, und andere wichtige Angaben. Je nach Fahrzeugausführung ist das Typenschild entweder im Motorraum oder an der Unterseite des Sitzes auf der Fahrerseite zu finden. In der

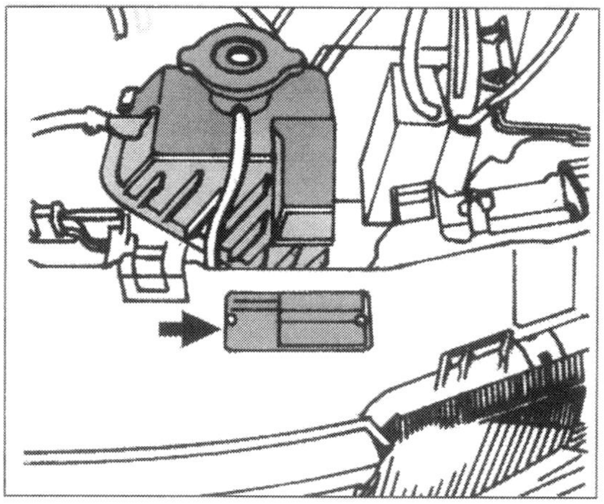

*Bild 1*
*Die Lage des Typenschilds in der Stirnwand des Motorraums.*

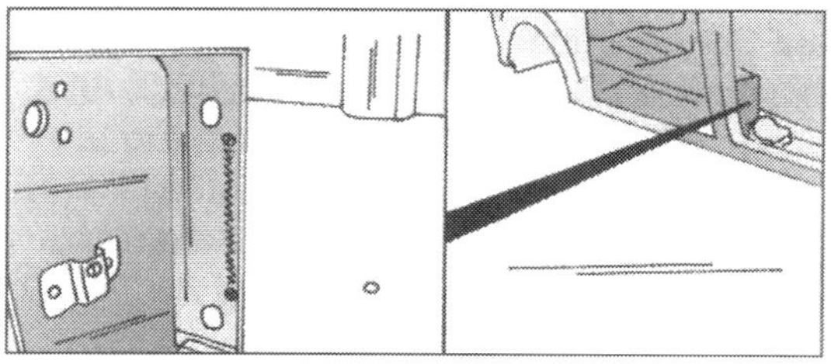

*Bild 2*
*Die Lage des Typenschilds in der Türöffnung.*

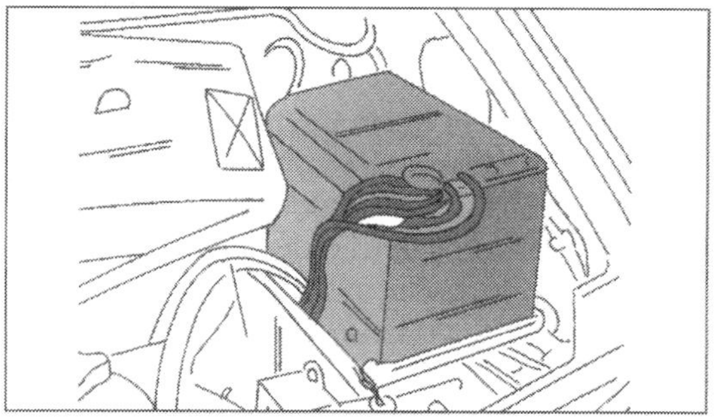

*Bild 3*
*Einbaulage der Batterie.*

oberen Ansicht von Bild 1 ist das Typenschild im Motorraum gezeigt. Andere Fahrzeuge haben das Typenschild an der in Bild 2 gezeigten Stelle.
Die Motornummer ist in die linke Seite des Zylinderblocks eingeschlagen. Beim Bestellen von Ersatzteilen ist es äußerst wichtig, die vollständigen Fahrgestell- und Motornummern anzugeben.
Getriebe, Hinterachse und Lenkung haben auch eine Seriennummer in das Gehäuse eingeschlagen.

⚠ Nachdem die Motorhaube geöffnet ist, könnten einige der im Motorraum befindlichen Teile sehr heiß sein. Wenn der Motor läuft oder der Zündschlüssel in Stellung »2« steht, besteht Gefahr von den drehenden Teilen des Motors oder hohen elektrischen Spannungen von Zündspule, Zündkerzenkabeln und anderen Teilen der elektrischen Anlage.

***Abklemmen der Batterie***

Bei allen mit der elektrischen Anlage verbundenen Arbeiten muss man die Batterie abklemmen. Im modernen Automobilbau ist dies jedoch mit einigen Vorsichtsmaßnahmen verbunden, um elektronische Bauteile nicht zu stören. Bild 3 zeigt, wo sich die Batterie im Fahrzeug befindet. Bei jeglichen Arbeiten ist deshalb zu beachten:

- Die Plus- und Minusleitung der Batterie kann man leicht verwechseln. Im Zweifelsfall die Polarität bis zur Batterie verfolgen und die Leitung kennzeichnen.
- Als Erstes das Minuskabel der Batterie abschrauben.
- Falls ein Autoradio mit Diebstahlcode eingebaut ist, sollten Sie den Code zur Hand haben, ehe die Batterie abgeklemmt wird. Der zum Betrieb des Radios wichtige Code wird durch das Abklemmen der Batterie gelöscht und muss neu eingegeben werden.
- Bestimmte Alarmeinrichtungen ertönen beim Abklemmen der Batterie. Aus diesem Grund sollten Sie wissen, wie der Alarm neutralisiert wird, ehe Sie bei irgendwelchen Arbeiten die Batterie aus dem Stromkreis nehmen.
- Eine eingebaute elektrische Zeituhr verliert ihre Daten.

## Allgemeine Anweisungen bei Reparaturen

Die Beschreibungen in dieser Reparaturanleitung sind in einfacher Weise und allgemein verständlich gehalten. Wenn dem Text und den Abbildungen bei der Arbeit Schritt für Schritt gefolgt wird, dürften keine Schwierigkeiten auftreten.

☞ Die auf den blauen Seiten gedruckte Maß- und Einstelltabelle am Ende des Buches ist hierbei ein wichtiger Teil und muss bei allen Reparaturarbeiten am Fahrzeug hinzugezogen werden. Innerhalb der einzelnen Anleitungen werden die notwendigen Maßangaben oder Einstellwerte nicht immer angeführt. Lesen Sie unter dem infrage kommenden Modell nach, um jegliche Fehler zu vermeiden.
Einfache Handgriffe, wie z. B. »Motorhaube Öffnen« vor Arbeiten im Motorraum, oder »Radmuttern lösen« vor Arbeiten an den

Radbremsen, werden nicht immer erwähnt, da diese als selbstverständlich vorausgesetzt werden.
Dagegen befasst sich der Text ausführlich mit schwierigen Arbeiten, die in Einzelheiten beschrieben sind.

Eine Reihe wichtiger Hinweise, die bei jeder Reparaturarbeit beachtet werden sollten:

- Schrauben und Muttern sind in sauberem Zustand und leicht eingeölt zu verwenden. Mutternflächen und Gewindegänge immer auf Beschädigung untersuchen und vorhandene Grate entfernen. Im Zweifelsfall neue Schrauben oder Muttern verwenden. Einmal gelöste, selbstsichernde Muttern sollten immer erneuert werden. Auf keinen Fall dürfen Muttern und Schrauben entfettet werden.
- Stets die in der Anzugsdrehmoment-Tabelle angeführten Anzugsdrehmomente beachten. Diese Werte sind nahezu in den gleichen Gruppen zusammengefasst, die auch die Kapitel dieser Reparaturanleitung bilden und lassen sich somit leicht auffinden. Viele Anzugsdrehmomente werden ebenfalls im Laufe der Arbeitsbeschreibungen beim Einbau eines Teils angeführt.
- Alle Dichtscheiben, Dichtungen, Sicherungsbleche, Sicherungsscheiben, Splinte und O-Dichtringe (Rundschnurringe) sind beim Zusammenbau zu erneuern. O-Dichtringe (Radialdichtringe, Simmerringe) sollten ebenfalls erneuert werden, sofern die Welle aus dem Dichtring genommen wurde. Die Lippe eines Dichtringes ist vor dem Zusammenbau mit Fett einzuschmieren. Man muss darauf achten, dass sie beim Einbau in die Richtung weist, aus welcher Öl oder Fett austreten kann.
- Bei Hinweisen auf die linke oder rechte Seite des Fahrzeuges wird angenommen, dass man aus der Fahrtrichtung bei Vorwärtsfahrt die Seitenbezeichnung ableiten kann. Im Zweifelsfall wird im Text nochmals eine Erläuterung gegeben.
- Ganz besonders ist darauf zu achten, dass zu Arbeiten an den Bremsen, an der Radaufhängung oder allgemein an der Unterseite des Fahrzeuges für eine sichere Abstützung des hochgebockten Wagens gesorgt ist. Der Bordwagenheber ist nur für den Radwechsel unterwegs vorgesehen. Falls er dennoch bei Reparaturen zu Hilfe genommen wird, ist lediglich der Wagen damit anzuheben und dann auf geeignete Montageböcke abzulassen. Derartige, dreibeinige Unterstellböcke (Bild 4) sollen zur Sicherheit auch unter dem Fahrzeug platziert werden, wenn ein Garagenwagenheber zur Verfügung steht. Ziegelsteine sollten zum Unterbauen nicht verwendet werden, allenfalls Hohlblocksteine wegen ihren größeren Auflageflächen, doch sind dann zwischen Fahrzeug und Steine noch genügend starke Bretter zu legen. Aufgrund der Größe des Fahrzeuges sollte man einen Rollwagenheber zum Anheben benutzen, wie er in Bild 5 gezeigt ist.
- Fette, Öle, Unterbodenschutz und alle mineralischen Substanzen wirken auf die Gummiteile des Fahrwerks und der Bremsanlage aggressiv. Besonders von Teilen der hydraulischen Anlage sind solche Mittel, zu denen auch Kraftstoff gehört, fern zu halten. Für Reinigungsarbeiten an der Bremsanlage soll nur Bremsflüssigkeit oder Spiritus verwendet werden. Hierbei sei aber darauf verwiesen, dass Bremsflüssigkeit giftig ist und z.B. auf lackierte Flächen ätzend wirkt.
- Zur Erzielung der besten Reparaturergebnisse ist die Verwendung von Original-Ersatzteilen Voraussetzung. Um späteren

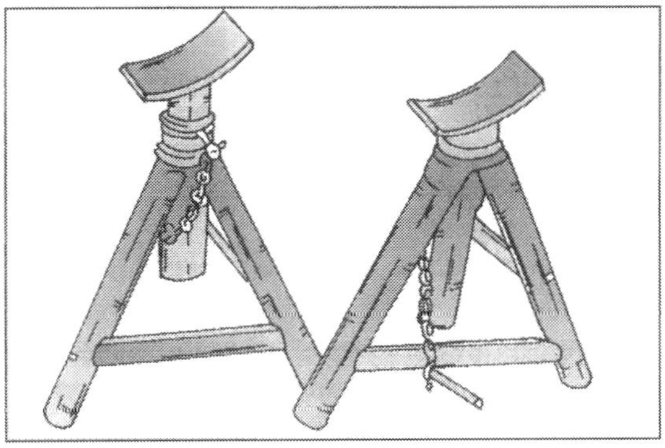

*Bild 4*
*Dreibeinige Unterstellböcke sind die beste Lösung zum Aufbocken eines Fahrzeuges. Wichtig dabei ist, dass der zum Verstellen der Höhe benutzte Bolzen kräftig genug ist, um das Fahrzeug zu tragen. In Bildern 13 und 15 kann man sehen, wo die Böcke sicher untergesetzt werden.*

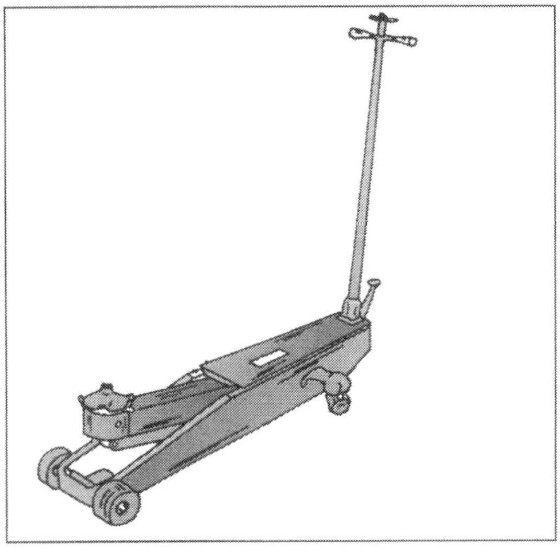

*Bild 5*
*Ein Rollwagenheber eignet sich am besten zum Anheben des Fahrzeuges.*

Schwierigkeiten aus dem Wege zu gehen, muss der Einbau irgendwelcher Fremdprodukte unterbleiben. Ausnahmen sind nur bei Teilen der elektrischen Anlage gegeben oder falls das Herstellerwerk entsprechende Freigaben macht.

■ Beim Bestellen von Ersatz- und Austauschteilen müssen die genaue Modellbezeichnung mit Fahrgestellnummer, gegebenenfalls die Motornummer und das Baujahr angegeben werden. Damit beschleunigt man die Bestellung und das Beziehen von falschen Teilen wird verhindert.

■ Alle Arbeiten am Auto, besonders solche an der Bremsanlage und an der Lenkung sowie Radaufhängung, sind mit Sorgfalt und Umsicht durchzuführen. Die Verkehrssicherheit des Fahrzeuges muss nach jeder Reparatur ohne Ausnahme gewährleistet sein.

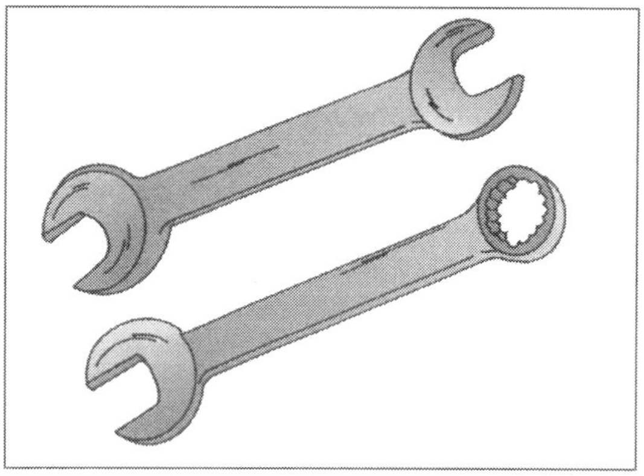

*Bild 6*
*Ansicht eines doppelseitigen Gabelschlüssels (oben) und eines Ringgabelschlüssels (unten). Immer darauf achten, dass die Schlüsselweite der Größe der Mutter oder des Schraubenkopfes entspricht.*

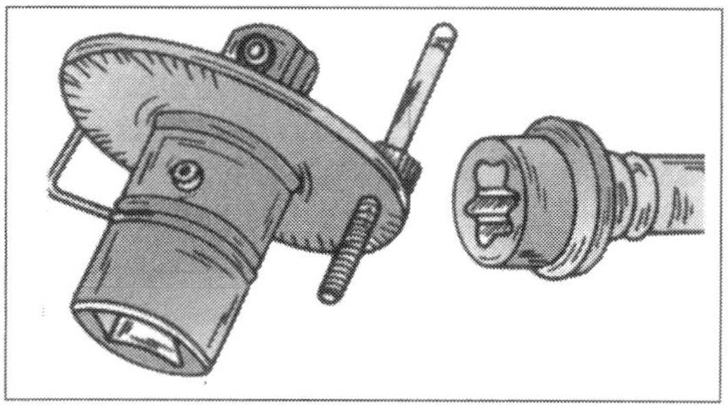

*Bild 7*
*Eine Gradscheibe (links) wird zum Winkelanzug von Schrauben und Muttern benutzt. Schrauben mit »Torx«-Köpfen haben das rechts gezeigte Aussehen.*

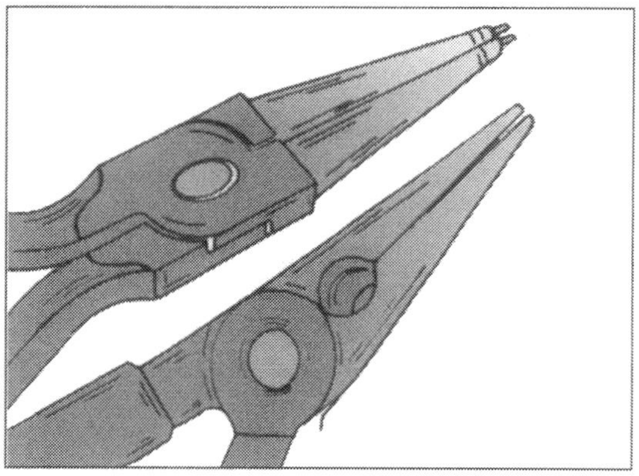

*Bild 8*
*Seegerringzangen sehen wie im oberen Bild gezeigt aus. Die gezeigte Ausführung öffnet Außensprengringe. Das untere Bild zeigt eine manchmal erwähnte Spitzzange.*

## Arbeitsbedingungen und Werkzeug

Um Reparaturarbeiten durchzuführen, benötigt man einen sauberen, gut beleuchteten Arbeitsplatz, der mit einer Werkbank und Schraubstock versehen ist. Es soll auch genügend Raum vorhanden sein, um die verschiedenen Teile auszulegen und zu ordnen, ohne dass man sie immer wieder wegräumen muss. In einer gut ausgerüsteten Werkstatt lässt sich ohne Hast arbeiten, die Maschine kann in einer sauberen Umgebung zerlegt und wieder zusammengebaut werden. Leider verfügt aber nicht jeder über einen solchen idealen Arbeitsplatz und dementsprechend muss auch da und dort improvisiert werden. Um diesen Nachteil auszugleichen, muss besonders viel Zeit und Sorgfalt aufgewendet werden.

Als Weiteres benötigt man unbedingt einen möglichst vollständigen Satz Qualitätswerkzeuge. Qualität ist hier oberstes Gebot, da billiges Werkzeug auf lange Sicht teuer werden kann, falls man damit abrutscht oder es zerbricht und dabei teuren Schrott baut. Ein gutes Qualitätswerkzeug wird sich lange verwenden lassen und rechtfertigt in jedem Falle die Anschaffungskosten.

Die Grundlage des Werkzeugsatzes ist ein Satz Gabelschlüssel, die sich an jedem gut zugänglichen Teil des Fahrzeuges ansetzen lassen. Ein Satz Ringschlüssel stellt einen wünschenswerten Zusatz dar, die sich besonders bei festsitzenden Schrauben und Muttern verwenden lassen, oder wo die Platzverhältnisse ungünstig sind.

Um die Kosten tief zu halten, kann man sich auch mit einem Satz kombinierter Ringgabelschlüssel behelfen; diese tragen an einem Ende eine Gabelöffnung und am anderen einen Ring von der gleichen Weite. Bild 6 zeigt derartige Schlüssel zusammen mit den bereits genannten Gabelschlüsseln, auch Maulschlüssel genannt. Stecknüsse (-einsätze) stellen ebenfalls eine lobenswerte Investition dar. Vorausgesetzt, dass der Außendurchmesser der Nüsse nicht allzu groß ist, können auch sehr versteckt oder in Vertiefungen sitzende Muttern und Schrauben gelöst werden.

Weitere benötigte Werkzeuge sind ein Satz Kreuzschlitzschraubendreher, Zangen und ein Hammer. Im Automobilbau werden mehr

und mehr Schrauben mit so genannten »Torx«-Köpfen (Bild 7) verwenden. Zum Lösen derartiger Schrauben wird ein spezieller Stecknusssatz benutzt, der wie normale Sechskant-Stecknusssätze, Einsätze verschiedener Größe hat, die vor der Größenangabe den Buchstaben »T« haben.
Zusätzlich zur Grundausrüstung kann man sich noch ein paar speziellere Werkzeuge beschaffen, die sich meistens als unschätzbare Hilfe erweisen, besonders wenn man gewisse Reparaturen immer wieder durchführen muss. Damit lässt sich recht viel Zeit ersparen. Als Beispiel sei hier einmal der Schlagschraubendreher erwähnt, ohne den sich die maschinell angezogenen Kreuzschlitzschrauben kaum ohne Beschädigung lösen lassen. Selbstverständlich kann er auch zum Anziehen verwendet werden, um einen gasdichten Sitz zu gewährleisten. Ebenfalls oft benötigt werden Seegerringzangen, da Getrieberäder, Wellen und ähnliche Teile meist durch Sicherungsringe gehalten werden, die sich mit einem Schraubenzieher nur schwer entfernen lassen. Es sind zwei Typen von Seegerringzangen erhältlich, einer für die Außensicherungsringe, welche mit der in Bild 8 gezeigten Zange geöffnet werden und eine für Innensicherungsringe. Sie sind mit geraden oder abgewinkelten Klauen erhältlich. Abgesehen von diesen Zangen, schaffen Sie sich Zangen der in Bild 9 gezeigten Ausführungen an, d. h. Seitenschneider, Kombizange und Wasserpumpenzange.
Eines der nützlichsten Werkzeuge ist der Drehmomentschlüssel, eine Art Schraubenschlüssel, der so eingestellt werden kann, dass er durchrutscht, wenn ein gewisses Anzugsdrehmoment einer Schraube oder Mutter erreicht ist. Derartige Schlüssel sind ebenfalls mit einen Zeiger erhältlich, welcher das erreichte Drehmoment anzeigt. Anzugsdrehmomente werden in jedem modernen Werkstatthandbuch oder jeder Reparaturanleitung aufgeführt, so dass auch besonders komplexe Baugruppen oder Komponenten, wie z. B. ein Zylinderkopf, angezogen werden können, ohne dass man Beschädigungen oder Lecks infolge Verzugs befürchten muss. Bild 10 zeigt zwei der gebräuchlichsten Ausführungen von Drehmomentschlüsseln.
In diesem Zusammenhang soll auch eine Gradscheibe erwähnt werden. Eine solche hat das im oberen Teil von Bild 7 gezeigte Aussehen. Viele Schrauben und Muttern müssen um einen bestimmten Winkel nachgezogen werden (man spricht von einem Winkelanzug). Um den genauen Winkel zu erhalten, eignet sich eine Gradscheibe am besten.

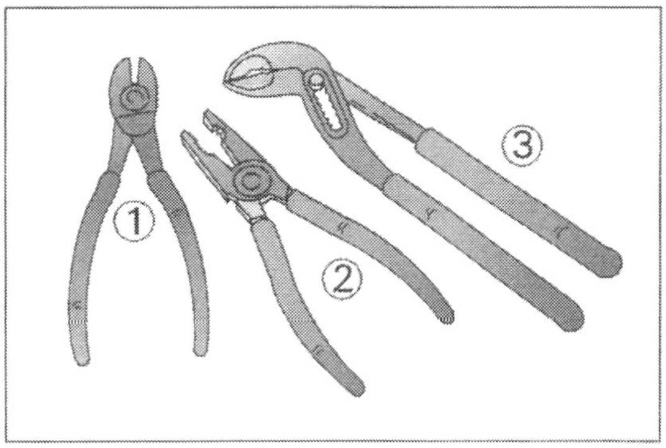


*Bild 9*
*Ohne die gezeigten Zangen werden Sie kaum in der Lage sein, irgendwelche Arbeiten am Fahrzeug durchzuführen.*
*1 Seitenschneider*
*2 Kombizange*
*3 Wasserpumpenzange*

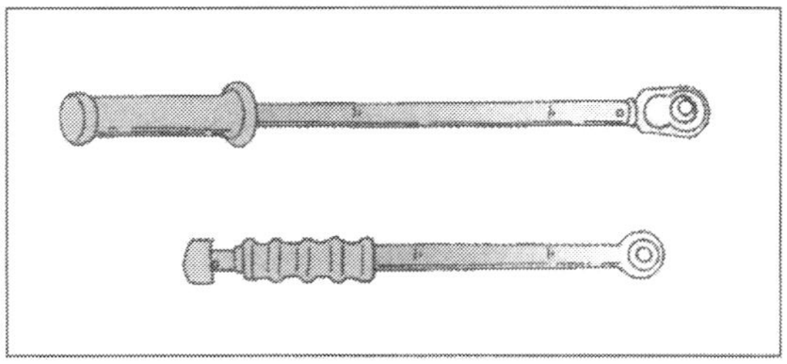

*Bild 10*
*Drehmomentschlüssel sind in einer der gezeigten Formen erhältlich.*

Je höher entwickelt ein Automodell ist, desto mehr Werkzeuge benötigt man, um es im Do-it-yourself-Verfahren immer im bestmöglichen Zustand zu halten. Leider lassen sich aber einige ganz spezielle Arbeiten nicht ohne die richtige Ausrüstung durchführen, für die man meist tief in die Tasche greifen muss. Hier ist auch eine gewisse Vorsicht am Platz: Es gibt nun einfach verschiedene Arbeiten, die man am besten einem Fachmann überlässt.
Auch wenn in dieser Reparaturanleitung gezeigt wird, wie sich verschiedene Komponenten auch ohne Spezialwerkzeuge aus- und wieder einbauen lassen, empfiehlt es sich, die Anschaffung der gebräuchlichsten Spezialwerkzeuge in Betracht zu ziehen. Dies wird sich besonders dann lohnen, wenn man das Auto über längere Zeit behalten will. In Bild 11 sind einige der gebräuchlichsten Werkzeuge und Hilfswerkzeuge gezeigt, die man immer wieder brauchen wird. Auch mit den vorgeschlagenen, improvisierten Methoden und Werkzeugen lassen sich verschiedene Teile ohne Gefahr von Beschädigung aus- und einbauen. In jedem Fall lässt sich mit den Spezialwerkzeugen, die vom Hersteller produziert und verkauft werden, eine Menge Zeit (und Ärger) sparen.

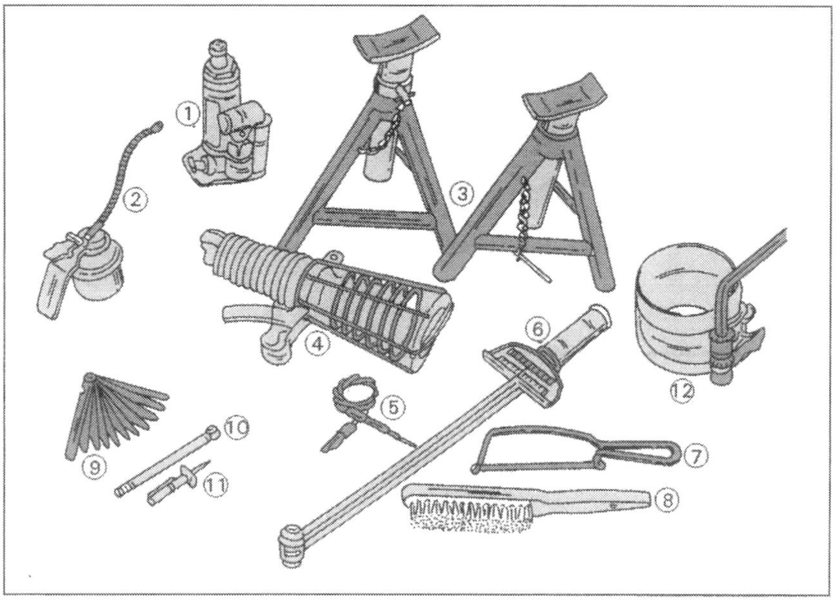


*Bild 11*
*Vorgeschlagene Werkzeuge und Hilfswerkzeuge zur Pflege und Reparatur Ihres Fahrzeuges.*
**1** *Hydraulischer Heber*
**2** *Ölkanne*
**3** *Unterstellböcke*
**4** *Elektrische Handlampe*
**5** *Prüflampe (12 Volt)*
**6** *Drehmomentschlüssel*
**7** *Mini-Säge*
**8** *Drahtbürste*
**9** *Blattfühlerlehren*
**10** *Reifendruckprüfer*
**11** *Reifenprofilmesser*
**12** *Kolbenringspannband*

⚠ Vor Arbeiten am Fahrzeug raten wir Ihnen, die folgenden Hinweise gründlichst durchzulesen, damit Sie vor allen Verletzungen, gleich welcher Art, bewahrt werden:

■ Auf einen einzelnen Wagenheber kann man sich nie hundertprozentig verlassen. Immer zusätzliche Böcke unterstellen. Zwei übereinandergelegte, abgeschraubte Räder kann man z. B. auf der Seite der Reparatur entweder vorn oder hinten unterlegen, falls keine Böcke zur Verfügung stehen. Ein abrutschender Wagen wird dann wenigstens auf den Rädern landen.

■ Niemals die Räder oder Achsmuttern anziehen, wenn das Fahrzeug aufgebockt ist.

■ Niemals den Verschluss der Kühlanlage bei heißem Motor öffnen. Falls es unumgänglich ist, einen dicken Lappen um den Deckel legen und diesen bis zur ersten Raste lösen, damit der Dampf entweichen kann.

■ Niemals das Motoröl ablassen, wenn das Fahrzeug bis zum letzten Moment gefahren wurde. Motoröl nur entsprechend den geltenden Vorschriften entsorgen, auf keinen Fall wegschütten.

■ Keine Bremsflüssigkeit oder Frostschutzmittel auf Lackstellen tropfen lassen. Die hinterlassenen Flecke lassen sich nur schwer oder nicht entfernen.

■ Keinen Bremsstaub einatmen. Falls Sie Pressluft zum Ausblasen von Bremsen benutzen, den Kopf von der Staubstelle wegdrehen. Erkundigen Sie sich über die Erhältlichkeit von Sprays, mit denen man die Bremsteile absprüht, um die Staubentwicklung zu vermeiden (Autozubehörgeschäft oder Werkstatt).

■ Öl- oder Fettreste sofort vom Boden abwischen, ehe Sie selbst oder andere Leute darauf ausrutschen.

■ Keine Schlüssel falscher Schlüsselweite oder ausgeweitete Schlüssel zum Lösen von festsitzenden Muttern oder Schrauben benutzen. Ein Abrutschen bedeutet in den meisten Fällen eine Verletzung. Offene Wunden auf jeden Fall »verpflastern« lassen, ehe Schmutz oder Öl usw. eindringen kann.

■ Krawatten haben bei Arbeiten am Auto keinen Platz. Ebenfalls lange Hemdsärmel oder andere lose Kleidungsstücke fern von sich bewegenden Teilen halten. Lange Haare während der Arbeit festbinden. Fingerringe und Armbanduhren am besten abziehen. Abgesehen davon, dass man daran hängen bleiben kann, bieten sie auch einen Leiter für die elektrische Anlage.

■ Den Arbeitsplatz von unnötigen Teilen befreien. Ein Stolpern wird dadurch offensichtlich weitgehend verringert.

■ Falls es möglich ist, arbeiten Sie niemals allein an einem Fahrzeug. Familie, Freunde oder Bekannte können öfters mal kurz nachschauen, ob alles in Ordnung ist.

■ Niemals versuchen, eine Arbeit überhastet zu Ende zu führen.

■ Niemals in der Nähe des Fahrzeuges rauchen oder andere rauchende Personen in die Nähe lassen. Die Batterie abklemmen, wenn Kraftstoffleitungen abgeschlossen werden. Mit Metallgegenständen hergestellte Kurzschlüsse könnten zu Funkenbildung führen. Sicherheitshalber sollten Sie einen Handfeuerlöscher bereit haben.

■ Eine Handlampe niemals auf den Motor auflegen, um besser zu sehen. Bestimmte Handlampen entwickeln große Wärme und könnten Teile am Motor verbrennen, obwohl man annimmt, dass sie durch den Drahtkäfig geschützt werden. Am besten ist es, wenn man eine Handlampe bei Arbeiten im Motorraum an der geöffneten Motorhaube »anhängt«.

Falls Sie die angeführten Hinweise sorgfältig beachten, sollten bei den im Buch beschriebenen Arbeiten keine Verletzung Ihrer Person oder Beschädigung des Fahrzeuges auftreten.

⚠ Schlechtes Werkzeug führt in den meisten Fällen zu Verletzungen oder Beschädigung von Muttern, Schrauben usw. – unbedingt vermeiden. Die Anschaffung einer hochwertigen Werkzeugausrüstung ist ein guter Anfang zur Selbstpflege des Autos.

Falls Sie sich die nachstehenden Werkzeuge und/oder Hilfswerkzeuge besorgen, werden Sie bald zum Profi:

- Ein Sortiment Schraubendreher mit rutschfestem Griff für Schlitz-, Kreuzschlitz- und Torxschrauben.
- Innensechskantschlüssel (Inbusschlüssel) am Ring in den Größen 2-8 Millimeter. Wir möchten darauf hinweisen, dass sich diese Schlüssel gern an den Kanten abnutzen. Wenn der Schlüssel mehr als einmal abrutscht, ohne dass er seinen Zweck verrichtet, ist ein neuer Satz fällig.
- Mit einem Radkreuzschlüssel lösen Sie auch fest sitzende Radschrauben/Muttern.
- Kombizange, Wasserpumpenzange (Länge mindestens 240 mm) und Seitenschneider biegen, halten, drehen und trennen so ziemlich alle Materialien an Ihrem Fahrzeug. Die entsprechenden Zangen wurden bereits in Bild 9 gezeigt.
- Der Schlosserhammer (empfohlenes Gewicht ca. 300 g) wird als Schlagwerkzeug benutzt, um beispielsweise mit einem Durchschlag festsitzende Bolzen aus Verbindungen zu lösen. Empfindliche Bauteile wie Lager, gegossene oder gehärtete Teile sollten dagegen nur mit einem Kunststoff- oder Gummihammer bearbeitet werden. Bei Richtarbeiten an der Blechstruktur hilft ein Ausbeulhammer.
- Ein Körner hilft bei Bohrarbeiten an Metallen. Bringen Sie die gehärtete Spitze exakt an die gewünschte Bohrstelle. Mit einem leichten Hammerschlag auf den Schaft des Körners erzeugen Sie an der Oberfläche eine kleine Vertiefung, an der Sie den Metallbohrer ansetzen.
- Ein Durchschlag (Durchmesser 3 und 6 mm) ist bei Montage- und Demontagearbeiten an Fahrwerk, Motor und Bremsen universell einsetzbar. Wenn Sie damit Haltebolzen entfernen: Achten Sie darauf, dass die Auflagefläche des Durchschlags etwa der Größe der Bolzen entspricht, da diese sich sonst verformen. In Bild 12 geben wir Ihnen weitere Beispiele von Teilen, die im Werkzeugsatz unerläßlich sind.

**Hier ein Wort der Warnung:** Nach mehrmaliger Benutzung eines Durchschlags bilden sich durch das Aufschlagen mit dem Hammer Grate, welche wie Ausfransungen aussehen. Ohne Vorwarnung kann es also passieren, dass sich ein Stück des breit geschlagenen Materials löst und in die Augen springt. Arbeiten Sie also nur mit Durchschlägen, welche auf der Aufschlagseite noch einwandfrei aussehen. Als Abhilfe kann man einen solchen Dorn kurz nachschleifen lassen, damit er wieder »unfallsicher« aussieht.

- Mit einem Flachmeißel (gehärtete Schneide, siehe Bild 12) werden Sie zur Not auch mit deformierten oder festgerosteten Schraubverbindungen fertig, indem Sie die Mutter mitsamt dem Gewindebolzen abmeißeln. An »weichen« Stellen sollten Sie jedoch von einem Helfer einen Hammer an der Schlagstelle unterhalten lassen, damit es keine Verbiegungen gibt. Lassen Sie keine Grate an der Aufschlagstelle »wachsen«, da Splitter in die Augen springen können.
- Für Arbeiten im Motorraum und unter dem Fahrzeug empfiehlt sich die Anschaffung eines Steckschlüsselsatzes mit den Einsätzen 10–32 Millimetern und einer Umschaltknarre mit $^{1}/_{2}$-Zoll-Antrieb. Ein komplettes Set ist billiger als der Kauf der jeweils benötigten Einzeleinsätze. Hier gehören auch die bereits genannten Sets der »Torx«-Einsätze dazu.
- Für Arbeiten im Innenraum ist ebenfalls ein Steckschlüsselsatz sinnvoll, allerdings mit kleinerem $^{1}/_{4}$-Zoll-Antrieb. Neben Kreuz-, Torx-, Schlitzschrauben und Kunststoffclips verbauen die Hersteller hier oft Schrauben mit SW 6 bis 13 Millimeter.
- Für Arbeiten an der Elektrik sind zu empfehlen: eine isolierte Kombizange, eine Quetschzange für Steckeranschlüsse und Kabelverbindungen, ein isolierter Schraubendreher und eine Phasenprüflampe mit Nadelspitze und separatem Massekabel.

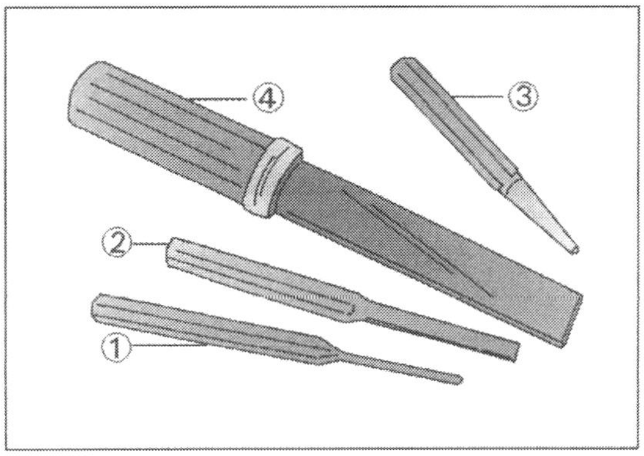


*Bild 12*
*Zum Schlagen, Ausschlagen und Abschlagen gehören diese Werkzeuge in den Kasten.*
*1 Durchschlag (vorgeschlagen ca. 3 mm)*
*2 Durchschlag (vorgeschlagen ca. 6 mm)*
*3 Körner für Bohrungsarbeiten*
*4 Flachmeißel mit gehärteter Schneide*

Überprüfen Sie Ihr Bordwerkzeug. Die beste Grundausstattung in der Garage nützt nichts, wenn Ihnen bei einer Panne unterwegs die Hilfsmittel fehlen. Sind Wagenheber, Radkreuz und Schraubendreher an Bord? Bei einem Wackelkontakt oder einer gelösten Kabelverbindung helfen Elektrokombizange, ein paar Drähte und Isolierband. Ebenfalls sinnvoll: ein Lampenset und Ersatzsicherungen, Abschleppseil, Starthilfekabel und Taschenlampe. Und vergessen Sie nicht, dass man bei Reparaturen schmutzige Hände bekommt. Papiertaschentücher oder Papierhandtücher sollten immer einen Platz im Fahrzeug haben, falls Sie eine längere Fahrt antreten.

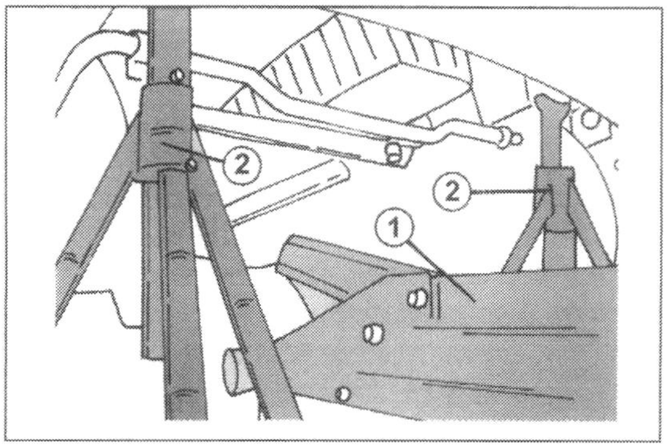


*Bild 13*
*Anheben der Vorderseite des Fahrzeuges mit einem Rollwagenheber (1). Unterstellböcke (2) werden links und rechts an den gezeigten Stellen untergesetzt.*

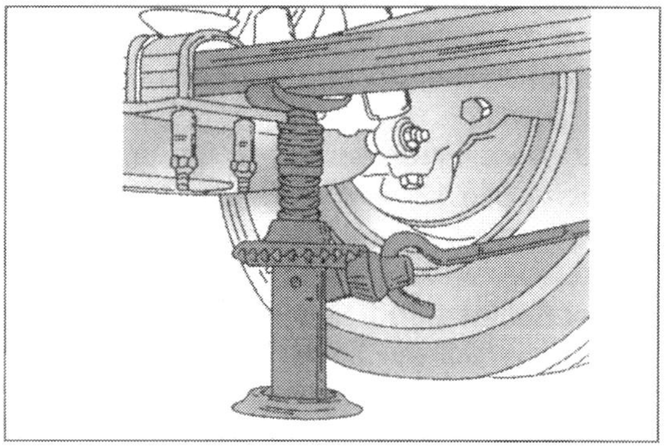

*Bild 14*
*Anheben des Fahrzeuges mit dem hydraulischen Bordwagenheber an der Vorderseite.*

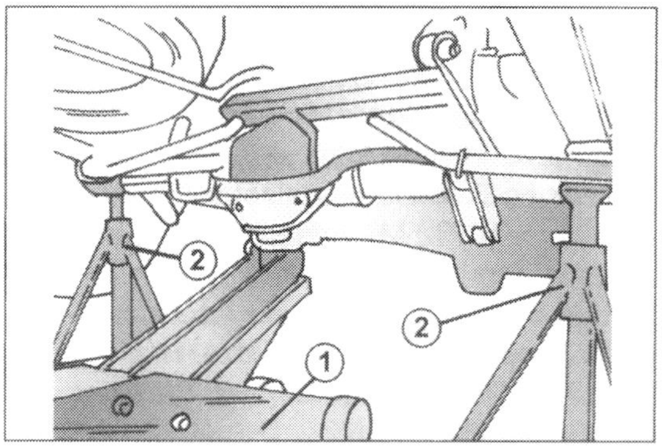


*Bild 15*
*Anheben der Rückseite des Fahrzeuges mit einem Rollwagenheber (1). Der Wagenheberkopf wird unter die Mitte der Hinterachse untergesetzt. Die Unterstellböcke (2) werden links und rechts unter die Achsrohre untergesetzt.*

*Bild 16*
*Anheben des Fahrzeuges mit dem hydraulischen Bordwagenheber an der Rückseite.*

## Aufbocken des Fahrzeuges

Beim Aufbocken des Fahrzeuges muss man immer daran denken, dass man es nicht mit einem Personenwagen zu trun hat. Auch der zum Anheben benutzte Wagenheber muss dem Gewicht des Fahrzeuges genügen. Überzeugen Sie sich deshalb vorher von der Tauglichkeit eines solchen Wagenhebers.
Vor dem Aufbocken des Fahrzeuges sollte man sich immer davon überzeugen, dass keine zusätzlichen Lasten im Laderaum des Fahrzeuges liegen.
Beim vollständigen Aufbocken des Fahrzeuges den Vorderwagen zuerst aufbocken. Die Hinterräder sollten entweder verkeilt werden (Ziegelsteine unterlegen), damit das Fahrzeug nicht abrollen kann, oder man zieht die Handbremse an. Ein Rollwagenheber wird unter die Mitte des Vorderwagens unter der Querbrücke des Vorderachsträgers angesetzt, wie man es in Bild 13 sehen kann.
Wird der im Fahrzeug befindliche Hydraulikheber benutzt, setzt man ihn an der in Bild 14 gezeigten Stelle unter der Vorderfeder, unmittelbar vor der Vorderachse an.
Nach Aufbocken des Fahrzeuges sichere und für das Fahrzeuggewicht ausreichende Unterstellböcke links und rechts unter die Achse setzen, wie man es in Bild 13 sehen kann. Wiederum könnte es sein, dass zur Reparatur von Personenwagen benutzte Böcke hier nicht ausreichen. Die Höhe der Böcke wird durch Versetzen der Bolzen in den verschiedenen Löchern eingestellt. Bei Herstellung wird die Festigkeit der Bolzen der Tragkraft der Böcke angepasst. Erfahrungen haben jedoch gezeigt, dass die mit den Bolzen verbundenen Ketten manchmal reißen und die Bolzen verloren gehen. Auf keinen Fall irgendwelche Schrauben geeigneten Durchmessers anstelle der Bolzen verwenden, es sei denn, dass diese aus

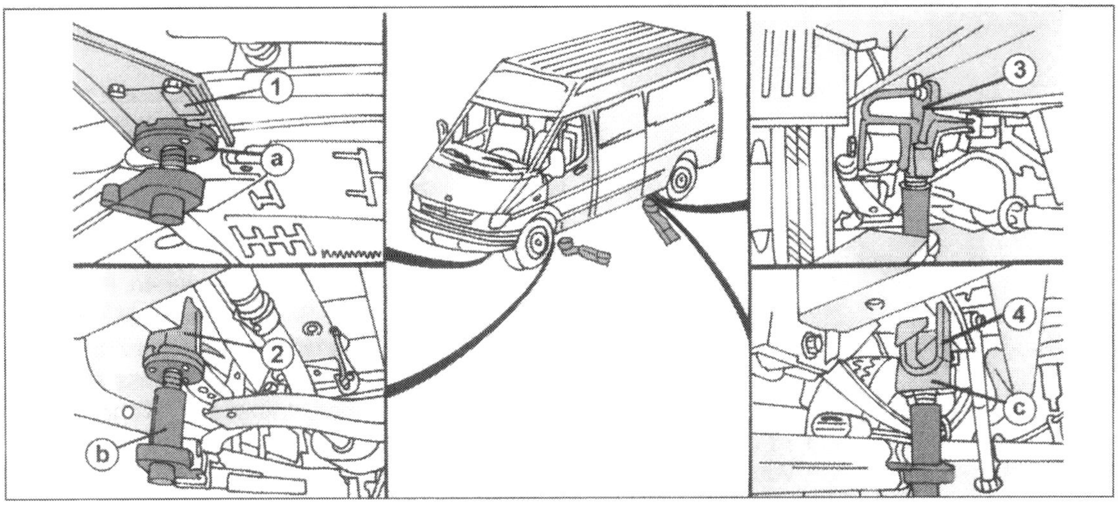


*Bild 17*
*Anheben des Fahrzeuges auf einer Hebebühne. Gezeigt sind die in einer Werkstatt benutzten Abstütz werkeuge.*
*1 Anheben an der Vorderseite. Eine Stützscheibe (a) unter der Klemmplatte der Feder untersetzen.*
*2 Anheben des Getriebeträgers. Eine lange Stützscheibe (b) wird dabei benutzt.*
*3 Anheben der Rückseite. Unter dem Längsrahmenträger untergesetzt.*
*4 Anheben der Rückseite unter dem vorderen Federbock der Hinterfeder. Ein »V«-förmiger Einsatz (c) gewährleistet ein sicheres Anheben.*

Stahl hergestellt sind und die notwendige Tragkraft haben.
Vor dem Aufbocken des Fahrzeuges immer die Beschaffenheit des Bodens kontrollieren, da ein weicher Boden nachgibt und der Wagenheber einsinken kann.
Falls man annimmt, dass die verwendeten Unterstellböcke nicht hundertprozentig sicher sind, kann man z. B. eine Seite des Fahrzeuges aufbocken und das abgenommene Rad unter der freien Aufhängung unterlegen. Sollte das Fahrzeug abrutschen, verbleibt immer noch ein Raum der Stärke des Reifens zwischen Wagen und Boden und gibt Ihnen zusätzliche Sicherheit.
Die Rückseite des Fahrzeuges wird entweder mit einem kräftigen Rollwagenheber unter der Mitte der Hinterachse angehoben, wie es in Bild 15 gezeigt ist, oder man benutzt den Hydraulikheber, welcher an der in Bild 16 gezeigten Stelle auf der betreffenden Seite der Hinterachse angesetzt wird. Über das Unterstellen der Böcke gilt das oben Gesagte. Bild 15 zeigt, wo die beiden Böcke untergesetzt werden.
Da die Reparaturanleitungen ebenfalls von freien Werkstätten benutzt werden, wollen wir Ihnen auch nicht die Benutzung von Hebebühnen vorenthalten. Aus Bild 17 können Sie entnehmen, wo das Fahrzeug vorne und hinten angehoben wird.
Da jedoch nicht alle Fahrzeugausführungen die gleichen Ansatzstellen haben, weisen wir in den folgenden Anweisungen auf andere Ansatzstellen hin, die in der Hauptsache zum Wechseln des Rades dienen. Bilder 18 bis 21 zeigen die verschiedenen Methoden:
- Zum Anheben der Vorderräder den Bord-

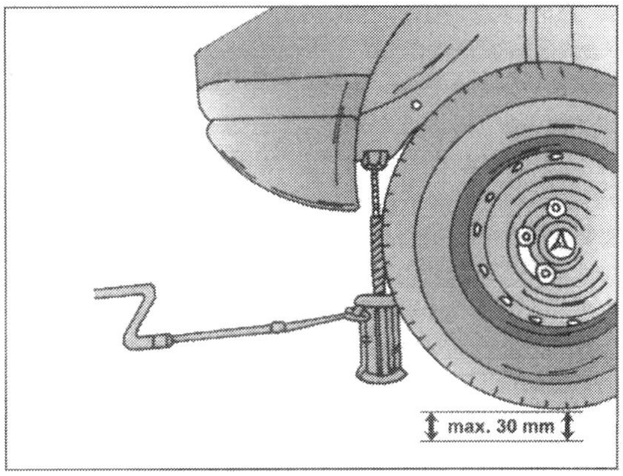


*Bild 18*
*Aufbocken des Fahrzeuges an der Vorderseite unmittelbar vor dem Vorderrad.*

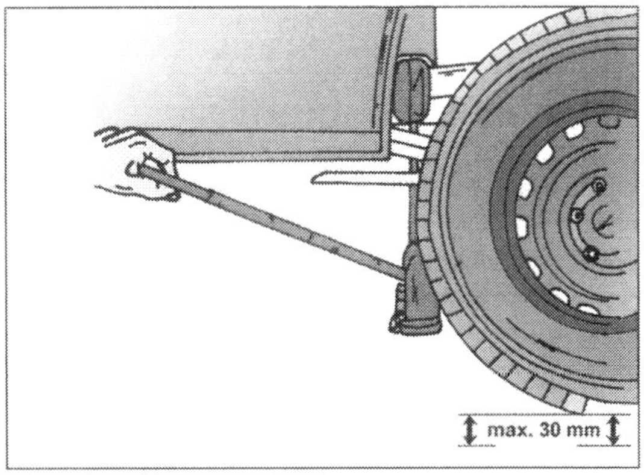


*Bild 19*
*Anheben des Fahrzeuges an der Rückseite mit dem hydraulischen Wagenheber.*

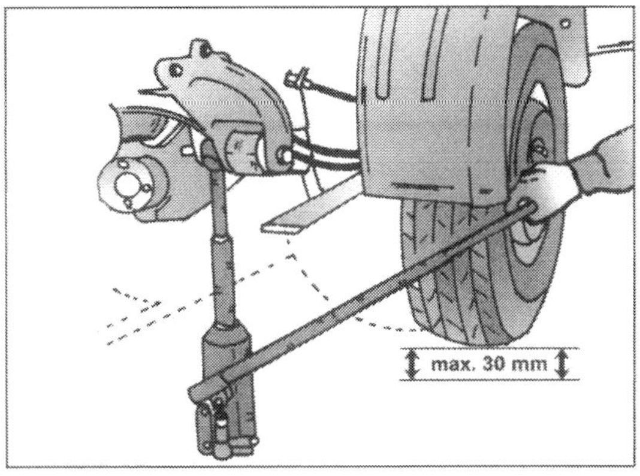


*Bild 20*
*Anheben des Fahrzeuges neben den vorderen Aufhängungen der Hinterfeder.*

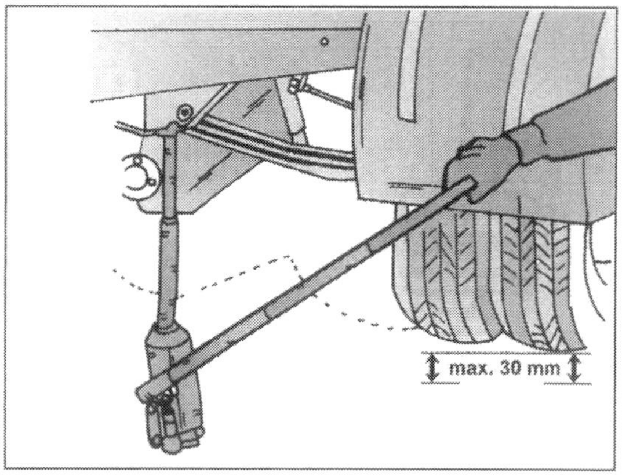


*Bild 21*
*Anheben des Fahrzeuges neben den vorderen Aufhängungen der Hinterfeder bei Zwillingsrädern.*

wagenheber an der in Bild 18 gezeigten Stelle unmittelbar vor dem Vorderrad ansetzen.

- Zum Anheben der Hinterräder bei einem Kastenwagen oder Kleinbus den Wagenheber an der in Bild 19 gezeigten Stelle unmittelbar vor dem Hinterrad ansetzen.
- Zum Anheben der Hinterräder bei einem Pritschenwagen befinden sich die Ansatzstellen des Wagenhebers neben den vorderen Aufhängungen der Hinterfedern, wie es aus Bild 20 zu entnehmen ist. Nicht unter dem Differentialgehäuse oder der Blattfeder anheben. Die gleiche Ansatzstelle gilt bei einem Pritschenwagen und Kleinbus mit Zwillingsrädern. Das Anheben ist in Bild 21 veranschaulicht.

## Schmiermittel, Dichtungsmasse, »Loctite«, etc.

Jeder Autohersteller empfiehlt die Verwendung von bestimmten Schmiermitteln, die während der Produktion auf das Fahrzeug abgestimmt wurden. Dies trifft ebenfalls auf Mercedes-Benz zu, und aus diesem Grund halten wir uns bei Reparaturen an die von MB angegebenen Schmieröle, Fette und dergleichen.

Oft wird »Loctite« erwähnt. Bei diesem handelt es sich um eine Sicherungsflüssigkeit für Muttern- und Schraubengewinde, die ein Lösen von angezogenen Verbindungen verhindert. Obwohl im Text nur auf »Loctite« eingegangen wird, sollten Sie wissen, dass verschiedene Ausführungen zur Verfügung stehen. Ihr MB-Ersatzteillager wird Sie über die Erhältlichkeit dieser Sicherungsmittel unterrichten.

Oftmals kommt es jedoch vor, dass andere, ebenfalls geeignete Mittel zum Sichern von Gewindeverbindungen benutzt werden. Auch hier sollten Sie in der Lage sein, dies in der Werkstatt zu erfahren.

Das Gleiche trifft auch auf Graphitfett und Dichtungsmasse zu. Erkundigen Sie sich, welche Fettart und Dichtungsmasse verwendet wird, um zu gewährleisten, dass die Arbeiten einwandfrei durchgeführt werden können.

### Anzugsdrehmomente

Die Anzugsdrehmomente werden für die Schrauben und Muttern der wichtigsten Teile angegeben. Um die Anzugsdrehmomente einzuhalten, muss man eine Stecknuss der passenden Schlüsselweite sowie einen Drehmomentschlüssel, manchmal mit einer Verlängerung, benutzen. In vielen Fällen ist es aber einfach nicht möglich, an eine Schraube oder Mutter heranzukommen, um einen Drehmomentschlüssel anzusetzen, oder das Drehmoment ist zu klein, um es am Drehmomentschlüssel abzulesen. Hier gilt es, das Drehmoment zu schätzen. Unter Berücksichtigung des Gewindedurchmessers der Schraubverbindung heißt dies in der Mechanikersprache »gut anziehen«, wobei Gefühl eine wichtige Rolle spielt, besonders bei Gewindedurchmessern von 6 oder 7 mm.

# Der Motor

Der 2.1-Liter-Dieselmotor mit der vollen Bezeichnung »OM 611 DELA« sowie der 2.7-Liter-Motor mit der Bezeichnung »OM 612 DELA« werden auch in andere Fahrzeuge von Mercedes-Benz eingebaut. Beide Motoren arbeiten mit einer »Common Rail«-Direkteinspritzanlage. Bei der folgenden Beschreibung wird auf den in Frage kommenden Motor mit »611« bzw. »612« verwiesen.

## Die Bauteile des Motors

Um Ihnen einen kurzen Überblick über das Innenleben des Motors zu geben, führen wir die Hauptteile des Motors kurz an:
**Motorblock oder Zylinderblock.** Hier sind die beweglichen Teile gelagert. Der Motorblock trägt auch Aggregate wie Lichtmaschine, Anlasser und die Hochdruckeinspritzpumpe. Auch als Kurbelgehäuse bekannt. Beide Dieselmotoren haben ersetzbare Laufbüchsen, d. h. sie können erneuert werden, wenn der Verschleiß von Kolben/Zylinderbohrungen das Höchstmaß überschritten hat. Das Erneuern der Laufbüchsen ist jedoch eine Arbeit für eine Motorenwerkstatt.
**Zylinderkopf.** Schließt den Zylinder nach oben ab. Er enthält Kanäle für Frisch- und Abgas, Ventilsitze, Lager und Führungen für Teile der Ventilsteuerung, Wasserkanäle und den eigentlichen Brennraum. Die Zylinderkopfdichtung zwischen den Metallflächen von Zylinderkopf und Zylinderblock verhindert, dass an dieser Stelle Luft und Kühlwasser in den Zylinder gelangen. Die Nockenwelle ist ebenfalls in den Zylinderkopf eingebaut.
**Zylinder.** Bilden zusammen mit dem Zylinderkopf den Verbrennungsraum. Sie sind glatt ausgeschliffen (gehont) und exakt auf den Kolbendurchmesser abgestimmt. Für die Kühlung sorgt Wasser, das durch Kanäle in der Zylinderwand fließt.
**Kolben.** Nehmen den Verbrennungsdruck auf und geben ihn über die Pleuel an die Kurbelwelle weiter. Bei diesen Motoren sind spezielle Kolben mit einer sternförmigen Vertiefung in der Kolbenmulde eingebaut. Die Hauptbestandteile sind Kolbenboden, Ringzone mit Kolbenringen, Schaft und Bolzenaugen. Die Kolbenbolzen werden mit Sicherungsringen in den Bohrungen des Kolbens gehalten. Die beiden oberen Kolbenringe (Verdichtungsringe) verhindern, dass Gas aus dem Verbrennungsraum ins Kurbelgehäuse entweicht. Der untere Ring (Ölabstreifring) führt überschüssiges Schmieröl von der Zylinderwand in die Ölwanne zurück.
**Pleuel.** Verbinden den Kolben mit der Kurbelwelle. Ihre Bestandteile: Pleuelkopf (umschließt den Kolbenbolzen), Pleuelschaft, Pleuelfuß und Pleueldeckel (umschließen den Kurbelzapfen).
**Kurbelwelle.** Wandelt das Auf und Ab der Kolben in eine Drehbewegung um. Ihre Teile: Wellenzapfen (für Lagerung im Kurbelgehäuse), Kurbelzapfen, Kurbelwangen (verbinden Kurbelzapfen und Wellenzapfen). Bei allen Motoren ist die Kurbelwelle an mehreren Stellen im Motorblock in auswechselbaren Gleitlagerschalen gelagert. Die Anzahl der Lagerstellen ist beim 611-Motor (Vierzylinder) und 612-Motor (Fünfzylinder) unterschiedlich.
**Ventile.** Lassen Frischgas ein- und Abgas ausströmen. Sämtliche Teile, die am Öffnen und Schließen der Ventile beteiligt sind, nennt man zusammenfassend »Ventiltrieb«.
Nockenwellen. Öffnen und schließen die Ventile im richtigen Zeitpunkt. Jedes Ventil wird über hydraulische Stößel mit eingebauten Ausgleichselementen für das Aufheben des Ventilspiels von einer Nocke betätigt. Die Nockenwelle wird über eine endlose Steuerkette von der Kurbelwelle angetrieben.
**Schwungrad.** Der Motor ist mit einem Zweimassen-Schwungrad ausgestattet. Sinn dieser Einrichtung ist es, die bei Motorlauf an der Kurbelwelle bestehenden Drehschwingungen – sie entstehen durch die nacheinander zündenden Zylinder – nicht an den Antrieb weiterzugehen. So werden die durch die Schwingungen entstehenden Geräusche vermieden. Der Aufbau des Zweimassen-Schwungrades sieht folgendermaßen aus: Fest mit der Kurbelwelle ist der vordere Teil des Schwungrades verschraubt. Darauf ist ein Drehschwingungsdämpfer montiert, der aus einem ausgeklügelten Feder-/Dämpfersystem besteht. Der hintere Teil des Schwungrades ist an diesem

Sichtprüfung Messen

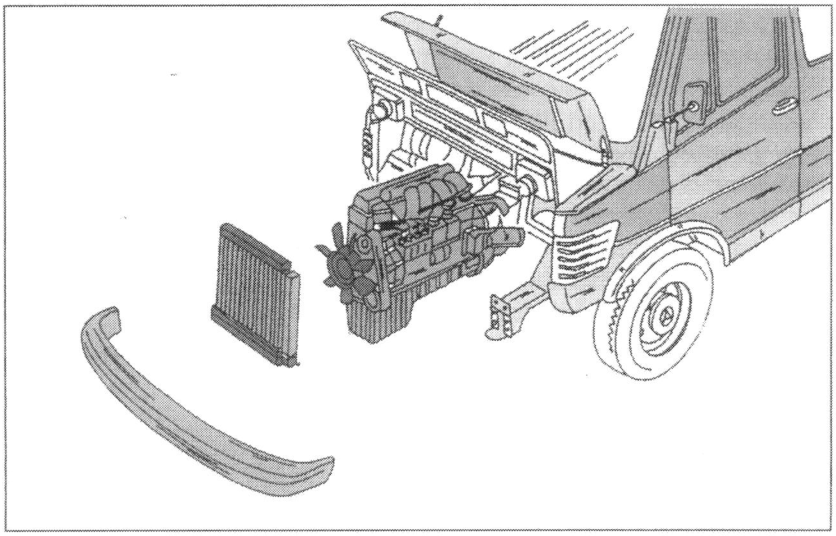

Bild 22
*Der Motor wird nach vorne aus dem Fahrzeug herausgezogen, nachdem die an der Vorderseite des Fahrzeuges montierten Teile ausgebaut wurden.*

Schwingungsdämpfer befestigt, hat also keinerlei starre Verbindung zum Vorderteil und damit zur Kurbelwelle. Schon die hier montierte Kupplung ist also schwingungsmäßig vom Motor getrennt.

## Ausbau und Einbau des Motors

Ein Flaschenzug oder ein Handkran ist erforderlich, um den Motor später aus den Aufhängungen zu heben. Der Motor wird zusammen mit dem Getriebe nach vorn herausgehoben, nachdem die in Bild 22 gezeigten Teile von der Vorderpartie des Fahrzeuges abmontiert wurden, d. h. die Arbeit ist ziemlich umfangreich. Das Triebwerk kann man auch nach oben herausheben, d. h. es gibt zwei Möglichkeiten. Es ist daran zu denken, dass das Gewicht der beiden Aggregate ca. 200 kg beträgt und dass der empfohlene Kettenflaschenzug oder der zu benutzende Wagenheber dieses Gewicht aushalten müssen. Da man den Motor schlecht nach oben herausheben kann, eignet sich ein Handkran mit einem Ausleger am besten zu dieser Arbeit. Die nachstehend angeführten Anweisungen gelten im Allgemeinen für alle Motoren.

⚠ Bei Fahrzeugen mit eingebauter Klimaanlage ist es nicht möglich, den Motor selbst auszubauen, da der Kühlkreis der Anlage entleert und wieder gefüllt werden muss – eine Arbeit, die nur die Werkstatt durchführen kann.

☞ Eine Möglichkeit wäre, die Anlage in einer Werkstatt entleeren zu lassen. Nach Einbau des Motors kann man die Anlage wieder füllen lassen.

Die nachfolgende Beschreibung gibt alle wesentlichen Schritte zum Ausbau des Motors, jedoch können bei entsprechend ausgestatteten Fahrzeugen Verbindungen zu lösen sein, die nicht unbedingt im anschließenden Text erwähnt sind. Verglichen mit dem Vorgänger diese Sprinter-Modelle, werden die meisten Arbeiten im Motorraum durchgeführt. In der Fahrerkabine braucht man nur den Schalthebel vom Getriebe lösen.
Bilder 23 und 24 zeigen einen Überblick über die abzuschließenden oder auszubau-

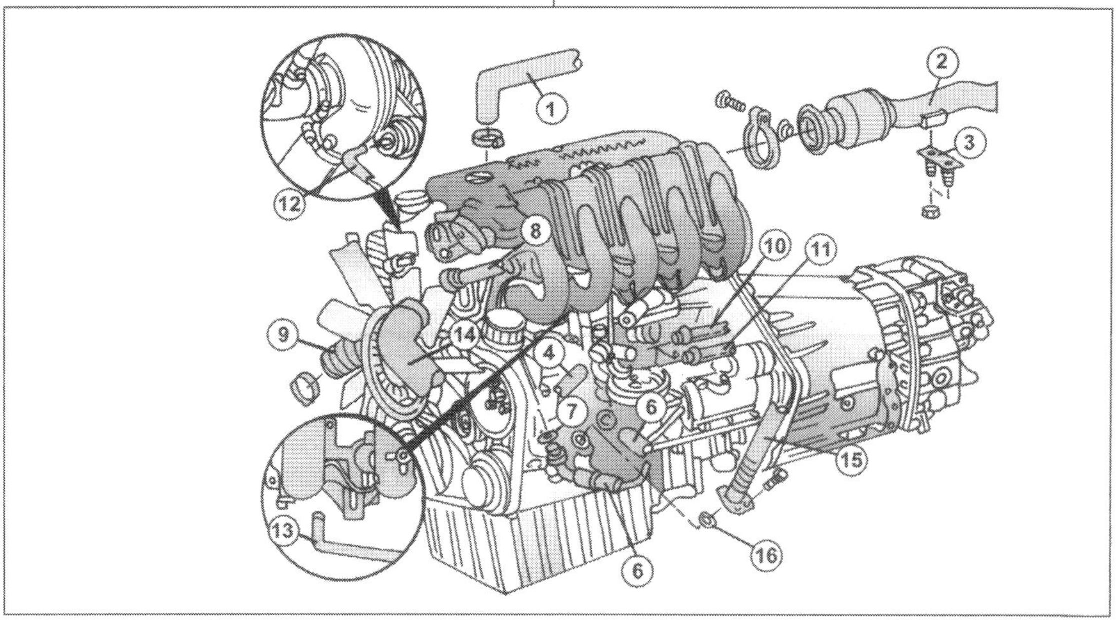


Bild 23
*Beim Ausbau des Motors auszubauende oder abzuschließende Teile. Gezeigt bei einem 612-Motor.*
*1 Kühlmittelschlauch von der Heizung*
*2 Vorderes Auspuffrohr*
*3 Stützbügel für Auspuffrohr*
*4 Kühlmittelschlauch, Rücklauf von der Heizung*
*5 Rücklaufschlauch*
*6 Hochdruckleitung*
*7 Dichtring*
*8 Unterdruckleitung*
*9 Luftansaugschlauch*
*10 Kraftstoffleitung*
*11 Kraftstoffleitung*
*12 Unterdruckleitung*
*13 Unterdruckleitung*
*14 Ladeluftschlauch*
*15 Kühlmittelleitung, Klimaanlage*
*16 Dichtring*

enden Teile (gezeigt beim 611-Motor). Bei den folgenden Anweisungen werden ebenfalls Hinweise zum Einbau gegeben, welche entsprechend zu beachten sind.

Es soll bereits jetzt erwähnt werden, dass alle selbstsichernden Muttern und Schrauben erneuert werden müssen.

■ Fahrzeug auf sichere Unterstellböcke setzen, wenn Arbeiten an der Unterseite durchgeführt werden.

■ Motorhaube folgendermaßen ausbauen. Auch der Einbau wird hier beschrieben. Dazu unter Bezug auf Bild 25 die Bundmuttern (6) am Scharnier (5) abschrauben (auf beiden Seiten). Die Schrauben (3) herausdrehen, die Unterlegscheiben (4) abnehmen und die Haubenstützen (2) von der Karosserie lösen. Die Haube (1) vorsichtig herunterheben und an geschützter Stelle ablegen oder aufrecht hinstellen. Beim Einbau die Haube (1) an den Scharnieren (5) anbringen, ohne die Bundmuttern fest anzuziehen. Die Haubenstützen (2) mit den Schrauben (3) und den Scheiben (4) anbringen und sofort festziehen. Die Haube wird jetzt eingestellt, um alle Spalte ringsherum einwandfrei herzustellen, und die Bundmuttern (6) werden angezogen. Die Scharniere einfetten.

■ Den Kabelstrang des Motors abschließen. Davon ausgenommen sind die Kabelanschlüsse am Anlasser.

■ Als Nächstes wird der Staubfilter ausgebaut. Diese Arbeit unter Bezug auf Bild 26 durchführen. Dazu die Isolierung über der Klappe des Ventilationskastens (1) entfernen und die Sicherungsclips (2) an der Vorder- und Rückseite öffnen. Die Klappe in Pfeilrichtung drücken und abnehmen. Der freigelegte Staubfilter in der rechten Ansicht kann jetzt herausgenommen werden. Der Einbau findet in umgekehrter Reihenfolge statt. Wird der Filter erneuert, muss man den für das Fahrzeug bestimmten Filter beziehen.

■ Kühlanlage folgendermaßen ablassen. Der Motor muss eine Temperatur von weniger als 90 °C haben. Als Erstes den Verschlussdeckel auf dem Dehngefäß der Kühlanlage abschrauben. Dazu den Deckel bis zur ersten Raste verdrehen (falls möglich einen Handschuh überziehen) und den Druck entweichen lassen. Danach vollkommen abdrehen. Das Kühlmittel sollte in geeigneter Weise aufgefangen werden, nicht einfach ablaufen lassen (Umweltverschmutzung!). Am besten einen geeigneten Schlauch auf den Ablassstopfen am Kühler schieben und den Stopfen lösen. Bild 27 zeigt, wo dies durchgeführt wird. In ähnlicher Weise einen Schlauch auf den Stopfen im Zylinderblock aufschieben und den Stopfen lösen. Kühlmittel in den untergestellten Behälter leiten. Beim Füllen der Anlage die Schläuche abziehen und die Stopfen festziehen (Stopfen im Block mit 30 Nm). Anlage füllen, die Heizungsregulierung auf »Max« stellen und den Motor anlassen. Motor mit mittlerer Drehzahl laufen lassen und dabei laufend Kühlmittel in das Dehngefäß füllen. Verschlusskappe aufschrauben, wenn das Kühlmittel eine Temperatur von ca. 60–70 °C hat.

■ Den Ladeluftschlauch (14) in Bild 23 vom Mischgehäuse des Abgasrückführungssystems abschließen.

■ Den Kühler ausbauen, wie es im betreffenden Kapitel beschrieben wird.

■ Die Hochdruckleitung (6) in Bild 23 und die Rücklaufleitung (5) von der Lenkhilfspumpe abschließen. Beim Einbau den Dichtring (7) erneuern.

■ Die Unterdruckleitung (13) an der Unterdruckdose der Verteilerleitung des Ladeluftsystems abschließen.

■ Die Kraftstoffleitungen (10) und (11) vom Kraftstofffilter abschließen. Beim Einbau die Klemmschellen erneuern.

■ Den Schlauch (15) am Kompressor der Klimaanlage abschließen (trifft nur bei Fahrzeugen mit Klimaanlage zu).

■ Unterdruckschlauch (8) vom Bremskraftverstärker abschließen. Dazu die Sicherun-

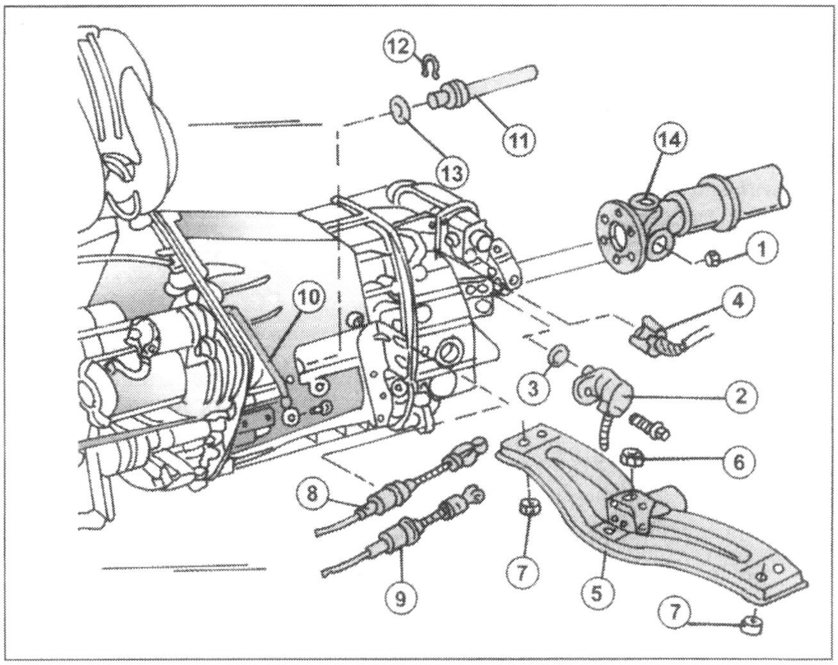


*Bild 24*
*Beim Ausbau des Motors am Getriebe auszubauende oder abzuschließende Teile. Gezeigt bei einem 612-Motor.*

***1*** *Mutter, 70 Nm*
***2*** *Sensor für Tachograph*
***3*** *Dichtring*
***4*** *Kabelstecker für Schalter der Rückfahrleuchte und Start/Stoppschalter des Motors*
***5*** *Hinterer Motorquerträger*
***6*** *Mutter, 90 Nm*
***7*** *Mutter, 45 Nm*
***8*** *Schaltseil*
***9*** *Schaltseil*
***10*** *Massekabel*
***11*** *Kupplungsflüssigkeitsleitung*
***12*** *Federsicherungsspange*
***13*** *Dichtring*
***14*** *Gelenkwelle*

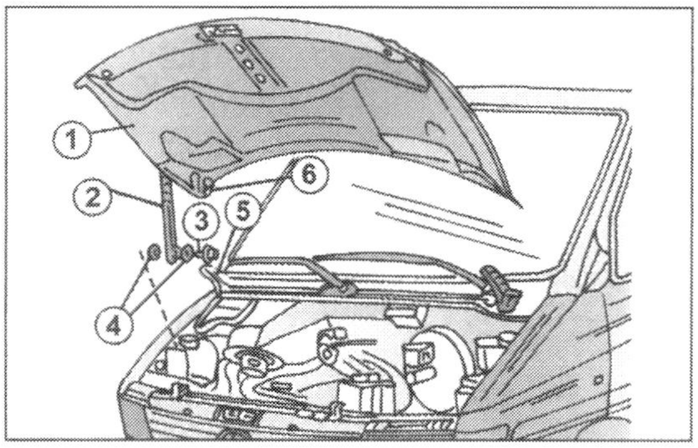


*Bild 25*
*Einzelheiten zum Aus- und Einbau der Motorhaube.*
*1 Motorhaube*
*2 Motorhaubenstütze*
*3 Bundschraube*
*4 Unterlegscheiben*
*5 Motorhaubenscharnier*
*6 Bundmutter*

gen des Schnellverschlusses zusammendrücken und den Verschluss gleichzeitig abziehen.

■ Den Rücklaufschlauch der Heizung (4) vom Zwischenstück abschließen und den Zulaufschlauch der Heizung (1) von der Kühlmittelleitung an der Seite des Zylinderkopfes abschließen.

■ Den Luftansaugschlauch (9) vom Luftfiltergehäuse trennen (Schelle lockern).

■ Unterdruckschlauch (12) von der Unterdruckdose für den Turbolader abschließen.

■ Die Muttern am Stützbügel (3) für das Vorderteil des Auspuffrohres (2) entfernen und das Rohr vom Turbolader trennen.

■ Die Gelenkwelle (14) in Bild 24 am Antriebsflansch am Getriebe trennen. Beim Einbau die Muttern (1) immer erneuern. Muttern mit 70 Nm anziehen.

■ Falls eingebaut den Geber für den Tachograph (2) in Bild 24 am Getriebe abschließen. Beim Einbau den Dichtring (3) erneuern.

■ Den Kabelstecker (4) in Bild 24 vom Schalter der Rückfahrleuchten abziehen. Ebenfalls einen Stecker vom Start/Stopp-Schalter des Motors abziehen.

■ Bei eingebautem Schaltgetriebe die Schaltseile (8) und (9) abschließen. Dazu die Sicherungsspangen zusammendrücken, von der Halterung trennen und die Schaltseile von den Kugelköpfen befreien. Beim Einbau sicherstellen, dass die Schaltseile gut auf die Kugelköpfe gedrückt werden.

■ Bei eingebautem Schaltgetriebe die Befestigung der Kupplungsflüssigkeitsleitung (11) in Bild 24 am Getriebe lösen, die Sicherungsspange (12) herausziehen und die Leitung (11) aus dem Kupplungsnehmerzylinder im Getriebe ziehen. Daran denken, dass auslaufende Bremsflüssigkeit nicht in die Augen oder an die bloße Haut kommen darf. Das offene Leitungsende in geeigneter Weise verschließen (z. B. eine Staubschutzkappe von einer Entlüftungsschraube eines Bremssattels abziehen, gut reinigen und auf das Ende der Leitung schieben). Beim Einbau die Spange (12) und den Dichtring (13) erneuern.

■ Das Massekabel (10) in Bild 24 am Rahmen abschließen.

■ Die Mutter (6) in Bild 24 am mittleren Lager des Getriebes entfernen, die Muttern (7) lösen und den hinteren Motorträger (5) langsam absenken und herausnehmen. Das Getriebe wird sich dabei auf den Querträger der Vorderachse senken. Beim Einbau die Muttern (7) mit 45 Nm, die Befestigung (6) mit 90 Nm anziehen.

■ Die Verkleidung des Zylinderkopfdeckels ausbauen, um besser an die Hebebügel zu kommen.

■ Einen Handkran mit einem Auslegerarm von vorn in den Motorraum einfahren und mit einer Seilschlinge oder Kette an den Heböösen an der Vorder- und Rückseite des Zylinderkopfes befestigen. Ebenfalls einen Wagenheber unter Motor/Getriebe untersetzen, um das Aggregat von unten abzustützen.

⚠ Ehe irgendwelche weiteren Arbeiten zum Lösen der Motor- und Getriebeaufhängungen durchgeführt werden, muss man sich davon überzeugen, dass das Aggregat einwandfrei gehalten wird und später nicht herunterfallen kann.

■ Die Schraube in der Mitte der Motoraufhängung auf beiden Seiten herausdrehen. Beim Einbau den Motor langsam auf die Motoraufhängungen senken und die Schrauben

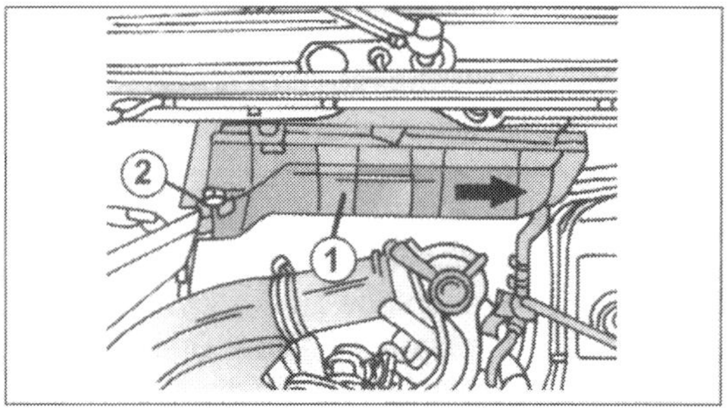


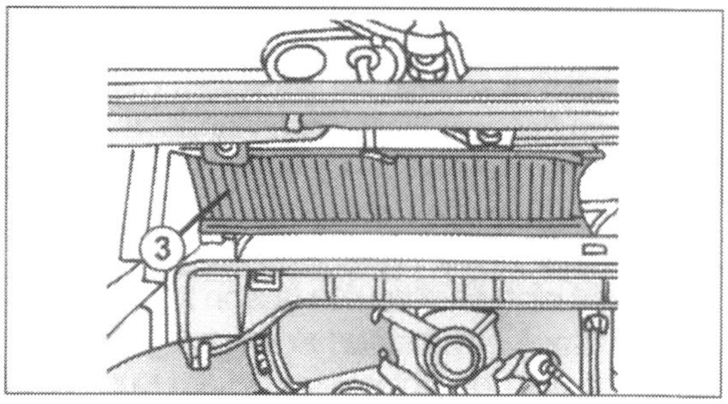


*Bild 26*
*Zum Aus- und Einbau des Staubfilters für die Heizungs/Belüftungsanlage. Nach Ausbau des Deckels (1) die Sicherungsclips (2) entfernen, den Deckel in Pfeilrichtung schieben und den Staubfilter (3) herausnehmen.*

in der Mitte eindrehen und handfest anziehen, bis Motor und Aufhängung miteinander verbunden sind. Danach den Motor vollkommen absenken und die Schrauben auf beiden Seiten mit 83 Nm anziehen.

- Den Motor zusammen mit dem Getriebe herausheben. Das Herausheben ständig überwachen, um keine Schäden anzurichten.

Der Einbau des Motors geschieht in umgekehrter Reihenfolge wie der Ausbau unter Beachtung der bereits gegebenen Hinweise während der Anweisungen über den Ausbau.

Bei eingebautem Schaltgetriebe die Kupplungsanlage entlüften. Kraftstoffanschlüsse und Kühlanlage auf Leckstellen überprüfen. Weitere zu beachtende Punkte:

- Motoraufhängungen und die Öl- und Kraftstoffleitungen auf Beschädigungen kontrollieren und die Teile wie erforderlich erneuern.
- Bei eingebautem Schaltgetriebe den Zustand des Ausrücklagers für die Kupplung kontrollieren und ggf. erneuern.
- Keine der Motorenteile anschließen, ehe die Motoraufhängungslager und Lagerträger eingebaut sind und das Motor und Getriebe frei von der verwendeten Seilschlinge sind.
- Gelenkwelle wieder anschließen (siehe betreffendes Kapitel).
- Ölstand im Motor und Getriebe überprüfen und ggf. berichtigen. Falls Motor geleert wurde, muss er mit der erforderlichen Ölmenge gefüllt werden.

Vor Einfüllen des Kühlmittels kontrollieren, dass alle Ablassstellen geschlossen wurden. Frostschutzmittel müssen gemischt werden.

- Alle Schrauben und Muttern mit den genannten Anzugsdrehmomenten anziehen.

Der Ausbau von Motor und Getriebe ist nicht notwendig, wenn nur die Aufhängungsgummilager oder der Querträger ausgebaut oder erneuert werden müssen.

## Motor zerlegen und zusammenbauen

Alle mit Dieselkraftstoff arbeitenden Motoren sind sehr empfindlich gegen Schmutz. Bei irgendwelchen Arbeiten am Motor muss unbedingt darauf geachtet werden,

*Bild 27*
*Einen passenden Schlauch (2) auf den Nippel des Ablassstopfens aufschieben, den Schlauch in einen Behälter leiten und den Stopfen (1) öffnen, um das Kühlmittel abzulassen. Ähnliche Arbeiten am Ablassstopfen im Zylinderblock durchführen.*

dass kein Schmutz oder sonstige Fremdkörper in Leitungen, Anschlüsse und dergleichen gelangen können. Am besten ist es, wenn man alle Kraftstoffanschlüsse und anderen Öffnungen sofort mit Klebband abdeckt.

Vor Beginn der Arbeiten sind alle Außenflächen des Motors gründlich zu reinigen. Alle Öffnungen des Motors vorher mit einem sauberen Putzlappen abdecken, damit keine Fremdkörper in die Innenseite des Motors gelangen können.

Da eine Ganzzerlegung des Motors nur in seltenen Fällen erforderlich ist, und viele der Arbeiten bei eingebautem Motor durchgeführt werden können, werden die einzelnen Arbeiten in den nächsten Kapiteln getrennt beschrieben. Falls der Motor komplett überholt werden soll, braucht man nur die einzelnen Arbeitsgänge miteinander verbinden.

Im Allgemeinen sollte man beim Zerlegen daran denken, dass alle sich bewegenden oder gleitenden Teile vor dem Ausbau zu zeichnen sind, um sie wieder in der ursprünglichen Lage einzubauen. Dies ist besonders bei Kolben, Ventilen, Lagerdeckeln und Lagerschalen wichtig. Die Teile so ablegen, dass man sie nicht durcheinander bringen kann.

Lager- und Dichtflächen auf keinen Fall mit einer Reißnadel oder gar Schlagzahlen zeichnen. Viele Teile sind aus Aluminium hergestellt und sind dem entsprechend zu behandeln. Falls Hammerschläge zum Trennen bestimmter Teile erforderlich sind, nur einen Gummi-, Plastik- oder Hauthammer verwenden.

Bei der folgenden Beschreibung beziehen wir uns auf alle Motoren im Allgemeinen, da der Unterschied in den meisten Fällen nur in der Anzahl der Zylinder liegt. Alle für einen betreffenden Motor zutreffenden Unterschiede werden getrennt erwähnt.

## Zylinderkopf

Der Zylinderkopf ist aus einer Leichtmetalllegierung gegossen. Motorkühlmittel, Motoröl, die Luft zur Verbrennung des Kraftstoffs und die Abgase strömen durch verschiedene Bohrungen, bzw. Kanäle im Kopf. Die Glühkerzen, die Einspritzdüsen, die Ventilfedern und die Ventilstößel sind im Zylinderkopf montiert. Ebenfalls im Kopf gelagert sind die Nockenwellen. Der Auspuffkrümmer und die Saugrohre, sozusagen der Ansaugkrümmer, sind an der Außenseite des Zylinderkopfes verschraubt. Der Kraftstoff strömt auf einer Seite des Zylinderkopfes ein und verlässt ihn auf der anderen Seite. Der Zylinderkopf ist mit verschiedenen Gebern, Fühlern und Schaltventilen versehen, welche alle bestimmte Funktionen der Temperaturregulierung usw. übernehmen.

⚠ Da der Zylinderkopf aus Leichtmetall hergestellt ist, kann er sich leicht verziehen, wenn man zum Beispiel die Reihenfolge zum Lösen und Anziehen der Zylinderkopfschrauben nicht beachtet. Ebenfalls darf man einen Zylinderkopf nicht ausbauen, wenn der Motor heiß ist.

Im eingebauten Zustand kann man einen Zylinderkopf nicht überprüfen. Eine Zylinderkopfdichtung kann durchbrennen. Eine kurze Kontrolle kann man nach Öffnen des Verschlussdeckels des Dehngefäßes vornehmen. Falls bei heißem Motor Luftblasen im Vorratsbehälter zu sehen sind, kann man annehmen, dass die Dichtung durchgebrannt ist. Weitere Anzeichen einer durchgebrannten Dichtung sind weißer Auspuffrauch, Öl im Kühlmittel oder Kühlmittel im Öl. Der letztere Schaden kann am herausgezogenen Ölmessstab gesehen werden. Falls die Ölmarke am Messstab ein weiß-graues Aussehen hat, kann man annehmen, dass die Dichtung Schaden genommen hat.

⚠ Falls man sicher ist, dass bereits Wasser in die Zylinder eingedrungen ist und man benötigt das Fahrzeug zur Heimfahrt oder dergleichen, muss man die Einspritzdüsen ausschrauben und den Motor mit dem Anlasser durchdrehen. Dadurch wird das Wasser ausgestoßen. Danach die Düsen wieder einschrauben, den Motor anlassen und zum Fahrziel fahren, ohne den Motor wieder abzustellen. Nur so können schwere Schäden am Kurbeltrieb vermieden werden (verbogene Pleuel zum Beispiel).

Die folgenden Anweisungen beziehen sich auf einige Arbeiten, welche am Zylinderkopf durchgeführt werden können.

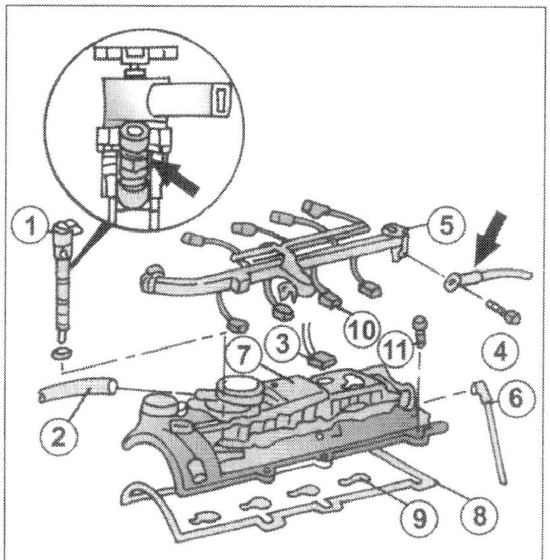


*Bild 28*
*Einzelheiten zum Aus- und Einbau der Zylinderkopfhaube.*
- **1** *Einspritzdüse*
- **2** *Belüftungsleitung des Kurbelgehäuses*
- **3** *Kabelstecker des Stellungssensors der Nockenwelle*
- **4** *Schraube*
- **5** *Kabelschacht mit Motorkabelstrang*
- **6** *Auslassleitung*
- **7** *Zylinderkopfhaube*
- **8** *Dichtung*
- **9** *Dichtungen*
- **10** *Kabelstecker der Glühkerzen*
- **11** *Schraube*

**Aus- und Einbau der Zylinderkopfhaube**

Bild 28 zeigt die auf der Oberseite des Zylinderkopfes sitzenden Teile. Je nach Motor sieht es darunter unterschiedlich aus. Bild 29 zeigt in der linken Ansicht, wie der 611-Motor aussieht. Beim 612-Motor ist zusätzlich das Verteilerrohr der Ladeluft an der Pfeilstelle in der rechten Ansicht eingebaut und muss entsprechend den nachfolgenden Anweisungen ausgebaut werden. Die einzelnen Arbeiten werden nochmals abgegliedert. Damit ist man in der Lage, auch die genannten Teile auszubauen.

Beim Aus- und Einbau folgendermaßen vorgehen. Wiederum werden beim Einbau zu beachtende Punkte jeweils nach jedem Arbeitsschritt erwähnt. Folgende Arbeiten durchführen.

- Bei einem 611-Motor das Oberteil des Ladedruckverteilerrohres ausbauen (siehe unten).
- Bei einem 612-Motor das Ladedruckverteilerrohr (Pfeil, Bild 29 rechts) ausbauen (siehe unten).
- Abdeckung der Zylinderkopfhaube ausbauen (siehe unten).
- Einspritzleitungen und Einspritzventile (1) ausbauen (siehe unten).
- Belüftungsschlauch des Kurbelgehäuses (2) in Bild 28 abschließen und den Kabelstecker (3) am Stellungsgeber der Nockenwelle abziehen.

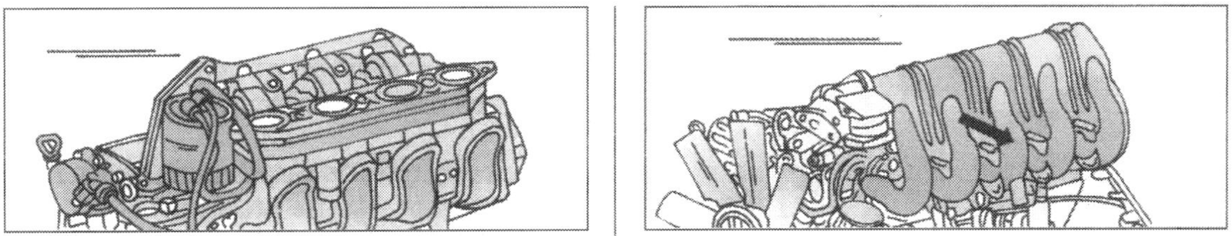

*Bild 29*
*Ansicht der Oberseite des Zylinderblocks. Im linken Bild beim 611-Motor. Beim 612-Motor ist zusätzlich das Verteilerrohr für die Ladeluft (Pfeil) eingebaut.*

- Kabelstecker (10) von den Glühkerzen abziehen.
- Schraube (4) ausschrauben, den Kabelschacht (5) zusammen mit dem Motorkabelstrang an der Zylinderkopfhaube (7) und am Common-Rail-Verteilerrohr ausclipsen und auf eine Seite drücken. Beim Einbau nicht das untergelegte Massekabel vergessen (Pfeil).
- Auslassleitung (6) trennen, die Schrauben (11) lösen und die Haube (7) herunterheben.

Tipp: Beim Einbau folgende Punkte beachten:

- Beim Einbau der Haube die Dichtungen (8) und (9) in Bild 28 kontrollieren und im Schadenfall erneuern. Die Schrauben (11) nicht vollkommen anziehen, da die Einspritzdüsen durch die Haube ausgerichtet werden.
- Beim Einbau der Einspritzdüsen (siehe unten) alle Düsen mit den Spannklauen montieren und danach in folgender Reihenfolge anziehen: 611-Motor 2-3-4-1, 612-Motor 3-4-5-2-1. Die Schrauben (11) der Haube jetzt mit 9 Nm anziehen.
- Kabelstecker (10) auf die Glühkerzen aufschieben, Kabelschacht (5) mit dem Motorkabelstrang an der Haube anbringen und die Schraube (4) anziehen.
- Leitungen (6) und (2) wieder anschließen.
- Alle anderen Arbeiten in umgekehrter Reihenfolge durchführen.

### *Oberteil des Verteilerrohres für die Ladeluft aus- und einbauen – 611-Motor*

- Beim 611-Motor unter Bezug auf Bild 30 das Oberteil des Verteilerrohres für die Ladeluft (1) ausbauen. Als Erstes die Schlauchschelle (11) lockern und den Schlauch (2) abziehen. Auf der anderen Seite den Unterdruckschlauch (9) abziehen. Die Schraube (3) an der vorderen Halterung der Zylinderkopfhaube herausdrehen, die Schraube (4) am Halter des Kraftstofffilters lösen (selbstsichernde Mutter erneuern) und die Schrauben (5) am hinteren Halter der Haube lösen. Die Flanschverbindung am Ventil der Abgasrückführung (6) trennen. Die Dichtung (7) muss immer erneuert werden. Die Muttern (10) abschrauben und das Verteilerrohr (1) herunterheben. Abschrauben. Der Einbau findet in umgekehrter Reihenfolge statt. Die Dichtungen (8) müssen erneuert werden. Die Muttern (10) mit 9 Nm anziehen.

### *Verteilerrohr der Ladeluft aus- und einbauen – 612-Motor*

Beim 612-Motor das Verteilerrohr der Ladeluft (Pfeil in Bild 29, rechte Ansicht) unter Bezug auf Bild 31 ausbauen. Vor Ausbau ist zu beachten:

Achtung: Es besteht die Gefahr der Entzündung des Kraftstoffs. Keine nackten Flammen benutzen oder bei der Arbeit rauchen. Kraftstoff nur in geeignete Behälter laufen lassen. Augen und Hände dürfen nicht mit Kraftstoff in Verbindung kommen.

Achtung: Beim Öffnen der Kühlanlage darf der Motor keine Temperatur von mehr als 90 °C haben. Kappe des Ausgleichsbehälters langsam öffnen und den Druck entweichen lassen. Lederhandschuhe sollten dabei benutzt werden.

Beim Ausbau des Verteilerrohres (1) in Bild 31 folgendermaßen vorgehen:

- Kühlanlage ablassen, wie es beim Ausbau des Motors beschrieben wurde.
- Den Kabelstrang des Motors auf der Seite des Fahrzeuges abschließen.
- Den Ladeluftschlauch (15) an der Misch-

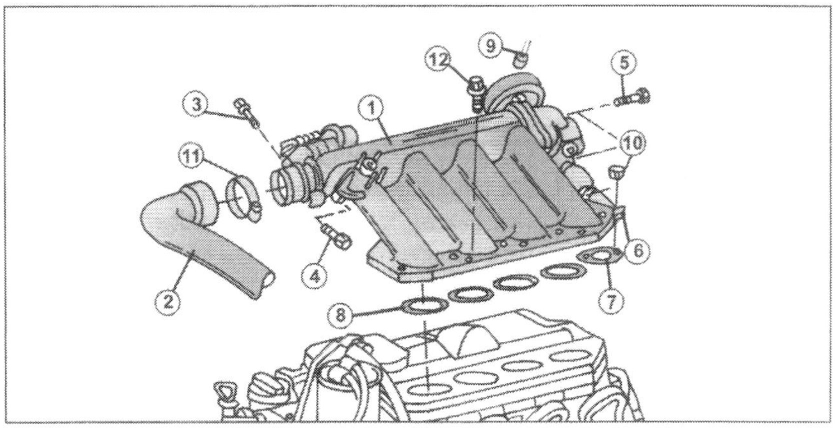


*Bild 30*
*Einzelheiten zum Aus- und Einbau des Oberteils des Verteilerrohres für die Ladeluft beim 611-Motor.*
**1** Oberteil
**2** Luftansaugschlauch
**3** Schraube, 9 Nm
**4** Schraube, 9 Nm
**5** Schraube, 9 Nm
**6** Abgasrückführungsventil
**7** Dichtung
**8** Dichtung
**9** Unterdruckschlauch
**10** Mutter
**11** Schlauchschelle
**12** Schraube, Oberteil an Unterteil, 9 Nm

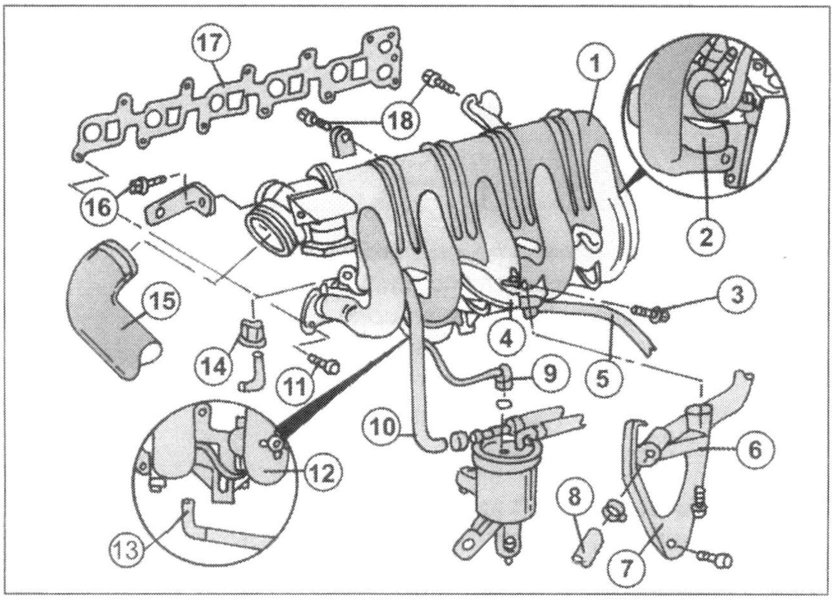


*Bild 31*
*Einzelheiten zum Aus- und Einbau des Verteilerrohres für die Ladeluft beim 612-Motor.*
*1 Verteilerrohres für die Ladeluft*
*2 Kühlmittelschlauch*
*3 Schraube, 16 Nm*
*4 Kabelschacht des Motorkabelstrangs*
*5 Motorkabelstrang*
*6 Kabelstecker*
*7 Haltebügel*
*8 Kühlmittelschlauch*
*9 Kraftstoffleitung*
*10 Kraftstoffleitung*
*11 Schraube, 20 Nm*
*12 Unterdruckvorratsbehälter*
*13 Unterdruckschlauch*
*14 Kabelstecker*
*15 Ladeluftschlauch*
*16 Stützwinkel*
*17 Dichtung für (1)*
*18 Schrauben, 16 Nm*

kammer abschließen. Dazu eine Feder an der Pfeilstelle nach oben ziehen.

■ Den Kabelstecker (14) abziehen. Schraube (3) ausdrehen.

■ Den Kühlmittelschlauch (8) am Zwischenstück (6) abschließen.

■ Kraftstoffleitung (10) und (9) am Kraftstofffilter abschließen. Beim Einbau der Leitung (10) die Schlauchschelle erneuern, beim Anschließen der Leitung (9) den Dichtring erneuern.

■ Den Stützbügel (7) mit der Verbindung (6) vom Verteilerrohr und vom Kurbelgehäuse abschrauben.

■ Die Schrauben (18) lösen und den Haltebügel (16) abnehmen.

■ Den Unterdruckschlauch (13) vom Unterdruckvorratsbehälter (12) abschließen.

■ Den Kühlmittelschlauch (2) vom Verteilerrohr (1) abschließen und die Schrauben (11) neben dem Kühlmittelschlauch (2) lösen. Ebenfalls alle anderen Schrauben (1) ringsherum lösen. Diese Arbeiten müssen von unten aus durchgeführt werden. Das Verteilerrohr vom Zylinderkopf wegdrücken und nach oben zu herausnehmen. Während dieser Arbeit den Kabelstrang (5) und durch beiden Kraftstoffleitungen (9) und (10) durch die Öffnungen im Verteilerrohr führen.

Der Einbau findet in umgekehrter Reihenfolge statt. Beim Einbau zwei M7-Stiftschrauben mit einem Schlitz im Schraubenende in den Kopf einschrauben, die Dichtung auflegen und das Verteilerrohr ansetzen. Verbleibende Schrauben eindrehen und die beiden Stiftschrauben ausschrauben. Die Schrauben gleichmäßig mit 16 Nm anziehen. Stützbügel am Verteilerrohr mit 14 Nm und am Kurbelgehäuse mit 20 Nm anziehen.

### Abdeckung des Zylinderkopfdeckels aus- und einbauen – beide Motoren

■ Das damit genannte Teil ist in Bild 32 mit (1) bezeichnet. Das Bild zeigt einen 611-Motor. Bei diesem Motor vorher das Oberteil des Ladeluftrohres ausbauen, wie es bereits beschrieben wurde und das Winkelstück (3) abschrauben.

■ Bei allen Motoren die Schrauben (2) lösen und die Abdeckung (1) herunterheben. Der Einbau findet in umgekehrter Reihenfolge statt. Die Schrauben (2) mit 11 Nm anziehen.

### Einspritzleitungen der Common-Rail-Einspritzanlage aus- und einbauen

⚠ Die bereits gegebenen Vorsichtsmaßnahmen müssen beachtet werden.

■ Bei einem 611-Motor das Oberteil des Ladeluftverteilerrohres ausbauen (siehe bereits gegebene Beschreibung), bei allen Motoren die Abdeckung des Zylinderkopfdeckels ausbauen.

■ Die Überwurfmuttern der Einspritzleitungen von den Einspritzdüsen und am Kraftstoffverteilerrohr abschrauben. Dabei das Sechskant an den Einspritzdüsen mit einem Gabelschlüssel gegenhalten. Beim Anziehen die Überwurfmuttern mit 23 Nm anziehen. Drehmoment unbedingt beachten.

■ Die Einspritzleitungen abnehmen, ohne sie dabei zu verbiegen oder zu knicken. Offene Enden in geeigneter Weise verschließen. Beim Einbau auf gute und spannungsfreie Verlegung achten.

### Einspritzdüsen aus- und einbauen

Die Düsen haben einen festen Sitz; in der Werkstatt wird ein Abzieher zum Herausziehen der Düsen benutzt. Die in Frage kommenden Teile sind in Bild 33 gezeigt. Die bereits gegebenen Sicherheitsmaßnahmen müssen beachtet werden.

■ Beim 611-Motor das Oberteil des Ladedruckrohres ausbauen (siehe oben), bei allen Motoren die Abdeckung der Zylinderkopfhaube und die Einspritzleitungen (8 im Bild) ausbauen (siehe oben).

■ Die Kabelstecker (7) von den Einspritzdüsen (1) abziehen.

■ Die Sicherungsspangen (5) von den Anschlüssen der Leckölleitung (6) entfernen und die Leitung auf eine Seite drücken.

■ Die Dehnschrauben (4) herausdrehen und die Spannklaue (3) abnehmen. Die Schrauben müssen immer erneuert werden. Schrauben mit 7 Nm anziehen und danach im Winkelanzug um eine Viertelumdrehung nachziehen.

■ Die Einspritzdüse(n) jetzt herausziehen. Falls eine Düse festsitzt, wird in der Werkstatt ein Klauenabzieher benutzt (Nr. 667589036300), dessen Klaue (Nr. 611589013300) anstelle der Spannklaue angesetzt. Falls Einspritzdüsen erneuert werden, muss man den Motor angeben, da nicht alle Motoren die gleichen Einspritzdüsen haben.

■ Der Einbau findet in umgekehrter Reihenfolge statt.

### *Vorderen Deckel des Zylinderkopfes aus- und einbauen – beide Motoren – Vorarbeiten*

Wiederum sind die folgenden Arbeiten durchzuführen, ehe man den Deckel ausbauen kann.

■ Zylinderkopfhaube ausbauen (siehe oben).

■ Unterdruckpumpe unter Bezug auf Bild 34a ausbauen. Zuerst die Unterdruckleitung (2) von der Unterdruckpumpe (1) abschließen. Dazu die beiden mit den Pfeilen bezeichneten Sperren zusammendrücken und die Leitung abziehen.

■ Das Führungsrohr des Ölmessstabs vom Zylinderkopf lösen.

■ Die Schrauben (6) von der Pumpe (1) lösen und die Pumpe nach vorn zu abziehen. Beim Einbau den Mitnehmer an der Rückseite der Pumpe in den Mitnehmer der Nockenwelle (5) einsetzen. Dichtringe (3) und 4) müssen erneuert werden. Dichtflächen einwandfrei reinigen.

■ Der Einbau findet in umgekehrter Reihenfolge statt. Schrauben mit 14 Nm anziehen.

### *Vorförderpumpe aus- und einbauen – beide Motoren*

Die genannte Pumpe ist in Bild 34a mit (7) bezeichnet. Die genaue Einbauweise der Pumpe kann Bild 34b entnommen werden. Sicherheitshinweise hinsichtlich des Kraftstoffs müssen beachtet werden.

■ Unterdruckpumpe ausbauen (siehe oben) und zwei Kraftstoffleitungen (2) und (3) an der Pumpe und ebenfalls am Motor abschließen. Der Polykeilriemen muss in geeigneter Weise abgedeckt werden, da auslaufender Kraftstoff den Riemen beschädigen könnte.

■ Die Schrauben (5) an der Außenseite der Pumpe (1) lösen und die Pumpe abziehen. Die Pumpe darf nicht zerlegt werden. Beim Einbau den dahinter sitzenden Dichtring (4) erneuern. Die Dichtflächen gut reinigen und die Pumpe mit dem Antriebsmitnehmer (6) in Eingriff mit dem Mitnehmer der Einlassno-

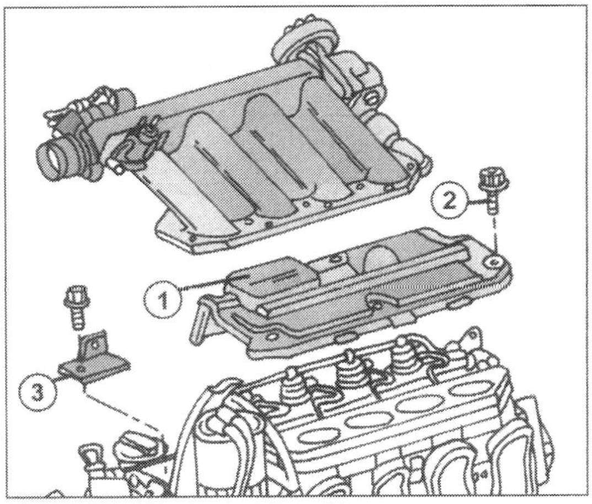


*Bild 32*
*Einzelheiten zum Aus- und Einbau der Abdeckung des Zylinderkopfdeckels. Gezeigt beim 611-Motor.*
*1 Abdeckung*
*2 Schraube. 11 Nm*
*3 Stützbügel*

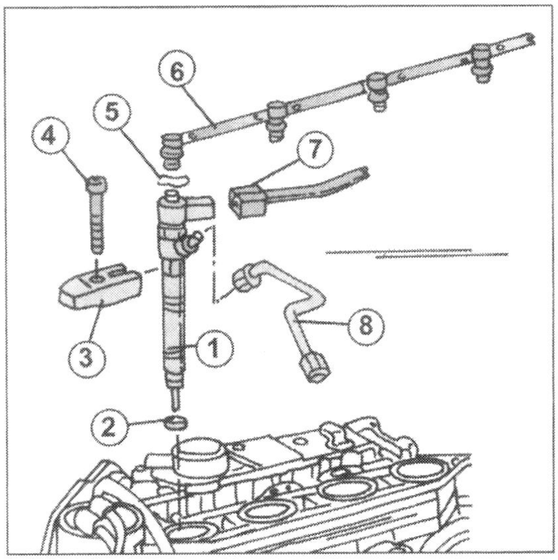


*Bild 33*
*Zum Aus- und Einbau der Einspritzdüsen.*
*1 Einspritzdüse*
*2 Dichtring*
*3 Klemmstück*
*4 Dehnschraube, 7 Nm + 90°*
*5 Sicherungsspange*
*6 Leckölleitung*
*7 Kabelstecker*
*8 Einspritzleitung*

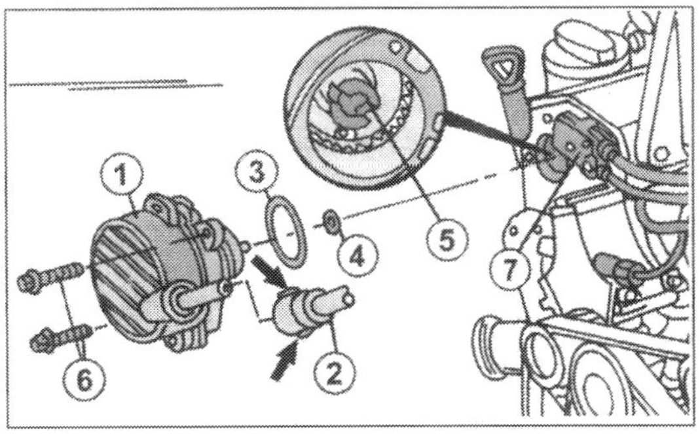


*Bild 34a*
*Zum Aus- und Einbau der Unterdruckpumpe (beide Motoren).*
*1 Unterdruckpumpe*
*2 Unterdruckleitung*
*3 Dichtring*
*4 Dichtring*
*5 Auslassnockenwelle*
*6 Schraube, 14 Nm*
*7 Vorförderpumpe*

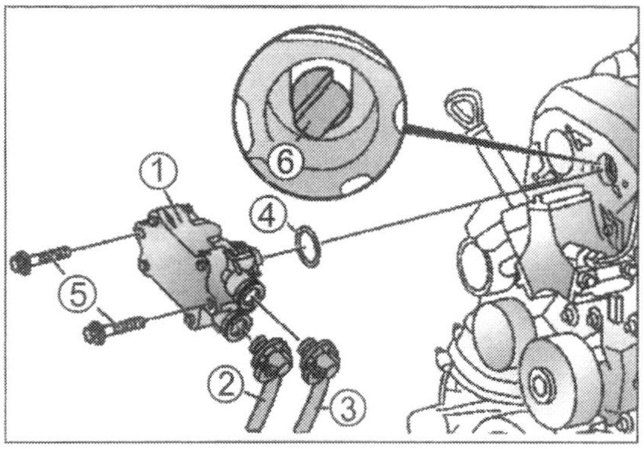


*Bild 34b*
*Zum Aus- und Einbau der Vorförderpumpe. Die Pumpe ist wie in Bild 34a gezeigt am Zylinderblock angebracht.*
*1 Vorförderpumpe*
*2 Kraftstoffzufuhrleitung*
*3 Kraftstoffauslassleitung*
*4 Dichtring*
*5 Torx-Kopf-Schraube, 9 Nm*
*6 Antriebsmitnehmer in Einlassnockenwelle*

ckenwelle bringen. Schrauben (5) der Pumpe (1) mit 9 Nm am oberen Deckel des Zylinderkopfes festziehen.

***Kettenspanner aus- und einbauen – beide Motoren***
Der Kettenspanner sitzt in der Seite des Zylinderkopfes. Von der Außenseite gesehen sieht er wie später in Bild 78 gezeigt aus, d. h. man kann nur einen Schraubenkopf (1) sehen, unter welchem ein Dichtring sitzt. Zum Ausbau den Spanner einfach ausschrauben. Beim Einbau den Dichtring erneuern. Um den Einbau zu erleichtern, die Kurbelwelle etwas in Drehrichtung verdrehen. Dabei wird die Steuerkette in der Nähe der Spannschiene etwas locker. Den Kettenspanner nach Einschrauben mit 80 Nm anziehen.

***Vorderen Deckel des Zylinderkopfes aus- und einbauen – beide Motoren – eigentlicher Ausbau***
■ Bild 35 zeigt auf der linken Seite, wie der Deckel befestigt ist. Als Erstes die Schrauben (2) des Deckels (1) lösen. Schrauben beim Einbau mit 14 Nm anziehen.
■ Mit einem Schraubenzieher die Sperrklinke (7) der oberen Führungsschiene (6) anheben (rechte Ansicht) und den mit einer Rille versehenen Passstift herausziehen. Die Führungsschiene wird frei, verbleibt aber im Kettenkasten.
■ Deckel nach vorn vom Zylinderkopf abziehen. Beim Einbau auf den richtigen Eingriff der Passstifte (3), (4) und (5) achten. Die Dichtflächen müssen gut gesäubert und mit Dichtungsmasse eingeschmiert werden (nur von Mercedes-Benz empfohlene Dichtungsmasse benutzen). Dichtungsmasse in einer Breite von 1,5 mm auftragen. Der Einbau muss innerhalb 10 Minuten stattfinden.

## Aus- und Einbau des Zylinderkopfes

Die Kettenräder der Nockenwellen müssen beim Ausbau gegen Verdrehung gesperrt werden. Vor Ausbau deshalb die Beschreibung durchlesen. Bild 36 zeigt die bei der Demontage des Kopfes auszubauenden Teile am Beispiel des 611-Motors. Arbeiten beim 612-Motor werden in ähnlicher Weise durchgeführt. Wiederum werden untergeordnete Arbeitsgänge unter getrennten Überschriften beschrieben.
■ Massekabel der Batterie abschließen.
■ Kühlanlage ablassen wie es beim Ausbau des Motors beschrieben wurde.

***Nockenwellen aus- und einbauen***
Die Einzelteile der Nockenwellen sind in Bild 38 gezeigt (611-Motor). Zu beachten ist die Kennzeichnung der Nockenwelle, auf welche später bei der Beschreibung der Steuerung eingegangen wird (siehe auch Bild 83).
■ Zylinderkopfhaube ausbauen (siehe Beschreibung weiter vorne).
■ Die Kurbelwelle im Uhrzeigersinn drehen, bis der Kolben des ersten Zylinders auf dem oberen Totpunkt steht. Motor nicht an den Nockenwellen oder rückwärts durchdrehen.

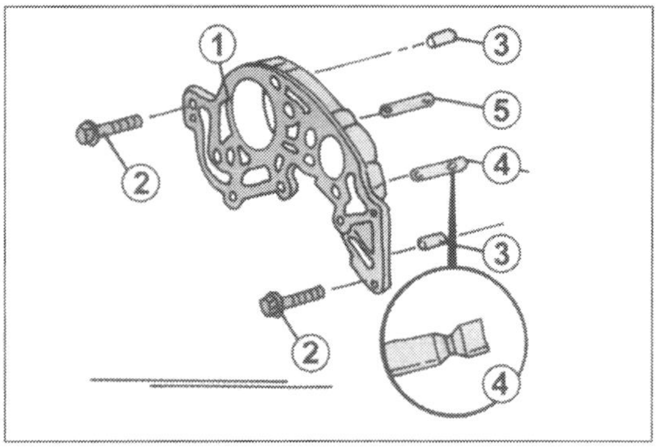


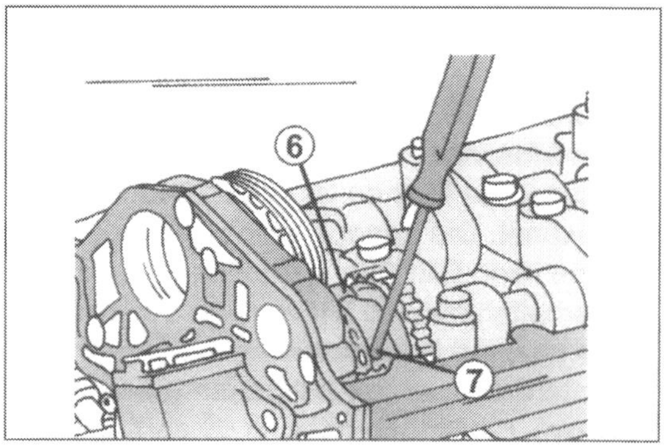


*Bild 35*
*Zum Aus- und Einbau des vorderen Deckels des Zylinderkopfes. Auf der rechten Seite sieht man, wie die Sperrklinke der oberen Führungsschiene angehoben wird.*
*1 Vorderer Deckel*
*2 Schrauben, 14 Nm*
*3 Passstifte*
*4 Passstift mit Rille*
*5 Passstift*
*6 Obere Führungsschiene*
*7 Sperrklinke*

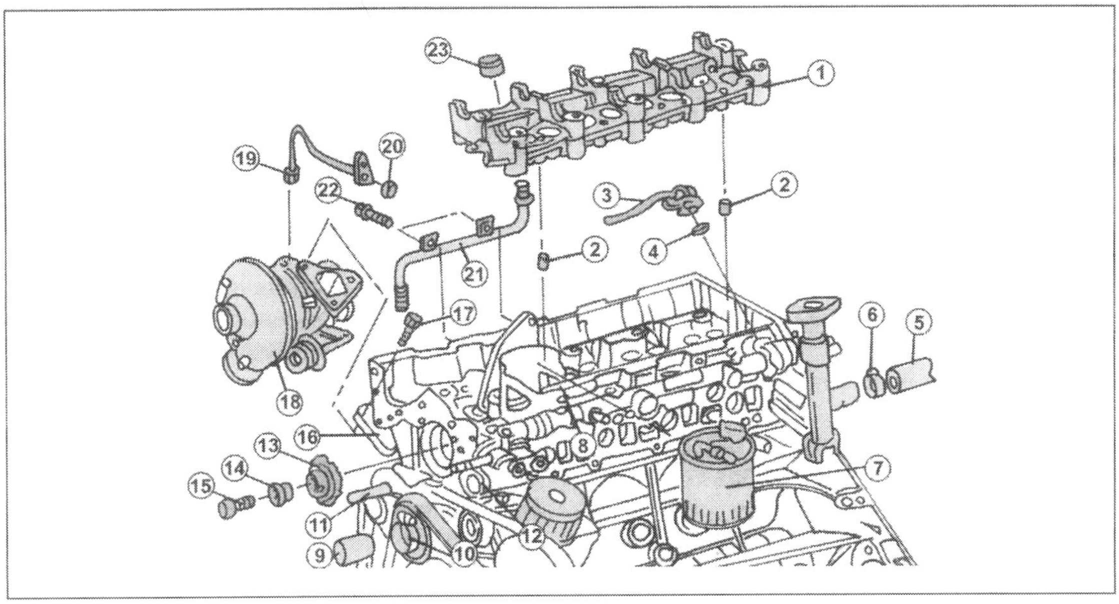


*Bild 36*
*Zum Aus- und Einbau des Zylinderkopfes. Gezeigt beim 611-Motor.*
***1*** *Nockenwellengehäuse*
***2*** *Passhülse zur Führung des Gehäuses*
***3*** *Kraftstoffleitung*
***4*** *Dichtring*
***5*** *Kühlmittelschlauch*
***6*** *Schlauchschelle*
***7*** *Kraftstofffilter*
***8*** *Schraube*
***9*** *Kühlmittelschlauch*
***10*** *Schlauchschelle*
***11*** *Kühlmittelschlauch*
***12*** *Schlauchschelle*
***13*** *Antriebsrad der Hochdruckpumpe*
***14*** *Büchse*
***15*** *Schraube*
***16*** *Abgaskrümmer*
***17*** *Schraube*
***18*** *Abgasturbolader*
***19*** *Ölzufuhrleitung, 18 Nm*
***20*** *Dichtring*
***21*** *Kühlmittelleitung*
***22*** *Schraube*
***23*** *Hydraulisches Ausgleichselement der Ventileinstellung*

Die genaue Stellung der Nockenwellen muss mithilfe der linken Ansicht von Bild 37 kontrolliert werden, d. h. an den Pfeilstellen müssen die Steuermarken gegenüberliegen. In der Kurbelwellenriemenscheibe, d. h. im Schwingungsdämpfer, ist die Bezeichnung OT (oberer Totpunkt) eingezeichnet, welche senkrecht an der Oberseite stehen muss.

■ Die Einlassnockenwelle (1) in Bild 38 gegen Verdrehung sperren. In der Werkstatt wird dazu ein Arretierwerkzeug wie in der mittleren Ansicht von Bild 37 in die Rückseite des ersten Lagerdeckels in die Bohrung (A) des Kettenrades der Einlassnockenwelle eingeschoben. Die rechte Ansicht von Bild 37 zeigt den Bolzen (A) im Kettenrad der Einlassnockenwelle. Die Markierungen in diesem Kettenrad und im Kettenrad der Auslassnockenwelle (2) müssen wie durch (B) gezeigt gegenüberliegen.

■ Kettenspanner und vorderen Deckel des Zylinderkopfes ausbauen (siehe Beschreibung weiter vorne und Bild 35). Nach Ausbau den Mitnehmer aus der Einlassnockenwelle ausschrauben und die Gleitschiene abnehmen.

■ Das Kettenrad (5) in Bild 38 von der Auslassnockenwelle (2) nach Lösen der Schrauben (3) mit der aufgelegten Steuerkette herunterziehen. Die Nockenwelle kann mit einem Gabelschlüssel an einem Sechskant gegengehalten werden.

■ Nockenwellenlagerdeckel (7) abschrauben. Die Torx-Kopf-Schrauben (6) gleichmäßig in mehreren Stufen lockern, bis der Druck entlastet ist. Die Lagerdeckel sind in einer bestimmten Weise gekennzeichnet, welche beim Einbau zu beachten ist. Bild 39 zeigt die Kennzeichnung bei den beiden Motoren. Nach Abnehmen aller Deckel (in Reihenfolge ablegen) die beiden Nockenwellen (1) und (2) herausheben.

■ Die hydraulischen Ausgleichselemente (23) in Bild 23 herausnehmen und das Nockenwellengehäuse herunternehmen. Beim Einbau des Gehäuses müssen die Passhülsen (2) in Eingriff kommen.

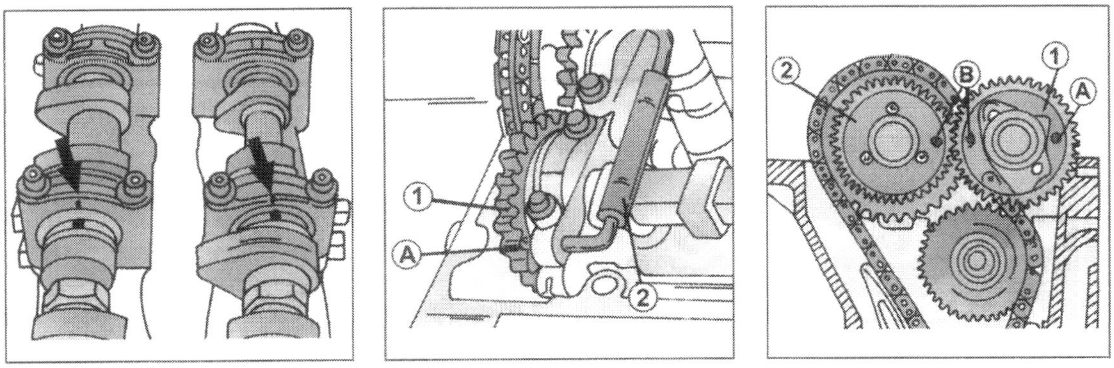


*Bild 37*

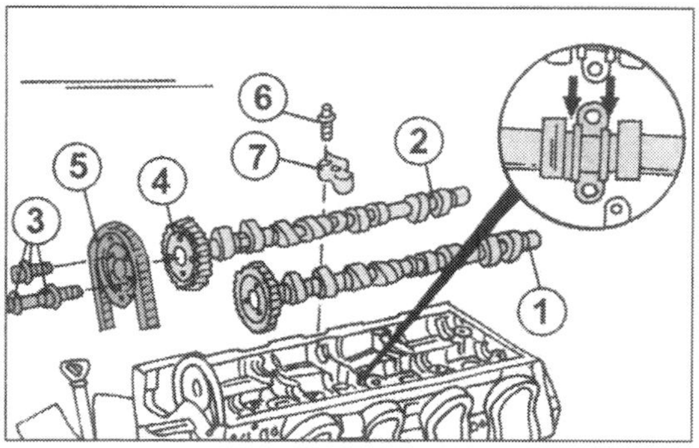


*Bild 38*
*Die Einbauweise der Nockenwellen beim 611-Motor. An den Pfeilstellen ist die Ausrichtung der Nockenwellen am Lager gezeigt.*
*1 Einlassnockenwelle*
*2 Auslassnockenwelle*
*3 Schrauben der Nockenwellenkettenräder, 18 Nm*
*4 Sitz des Passstifts im Kettenrad*
*5 Nockenwellenkettenrad*
*6 Lagerdeckelschraube, 9 Nm*
*7 Nockenwellenlagerdeckel*

Beim Einbau der Nockenwellen folgendermaßen vorgehen:

- Nockenwellengehäuse (1) in Bild 36 über die Passhülsen (2) setzen und das Gehäuse anschlagen (Gummihammer).
- Die hydraulischen Ventilspielausgleichselemente und die Lagerzapfen der Nockenwelle gut einölen, die Nockenwellen in die Bohrungen einlegen und die beiden Wellen an den Pfeilstellen in Bild 38 am Drucklager ausrichten. Die Wellen müssen jetzt verdreht werden, bis die beiden Bohrungen (B) der Kettenräder in der rechten Ansicht von Bild 37 gegenüber stehen und die Markierungen an den Pfeilstellen in der linken Ansicht an Nockenwellen und Lagerdeckel fluchten.

Werden die Nockenwellen erneuert, muss man unbedingt die genaue Motorausführung und die Motornummer angeben.

- Die Lagerdeckel (7) in Bild 37 entsprechend der in Bild 39 gezeigten Kennzeichnung aufsetzen und anschlagen. Die Schrauben (6) gleichmäßig in mehreren Stufen, jeweils um eine Umdrehung mit einem Torx-Kopf-Einsatz und einem Drehmomentschlüssel anziehen, bis das endgültige Anzugsdrehmoment von 9 Nm erreicht ist. Unbedingt kontrollieren, dass die Kennzeichnung der Lagerdeckel der in Bild 39 gezeigten Reihenfolge entspricht.
- Kettenrad (5) der Auslassnockenwelle (2) mit der aufgelegten Steuerkette anbringen. Darauf achten, dass der Passstift (4) dabei in Eingriff kommt. Die Schrauben (3) eindrehen (immer erneuern) und gleichmäßig auf 18 Nm anziehen.
- Kettenspanner wieder einbauen (siehe weiter vorne).
- Die genaue Ausrichtung der Nockenwellen nochmals entsprechend kontrollieren. Falls die Flucht nicht stimmt, kann man die Schrauben lösen (müssen jedoch immer erneuert werden) und das Kettenrad der Welle (2) in Bild 38 wieder herunterziehen. Nockenwelle mit einem Gabelschlüssel am Sechskant verdrehen, bis die Flucht stimmt, und das Kettenrad wieder montieren. Schrauben mit 18 Nm anziehen.
- Gleitschiene und Mitnehmer an der Einlassnockenwelle montieren. Vorderen Deckel am Zylinderkopf anbringen und die Zylinderkopfhaube montieren, wie es bereits beschrieben wurde.

Beim weiteren Ausbau des Zylinderkopfes folgendermaßen vorgehen (Bild 36):

- Schraube (15) lösen, die Büchse (14) abziehen und das Antriebsrad der Hochdruckpumpe herunterziehen.
- Den Kabelstrang für den Motor auf der Motorseite abschließen.
- Das Ladeluftverteilerrohr ausbauen, wie es bereits weiter oben beschrieben wurde. Zum Ausbau des Unterteils die Schrauben lösen und das Teil abziehen.
- Ölzufuhrleitung (19) am Zylinderkopf und am Turbolader (18) abschließen. Den Dichtring (20) immer erneuern. Beim Einbau die Leitung am Turbolader mit 18 Nm, am Zylinderkopf mit 9 Nm anziehen.
- Turbolader (18) vom Auspuffrohr (16) abschrauben. Verbindung beim Einbau mit 30 Nm anziehen.
- Die Kühlmittelleitung (21) vom Zylinderkopf lösen und zur Seite drücken.
- Schläuche (9) und (11) vom Thermostatgehäuse abschließen.
- Die Schraube (8) am Sockel des Ölfilters lösen, den Filter (7) herausziehen und mit angeschlossenen Leitungen vom Motor abdrücken.

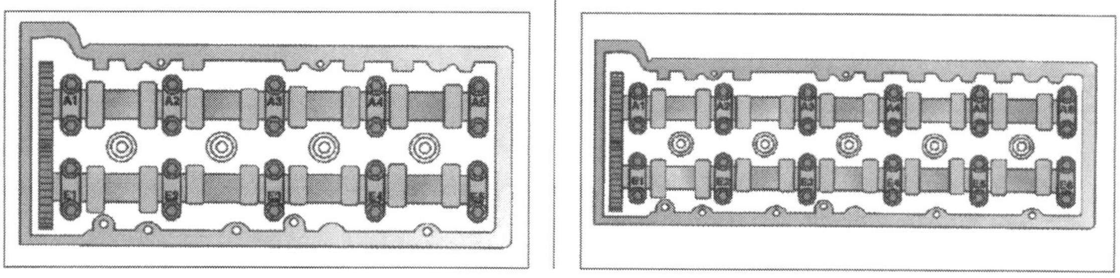

*Bild 39*
*Die Kennzeichnung der Nockenwellenlagerdeckel. Im linken Bild beim 611-Motor, im rechten Bild beim 612-Motor.*

■ Kraftstoffleitung (3) an der Rückseite des Kraftstoffverteilerrohres trennen und an der Befestigung an der Vorderseite lösen. Der Dichtring (4) wird beim Einbau erneuert.
■ Schlauchschelle (6) lockern und den Kühlmittelschlauch (5) abschließen.
Die weiteren Arbeiten werden jetzt unter Bezug auf Bild 40 durchgeführt.
■ Die Schrauben (3) des Zylinderkopfes vom Steuerungsschutzdeckel lösen und die Schrauben (2) langsam von außen zur Mitte vorgehend in mehreren Durchgängen lockern, bis sie alle locker sind und herausgezogen werden können.
■ Den Zylinderkopf (1) vom Zylinderblock herunterheben und die Zylinderkopfdichtung (4) abnehmen.

Der Einbau geschieht in umgekehrter Reihenfolge wie der Ausbau unter Beachtung der folgenden Punkte:
■ Alle bereits beim Ausbau angegebenen Hinweise beachten.
Die Länge der Zylinderkopfschrauben zwischen der Unterseite des Schraubenkopfes bis zum Ende des Gewindes ausmessen. Das Nennmaß beträgt 102 mm. Falls das Maß mehr als 104 mm beträgt, müssen die Schrauben erneuert werden.
■ Gewinde der Schrauben und die Unterseite der Schraubenköpfe einölen. Die Gewindebohrungen im Zylinderblock müssen frei von Öl oder Wasser sein.
■ Eine neue Zylinderkopfdichtung (4) in Bild 40 über die Passhülsen (4) auflegen und den Zylinderkopf (1) darüber setzen. Schrauben der Reihe nach einschrauben und handfest anziehen.
Die Schrauben jetzt anziehen. Bild 41 zeigt die Anzugsreihenfolge der Schrauben. Die Schrauben (A) sind Innensechskantschrauben (M8-Gewinde), Schrauben (B) sind Torx-Kopf-Schrauben. Das Anziehen erfolgt wie folgt:
■ Schrauben (B) mit 60 Nm anziehen.
■ Schrauben (A) mit 20 Nm anziehen.

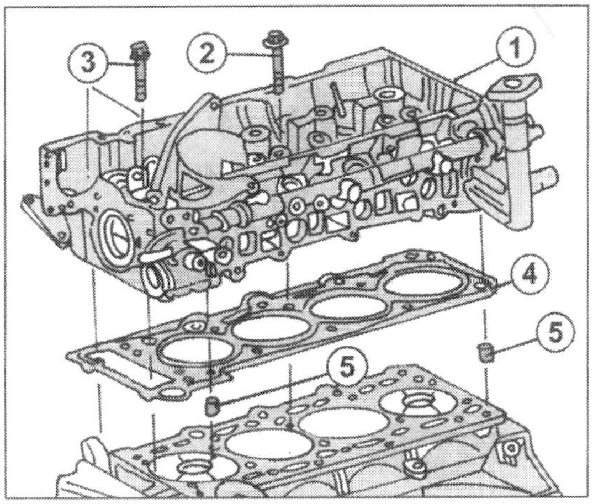


Bild 40
*Der Zylinderkopf ist in der gezeigten Weise am Zylinderblock befestigt.*
*1 Zylinderkopf*
*2 Zylinderkopfschrauben, Anzugsweise und Drehmoment beachten*
*3 Zylinderkopfschrauben im Steuergehäuse*
*4 Zylinderkopfdichtung*
*5 Passhülsen*

■ Schrauben (B) mit 90 Nm anziehen und das Drehmoment der Schrauben (A) nochmals überprüfen.
■ Schrauben (B) mit 90 Nm anziehen.
Ein späteres Nachziehen der Schrauben ist nicht erforderlich.
Alle weiteren Arbeiten in umgekehrter Reihenfolge wie beim Ausbau durchführen.

## Zylinderkopf zerlegen

Im folgenden Text wird angenommen, dass der Zylinderkopf nach einer Überprüfung in einer Motorenwerkstatt überholt werden soll. Falls nur eine Überholung der Ventile fällig ist, kann man die Ventile ausbauen, um sie zu überprüfen. Aus dem Befund kann man dann entscheiden, ob eine komplette Überholung des Zylinderkopfes erforderlich ist, da die Werkstatt in diesem Fall höchstwahrscheinlich die Ventilsitze nachfräsen und nachschleifen muss. Bei der folgenden Beschreibung wird vorausgesetzt, dass der Zylinderkopf ausgebaut wurde.
Die Ventilschaftabdichtungen können bei eingebautem Motor ausgetauscht werden, jedoch schlagen wir vor, dass man diese Arbeit in einer Werkstatt durchführen lässt, da die Ventile in ihrer Lage gehalten werden müssen, wenn man die Ventilkegelhälften

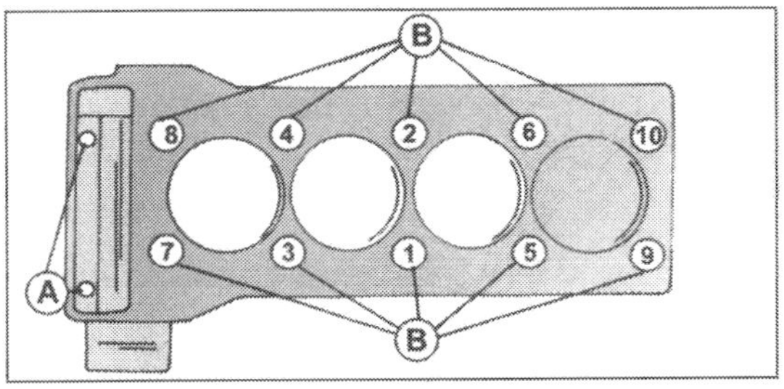


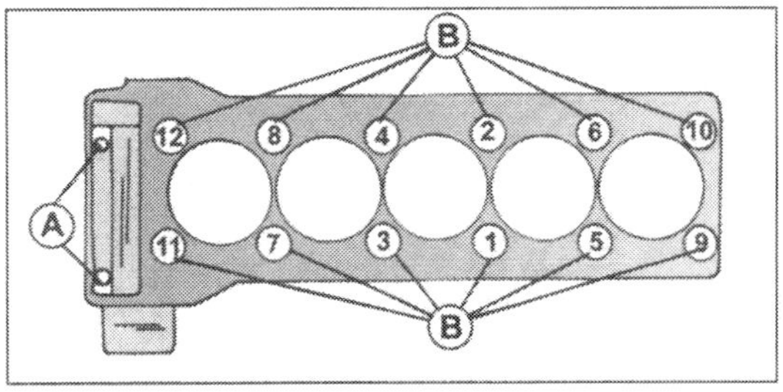


Bild 41
*Anzugsreihenfolge der Zylinderkopfschrauben. Links beim 611-Motor, rechts beim 612-Motor.*

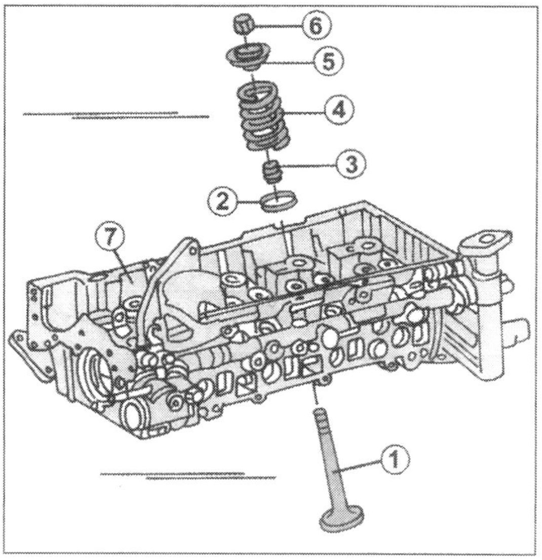


*Bild 42*
*Die Einzelteile der eingebauten Ventile.*
*1 Ventil*
*2 Unterer Ventilfederteller*
*3 Ventilschaftdichtring*
*4 Ventilfeder*
*5 Oberer Ventilfederteller*
*6 Ventilkegelhälften*
*7 Zylinderkopf*

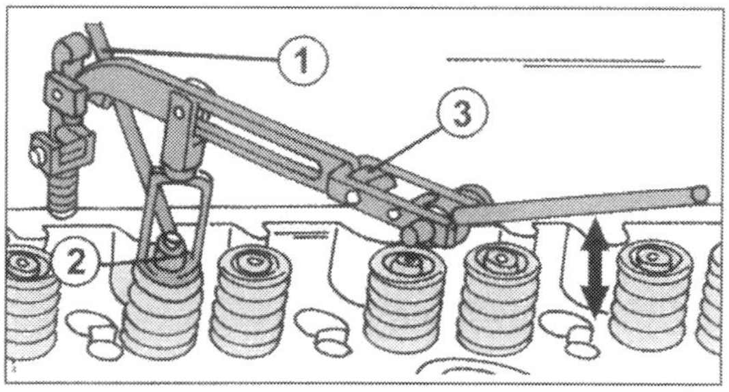


*Bild 43*
*Ausbau von Ventilen. Einen Ventilheber (3) wie gezeigt ansetzen. Die Ventilkegelhälften (2) treten dabei aus und können mit einem Stabmagneten herausgenommen werden.*

herausnimmt, und verschiedene Spezialwerkzeuge dazu gebraucht werden. Anzeichen für abgenutzte Abdichtungen sind blauer Rauch, wenn der Motor durch die Antriebsräder geschoben wird (d. h. im Schubbetrieb), beim Gasgeben, nachdem der Motor eine Weile im Leerlauf gelaufen ist oder auch blauer Rauch nach Anlassen eines kalten Motors, oder wenn der Ölverbrauch des Motors sich 1 Liter pro 1000 km nähert. Die Erneuerung der Ventilschaftabdichtungen bei ausgebautem Zylinderkopf werden getrennt beschrieben.

Beim Ausbau der Ventile folgendermaßen vorgehen. Nach dem Zerlegen werden die in Bild 42 gezeigten Teile vom Zylinderkopf frei (am Beispiel des 611-Motors gezeigt):

- Alle Nebenteile vom Zylinderkopf abmontieren.
- Zum Ausbau der Ventile ist ein Ventilheber erforderlich. Verschiedene Ausführungen eignen sich dazu, solange man den oberen Ventilfederteller nach unten drücken kann, während die Federn zusammengedrückt werden. In Bild 43 wird ein Ventilheber gezeigt. Die Ventilkegelhälften (2) nach Zusammendrücken der Ventilfedern mit einer Spitzzange oder einem Stabmagneten (1) herausnehmen.

Falls das Spezialwerkzeug nicht zur Verfügung steht, den Kopf mit der Dichtfläche so auf eine Werkbank auflegen, dass das jeweilige Ventil gut von unten mit einer Unterlage abgestützt wird. Jetzt ein Stück Rohr, etwas kleiner als der Ventilfederdeckel, auf die Oberseite des Federdeckels aufsetzen und mit einem Hammerschlag den Deckel nach unten schlagen. Die Kegelhälften springen dabei aus der Nut des Ventilschaftes und werden in der Innenseite des Rohrstückes aufgefangen. Der Hammer ist in Verbindung mit dem Rohr zu halten, damit die Kegelhälften nicht davonfliegen.

- Ventilfederdeckel (5) und Ventilfeder (4) in Bild 42 abnehmen. Die Ventilfedern (eine Feder pro Ventil) sind mit einem Farbpunkt gezeichnet und nur Federn mit den gleichen Farbkennzeichnungen dürfen beim Zusammenbau verwendet werden.
- Die Ventilschaft-Öldichtringe (1) in der linken Ansicht von Bild 44 vorsichtig mit einer Zange (2) abziehen.
- Die Ventile der Reihe nach aus den Führungen herausziehen und sie in Einbaureihenfolge durch ein Stück Pappe stoßen. Die Ventilnummer vor das jeweilige Ventil einzeichnen.

Etwas soll noch über die Nockenwellen ge-

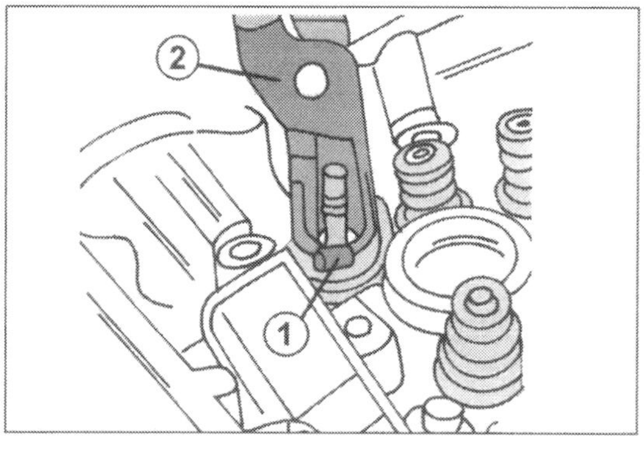


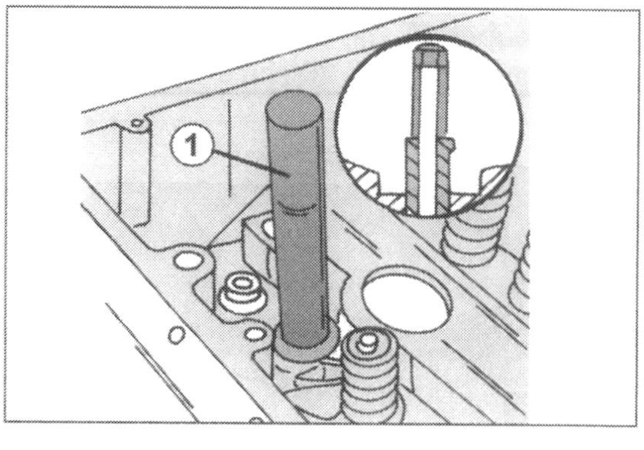


*Bild 44*
*Ventilschaftdichtringe (1) können mit einer Zange (2) abgezogen werden (auch vorsichtig mit einem Schraubenzieher). In der rechten Ansicht kann man das Aufschlagen der Ventile sehen.*

sagt werden. Diese laufen beim Vierzylindermotor in 5 Lagern und beim Sechszylindermotor in 6 Lagern, welche alle den gleichen Durchmesser haben.
Das untere Teil der Lagerstellen ist direkt in den Zylinderkopf eingearbeitet. Die Nockenwelle wird in axialer Richtung durch einen Sicherungsring gehalten, welcher im Zylinderkopf befestigt ist und in eine Rille an der Stirnseite des Zylinderkopfes eingreift. Der Ausbau der Wellen wurde bereits beschrieben. Die Nockenwellen sind an den Kettenrädern mit Steuerzeichen versehen, welche die Totpunktstellung für den ersten Zylinder angeben, wenn sie in der in Bild 36 (rechts) gezeigten Stellung stehen. Die Nockenwellen haben eine Kennzeichnung, und nur eine Welle mit der gleichen Kennzeichnung darf eingebaut werden. Nur anhand der Ersatzteillisten wird man in der Lage sein, die richtige Nockenwelle zu bestimmen.

## Zylinderkopf überholen

Alle Teile des Zylinderkopfes auf Verschleiß kontrollieren. Zylinderkopffläche gut reinigen (manchmal von alten Dichtungsresten). Die Prüfungen und Kontrollen sind entsprechend den folgenden Anweisungen durchzuführen, falls man einige Erfahrungen hat.

***Ventilfedern***
Zur einwandfreien Kontrolle der Ventilfedern sollte ein vorschriftsmäßiges Federprüfgerät verwendet werden. Falls dieses nicht zur Verfügung steht, kann eine gebrauchte Feder mit einer neuen Feder verglichen werden. Dazu beide Federn in einen Schraubstock einspannen und diesen langsam schließen. Falls beide Federn um den gleichen Wert zusammengedrückt werden, ist dies eine sichere Anzeige, dass sie ungefähr die gleiche Spannung haben. Lässt sich die alte Feder jedoch weitaus kürzer als die neue Feder zusammendrücken, so ist dies ein Zeichen von Ermüdung, und die Federn sollten im Satz erneuert werden.
Die Federn der Reihe nach so auf eine glatte Fläche aufstellen (Glasplatte), dass sich die geschlossene Wicklung an der Unterseite befindet. Einen Stahlwinkel neben der Feder aufsetzen. Den Spalt zwischen der Feder und dem Winkel an der Oberseite ausmessen, welcher nicht mehr als ca. 2,0 mm betragen darf. Andernfalls ist die Feder verzogen und zu ersetzen.

***Ventilführungen***
Die Ventilführungen sind aus Gusseisen hergestellt und haben unterschiedliche Durchmesser für Einlass- und Auslassventile. Die Auslassventilführungen haben den größeren Innendurchmesser. Die Führungen für die Auslassventile sind außerdem kürzer und können auf diese Weise auseinander gehalten werden.
Die Ventilführungen reinigen, indem man einen in Benzin getränkten Lappen durch die Führungen hin- und herzieht. Die Ventilschäfte lassen sich am besten reinigen, indem man eine rotierende Drahtbürste in eine elektrische Bohrmaschine einspannt und den Schaft gegen die Drahtbürste hält.
Die Ventilführungen mit einem Kontrolldorn auf Verschleiß kontrollieren. Die Ventilführung wird mit einem abgesetzten Dorn ausgeschlagen. Können noch Ventilführungen mit Normalmaß 1 eingebaut werden, ist die Führung mithilfe des Einschlagdornes einzuschlagen, bis der Sprengring am Zylinderkopf anliegt. Müssen Ventilführungen der Reparaturstufen eingebaut werden, ist die Grundbohrung mit der entsprechenden Hand-Raumnadel zu bearbeiten. Da die neuen Führungen jedoch in Trockeneis gekühlt werden müssen, sollte man den Kopf zur Erneuerung der Führungen in eine Werkstatt bringen.
Wenn Ventilführungen erneuert werden, erneuert man die Ventile ebenfalls und muss die Ventilsitze nachschleifen, d. h. wiederum eine Arbeit für eine Motorenwerkstatt.

***Ventilsitze***
Falls die Nockenwellenlager ausgeschlagen sind, kann ein Austauschzylinderkopf verwendet werden. In diesem Fall brauchen keinerlei Arbeiten an den Ventilsitzen durchgeführt werden.
Alle Ventilsitze auf Zeichen von Verschleiß oder Narbenbildung kontrollieren. Leichte Verschleißerscheinungen können mit einem 45°-Fräser entfernt werden. Falls der Sitz jedoch bereits zu weit eingelaufen ist, müssen die Ventilsitzringe erneuert werden. Diese sind in den Zylinderkopf eingepresst und die Werkstatt wird in der Lage sein, eventuell Reparaturstufen-Ventilsitzringe einzubauen.

Sichtprüfung Messen

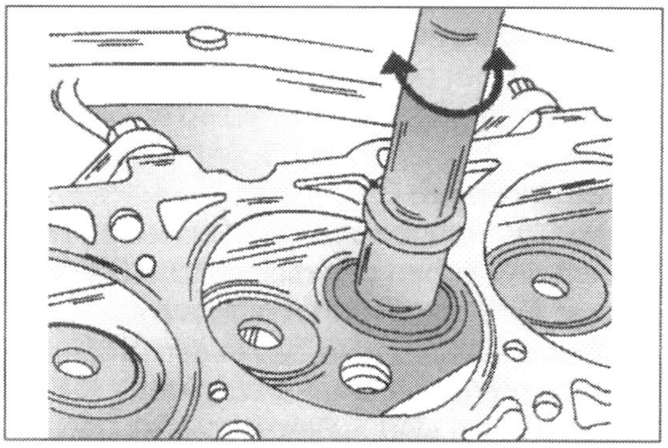

*Bild 45*
*Um Ventile wieder verwendungsfähig zu machen, kann man sie in der gezeigten Weise in die Sitze einschleifen.*

*Bild 46*
*Ausmessen der Nockenwelle auf Schlag.*

Ventilsitze können eingeschliffen werden. Dazu die Ventilsitzfläche mit etwas Schleifpaste einschmieren und das Ventil in den entsprechenden Sitz einsetzen. Einen Sauger am Ventil anbringen und das Ventil hin- und herbewegen (Bild 45). Hin und wieder das Ventil um eine Viertelumdrehung weiterdrehen und dann weiter einschleifen. Falls erforderlich, weitere Schleifpaste auftragen. Nach dem Einschleifen alle Teile gründlich von Schmutz und Schleifpaste reinigen und den Ventilsitz an Ventilteller und Sitzring kontrollieren. Ein ununterbrochener, matter Ring muss an beiden Teilen sichtbar sein und gibt die Breite des Ventilsitzes an.
Mit einem Bleistift einige Striche auf dem »Ring« am Ventilteller anzeichnen. Die Striche sollten ungefähr in Abständen von 1 mm ringsherum eingezeichnet werden. Danach Ventil vorsichtig in die Führung und den Sitz fallen lassen und um 90° verdrehen, wobei jedoch ein gewisser Druck auf das Ventil auszuüben ist.
Das Ventil wieder herausnehmen und kontrollieren, ob die Bleistiftstriche vom Sitzring entfernt wurden. Falls sich die Ventilsitzbreiten innerhalb der vorgeschriebenen Werte befinden, kann der Kopf wieder eingebaut werden. Andernfalls die Ventilsitze nacharbeiten lassen oder in schlimmen Fällen einen Austauschkopf einbauen.

### *Ventile*

Aufgrund der Verwendung der hydraulischen Ausgleichselemente zum Einstellen des Ventilspiels, sind die Enden der Ventilschäfte sowohl von Einlassventilen als auch von Auslassventilen speziell behandelt worden, um der höheren Beanspruchung standzuhalten.
Kleinere Beschädigungen der Ventiltellerflächen können durch Einschleifen der Ventile in die Sitze des Zylinderkopfes berichtigt werden, wie bereits oben beschrieben wurde. Falls die Ventile an den Sitzflächen nicht mehr einwandfrei aussehen, kann man sie in einer Ventilschleifmaschine nachschleifen. Bei einem geschliffenen Ventil, welches sich sonst in gutem Zustand befindet, muss die Stärke der Ventiltellerkante bei den Einlassventilen noch 0,5–0,7 mm und bei den Auslassventilen 0,5–0,6 mm betragen.
Die Ventile sind nicht mit Natrium gefüllt, wie dies bei anderen Mercedes-Motoren der Fall ist.
Beim Bestellen von Ventilen immer angeben, dass es sich um einen Dieselmotor handelt und ob Einlassventile oder Auslassventile gebraucht werden. Manchmal ist es möglich, dass nur die Auslassventile erneuert werden müssen, wenn sie zum Beispiel an den Kanten ausgebrannt sind.

### *Zylinderkopf*

Die Dichtflächen von Zylinderkopf und Zylinderblock einwandfrei reinigen und die Zylinderkopffläche auf Verzug kontrollieren. Dazu ein Messlineal auf den Kopf auflegen und mit einer Fühlerlehre den Lichtspalt längs, quer und diagonal zur Zylinderkopffläche ermitteln. Falls sich eine Blattlehre von mehr als 0,10 mm Stärke einschieben lässt, wenn man den Zylinderkopf in Längsrichtung vermisst, kann man die Kopffläche in einer Mercedes-Werkstatt nachschleifen lassen. Diese besitzt die erforderlichen Unterlagen über die Mindesthöhe des Zylinderkopfes. Wird der Zylinderkopf quer gemessen, d. h. das Messlineal wird quer auf den Zylinderkopf aufgelegt, darf kein Lichtspalt zwischen Lineal und Kopffläche vorhanden sind.

### *Nockenwellen*

Der folgende Text beschreibt nur die an der Nockenwelle durchzuführenden Prüfungen. Die Nockenwelle mit den beiden Endlagerzapfen in Prismen einlegen oder zwischen die Spitzen einer Drehbank spannen, wie es in Bild 46 gezeigt ist, und eine Messuhr am mittleren Lagerzapfen ansetzen. Die Nockenwelle langsam durchdrehen und die Anzeige an der Messuhr ablesen. Falls die Anzeige mehr als 0,01 mm beträgt, ist die Welle verbogen und sollte erneuert werden.

***Ventilschaftabdichtungen erneuern (Zylinderkopf zusammengebaut)***

Ventilschaftabdichtungen sind im Reparatursatz erhältlich. Zum Aufdrücken der Ventilschaftabdichtungen wird normalerweise ein Spezialwerkzeug benutzt, wie es in der rechten Ansicht von Bild 44 zu sehen ist. Falls dieses nicht zur Verfügung steht und man verwendet ein Stück dünnes Rohr, muss man sehr vorsichtig vorgehen, um die Dichtlippe oder die Ringfeder nicht zu beschädigen.

Beim Erneuern der Abdichtungen müssen die Ventilfederkeile und die Ventilfedern ausgebaut werden. Um zu verhindern, dass die Ventile dabei in den Verbrennungsraum fallen, muss sich der entsprechende Kolben auf dem oberen Totpunkt befinden. Beim Vierzylindermotor ist dies ziemlich leicht, da sich jeweils zwei der Kolben auf dem oberen Totpunkt befinden. Beim Fünfzylindermotor jedoch ist die Arbeit weitaus schwieriger, da nur ein Zylinder jeweils auf dem oberen Totpunkt steht. Folgende Arbeiten durchführen:

- Motor durchdrehen, bis der Kolben des ersten Zylinders auf dem oberen Totpunkt steht.
- Die Nockenwellen ausbauen (siehe Beschreibung weiter vorn).
- Die Ventilkegelhälften des ersten Zylinders ausbauen, wie es oben beschrieben wurde. Bei einem Vierzylindermotor können die Ventilfedern des vierten Zylinders ebenfalls ausgebaut werden.
- Alte Ventilschaftabdichtungen mit einer Zange herunterziehen, wie es oben beschrieben wurde (Bild 44 links). Dabei den Ventilschaft oder die Stößelbohrungen nicht beschädigen.
- Neue Abdichtungen gut einölen und vorsichtig über den Ventilschaft nach unten drücken. Die Schutzhülse über den Einlassventilschaft setzen. Die Abdichtungen auf die Ventilführungen aufdrücken, bis sie einwandfrei sitzen.
- Ventilfedern mit der Farbmarkierung nach unten weisend aufstecken und die Ventilfederkeile wieder montieren. Unbedingt darauf achten, dass sie einwandfrei sitzen.
- Das Nockenwellenrad etwas anheben, um die Kette nicht aus dem Eingriff zu bringen, und einen Vierzylindermotor um eine halbe Umdrehung durchdrehen. Die Ventilschaftabdichtungen des 2. und 3. Zylinders können jetzt in der gleichen Weise erneuert werden. Bei einem Fünfzylindermotor die Kurbelwelle durchdrehen, bis die beiden Ventile des nächsten Zylinders geschlossen sind. Wie bereits erwähnt, muss diese Arbeit sorgfältig durchgeführt werden. Beide Ventile müssen in der gleichen Höhe liegen, ehe man die Ventilfederkeile ausbauen kann.

⚠ Den Ventilfederzusammendrücker sehr langsam betätigen, da die Ventilkegelhälften manchmal an den Schäften hängen. Es muss unbedingt verhindert werden, dass man durch schnellen Druck die Ventilteller in die Kolben drückt. Nur die Ventilfedern dürfen sich nach unten bewegen.

## Kolben und Pleuelstangen

**Ausbau**

Die Kolben werden aus einer besonderen Leichtmetall-Legierung hergestellt.

Im Oberteil jedes Kolbens sind drei Kolbenringe eingesetzt, welche federnd gegen die Zylinderwandungen drücken. Die beiden oberen Ringe sind so genannte Verdichtungsringe, d. h. sie verwehren dem im Zylinder vorhandenen Druck den Rückweg in das Kurbelgehäuse. Der untere Ring ist der Ölabstreifring, welcher übermäßiges Öl von der Zylinderwandung abstreift, so dass dieses nicht in den Verbrennungsraum gelangen kann. Der obere Ring besitzt einen rechteckigen Querschnitt, der mittlere Ring hat eine Innenfase, der Ölabstreifring ist an der Außenseite verchromt. Nur diese Einbauweise gewährleistet, dass die Kolbenringe ihre Funktion erfüllen können.

Die Pleuelstangen verbinden die Kolben mit der Kurbelwelle. Ein Kolbenbolzen verbindet den Kolben mit der Pleuelstange. Bild 47 zeigt, wie die Teile miteinander verbunden sind. Kolben und Pleuelstangen werden mit einem Hammerstiel von der Innenseite des

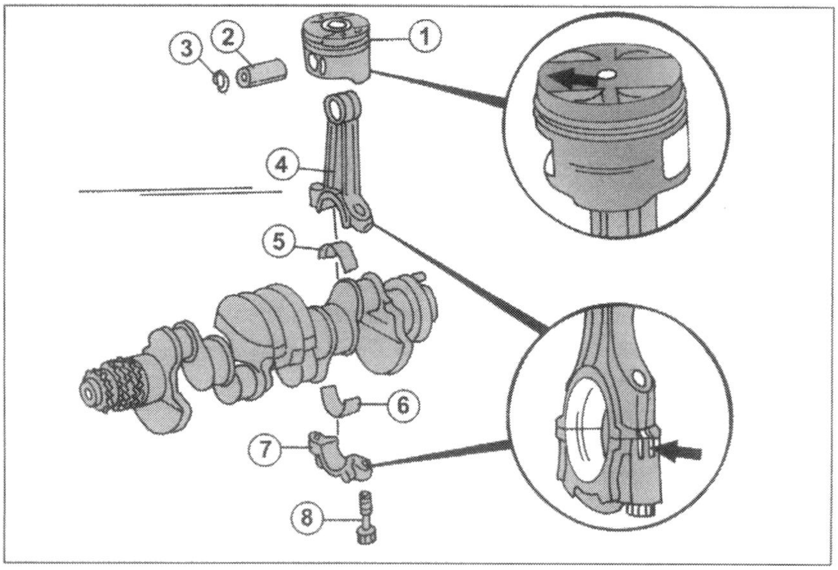


*Bild 47*
*Zum Aus- und Einbau der Kolben und Pleuelstangen. Einbaurichtung von Kolben und die Kennzeichnung der Pleuelstangen und Lagerdeckel sind mit den Pfeilen gezeichnet.*
**1** *Kolben*
**2** *Kolbenbolzen*
**3** *Bolzensicherungsring*
**4** *Pleuelstange*
**5** *Lagerschale in Pleuelstange*
**6** *Lagerschale im Pleuellagerdeckel*
**7** *Pleuellagerdeckel*
**8** *Pleuellagerschraube, Anzugsweise und Drehmoment beachten (siehe Text)*

Zylinderblocks nach oben zu herausgestoßen, nachdem die Pleuellagerdeckel und Lagerschalen abmontiert wurden. Vor der Durchführung dieser Arbeiten sind die nachstehenden Anweisungen betreffend Kennzeichnung, Einbaurichtung usw. zu beachten:

■ Der Motor muss ausgebaut sein, Ölwanne, Ölpumpe und Zylinderkopf müssen abmontiert werden.

■ Die Kolben und Zylinderbohrungen sind innerhalb bestimmter Toleranzgruppen in drei Durchmessergruppen unterteilt und werden durch Buchstaben gekennzeichnet. Die Gruppennummer ist neben die Zylinderbohrung in die Zylinderblockfläche eingeschlagen, wie es in Bild 48 durch die Pfeile gezeigt ist. Die Gruppennummer des Kolbens muss immer identisch mit der Nummer neben der Zylinderbohrung sein.

■ Jeder Kolben trägt einen Pfeil, um anzugeben, in welcher Richtung der Kolben einzubauen ist, wie es im oberen Kreisausschnitt von Bild 47 zu sehen ist. Der Pfeil weist in Fahrtrichtung.

■ Jeden Kolben und die dazugehörige Pleuelstange mit der Nummer des Zylinders versehen, aus welchem sie ausgebaut wurden. Dies kann man am besten durchführen,

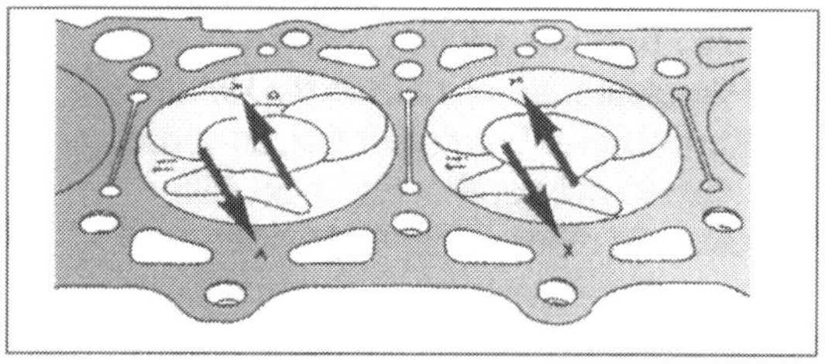

*Bild 48*
*Die Kennzeichnung der Kolbenböden und des Zylinderblocks mit den Größenkennzeichnungen der Kolbendurchmesser.*

indem man die Zylindernummer mit Farbe auf den Kolbenboden aufzeichnet. Ebenfalls einen zur Vorderseite des Motors weisenden Pfeil in den Kolbenboden einzeichnen, da der eingezeichnete Pfeil durch die angesetzte Ölkohle nicht mehr sichtbar ist.

■ Beim Ausbau eines Kolbens mit der Pleuelstange die genaue Einbaurichtung des Pleuellagerdeckels beachten und sofort nach dem Ausbau den Pleuel und den Lagerdeckel auf der Auspuffseite mit der Zylindernummer zeichnen. Dies lässt sich am besten mit einem Körner oder Farblinie durchführen (Zylinder Nr. 1 einen Körnerschlag, Nr. 2 zwei Körnerschläge, usw.), wie man es in Bild 47 im unteren Kreisausschnitt sehen kann. Pleuelstange und Pleuellagerdeckel sind aufeinander angepasst und dürfen unter keinen Umständen verwechselt werden.

■ Lagerschalen entsprechend der Pleuelstange und zum Lagerdeckel zeichnen. Die oberen Lagerschalen sind mit einer Ölbohrung (zur Schmierung des Kolbenbolzens) versehen.

■ Die Kurbelzapfen können bis zu viermal nachgeschliffen werden. Lagerschalen stehen in entsprechenden Größen (Abstufung von je 0,25 mm) zur Verfügung.

■ Lagerdeckel und Schalen entfernen und die Teile wie oben erwähnt herausstoßen. Falls erforderlich, den Ölkohlering an der Oberseite der Zylinderbohrungen mit einem Schaber abkratzen.

■ Kolbenbolzen herausdrücken, nachdem die Sicherungsspangen entfernt wurden. Ein Einschnitt im Kolbenauge ermöglicht das Ansetzen eines Schraubenziehers, so dass man die Sicherungsspangen heraushebeln kann (siehe Bild 49). Den Bolzen mit einem passenden Dorn herauspressen.

■ Kolbenringe mit einer Kolbenringzange der Reihe nach über den Kolbenboden abnehmen, wie es Bild 50 zeigt. Falls die Ringe wieder verwendet werden sollen, sind sie entsprechend zu zeichnen. Falls keine Kolbenringzange zur Verfügung steht, können Metallstreifen an gegenüberliegenden Seiten des Kolbens unter den Ring geschoben werden, wie es Bild 51 zeigt. Einen Streifen unbedingt unter das Ende des Ringes unterlegen, um Kratzer zu vermeiden.

### Zylinderbohrungen ausmessen

Zum Ausmessen der Zylinderbohrungen ist eine Zylindermessuhr erforderlich, mit der es möglich ist, die Mitte und die Unterseite der Bohrung auszumessen. Falls eine Messuhr nicht vorhanden ist, können die folgenden Arbeiten nicht durchgeführt werden.

Die Messungen der Zylinderbohrungen sind in Längs- und Querrichtung durchzuführen, wie es aus dem Schema in Bild 52 ersichtlich ist. Bei nicht ausgebauten Kolben liegt die Messstelle (3) knapp über dem auf dem unteren Totpunkt stehenden Kolben. Die beiden anderen Messungen sind dementsprechend durchzuführen. Die Messuhr wird dabei in der in Bild 53 gezeigten Weise in die Zylinderbohrungen eingesetzt. Insgesamt sind also 6 Messungen pro Zylinderbohrung erforderlich. Alle gefundenen Werte aufschreiben und mit den Angaben in der Maß- und Einstelltabelle vergleichen.

Zu beachten ist, dass alle Zylinder nachgebohrt werden müssen, auch wenn nur einer der Zylinder nicht innerhalb der Maßangaben liegt. Eine Abweichung von 0,20 mm von den Sollmaßen, in Längs- oder in Querrichtung, ist zulässig. Falls der Verschleiß außerhalb des Grenzwertes liegt, kann man neue Zylinderlaufbüchsen einziehen lassen. Diese Arbeit lässt man in einer Mercedes-Werkstatt durchführen.

Das Endmaß einer Zylinderbohrung wird bestimmt, indem man den Kolben entsprechend ausmisst, d. h. 10 mm von der Unterkante des Kolbenmantels, und zu diesem Maß das Kolbenlaufspiel von 0,017–0,043 mm hinzurechnet. Der Mikrometer wird dabei in der in Bild 54 gezeigten Weise am Kolbenumfang angesetzt. Außerdem ist eine Zugabe von 0,03 mm für das abschließende Aushonen der Zylinder zu berücksichtigen. Das Kolbenlaufspiel darf nicht mehr als 0,12 mm vom Sollmaß abweichen.

Zum Prüfen des Kolbenlaufspiels den Kolben und die Zylinderbohrung wie beschrieben ausmessen und den Unterschied zwischen den Maßen pro Zylinder errechnen. Falls das Ergebnis größer als 0,12 mm ist, müssen die Zylinder ausgeschliffen werden, oder man lässt neue Zylinderlaufbüchsen einziehen, da das Laufspiel die Verschleißgrenze erreicht hat.

**Kolben und Pleuelstangen überprüfen**

Alle Teile gründlich kontrollieren. Falls Teile Anzeichen von Fressern, Kratzern oder Verschleiß aufweisen, müssen sie erneuert werden.

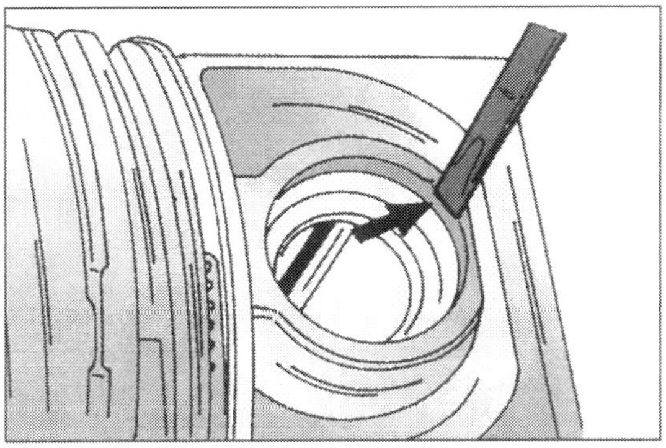

*Bild 49*
*Aushebeln des Sicherungsringes eines Kolbenbolzens. Den Schraubendreher an der Trennstelle des Ringes einsetzen.*

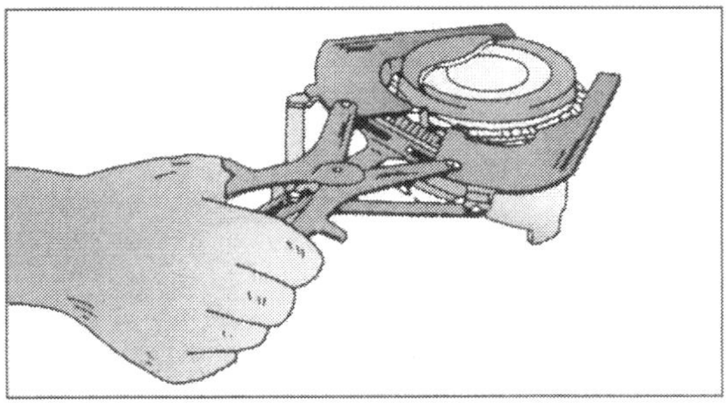

*Bild 50*
*Abnehmen oder Aufsetzen von Kolbenringen.*

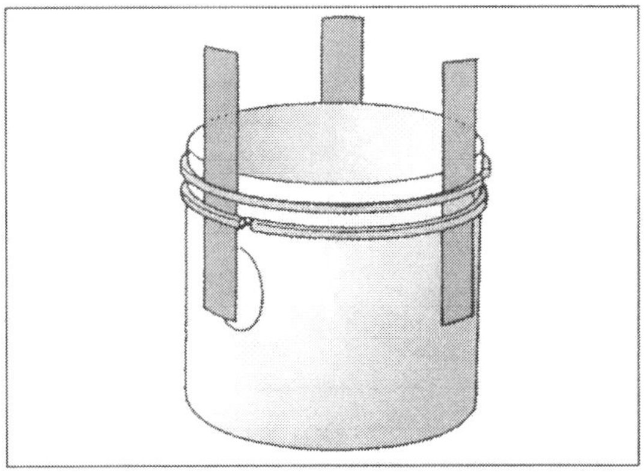

*Bild 51*
*Benutzung von Metallstreifen zum Abstreifen oder Aufsetzen von Kolbenringen. Einen Streifen unbedingt unter den Stoß des Ringes unterlegen, um ein Zerkratzen des Kolbens zu vermeiden.*

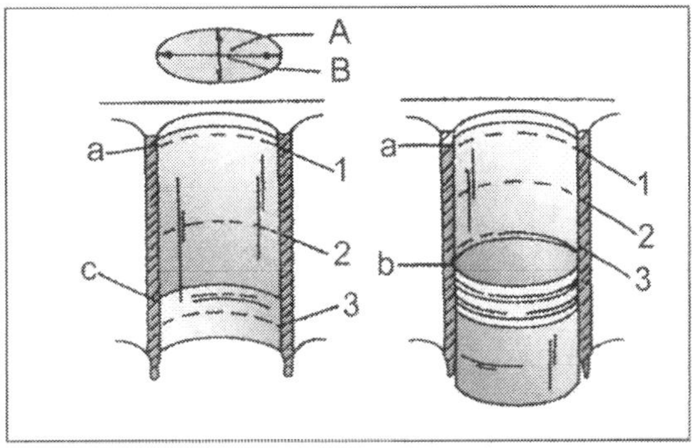


*Bild 52*
*Messdiagramm der Zylinderbohrungen.*
- ***A*** *Messung in Längsrichtung*
- ***B*** *Messung in Querrichtung*
- ***a*** *Oberer Umkehrpunkt des oberen Kolbenringes*
- ***b*** *Unterer Umkehrpunkt des Kolbens*
- ***c*** *Unterer Umkehrpunkt des Ölabstreifringes*

***1 bis 3*** *= Messstellen*

Das Höhenspiel der Kolbenringe in den Nuten des Kolbens ausmessen, indem man die Kolbenringe der Reihe nach in die jeweilige Nut einsetzt. Mit einer Fühlerlehre den Spalt zwischen der Ringfläche und der Kolbennutenfläche ermitteln, ähnlich wie man es in Bild 55 sehen kann. Falls die Spalte der oberen Ringe mehr als 0,20 mm, der mittleren Ringe 0,15 mm oder der

Sichtprüfung Messen

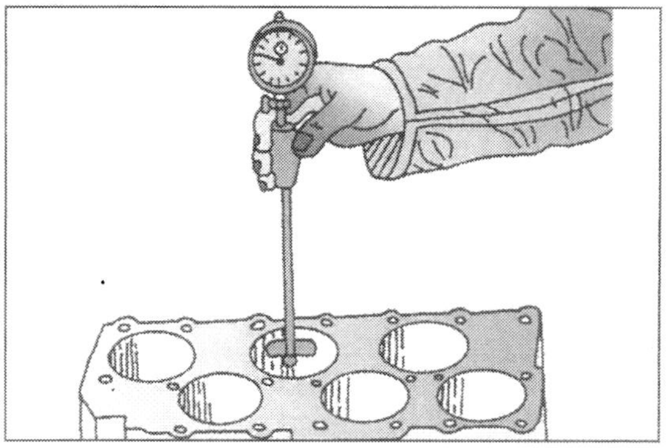

*Bild 53*
*Ausmessen einer Zylinderbohrung mit einer Innenmessuhr. Die Uhr in Längs- und Querrichtung einsetzen.*

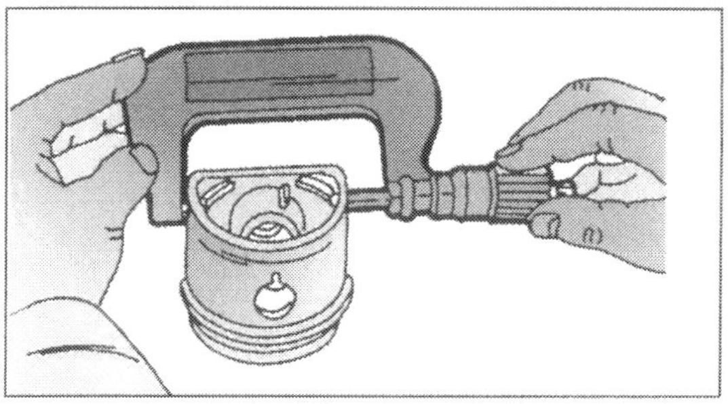

*Bild 54*
*Ausmessen des Kolbendurchmessers.*

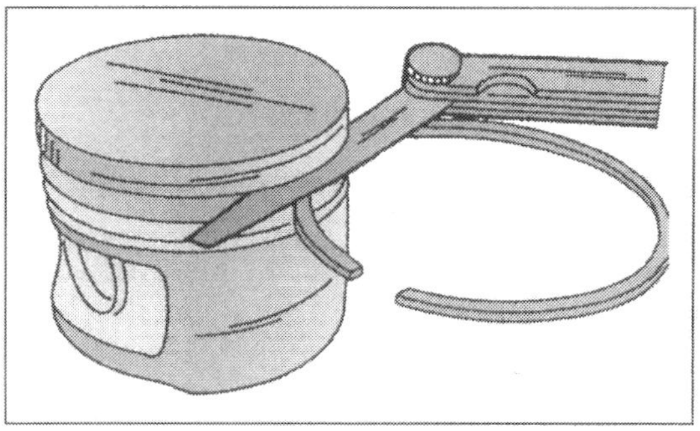

*Bild 55*
*Das Höhenspiel der Kolbenringe mit Fühlerlehren ausmessen. Die Ringnuten müssen einwandfrei gereinigt werden. Falls man einen alten, abgebrochenen Kolbenring besitzt, kann man diesen zum Reinigen benutzen.*

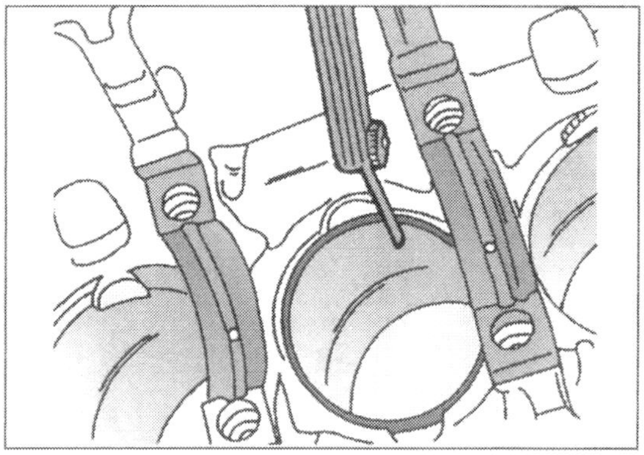

*Bild 56*
*Ausmessen des Stoßspiels der Kolbenringe in den Zylinderbohrungen.*

Ölabstreifringe 0,10 mm betragen, sind entweder die Ringe oder der Kolben abgenutzt. Als Nächstes der Reihe nach alle Kolbenringe von der Unterseite des Kurbelgehäuses in die Zylinderbohrungen einsetzen. Mit einem umgekehrten Kolben die Ringe ca. 20 mm nach unten drücken. Dadurch sitzen sie gerade in der Bohrung.

Eine Fühlerlehre in den Spalt zwischen den beiden Ringenden einschieben (siehe Bild 56), um das Kolbenringstoßspiel auszumessen. Bei allen Ringen beträgt das Spiel 0,20 - 0,40 mm. Die Verschleißgrenze der Ringe in der oberen Nut beträgt 1,5 mm; die der anderen 1,0 mm.

Die Kolbenbolzen und Pleuelstangenbüchse auf Verschleiß oder Fressstellen kontrollieren. Falls nur eine Pleuelstange nicht mehr einwandfrei ist, kann diese getrennt erneuert werden, jedoch muss das Gewicht dem ursprünglichen Pleuel entsprechen, da der Unterschied des Pleuelgewichts in einem Motor nicht mehr als 5 g betragen darf. Die Büchsen in den Pleuelaugen können erneuert werden, jedoch empfehlen wir, dass man diese Arbeit in einer Motorenwerkstatt durchführen lasst.

Ehe die Pleuellagerschrauben wieder verwendet werden, misst man die Länge der Schrauben mit einer Schiebelehre aus. Falls diese länger als 48 mm ist, müssen die Pleuellagerschrauben erneuert werden.

Pleuelstangen ebenfalls in einem Pleuelrichtgerät auf Verdrehung oder Verbiegung kontrollieren, welche nur minimal sein dürfen. Auch hier ist eine Motorenwerkstatt besser in der Lage, die Kontrolle durchzuführen.

Die folgenden Anweisungen betreffen ebenfalls die Pleuelstangen:

- Pleuelstangen, welche aufgrund von Lagerschäden überhitzt wurden (blau angelaufen), dürfen nicht wieder verwendet werden.
- Pleuelstangen und Lagerdeckel sind aufeinander angepasst und dementsprechend gezeichnet.
- Neue Pleuelstangen kommen mit vorgeriebenen Pleuelaugenbüchsen und eignen sich zum sofortigen Einbau.
- Falls der Pleuel noch in einwandfreiem Zustand ist, der Kolbenbolzen jedoch zu viel Spiel in der Pleuelaugenbohrung hat, kann man die alte Büchse erneuern lassen.

**Pleuellagerlaufspiel ausmessen**

Diese Arbeit wird im Zusammenhang mit der Kurbelwelle beschrieben.

**Kolben und Pleuelstangen zusammenbauen**

Bild 47 zeigt die Einzelteile eines Kolbens zusammen mit der Pleuelstange. Beim Zusammenbau und Einbau kann man sich an dieses Bild halten.

Vor dem Zusammenbau die Oberfläche des Kolbenbodens kontrollieren (falls neue Kolben eingebaut werden). Der Kolbendurchmesser, die Gruppennummer und die beiden letzten Zahlen der Ersatzteilnummer sind in den Kolben eingeschlagen und müssen entsprechend stimmen.

■ Einen passenden Dorn besorgen, der sich in die Innenseite des Kolbenbolzens einsetzen lässt.

■ Bolzen gut einölen und mit Handdruck in den Kolben und die Pleuelstange eindrücken. Der Pfeil im Kolbenboden muss zur Vorderseite des Motors weisen.

■ Sicherungssprengringe auf beiden Seiten des Kolbens einsetzen und kontrollieren, dass sie einwandfrei in den Nuten sitzen.

■ Kontrollieren, dass sich der Kolben nach dem Zusammenbau einwandfrei auf der Pleuelstange hin- und herkippen lässt.

■ Mit einer Kolbenringzange der Reihe nach die Kolbenringe in die Nuten einsetzen. Die beiden Verdichtungsringe könnte man verwechseln und aus diesem Grund ist deren Querschnitt zu betrachten, ehe sie angebracht werden. In Bild 57 ist ein Querschnitt durch den Kolben gezeigt und die Ringe sind entsprechend zu montieren. Die Ringe 1 bis 3 sind mit »Top« oder einer Farbkennzeichnung gezeichnet, welche zum Kolbenboden weisen müssen. Die Stöße der Verdichtungsringe um jeweils 120° zueinander versetzen. Der Ölabstreifring ist entsprechend der Anordnung oben links anzuordnen.

### Kolben und Pleuelstangen einbauen

■ Zylinderbohrungen gut einölen.

■ Alle Pleuel entsprechend den Zylindernummern auslegen. Die Kennzeichnungen an Pleuellagerdeckel und Pleuel müssen gegenüberliegen (Bild 47, unten rechts). Die Pfeile in den Kolbenböden müssen zur Vorderseite des Motors weisen (Bild 47, oben rechts).

■ Kolbenringstöße der Verdichtungsringe in gleichmäßigen Abständen von 120° auf dem Umfang des Kolbens verteilen, Feder (4) in Bild 57 in Ölabstreifring (3) um 180° versetzt zum Ringstoß anordnen.

■ Ein Kolbenringspannband um die Kolbenringgegend legen, wie es in Bild 58 zu sehen ist, und die Kolbenringe in die Nuten drücken. Kontrollieren, dass sie einwandfrei eingedrückt sind.

■ Kurbelwelle durchdrehen, bis der jeweilige Kurbelzapfen im unteren Totpunkt steht.

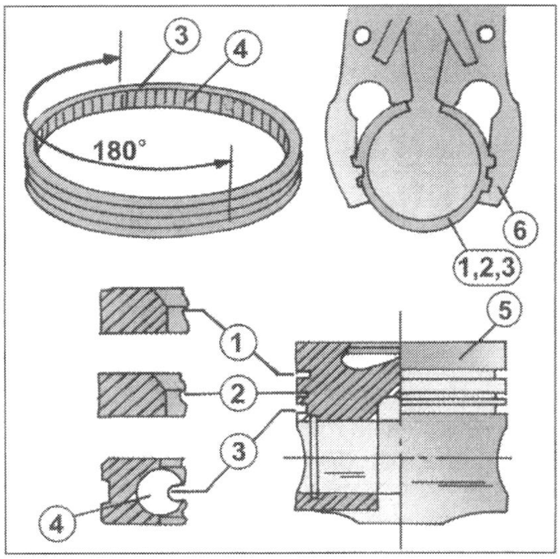


*Bild 57*
*Schnitt durch einen Kolben mit Lage der Kolbenringe. Der Querschnitt und die Anordnung der Kolbenringstöße müssen beachtet werden. Oben rechts ist das Aufsetzen der Kolbenringe gezeigt, links die Anordnung der Stoßspiele.*
*1 Einfacher Verdichtungsring*
*2 Abgeschrägter Verdichtungsring*
*3 Ölabstreifring*
*4 Gewickelte Feder*
*5 Kolben*
*6 Kolbenringzange*

■ Pleuel von oben in die Bohrung einschieben. Den Motor dazu auf die Seite legen, damit die Pleuelstange auf den Lagerzapfen geführt werden kann und die Bohrung oder den Pleuelzapfen nicht zerkratzt. Die Pleuellagerschale (5) sollte sich bereits im Pleuel befinden. Nicht die Lagerschalen (5) und (6) in Bild 47 verwechseln.

■ Kolben hineinschieben, bis die Ringe der Reihe nach in die Bohrung rutschen und der Pleuelfuß auf dem Kurbelzapfen aufsitzt.

■ Zweite Lagerschale (6) in den Lagerdeckel einlegen, mit der Führungsnase auf der linken Seite, und die Schale gut einölen. Den Deckel auf die Pleuelstange drücken und leicht anschlagen. Unbedingt darauf achten, dass die Kennzeichnungen gegenüberliegen, da man im letzten Moment noch einen Fehler machen kann.

■ Die Anlageflächen der Pleuelschrauben auf dem Pleuellagerdeckel einölen.

■ Die Pleuelschrauben abwechselnd auf ein Anzugsdrehmoment von 5 Nm anziehen und nochmals mit 25 Nm nachziehen. Aus der Endstellung um weitere 90° anziehen. Es wird nochmals erwähnt, dass man die

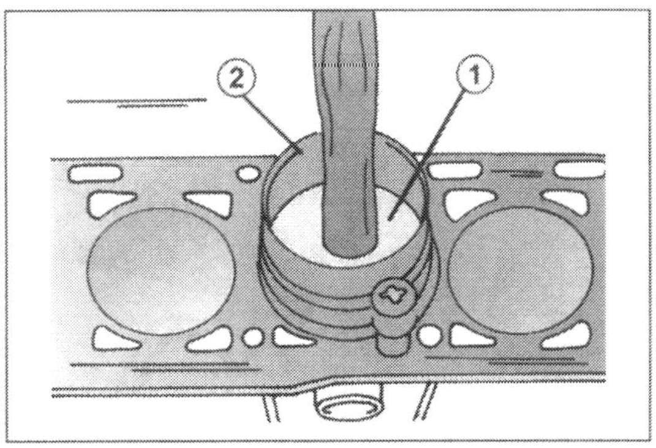


*Bild 58*
*Zum Einbau der Kolben ein Ringspannband (2) verwenden. Kolben (1) in die Bohrung drücken, bis das Spannband abgenommen werden kann.*

Sichtprüfung  Messen

*Bild 59*
*Ausmessen des Vorstehmaßes der Kolben. Die linke Ansicht zeigt die Stellen, an denen die Messung durchgeführt wird (Pfeilstellen). Rechts kann man sehen, wo gemessen wird (Spalt »a« bis 0,62 mm).*

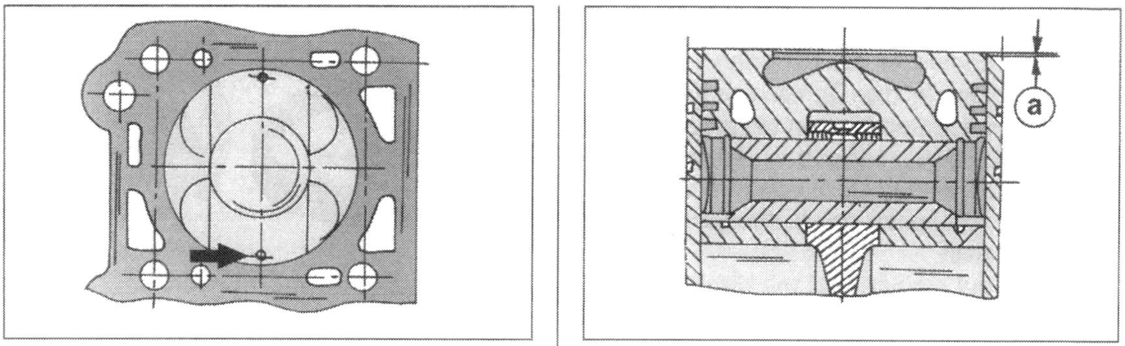


Pleuelschrauben in der Länge auf Ausdehnung ausmessen muss, wie es beschrieben wurde, ehe man die Schrauben wieder verwendet.

■ Nach Einbau des Pleuels die Kurbelwelle einige Male durchdrehen, um Klemmer sofort festzustellen.

Kennzeichnung aller Pleuel nochmals kontrollieren und ebenfalls überprüfen, ob die Kolben in die richtige Richtung weisen und ob die Kolben entsprechend der Zylindernummer eingebaut wurden, falls man die ursprünglichen Teile wieder verwendet.

■ Mit einer Fühlerlehre das Seitenspiel jedes Pleuellagers auf dem Kurbelzapfen ausmessen. Dieses beträgt bei neuen Teilen 0,11 - 0,23 mm. Die Verschleißgrenze liegt bei 0,50 mm.

Falls Kolben selbst erneuert wurden, muss man das Vorstehmaß der Kolben über der Zylinderblockfläche ausmessen. Dieses muss bei beiden Motoren zwischen 0,38 und 0,62 mm liegen. Zur Kontrolle den Kolben auf den oberen Totpunkt setzen (genau!) und das Vorstehmaß an den in der linken Ansicht von Bild 59 gezeigten Pfeilstellen ausmessen, d. h. in Richtung des Kolbenbolzens. Gemessen wird das herausstehende Teil des Kolbenbodens, in der rechten Ansicht mit »a« bezeichnet. Je nach Vorstehmaß wird die Stärke der Zylinderkopfdichtung bestimmt, d. h. eine Dichtung mit Nennstärke oder eine Reparaturstärke-Dichtung muss beim Einbau des Zylinderkopfes verwendet werden. Anhand des gefundenen Vorstehmaßes kann Ihnen das Ersatzteillager die richtige Dichtung verkaufen.

**Steuergehäusedeckel**

Der Steuergehäusedeckel kann bei eingebautem Motor aus- und eingebaut werden, wie es zum Beispiel beim Erneuern der Steuerkette erforderlich ist. Die Vorderseite des Motors muss dazu freigelegt werden. Die auszubauenden Teile sind in Bild 60 gezeigt. Beim Aus- und Einbau folgendermaßen vorgehen. Zu beachten ist, dass die Arbeiten nur in Reihenfolge erwähnt werden. Genaue Beschreibungen sind unter den betreffenden Überschriften angeführt:

■ Massekabel der Batterie abschließen.

■ Kühlanlage ablassen und den kompletten Kühler ausbauen (Abschnitt »Kühlanlage«).

■ Motoröl ablassen.

■ Die Kappe des Ölfiltergehäuses abschrauben und den Filtereinsatz herausnehmen, so dass das enthaltene Öl in die Ölwanne zurücklaufen kann.

■ Vorderen Deckel vom Zylinderkopf abmontieren, wie es im Zusammenhang mit dem Zylinderkopf beschrieben wurde.

■ Poly-Antriebsriemen der Aggregate ausbauen.

■ Hochdruckpumpe der Dieseleinspritzung ausbauen (Abschnitt »Dieseleinspritzanlage«).

■ Kühlmittelpumpe ausbauen (Abschnitt »Kühlanlage«).

*Bild 60*
*Zum Aus- und Einbau des Steuergehäusedeckels. Passstifte zur Führung des Deckels sitzen an den Pfeilstellen.*
1 *Steuergehäusedeckel*
2 *Dichtung*
3 *M8-Schraube, 20 Nm*
4 *M8-Schraube, 20 Nm*
5 *Dichtring der Kurbelwelle*
6 *Spannvorrichtung des Poly-Antriebsriemens*

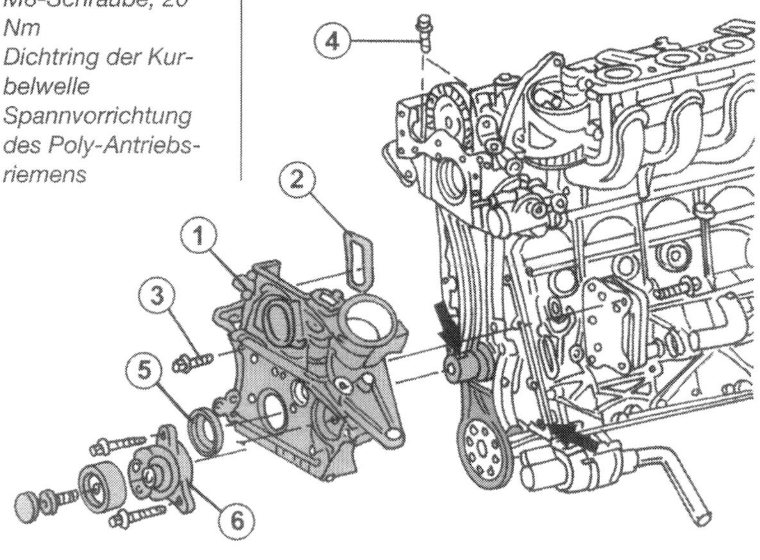

■ Lenkhilfspumpe ausbauen (Abschnitt »Lenkung«).
■ Den Kompressor einer eingebauten Klimaanlage vom Steuergehäusedeckel lösen und mit den angeschlossenen Kühlmittelleitungen auf eine Seite schieben. Das Gleiche mit der Drehstromlichtmaschine durchführen.
■ Ölwanne ausbauen. Zu beachten sind die unterschiedlichen Arbeiten bei den beiden Motoren (Abschnitt »Motorschmierung«).
■ Den Kühlmittelschlauch (8) in Bild 60 vom Öl/Wasser-Wärmeaustauscher (7) abschließen. Schlauch und Schlauchschellen erneuern, falls sie nicht mehr einwandfrei aussehen.
■ Die Schrauben (4) der Zylinderkopfbefestigung am Steuergehäusedeckel lösen. Danach die Schrauben (3) herausdrehen und den Deckel (1) abnehmen. Beim Einbau die Dichtflächen des Deckels einwandfrei reinigen. Die Gummidichtung (2) muss immer erneuert werden. Der Deckel wird durch die Passhülsen an den Pfeilstellen in Bild 60 geführt. Die Dichtfläche mit Dichtungsmasse einschmieren.
■ Bei ausgebautem Deckel den Öldichtring für die Kurbelwelle erneuern.
■ Falls erforderlich die Spannvorrichtung (6) für den Antriebsriemen abschrauben (nur wenn der Deckel erneuert werden soll). In diesem Fall auch den Wärmeaustauscher (7) abmontieren. In diesem Fall wird die Dichtung (9) erneuert.

Der Einbau findet in umgekehrter Reihenfolge statt. Die folgenden Anzugsdrehmomente sind zu beachten: Schrauben des Steuergehäusedeckels an Zylinderkopf 20 Nm, Deckelschrauben an Kurbelgehäuse 20 Nm, Spannvorrichtung des Poly-Antriebsriemens 30 Nm beim 611-Motor oder 36 Nm beim 612-Motor, Schraubkappe des Ölfilters 25 Nm, Wärmeaustauscher an Deckel 14 Nm.

## Kurbelwelle und Schwungrad

Die Kurbelwelle hat die Aufgabe, die geradlinige Bewegung der sich auf- und abbewegenden Kolben in eine Drehbewegung zum Antrieb umzuwandeln. Um eine Verbiegung der Kurbelwelle zu vermeiden, muss diese im Zylinderblock gut abgestützt werden, d. h. neben jedem Pleuellager muss sich rechts und links ein Motorlager befinden. Aus diesem Grund haben die in dieser Ausgabe behandelten Motoren eine unterschiedliche Anzahl von Kurbelwellenlagern. Bei einem Vierzylindermotor sind dies 5, beim Fünfzylindermotor 6. Um der Kurbelwelle einen ruhigen, ausgewuchteten Lauf zu geben, werden Schwunggewichte an der Welle montiert. Wiederum wird eine unterschiedliche Zahl montiert: beim Vierzylindermotor 6, beim Fünfzylindermotor 10.

Auf der Getriebeseite der Kurbelwelle ist das Schwungrad, oder bei eingebauter Getriebeautomatik die Mitnehmer- oder Antriebsscheibe für den Drehmomentwandler, angeschraubt. Beide Teile sind mit einem Zahnkranz zum Eingriff für das Ritzel des Anlassers versehen.

Auf dem vorderen Ende der Kurbelwelle sitzen zwei Zahnräder, einmal zum Antrieb der Steuerkette und zum anderen Mal für die Ölpumpe. Diese Teile sind nicht sichtbar, da sie durch den Steuerdeckel verdeckt werden. Sichtbar auf dem Ende der Welle ist jedoch die Kurbelwellenriemenscheibe, welche mit dem Antriebsriemen, einem so genannten Poly-Riemen, zum Antrieb der einzelnen Aggregate versehen ist. Je nach eingebauter Ausstattung können Lichtmaschine, Wasserpumpe, Lenkhilfspumpe oder Kompressor einer Klimaanlage angetrieben werden. Ein Schwingungsdämpfer ist zwischen die Riemenscheibe und die Nabe der Riemenscheibe eingesetzt.

**Ausbau der Kurbelwelle**

Zum Ausbau der Kurbelwelle muss der Motor ausgebaut sein. Nach Ausbau des Motors die Ölwanne und die Ölpumpe ausbauen (unterschiedlich, je nach Motor), den hinteren Deckel für den Öldichtring abmontieren, den Zylinderkopf ausbauen und den Steuergehäusedeckel abmontieren. Die Arbeiten sind jeweils unter getrennten Überschriften beschrieben. Die Welle kann jetzt folgendermaßen ausgebaut werden. Bild 61 zeigt die ausgebaute Kurbelwelle mit der Lagerung der Welle bei einem 612-Motor. Beim 611-Motor wird ein Lagerdeckel weniger eingebaut. Beim weiteren Ausbau:
■ Getriebe vom Motor abflanschen. Beim Abheben des Getriebes die Kupplungswelle nicht verbiegen.
■ Das Schwungrad in geeigneter Weise gegenhalten und die Kupplungsschrauben

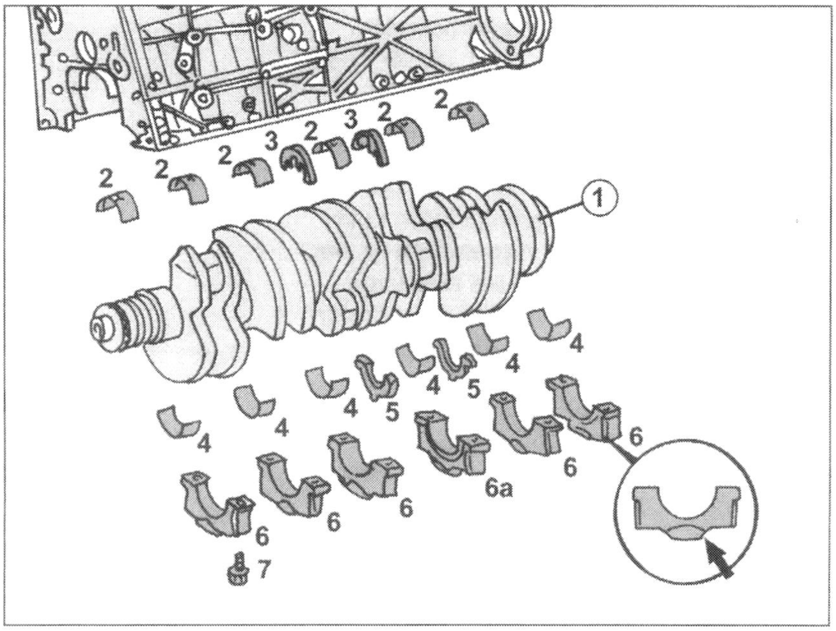


*Bild 61*
*Die Lagerung der Kurbelwelle beim 612-Motor. Beim 611-Motor ist ein Lager weniger ausgebaut.*
*1 Kurbelwelle*
*2 Hauptlagerschalen im Kurbelgehäuse*
*3 Anlaufscheiben im Kurbelgehäuse*
*4 Hauptlagerschalen in Lagerdeckeln*
*5 Anlaufscheiben in Lagerdeckeln*
*6 Hauptlagerdeckel der Kurbelwelle*
*6a Passlager der Kurbelwelle (wo Anlaufscheiben eingesetzt sind)*
*7 Hauptlagerdeckelschrauben, 55 Nm + 90°*

gleichmäßig über Kreuz lösen. Die Schrauben lassen sich auch meistens mit einem abgewinkelten Inbusschlüssel lösen, ohne das Schwungrad gegenzuhalten. Dazu den Schlüssel im rechten Winkel aufsetzen, eine Verlängerung auf das Ende des Schlüssels aufstecken und mit der Hand auf das Ende des Schlüssels schlagen. Durch die Schlagwirkung lösen sich die Schrauben in den meisten Fällen. Zum Gegenhalten des Schwungrades kann man ein Stück Flacheisen an zwei Stellen bohren und mit den Kupplungsschrauben am Schwungrad befestigen, wie man es in Bild 62 sehen kann. Den Motor gut abstützen und die Schrauben des Schwungrades der Reihe nach lösen. Vor dem Abbau der Kupplung mit einem Körner in die Druckplatte und das Schwungrad schlagen, um die Teile miteinander zu zeichnen. Von der Vorderseite des Motors die Schraube der Kurbelwellenriemenscheibe lösen, solange man das Schwungrad gegenhalten kann. Eine Antriebsscheibe eines automatischen Getriebes in gleicher Weise lösen.

■ Zylinderkopf ausbauen, wie es weiter vorn beschrieben wurde.

■ Steuergehäusedeckel abmontieren.

■ Ölwanne abschrauben und die Ölpumpe ausbauen.

■ Falls nur die Kurbelwelle ausgebaut werden soll, können Kolben und Pleuelstangen im Zylinderblock verbleiben. Andernfalls die Kolben und Pleuelstangen ausbauen, wie es bereits beschrieben wurde. Falls die Pleuel und Kolben im Block verbleiben, der Reihe nach die Pleuellagerdeckel zeichnen und abnehmen und mit den Schalen zusammenhalten.

Eine Messuhr mit einem Ständer so vor die Vorderseite des Zylinderblocks setzen, dass der Messfinger auf dem Endzapfen der Kurbelwelle aufsitzt (Bild 63). Mit einem Schraubendreher die Kurbelwelle nach einer Seite drücken, die Messuhr auf null stellen und die Welle auf die andere Seite drücken. Die Anzeige der Uhr ist das Axialspiel der Kurbelwelle und ist für den späteren Zusammenbau aufzuschreiben. Wenn es mehr als 0,30 mm beträgt, muss dies bei der Montage berücksichtigt werden. Das mittlere Lager ist mit zwei Anlaufscheiben links und zwei rechts versehen (5 in Bild 61), um das Axialspiel aufzunehmen. Falls dieses zu groß ist, können neue Scheiben eingebaut werden, jedoch muss auf beiden Seiten die gleiche Scheibenstärke verwendet werden.

■ Schrauben des Dichtungsflansches an der Rückseite des Motors abschrauben und den Flansch vorsichtig vom Zylinderblock abdrücken.

■ Lagerdeckelschrauben (7) der Kurbelwelle gleichmäßig über Kreuz lösen und der Reihe nach die Deckel (6 und 6a) abnehmen. Kontrollieren, dass die Deckelnummern gut sichtbar sind. Die Deckel sind mit den Nummern 1 bis 5 bzw. 1 bis 6 gezeichnet. Der Deckel Nr. 1 befindet sich auf der Riemenscheibenseite. Wie man beim Abnehmen erkennen kann, befinden sich die Zahlen in der Mitte des Deckels (Bild 64).

■ Lagerschalen (4) von den Lagerzapfen abnehmen und mit den entsprechenden Lagerdeckeln zusammenhalten. Alle Lagerschalen auf dem Rücken mit der entsprechenden Lagernummer kennzeichnen. Ebenfalls die Anlaufscheiben (5) entfernen. Wiederum kennzeichnen, wo sie eingesetzt sind.

■ Kurbelwelle (1) vorsichtig aus dem Zylinderblock herausheben.

■ Verbleibende Schalen (2) und die Anlaufscheiben (3) aus dem Kurbelgehäuse herausnehmen und mit den anderen Schalen und Deckeln zusammenhalten. Diese Lagerschalen sind mit einer Ölbohrung und einer Ölschmiernut versehen. Beim Zusammenbau müssen diese wieder in das Kurbelgehäuse kommen.

## Überprüfung der Teile

Falls man einige Erfahrungen mit Kurbeltrieben hat, kann man die folgenden Arbeiten durchaus durchführen.

- Kurbelwelle sorgfältig auf Schäden kontrollieren und die Hauptlager- und Pleuellagerzapfen genau ausmessen. Die Kurbelwellenhauptlagerzapfen und Kurbelzapfen können einige Male nachgeschliffen werden, so dass die Welle mit Untergröße-Lagerschalen eingebaut werden kann.
- Die Kurbelwelle zwischen die Spitzen einer Drehbank einspannen (oder die beiden äußeren Lagerzapfen in Prismen einlegen) und mit einer Messuhr am mittleren Lagerzapfen auf Schlag kontrollieren. Der Schlag darf nicht größer als 0,06 mm sein. Andernfalls die Welle erneuern.

### *Lagerlaufspiel*

Lagerlaufspiel der Hauptlager und Pleuellager wie folgt ausmessen:

- Hauptlagerdeckel ohne Lagerschalen auf das Kurbelgehäuse aufschrauben, die Schraubengewinde gut einölen und die Schrauben abwechselnd auf ein Anzugsdrehmoment von 55 Nm anziehen und dann im Winkelanzug um weitere 90° anziehen. Die Lagerdeckel sind versetzt, so dass man sie nur in einer Stellung aufsetzen kann.
- Unter Bezug auf Bild 65 den Durchmesser in den Richtungen A, B und C ausmessen und den Wert jedes Lagers aufschreiben. Falls der Grunddurchmesser überschritten oder die Bohrung konisch ausgelaufen ist, kann man den Lagerdeckel auf einer Richtplatte mit Sandpapier abziehen, aber nicht um mehr als 0,02 mm.
- Lagerdeckel wieder abschrauben und dieses Mal mit den gut gereinigten Lagerschalen aufschrauben. Die Deckelschrauben wieder in der angegebenen Weise anziehen.
- Den Durchmesser der einzelnen Lager in der in Bild 66 gezeigten Weise ausmessen und der Reihe nach aufschreiben.
- Den Durchmesser der Lagerzapfen vom Lagerschalendurchmesser abziehen. Der erhaltene Wert ist das Lagerlaufspiel, welches bei den Hauptlagern und Pleuel lagern 0,031 - 0,073 mm betragen sollte. Der Verschleißwert beträgt 0,080 mm.

Falls erforderlich, können die Lagerspiele durch Verwendung unterschiedlicher Lagerschalen berichtigt werden, jedoch schlagen wir vor, dass man diese Arbeiten in einer Werkstatt durchführen lässt. Falls das Laufspiel der Pleuellager kontrolliert wird, in ähnlicher Weise vorgehen, jedoch die Pleuel dabei mit einem Drehmoment von 25 Nm + 90° anziehen.

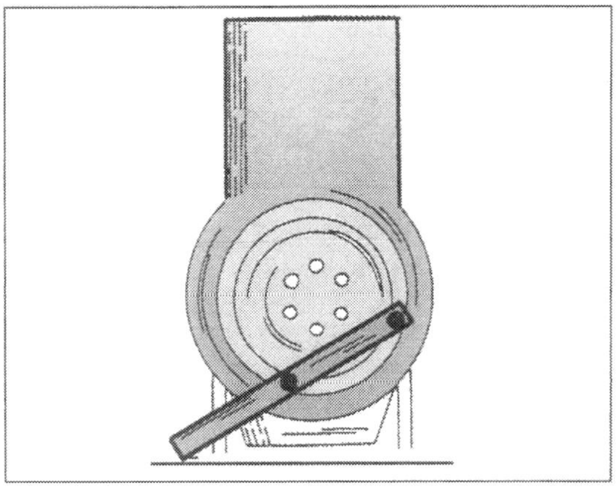

*Bild 62*
*Ein Stück Flacheisen kann am Schwungrad angeschraubt werden, um die Schrauben zu lösen. Das Flacheisen auf der anderen Seite beim Festziehen der Schrauben befestigen.*

*Bild 63*
*Kontrolle des Axialspiels der Kurbelwelle.*

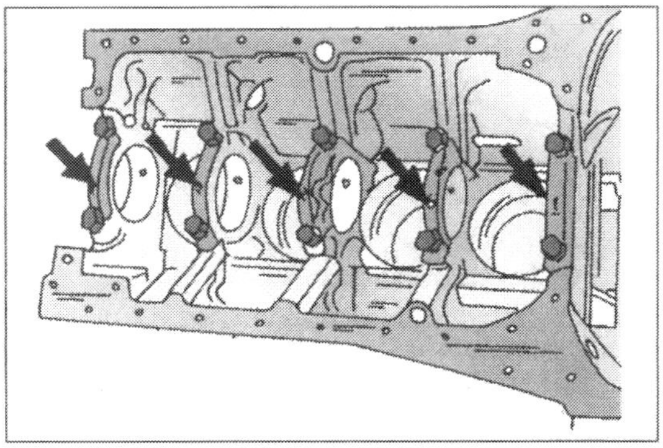

*Bild 64*
*Die Pfeile weisen auf die Kennzeichnung der Hauptlagerdeckel. Unbedingt deren Nummerierung einhalten.*

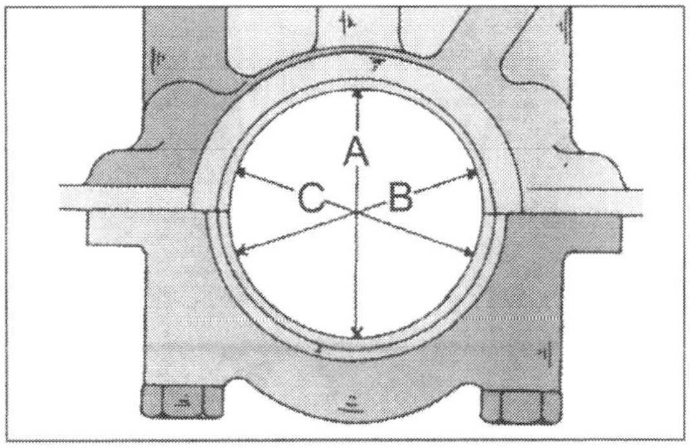


*Bild 65*
*Ausmessen der Kurbelwellenlagergrundbohrung.*

*Bild 66*
*Der Innendurchmesser der eingebauten Lagerschalen wird mit einer Innenmessuhr ausgemessen.*

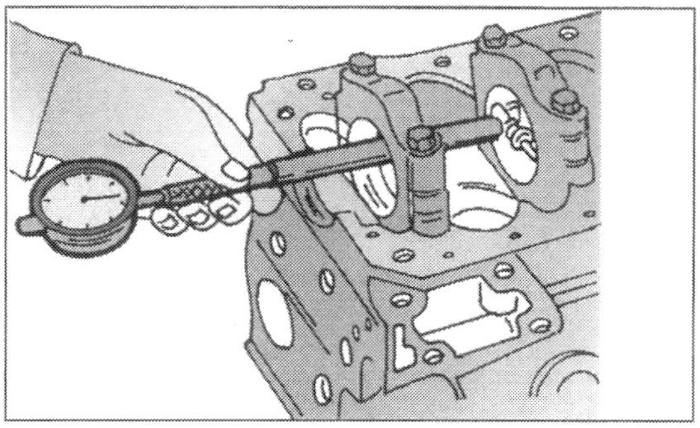

*Bild 67*
*Vorschriftsmäßiges Einsetzen der Anlaufhalbscheiben für das Kurbelwellenaxialspiel.*

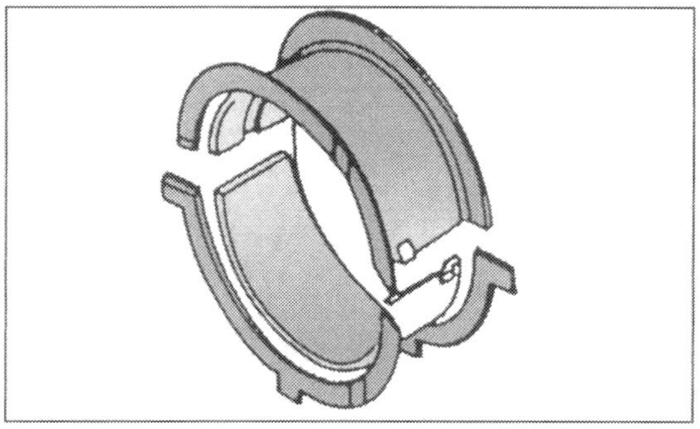

*Bild 68*
*Einbau des Hauptlagerdeckels zusammen mit der Anlaufscheibe. Die Verdrehsperre muss eingreifen und die Nuten müssen in die richtige Richtung weisen.*

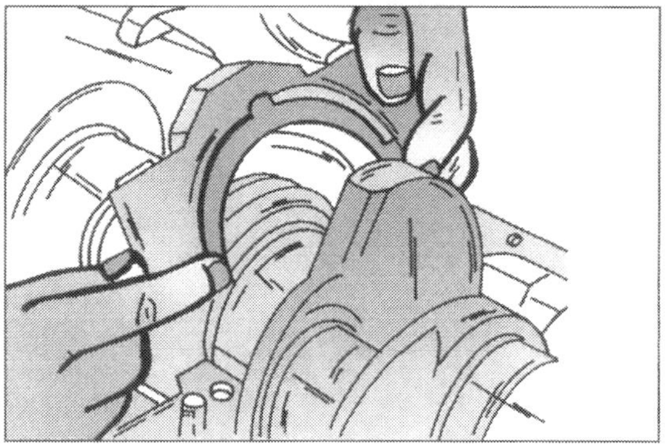

*Bild 69*
*Diagramm der Kurbelwelle mit der Einbauweise der Lager und Anlaufscheiben. Die Zahlen entsprechen der Nummerierung in Bild 61.*
***A*** *Im Kurbelgehäuse*
***B*** *In den Lagerschalen*

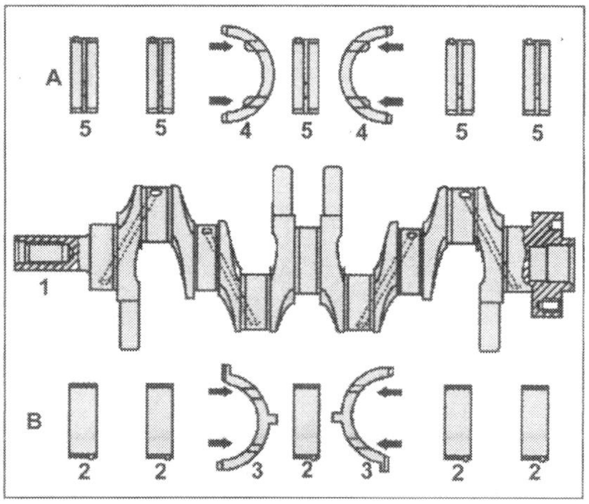


**Kurbelwelle einbauen**

■ Grundbohrungen auswischen und die Lagerschalen (2) mit den Ölschmiernuten und -bohrungen mit den Führungsnasen in die Aussparung der Grundbohrungen einlegen. Die Schalen gut einölen.

■ Anlaufscheiben (3) in Bild 61 am betreffenden Hauptlager anbringen. Die Halbscheiben im Kurbelgehäuse und am Lagerdeckel sind jeweils gleich, jedoch müssen die beiden Scheiben mit den Laschen in der in Bild 67 gezeigten Weise in das Kurbelgehäuse eingesetzt werden. Diese Laschen dienen als Verdrehsperre. Die Ölschmiernuten kommen zum Kurbelwellenflansch, ähnlich, wie es Bild 68 zeigt.

■ Die Kurbelwelle vorsichtig in die Lagerschalen hineinheben. Dabei die Pleuellager auf die Kurbelzapfen führen, falls sich die Pleuelstangen noch im Zylinderblock befinden.

■ Untere Lagerschalen (4) in die dazugehörigen Kurbelwellenlagerdeckel einlegen (Nasen in Aussparungen) und die Flächen gut einölen. Bild 69 zeigt die Anordnung der Lagerschalen und Anlaufscheiben. Die Zahlen entsprechen Bild 61. Mit »A« sind die Teile im Kurbelgehäuse, mit »B« die Teile in den Hauptlagerdeckeln gezeigt.

■ Die beiden Halbscheiben (5) in die Aussparungen des mittleren Lagerdeckels einlegen. Die Ölschmiernuten müssen nach außen weisen. Den Deckel aufsetzen, aber gleichzeitig die beiden Halbscheiben links und rechts mit den Fingern in ihrer Lage halten, damit sie nicht herausrutschen können.

☞ Deckel auf das Kurbelgehäuse aufsetzen und mit einem Gummi- oder Kunststoffhammer anschlagen. Die Deckel unbedingt entsprechend ihrer Zahlenkennzeichnung aufsetzen. Eine in das Kurbelgehäuse eingeschlagene »1« gibt an, wo sich der Deckel Nr. 1 befindet. Beim Aufsetzen der Deckel deshalb entsprechend Bild 70 vorgehen, d. h. die in den Deckel eingeschlagene Zahl muss mit der Zahl in der Kurbelgehäusefläche übereinstimmen.

■ Deckelschrauben von der Mitte nach außen vorgehend in mehreren Stufen auf ein Anzugsdrehmoment von 55 Nm anziehen und danach im Winkelanzug um weitere 90° (Viertelumdrehung) nachziehen.

■ Die Kurbelwelle einige Male durchdrehen, um Klemmer bereits jetzt festzustellen.

■ Das Axialspiel nochmals kontrollieren, wie es bereits beim Ausbau der Kurbelwelle beschrieben wurde (siehe ebenfalls Bild 63). Falls das Spiel ursprünglich zu groß war, ersetzt man die Anlaufscheiben. Scheiben stehen in fünf verschiedenen Stärken zur Verfügung.

■ Kolben und Pleuelstangen montieren, wie es bereits beschrieben wurde.
■ Den hinteren Öldichtringdeckel montieren.
■ Steuerung montieren (siehe entsprechendes Kapitel).
■ Schwungrad montieren (siehe entsprechendes Kapitel).
■ Die Antriebsscheibe eines automatischen Getriebes montieren.
■ Kupplung entsprechend der Kennzeichnung am Schwungrad anbringen. Die Kupplungsmitnehmerscheibe muss dabei einwandfrei zentriert werden.
■ Die Ölpumpe montieren (siehe entsprechendes Kapitel).
■ Die Ölwanne montieren (siehe entsprechendes Kapitel).
■ Alle verbleibenden Arbeiten in umgekehrter Reihenfolge wie beim Ausbau durchführen, bis der Motor wieder einbaufertig ist.

**Schwungrad oder Antriebsscheibe (Getriebeautomatik)**
Der Motor ist mit einem normalen oder einem Zweimassen-Schwungrad ausgestattet. Sinn des Zweimassen-Schwungrads ist es, die bei Motorlauf an der Kurbelwelle bestehenden Drehschwingungen – sie entstehen durch die nacheinander zündenden Zylinder – nicht an den Antrieb weiterzugehen. So werden die durch die Schwingungen entstehenden Geräusche vermieden.
Der Aufbau des Zweimassen-Schwungrades sieht folgendermaßen aus: Fest mit der Kurbelwelle ist der vordere Teil des Schwungrades verschraubt.
Darauf ist ein Drehschwingungsdämpfer montiert, der aus einem ausgeklügelten Feder-/Dämpfersystem besteht. Der hintere Teil des Schwungrades ist an diesem Schwingungsdämpfer befestigt, hat also keinerlei starre Verbindung zum Vorderteil und damit zur Kurbelwelle. Schon die hier montierte Kupplung ist also schwingungsmäßig vom Motor getrennt.
Vor Austausch eines Schwungrades immer die Höhe ausmessen, damit man das richtige Schwungrad erhält. Das Schwungrad oder die Antriebsscheibe, zusammen mit dem Anlasserzahnkranz, kann ausgetauscht werden, ohne dass die Kurbelwelle ausgewuchtet werden muss. Der Zahnkranz einer Antriebsscheibe und auch eines Schwungrades können erneuert werden,

*Bild 70*
*Die Kennzeichnungen der Hauptlagerdeckel sind an der gezeigten Stelle (1) zu finden. Jeder Deckel und die Auflagestelle am Kurbelgehäuse ist mit der jeweiligen Zahl gezeichnet.*

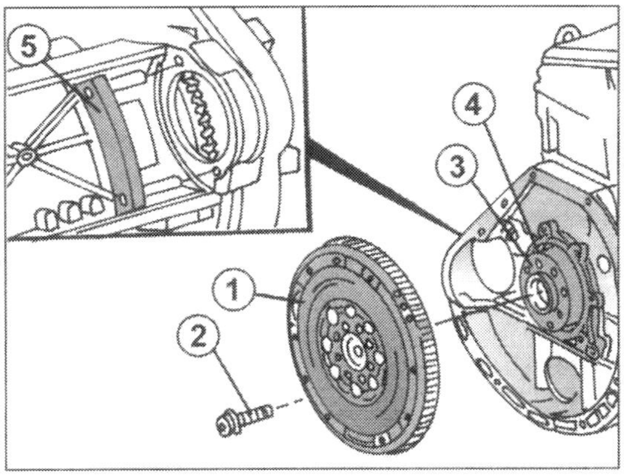


*Bild 71*
*Zum Aus- und Einbau des Schwungrades. Oben links kann man sehen, wo die Schwungradsperre eingesetzt wird. In diesem Fall den Anlasser ausbauen.*
*1 Schwungrad*
*2 Schwungradschraube, 45 Nm + 90°*
*3 Zylinderpassstift*
*4 Kurbelwelle*
*5 Schwungradsperre*

jedoch sollte man diese Arbeit vielleicht in einer Werkstatt durchführen lassen, obwohl sie weiter unten beschrieben ist. Der Motor braucht nicht ausgebaut zu werden.

***Zum Ausbau***
■ Getriebe ausbauen.
■ Schwungrad oder Antriebsscheibe in geeigneter Weise gegenhalten, indem man eine Schraube in ein Flanschloch des Zylinderblocks einsetzt und einen kräftigen Schraubendreher in die Zähne des Zahnkranzes. Das Schwungrad in dieser Weise gegenhalten und die acht Schrauben der Reihe nach lösen. Dabei wird man feststellen, dass zwischen zwei der Schrauben ein Loch in das Schwungrad eingebohrt ist. Dieses Loch liegt in Flucht mit einem ähnlichen Loch im Kurbelwellenflansch und bei Einbau des Schwungrades oder der Antriebsscheibe müssen sich beide Löcher wieder decken.
Bild 71 zeigt die Lage des Loches beim Schwungrad. Bei der Antriebsscheibe ist ein ähnliches Loch vorhanden.
■ Das Schwungrad oder die Antriebsscheibe abnehmen. Bei der Antriebsscheibe sind Distanzscheiben untergelegt, die ebenfalls frei werden.

### *Schwungrad kontrollieren und Zahnkranz erneuern*

Falls ein Schwungrad Zeichen von Brandstellen oder Verschleiß aufweist, kann man es nacharbeiten lassen. Ihre Mercedes-Werkstatt besitzt die notwendigen Maßangaben darüber. Der Anlasserzahnkranz kann erneuert werden, jedoch muss man eine Wärmequelle zur Verfügung haben, mit welcher sich die Wärme auf 220 °C regulieren lässt.

- Die Einbaulage des Zahnkranzes gut einprägen und das Schwungrad in einen Schraubstock einspannen.
- Ein Loch zwischen zwei der Zähne einbohren, ohne dabei das Schwungrad anzubohren.
- Den alten Zahnkranz mit einem Meißel spalten. Dabei die Augen gegen fliegende Splitter schützen.
- Die Auflagefläche des Schwungrades gründlich reinigen.
- Den neuen Zahnkranz auf die angegebene Temperatur erhitzen und schnell mit einer Zange in der ursprünglichen Lage auf das Schwungrad auflegen. Das Schwungrad mit einem Weichmetalldorn fest anschlagen. Diese Arbeiten müssen sehr schnell durchgeführt werden.

Um den Zahnkranz einer Antriebsscheibe zu erneuern, den Zahnkranz mit dem Stahlring von der Scheibe abschrauben. Beim Anschrauben das neue Teil so anbringen, dass die Bohrungen für die Befestigungsschrauben des Zahnkranzes und des Drehmomentwandlers am Stahlring und an der Antriebsscheibe in einer Linie liegen.
Falls ein Zweimassen-Schwungrad bereits längere Zeit eingebaut ist, sollte man es in einer Werkstatt überprüfen lassen, da es sich an der Innenkante der Fläche abgenutzt haben kann.

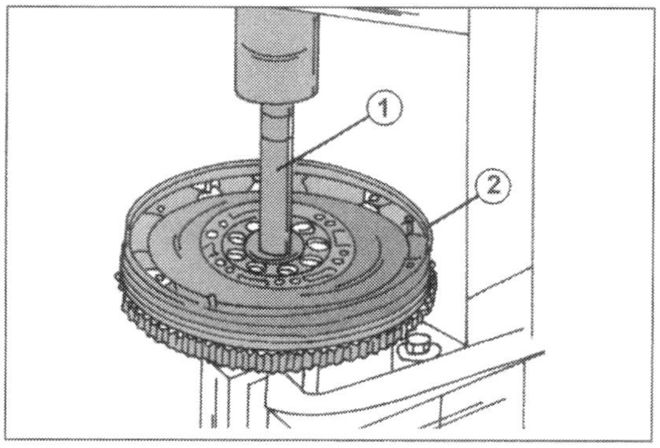


*Bild 72*
*Erneuerung des Führungslagers im Schwungrad (2). Ein Pressdorn (1) wird zum Auspressen des Lagers benutzt.*

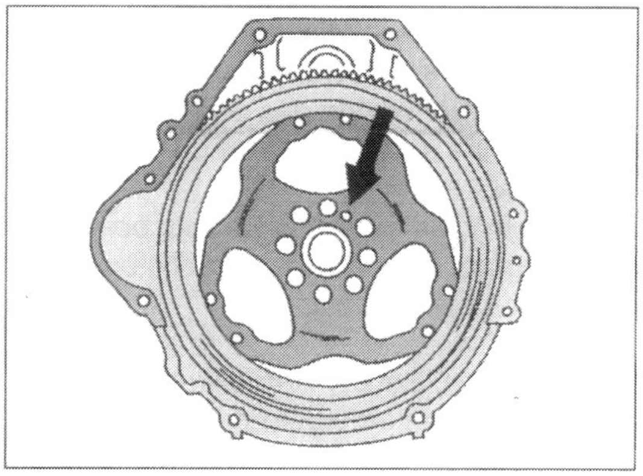

*Bild 73*
*Die Fluchtbohrung der Antriebsscheibe befindet sich an der gezeigten Stelle.*

### *Führungslager im Schwungrad erneuern*

In das Ende des Schwungrads ist ein Führungslager eingesetzt. Zum Erneuern des Lagers muss dieses aus dem Schwungrad ausgepresst werden (Presse erforderlich). Beim Einpressen des neuen Lagers das Schwungrad in der in Bild 72 gezeigten Weise auf den Pressentisch auflegen, das Lager in die Öffnung des Schwungrads einsetzen und das Lager einpressen, wie man es in Bild 72 sehen kann. Nach Einbau das Lager gut einschmieren.

### *Einbau des Schwungrades*

- Schwungrad oder Antriebsscheibe am Kurbelwellenflansch ansetzen und verdrehen, bis die beiden Fluchtlöcher in eine Linie kommen. Beim Schwungrad Bild 71 anschauen, bei der Antriebsscheibe ist die Lage des Loches in Bild 73 gezeigt. Bei der Antriebsscheibe die Sicherungsplatte auf die Antriebsscheibe auflegen.
- Die Schrauben eindrehen und auf ein Anzugsdrehmoment von 45 Nm anziehen. Ein Innensechskantschlüssel ist dazu erforderlich. Aus dieser Stellung um weitere 90° nachziehen, d. h. um ca. eine Viertelumdrehung. Den Winkel unbedingt einhalten, um den Dehnschrauben ihre Wirkung zu geben.

## Kurbelwellenriemenscheibe und Nabe

Der Motor ist mit einer einteiligen Riemenscheibe/Schwingungsdämpfereinheit versehen. Der Schwingungsdämpfer wird mithilfe einer Scheibenfeder auf der Kurbelwelle geführt und durch eine Schraube an der Welle gehalten. Je nach Festigkeit hat die Schraube ein unterschiedliches Anzugsdrehmoment und wird der Kennzeichnung des

Schraubenkopfes entnommen (siehe unten). Die Teile der Befestigung sind in Bild 74 gezeigt.
Beim Aus- und Einbau der Teile folgendermaßen vorgehen:

■ Den Poly-Antriebsriemen ausbauen, wie es später beschrieben wird.

■ Die Kurbelwelle gegen Mitdrehen sichern. Dazu kann man einen Gang einlegen und die Handbremse anziehen. Andernfalls den Anlasser ausbauen und den Zahnkranz des Schwungrades oder der Antriebsscheibe (Automatik) in geeigneter Weise gegenhalten. Die Schraube (2) in Bild 74 lösen und ausschrauben und die Unterlegscheibe (3) abnehmen.

■ Die Kurbelwellenriemenscheibe mit dem Schwingungsdämpfer (1) herunterziehen. Eine sehr fest sitzende Schraube kann mit einem geeigneten Zweiklauenabzieher heruntergezogen werden. Auch kann man zwei Reifenhebel versuchen.

Die Riemenscheibe hat einen bestimmten Durchmesser, welcher auf den betreffenden Motor abgestimmt ist. Wird sie erneuert, muss man darauf achten.
Beim Einbau der Riemenscheibe und des Schwingungsdämpfers, folgendermaßen vorgehen:

■ Kurbelwelle verdrehen, bis man den Keil (Scheibenfeder) sehen kann, und die Kombi-Riemenscheibe/Schwingungsdämpfer über das Ende der Welle aufschlagen. Unbedingt darauf achten, dass die Nut in der Nabe mit dem Keil in Eingriff kommt.

■ Die Unterlegscheibe (3) über die mittlere Schraube (2) setzen, die Gewinde der Schraube gut einölen und die Schraube mit einem Anzugsdrehmoment von 200 Nm anziehen und aus der Endstellung um eine weitere Viertelumdrehung nachziehen, wenn der Schraubenkopf mit »8.8« gezeichnet ist – oder mit 325 Nm anziehen und um eine weitere Viertelumdrehung nachziehen, wenn der Kopf mit »10.9« gezeichnet ist. Die Kurbelwelle muss wieder gegen Mitdrehen gehalten werden, wie es beim Ausbau erwähnt wurde.

■ Poly-Antriebsriemen montieren und spannen, wie es im betreffenden Kapitel beschrieben ist.

■ Alle anderen Arbeiten in umgekehrter Reihenfolge durchführen.

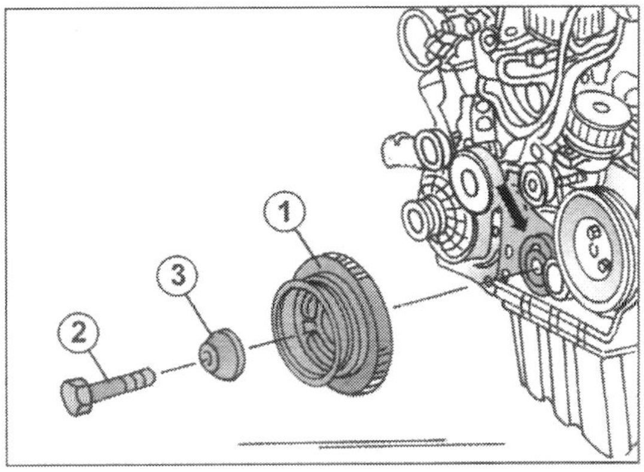


*Bild 74*
*Aus- und Einbau des Schwingungsdämpfers mit der Kurbelwellenriemenscheibe.*
*1 Schwingungsdämpfer/Riemenscheibe*
*2 Mittlere Schraube (Anzugsdrehmoment beachten, siehe Text)*
*3 Unterlegscheibe*
*4 Scheibenfeder (Pfeil)*

## Hinterer Kurbelwellendichtring und Dichtringflansch

Der hintere Kurbelwellendichtring wird in einem Deckel geführt, welcher an der Rückseite des Kurbelgehäuses angeschraubt ist. Deckel und Dichtring sind ein Teil, müssen also zusammen erneuert werden. Bild 75 zeigt, wie der Deckel an der Rückseite des Zylinderblocks angebracht ist. Der Deckel wird mit »Loctite«-Dichtungsmasse an der Ölwannendichtung abgedichtet (Pfeilstellen, Bild 75).
Bei Erneuerung des Deckels/Dichtringes folgendermaßen vorgehen:

■ Das Getriebe ausbauen.

■ Motoröl ablassen.

■ Schwungrad oder Antriebsscheibe des Drehmomentwandlers ausbauen (siehe oben).

■ Einen Wagenheber unter den Motor untersetzen (Holzklotz zwischen Wagenheberkopf und Motor) und den Motor ca. 5 cm an der Vorderachse anheben, um besser an die

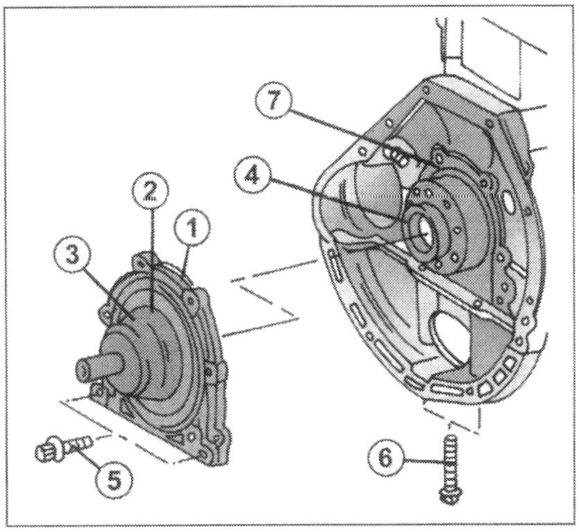


*Bild 75*
*Aus- und Einbau des hinteren Öldichtringdeckels zusammen mit dem Kurbelwellendichtring. Fläche an den Pfeilstellen mit »Loctite« einschmieren.*
*1 Dichtringdeckel mit Öldichtring*
*2 Einziehhülse (normalerweise im Reparatursatz)*
*3 Dichtring im Deckel*
*4 Kurbelwelle*
*5 Deckelschrauben, von vorn eingesetzt, 9 Nm*
*6 Deckelschrauben, von unten eingesetzt, 9 Nm*
*7 Zylinderblock*

Sichtprüfung Messen

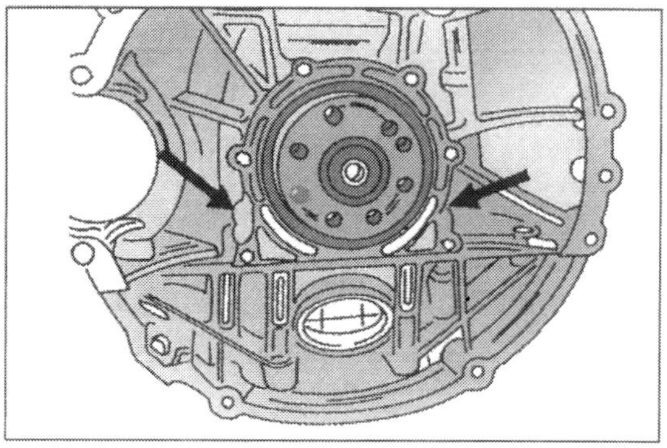

*Bild 76*
*Zum Abdrücken des Dichtringflansches einen Schraubenzieher vorsichtig und abwechselnd unter die Ansätze untersetzen.*

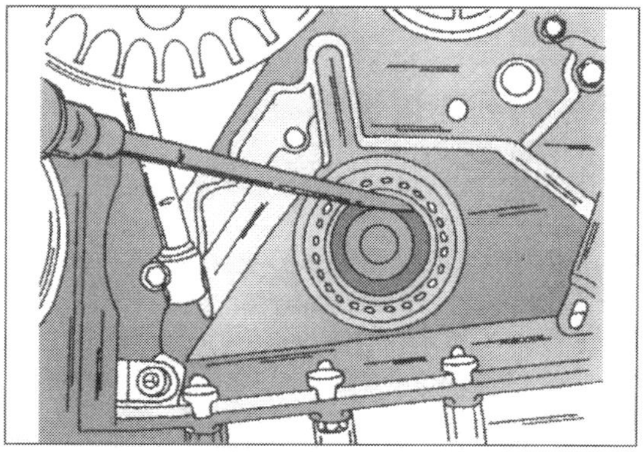

*Bild 77*
*Aushebeln des vorderen Dichtringes aus dem eingebauten Steuerdeckel.*

Schrauben (6) in Bild 75 zu kommen.

■ Die Befestigungsschrauben (5) an der Außenkante des Deckels lösen sowie zwei von unten eingesetzte Schrauben (6) entfernen.

■ Zwei Schraubendreher unter die in Bild 76 mit den Pfeilen gezeigten Ansatzstellen untersetzen und den Deckel vom Zylinderblock (7, Bild 75) abdrücken.

■ Flächen des Zylinderblocks und Deckels einwandfrei reinigen.

■ Deckelfläche mit Dichtungsmasse einschmieren, wo sie an den Pfeilstellen gegen die Ölwannendichtung ansitzt, und den Deckel mit dem Dichtring gegen den Zylinderblock ansetzen. Den Deckel vorsichtig aufschlagen. Mit dem Reparatursatz sollte eine Führungshülse kommen (2, Bild 75). Die Arbeiten sehr vorsichtig durchführen.

■ Den Deckel vorsichtig nach oben schieben, bis die Deckelfläche gegen den Zylinderblock ansitzt, und die Hülse abziehen. Die Dichtlippe (3) des Dichtringes muss einwandfrei sitzen.

■ Die beiden Schrauben (6) von unten und danach die verbleibenden Schrauben (5) einsetzen. Zuerst die beiden unteren und dann die anderen Schrauben mit 9 Nm anziehen.

■ Alle anderen Arbeiten in umgekehrter Reihenfolge wie beim Ausbau durchführen.

## Vorderer Kurbelwellendichtring

Der vordere Dichtring der Kurbelwelle sitzt im Steuerdeckel und kann bei eingebautem Motor erneuert werden, fallsÖlleckstellen festgestellt werden. Unbedingt vorher sicherstellen, dass das Öl nicht aus der Steuerdeckeldichtung heraustropft. In diesem Fall den Deckel neu abdichten.

■ Riemenscheibe/Schwingungsdämpfer ausbauen, wie es bereits beschrieben wurde.

■ Dichtring mit einem Schraubendreher aus dem Steuerdeckel herausdrücken. Einen dicken Lappen unter die Schraubenzieherklinge unterlegen, um den Deckel oder die Kurbelwelle nicht zu beschädigen (Bild 77).

■ Falls erforderlich den Deckel abschrauben.

■ Alle Teile gründlich reinigen; falls erforderlich die Kante der Deckelbohrung entgräten.

■ Flächen des Zylinderblocks und Deckels einwandfrei reinigen.

■ Einen neuen Dichtring in den Deckel einschlagen. Die Dichtlippe des neuen Dichtringes ist um 3 mm versetzt, so dass sie nicht wieder auf der gleichen Stelle der Kurbelwelle laufen kann. Den Raum zwischen der Dichtlippe und der Staubschutzlippe mit ca. 1 g Dauerfett füllen.

■ Falls der Deckel ausgebaut wurde, die Deckelfläche mit Dichtungsmasse einschmieren und den Deckel gegen den Zylinderblock ansetzen, so dass die Passstifte eingreifen. Den Deckel vorsichtig aufschlagen. Mercedes-Werkstätten verwenden dazu ein Einziehwerkzeug (Nr. 611 589 00 14 00).

■ Die beiden Schrauben von unten und danach die verbleibenden Schrauben einsetzen. Zuerst die beiden unteren und dann die anderen Schrauben mit 10 Nm anziehen.

■ Alle anderen Arbeiten in umgekehrter Reihenfolge wie beim Ausbau durchführen.

## Steuermechanismus

Die folgende Beschreibung befasst sich mit der Steuerung des Motors. Der Aus- und Einbau der Nockenwellen wurde bereits im Zusammenhang mit dem Zylinderkopf beschrieben. Die endlose Steuerkette läuft

über die Kettenräder der Nockenwellen, das Kettenrad der Kurbelwelle sowie über das Antriebsrad der Hochdruckpumpe. Die Kette wird durch Gleitschienen geführt. Die Spannung der Kette wird über einen hydraulischen Kettenspanner konstant gehalten.
Die Nockenwellenräder werden durch eine Schraube an der Welle gehalten und durch eine Scheibenfeder geführt.
Eine zweite, kleinere Kette dient zum Antrieb der Ölpumpe. Diese ist um ein zweites Rad auf der Kurbelwelle (ein Doppelkettenrad ist eingebaut) und das Kettenrad der Ölpumpe gelegt und besitzt ihren eigenen Spannmechanismus.

**Aus- und Einbau des Kettenspanners**
Der Kettenspanner ist seitlich an der in Bild 78 gezeigten Stelle auf der rechten Seite in den Zylinderkopf eingeschraubt. Die Spannung des Kettenspanners setzt sich aus der Kraft der eingebauten Feder und dem Druck des Motoröls zusammen. Das im Kettenspanner befindliche Öl hat außerdem die Aufgabe, stoßartige Belastungen beim Schlagen der Kette abzudämpfen. Ein Kettenspanner kann zur Reparatur nicht zerlegt werden, ist also immer zu erneuern, falls er seine Funktion nicht mehr verrichtet.
Der Kettenspanner (1) kann einfach aus der Seite des Motors ausgeschraubt werden. Den Dichtring (2) immer erneuern.
Den Kettenspanner mit dem neuen Dichtring einschrauben und mit einem Anzugsdrehmoment von 80 Nm anziehen.

**Aus- und Einbau der Steuerkette**
Die getriebenen Teile werden durch die Kurbelwelle über eine endlose Duplexkette angetrieben. Eine Gleitschiene und eine Spannschiene führen die Kette im Steuergehäuse. Eine Spannschiene, auf die der Kettenspanner drückt, übt auf der anderen Seite einen Druck auf die Kette aus.

Die Erneuerung der Steuerkette ist praktisch außerhalb einer Mercedes-Werkstatt nicht möglich, da neun verschiedene Spezialwerkzeuge zum Trennen der alten Kette, Einziehen der neuen Kette, Vernieten der neuen Kette sowie Einbau der neuen Kette erforderlich sind. Die folgenden Arbeitsbeschreibungen sind deshalb auf Arbeiten begrenzt, bei denen man die Kette nicht ausbauen braucht.

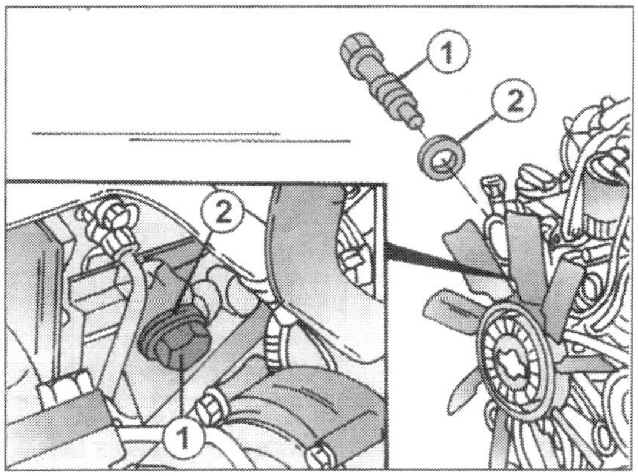


*Bild 78*
*Der Kettenspanner (1) sitzt an der gezeigten Stelle und wird mit einem Dichtring (2) abgedichtet.*

Abgesehen davon muss der Motor ausgebaut werden, um die Spannschiene und die Gleitschiene im Steuergehäusedeckel zu erneuern.
Die Steuerkette kann natürlich bei ausgebautem Motor entsprechend den bereits beschriebenen Arbeiten beim Ausbau von Zylinderkopf, Nockenwellen, usw. und den nachfolgenden Arbeiten ausgebaut und erneuert werden.

**Aus- und Einbau der Spannschiene und Gleitschiene im Steuergehäusedeckel**
Die Lage der Spannschiene und der Gleitschiene ist Bild 79 zu entnehmen. Falls die Spannschiene (1) erneuert werden muss, müssen die Gleichschiene (3) und der Spannarm (5) ebenfalls erneuert werden. Der Motor muss dazu ausgebaut werden. Der Zylinderkopf und der Steuerdeckel müssen ebenfalls zur Erneuerung der Schienen ausgebaut werden, wie es bereits beschrieben wurde. Der Kunststoffbelag der Schiene kann nicht erneuert werden, so dass man die komplette Schiene erneuern muss, falls er abgeschliffen ist.
■ Den Motor ausbauen (bereits beschrieben).

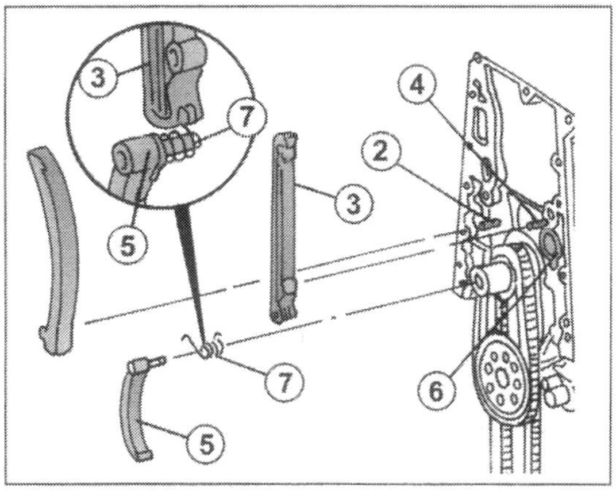


*Bild 79*
*Aus- und Einbau der Spannschiene und der Gleitschiene im Steuergehäusedeckel.*
***1*** *Spannschiene*
***2*** *Lagerbolzen der Schiene*
***3*** *Gleitschiene*
***4*** *Lagerbolzen der Schiene*
***5*** *Spannarm*
***6*** *Lagerbolzen des Spannarms*
***7*** *Feder*

Sichtprüfung Messen

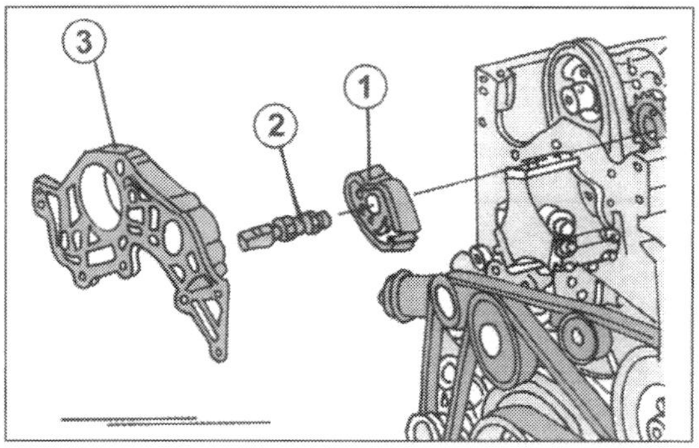


*Bild 80*
*Aus- und Einbau der Gleitschiene im Zylinderkopf.*
*1 Gleitschiene*
*2 Antriebsmitnehmer*
*3 Vorderer Zylinderkopfdeckel*

■ Den Zylinderkopf ausbauen (bereits beschrieben).
■ Steuergehäusedeckel ausbauen (bereits beschrieben).
■ Die Spannschiene (1) in Bild 79 vom Lagerbolzen (2) herunterziehen.
■ Die Gleitschiene (3) zusammen mit dem Spannarm (5) von den Lagerbolzen (4) und (6) herunterziehen.
■ Die Feder (7) im Kreisausschnitt von der Gleitschiene (3) freimachen und vom Spannarm (5) herunterziehen. Beim Einbau darauf achten, dass die Feder richtig eingebaut wird, d. h. vor Ausbau sieht man sich die Einbauweise gut an.
■ Der Einbau findet in umgekehrter Reihenfolge statt.

**Aus- und Einbau der Gleitschiene im Zylinderkopf**

Die Lage der Gleitschiene ist in Bild 80 gezeigt. Der vordere Deckel am Zylinderkopf muss ausgebaut werden, um an die Gleitschiene zu kommen. Beim Erneuern der Schiene folgendermaßen vorgehen:
■ Motor in Drehrichtung durchdrehen (niemals entgegengesetzt der Drehrichtung), bis der Kolben des ersten Zylinders auf dem oberen Totpunkt steht. Das OT-Zeichen am Schwingungsdämpfer muss mit der Markierung am Deckel des Zylinderblocks fluchten.

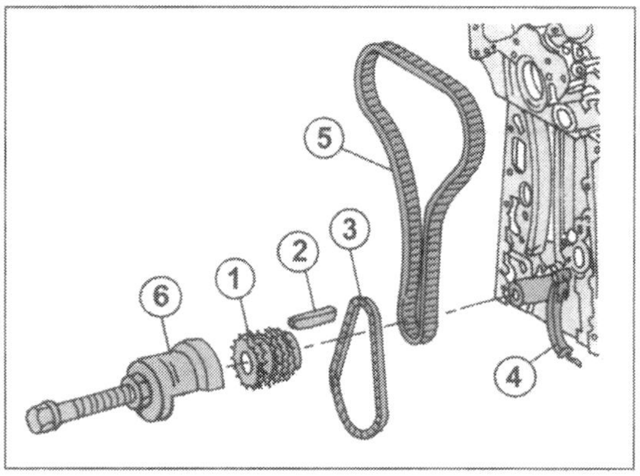


*Bild 81*
*Zum Aus- und Einbau des Kurbelwellenkettenrades.*
*1 Kurbelwellenkettenrad*
*2 Scheibenfeder (Keil)*
*3 Antriebskette der Ölpumpe*
*4 Spannarm der Kette*
*5 Steuerkette*
*6 Abzieher*

■ Die beiden Nockenwellen gegen Verdrehung sperren. Wie dies mithilfe des Absteckbolzens durchgeführt wird, kann man in Bild 37 in der mittleren Ansicht sehen. Andernfalls andere, geeignete Bolzen einschieben.
■ Vorderen Deckel vom Zylinderkopf abmontieren, wie es im Zusammenhang mit dem Zylinderkopf beschrieben wurde.
■ Den Antriebsmitnehmer (2) in Bild 80 aus der Einlassnockenwelle ausschrauben und die obere Gleitschiene (1) abnehmen.
Der Einbau findet in umgekehrter Reihenfolge statt. Den Antriebsmitnehmer mit 50 Nm anziehen.

**Aus- und Einbau des Kurbelwellensteuerrades**

■ Alle Teile ausbauen, die den Zugang zur Stirnseite des Motors versperren. Dazu die Ölwanne, das Antriebsrad der Hochdruckpumpe und beim 611-Motor die Ölpumpe ausbauen, wie es unter getrennten Überschriften beschrieben ist. Nachdem die genannten Teile ausgebaut wurden, ergibt sich die in Bild 81 gezeigte Ansicht.
■ Den Spannarm (4) gegen die Spannung der Feder nach unten drücken und die Antriebskette der Ölpumpe (3) herunterheben. Die Kette muss erneuert werden, falls sie nicht mehr einwandfrei aussieht.
■ Die Steuerkette (5) vom Kurbelwellensteuerrad (1) herunterheben. Zum Abziehen des Kettenrades eignet sich der mit (6) bezeichnete Abzieher oder ein ähnlicher auf dem gleichen Prinzip arbeitender Abzieher. Beim Abziehen den Spannarm (4) gegen die Spannung der Feder nach unten drücken.
■ Den Zustand der Scheibenfeder im Ende der Kurbelwelle kontrollieren. Falls sie nicht mehr einwandfrei aussieht, mit einem Seitenschneider herausziehen. Die Scheibenfeder für die Nabe der Riemenscheibe kann in gleicher Weise behandelt werden.
Das Kettenrad folgendermaßen montieren:
■ Die Scheibenfeder (1) in die Kurbelwelle einschlagen. Die Fläche muss genau parallel mit der Kurbelwelle fluchten.
■ Das Steuerrad der Kurbelwelle (1) mit einem Stück Rohr auf die Kurbelwelle aufschlagen. Kontrollieren, ob die Scheibenfeder in ihrer Lage sitzt und sich nicht verschoben hat. Falls das Kettenrad einen festen Presssitz haben sollte, kann man es anwärmen.

■ Den Motor einige Male durchdrehen und kontrollieren, dass die Steuerzeichen an der Oberseite der Nockenwelle stimmen.
■ Den Spannhebel der Ölpumpenkette (5) wieder montieren.
■ Den Steuerdeckel und Zylinderkopf wieder montieren.
■ Alle anderen Arbeiten in umgekehrter Reihenfolge wie beim Ausbau durchführen.

**Aus- und Einbau der Nockenwellen**
Die Nockenwellen sind nicht bei allen Ausführungen dieser Motorentypen gleich. Eine in die Nockenwelle eingeschlagene Zahl gibt an, zu welchem Motor die Nockenwelle gehört. Bei bestimmten Motoren wurde die Form der Nocken geändert und damit auch die Kennzeichnung der Nockenwellen. Bild 82 zeigt die Kennzeichnung von Nockenwellen der alten und neuen Nockenwellen. Mit »A« sind die Wellen nach der Änderung bezeichnet (beim 611-Motor gezeigt), mit »B« die Kennzeichnung vor der Änderung. Für den eingebauten Motor darf nur eine Nockenwelle mit der betreffenden Kennung eingebaut werden. Die Wellen der Reparaturstufe 1 und Reparaturstufe 2 sind ebenfalls mit einer Kennzahl versehen.
Die Nockenwellen sind oben im Zylinderkopf gelagert. Der untere Teil der Lagerstellen ist in den Zylinderkopf eingearbeitet und wird von oben angeschraubten Lagerdeckeln abgeschlossen.
Die Nockenwellen werden nach oben herausgehoben, nachdem man die Nockenwellenlagerdeckel abgeschraubt und die Nockenwellensteuerräder ausgebaut hat. Der Aus- und Einbau der Nockenwellen wurde bereits im Zusammenhang mit dem Zylinderkopf beschrieben. Bild 83 zeigt, wie die Nockenwellen beim 611-Motor eingebaut sind.

**Hydraulische Stößelausgleichselemente**
Die Aufgabe der Ausgleichselemente ist es, das Ventilspiel auszugleichen, welches sich unter anderem durch Wärmeausdehnung der Teile und Verschleiß verändert. Der Kipphebel ist in dauerhafter Verbindung mit der Nockenwelle, so dass Geräusche vom Ventilmechanismus sehr niedrig gehalten werden. Damit man den Mechanismus besser verstehen kann, soll eine kurze Beschreibung gegeben werden. Bild 84 hilft bei der folgenden Erklärung:

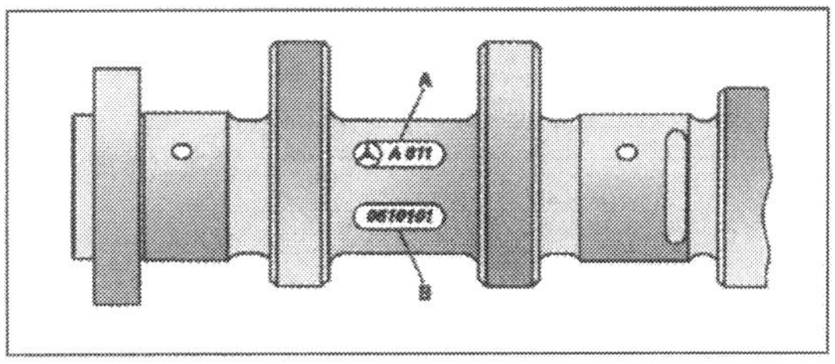


*Bild 82*
*Kennzeichnung der Nockenwellen vor und nach der Änderung (siehe Text).*

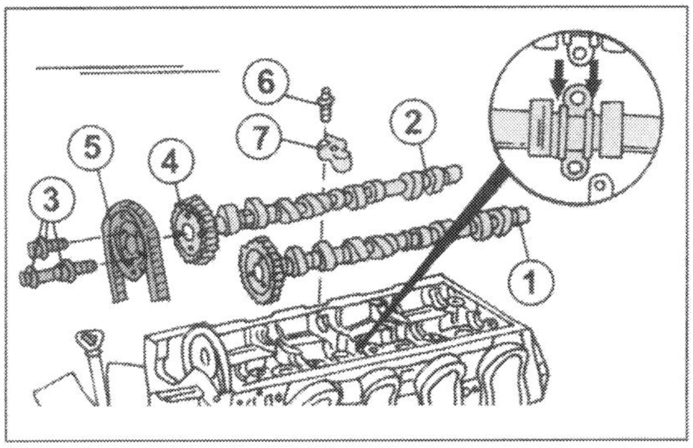


*Bild 83*
*Die Einbauweise der Nockenwellen beim 611-Motor. An den Pfeilstellen ist die Ausrichtung der Nockenwellen am Lager gezeigt.*
*1 Einlassnockenwelle*
*2 Auslassnockenwelle*
*3 Schrauben der Nockenwellenkettenräder, 18 Nm*
*4 Sitz des Passstifts im Kettenrad*
*5 Nockenwellenkettenrad*
*6 Lagerdeckelschraube, 9 Nm*
*7 Nockenwellenlagerdeckel*

Die hydraulischen Ausgleichselemente sind in die Kipphebel eingesetzt und betätigen die Ventile direkt über eine Kugelpfanne (11). Die Elemente bestehen aus den folgenden Hauptteilen:
■ Dem Druckstift (5) mit der Ölkammer (a) und den Rücklaufbohrungen sowie dem Kugelventil (Rückschlagventil), d. h. Teile (9), (7) und (10). Das Kugelventil trennt die Ölkammer von der Arbeitskammer.
■ Der Führungshülse (6) mit der Arbeitskammer (b), der Druckfeder (8) und der Verschlusskappe (4).
Bei abgestelltem Motor, wenn das Element vom Nocken unter Spannung gehalten wird, kann sich das Element vollkommen zurückziehen. Das aus der Arbeitskammer (b) herausgedrückte Öl fließt durch den Ringspalt, d. h. den Spalt zwischen der Führungshülse und dem Druckstift, zur Ölkammer (a).
Wenn sich die Nockenspitze am Kipphebel vorbeigedreht hat, ist der Druckstift (5) ohne Belastung. Die Druckfeder (8) drückt den Stift nach oben, bis der Kipphebel gegen den Nocken anliegt. Der durch die Aufwärtsbewegung des Druckstiftes in der Arbeitskammer hergestellte Unterdruck öffnet das Kugelventil, und das Öl kann aus der Ölkammer in die Arbeitskammer fließen.
Das Kugelventil schließt sich, wenn der Kipphebel gegen den Nocken drückt und der Druckstift dabei unter Belastung kommt. Das Öl in der Arbeitskammer wirkt jetzt als eine feste hydraulische Verbindung und öffnet das betreffende Ventil.
Bei laufendem Motor, und je nach Motor-

*Bild 84*
*Schnitt durch ein Ausgleichselement.*
***1*** *Kipphebel*
***2*** *Sprengring*
***3*** *Scheibe*
***4*** *Verschlusskappe*
***5*** *Druckstift*
***6*** *Führungshülse*
***7*** *Kugelführung*
***8*** *Druckfeder*
***9*** *Kugel, 4 mm*
***10*** *Druckfeder*
***11*** *Kugelpfanne*
***12*** *Ventilfederteller*
***13*** *Ventil*
***a*** *Ölkammer*
***b*** *Arbeitskammer*
***c*** *Rücklaufbohrungen*
***f*** *Ringnut*
***h*** *Ölkanal*

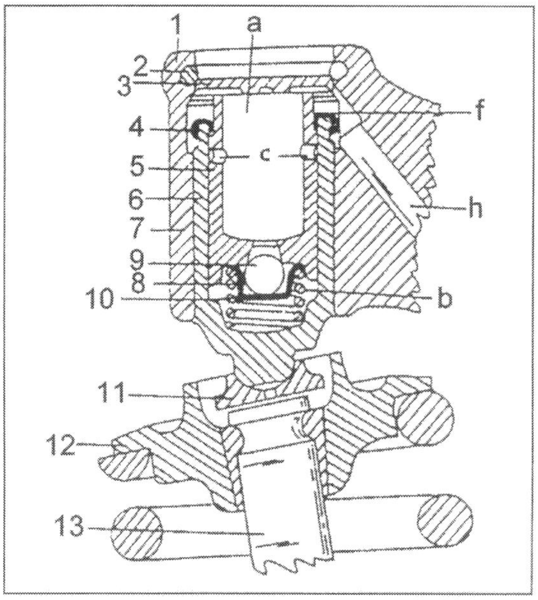


*Bild 85*
*Kontrolle eines Stößels auf unzureichende Ölzufuhr oder andere Schäden.*

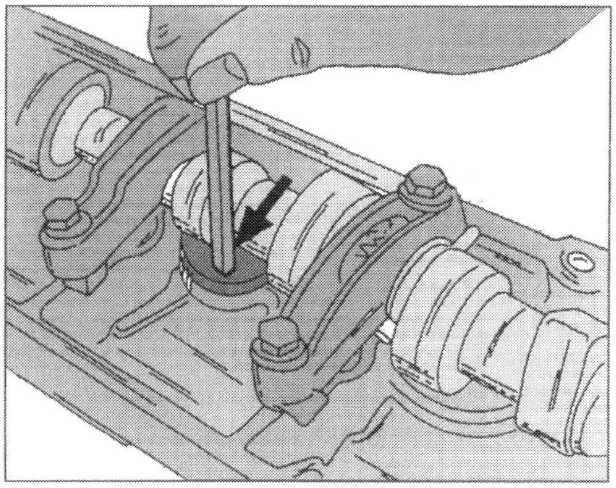

*Bild 86*
*Schnitt durch ein Ventil und einen Stößel.*
***1*** *Druckbolzen*
***2*** *Sicherungsring*
***3*** *Druckfeder*
***4*** *Kugelführung*
***5*** *Kugel*
***6*** *Druckfeder*
***7*** *Führungsbüchse*

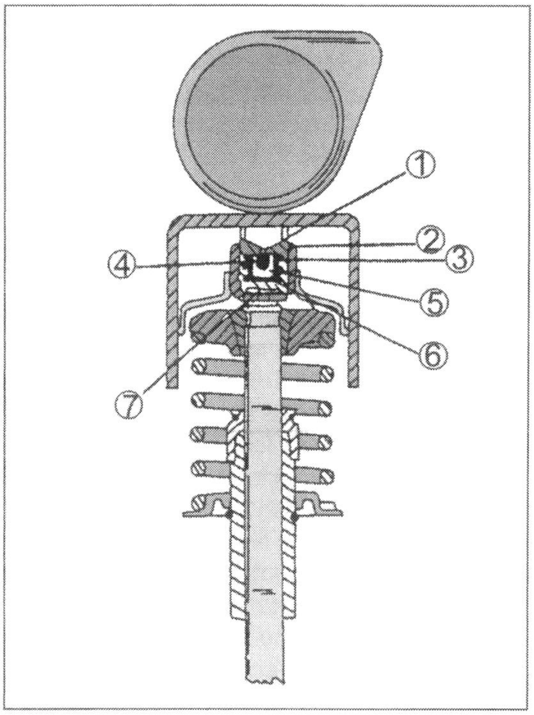


drehzahl und Stellung des Nockens, wird der Druckstift nur etwas nach unten gedrückt.

Das zum Betrieb der Ausgleichselemente erforderliche Öl wird durch eine über die Länge des Zylinderkopfes verlegte Ölleitung sowie die zu den Kipphebellagerböcken führenden Querbohrungen geliefert. Von da läuft das Öl zu der Kipphebelwelle und durch eine Bohrung (h) im Kipphebel zu dem betreffenden Element. Die Ölzufuhr zu der Ölkammer erfolgt durch Schlitze in der Scheibe (3). Die Ölmenge in der Ölkammer (a) ist ausreichend, um die Arbeitskammer (b) unter allen Betriebsbedingungen zu füllen. Öl oder Lecköl, welches nicht gebraucht wird oder eingeschlossene Luft, können durch den Ringspalt zwischen der Scheibe (3) und dem Kipphebel austreten. Das aus der Arbeitskammer ausgestoßene Öl fließt über den Ringspalt zwischen der Führungshülse und dem Druckstift und die beiden Rücklaufbohrungen (c) wieder in die Ölkammer.

☞ Falls die Stößel ausgebaut werden, muss man die folgenden Punkte beachten:

- Stößel immer aufrecht stehend lagern, d. h. mit der offenen Seite nach oben.
- Nach dem Ausbau eines Stößels die Zylindernummer und die Stößelbohrung entsprechend vermerken.

**Kontrolle der Stößel**

Da die Stößel in ständigem Kontakt mit der Nockenwelle sind, ist das Stößelgeräusch kaum wahrnehmbar. Falls man jedoch Geräusche aus dieser Gegend hört, kann man die folgende Prüfung durchführen:

- Motor 5 Minuten lang mit einer Drehzahl von 3000/min. laufen lassen.
- Die Zylinderkopfhaube abmontieren.
- Den Nocken des betreffenden Stößels durch Drehen der Kurbelwelle mit dem Nockenrücken gegen den Stößel bringen, d. h. die Nockenspitze muss nach oben weisen.
- Mit einem Dorn den Stößel nach innen drücken, wie es in Bild 85 gezeigt ist, oder versuchen, den Stößel mit der Hand zu bewegen.
- Falls sich der Stößel leicht hineindrücken lässt oder Spiel zwischen dem Stößel und dem Nockenrücken vorhanden ist, baut man am besten einen neuen Stößel ein. Dieser wird mit dem hydraulischen Ausgleichs-

element in der Innenseite geliefert. Obwohl man den Stößel wieder in seine Grundstellung bringen kann, raten wir von dieser Arbeit ab, da sie mit vielen komplizierten Messungen verbunden ist.

**Aus- und Einbau der Stößel**

■ Nockenwellen ausbauen.

■ Den oder die Stößel der Reihe nach mit einem Sauger aus den Bohrungen ziehen und sofort deren Zugehörigkeit in geeigneter Weise kennzeichnen.

Beim Einbau die Stößel in die ursprünglichen Bohrungen einsetzen, falls sie wieder verwendet werden. Die Nockenwellen einbauen und alle anderen Arbeiten in umgekehrter Reihenfolge wie beim Ausbau durchführen. Bild 86 zeigt einen Schnitt durch ein Ventil mit dem Stößel und dem Ausgleichselement.

**Aus- und Einbau des Polykeilriemens**

Nur ein einzelner Riemen wird zum Antrieb aller Aggregate an der Stirnseite des Motors benutzt, dessen Verlegung jedoch bei Fahrzeugen ohne Klimaanlage und mit Klimaanlage nicht gleich ist. Ist ein Kompressor eingebaut, wird dieser ebenfalls vom gleichen Riemen angetrieben. Bei beiden Motoren ist der gleiche Riemenantrieb eingebaut und wird automatisch mit einer Riemenspannvorrichtung auf der richtigen Spannung gehalten. Unterschiedlich ist die Länge des Riemens, d. h. 2196 mm ohne Klimaanlage oder 2271 mm mit Klimaanlage. Wird der Riemen erneuert, muss man die Ausführung des Antriebs angeben.

Zum Ausbau des Riemens ist ein Dorn oder Stift mit einem Durchmesser von 4 mm erforderlich, dessen Benutzung nachstehend beschrieben ist. Nachdem die Vorderseite des Motors entsprechend freigelegt wurde, um an den Riemen zu kommen, sind die folgenden Arbeiten durchzuführen. Bild 87 zeigt Einzelheiten der Riemeninstallation.

■ Massekabel der Batterie abschließen. Alle Vorsichtsmaßnahmen beachten.

■ Unter Bezug auf Bild 88 das Vorderteil (1) der Spannvorrichtung entgegen der Federspannung verdrehen, wie es durch die Pfeilrichtung angezeigt wird. Danach sieht man sich Bild 89 an. Den oben genannten Bolzen, Dorn oder Stift von 4 mm Durchmesser (2) in die jetzt in Flucht stehenden Bohrungen im Vorderteil (1) und im Gehäuse der

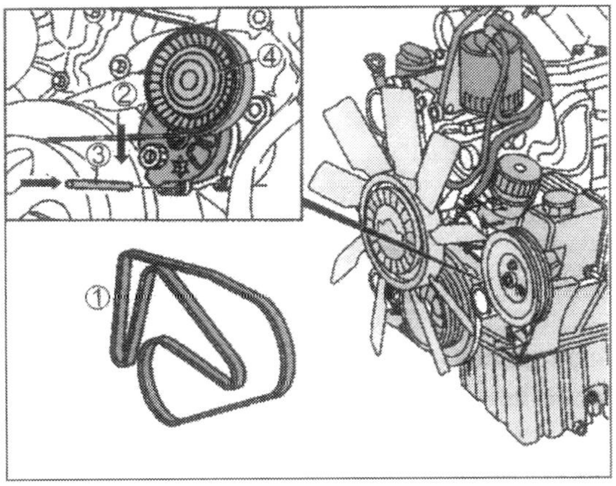

*Bild 87*
*Einzelheiten zum Aus- und Einbau des Poly-Keilriemens.*
*1 Poly-Keilriemen*
*2 Spannvorrichtung*
*3 Stift, Bolzen oder Dorn, 4 mm Durchmesser*
*4 Riemenspannrolle*

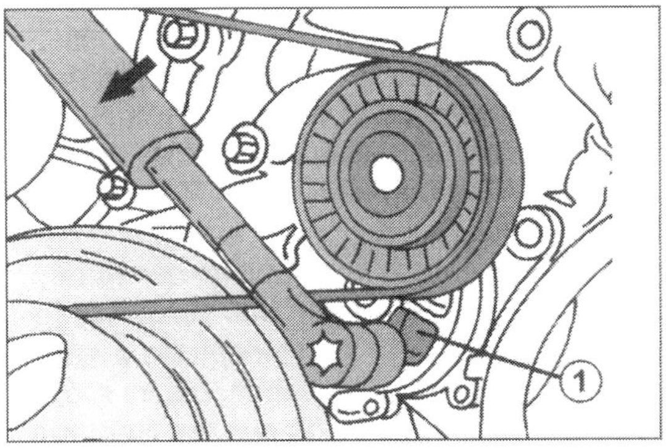

*Bild 88*
*Das Vorderteil der Spannvorrichtung (1) in Pfeilrichtung verdrehen, um die Federspannung auf die Spannrolle zu entlasten.*

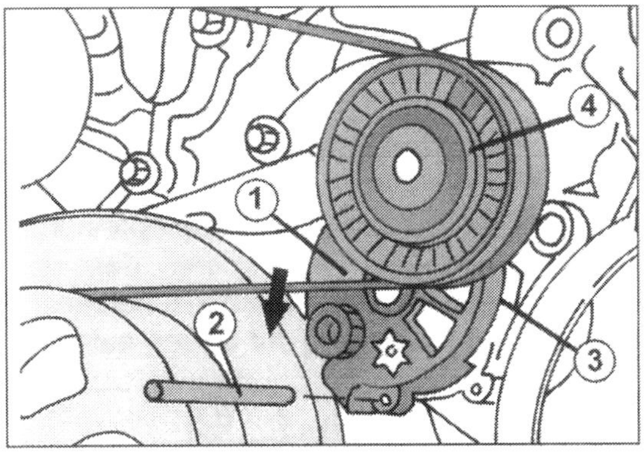

*Bild 89*
*Zum Abnehmen des Riemens den 4-mm-Stift (2) in die Bohrungen im Vorderteil der Spannvorrichtung (1) und das Gehäuse (3) einschieben, wobei die Spannrolle (4) in ihrer Stellung gehalten wird.*

Spannvorrichtung (3) einschieben. Dadurch wird die Riemenscheibe (4) ohne Federdruck gesperrt.

■ Den Antriebsriemen vorsichtig der Reihe nach von allen Riemenscheiben herunterheben.

Den ausgebauten Antriebsriemen überprüfen. Folgende Schäden können an einem Riemen aufgetreten sein: Abnutzung an den Riemenflanken oder der Riemen ist bis auf das Material an der Innenseite der Rillen verschlissen, Risse oder Einschnitte über die Außenseite des Riemenmaterials oder über die Rillen an der Innenseite des Riemens, Gummimaterial hat sich von der Rückseite des Riemens abgehoben, Schmutz oder andere Fremdkörper haben sich in das Rie-

Sichtprüfung Messen

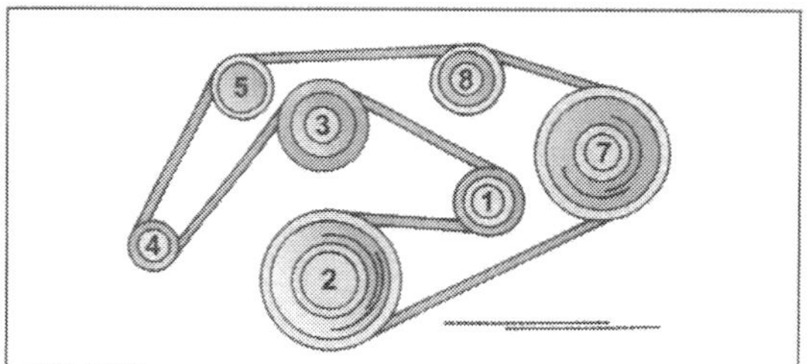


Bild 90

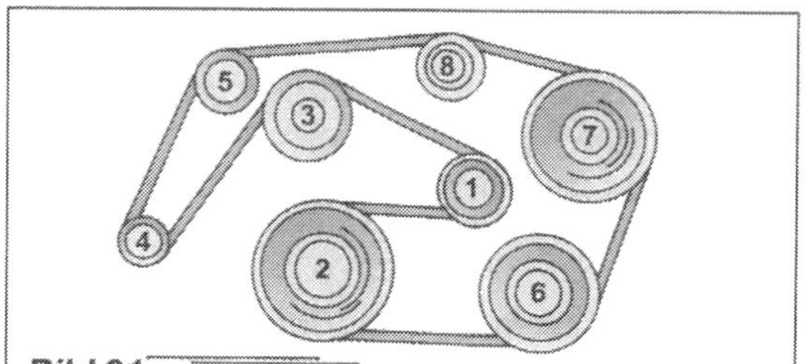


Bild 91

*Bild 90*
*Verlegung des Poly-Keilriemens bei einem Fahrzeug ohne Klimaanlage.*
1 *Spannriemenscheibe*
2 *Riemenscheibe der Kurbelwelle*
3 *Riemenscheibe der Wasserpumpe*
4 *Riemenscheibe des Generators*
5 *Riemenführungsrolle*
7 *Riemenscheibe der Lenkhilfspumpe*
8 *Riemenführungsrolle*

*Bild 91*
1 *Spannriemenscheibe*
2 *Riemenscheibe der Kurbelwelle*
3 *Riemenscheibe der Wasserpumpe*
4 *Riemenscheibe der Drehstromlichtmaschine*
5 *Riemenführungsrolle*
6 *Riemenscheibe des Kompressors der Klimaanlage*
7 *Riemenscheibe der Lenkhilfspumpe*
8 *Riemenführungsrolle*

menmaterial eingearbeitet. Irgendwelche festgestellten Schäden bedeuten die Erneuerung des Antriebsriemens.
Beim Einbau des Riemens folgendermaßen vorgehen:

- Den Polyriemen (1) in Bild 87 auflegen. Zuerst wird er über die Riemenscheibe der Spannvorrichtung aufgelegt. Danach, je nach Ausführung, den Riemen über die verbleibenden Riemenscheiben in Bildern 90 und 91 auflegen.
- Der Riemen wird jetzt mithilfe der Abbildung 92 gespannt. Zuerst das Vorderteil (1) in der linken Ansicht in Pfeilrichtung gegen die Federspannung verdrehen, bis es möglich, ist den 4-mm-Stift (2) aus der Bohrung des Vorderteils (1) und des Gehäuses der Spannvorrichtung (3) herauszuziehen. Spannvorrichtung in dieser Lage halten und den Stift herausziehen. Das Vorderteil (1) wird jetzt langsam in Richtung des Pfeils in der rechten Ansicht verdreht, bis der Riemen automatisch durch die Federspannung gespannt wird. Dabei kontrollieren, dass der Riemen in alle Rillen der Riemenscheiben eingreift und auch mittig auf diesen aufsitzt.

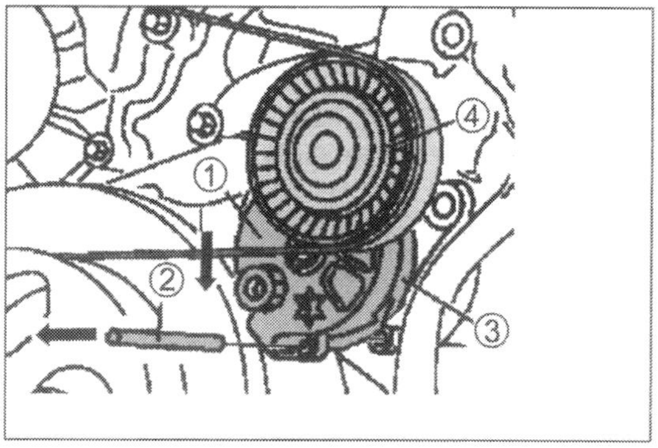


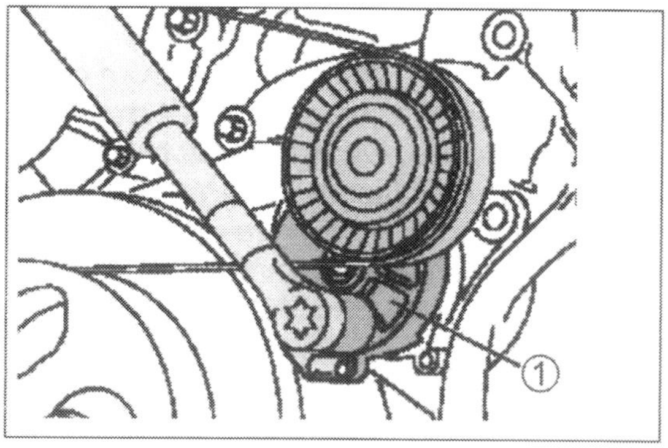


*Bild 92*
*Einbau des Poly-Keilriemens. Auf die Zahlen wird im Text eingegangen.*

# Die Motorschmierung

## Wissenswertes über die Motorschmierung

Das Öl soll die Reibung vermindern, damit Kolben und Zylinder nebst Kurbelwellenlagern, Ventiltrieb und sonstige Lagerstellen mit möglichst geringem Verschleiß ihren Betrieb verrichten können. Das Motoröl muss aber auch abdichten: Zwischen Kolben und Zylinderwand bleibt trotz der Kolbenringe noch ein gewisser, nur Tausendstel-Millimeter breiter Spalt. Das Öl muss hier die Feinabdichtung schaffen zwischen Kolben, Kolbenringen und Zylinderlaufflächen. Weiter wird das Öl zur Kühlung herangezogen. Bei der Verbrennung kann nur etwa ein Drittel der anfallenden Energie für die Fortbewegung nutzbar gemacht werden, ein Teil verlässt den Motor als Wärme durch den Auspuff und ein weiterer Teil Wärmeenergie muss über das Kühlwasser und Öl abgeführt werden.

So kann z. B. ein Kolben nur durch das Motoröl gekühlt werden. Zum einen wird die Wärme vom Kolben über die Kolbenringe und das abdichtende Öl an die Zylinderlaufflächen und weiter an das Kühlmittel geleitet, und zum anderen kühlt das im Kurbelgehäuse umherspritzende Öl den Kolben direkt. Aber auch jedes einzelne Lager von Kurbelwelle, Nockenwelle usw. wird durch das Öl gekühlt. Die vom Motoröl aufgenommene Wärme wird über die Ölwanne an den Fahrtwind abgeleitet.

Die Motoren-Konstrukteure haben noch spezielle Wünsche an das Öl: Es soll bei den hohen Temperaturen, wie sie an den Zylinderlaufbahnen auftreten, nicht verdampfen. Es darf bei diesen ungünstigen Bedingungen den Schmierfilm nicht abreißen lassen. Wenn es verbrennt, soll dies ohne Rückstände geschehen – Ölverbrauch bedeutet im Grund genommen, dass das Öl verbrannt wird. Das Öl soll Ruß und Schmutz binden, damit sie sich nicht im Motor ablagern. Es soll alterungsbeständig sein, im Motor eine Schlammbildung verhindern und noch einiges mehr.

***Prüfen des Motorölstandes***

Der Motorölstand wird am besten bei jedem Volltanken kontrolliert. Den Ölmessstab finden Sie seitlich vorn am Motor.

- Wagen auf waagrechtem Boden abstellen.
- Nach dem Abstellen des vorher warm gefahrenen Motors mindestens fünf Minuten warten, damit alles Öl in die Ölwanne abtropfen kann.
- Den Peilstab ziehen – Vorsicht bei heißem Motor. Mit einem fusselfreien Lappen oder Papiertuch abwischen, bis zum Anschlag wieder hineinschieben, kurz warten und erneut herausziehen.
- An der Peilstabspitze können Sie nun den Ölstand ablesen: Der Pegel muss sich zwischen den Markierungen befinden; dann ist alles in Ordnung.
- Reicht die Schmiermittelmenge nur noch bis zur unteren Markierung oder leuchtet die Ölstand-Kontrollleuchte, muss Motoröl nachgefüllt werden.

Falls Sie Öl nachfüllen müssen, gelten die folgenden Hinweise, bzw. Vorschriften:

- Die Markierungen am Ölmessstab wurden auf eine Motortemperatur von 80 °C abgestimmt. Falls die Temperatur des Motors niedriger ist, nachdem die richtige Menge des Motoröls eingefüllt wurde, darf man kein zusätzliches Öl einfüllen, auch wenn der Ölstand unter der »Max«-Markierung steht.
- Die Ölmenge zwischen der oberen und unteren Peilstabmarke beträgt 1 Liter. Es passt also eine handelsübliche 1-Liter-Dose Öl in den Motor, wenn sich der Ölstand im unteren Peilstabdrittel befindet bzw. wenn die Ölstand-Kontrollleuchte aufleuchtet. Zum Nachfüllen aus einem 5-Liter-Kanister besorgen Sie sich eine Einfüllkanne. Das Motoröl wird über die Zylinderkopfhaube in den Motor gegossen. Dazu den Verschlussdeckel abnehmen. Noch Folgendes beachten:
- Bei gemäßigtem Fahrstil genügt Nachfüllen, wenn sich der Ölstand im unteren Peilstabdrittel befindet bzw. die Kontrolllampe aufleuchtet. Bei rasanter Fahrweise oder bei Anhängerbetrieb empfiehlt es sich, den Ölstand nahe der oberen Peilstabmarke zu halten. Die größere Ölmenge kann die Kühlungsaufgaben besser erfüllen.

Die Ölmessstäbe der Motoren sind unterschiedlich und dürfen untereinander nicht vertauscht werden: Falls Sie also einen Ölmessstab einmal erneuern sollten (wird kaum vorkommen), müssen Sie ihn anhand des Motortyps beziehen. Die Griffe der Ölmessstäbe sind farbig gezeichnet.

***Kann ich Motoröl mischen?***

Die Ölsorten aller Hersteller lassen sich ohne Gefahr untereinander mischen, auch Einbereichs- mit Mehrbereichsölen. Diese Mischbarkeit ohne schädliche Folgen ist eine Grundforderung der internationalen Ölnormen. Zwar werden spezifische Eigenschaften eines bestimmten Öls durch die Vermischung mit anderem Motoröl möglicherweise leicht beeinträchtigt, da jede Ölmarke ihre eigene Additivkombination besitzt. Die Schmierwirkung ist jedoch nie gefährdet.

⚠ Ausgenommen hiervon sind einige synthetische Öle und Leichtlauföle, die dann aber auch nicht in den Mercedes-Benz Betriebsstoffvorschriften aufgeführt sind: Bei der Mischung mit herkömmlichem Motoröl kann eine untaugliche Kombination entstehen – mit der Gefahr eines Motorschadens.

***Ölverbrauch***

Muss nach hoher Laufleistung oft Öl nachgekippt werden, sollten Sie sich einmal die Mühe machen und den Ölverbrauch genau ermitteln:

- Mit Geduld genau bis zur oberen Marke Öl einfüllen.
- Nach 500 oder 1000 km Fahrstrecke Motorenöl aus einem Messbecher nachgießen und den Verbrauch auf 1000 km feststellen.

Ein Teil des Motoröls verbrennt bei seiner Schmiertätigkeit. Ölverbrauch ist also völlig natürlich. Gut eingefahrene Motoren kommen mit 0,2 Liter je 1000 km aus. Für den Mercedes gilt als höchstzulässiger Wert ein Verbrauch von 1,5 Liter je 1000 km. Wie viel Öl Ihr Fahrzeug .braucht, hängt von folgenden Umständen ab:

- Ölüberfüllung bewirkt höheren Verbrauch, denn die Kurbelgehäuseentlüftung bläst das Zuviel wieder zum Motor hinaus.
- Dünnflüssiges Öl verbrennt schneller als dickflüssiges. Einbereichsöl wird in heißem Zustand dünn wie Wasser, Mehrbereichsöl bleibt dickflüssiger. Letzteres kann vor allem bei Langstreckenfahrten den Ölverbrauch senken.
- Motoröl – vor allem Mehrbereichsöl –, welches zu lange im Motor bleibt, muss öfters ergänzt werden.
- Scharfe Fahrweise treibt außer dem Kraftstoffkonsum auch den Ölverbrauch in die Höhe. Besonders stark wirkt sich aus, wenn der neue Motor sofort voll belastet wurde.
- In der Einlaufzeit braucht der Motor etwas mehr Schmiermittel.
- Motorundichtigkeiten. Diese könnten an den folgenden Stellen aufgetreten sein:
  - Abdichtung von Kurbelwelle und Nockenwelle. Diese Stellen sind vom Stirndeckel verdeckt.
  - Dichtungen am Zylinderkopfdeckel.
  - Zylinderkopfdichtung.
  - Öldruckschalter.
  - Ölfilterdichtung.
  - Dichtung der Ölwanne.
  - Die Wellendichtung der Kurbelwelle hinten (Öl tritt an der Trennfuge Motor/Getriebegehäuse aus).
- Verschleiß in den Teilen des Motors, z. B. Ventilschaftabdichtungen defekt, Spiel zwischen Ventilführung und Ventilschaft zu groß, Kolbenringe falsch eingebaut (falls man diese erneuert hat) oder schadhaft, beschädigte Zylinderwand durch Kolbenfresser.

***Trotz öfterer Kontrolle verbraucht der Motor wenig oder kein Öl***

Im winterlichen Kurzstreckenbetrieb kann es vorkommen, dass der Ölstand zwischen den Messungen überhaupt nicht abnimmt oder gar ansteigt. Das ist kein Grund zur Freude, denn dann ist das Motoröl durch Kraftstoff und Kondenswasser verdünnt. Diese in ihrer Schmiereigenschaft wesentlich beeinträchtigte Ölfüllung sollte durch eine regelmäßige, längere Fahrt »aufgekocht« werden, damit die Kondensate verdunsten. Sofort anschließend den Ölstand kontrollieren, da der Pegel durch die verdunsteten Benzin/Wasseranteile erheblich absinkt! Bei extremem Stadtbetrieb ohne zwischenzeitliche Langstreckenfahrt sollten Sie das Öl vor den üblichen Intervallen wechseln. Das eigentliche Wartungsintervall wird man nach Erfahrungen ermitteln, falls Sie das Fahrzeug längere Zeit haben.

***Welches Öl soll ich einfüllen?***

Beim Öleinkauf müssen Sie grundsätzlich auf zweierlei achten:

Die Ölqualität: Mercedes-Benz unterhält eine eigene Schmierstoff-Versuchsabteilung, wo ständig alle erhältlichen Motoröle untersucht werden. Erfüllt das untersuchte Produkt alle Anforderungen, wird es namentlich in einer Freigabeliste aufgeführt. Die Listen sind sehr lang. Für Auskünfte bzw. Einblicke wenden Sie sich an die Vertragswerkstatt. Die Qualität des Motoröls wird mit unterschiedlichen Systemen bezeichnet. Neben der verbreiteten Bezeichnung vom Amerikanischen Petroleum Institut (API) gibt es noch die der europäischen Autohersteller (CCMC), eine vom US-Militär (MIL) und noch einige weitere.

Das Fließverhalten des Öls, also die Dick- bzw. Dünnflüssigkeit, bestimmt, ob der Anlasser den kalten Motor durchdrehen kann, alle Schmierstellen nach dem Kaltstart sofort versorgt werden und bei hohen Temperaturen und Drehzahlen der Schmierfilm nicht abreißt. Die amerikanische Society of Automotive Engineers hat die Öle entsprechend ihrer Zähflüssigkeit in Klassen eingeteilt. Die reichen vom dünnflüssigen Winteröl SAE 5 W, 10 W, 15 W über die Zwischenstufe SAE 20 W/20 zu den dickflüssigen Sommerölen SAE 30, 40 und 50. Mehrbereichsöl besitzt Viskositätsindex(V1)-Verbesserer – lange Molekülketten, die beim Erhitzen quellen und beim Abkühlen wieder schrumpfen. Das Öl kann sich damit den Temperaturen elastisch anpassen und mehrere Viskositätsklassen überspannen. Ein Öl SAE 15 W-50 entspricht bei einer Temperatur von –15 °C der Zähflüssigkeitsklasse 15 W und bei 100 °C der Klasse 50. Problematisch ist bei manchen Mehrbereichsölen, dass die Molekülketten ihrer Viskositäts-Verbesserer mit der Zeit regelrecht klein gehackt (abgeschert) werden können. Dann ist die obere Zähflüssigkeitsklasse nicht mehr voll erhalten, das Öl also nicht mehr so temperaturbeständig. Aus diesem Grund sind Mehrbereichsöle der Klassen SAE 10 W-30 und 5 W-20 in der warmen Jahreszeit nicht freigegeben.

Für Dieselmotoren gibt es spezielle Öle. Auch hier muss man sich an die Empfehlungen halten.

### *Ich habe Ölschlammbildung im Motor festgestellt*

Mit der Einführung moderner Einspritzsysteme und dem Katalysator, kommt es in den Motoren aller Hersteller verstärkt zur Ölschlammbildung. Verdichteter Ölschlamm behindert die Motorschmierung durch verstopfte Ölkanäle, und der Motor kann so recht schnell zerstört werden. Die Ölschlammbildung erkennen Sie auf der Innenseite der ausgebauten Zylinderkopfhaube oder wenn Sie bei herausgedrehter Ölablassschraube mit dem Finger über den Boden der Ölwanne streifen.

Die Motorölwechselintervalle sind inzwischen so groß, dass die Motorenöle eher bis an ihre Leistungsgrenze belastet werden. Daher unbedingt den Ölwechsel pünktlich nach Vorschrift ausführen.

Die folgenden Hinweise sollen Ihnen ebenfalls bei Durchführung eines Ölwechsels helfen:

Manche Ölhersteller haben inzwischen dem Öl Zusätze beigemischt, welche die Schlammbildung verhindern und verschleißmindernd wirken. Ihre Werkstatt hat ein Verzeichnis, mit besonders untersuchten und geeigneten Ölen, und wir raten Ihnen, den Empfehlungen der Werkstatt zu folgen.

In den Werkstätten kostet der Ölwechsel nach unseren Erfahrungen das meiste Geld, weil nur sehr teure Ölsorten vorrätig sind. Außerdem ist der Motor oft schon wieder kalt, bis das alte Öl abgelassen wird, so dass nicht aller Schmutz herausgeschwemmt wird. Manche Werkstätten berechnen die Arbeit für den Ölwechsel zusätzlich zum Ölpreis. Vorteilhaft ist allerdings, dass die neuesten Betriebsstoff-Vorschriften des Herstellers vorliegen.

An Tankstellen kommt der Wagen dagegen meist sofort dran, Sie können auch ein billigeres Öl aus dem Tankstellenverkaufsprogramm auswählen, und im Ölpreis ist die Arbeit des Tankwarts inbegriffen.

Ölwechsel zu Hause lohnt sich nur dann, wenn Sie das Öl sehr billig einkaufen können und Spaß an dieser Arbeit haben.

Bei jedem Ölwechsel auch den Ölfilter erneuern. Dies ist für die Lebensdauer des Motors von entscheidender Bedeutung! Die entsprechende Beschreibung erfolgt später in diesem Abschnitt.

### *Motoröl wird in der Werkstatt abgesaugt*

Für dieses saubere und schnelle Verfahren sind unsere Motoren bereits gut vorbereitet. Das Führungsrohr für den Ölpeilstab hat einen recht großen Durchmesser, und es ragt bis an den tiefsten Punkt in der Ölwanne. Das Absaugen kann deshalb direkt über das Führungsrohr erfolgen. Eine besondere Absaugsonde ist nicht erforderlich – der Absaugschlauch wird einfach oben auf das Führungsrohr gesteckt. Vor dem Absaugen den Öleinfülldeckel von der Zylinderkopfhaube abnehmen. Das Einfüllen des Öls nicht vergessen!

***Wie sauge ich das Öl selbst ab?***
Zum Absaugen wird eine saugstarke, selbst ansaugende Pumpe gebraucht. Im Zubehörhandel werden Absauggeräte für Hand- und Elektroantrieb angeboten. Manche Geräte können an die Fahrzeugbatterie angeschlossen werden. Die billigsten Absauggeräte haben oft eine zu geringe Saugleistung. Es dauert dann recht lang, bis alles Öl aus dem Motor herausgepumpt ist. Die Anschaffung eines leistungsstarken Absauggerätes lohnt sich unserer Meinung nach für den Selbstpfleger nicht, es sei denn, dass Sie in Ihrem Freundeskreis andere interessierte Parteien haben, mit welchen Sie das Gerät teilen können. Sonst können Sie das Öl einfach ablassen, da die Ölablassschraube gut erreichbar ist. Wer das Motoröl selbst absaugen möchte, macht dies am besten bei einer ausgesuchten Tankstelle. Manche Tankstellenketten halten Selbstbedienungs-Absauggeräte mit den erforderlichen Absauganschlüssen bereit. Voraussetzung für eine kostenlose Benutzung ist allerdings, dass Sie Ihr Motoröl an der Tankstelle einkaufen.

***Ölwechsel***
Beim Ölwechsel folgendermaßen vorgehen (für diese Arbeit brauchen Sie 8,5 Liter Motoröl bei einem 611-Motor bzw. 9,0 Liter bei einem 612-Motor (mit Filterwechsel).

- Vor Beginn der Arbeit den Motor warm fahren (ca. 10 Minuten Fahrt).
- Das Fahrzeug vorn etwas anheben und die Schutzabdeckung an der Vorderseite des Motors ausbauen.
- Den Öleinfülldeckel von der Zylinderkopfhaube abnehmen.
- Die Ölablassschraube unten in der Ölwanne etwas lösen.
- Eine kleine Wanne unterschieben und Schraube vollends herausdrehen.

⚠ Vorsicht, das heiße Öl kommt im Bogen schwungvoll herausgeflossen!

- Wenn das Öl ausgelaufen ist, Ablassschraube zusammen mit einem neuen Dichtring in die Ölwanne hineinschrauben. Behutsam festdrehen (25 Nm).
- Nun den Ölfilter erneuern, wie es im betreffenden Kapitel beschrieben ist.
- Anschließend Motor starten.
- Den Ölstand und Dichtheit an Ölablassschraube und am Ölfilter kontrollieren. Eventuell Ölfilter etwas nachziehen.

## Kurze Beschreibung der Anlage

Eine Zahnradpumpe liefert den zur Schmierung erforderlichen Druck. Die Pumpe wird durch eine getrennte Einzelrollenkette von einem Kettenrad auf der Kurbelwelle aus angetrieben. Die Kette hat ihre eigene Spannvorrichtung.
Die Ölpumpe kann bei eingebautem Motor nach Ausbau der Ölwanne erneuert werden. Die Arbeiten zum Aus- und Einbau der Ölwanne sowie der Ölpumpe sind jedoch nicht bei beiden Motoren gleich und werden nachfolgend getrennt beschrieben.

☞ Wir möchten bereits jetzt darauf hinweisen, dass die Ölpumpe beim Fünfzylinder-612-Motor nur zusammen mit der Ölwanne ausgebaut werden kann. Die Pumpe nicht reparieren – im Schadenfall erneuern.

Eine Ölstandskontrollleuchte im Armaturenbrett leuchtet auf, wenn sich der Ölstand an der unteren Grenze des Ölmessstabs befindet. Unbedingt für Dieselmotoren geeignetes Öl in den Motor füllen.

## Aus- und Einbau der Ölwanne

Mercedes-Benz-Werkstätten benutzen Vorrichtungen, um den Motor aus den Aufhängungen zu heben, während die Ölwanne ausgebaut wird. Aus diesem Grund muss man die entsprechenden Maßnahmen treffen: Den Motor entweder mit einem Wagenheber oder einen Handkran unter Spannung setzen, wenn die Ölwanne ausgebaut wird. Wie bereits erwähnt, wird die Ölpumpe beim 612-Motor zusammen mit der Ölwanne ausgebaut.

***Bei eingebautem 611-Motor***

Bild 93 zeigt die auszubauenden Teile bei diesem Motor.

- Fahrzeug vorne auf Unterstellböcke setzen.
- Einen geeigneten Behälter unterstellen und die Ölablassschraube herausdrehen. Das Öl vollkommen in den Behälter laufen lassen. Den Öleinfüllverschluss herausschrauben, damit das Öl besser ablaufen kann. Das Öl sollte außerdem dünnflüssig sein, d. h. wenn man den Motor kurz vorher eine Weile laufen lässt, wird das Ablassen des Öls erleichtert. Den Ölablassstopfen wieder einschrauben (neuen Dichtring verwenden, um eine gute Abdichtung zu gewährleisten, 25 Nm).
- Den Kurvenstabilisator an der Vorderachse abschrauben. Dazu die Schrauben oder Muttern (1) in Bild 94 herausdrehen, die Montageschelle (2) abnehmen und den Kurvenstabilisator (3) nach unten schwingen. Beim Einbau Schrauben oder Muttern mit 30 Nm anziehen.
- Den Kabelschacht (4) für den Kabelstrang des Generators auf der linken und rechten Seite des Kurbelgehäuses trennen, von den Ölwannenschrauben lösen und auf eine Seite schieben.
- Den Motor jetzt in der oben erwähnten Weise mit einem Hebezeug (Handkran) anheben, aber nur so weit, bis die Oberseite des Motors in Berührung mit dem Luftkanal an der Stirnwand kommt, und die beiden Motoraufhängungen vom Aufhängungslager lösen. Beim Einbau die Schrauben mit 83 Nm anziehen.
- Den Stecker (3) vom Geber für den Ölstand abziehen.
- Schrauben (6) und (5) aus der Ölwanne ausdrehen. Hierbei ist zu beachten, dass die Schraube an der mit »A« bezeichneten Stelle nicht herausgezogen werden kann. Dies bedeutet, dass sie beim Einbau der Ölwanne vorher eingeschoben werden muss. Die Schrauben können unterschiedliche Längen und Durchmesser haben, wodurch auch das Anzugsdrehmoment beeinflusst wird (siehe unten).
- Die Dichtung (1) nach unten herausnehmen und die Ölwannendichtung (2) abnehmen.

Der Einbau der Ölwanne geschieht in umgekehrter Reihenfolge wie der Ausbau unter Beachtung der folgenden Punkte:

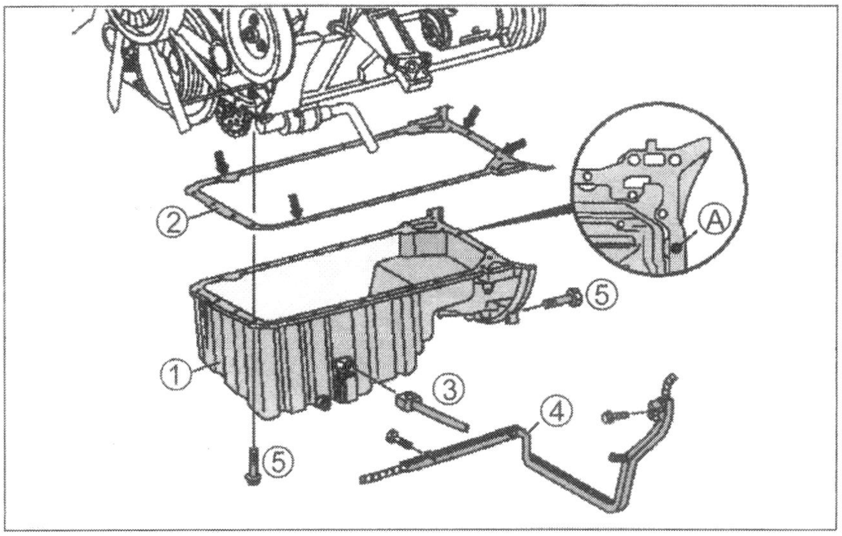


*Bild 93*
*Einzelheiten zum Aus- und Einbau der Ölwanne beim 611-Motor. Schraube »A« kann erst nach Ausbau der Ölwanne herausgezogen werden.*
***1*** *Ölwanne*
***2*** *Ölwannendichtung (Pfeilstellen mit Dichtungsmasse einschmieren)*
***3*** *Kabelstecker für Ölstandgeber*
***4*** *Kabelschacht für Generatorkabelstrang*
***5*** *Ölwannenschrauben, von unten eingesetzt*
***6*** *Ölwannenschraube, hinten*

- Die Dichtflächen der Ölwanne und des Zylinderblocks einwandfrei reinigen, die im Bild mit den Pfeilen gezeigten Stellen (blaue Markierung) mit Dichtungsmasse einschmieren und auf den Zylinderblock auflegen.
- Die Ölwanne ansetzen und die Schrauben der Reihe nach einsetzen und anziehen, bis die Köpfe gegen die Ölwanne anliegen. Da Schrauben mit verschiedenen Durchmessern verwendet werden, muss man den Anzugsdrehmomenten folgen: M6-Schrauben mit 9 Nm, M8-Schrauben mit 20 Nm anziehen. Die folgenden Anzugsdrehmomente ebenfalls beachten: Schrauben an der Kupplungsglocke des Getriebes mit 40 Nm anziehen, Schrauben der Ölwanne am hinteren Öldichtringdeckel und Schrauben am Steuergehäusedeckel mit 9 Nm anziehen. Bild 96 zeigt, wo die einzelnen Schrauben eingesetzt sind und gibt ebenfalls die Länge und den Durchmesser an.
- Beim Anziehen der Motoraufhängungen den Motor langsam absenken, bis der Motor in Verbindung mit den Aufhängungen

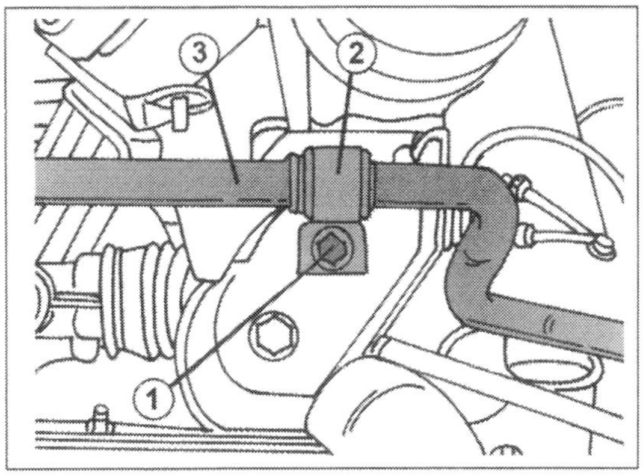


*Bild 94*
*Befestigung des Kurvenstabilisators (3). Wird mit Montageschellen (2) und Schrauben (1) gehalten.*

Sichtprüfung Messen

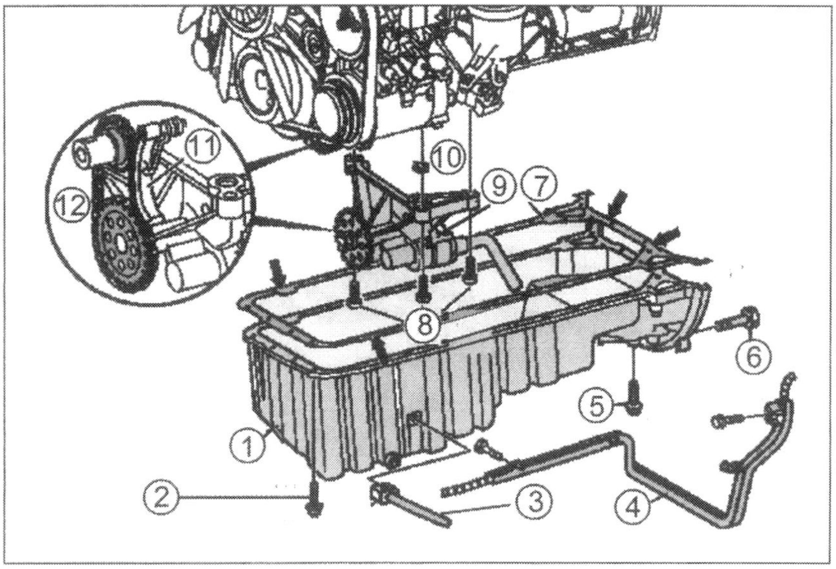


*Bild 95*
*Zum Aus- und Einbau der Ölwanne und der Ölpumpe beim 612-Motor.*

*1 Ölwanne*
*2 Ölwannenschrauben, von unten eingesetzt*
*3 Kabelstecker für Ölstandgeber*
*4 Kabelschacht für Generatorkabelstrang*
*5 Ölwannenschrauben, von unten eingesetzt*
*6 Ölwannenschraube, hinten*
*7 Ölwannendichtung*
*8 Ölpumpenschrauben, 18 Nm*
*9 Ölpumpe*
*10 Dichtring*
*11 Kettenspanner der Ölpumpenkette*
*12 Ölpumpenantriebskette*

kommt, und die Schrauben handfest einschrauben. Danach den Motor vollkommen absenken und die Schrauben festziehen (83 Nm).

Abschließend den Motor mit der vorgeschriebenen Ölmenge füllen, den Motor anlassen und eine Weile laufen lassen und die Verbindung Ölwanne/Kurbelgehäuse auf Ölleckstellen kontrollieren.

***Bei eingebautem 612-Motor***

Wie bereits erwähnt, gelten die folgenden Anweisungen ebenfalls zum Aus- und Einbau der Ölpumpe. Bild 95 zeigt die bei diesem Motor in Frage kommenden Teile.

■ Alle beim 611-Motor beschriebenen Arbeiten durchführen, bis die Schrauben der Ölwanne gelöst und herausgezogen wurden. Bei diesem Motor können alle Schrauben herausgezogen werden. Dies sind Schrauben (6) und Schrauben (2) und (5) der Ölwanne (1) in Bild 95. Auch bei diesem Motor auf die unterschiedlichen Längen und Durchmesser der Schrauben achten. Vermerken wo sie eingesetzt sind.

■ Schrauben (8) der Ölpumpe (9) ausschrauben. Den Kettenspanner (11) der Antriebskette (12) von der Kette wegdrücken, die Ölpumpe aus dem Eingriff mit der Kette bringen und die Ölpumpe nach unten ziehen und in der Ölwanne ablegen.

■ Die Ölwanne (1) jetzt zusammen mit der Ölwannendichtung (7) und der darin befindlichen Ölpumpe nach unten absenken.

Beim Einbau von Ölwanne und Ölpumpe folgendermaßen vorgehen:

■ Den Dichtring (10) der Ölpumpe immer erneuern. Das Ölansaugsieb gut reinigen, ehe die Pumpe wieder eingebaut wird. Falls die Pumpe trocken ist, muss sie vorher mit Öl gefüllt werden, so dass sie beim ersten Lauf nicht festfressen kann.

■ Die Dichtflächen der Ölwanne und des Zylinderblocks einwandfrei reinigen, die im Bild mit den Pfeilen gezeigten Stellen (blaue Markierung) mit Dichtungsmasse einschmieren und auf den Zylinderblock auflegen.

■ Die Ölwanne mit der darin befindlichen Ölpumpe ansetzen und die Schrauben (8) der Pumpe mit 18 Nm anziehen. Die Schrauben der Ölwanne der Reihe nach einsetzen und anziehen, bis die Köpfe gegen die Ölwanne anliegen. Da Schrauben mit verschiedenen Durchmessern verwendet werden, muss man den Anzugsdrehmomenten folgen: M6-Schrauben mit 9 Nm, M8-Schrauben mit 20 Nm anziehen. Die folgenden Anzugsdrehmomente ebenfalls beachten: Schrauben an der Kupplungsglocke des Getriebes mit 40 Nm anziehen, Schrauben der Ölwanne am hinteren Öldichtringdeckel und Schrauben am Steuergehäusedeckel mit 9 Nm anziehen (siehe auch Bild 96).

■ Alle weiteren Arbeiten in gleicher Weise wie beim 611-Motor beschrieben durchführen.

## Ölpumpe

**Aus- und Einbau der Ölpumpe**

Wie bereits erwähnt, wird die Ölpumpe beim 612-Motor zusammen mit der Ölwanne ausgebaut. Die folgenden Arbeiten beziehen sich deshalb nur auf den 611-Motor. Bei diesem Motor wird man die in Bild 97 gezeigten Teile vorfinden.

■ Ölwanne ausbauen (siehe oben unter 611-Motor).

■ Die Schrauben (1) von unten lösen.

■ Den Spannarm (4) im Bild von der Antriebskette der Ölpumpe (3) wegdrücken und das Antriebsrad aus dem Eingriff mit der Antriebskette bringen. Die Pumpe (2) kann jetzt nach unten abgenommen werden.

Beim Einbau folgendermaßen vorgehen:

■ Den Dichtring (5) der Ölpumpe immer erneuern. Das Ölansaugsieb gut reinigen, ehe die Pumpe wieder eingebaut wird. Falls die Pumpe trocken ist, muss sie vorher mit Öl gefüllt werden, so dass sie beim ersten Lauf nicht festfressen kann.

- Pumpe wieder in umgekehrter Reihenfolge am Kurbelgehäuse montieren und die Schrauben (1) mit 18 Nm anziehen.
- Ölwanne wieder einbauen, wie es für den 611-Motor beschrieben wurde.
- Abschließend den Motor mit der vorgeschriebenen Ölmenge füllen, den Motor anlassen und eine Weile laufen lassen und die Verbindung Ölwanne/Kurbelgehäuse auf Ölleckstellen kontrollieren.

**Reparatur der Ölpumpe**
Ölpumpen sollten nicht repariert werden. Falls der Grund des Ausbaus fehlender Öldruck war, muss man die Ölpumpe erneuern. In diesem Fall die Antriebskette sowie das Kettenrad einer sorgfältigen Kontrolle unterziehen, um zu vermeiden, dass man eine neue Pumpe mit den alten Antriebsteilen einbaut.

## Aus- und Einbau des Ölfilters

Bild 98 zeigt, wo der Filter sitzt. Der Aufbau eines typischen Filters ist Bild 99 zu entnehmen. Die folgende Beschreibung gilt für den Aus- und Einbau beider Teile.

- Ölfilter abschrauben. Dazu die Schraubkappe (1) auf der Oberseite des Filters in Bild 98 abschrauben. Die Werkstatt verwendet einen Spezialschlüssel (Nummer 103 589 02 09 00), welcher auf die Kappe aufgesetzt wird. Eine große Zange kann auch verwendet werden. Wenn man die Filterwartung ständig selbst durchführt, würde sich die Anschaffung des Schlüssels lohnen.
- Die Schraubkappe zusammen mit dem Filtereinsatz (Filterelement) aus dem Gehäuse herausziehen und den Dichtring abnehmen.
- Neuen Filtereinsatz (2) mit einem neuen Dichtring (3) montieren und den Filterverschluss wieder aufdrehen und festziehen (25 Nm). Darauf achten, dass die Dichtung einwandfrei sitzt.
- Ölstand in der Ölwanne berichtigen, falls nur der Filtereinsatz erneuert wurde. Andernfalls den Motor mit der vorgeschriebenen Ölmenge füllen.

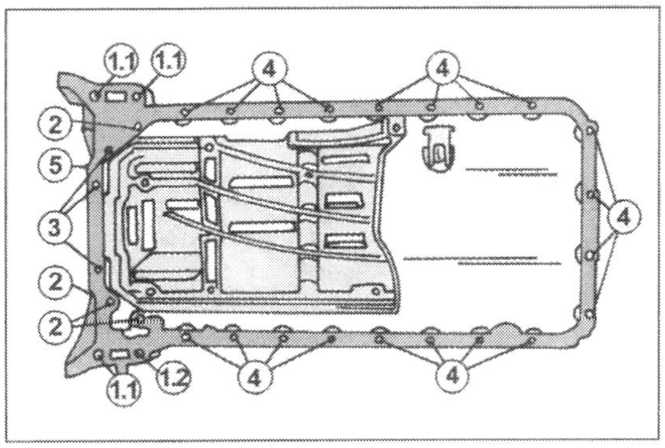


*Bild 96*
*Lage und Durchmesser der einzelnen Befestigungsschrauben der Ölwanne (beide Motoren).*
***1.1*** *M8-Gewinde (2 Stück), 40 mm*
***1.2*** *M8-Gewinde (2 Stück), 50 mm*
*2 M6-Schraube (3 Stück), 35 mm*
*3 M6-Schraube (3 Stück), 85 mm*
*4 M6-Schraube (20 Stück), 20 mm*
*5 M10-Schraube (2 Stück), 55 mm*

Motor anlassen und eine Weile laufen lassen. Nach Abschalten des Motors die Gegend der Filterverschraubung auf Ölleckstellen kontrollieren.

## Ölkühler

Den Ölkühler, auch als Öl/Wasser-Wärmeaustauscher bekannt, kann man kaum sehen, da er ziemlich versteckt in der Nähe des Ölfilters am Motor sitzt und am Steuergehäusedeckel verschraubt ist. Der Aus- und Einbau kann unter Bezug auf Bild 100 erfolgen.

- Kühlanlage entleeren, wie es im Abschnitt »Kühlanlage« beschrieben ist.
- Die Schraubkappe des Ölfilters abschrauben, wie es oben beschrieben wurde,

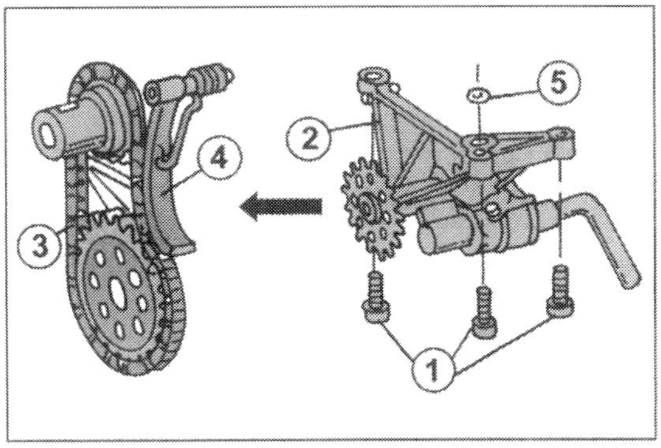


*Bild 97*
*Zum Aus- und Einbau der Ölpumpe beim 611-Motor.*
*1 Schrauben der Pumpenbefestigung, 18 Nm*
*2 Ölpumpe*
*3 Ölpumpenantriebskette*
*4 Spannarm der Kette*
*5 Dichtring der Pumpe*

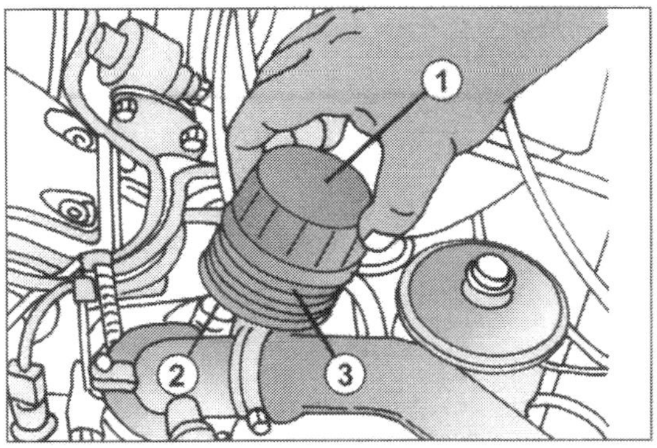


*Bild 98*
*Eingebauter Ölfilter (beide Motoren).*
*1 Filtergehäuseschraubkappe, 25 Nm*
*2 Filtereinsatz*
*3 Dichtring*

Sichtprüfung Messen

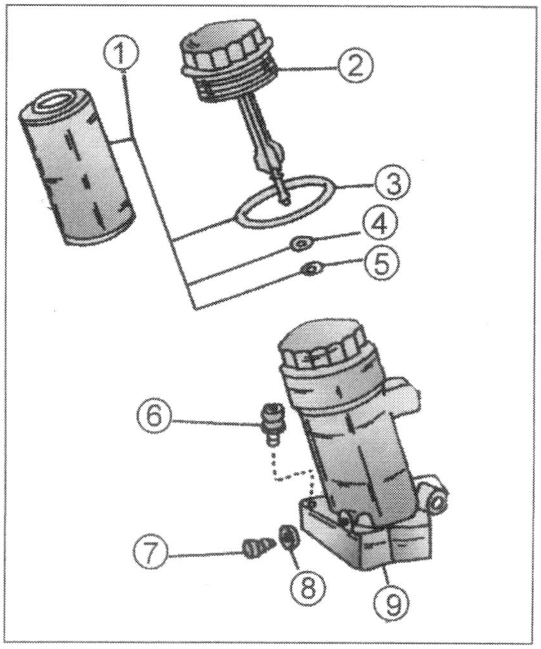


*Bild 99*
*Die Einzelteile eines typischen Ölfilters.*
1 *Ölfiltereinsatz*
2 *Schraubkappe (jetzt ohne Sechskant)*
3 *Dichtring*
4 *Dichtring (nicht länger eingebaut)*
5 *Dichtring (nicht länger eingebaut)*
6 *Schraube, Filtergehäuse*
7 *Ablassschraube*
8 *Dichtring*
9 *Filtergehäuse*

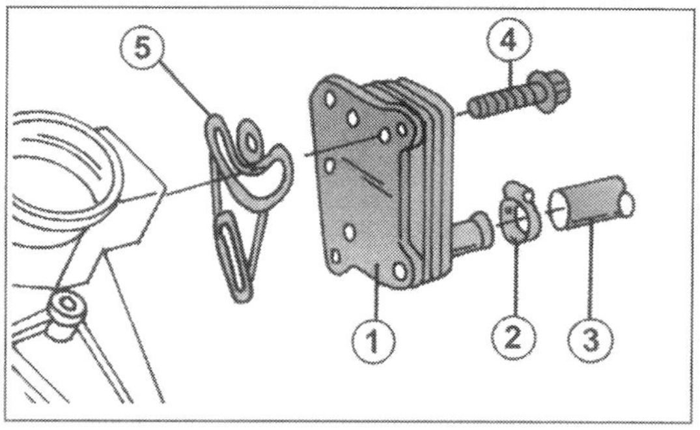


*Bild 100*
*Teile des ausgebauten Ölkühlers.*
1 *Ölkühler*
2 *Schlauchschelle*
3 *Kühlmittelschlauch*
4 *Befestigungsschraube, 25 Nm*
5 *Dichtung*

und den Filtereinsatz aus dem Gehäuse nehmen. Dadurch kann enthaltenes Öl in die Ölwanne zurücklaufen. Beim späteren Einbau die Kappe mit 25 Nm anziehen.

■ Den Kühlmittelschlauch (3) nach Lösen der Schlauchschelle (2) abziehen.

■ Die Schrauben (4) lösen und den Ölkühler (1) abziehen. Darunter liegende Dichtung (5) abnehmen.

Der Einbau findet in umgekehrter Reihenfolge statt. Die Dichtung (5) immer erneuern. Die Schrauben mit einem Anzugsdrehmoment von 14 Nm am Steuergehäusedeckel verschrauben.

## Öldruck

Den Öldruck des Motors sollte man in einer Werkstatt kontrollieren lassen. Da ein spezieller Anschluss zum Einschrauben anstelle des Öldruckschalters sowie ein Manometer gebraucht werden und der Öldruck im Allgemeinen nur kontrolliert werden muss, wenn die Öldruckkontrollleuchte nicht erlöscht, wird die Messung des Öldrucks kaum erforderlich sein.

# Die Kühlanlage

Bei der Verbrennung des Kraftstoff/Luft-Gemisches wird es dem Motor ausgesprochen warm. Denn außer der Kraft für die Fortbewegung entsteht Wärme, und das nicht wenig: 1/4 Kraft, 3/4 Wärme. Diese Wärme gilt es über das Kühlmittel abzuführen. Um Gewicht zu sparen und damit der Motor schnell auf die Betriebstemperatur kommt, ist die Kühlmittelmenge recht klein.
Das Kühlmittel wird ständig von der Wasserpumpe vorn am Motor durch die Kanäle und Schläuche gepumpt. Angetrieben wird die Wasserpumpe, wie auch die anderen Nebenaggregate, über den Flachriemen von der Kurbelwelle aus.
Geregelt wird das Kühlsystem vom Thermostat. Er hat im so genannten Thermostatgehäuse seinen Platz. Je nach erforderlicher Kühlleistung wird der Kühlmitteldurchfluss durch den Kühler vom Thermostat gesteuert. Man unterscheidet Warmlaufphase (Kühlmittelweg durch den Kühler gesperrt), Normalbetrieb (unterschiedlicher Durchfluss des Kühlers) und Maximalkühlung (das gesamte Kühlmittel muss durch den Kühler).
Um die Abkühlung des Kühlmittels beim Durchfluss durch den Kühler noch zu verbessern, sitzt hinter dem Kühler ein Lüfterflügel. Dieser unterstützt den Fahrtwind, indem er zusätzlich kräftig Luft durch den Kühler saugt. Den Antrieb des Lüfters übernimmt eine Visko-Ventilatorkupplung. Diese Kupplung sitzt in der Mitte des Ventilatorflügels und wird je nach Temperatur von einer Bimetallfeder gesteuert. Eine Silikonfüllung in der Kupplung treibt den Lüfter an, wenn die Kühlung erforderlich wird. Bei kaltem Motor ist die Kupplung ausgekuppelt und der Lüfter dreht sich nur kraftlos mit. Erhöht sich die Temperatur auf ca. 85 – 90 °C, nimmt die Bimetallfeder dies wahr und der Lüfter wird eingekuppelt. Der Ventilator dreht sich jetzt mit der gleichen Drehzahl wie der Motor.

**Niedriger Kühlmittelstand**
Falls die davor zuständige Warnleuchte kurz aufleuchtet, wenn das Fahrzeug beschleunigt wird oder eine Kurve durchfährt, ist der Flüssigkeitsstand in der Kühlanlage zu niedrig. In diesem Fall sofort anhalten und Kühlflüssigkeit durch die Einfüllöffnung des Kühlers einfüllen. Der in Bild 101 mit dem Verschlussdeckel versehene Behälter ist eigentlich der Ausgleichsbehälter der Kühlanlage, welcher in diesem Fall nicht durchsichtig oder, wie in vielen Fällen, getrennt angeordnet ist. Zur Kontrolle muss man deshalb den Deckel abschrauben (einen überhitzten Motor unbedingt abkühlen lassen, d. h. man rechnet damit, dass die Temperatur des Kühlmittels nicht mehr als 50 °C betragen darf) und das Kühlmittel einfüllen. Wird mehr als 0,75 Liter gebraucht, muss man die Anschlüsse der Kühlanlage untersuchen, da höchstwahrscheinlich eine Leckstelle vorliegt.
Wie bereits erwähnt, ist in den Behälter ein Kühlmittelstandsgeber eingebaut. Sein Kontakt schließt, und eine Kontrolllampe im Armaturenbrett leuchtet auf, sobald das Kühlmittel unter die »MIN«-Marke abgesunken ist. Durch die Ausgleichsleitung unten am Behälter wird entweder Kühlmittel abgesaugt oder zurückgedrückt; je nach Kühlmittel-Volumen im restlichen System. Die obere Leitung ist die Entlüftungsleitung. Das Kühlsystem entlüftet sich beim Befüllen über ein Kugelventil am Thermostat selbstständig. Der Verschlussdeckel auf dem Ausgleichsbehälter (im Kreisausschnitt) regelt den Druck im Kühlsystem.
Die Anlage ist mit Frostschutzmittel gefüllt, je nach Motor oder eingebauter Klimaanlage sind die Füllmengen der Anlage unterschiedlich.
Die Wasserpumpe ist am Kurbelgehäuse angeschraubt und wird mit einen O-Dichtring abgedichtet und mit vier Schrauben gehalten. Die Wasserpumpe sollte nicht zerlegt werden.

*Bild 101*
*Der Ausgleichsbehälter der Kühlanlage ist an der gezeigten Stelle unmittelbar unter dem Bremskraftverstärker montiert und mit einem Deckel (1) verschlossen.*

**Der Thermostat**
Dieser temperaturabhängige Regler steuert den Strom des Kühlmittels.
Eine mit Wachs gefüllte Buchse und eine Feder sorgen dafür, dass sich die beiden Ventilplatten am Thermostat wunschgemäß bewegen. Der Thermostat sitzt in einem Gehäuse an der Oberseite des Wasserpumpengehäuses. Der Thermostat regelt die Temperatur des Kühlmittels in zwei Phasen:
**Warmlaufphase:** Das Hauptventil am Thermostat versperrt den Weg zum Kühler. Das Kurzschlussventil auf der anderen Seite lässt Kühlmittel gleich wieder zur Wasserpumpe strömen. Von dort gelangt es wieder in den Motor. Dieser so genannte »Kleine Kreislauf« dient dem möglichst schnellen Erwärmen von Motor und Heizung.
**Normalbetrieb:** Der Durchfluss durch den Kühler wird teilweise freigegeben, und der direkte Weg zur Wasserpumpe bleibt mehr oder weniger weit geöffnet. So wird bewirkt, dass sich kalte Flüssigkeit vom Kühler etwas mit warmem Kühlmittel vermischt, bevor es in den Motor gepumpt wird. Ein Kälteschock für den Motor wird verhindert.
**Maximale Kühlung:** Das Hauptventil ist ganz geöffnet, das Kurzschlussventil voll geschlossen. Das gesamte Kühlmittel durchströmt den Kühler.

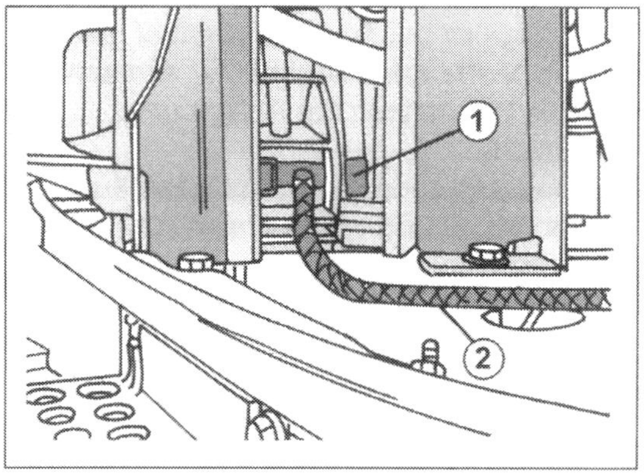


*Bild 102*
*Einen Schlauch (2) in der gezeigten Weise auf den Anschluss am Kühler aufschieben und den Ablassstopfen (1) am Kühler lösen.*

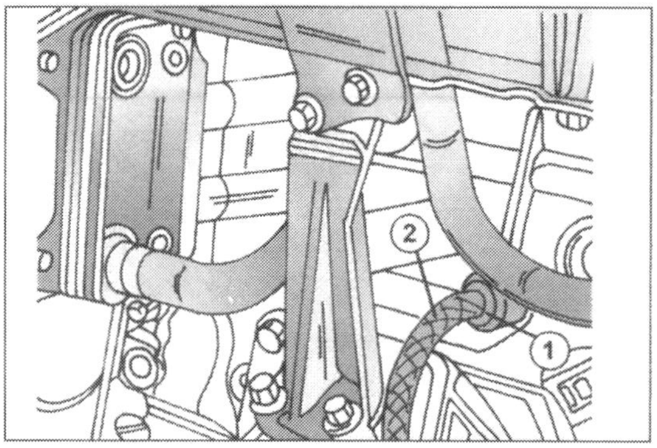


*Bild 103*
*Einen passenden Schlauch (2) auf den Nippel des Ablassstopfens aufschieben, den Schlauch in einen Behälter leiten und den Stopfen (1) öffnen, um das Kühlmittel aus dem Zylinderblock abzulassen.*

## Kühlmittel

**Ablassen und Auffüllen der Kühlanlage**
⚠ Den Verschlussdeckel auf dem Kühler (Ausgleichsbehälter) in Bild 101 nur bei einer Kühlmittel-Temperatur unter 90 °C öffnen. Empfohlen ist eine Temperatur von nur 50 °C. In diesem Fall den Deckel bis zur ersten Raste lösen, den Druckabbau abwarten und den Deckel vollends abnehmen. Einen dicken Lappen um den Deckel legen, um Verbrühungen durch Dampf (oder Ausspritzen des Kühlmittels) zu vermeiden.

Zum Ersetzen kleiner Kühlmittelverluste normales Wasser verwenden. Mit völlig kalkfreiem Wasser, Regenwasser, destilliertem oder entsalztem Wasser tun Sie der Kühlanlage keinen Gefallen, weil diese Wasserarten korrosiver wirken.
☞ Falls Sie unterwegs erhebliche Wassermengen aus dem Kühlsystem verloren haben, soll bei heißer Maschine kein kaltes Wasser nachgegossen werden, denn der Zylinderkopf kann sich verziehen oder gar Spannungsrisse bekommen. Kleinere Wassermengen dürfen aber auch bei warmem Motor nachgegossen werden.
Kühlmittel folgendermaßen ablassen:
Falls der Motor heiß ist, die Verschlusskappe zum Einfüllen des Kühlmittels langsam öffnen, damit der Dampf entweichen kann. Das Kühlmittel muss auf jeden Fall eine Temperatur von weniger als 90 °C haben. Den Deckel bis zur ersten Raste öffnen, den Druck entweichen lassen und dann erst zur zweiten Raste öffnen.
- Abdeckblech unterhalb des Motors abschrauben und abnehmen.
- Das Kühlmittel sollte in geeigneter Weise aufgefangen werden, nicht einfach ablaufen lassen (Umweltverschmutzung!). Einen geeigneten Schlauch auf den Ablassstopfen am Kühler schieben und den Stopfen lösen. Bild 102 zeigt, wo dies durchgeführt wird. In ähnlicher Weise einen Schlauch auf den Stopfen im Zylinderblock aufschieben und den Stopfen lösen. Wo dies durchgeführt wird, zeigt Ihnen Bild 103. Das Kühlmittel an der Unterseite des Kühlers ablassen. Das Kühlmittel in einen untergestellten Behälter laufen lassen.

Um zu gewährleisten, dass die Kühlanlage ohne Luftpolster gefüllt wird, soll diese an sich einfache Arbeit beschrieben werden:

- Ablassstopfen am Kühler (3 Nm) und am Zylinderblock (30 Nm) anziehen.
- Bei Fahrzeugen mit oder ohne Klimaanlage beide Heizungsschalter auf die höchste Heizstufe setzen; bei eingebauter automatischer Klimaregulierung den »DEF«-Knopf drücken.
- Das vorgemischte Frostschutzmittel (siehe später) in die Einfüllöffnung des Ausgleichsbehälters einfüllen, bis es soeben über der Bodenplatte in der Einfüllöffnung steht. Falls das Kühlmittel nicht gut sichtbar ist, kann man mit einer Taschenlampe in die Öffnung leuchten. Die Verschlusskappe noch nicht aufschrauben.
- Motor anlassen und auf Betriebstemperatur bringen, d. h. der Thermostat muss geöffnet haben. Der Verschlussdeckel ist aufzuschrauben, wenn das Kühlmittel eine Temperatur von ca. 60 – 70 °C besitzt.
- Kühlmittelstand überprüfen.

**Frostschutzmittel**

Die Kühlanlage wird werkseitig mit Frostschutzmittel gefüllt und dieses sollte während des ganzen Jahres in der Anlage gelassen werden. Falls Frostschutzmittel gemischt wird, sind die folgenden Mischungsverhältnisse zwischen Frostschutz und Wasser zu beachten. Wir empfehlen, das von Mercedes gehandelte Frostschutzmittel zu verwenden, da dessen chemische Zusammensetzung speziell für den Motor hergestellt wurde. Um die Kühlanlage bis auf eine Temperatur von –50 °C zu schützen, rechnet man 50% Wasser und 50% Frostschutzmittel. Die Füllmenge beträgt beim 2.2-Liter-Motor 11,1 Liter und beim 2.7-Liter-Motor 10,0 Liter. Bei Fahrzeugen mit 2.2-Liter-Motor könnten es, je nach Heizungsausführung, auch weniger sein. In diesem Fall wird Ihnen die Betriebsanleitung helfen.

## Kühler

Alle Modelle sind mit einem Leichtmetall-Querstromkühler ausgestattet. Die beiden Kunststoff-Wasserkästen sind hierbei seitlich links und rechts angeordnet. Die Kästen sind durch ein Mittelteil aus Leichtmetall miteinander verbunden. Darin ist eine Vielzahl von dünnwandigen Röhrchen untergebracht. Kühllamellen um diese Röhrchen verbessern den Wärmeaustausch. Die Kühler, wie auch ihre Lüfterhauben, sind unterschiedlich groß. Bei Fahrzeugen mit Automatik-Getriebe ist im rechten Wasserkasten noch ein Getriebeölkühler eingebaut. Unten am rechten Wasserkasten des Kühlers finden Sie die Ablassschraube für das Kühlmittel.

Gelegentlich sollten Sie die Kühlerlamellen von Insektenresten reinigen. Hierzu die Insektenteile mit einem Eiweiß lösenden Mittel einsprühen. Erkundigen Sie sich im Autozubehörhandel nach dem geeigneten Mittel. Anschließend abwaschen. Einen minimal undichten Kühler kann man in der Mercedes-Benz- oder in einer Kühlerwerkstatt abdichten lassen.

**Kühlerverschlusskappe und Kühler prüfen**

Die Kühlanlage arbeitet unter Druck. Der Ausgleichsgefäßverschlussdeckel ist mit einer Feder versehen, die so ausgewählt ist, dass eine Dichtung den Kühlungskreis abschließt und ihn öffnet, wenn der Druck auf einen bestimmten Wert ansteigt (der Verschlussdeckel ist mit einer entsprechenden Zahl gezeichnet). Aufgrund der Ausdehnung des Kühlmittels, führt der zusätzliche Druck zur Erhöhung des Siedepunktes.

Zum Prüfen der Verschlusskappe ist eine

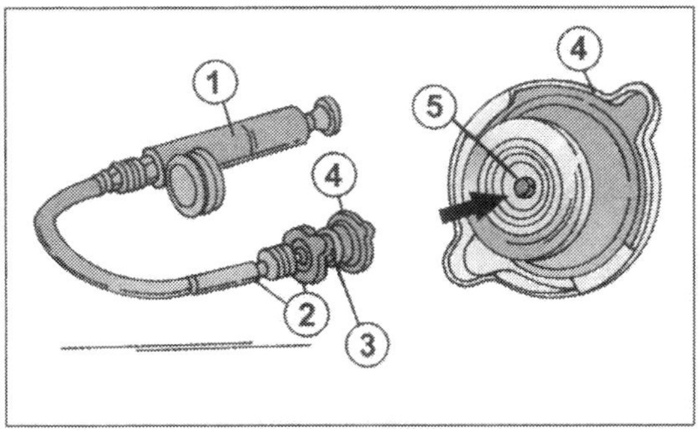


*Bild 104*
*Druckpumpe zur Kontrolle des Verschlussdeckels für den Ausgleichsbehälter und der Kühlanlage. Die gezeigten Teile sind Spezialwerkzeuge.*
1 *Druckpumpe*
2 *Spezialverschlusskappe mit Verbindungsschlauch*
3 *Verbindungsstück Spezialverschlusskappe und Verschlusskappe des Vorratsbehälters*
4 *Verschlusskappe des Ausgleichsbehälters*
5 *Unterdruckventil in der Verschlusskappe*

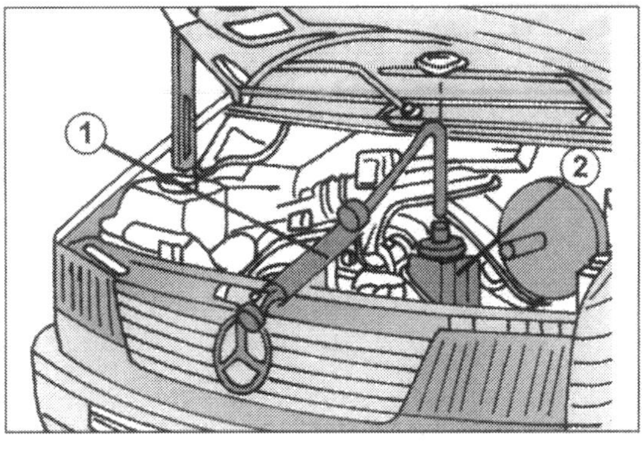


*Bild 105*
*Bei der Kontrolle der Kühlanlage auf Druckverlust wird die Drucktestpumpe (1) wie gezeigt am Ausgleichsbehälter der Kühlanlage angesetzt.*

Sichtprüfung Messen

Kühlerprüfpumpe erforderlich. Die Pumpe wird mit einem Testdeckel auf die Kappe geschraubt (Bild 104) und betätigt, bis das Ventil öffnet. Dies sollte innerhalb 1,4 bis 1,5 bar stattfinden, wenn die Kappe noch ziemlich neu ist. Eine bereits gebrauchte Kappe muss einen Druck von 1,3 bis 1,4 bar aushalten. Falls dies nicht der Fall ist, muss die Verschraubung erneuert werden.
Mit der gleichen Abdrückpumpe kann die Kühlanlage in gleicher Weise auf Leckstellen kontrolliert werden, indem man die Pumpe mit einem geeigneten Adapter am Dehngefäß anbringt (Bild 105). Den Druck auf 1,0 bar bringen und kontrollieren, dass der Druckmesser diesen Druck mindestens 5 Minuten lang hält. Falls dies nicht der Fall ist, befindet sich eine Leckstelle in der Kühlanlage, welche durch den im Kühler befindlichen Druck leichter herauszufinden ist (Auslaufen von Kühlmittel an der Leckstelle).

**Kühler aus- und einbauen**

Der Ausbau des Kühlers ist eine ziemlich umfangreiche Arbeit, da die gesamte Fahrzeugfront freigelegt werden muss, um an den Kühler heranzukommen. Bild 106a zeigt die vom Kühler während des Ausbaus zu lösenden Teile, Bild 106b zeigt den zerlegten Kühler.

☞ Mercedes-Benz schreibt vor, dass man den Druck in einer eingebauten Klimaanlage entleert. Da sich dies nicht mit einfachen Mitteln durchführen lässt, müssen wir uns bei der folgenden Beschreibung auf Fahrzeuge ohne Klimaanlage beschränken, es sei denn, Sie lassen die Klimaanlage in einer Spezialwerkstatt entleeren und nach fertiger Arbeit wieder füllen. Beim Ausbau des Kühlers folgendermaßen vorgehen.

- Massekabel der Batterie unter Beachtung aller Vorsichtsmaßnahmen abklemmen.
- Kühlanlage unter Beachtung der Sicherheitsvorschriften ablassen, wie es bereits beschrieben wurde.
- Den vorderen Schlossquerträger zusammen mit dem Frontgitter ausbauen. Zum Ausbau des Frontgitters ist das Baujahr des Fahrzeuges in Betracht zu ziehen. Bis zum Ende des Baujahres 2003 oben rechts und links an den Außenkanten am Gitter zwei Steckniete entfernen, weiter unten links und rechts eingesetzte Schrauben herausdrehen und das Gitter nach oben heben und herausnehmen. Nach Baujahr 2003 ist das Gitter in der in Bild 107 gezeigten Weise befestigt. In diesem Fall die Schrauben (1) links und rechts an den gezeigten Stellen ausschrauben, die Schraube (3) lockern (nicht ausschrauben) und die Schraube (2) herausdrehen. Das Gitter (4) nach oben heben und herausnehmen. In beiden Fällen geschieht der Einbau in umgekehrter Reihenfolge. Darauf achten, dass der Spalt zwischen Gitter und Karosserieblechen ringsherum gleich ist, ehe die Schrauben angezogen werden.
- Den Ausbau des Schlossträgers kann man nur unter Bezug auf Bild 108 durchführen, nachdem das Gitter ausgebaut wurde. Das Wärmeschutzschild (2) ausbauen und die Befestigungsspangen (3) mit den Gummibüchsen (4) entfernen. Die Schrauben aus dem Querträger (1) herausdrehen. Der Querträger kann jetzt herausgehoben werden. Zum Abnehmen das Haubenzugseil aushängen.
- Den vorderen Stoßfänger ausbauen.
- Falls die Klimaanlage entleert wurde, den Kondensapparat ausbauen, wie es untenstehend beschrieben ist.
- Bei Fahrzeugen mit automatischem Getriebe die beiden Schläuche zum Ölkühler mit Schraubzwingen zusammendrücken und die Schläuche von den Anschlüssen am Kühler lösen. Dabei auf auslaufendes Öl achten.

Die eigentlichen Ausbauarbeiten am Kühler werden jetzt unter Bezug auf Bild 106 durchgeführt:

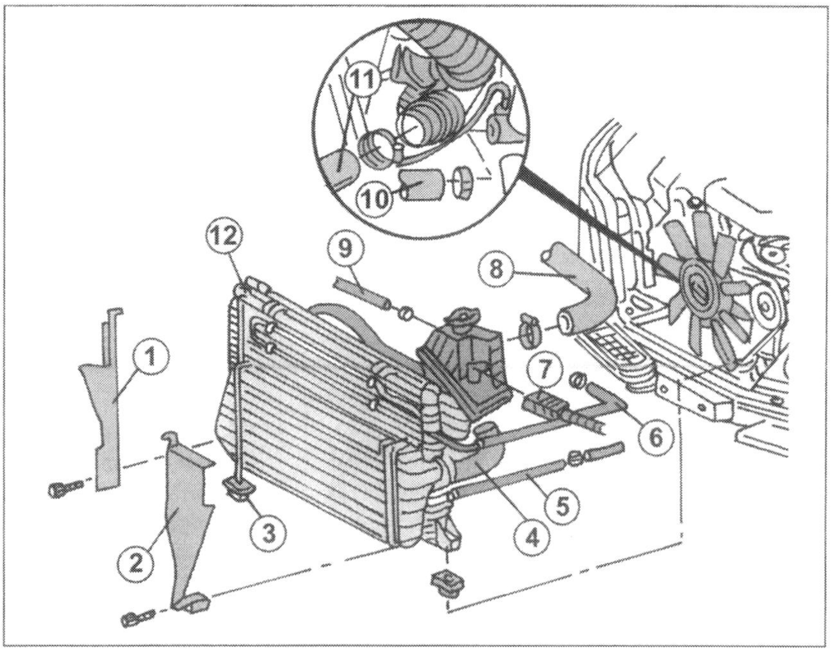


*Bild 106a*
*Einzelheiten zum Aus- und Einbau des Kühlers. Bild 106b zeigt den zerlegten Kühler. Rechte Kühlerverkleidung*
*1 Rechte Kühlerverkleidung*
*2 Linke Kühlerverkleidung*
*3 Gummitüllen zur Aufnahme des Kühlers*
*4 Ladeluftschlauch*
*5 Hydraulikölschlauch (Automatik)*
*6 Hydraulikölschlauch (Automatik)*
*7 Stecker für Geber des Kühlmittelstands*
*8 Kühlmittelschlauch*
*9 Kühlmittelschlauch*
*10 Kühlmittelschlauch*
*11 Ladeluftschlauch*
*12 Kühler, komplett*

■ Schlauchschelle lockern und den Ladeluftschlauch (11) vom Turbolader abschließen. Ebenfalls den Ladeluftschlauch (4) am Luftansaugrohr in ähnlicher Weise abschließen.
■ Die Kühlmittelschläuche (8), (9) und (10) nach Lösen der Schlauchschellen vom Ausgleichsbehälter der Kühlanlage abschließen. Ebenfalls am Behälter den Kabelstecker (7) vom Sensor für den Kühlmittelstand abziehen. Beim Abziehen der Schläuche kann Flüssigkeit auslaufen – Achtung: Vor Anschließen der Schläuche den Zustand der Schlauchschellen kontrollieren.
■ Die Kühlschlange für die Servolenkung am Kühler trennen.
■ Die Kühlerverkleidung auf der linken Seite (2) und der rechten Seite (1) ausbauen.
■ Den kompletten Kühler jetzt nach oben heben und aus den Gummitüllen (3) in der Karosserie herausnehmen.
Falls der Kühler erneuert werden soll, müssen die in Bild 106b gezeigten Teile abmontiert und an den neuen Kühler montiert werden:
■ Die obere Kühlerverkleidung (1) ausbauen.
■ Den Ladeluftkühler (2) und die untere Kühlerverkleidung (3) vom Kühler (4) abschrauben.
■ Kühlmittelschläuche (8) und (9) vom Kühler (4) nach Lösen der Schlauchschellen abziehen.
■ Die Kühlmittelleitung (7) zusammen mit den Kühlmittelschläuchen von der Ventilatorverkleidung (5) trennen.
■ Die Ventilatorverkleidung (5) nach Lösen der Befestigungsspangen (6) vom Kühler (4) abnehmen.
Die abgebauten Teile in umgekehrter Reihenfolge wieder am neuen Kühler montieren. Vor Anschließen der Kühlmittelschläuche die Schlauchschellen kontrollieren und ggf. erneuern.
Der Einbau des Kühlers geschieht in umgekehrter Reihenfolge wie der Ausbau. Darauf achten, dass die Montagezapfen einwandfrei in die Löcher im Querträger (Aggregatträger) eingeführt werden. Den Ablassstopfen des Zylinderblocks mit 30 Nm, den Stopfen in der Unterseite des Kühlers mit 1,5 Nm anziehen.
Bei eingebauter Getriebeautomatik die Schlauchanschlüsse wieder anbringen und die Überwurfmuttern mit 25 Nm anziehen. Kühlanlage auffüllen. Falls das Kühlmittel nicht aufgefangen wurde, muss eine neue Mischung zusammengemischt werden. Eventuell Flüssigkeit in die Getriebeautomatik nachfüllen.

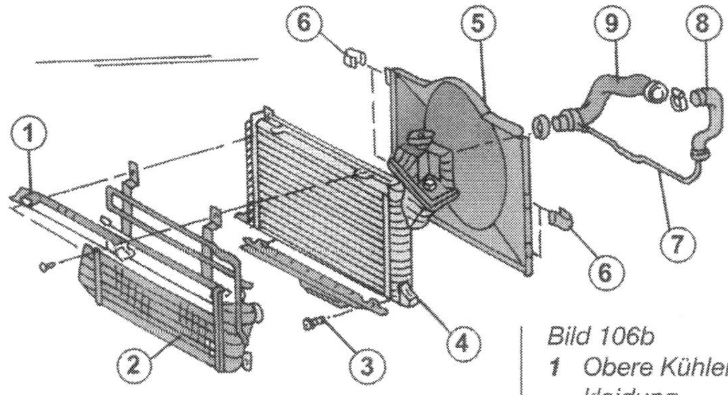

*Bild 106b*
*1 Obere Kühlerverkleidung*
*2 Ladeluftkühler*
*3 Untere Kühlerverkleidung*
*4 Kühler*
*5 Ventilatorverkleidung*
*6 Sicherungsspangen*
*7 Kühlmittelleitung*
*8 Kühlmittelschlauch*
*9 Kühlmittelschlauch*

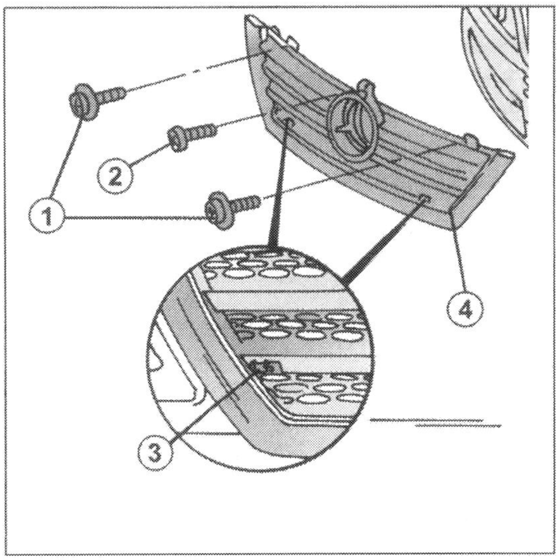

*Bild 107*
*Befestigung des Frontgitters bei Fahrzeugen ab Baujahr 2003.*
*1 Schraube*
*2 Schraube*
*3 Schraube*
*4 Frontgitter*

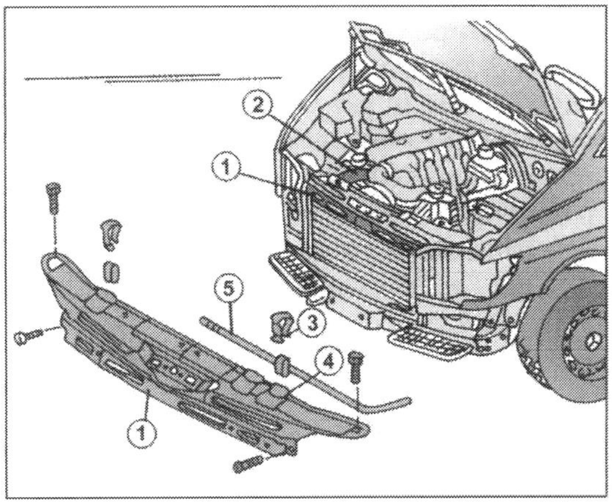

*Bild 108*
*Einzelheiten zum Aus- und Einbau des Schlossquerträgers*
*1 Querträger*
*2 Wärmeschutzschild*
*3 Befestigungsspange*
*4 Gummibüchse*
*5 Motorhaubenseilzug*

### *Aus- und Einbau des Kondensapparat bei eingebauter Klimaanlage*

Nur wenn die Klimaanlage in einer Werkstatt entleere wurde, kann man

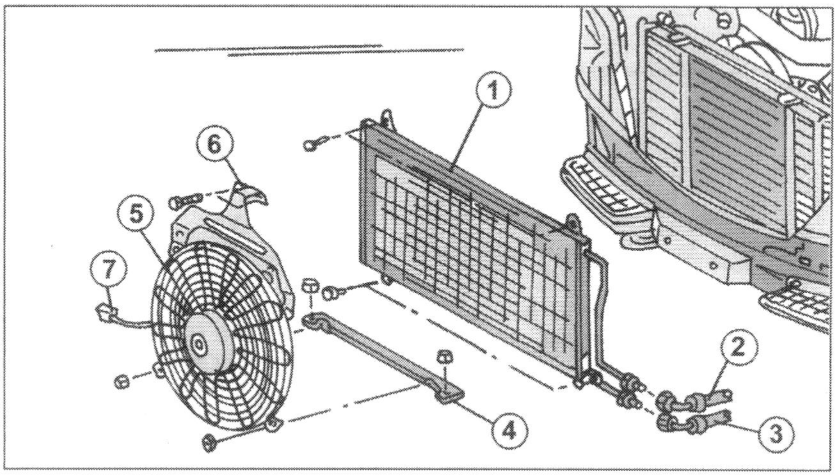


*Bild 109*
*Einzelheiten zum Aus- und Einbau des Kondensapparats bei eingebauter Klimaanlage »Tempmatic«.*
*1 Kondensapparat*
*2 Kühlmittelleitung, Kompressor an Kondensapparat*
*3 Kühlmittelleitung, Kondensapparat an Flüssigkeitsbehälter*
*4 Unterer Träger*
*5 Zusatzventilator*
*6 Oberer Träger*
*7 Kabelstecker für Zusatzlüfter*

den Kondensapparat ausbauen. Die Arbeiten können unter Bezug auf Bild 109 durchgeführt werden. Die Überwurfmuttern der Kühlmittelleitungen (2 und 3) werden mit 17 Nm am Kondensapparat (1) angezogen.

## Kühlmittelpumpe (Wasserpumpe)

**Aus- und Einbau**
Beim Ausbau der Wasserpumpe kann man sich an Bild 110 halten.

■ Die Vorderseite des Fahrzeuges freilegen, um ungehindert an alle beim Ausbau zu lösenden Teile zu kommen: Das Kühlergitter und den vorderen Querträger ausbauen, wie es bereits beim Ausbau des Kühlers beschrieben wurde, die Visko-Kupplung ausbauen (siehe untenstehende Beschreibung) und den Poly-Keilriemen ausbauen, wie es im Abschnitt »Motor« beschrieben wurde.

**Hinweis bei eingebauter Klimaanlage:** Den Kondensapparat an der Unterseite des Queträgers lösen und den Kühler etwas nach vorn schieben. *Keine Leitungen abschließen.*

■ Kühlanlage ablassen (siehe oben). Es reicht, wenn man nur den Ablassstopfen im Kühler öffnet. Den Ausgleichsbehälter niemals öffnen, wenn die Temperatur mehr als 90 °C beträgt.

■ Die beiden Kraftstoffleitungen (2) und (3) in Bild 111 von den Halterungen (1) trennen. Diese befinden sich an der Oberseite der Wasserpumpe (1) in Bild 110.

■ Kühlmittelschläuche (4) und (5) nach Lösen der Schlauchschellen von der Wasserpumpe abziehen. Schläuche und Schlauchschellen beim Einbau erneuern, wenn sie nicht mehr in gutem Zustand sind.

■ Die Abdeckkappen (8) der beiden Führungsrollen für den Keilriemen mit einem Schraubenzieher ausdrücken und die Führungsrollen (6) ausbauen. Dies ist notwendig, da die Wasserpumpenschrauben hinter den Rollen sitzen. Die Schrauben (7) an der Wasserpumpe auf einer Seite und am Steuergehäusedeckel auf der anderen Seite mit 35 Nm anziehen.

■ Die M6- und M8-Schrauben der Wasserpumpe (1) herausdrehen und die Pumpe abnehmen. Die dahinter sitzende Dichtung (2) muss beim Einbau der Pumpe immer erneuert werden.

■ Falls eine neue Pumpe eingebaut werden soll, muss man die Antriebsscheibe der alten Pumpe auf die neue Pumpe übertragen. Die Schraube wird mit 8 Nm angezogen.
Der Einbau der Pumpe geschieht in umgekehrter Reihenfolge wie der Ausbau. M6-Schrauben der Pumpe mit 14 Nm, M8-Schrauben mit 20 Nm anziehen.
Abschließend die Kühlanlage füllen, ausgebaute Teile wieder einbauen, den Motor anlassen und alle Anschlussstellen der Kühlmittelschläuche auf Leckstellen kontrollieren, wenn der Motor seine Betriebstemperatur erhalten hat.

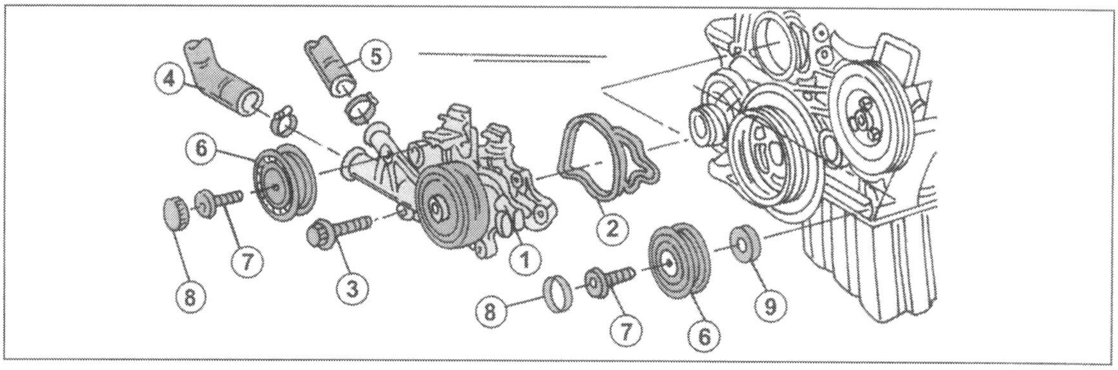


*Bild 110*
*Beim Ausbau der Wasserpumpe frei werdende Teile.*
*1 Wasserpumpe*
*2 Wasserpumpendichtung*
*3 Schraube (M6 oder M8)*
*4 Kühlmittelschlauch*
*5 Kühlmittelschlauch*
*6 Führungsrolle*
*7 Schraube*
*8 Abdeckkappe*
*9 Unterlegscheibe*

## Visko-Lüfterkupplung

Der Aus- und Einbau der Antriebskupplung für den Lüfter bereitet keine Schwierigkeiten, nachdem die Stirnseite des Motors freigelegt wurde. Die Visko-Kupplung ist mit einer M10-Inbussschraube befestigt. Folgendermaßen beim Ausbau vorgehen:

- Massekabel der Batterie abklemmen (Vorsichtmaßnahmen beachten).
- Den Schlossquerträger ausbauen, wie es beim Ausbau des Kühlers beschrieben wurde. Nach Ausbau des Querträgers den kompletten Kühler nach vorn schieben, um an die Rückseite des Kühlers zu kommen.
- An der Rückseite des Kühlers die Ventilatorverkleidung vom Kühler trennen. In Bild 106b kann man die Befestigung sehen.
- Unter der Ventilatorverkleidung die Kühlmittelleitung (7) in Bild 106b trennen.
- Die Antriebsscheibe der Wasserpumpe in geeigneter Weise gegenhalten. In der Werkstatt wird ein Gegenhalter benutzt, welcher in zwei Löcher des Antriebsrades eingreift.
- Die Mittelschraube (3) in Bild 112 der Visko-Kupplung (4) lösen und den Lüfterflügel (2) zusammen mit der Ventilatorverkleidung (6) in Bild 106b nach oben ziehen und herausheben, sobald sie frei ist.
- Den Lüfterflügel danach von der Visko-Kupplung abschrauben.
- Der Einbau findet in umgekehrter Reihenfolge statt. Die Einbaustellung des Lüfterflügels an der Visko-Kupplung wird durch eine Rippe am Lüfterflügel bestimmt, d. h. man kann die Teile nicht falsch zusammenbauen. Den Lüfterflügel mit einem Drehmoment von 9 Nm an der Kupplung anschrauben, die Mittelschraube (3) in Bild 112 mit 54 Nm festziehen. Das Anzugsdrehmoment wurde im Dezember 2002 von 45 Nm auf 54 Nm geändert. Das Antriebsrad der Wasserpumpe muss dabei wieder gegengehalten werden.

## Thermostat

Beim Dieselmotor ist der Thermostat in einem Gehäuse am Zylinderkopf angeschraubt und setzt sich aus den in Bild 113 gezeigten Teilen zusammen. Der Thermostat ist ein integrales Teil des Thermostatgehäu-

*Bild 111*
*Befestigung der Kraftstoffleitungen (2) und (3). Die Leitungen sind in die Halterungen (1) an der Oberseite der Wasserpumpe eingedrückt.*

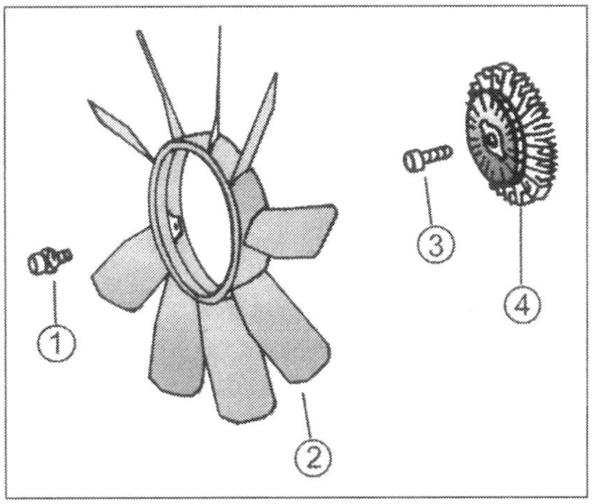


*Bild 112*
*Lüfterflügel und Visko-Kupplung.*
*1 Befestigungsschraube des Lüfterflügels, 9 Nm*
*2 Ventilatorflügel*
*3 Befestigungsschraube der Visko-Kupplung, 54 Nm*
*4 Visko-Kupplung*

ses, ein defekter Thermostat kann nicht getrennt erneuert werden. Beim Ausbau folgendermaßen vorgehen:

- Kühlanlage ablassen, wie es bereits beschrieben wurde.
- Den Kabelstecker (11) abziehen, die Sicherungsspange (10) herausziehen und den Geber für die Kühlmitteltemperatur (9) herausziehen. Den untergelegten Dichtring (8) beim Einbau immer erneuern.
- Den Luftansaugschlauch am Ladeluftverteilerrohr abschließen.
- Kühlmittelschlauch (4) und (6) nach Lösen der Schlauchschellen (5) und (7) vom Thermostatgehäuse (1) abziehen. Die Schlauchschellen sollten beim Einbau erneuert werden, wenn sie nicht mehr einwandfrei aussehen.
- Die Halteschelle (12) für die Kraftstoffleitung nach Herausdrehen der Schraube (13) vom Thermostatgehäuse lösen.
- Die Schraubkappe des Ölfilters abschrauben (siehe Abschnitt »Motorschmierung«), um an die Schrauben des Thermostatgehäuses zu kommen. Schraubkappe beim Einbau mit 25 Nm anziehen.
- Das Thermostatgehäuse kann jetzt nach Lösen der Schrauben (3) vom Zylinderkopf

Sichtprüfung    Messen

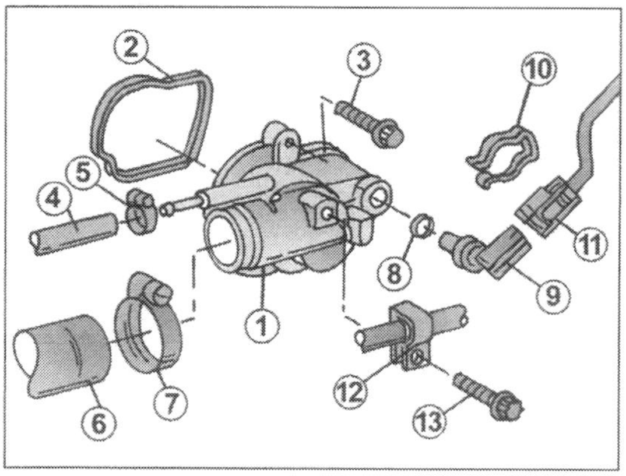


*Bild 113*
*Thermostatgehäuse und zugehörige Teile.*
**1** *Thermostatgehäuse*
**2** *Thermostatgehäusedichtung*
**3** *Thermostatgehäuseschrauben, 9 Nm*
**4** *Kühlmittelschlauch zur Pumpe*
**5** *Schlauchschelle*
**6** *Kühlmittelschlauch*
**7** *Schlauchschelle*
**8** *Dichtring*
**9** *Geber für Kühlmitteltemperatur*
**10** *Sicherungsspange*
**11** *Stecker für Geber (9)*
**12** *Halteschelle für Kraftstoffleitung*
**13** *Befestigungsschraube der Halteschelle*

abgezogen werden. Die untergelegte Dichtung (2) muss immer erneuert werden.
Der Einbau findet in umgekehrter Reihenfolge statt. Die Dichtflächen von Thermostatgehäuse und Zylinderkopf vor Auflegen der Dichtung einwandfrei reinigen. Die Schrauben (3) mit 9 Nm am Zylinderkopf anziehen.

**Störungen am Thermostat**
**Der Thermostat öffnet nicht,** weil er klemmt oder eine Ventilplatte festklebt. Obwohl die Temperaturanzeige schon die rote Marke überschritten hat, fühlt sich dann der Kühler immer noch kalt an. Falls Sie mit geschlossenem Thermostat weiterfahren, riskieren Sie einen gewaltigen Motorschaden. So kann die Zylinderkopfdichtung durchbrennen, der Zylinderkopf kann sich hoffnungslos verziehen oder gar Risse bekommen.

**Der Thermostat schließt nicht** mehr richtig, weil ihn ein Fremdkörper verklemmt hat. In diesem Fall wird der Kühler nach dem Kaltstart gleich warm wie beispielsweise das Thermostatgehäuse. Die Fahrzeugheizung kommt nur langsam in Schwung. Ersetzen Sie baldmöglichst den Thermostat, denn auf Dauer ist es unwirtschaftlich und für den Motor schädlich, wenn er seine Arbeitstemperatur nicht mehr erreicht.

## Kühlanlage prüfen, Störungen in der Kühlanlage

### *Kühlanlage überprüfen*
Die Kühlanlage sollte im Rahmen eines gut organisierten Wartungsprogramms regelmäßig an den folgenden Stellen kontrolliert werden:

- An Kühler, Wasserpumpe, Thermostatgehäuse und Heizung nachsehen, ob alle Kühlmittelschläuche weit genug auf den Stutzen sitzen und die Schlauchbinder festgezogen sind.
- Die Gummischläuche dürfen nicht hart, spröde oder gar schon eingerissen sein. Gealterte Schläuche werden meist dann undicht oder platzen, wenn im Kühlsystem der volle Druck herrscht.
- Ist der Kühler undicht? Vielleicht ist eines der dünnen Röhrchen zwischen den Lamellen beschädigt. Irgendwo ein Riss in den Wasserkästen?
- Der Thermostat muss richtig arbeiten.
- Arbeitet die Visko-Kupplung richtig?
- Die Wasserpumpe kann undicht werden, wenn ihr Wellendichtring verschlissen ist. Dann tropft aus einer Bohrung unterhalb der Pumpe Kühlmittel aus (durch Riemenscheibe verdeckt). Die Wasserpumpe muss ausgetauscht werden.
- Wie Sie schon gelesen haben, regelt der Verschlussdeckel am Ausgleichsbehälter den Druck im Kühlsystem. Die Gummidichtungen am Verschlussdeckel dürfen nicht eingerissen oder spröde sein.
- Sind die Kühlmittelschläuche nach dem Abkühlen des Kühlsystems zusammengeschrumpft, ist das Unterdruckventil im Verschlussdeckel schadhaft.

### *Kühlmittelstandskontrolle*
Diese Einrichtung befreit Sie nicht von der regelmäßigen Kontrolle des Kühlmittelstands, ist aber eine wertvolle Hilfe bei plötzlichem Kühlmittelverlust. Der Geber für die Kühlmittelstandskontrolle befindet sich im Ausgleichsbehälter an der in Bild 114 gezeigten Stelle.
Bei eingeschalteter Zündung und Motorstillstand leuchtet die Kontrolllampe im Armaturenbrett schwach auf. Stimmt der Kühlmittelstand, verlöscht die Lampe bei laufendem Motor. Leuchtet sie dagegen hell auf, fehlt Kühlmittel.
Die Kontrolleinrichtung wird vom Geber im Ausgleichsbehälter gesteuert. Sein Kontakt wird von einem Schwimmer betätigt. Fehlt Kühlmittel, wird der Kontakt geschlossen. Störungen können eine durchgebrannte Glühlampe, ein defekter Geber oder eine Leitungsunterbrechung verursachen. Leuchtet bei eingeschalteter Zündung die Kontrollleuchte nicht schwach auf, ist sie wahr-

scheinlich durchgebrannt. Verlöscht die Lampe bei laufendem Motor und richtigem Kühlmittelstand nicht, so ist eher der Geber defekt. Dieser Verdacht wird bestätigt, wenn durch Abziehen des Leitungssteckers am Geber die Lampe verlöscht. Dann Geber ausbauen, Schwimmer auf Leichtgängigkeit prüfen und das Schalten des Kontaktes prüfen. Ggf. Geber ersetzen:

- Kühlanlage ablassen, wie es bereits beschrieben wurde.
- Den Kabelstecker (2) an der in Bild 114 gezeigten Stelle abziehen.
- Den Geber für den Kühlmittelstand (1) ca. um eine Viertelumdrehung in Richtung des Pfeils verdrehen und nach oben aus dem Ausgleichsbehälter herausziehen.

Der Einbau findet in umgekehrter Reihenfolge statt.

### *Überhitzung des Motors*

Steigt die Anzeigenadel über die rote Marke, anhalten, Motor abstellen und Folgendes prüfen:

- Steigt die Anzeige nur kurzfristig bis zur roten Marke, gilt dies für die folgenden Betriebszustände als normal: Vollgas-, Berg- oder Kolonnenfahrt bei großer Hitze; nach dem Abstellen eines recht heißen Motors; im Stau mit Automatik-Getriebe (wegen Ölkühler; Abhilfe: öfters nach »N« schalten).
- Stillstand der Wasserpumpe, weil der Antriebsriemen zu locker oder gerissen ist?
- Kühlmittelstand in Ordnung?
- Klemmt der Thermostat? Dann fühlt sich der Kühler kalt an, während z. B. das Thermostatgehäuse schon sehr heiß ist.
- Schaltet der Visko-Lüfter ein?
- Sind alle vorherigen Punkte in Ordnung, ist der Kühler verstopft und muss erneuert werden.

### *Stärke des Frostschutzmittels prüfen*

Vor dem Beginn der kalten Jahreszeit den Gefrierschutz des Kühlmittels prüfen. Dazu den Verschlussdeckel des Ausgleichsbehälters abnehmen und mit dem Testgerät etwas Kühlmittel aus dem Ausgleichsbehälter saugen. Das in Bild 115 gezeigte Prüfgerät ist nur ein Beispiel vieler unterschiedlicher Tester. Andere haben einen Gummiball zum Absaugen des Kühlmittels. Anhand der Skala oder am Stand des Schwimmers bei anderen Testerausführungen können Sie die Stärke des Frostschutzes bestimmen und entsprechend durch Nachfüllen von Gefrierschutz berichtigen.

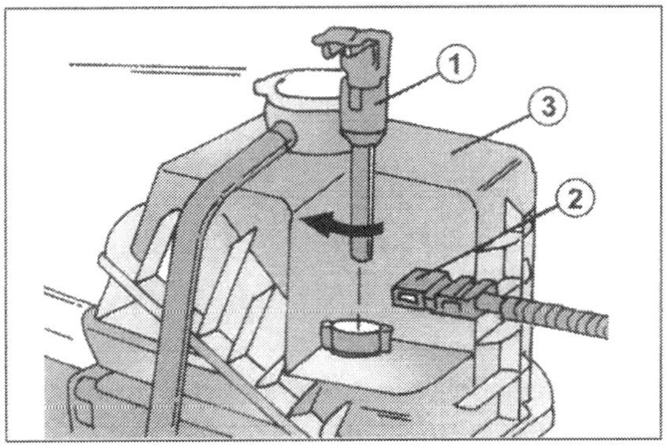


*Bild 114*
*Der Schalter zur Anzeige der Kühlmitteltemperatur (1) ist in den Ausgleichsbehälter (3) eingesetzt. Der Kabelstecker (2) ist von außen aufgesteckt. Zum Ausbau des Schalters diesen um eine Viertelumdrehung in Pfeilrichtung verdrehen.*

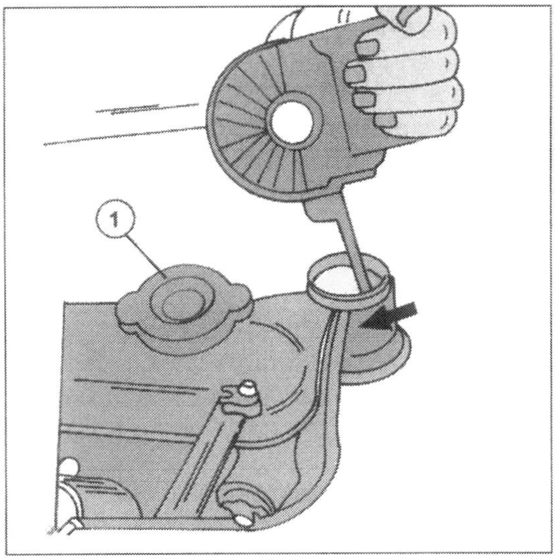


*Bild 115*
*Kontrolle der Stärke des Frostschutzmittels.*

⚠ Von Mercedes-Benz wird die Verwendung des hauseigenen Frostschutzmittels vorgeschrieben. Im Zweifelsfall müssen Sie sich an die Werkstatt wenden. Dies ist vor allem wichtig, solange das Fahrzeug unter Garantie läuft, da nicht freigegebene Produkte die Leichtmetallteile des Motors oder die Röhren des Kühlers beschädigen könnten.

## Kühlmittelschläuche

Grundsätzlich gilt, dass man den richtigen Kühlmittelschlauch beziehen muss – Schläuche nur anhand der Motornummer bestellen.

Meistens entwickeln sich Leckstellen an einem Kühlmittelschlauch während einer Fahrt, so dass man sich umgehend weiterhelfen muss. An Tankstellen gibt es Schnellreparatursätze. Bei diesen handelt es sich

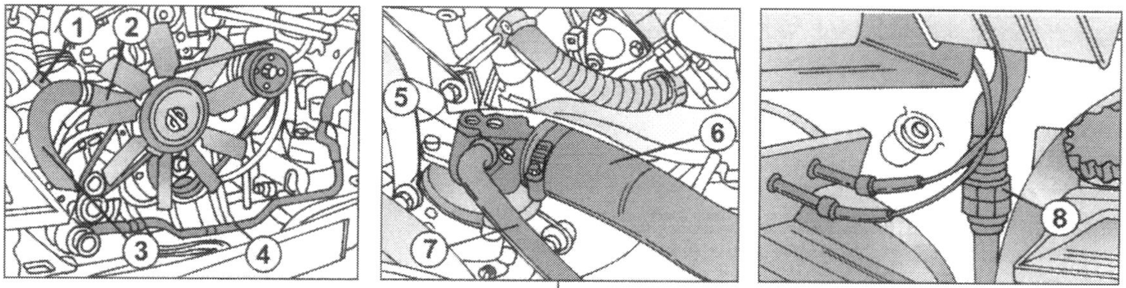


*Bild 116*
*Anschlussweise der verschiedenen Kühlmittelschläuche. Auf die Zahlen wird im Text eingegangen.*

um Klebbänder; die auf einem gut gereinigten Schlauch gut haften. Falls der Riss ziemlich groß ist, kann man den Verschlussdeckel des Dehngefäßes oder Kühlers um eine Umdrehung öffnen, um den Druck in der Anlage zu entlasten. Während man die Kühlmitteltemperatur und den Kühlmittelstand im Auge behält, kann man in die nächste Werkstatt fahren. Bei Erneuerung eines Kühlmittelschlauchs:

- Kühlanlage ablassen, wie es bereits beschrieben wurde.
- Bei Schraubschellen die Schraube mit einem Schraubendreher ausreichend lösen; bei Federband-Schlauchschellen die beiden Enden der Schelle bis zum Anschlag zusammendrücken.
- Den Schlauch abziehen. Sitzt der Schlauch sehr fest, kann man einen Schraubendreher zwischen Schlauch und Stutzen einzwingen und vorsichtig von der »Anklebung« abdrücken.
- Den neuen Schlauch auf die Anschlussstutzen schieben. Zum Befestigen dabei Schraubschellen benutzen.

Die Klemmschraube nicht übermäßig anziehen, damit man das Gewinde nicht beschädigt oder gar den Schlauch einschneidet.

- Ist der Schlauch mit einer Blechklammer gesichert, den Dichtring überprüfen. Der Schlauchanschluss wird einfach angedrückt, bis die Blechklammer einrastet.

In der Bildreihe 116 ist die Anschlussweise der Kühlmittelschläuche auf der Motorseite gezeigt. Beim Abschließen aller Schläuche wird Kühlmittel auslaufen, man muss die notwendigen Vorsichtsmaßnahmen treffen. Schläuche können wie beschrieben abgeschlossen werden.

- In der linken Ansicht den Kühlmittelrücklaufschlauch vom Kühler (3) und der Heizungsanlage (1) an der Wasserpumpe (2) abschließen. Den Kühlmittelrücklaufschlauch vom Kühler (3) aus dem Motorraum mit der angeschlossenen Kühlmittelleitung (4) herausnehmen. Den Rücklaufschlauch der Heizung (1) auf eine Seite drücken.
- Den Kühlmittelzufuhrschlauch (6) und die Entlüftungsleitung (7) vom Thermostatgehäuse (5) in der mittleren Ansicht abschließen.
- Die Verbindungskupplung (8) des Schlauchs zur Heizung abschließen (rechte Ansicht). Zum Trennen ist z. B. eine Wasserpumpenzange erforderlich, um die Nocken der Kupplung zusammenzudrücken.

# Die Einspritzanlage

## Einführung

Der Motor arbeitet mit einer elektronisch geregelten Kraftstoffeinspritzanlage, die unter de Bezeichnung »Common Rail«-Einspritzanlage bekannt ist. Die hauptsächlichsten Bauteile sind eine von der Steuerkette von einem Kettenrad angetriebene Hochdruckeinspritzpumpe, die Einspritzdüsen, die Einspritzleitungen zwischen Hochdruckpumpe und Einspritzdüsen, das Kraftstoffverteilerrohr, d. h. das »Common Rail«-Verteilerrohr, eine am Zylinderkopf montierte Vorförderpumpe und ein elektronisches Steuergerät. Außerdem handelt es sich bei der Anlage um eine Direkteinspritzanlage. Wie der Name »Hochdruckeinspritzpumpe« besagt, arbeitet die Anlage unter sehr hohem Druck. Auf der Rückseite des Motors, an der Oberseite des Zylinderkopfes ist ein Druckregelventil für den Druck der Anlage eingebaut. Der Sensor zum »Aufspüren« des Drucks im »Common Rail«-Rohr dagegen befindet sich unmittelbar über dem Ölfilter an der Vorderseite des Motors.
Das Steuergerät reguliert die einzuspritzende Kraftstoffmenge entsprechend den durch die Stellung des Fahrpedals bedingten Anforderungen und den allgemeinen Anforderungen des Motors. Der Förderbeginn hängt vom Betriebszustand des Motors ab.
Die Kraftstoffzufuhr und der Förderbeginn werden durch die vom Steuergerät regulierte Hochdruckeinspritzpumpe entsprechend den folgenden Funktionen gesteuert:

- Stellung des Fahrpedals
- Belastungszustand (Betriebszustand) des Motors
- Luftdruck
- Temperatur der angesaugten Luft
- Leistungskennfeld im Steuergerät

Das Abstellen des Motors, d. h. das Abschneiden der Kraftstoffzufuhr, wird durch ein elektrisch arbeitendes Kraftstoffabsperrventil an der Stirnseite des Motors reguliert.

Die Glühkerzen werden durch ein getrenntes Steuergerät mit Nachglühfunktion in Betrieb gebracht.

Einspritzventile sind nicht, wie früher der Fall war, seitlich in den Zylinderkopf eingeschraubt, sondern werden mithilfe einer Klemmbrücke an diesem befestigt.
Ein Abgasturbolader sowie ein Ladeluftkühler sind serienmäßig eingebaut.
Die Einspritzanlage ist mit einem Speicher zur Aufzeichnung von Störungen versehen. Irgendwelche aufgetretenen Störungen verbleiben im Speicher, auch wenn die Zündung ausgeschaltet oder die Batterie abgeklemmt wird. Bei ernsthaften Störungen leuchtet eine Lampe im Armaturenbrett auf. Ernsthafte Störungen können in den folgenden Bauteilen auftreten:

- Stellungsgeber der Kurbelwelle
- Einspritzpumpe
- Kraftstoffabsperrventil
- Rücklaufventil

**Kraftstoffaufbereitung**
Der Kraftstofftank befindet sich unter dem Fahrzeugboden. Die Kraftstoffleitungen müssen einem hohen Betriebsdruck widerstehen. Sie sind daher aus besonders druckfestem Material gefertigt. Man unterscheidet zwischen einer Vorlaufleitung und der Rücklaufleitung, welche nicht verbrauchten Kraftstoff wieder dem Tank zurückführt. Eine Pumpe versorgt den Motor aus dem Tank über dieses Leitungssystem mit Kraftstoff. An der Oberseite des Kraftstofftanks ist auch der Geber für die Kraftstoff-Vorratsanzeige angebracht.
Auch die Tankentlüftung funktioniert nach einem ausgeklügelten System. Am Tankeinfüllstutzen ist die Belüftungsleitung angeschlossen, die zur Oberseite des Tanks führt. Durch diese Leitung entweicht die Luft, wenn der Tank mit Kraftstoff gefüllt wird. Während der Fahrt strömt durch diese Leitung entsprechend der verbrauchten Kraftstoffmenge von außen Luft in den Tank hinein, so dass sich kein Unterdruck bilden kann.

**So sparen Sie Kraftstoff**
Beschleunigen Sie stets zügig, schalten Sie jedoch möglichst früh in den nächsthöheren Gang. Ist die gewünschte Geschwindigkeit erreicht, wählen Sie den höchstmöglichen Gang und lassen das Fahrzeug mit wenig Gas rollen. Der Motor soll nur beim Überholen oder beim Einspuren in den fließenden Verkehr hochdrehen. Außerdem sollten Sie

auch beim kurzen Halt vor einer Eisenbahnschranke, Baustellenampel oder im Stau den Motor abstellen – bereits bei 5-7 Sekunden Wartezeit sparen Sie Kraftstoff.

**Der Dieselkraftstoff**
Dieselkraftstoff besteht überwiegend aus so genannten Paraffinen. Diese Kohlenwasserstoffe sind sehr zündwillig, haben jedoch den Nachteil, dass sie bei sinkenden Temperaturen zunehmend auskristallisieren. Die einzelnen Kristalle lagern sich rasch aneinander an und bilden komplexe, netzförmige Verbindungen. Wird es zu kalt, bilden sich viele Kristallnetze – der Kraftstoff versulzt und kann nicht mehr durch den Kraftstofffilter fließen. Diesem Problem begegnen die Hersteller durch Zugabe so genannter Fließverbesserer.
Diese chemischen Zusätze verhindern zwar nicht die Bildung von Paraffinkristallen. Sie legen sich jedoch um die einzelnen Kristalle und verhindern so, dass sich Kristallnetze bilden. Einzelne Kristalle sind klein genug, um durch die Poren des Filters zu schlüpfen. Der Kraftstoff kann also bis zur Einspritzpumpe gelangen.

- Tanken Sie nur Dieselkraftstoff nach DIN 51 601 mit einer Cetanzahl (CZ) von mindestens 45. Der Kraftstoff ist überdies vom Hersteller auf die jeweilige Jahreszeit abgestimmt. Sommer-Dieselkraftstoff kommt ohne Fließverbesserer aus. Er würde daher schon stocken, wenn das Thermometer unter –2°C fällt.
- Übergangsdiesel verkaufen die Tankstellen im Frühjahr und im Herbst. Er ist noch bei –8 bis –10 °C filtergängig.
- Winterdiesel wird durch Zugabe von Fließverbesserern in der Regel mit Temperaturen bis etwa –22 °C fertig (DIN-Norm –12 °C).

Die folgenden Schwierigkeiten können beim Fahren mit einem Dieselfahrzeug bei kalten Temperaturen auftreten:

- Die Temperaturen fallen unter –15 Grad C ab.
- Das Fahrzeug wurde lange Zeit nicht gefahren, im Winter wieder im Betrieb genommen, und man kann feststellen, dass man im Sommer getankten Kraftstoff im Tank hat.
- Sie haben Kraftstoff an einer Tankstelle gekauft, welche noch nicht auf Winterkraftstoff umgestellt hat.

**Sommerdiesel im Winter**
Haben Sie Ihren Diesel ein halbes Jahr oder länger nicht bewegt, kann es vorkommen, dass Sie bei Minusgraden mit Sommerdiesel fahren müssen. In diesem Fall hilft die Zugabe eines Fließverbesserers, den Sie an Tankstellen oder im Zubehörhandel kaufen können. Fragen Sie nach einer geeigneten Sorte und studieren Sie die Gebrauchsanleitung auf der Dose. Den Fließverbesserer (Zimmertemperatur) in den Tank kippen und dann randvoll tanken. Der in den Erdtanks gelagerte Dieselkraftstoff ist warm genug, der Zusatz kann sich während der Fahrt gut mit dem Tankinhalt vermischen. Ist der Kraftstoff jedoch schon versulzt, ist es für die Zugabe des Fließverbesserers zu spät. Dann sollten Sie den Wagen zunächst in eine beheizte Garage schleppen, wo sich die Paraffinkristalle zurückbilden können. Je wärmer es dort ist, umso schneller zeigt sich eine Wirkung. Erst danach können Sie den Fließverbesserer beimischen.

**Begriffe und Normen rund um den Kraftstoff**
***Dieselkraftstoff***. Dieselkraftstoff ist perfekt auf den Dieselmotor zugeschnitten. Durch seine hohe Zündwilligkeit läuft die Selbstzündung kontrolliert im Bruchteil einer Sekunde ab. Für den Benzinmotor ist Dieselkraftstoff Gift. Er würde nicht auf den Funken der Zündkerze warten, sondern sich bereits während der Aufwärtsbewegung des Kolbens entzünden. Folgen: hoher Druckanstieg im Zylinder, der Kolben erhält einen Schlag auf den Boden und leitet ihn über den Pleuel auf die Lager der Kurbelwelle weiter. Außerdem entsteht eine enorme Hitze, bei der die Kolbenböden schmelzen können.
***Cetanzahl***. Steht für die Zündwilligkeit eines Kraftstoffes. Eine reine Verhältniszahl, die im Labor ermittelt wird. Dem sehr zündwilligen Kraftstoff Cetan wird die Zahl 100 zugeordnet, dem extrem zündträgen Vergleichskraftstoff (Methylnaphthalin) die Ziffer 0. Die Cetanzahl gibt an, wie viel Volumenprozent Cetan sich in einem Gemisch mit diesem Vergleichskraftstoff befinden müssen, das die gleiche Zündwilligkeit besitzt wie der zu messende Kraftstoff. Beim Diesel soll sie 45 betragen.

**Über den Umgang mit Kraftstoff**

Der Umgang mit Kraftstoff ist gefährlich. Nehmen Sie daher Wartungsarbeiten und Reparaturen an Teilen der Kraftstoffanlage nicht auf die leichte Schulter. Vor allem beim Entleeren des Kraftstoffbehälters müssen Sie mit äußerster Vorsicht vorgehen. Grundsätzlich müssen Sie beim Umgang mit Kraftstoff folgende Vorsichtsmaßnahmen beachten:

- Zuerst die Batterie abklemmen, Kabel gegen Berühren mit den Polen der Batterie sichern.
- Kraftstoffbehälter nur im Freien entleeren. Dazu brauchen Sie ein entsprechendes Abpumpgerät (z. B. Balgenpumpe). Auf keinen Fall den Kraftstoff durch die Öffnung des Gebers der Kraftstoff-Vorratsanzeige auskippen oder durch Ansaugen an einem Schlauch mit dem Mund entleeren – Vergiftungsgefahr durch die hochgiftigen Kraftstoffzusätze!
- $CO_2$-Pulver- oder Schaumlöscher der Brandklasse B muss in greifbarer Nähe sein.
- Den Kraftstoffbehälter nie über einer Grube entleeren. Die entweichenden Gase sind schwerer als Luft, würden für mehrere Stunden in der Grube bleiben. Folge: Gesundheitsschädigung durch Einatmen, akute Explosionsgefahr.
- Stellen Sie sicher, dass sich während der Arbeit mit Kraftstoff keine eingeschalteten elektrischen Geräte, offenen Flammen, Wärme- und Funkenquellen im Raum befinden.
- Kraftstoff darf nur in einen verschließbaren, klar beschrifteten Behälter umgefüllt werden. Dazu gibt's spezielle Behälter mit Flammschutz und Druckausgleichsverschluss.
- Im entleerten Kraftstofftank befinden sich Restgase. Auch die sind gefährlich. Alle Arbeiten deshalb mit besonderer Vorsicht ausführen.

**Kraftstoff ablassen**

Der Tank besitzt keine Ablassschraube. Da die Kraftstoffsaugleitung und der Rücklauf an der Tankoberseite sitzen, kann man nicht einfach eine Leitung abziehen und den Kraftstoff auslaufen lassen.

- Ist der Tank noch gut gefüllt, durch den Einfüllstutzen einen Schlauch so tief wie möglich in den Tank schieben.
- Obere Schlauchöffnung mit dem Finger dicht verschließen. Das Auffanggefäß muss unterhalb des Tankbodenniveaus stehen. Schlauch wieder ein Stück herausziehen und ins Gefäß halten. Reicht der Schlauch weit genug in den Kraftstoff, fließt er jetzt durch das Gefälle heraus.

Ansaugen von Kraftstoff mit dem Mund gefährdet die Gesundheit.

- Befindet sich zu wenig Kraftstoff im Tank, hilft diese Methode meist nicht mehr. Dann müssen Sie den Kraftstoff mit einer kraftstofffesten Handpumpe (Balgenpumpe) abpumpen.

**Abgasentgiftung beim Diesel**

Im Auspuffsystem des Dieselmotors ist ein so genannter Oxidationskatalysator (entspricht ungeregeltem Kat) eingebaut. Er verringert die Emissionen von Kohlenwasserstoffen und Kohlenmonoxid um bis zu 50 Prozent. Der Kat ist zwar kein Rußfilter, trotzdem spielt er auch bei der Reduktion der Rußpartikel eine wichtige Rolle. Die gasförmigen Kohlenwasserstoffe lagern sich nämlich normalerweise an die festen Rußteilchen an und erhöhen so die ausgestoßene Partikelmenge. Da die Kohlenwasserstoffe aber bereits im Kat oxidieren, können sie sich nicht mehr mit dem Ruß verbinden.

**AGR – einfach, aber wirksam**

Die Abgasrückführungsanlage dient der Verminderung des Stickstoffoxids in den Auspuffgasen (laut Abgasvorschrift EG 96 (94/12). Aus den Abgasen wird durch ein über ein Ventil geregeltes System ein bestimmter Teil abgezweigt und wieder dem Ansaugrohr zurückgeleitet. Da das Abgas in diesem Zustand wenig verbrennbares Gas enthält, bewirkt dies eine Verringerung der Temperaturen im Verbrennungsraum und damit eine Verringerung des Stickstoffoxidanteils.

Auf die genaue Arbeitsweise der Anlage einzugehen, ist nicht der Zweck dieses Leitfadens, vor allem, da die Funktion und Regulierung des Abgasrückführungssystems durch die Selbstdiagnose der eingebauten Einspritzanlage überwacht wird.

## Vorsichtsmaßnahmen bei Arbeiten an der Einspritzanlage

Bei allen Reparaturen an der Einspritzanlage ist die größte Sauberkeit erforderlich. Die folgenden Anweisungen sind jederzeit zu beachten, jedoch möchten wir auch besonders auf die durch den Einbau der elektronischen Anlage bedingten Vorsichtsmaßnahmen hinweisen:

- Immer die Zündung ausschalten, ehe Kabel der Einspritzanlage oder Vorglühanlage abgeschlossen oder angeschlossen werden.
- Manchmal muss der Motor mit Anlassdrehzahl durchgedreht werden (z. B. bei einer Kornpressionsdruckprüfung). Um ein Anspringen des Motors zu vermeiden, den Steckverbinder des Kraftstoffabsperrventils abziehen.
- Die Batterie nur abklemmen, wenn die Zündung ausgeschaltet ist, um die Anlage nicht zu beschädigen. Beim Abklemmen der Batterie daran denken, dass das Radio einen Diebstahl-Sicherheits-Code haben könnte.

Die folgenden Vorsichtsmaßnahmen sind als allgemein zu betrachten:

- Alle Arbeiten an der Einspritzanlage dürfen nur unter saubersten Verhältnissen durchgeführt werden. Arbeiten im Freien sollten nur an windfreien Tagen vorgenommen werden, um die Möglichkeit von Staubbildung zu vermeiden.
- Alle Anschluss-Überwurfmuttern müssen vor dem Lösen sauber mit einem Lappen abgewischt werden. Beim Abschrauben von Leitungen das daruntersitzende Anschlussstück mit einem Gabelschlüssel gegenhalten.
- Alle ausgebauten Teile auf einer sauberen Werkbank oder dergleichen ablegen und mit Papier oder einem Plastikbogen abdecken. Keine flusenden Lappen zum Abdecken verwenden.

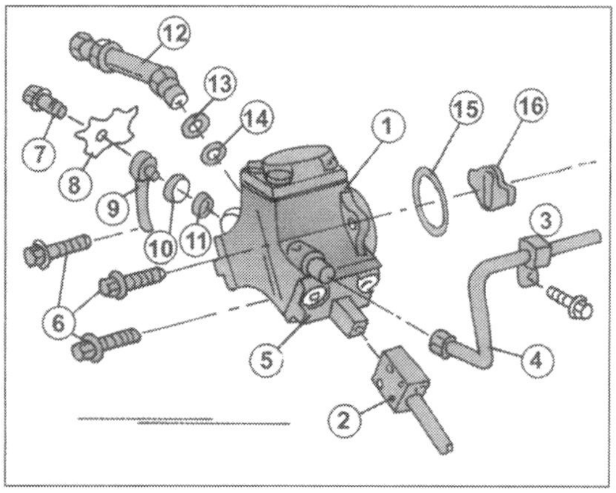


*Bild 117*
*Einzelheiten zum Aus- und Einbau der Hochdruckeinspritzpumpe.*
*1 Hochdruckeinspritzpumpe*
*2 Kabelstecker*
*3 Befestigungsschelle der Druckleitung*
*4 Druckleitung*
*5 Gewindeanschluss*
*6 Torx-Kopf-Schraube*
*7 Torx-Kopf-Schraube*
*8 Haltewinkel*
*9 Kraftstoffrücklaufleitung*
*10 Dichtring*
*11 Dichtring*
*12 Verbindungsstück*
*13 Dichtring*
*14 Dichtring*
*15 Dichtring*
*16 Antriebsmitnehmer*

- Alle geöffneten oder teilweise zerlegten Bauteile der Einspritzanlage müssen entsprechend abgedeckt oder in einer verschlossenen Schachtel aufbewahrt werden, falls die Reparatur nicht unmittelbar durchgeführt werden kann.
- Vor dem Einbau alle Teile auf größte Reinlichkeit kontrollieren.
- Wenn Teile der Anlage geöffnet sind, keine Pressluft zum Abblasen irgendwelcher Teile des Motors benutzen.
- Fahrzeug möglichst nicht wegschieben, während Teile der Einspritzanlage ausgebaut sind.
- Darauf achten, dass Dieselkraftstoff nicht an die Kühlerschläuche gelangen kann. Falls dies der Fall ist, diese sofort reinigen. Durch Dieselkraftstoff verschmutzte und damit beschädigte Schläuche müssen immer erneuert werden. Die Hochdruckpumpe kann nicht repariert oder überholt werden, und im Schadensfall ist eine Austauschpumpe oder neue Pumpe einzubauen.

**Hinweis:** Alle folgend beschriebenen Arbeiten beziehen sich entweder auf den 611-Motor, den 612-Motor oder auf beide Motoren und werden entsprechend gekennzeichnet. Wir schlagen vor, dass man alle anfallenden Arbeiten in einer Werkstatt durchführen lässt. Andernfalls können Sie von den unten stehenden Beschreibungen abgeleitet werden. Wir möchten darauf hinweisen, dass bei allen beschriebenen Arbeiten zwar keine Spezialwerkzeuge, jedoch einige Erfahrung mit der Motormechanik erforderlich sind. Viele der Arbeitsgänge werden nur erwähnt, werden aber unter den entsprechenden Abschnitten, meistens im Abschnitt »Motor« in Einzelheiten erklärt.

## Hochdruckeinspritzpumpe – Aus- und Einbau – alle Motoren

⚠ Da man bei den folgenden Arbeiten mit Kraftstoff in Berührung kommen kann, sind die notwendigen Vorsichtsmaßnahmen zu beachten. Unter keinen Umständen mit nackten Flammen arbeiten oder bei der Arbeit rauchen. Bild 117 zeigt Einzelheiten der eingebauten Teile.

- Massekabel der Batterie abschließen.
- Motor an der Stirnseite freilegen, um an

die im Bild gezeigten Teile heranzukommen, d. h. Polykeilriemen und Antrieb der Pumpe.

- Die Visko-Kupplung ausbauen (Abschnitt »Kühlanlage«).
- Elektrisches Kraftstoffabsperrventil ausbauen (siehe spätere Beschreibung). Unbedingt den Polykeilriemen mit einem dicken Lappen abdecken, damit kein Kraftstoff auf diesen laufen lassen.
- Den Kabelstecker (2) von der Hochdruckpumpe (1) abziehen.
- Die Halteschelle (3) abschrauben und die Einspritzleitung (4) von der Hochdruckpumpe (1) abschrauben. Niemals den Gewindeanschluss (5) lösen. Zum Lösen oder Anziehen der Überwurfmutter das Sechskant mit einem Gabelschlüssel gegenhalten. Beim Anziehen der Überwurfmuttern das Anzugsdrehmoment von 23 Nm nicht überschreiten, da bei einem zukünftigen Lösen der Überwurfmutter(n) der Anschluss herauskommen könnte. Leitung(en) beim Abnehmen nicht verbiegen oder knicken.
- Das Halteblech (8) für die Kraftstoffrücklaufleitung (9) von der Hochdruckpumpe abschrauben. Schraube des Halteblechs beim Einbau mit 9 Nm anziehen. Beim Einbau die beiden Dichtringe (10) und (11) immer erneuern.
- Falls eine neue Pumpe eingebaut werden soll, den Anschluss (12) von der Pumpe (1) abschrauben. Beim Einbau die Dichtringe (13) und (14) erneuern.
- Die Hochdruckpumpe (1) nach Lösen der Torx-Kopf-Schrauben (6) vom Zylinderkopf abschrauben. Wir müssen darauf hinweisen, dass es sehr schwer ist, an die untere Schraube zu kommen.

***Hinweis:** Die Hochdruckpumpe darf nicht geöffnet werden.* Der Antriebsmitnehmer (16) kann herausgenommen werden. Beim Einbau den Dichtring (15) erneuern.

Beim Einbau des Antriebsmitnehmers auf die richtige Einbauweise am Antriebsrad achten. Dies an der Pfeilstelle in Bild 118 kontrollieren. Falls der Mitnehmer Verschleiß aufweist, muss das Antriebsrad ebenfalls erneuert werden (siehe nachfolgend).

Der Einbau findet in umgekehrter Reihenfolge statt. Die Pumpe mit 14 Nm am Zylinderkopf festziehen. Beim Anziehen der Einspritzleitungen auf die bereits gegebenen Anweisungen achten.

*Bild 118*
*Der Antriebsmitnehmer muss richtig an der Pfeilstelle in Eingriff mit dem Antriebskettenrad der Hochdruckeinspritzpumpe kommen.*

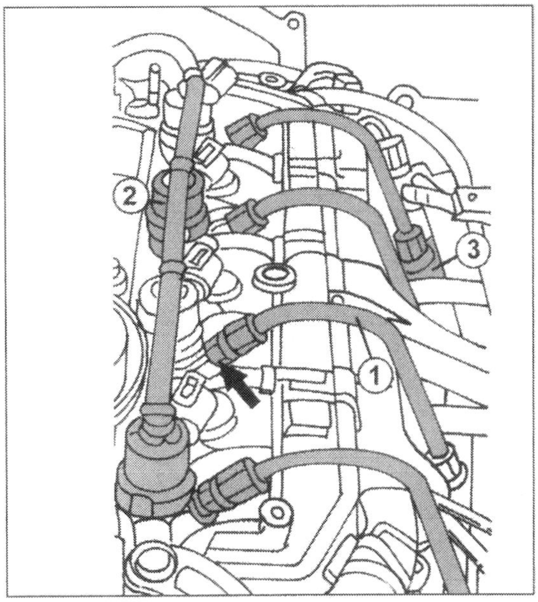


*Bild 119*
*Die mit den Pfeilen gezeigten Anschlussstücke beim Ausschrauben der Einspritzdüsen (2) an den Düsen und am Kraftstoffverteilerrohr (3) mit einem Gabelschlüssel gegenhalten. Beim 612-Motor ist eine zusätzliche Leitung eingebaut.*

## Einspritzleitungen – aus- und einbauen

Die bereits gegebenen Sicherheitsvorsichtsmaßnahmen müssen beachtet werden.

- Bei einem 611-Motor das Oberteil des Ladeluftverteilerrohres ausbauen, bei allen Motoren die Abdeckung des Zylinderkopfdeckels ausbauen (siehe ebenfalls Abschnitt »Motor« unter »Aus- und Einbau der Zylinderkopfhaube«).
- Die Überwurfmuttern der Einspritzleitungen (1) von den Einspritzdüsen (2) in Bild 119 und am Kraftstoffverteilerrohr (3) abschrauben. Dabei das Sechskant an den Einspritzdüsen (Pfeilstelle) mit einem Gabelschlüssel gegenhalten. Beim Anziehen die Überwurfmuttern mit 23 Nm anziehen. Drehmoment unbedingt beachten, da es sonst vorkommen kann, dass das Sechskant beim nächsten Lö-

Sichtprüfung Messen

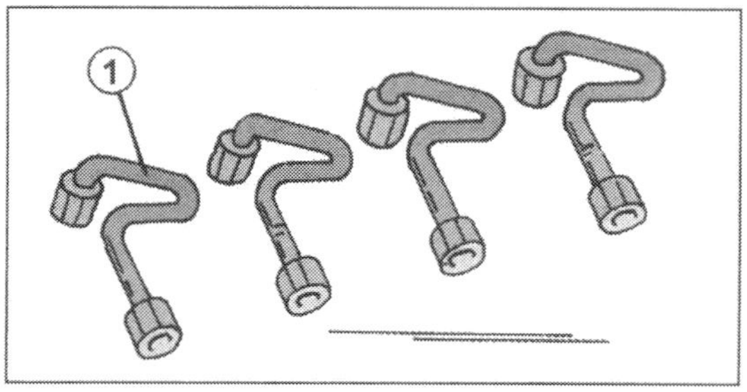


*Bild 120*
*Ansicht der Einspritzleitungen bei einem 611-Motor. Beim 612-Motor ist eine weitere Leitung eingebaut. Die Überwurfmuttern genau auf das angegebene Anzugsdrehmoment anziehen.*

sen der Leitung ausgeschraubt wird.

■ Die Einspritzleitungen abnehmen, ohne sie dabei zu verbiegen oder zu knicken. Diese haben die in Bild 120 gezeigte Form. Offene Enden in geeigneter Weise verschließen. Beim Einbau auf gute und spannungsfreie Verlegung achten.

## Einspritzdüsen

Schadhafte Einspritzdüsen können folgende Störungen hervorrufen:

■ Fehlzündungen
■ Klopfen in einem oder mehreren Zylinder(n)
■ Überhitzung des Motors
■ Leistungsverlust
■ Schwarzer Auspuffrauch
■ Hoher Kraftstoffverbrauch
■ Sehr blauer Auspuffrauch beim Anlassen eines kalten Motors

Eine nicht arbeitende Einspritzdüse kann man herausfinden, indem man die Einspritzleitungen der Reihe nach an den Einspritzdüsen lockert, während der Motor im schnellen Leerlauf läuft. Läuft der Motor nach Abschließen einer bestimmten Einspritzleitung mit dem gleichen Geräusch weiter, ist die schadhafte Düse gefunden.

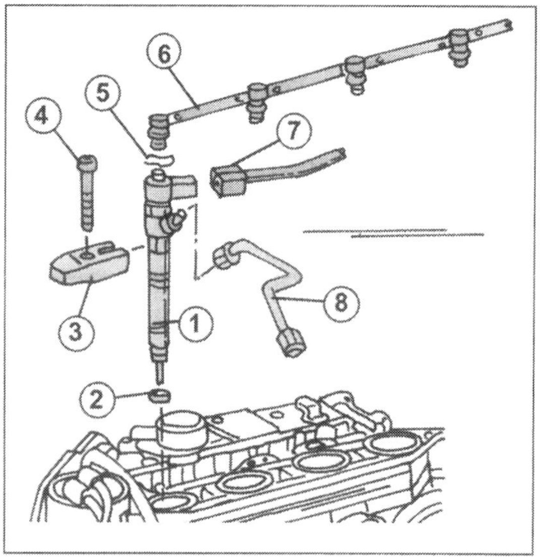


*Bild 121*
*Zum Aus- und Einbau der Einspritzdüsen.*
*1 Einspritzdüse*
*2 Dichtring*
*3 Klemmstück*
*4 Dehnschraube, 7 Nm + 90°*
*5 Sicherungsspange*
*6 Leckölleitung*
*7 Kabelstecker*
*8 Einspritzleitung*

### Aus- und Einbau

***Einspritzdüsen aus- und einbauen – alle Motoren***

Die Düsen haben einen festen Sitz, d. h. in der Werkstatt wird ein Abzieher zum Herausziehen der Düsen benutzt. Die in Frage kommenden Teile sind in Bild 121 gezeigt. Die bereits gegebenen Vorsichtsmaßnahmen müssen beachtet werden.

■ Beim 611-Motor das Oberteil des Ladedruckrohres ausbauen (siehe Abschnitt »Motor«), bei allen Motoren die Abdeckung der Zylinderkopfhaube (siehe Abschnitt »Motor«) und die Einspritzleitungen (8 im Bild) ausbauen.

■ Die Kabelstecker (7) von den Einspritzdüsen (1) abziehen.

■ Die Sicherungsspangen (5) von den Anschlüssen der Leckölleitung (6) entfernen und die Leitung auf eine Seite drücken.

■ Die Dehnschrauben (4) herausdrehen und die Spannklaue (3) abnehmen. Die Schrauben müssen immer erneuert werden. Schrauben mit 7 Nm anziehen und danach im Winkelanzug um eine Viertelumdrehung nachziehen.

■ Die Einspritzdüse(n) jetzt herausziehen. Falls eine Düse festsitzt, wird in der Werkstatt ein Klauenabzieher benutzt (Nr. 667589036300), dessen Klaue (Nr. 611589013300) anstelle der Spannklaue angesetzt. Falls Einspritzdüsen erneuert werden, muss man den Motor angeben, da nicht alle Motoren die gleichen Einspritzdüsen haben.

Der Einbau findet in umgekehrter Reihenfolge statt.

## Mischkammer – Aus- und Einbau

**612-Motor**

Die Mischkammer ist das in Bild 122 mit (1) bezeichnete Teil. Die Mischkammer ist am Ladeluftverteilerrohr (dem Kunststoffteil) verschraubt. Beim Aus- und Einbau folgendermaßen vorgehen:

- Massekabel der Batterie abschließen.
- Den Ladeluftschlauch (3) von der Mischkammer (1) trennen. Dazu eine Feder (Pfeilstelle im Bild) nach oben ziehen. Beim späteren Einbau den Dichtring (4) erneuern.
- Den Kabelstecker (5) am Regelventil der Abgasrückführungsanlage (10) abziehen.
- Den Haltewinkel (7) nach Lösen der Schraube (6) abnehmen.
- Die Mischkammer (1) vom Ladeluftrohr abschrauben. Beim Einbau die Dichtung (2) erneuern. Die Schrauben mit 14 Nm anziehen.

Der Einbau findet in umgekehrter Reihenfolge statt.

**611-Motor**
Bei diesem Motor sitzt die Mischkammer an der in Bild 123 gezeigten Stelle und ist mit (3) bezeichnet. Beim Aus- und Einbau folgendermaßen vorgehen:

- Oberteil des Ladeluftverteilerrohres, d. h. des Kunststoffansaugrohres, (1) ausbauen, wie es für den 611-Motor im Abschnitt »Motor« beschrieben ist.
- Die Mischkammer (3) vom Oberteil des Ladeluftrohres (1) abschrauben und die Dichtung (2) abnehmen. Die Dichtung beim Einbau erneuern.
- Das Leitungsstück (6) von der Mischkammer (3) abschrauben. Beim Einbau die Dichtung (5) erneuern.
- Beim Einbau die Schrauben der Mischkammer (4) und des Leitungsstücks (6) lose einschrauben. Sie werden erst nach Einbau des Oberteils des Ladedruckrohres angezogen (9 Nm). Andernfalls kann es vorkommen, dass das Leitungsstück durch Verzug abbrechen kann.

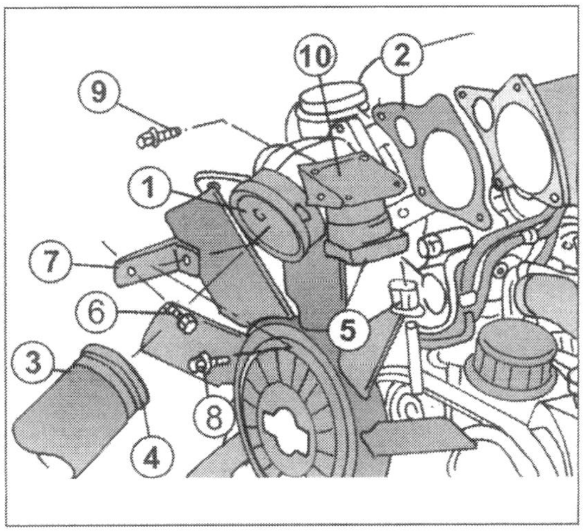


*Bild 122*
*Einzelheiten zum Aus- und Einbau der Mischkammer beim 612-Motor.*
*1 Mischkammer*
*2 Dichtung*
*3 Ladeluftschlauch*
*4 Dichtring*
*5 Kabelstecker*
*6 Schraube*
*7 Befestigungswinkel*
*8 Schraube*
*9 Schraube*
*10 R-Stellelement*

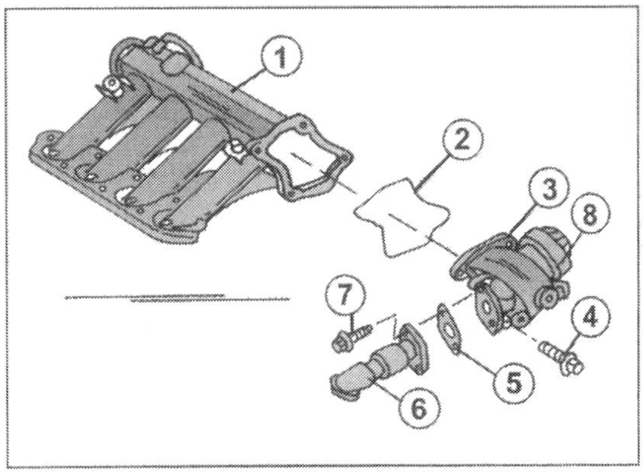


*Bild 123*
*Einzelheiten zum Aus- und Einbau der Mischkammer beim 611-Motor.*
*1 Oberteil des Ladeluftverteilerrohres*
*2 Dichtung*
*3 Mischkammer*
*4 Schraube, 9 Nm*
*5 Dichtung*
*6 Flexibles Rohr*
*7 Schraube*
*8 Unterdruckdose der Abgasrückführungsanlage*

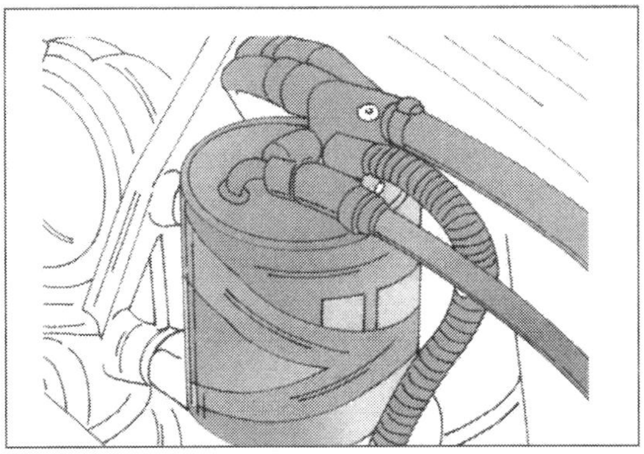

*Bild 124*
*Der Kraftstofffilter sitzt an der gezeigten Stelle am Motor.*

## Kraftstofffilter – Aus- und Einbau – beide Motoren

Die Hochdruckeinspritzpumpe, die Einspritzdüsen und die dazugehörigen Leitungen sind gegen Verunreinigung empfindlich. Ein eingebauter Kraftstofffilter übernimmt die Reinigung des Dieselkraftstoffs. Alle 60 000 km sollte die Filterpatrone erneuert werden. In den Motorraum gesehen, sitzt der Filter an der in Bild 124 gezeigten Stelle. Die Befestigung erfolgt entsprechend Bild 125. Obwohl die Anordnung nicht bei beiden Motoren gleich ist, kann der Kraftstofffilter folgendermaßen erneuert werden. Um die Arbeit zu vereinfachen, ist eine Draufsicht auf den Filter in Bild 126 und eine Ansicht des Filters von unten in Bild 127 für die beiden Motoren gezeigt.

Alle Vorsichtsmaßnahmen beim Umgang mit Kraftstoff beachten. Massekabel der Batterie abschließen.

- Die Schlauchschelle der Kraftstoffzufuhrleitung (9) lösen und die Leitung abziehen. Auf auslaufenden Kraftstoff achten.
- Den Anschluss der Kraftstoffauslassleitung (8) vom Filter (1) abschließen. Wieder-

Sichtprüfung Messen

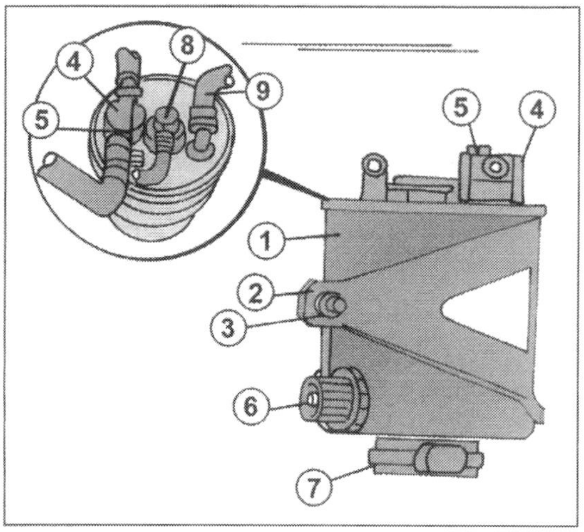


*Bild 125*
*Einbauweise und Anschlüsse am Kraftstofffilter.*
- *1* *Kraftstofffilter mit Wasserabscheider*
- *2* *Spannband für Filterbefestigung*
- *3* *Klemmschraube*
- *4* *Vorheizventil für Kraftstoff*
- *5* *Befestigungsschraube für Vorheizventil*
- *6* *Ablassstopfen für Kraftstoff und Wasser*
- *7* *Sensor für enthaltenes Wasser*
- *8* *Anschluss für Kraftstoffauslass*
- *9* *Kraftstoffeinlassleitung*

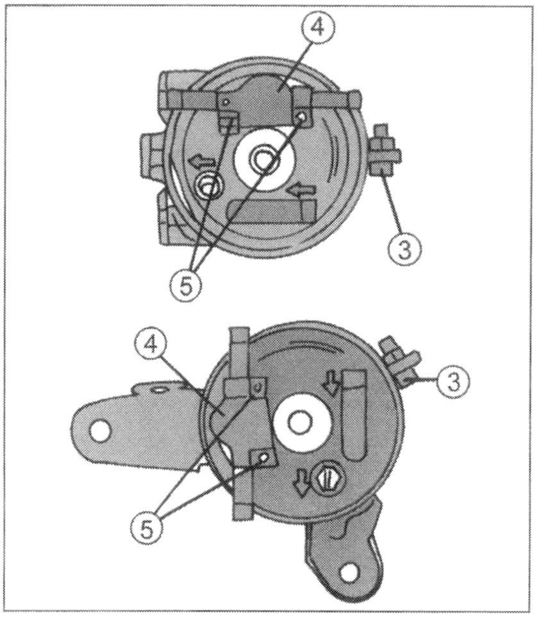


*Bild 126*
*Draufsicht auf den Kraftstofffilter. Oben für den 611-Motor, unten für den 612-Motor. Die Zahlen entsprechen der Legende in Bild 125.*

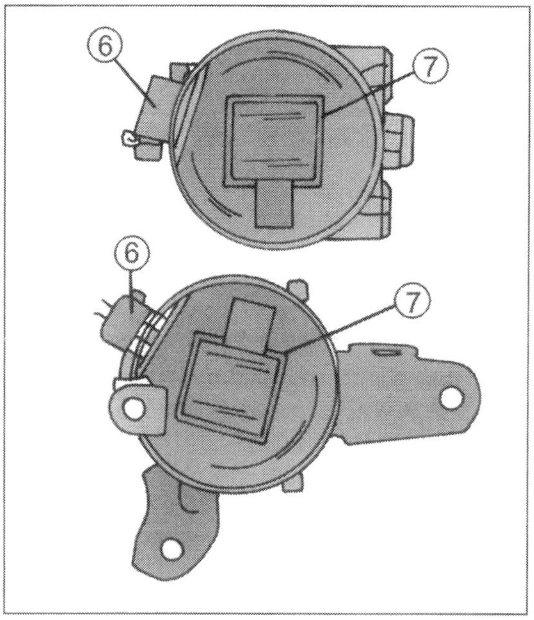


*Bild 127*
*Ansicht von der Unterseite des Kraftstofffilters. Oben für den 611-Motor, unten für den 612-Motor. Die Zahlen entsprechen der Legende in Bild 125.*

um auf auslaufenden Kraftstoff achten.

- Die Schrauben (5) des Kraftstoffvorheizungsventils (4) herausdrehen, das Ventil aus dem Sicherungsring herausdrehen und herausziehen. Bild 126 zeigt, wo die Teile bei den beiden Motoren zu finden sind. Auf auslaufenden Kraftstoff achten.
- Einen kleinen Schlauch auf das Anschlussstück des Ablassstopfens (6) schieben (Schlauchinnendurchmesser ca. 4 mm) und den Stopfen (6) öffnen. Bild 127 zeigt, wo der Stopfen sitzt.
- Den Kabelstecker an der Unterseite vom Sensor für im Filter enthaltenes Wasser (7) abziehen. Der Kabelstecker hat einen Entrastungsknopf, welchen man drücken muss.
- Die Klemmschraube (3) des Filterklemmbandes (2) lösen und den Kraftstofffilter (1) herausziehen.

Beim Einbau eines neuen Filters folgendermaßen vorgehen:

- Den Kraftstofffilter (1) zusammenbauen. Dazu den Dichtring unter dem Sensor erneuern, den Sensor (7) gegen die Federspannung in den neuen Filter eindrücken und um eine Viertelumdrehung verdrehen, damit er an der Unterseite des Filters einschnappen kann.
- Den Filter (1) in das Filterspannband (2) einschieben. Filter in die richtige Stellung bringen.
- Den Kabelstecker auf den Sensor aufstecken. Der Sperrknopf des Kabelsteckers muss einschnappen.

Nochmals kontrollieren, dass der Filter in der richtigen Lage sitzt, und die Klemmschraube (3) mit 6 Nm anziehen.

- Ablassstopfen einschrauben und mit 6 Nm anziehen.
- Den Kraftstofffilter über die Öffnung für das Vorheizventil (4) mit Kraftstoff füllen. Der benutzte Trichter muss unbedingt sauber sein. Danach das Ventil (4) einsetzen und mit der Schraube (4) anziehen (1,5 Nm). Die Lage des Ventils kann Bild 126 entnommen werden.
- Die Kraftstoffauslassleitung (8) und die Einlassleitung (9) anschließen.
- Motor anlassen und laufen lassen. In der Werkstatt wird der Niederdruckkraftstoffkreis mit Spezialgeräten entlüftet. Falls alle Arbeiten vorschriftsmäßig durchgeführt wurden, sollte der Motor aber anspringen.

## Elektrisches Kraftstoffabsperrventil – aus- und einbauen

Das Ventil ist an der in Bild 128 gezeigten Stelle montiert. Beim Ausbau alle Vorsichtsmaßnahmen bezüglich des Kraftstoffs beachten.

■ Wärmeschutzschild über dem Abgasturbolader abmontieren.

■ Den Kabelstecker (2) vom Absperrventil (1) abziehen.

■ Die Kraftstoffleitung (3) an der Unterseite abschließen (Sperrarm verdrehen).

Achtung: Kraftstoff wird dabei auslaufen. Unbedingt den Polykeilriemen abdecken, um ihn vor Verschmutzung zu schützen.

■ Schrauben (4) und (9) lösen (mit 9 Nm anziehen) und das Ventil zusammen mit dem Haltebügel (8) vom Anschluss (5) von der Seite aus abziehen und herausnehmen. Dichtringe (5) und (6) müssen beim Einbau erneuert werden. Der Haltebügel (8) kann vom Ventil abmontiert werden.

Der Einbau findet in umgekehrter Reihenfolge statt.

## Druckregelventil – aus- und einbauen

**612-Motor**

Die Lage des Druckventils kann man Bild 129 entnehmen, es ist an Stelle (6) in das »Common Rail«-Verteilerrohr eingeschraubt, nicht weit vom Ölfilter entfernt. Beim Ausbau alle Vorsichtsmaßnahmen bezüglich des Kraftstoffs beachten:

■ Das Ladeluftrohr am Zylinderkopf lösen und mit dem angeschlossenen Motorkabelstrang auf eine Seite schieben. Kabelstrang nicht abschließen. Einzelheiten darüber in Abschnitt »Motor« im Zusammenhang mit der Zylinderkopfhaube.

■ Den Kabelstecker (1) im Bild abziehen.

■ Das Druckregelventil (1) mit der elektrischen Bezeichnung »Y74« nach Lösen der Schrauben (5) herausziehen. Dichtringe (2) und (4) sowie der Stützring (3) müssen immer erneuert werden.

Der Einbau findet in umgekehrter Reihenfolge statt. Dichtflächen einwandfrei reinigen. Die Dichtringe (2) und (4) werden in der

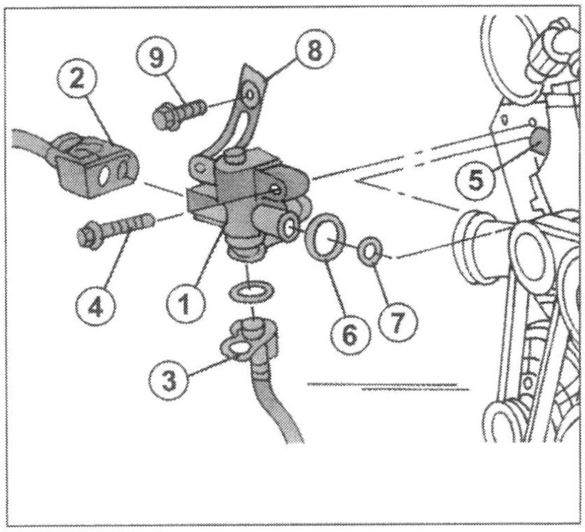


*Bild 128*
*Aus- und Einbau des elektrischen Kraftstoffabsperrventils.*
1. *Absperrventil*
2. *Kabelstecker*
3. *Kraftstoffleitung zum Absperrventil, mit Sperrraste*
4. *Schraube, 9 Nm*
5. *Zwischenstück am Motor*
6. *Dichtring*
7. *Dichtring*
8. *Befestigungshalter*
9. *Schraube*

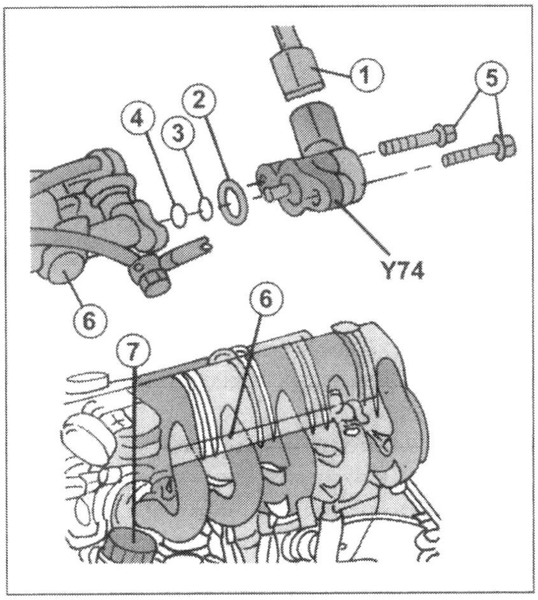


*Bild 129*
*Aus- und Einbau des Druckregelventils (Y74) beim 612-Motor am Ende des Zylinderkopfes. Wird in Pfeilrichtung abgezogen.*
1. *Kabelstecker*
2. *Dichtring*
3. *Stützring*
4. *Dichtring (grüne Farbe)*
5. *Torxkopfschraube*
6. *Common Rail-Verteilerrohr*
7. *Ölfilter*

Werkstatt mit Spezialfett (Nr. 001 989 42 51 10) eingeschmiert. Nicht die Ringe beschädigen, da sich sonst innere Leckstellen bilden können, die man von außen nicht sehen kann. Das Druckventil einsetzen und die Schrauben (5) in mehreren Stufen zuerst mit 3 Nm und danach mit 5 Nm anziehen. Abschließend den Stecker (1) wieder aufschieben und das Ladeluftrohr wieder am Zylinderkopf montieren. Motor anlassen und Verbindungsstellen auf Lecks überprüfen.

**611-Motor**

Der Aus- und Einbau geschieht in der beim 612-Motor beschriebenen Weise, mit dem Unterschied, dass das Ventil an der in Bild 130 gezeigten Stelle eingeschraubt ist. Bei diesem Motor muss man jedoch das Oberteil des aus Kunststoff hergestellten Ladeluftrohres ausbauen, wie es im Abschnitt

Sichtprüfung Messen

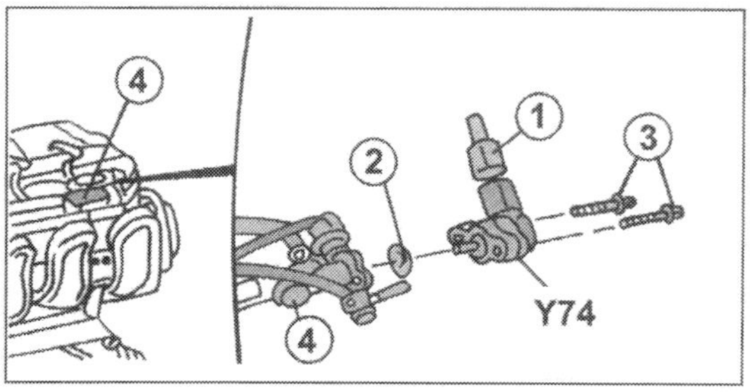


*Bild 130*
*Aus- und Einbau des Druckregelventils (Y74) beim 611-Motor am Ende des Zylinderkopfes.*
*1 Kabelstecker*
*2 Dichtring*
*3 Torxkopfschraube*
*4 Common Rail-Verteilerrohr*

»Motor« beim Ausbau der Zylinderkopfhaube beschrieben wurde. Beim Einbau des Ventils ist zu beachten, dass man den Dichtring (2) erneuern muss. Der Hochdruckdichtring (grüne Farbe) und der Stützring (schwarze Farbe) können nicht erneuert werden. Im Ventil ist ein Filter eingebaut. Diesen nicht mit den Fingern berühren (könnte zu Verstopfung des Filters führen).

## »Common Rail«-Verteilerrohr aus- und einbauen

### 612-Motor

Wie sich die Teile zusammensetzen, kann man Bild 131 entnehmen. Beim Ausbau alle Vorsichtsmaßnahmen bezüglich des Kraftstoffs beachten:

■ Das aus Kunststoff hergestellte Ladeluftverteilerrohr (14) ausbauen, wie es in Abschnitt »Motor« beim Ausbau der Zylinderkopfhaube beschrieben wurde, und mit angeschlossenem Motorkabelstrang zur Seite schieben. Kabelanschlüsse nicht trennen. Ebenfalls die Abdeckung der Zylinderkopfhaube abmontieren (siehe ebenfalls Abschnitt »Motor«).

■ Einspritzleitungen (6) ausbauen, wie es weiter vorne in diesem Abschnitt beschrieben wurde.

■ Kabelstecker (4) am Drucksensor (2) auf einer Seite des Verteilerrohres und Kabelstecker (5) auf der anderen Seite vom Druckregelventil (3) abziehen.

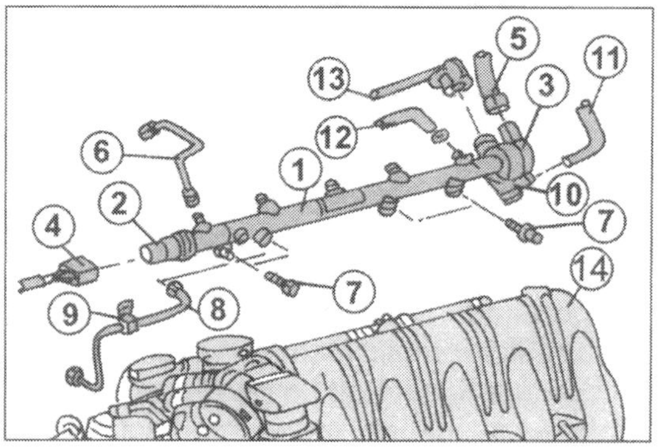


*Bild 131*
*Aus- und Einbau des Common Rail-Kraftstoffverteilerrohres beim 612-Motor.*
*1 Kraftstoffverteilerrohr*
*2 Drucksensor im Verteilerrohr*
*3 Druckregelventil im Verteilerrohr*
*4 Stecker für Drucksensor*
*5 Stecker für Druckregelventil*
*6 Einspritzleitungen*
*7 Befestigungsschrauben für Verteilerrohr, 14 Nm*
*8 Hochdruckleitung, Hochdruckpumpe an Verteilerrohr*
*9 Halteschelle für Leitung (8)*
*10 Winkelstück*
*11 Leckölleitung*
*12 Kraftstoffrücklaufleitung*
*13 Kraftstoffrücklaufleitung*
*14 Ladeluftverteilerrohr*

■ Befestigungsschelle (9) von der Druckleitung (8) lösen und die Leitung an beiden Enden (von Hochdruckpumpe und Verteilerrohr) abschließen und herausnehmen. Leitung dabei nicht verbiegen. Überwurfmuttern beim Einbau mit 23 Nm anziehen.

■ Kraftstoffrücklaufleitung (13) vom Verteilerrohr (1) abschließen. Dazu den Sperrarm verdrehen.

■ Schrauben (7) lösen und das Verteilerrohr (1) vom Zylinderkopf abnehmen. Falls ein neues Verteilerrohr eingebaut wird, muss es am eingebauten Winkelstück (10) angebracht werden. Das Rohr anziehen (14 Nm), nachdem alle Einspritzleitungen angeschlossen wurden.

■ Kraftstoffrücklaufschlauch (12) und Leckölleitung (11) vom Winkelstück (10) abschließen. Schlauchschelle entsprechend lockern.

■ Verteilerrohr nach vorne herausnehmen.

Der Einbau findet in umgekehrter Reihenfolge statt. Schrauben des Verteilerrohres am Zylinderkopf mit 14 Nm, Hohlschraube der Leckölleitung mit 20 Nm anziehen.

### 611-Motor

Beim Aus- und Einbau unter Bezug auf Bild 132 folgendermaßen vorgehen. Alle Vorsichtsmaßnahmen bezüglich des Kraftstoffs beachten:

■ Oberteil des aus Kunststoff hergestellten Ladeluftverteilerrohres ausbauen (siehe Abschnitt »Motor« unter Zylinderkopfhaube).

■ Einspritzleitungen (6) ausbauen, wie es weiter vorne in diesem Abschnitt beschrieben ist.

■ Kabelstecker (4) am Drucksensor (2) und Stecker (5) am Druckregelventil (3) abziehen.

■ Befestigungsschelle (9) von der Druckleitung (8) lösen und die Leitung an beiden Enden (von Hochdruckpumpe und Verteilerrohr) abschließen und herausnehmen. Leitung dabei nicht verbiegen. Überwurfmuttern beim Einbau mit 23 Nm anziehen.

■ Kraftstoffrücklaufleitung (13) vom Verteilerrohr (1) abschließen. Dazu den Sperrarm verdrehen.

■ Kraftstoffrücklaufschlauch (12) und Leckölleitung (11) vom Winkelstück (10) abschließen. Schlauchschelle entsprechend lockern.

■ Der Kabelschacht (14) trennen, die Kabelstecker von den Einspritzdüsen und am Stellungssensor der Nockenwelle abziehen und den Kabelschacht vom Verteilerrohr abheben. Das Massekabel (15) wird dabei frei.

■ Schrauben (7) lösen und das Verteilerrohr (1) nach hinten zu vom Zylinderkopf abnehmen.

Falls ein neues Verteilerrohr eingebaut wird, muss es am eingebauten Winkelstück (10) angebracht werden. Das Rohr anziehen, nachdem alle Einspritzleitungen angeschlossen wurden.

Der Einbau findet in umgekehrter Reihenfolge statt. Schrauben des Verteilerrohres am Zylinderkopf mit 14 Nm, Hohlschraube der Leckölleitung mit 20 Nm anziehen.

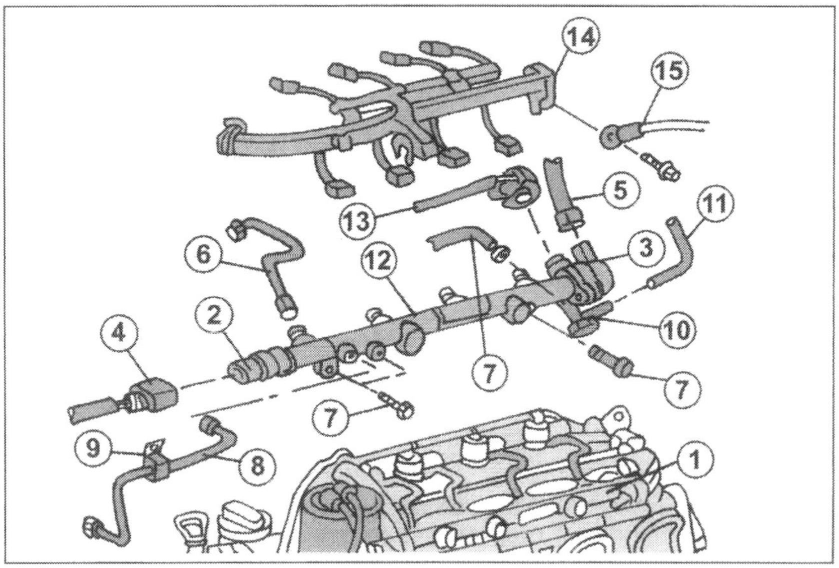


Bild 132
Aus- und Einbau des Common Rail-Kraftstoffverteilerrohres beim 611-Motor
**1** Kraftstoffverteilerrohr
**2** Drucksensor im Verteilerrohr
**3** Druckregelventil im Verteilerrohr
**4** Kabelstecker für Drucksensor
**5** Kabelstecker für Druckregelventil
**6** Einspritzleitungen
**7** Befestigungsschrauben für Verteilerrohr, 14 Nm
**8** Hochdruckleitung, Hochdruckpumpe an Verteilerrohr
**9** Halteschelle für Leitung (8)
**10** Winkelstück
**11** Leckölleitung
**12** Kraftstoffrücklaufleitung
**13** Kraftstoffrücklaufleitung
**14** Kabelschacht für Motorkabelstrang
**15** Massekabel

## Drucksensor im »Common Rail«-Verteilerrohr aus- und einbauen

Bild 133 zeigt, wo der Sensor beim 612-Motor sitzt. Ähnliche Teile werden beim 611-Motor eingebaut, mit dem Unterschied, dass der Sensor unmittelbar unter dem Kraftstofffilter sitzt. Der Aus- und Einbau erfolgt je nach eingebautem Motor. Alle Vorsichtsmaßnahmen bezüglich des Kraftstoffs beachten:

***612-Motor ab Motornummer 846435 und 611.981-Motor ab Motornummer 835763***

■ Mischkammer (4) ausbauen, wie es weiter vorne in diesem Abschnitt für den 612-Motor beschrieben wurde.

■ Die Unterdruckleitung von der Unterdruckpumpe trennen.

■ Den Kabelstecker (2) am Drucksensor (1) vom Ende des Verteilerrohres (3) abziehen.

■ Den Drucksensor (1) aus dem Verteilerrohr ausschrauben.

Beim Einbau mit dem richtigen Anzugsdrehmoment anziehen. Bei einem 612.981-Motor bis zu Motornummer 846434 wird der Sensor mit 22 Nm am Verteilerrohr angezogen. Ab Motornummer 846435 wurde das Drehmoment jedoch auf 70 Nm erhöht. Wie man sehen kann, besteht also ein großer Unterschied. Bei einem 611.981-Motor ab Motornummer 835762 wird der Sensor mit 22 Nm angezogen. Ab Motornummer 835763 wurde das Drehmoment auf 70 Nm erhöht.

***611.981 und 611.987-Motor bis Motornummer 835762***

■ Den Haltebügel des Kraftstofffilters (3) in Bild 125 vom Motor trennen und mit angeschlossenen Kraftstoffleitungen auf eine Seite schieben.

■ Den Kabelstecker (2) am Drucksensor (1) in Bild 133 abziehen.

■ Den Drucksensor (1) vom Ende des Verteilerrohres (3) abschrauben. Das Sechskant am Ende des Verteilerrohres mit einem Gabelschlüssel gegenhalten. Bei diesem Sensor ist ein Dichtring untergelegt, welcher beim Einbau erneuert werden muss. Dichtflächen einwandfrei reinigen.

Beim Einbau den Sensor mit dem richtigen Anzugsdrehmoment anziehen. Man muss sich an den genauen Motortyp und die Motornummer halten. Wir geben die verschiedenen Motoren an:

■ Bei einem 611.981- und 611.987-Motor bis zu Motornummer 86512 wird der Sensor mit 20 Nm am Verteilerrohr angezogen. Ab Motornummer 86513 wurde das Drehmoment auf 22 Nm erhöht.

■ Bei einem 611.981- und 611.987-Motor bis zu Motornummer 835762 wird der Sensor mit 22 Nm am Verteilerrohr angezogen. Ab Motornummer 835762 wurde das Drehmoment auf 70 Nm erhöht.

■ Bei einem 611.983-Motor bis zu Motornummer 866434 wird der Sensor mit 22 Nm am Verteilerrohr angezogen. Ab Motornummer 866435 wurde das Drehmoment auf 70 Nm erhöht.

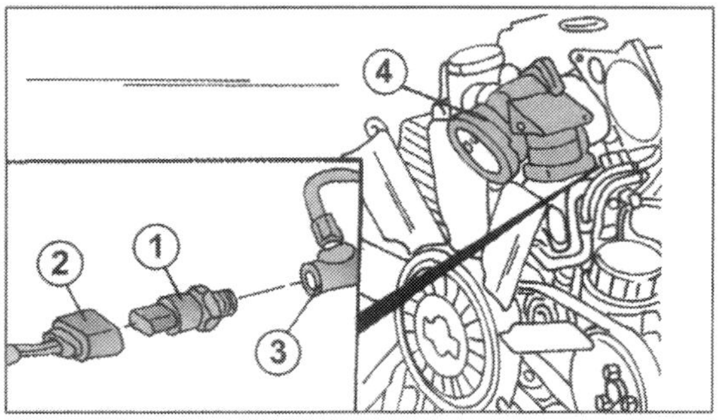


*Bild 133*
*Einbaulage des Drucksensors in der Mischkammer beim 612.981-Motor ab Motornummer 846435.*
1 *Drucksensor, Anzugsdrehmoment beachten*
2 *Kabelstecker*
3 *Common Rail-Verteilerrohr*
4 *Mischkammer*

## Luftfiltergehäuse aus- und einbauen

Wie sich der Luftfilter zusammensetzt, kann man Bild 134 entnehmen. Der Luftfilter sitzt, von vorn gesehen, auf der linken Seite des Motorraums, unterhalb des großen Wärmeschutzschildes. Beim Aus- und Einbau folgendermaßen vorgehen:

■ Wärmeschutzschild über dem Filtergehäuse ausbauen.
■ Den Luftansaugschlauch (1) vom Oberteil des Luftfilters (2) nach Öffnen der Schlauchschelle (9) abziehen. Falls eingebaut den Luftmassenmesser ausbauen (siehe unter nachfolgender Überschrift).
■ Das Oberteil des Luftfiltergehäuses (2) vom Unterteil des Gehäuses (4) ausclipsen und abnehmen.
■ Das Luftfilterelement (3), d. h. den Luftfiltereinsatz herausnehmen.

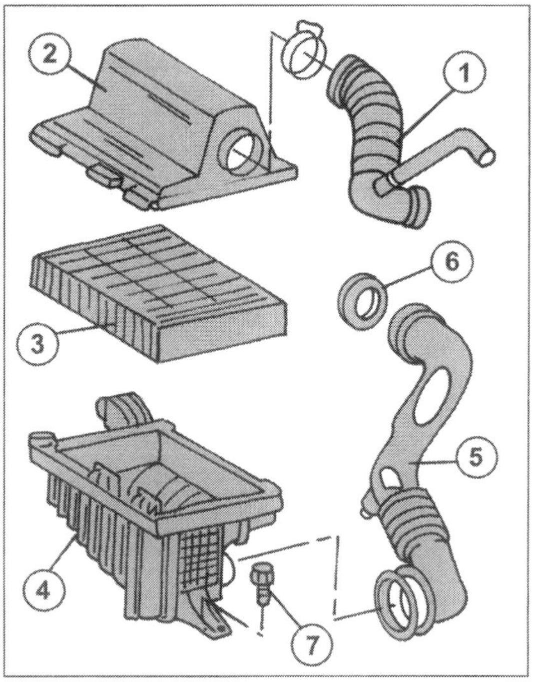


*Bild 134*
*Die Teile des Luftfilters.*
1 *Luftansaugrohr*
2 *Oberteil des Luftfiltergehäuses*
3 *Luftfilterelement*
4 *Unterteil des Luftfiltergehäuses*
5 *Luftansaugrohr*
6 *Dichtring*
7 *Gehäusebefestigungsschrauben*

■ Schrauben (7) lösen und das Unterteil des Gehäuses (4) herunterheben.
■ Den Luftansaugschlauch (5) aus der Innenseite des Kotflügelblechs und aus der Verkleidung des Radkastens an der Pfeilstelle herausziehen und danach vom Unterteil des Gehäuses trennen. Beim Einbau darauf achten, dass der Dichtring (6) einwandfrei eingesetzt wird.
■ Das Unterteil des Filtergehäuses (4) aus den Gummibüchsen im Kotflügelseitenteil herausziehen und herausheben.

Der Einbau findet in umgekehrter Reihenfolge statt. Das Filtergehäuseunterteil wird durch die Gummibüchsen an der Unterseite gehalten. Beim Einsetzen des Filtergehäuses die Zapfen in die entsprechenden Aufnahmen einsetzen.

Um nur den Filtereinsatz zu erneuern, die Spangen an den Seiten des Filterdeckels öffnen, den Deckel abnehmen und den Einsatz herausnehmen.

## Luftfilterelement aus- und einbauen

Bild 135 zeigt Einzelheiten zum Aus- und Einbau des Filterelements. Das Filterelement muss entsprechend den Anweisungen in der Betriebsanleitung ausgewechselt werden. Beim Ausbau:

■ Luftansaugschlauch (1) vom Luftfiltergehäuse (2) trennen. Darauf achten, dass keine Staubteilchen in den Schlauch eintreten können.
■ Das Oberteil des Luftfiltergehäuses nach Zurückschnappen der Federlaschen (Pfeilstellen) herunterheben.
■ Filterelement (3) nach oben herausheben.
■ Die Innenseite des Filtergehäuses mit einem feuchten Lappen auswischen und das neue Filterelement einsetzen. Darauf achten, dass es gut an den Abdichtflächen anliegt.
■ Filtergehäuseoberteil aufsetzen. Dabei müssen drei Führungsstege in die Aussparungen im unteren Filtergehäuseteil eingreifen. Gehäuse aufdrücken und die Federspangen aufschnappen. Überzeugen, dass diese noch eine gute Spannung haben.

☞ Falls damit ausgestattet, muss man den Service-Intervall-Anzeiger zurücksetzen.

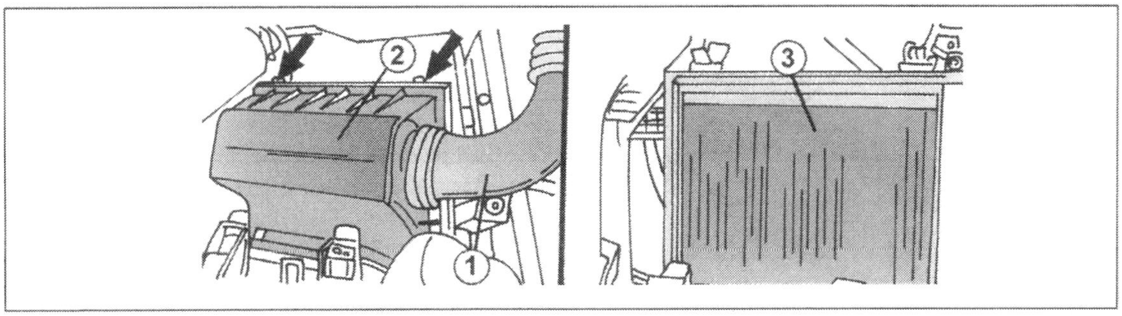


*Bild 135*
*Einzelheiten zum Aus- und Einbau des Luftfilterelements. Die Pfeile weisen auf die Federklammern der Befestigung des Luftfilteroberteils.*
*1 Ansaugluftrohr*
*2 Luftfiltergehäuseoberteil*
*3 Luftfilterelement*

## Luftmassenmesser aus- und einbauen

Der Luftmassenmesser sitzt am Luftfilter an der in Bild 136 gezeigten Stelle, ist aber nicht bei allen Fahrzeugen eingebaut. Es handelt sich um einen so genannten Heißfilm-Luftmassenmesser. Zum Ausbau den Luftansaugschlauch (3) nach Lösen der Schlauchschelle (6) vom Luftmassenmesser (1) abziehen. Den Kabelstecker (2) vom Anschluss abziehen und den Luftmassenmesser vom Luftfiltergehäuse (4) nach Lösen der Schrauben abziehen.
Der Einbau findet in umgekehrter Reihenfolge statt. Schrauben (5) nicht übermäßig anziehen.

## Glühkerzen aus- und einbauen

Die einzigen Teile, welche zur Zündung gehören, sind die Glühkerzen, die zum anfänglichen Anwärmen des Verbrennungsgemischs gebraucht werden. Glühkerzen können nicht repariert werden und sind im Schadensfall zu erneuern.

Die Glühkerzen können nur im eingebauten Zustand auf Stromführung kontrolliert werden. Außerdem wird ein mit Leuchtdiode ausgestattetes Prüfinstrument zur Kontrolle gebraucht. Glühkerzen sollten Sie aus diesem Grund in einer Werkstatt überprüfen lassen.
Falls man nach Ausschrauben einer Glühkerze feststellt, dass die Spitze fast abgebrannt ist, können Sie sofort eine Einspritzdüse verdächtigen. Ungenauer Förderbeginn der Einspritzpumpe wirkt sich auch auf die Lebensdauer der Kerzen aus. Beim Kauf einer Glühkerze immer den Motortyp und das Baujahr des Fahrzeuges angeben, da Glühkerzen manchmal abgeändert werden.
Ausfallende Glühkerzen machen sich normalerweise bei kaltem Motor bemerkbar. Der Kraftstoff in den »guten« Zylindern wird zünden, während der Zylinder mit der schlechten Kerze erst später dazukommt. Stotternder Motorlauf und blauer Auspuffrauch sind weitere Indize dafür.
Das Vorglühzeitrelais bestimmt die Betriebszeit, d. h. die Glühzeit der Glühkerzen. Dieses Relais arbeitet durch einen Temperaturfühler, welcher die Außentemperatur »erfühlt«. Je tiefer die Temperatur ist, umso länger »beauftragt« das Relais die Kerzen vorzuglühen. Dies kann zum Beispiel 25 Sekunden bei –30 °C oder nur 2 Sekunden im Sommer betragen. Ist die Vorglühzeit erreicht, erlöscht die Warnleuchte im Armaturenbrett. Wird der Motor nicht sofort angelassen, schaltet sich der Strom zu den Kerzen durch eine Sicherheitsschaltung wieder ab. Erfolgt ein Anlassen nach dieser Zeit, schaltet sich die Vorglühanlage wieder zu. Dies geschieht über die Klemme »50« des Anlassers.
Durch die hohen Temperaturen ist es schon mal möglich, dass eine Glühkerze durchbrennt. Ebenfalls ist es möglich, dass Kerzen durch Störungen an den Einspritzdüsen,

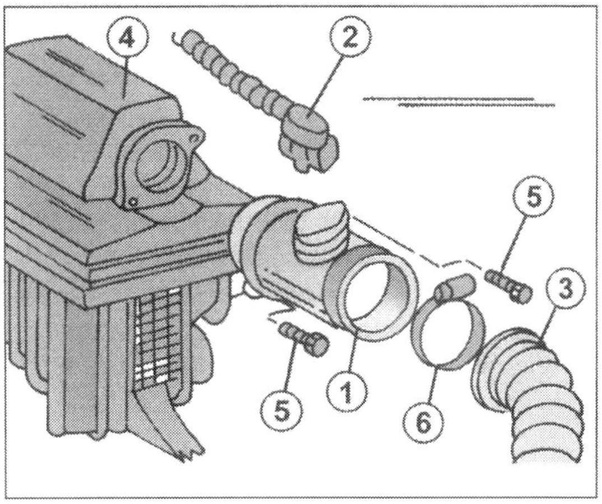


*Bild 136*
*Zum Aus- und Einbau des Heißfilm-Luftmassenmessers.*
*1 Heißfilm-Luftmassenmesser*
*2 Kabelstecker*
*3 Luftansaugrohr*
*4 Luftfiltergehäuse*
*5 Schraube*
*6 Schlauchschelle*

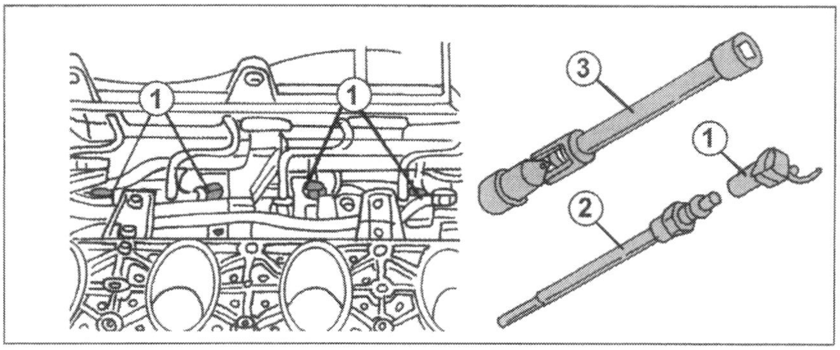


*Bild 137*
*Aus- und Einbau der Glühkerzen.*
*1 Kabelstecker*
*2 Glühkerzen*
*3 Spezialschlüssel zum Ausschrauben der Glühkerzen*

falsche Einspritzzeiten oder zu niedrigen Einspritzdruck ausfallen. In diesem Fall können sie ausgebaut und erneuert werden. Beim Erneuern von Glühkerzen muss man sich von der Ausführung überzeugen. Bild 137 zeigt, wo die Glühkerzen (2) eingeschraubt sind. Zum Ausschrauben ist jedoch der mit (3) bezeichnete Steckschlüssel mit Gelenk erforderlich, um an die Kerzen heranzukommen. Beim 611-Motor muss man außerdem das Oberteil des Ladeluftverteilerrohres ausbauen, wie es in Abschnitt »Motor« beschrieben wurde. Nach Abziehen des Kabelsteckers wird in der Werkstatt eine Zange benutzt, mit welcher man den Stecker erfassen kann.
Danach wird die Glühkerze mit dem gezeigten Steckschlüssel ausgeschraubt. Der Einbau findet in umgekehrter Reihenfolge statt. Die Kerzen werden mit 20 Nm angezogen. Bei Bestellung von neuen Glühkerzen unbedingt den Motortyp und das Baujahr angeben.

## Abgasturbolader

Der Abgasturbolader wird zusammen mit der Abgasanlage in einem getrennten Kapitel beschrieben.

# Die Kupplung

## Allgemeines über die Kupplung

Die Kupplung ist die Trennstelle zwischen dem Motor als Kraftquelle und den weiteren Teilen des Fahrzeugantriebes. Beim Anfahren verbindet die Kupplung sanft den drehenden Motor mit den noch stehenden Teilen der Kraftübertragung. So werden die Zahnräder und Gelenke vor übermäßigem Verschleiß verschont. Die Mitnehmerscheibe ist mit einem asbestfreien Belag versehen. Der Kupplungsdurchmesser und die Anpresskraft der Mitnehmerscheibe sind von der Motorleistung abhängig.
Zur Kupplungsbetätigung zählen: Kupplungspedal, Geberzylinder, Rohrleitung, Nehmerzylinder, Ausrückhebel und Ausrücklager. Es folgt in der Getriebeglocke die eigentliche Kupplung. Sie besteht aus der Druckplatte, der Mitnehmerscheibe und einer Anlagefläche an der Schwungscheibe.
Beim Betätigen der Kupplung geschieht Folgendes:
Durch den Tritt auf das Kupplungspedal wird in der Hydraulik ein Druck aufgebaut. Dieser gelangt zum Geberzylinder in der Innenseite der Getriebeglocke. Daran ist das Ausrücklager befestigt, welches mit großer Kraft in Richtung Druckplatte bewegt wird. Es handelt sich also um eine zentrale Ausrückeinheit. Dort drückt es gegen die Spitzen der Tellerfeder und übernimmt deren Anpresskraft. Die ringförmigen Reibflächen der Druckplatte werden so entlastet. Die Mitnehmerscheibe kann im Raum zwischen den Reibflächen von Druckplatte und Schwungscheibe frei drehen – es ist ausgekuppelt. Wird das Kupplungspedal wieder entlastet, schließt die Tellerfeder den Zwischenraum wieder und klemmt die Mitnehmerscheibe kräftig ein.

**Zweimassenschwungrad**
Etwas soll über das Zweimassenschwungrad gesagt werden. Das Schwungrad besteht aus zwei sich gegeneinander drehenden Massen: ein Primärteil auf der Motorseite und ein Sekundärpart auf der Getriebeseite. Das Primärteil ist direkt an der Kurbelwelle verschraubt (mit einem Passstift zentriert). Die Kupplung ist am Sekundärteil angeschraubt. Das Drehmoment zwischen dem Primär- und dem Sekundärteil wird durch einen Torsionsdämpfer übertragen. Der Torsionsdämpfer verringert die Torsionsvibrationen des Motors. Die Charakteristiken des Torsionsdämpfers hängen vom Motor und dessen Eigenschaften ab, es ist deshalb möglich, dass unterschiedliche Torsionsdämpfer eingebaut sind.
Beim Ausbau der Kupplung kann man die Reibfläche des Sekundärteils kontrollieren. Das Zweimassenschwungrad kann nur mit Spezialgeräten auf Tauglichkeit kontrolliert werden. In den folgenden Fällen muss das Schwungrad erneuert werden:

- Offensichtliche Beschädigung, wie z. B. Überhitzung aufgrund von überbelasteter Kupplung, aus der Kupplungswelle ausgetretenes Fett, Kupplungsfedern gebrochen.
- Sensorring für Motordrehzahlverstellung arbeitet nicht (z. B. abgebrochener Zahn).
- Verschleiß der Reibfläche mehr als 0,5 mm (Fühlerlehre und Messlineal zur Messung benutzen).

**Wartungsarbeiten an der Kupplung**
Für richtiges Arbeiten der Kupplung muss der Bremsflüssigkeitsbehälter ausreichend gefüllt sein. Sinkt der Stand der Bremsflüssigkeit immer wieder bis zu dem Niveau ab, wo der Schlauch zur Kupplungsbetätigung mündet, das System auf Dichtheit nachsehen. Alle Schlauchleitungen vom Vorratsbehälter bis zum Nehmerzylinder am Getriebe müssen dicht sein. Feuchtdunkle Stellen deuten auf Verluste hin. Trennt die Kupplung nicht und lässt sich das Pedal widerstandslos bewegen, ist Luft im Kupplungssystem.

## Störungen an der Kupplung

***Rutschende Kupplung***
Eine durchrutschende Kupplung bemerkt man erst beim Fahren im höchsten Gang (wenn die vom Motor geforderte Leistung am größten ist), wenn bei Belastung der Motor »durchdreht«, also auffallend schneller dreht, als es der Fahrgeschwindigkeit entspricht. Beim Anfahren fällt das Nachlassen der Kupplung weniger auf. Folgeschä-

den können sein, dass neben der Mitnehmerscheibe auch die Reibfläche von Druckplatte und Schwungrad stark verschlissen werden. Meist muss dann beim Austausch der Mitnehmerscheibe noch eine neue Druckplatte montiert werden. Vorbeugend sollten Sie deshalb Ihre Kupplung prüfen oder prüfen lassen, wie es später beschrieben ist.
Eine tadellose Kupplung übersteht folgende Gewaltprüfung: Feststellbremse anziehen, 3. Gang einlegen, langsam einkuppeln und Gas geben. Jetzt müsste (bei einwandfreier Feststellbremse) der Motor abgewürgt werden.

***Schlechtes Ausrücken der Kupplung***
Wird der Schaltvorgang durch kratzende oder krachende Geräusche begleitet, so trennt die Kupplung nicht mehr richtig. Als Erstes sollte man kontrollieren, ob sich eingelegte Fußmatten nicht verschoben haben.

Wenn Sie sich beim Herunterschalten verschalten, z. B. vom 5. Gang in den 2. Gang schalten, erhöht sich die Drehzahl der Kupplungsscheibe weit über die Motordrehzahl. Dabei braucht z. B. der 2. Gang noch gar nicht ganz eingelegt zu sein. Schon über die Synchronringe kann die Drehzahlerhöhung erfolgen. Infolge der extremen Drehzahlen ist es möglich, dass der Kupplungsbelag reißt und sich Teile übereinander schieben. Dadurch wird die Kupplungsscheibe unzulässig dick. Sie können dann das Kupplungspedal ganz durchtreten, ohne dass die Kupplung ausreichend trennt.

***Rupfende Kupplung***
Bei rupfender Kupplung setzt sich der Wagen gewissermaßen stotternd in Bewegung.

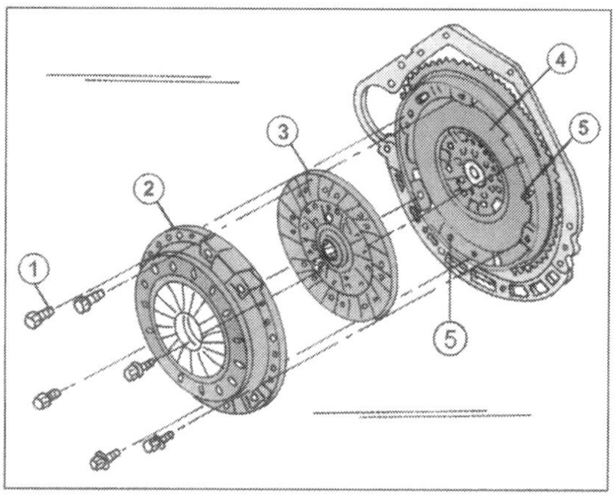


*Bild 138*
*Die Einzelteile der Kupplung.*
1 *Befestigungsschrauben der Kupplung, 23 Nm*
2 *Kupplungsdruckplatte*
3 *Mitnehmerscheibe*
4 *Schwungrad*
5 *Passstifte (Pfeilstellen) im Schwungrad*

Die Übertragung der Motordrehzahl auf die Antriebsräder erfolgt nicht gleichmäßig weich. Für diesen Effekt können unterschiedliche Ursachen verantwortlich sein:
- Motor- oder Getriebeaufhängung ist defekt oder hat sich gelockert. Der Antriebsblock (Motor und Getriebe) gerät beim Einkuppeln ins Schwingen.
- Der Kupplungsbelag auf der Mitnehmerscheibe ist verbrannt und verhärtet. Meist die Folge übermäßiger Belastung.
- Die Druckplatte hat sich verzogen oder weist an ihrer Reibfläche wenige Verwerfungen in geringer Höhe auf.
- Das Schwungrad hat auf seiner Reibfläche wellige Unebenheiten.

## Kupplung ausbauen

Wichtiger Hinweis: Druckplatte und Tellerfeder können nicht zerlegt werden und sind bei Beschädigung zusammen zu erneuern. Mercedes-Benz-Kupplungen und -Mitnehmerscheiben werden stets weiterentwickelt, um bestimmte Eigenschaften zu verbessern. Deshalb beim Kauf eines neuen Kupplungskörpers oder einer Mitnehmerscheibe immer die Fahrgestellnummer und auch die Motornummer angeben.

Die Kupplung kann ohne Ausbau des Motors aus dem Fahrzeug ausgebaut werden. Bei allen eingebauten Getrieben geschieht der Einbau in gleicher Weise. Bild 138 zeigt die Kupplung nach dem Ausbau.
- Getriebe ausbauen (Abschnitt »Getriebe«).
- Einbaulage der Kupplung im Verhältnis zum Schwungrad kennzeichnen. Dazu verwendet man einen Körner, mit welchem man in das Schwungrad und die Kupplung schlägt.
- Die sechs Schrauben der Kupplung (1) gleichmäßig in mehren Stufen über Kreuz lösen, bis der Federdruck entlastet ist. Danach die Schrauben der Reihe nach herausdrehen. Die Schrauben müssen immer erneuert werden.
- Die Kupplung abnehmen (2) und die Mitnehmerscheibe (3) herausnehmen. Darauf achten, dass man Mitnehmerscheibe oder Kupplung nicht fallen lässt, falls man sie wieder einbauen will. Mit einem Lappen so-

fort die Innenseite des Schwungrades auswischen und die Reibfläche des Schwungrades überprüfen. Falls die Mitnehmerscheibe bis auf die Nietenköpfe abgenutzt ist, könnte es sein, dass sich die Niete in die Schwungradfläche oder die Fläche der Kupplungsdruckplatte eingearbeitet haben.

■ Das Zweimassenschwungrad in der bereits beschriebenen Weise kontrollieren und ggf. erneuern.

Falls der Motor oder das Getriebe ausgebaut werden müssen, sollte die Kupplung immer abgeschraubt werden, so dass man die in Bild 138 gezeigten Teile kontrollieren kann.

## Reparatur der Kupplung

■ Druckplatte und Deckel auf Beschädigung oder Verzug kontrollieren. Bei Schäden beide Teile im Satz erneuern.

Kontrollieren, ob die Federn der Mitnehmerscheibe noch einwandfrei sind und dass die Keilverzahnungen der Scheibe nicht übermäßig ausgeschlagen sind. Da verölte Kupplungsbeläge nicht gereinigt werden können, ist die Mitnehmerscheibe in derartigen Fällen zu erneuern. Aufnieten von neuen Belägen wird nicht länger durchgeführt.

Die Kupplungsbeläge auf Wiederverwendbarkeit kontrollieren, indem man mit einer Tiefenlehre von der Oberfläche der Beläge bis auf die Oberseite der Nietenköpfe ausmisst .Falls das Maß weniger als 0,30 mm beträgt, muss die Scheibe erneuert werden. Die Scheibe ebenfalls erneuern, falls das Maß bald erreicht ist.

■ Um Mitnehmerscheibe auf Schlag zu kontrollieren, spannt man sie auf einem passenden Dorn oder einer Kupplungswelle zwischen die Spitzen einer Drehbank. Eine Messuhr mit einem geeigneten Halter neben der Scheibe so aufsetzen, dass der Messfinger gegen den Rand der Scheibe anliegt und zwar an der Außenkante der Scheibe (Bild 139). Die Scheibe langsam durchdrehen und die Anzeige der Messuhr ablesen. Falls die Anzeige größer als 0,5 mm ist, kann man die Scheibe, falls erwünscht, vorsichtig mit einer Zange richten. Anderenfalls die Scheibe erneuern.

■ Die Gleitpassung der Mitnehmerscheibennabe auf den Keilverzahnungen der

*Bild 139*
*Prüfung einer Mitnehmerscheibe auf Schlag.*

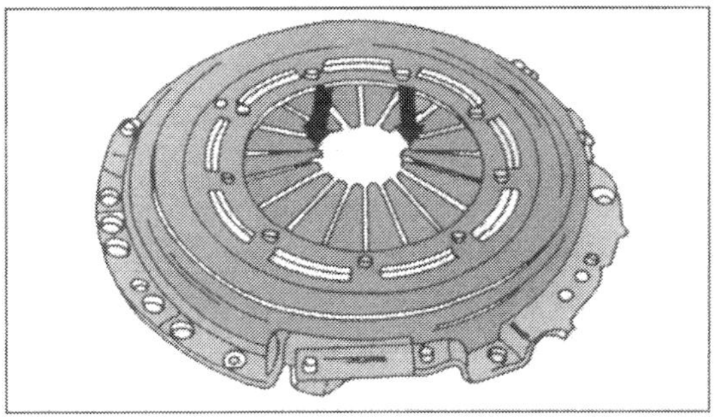

*Bild 140*
*Die Finger der Tellerfeder müssen alle auf der gleichen Höhe liegen.*

Kupplungswelle kontrollieren. Dazu die Scheibe aufstecken und an der Außenkante zwischen Daumen und Zeigefinger erfassen. Die Scheibe im Drehsinn hin- und herbewegen. Falls ein Spiel von mehr als 0,4 mm festgestellt werden kann, liegt Verschleiß in den Keilverzahnungen vor. Die Ursache dafür ist meistens bei der Mitnehmerscheibe zu finden.

■ Falls man Zweifel über die Wiederverwendung der Mitnehmerscheibe aufgrund der Stärke der aufgenieteten Beläge hat, kann man die Stärke der Beläge mit einer Tiefenlehre ausmessen. Jeder Belag muss noch eine Stärke von mindestens 2,6–3,0 mm haben.

■ Die inneren Enden der Tellerfeder an den in Bild 140 gezeigten Stellen auf Abnutzung hin kontrollieren. Falls tiefe Einlaufstellen festgestellt werden (mehr als 0,3 mm), muss man die komplette Kupplung erneuern. Die Finger der Tellerfeder müssen alle auf der gleichen Höhe liegen. Falls dies nicht der Fall ist, kann man sie mit einer Zange nachbiegen. Ebenfalls kann man einen Stahlstreifen mit einem Schlitz versehen und die Enden biegen.

■ Ein Messlineal über die Reibfläche der Druckplatte auflegen, wie es in Bild 141 ge-

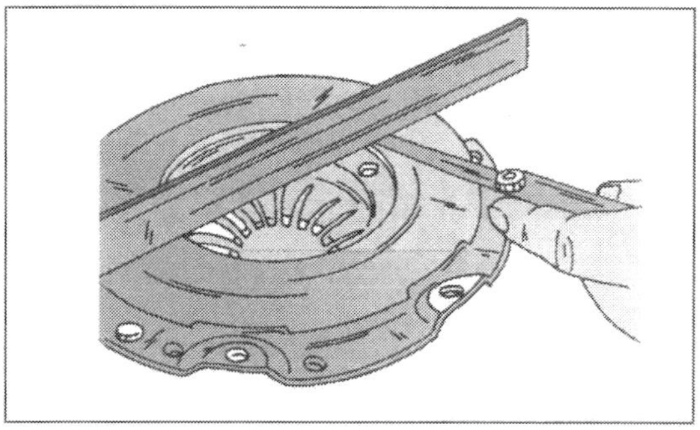

*Bild 141*
*Kontrolle der Kupplungsdruckscheibe auf Verzug an der Innenseite.*

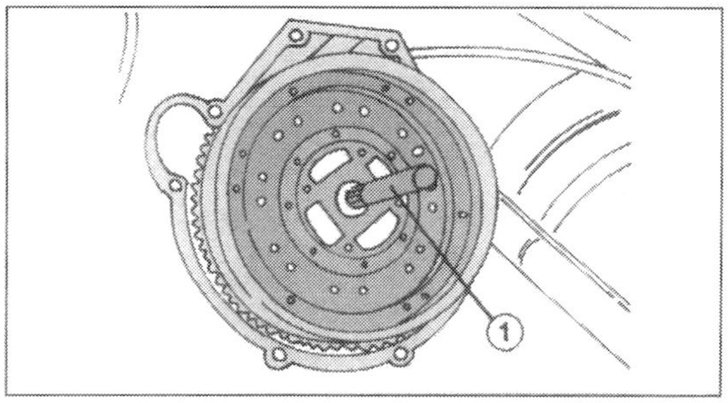


*Bild 142*
*Zentrierdorn (1) durch die Mitnehmerscheibe in die Innenseite des Schwungrades einschieben, ehe die Kupplungsschrauben angezogen werden.*

zeigt ist, und mit Fühlerlehren den Spalt ausmessen. Falls der Spalt innen mehr als 0,3 mm beträgt, muss die Kupplung erneuert werden.

■ Falls die alte Kupplungsdruckplatte wieder eingebaut werden soll, sollte der Einstellring der selbstnachstellenden Kupplung neu eingestellt werden. Da dies eine Werkstattarbeit ist, schlagen wir in diesem Fall vor die Druckplatte zu erneuern.

## Einbau der Kupplung

Der Einbau der Kupplung geschieht in umgekehrter Reihenfolge wie der Ausbau. Die Kupplung entsprechend der Körnerkennzeichnung am Schwungrad ansetzen, falls die ursprüngliche Kupplung wieder eingebaut wird. Die Mitnehmerscheibe ist unter Verwendung des Spezialzentrierdorns oder einer alten Kupplungswelle in der Innenseite des Schwungrades auszurichten, indem man den Dorn durch die Nabe der Mitnehmerscheibe und das Ende des Führungslagers einschiebt. Die Kupplung muss über die im Schwungrad (4) eingesetzten Passstifte (5) kommen. Die Schrauben gleichmäßig über Kreuz auf ein Anzugsdrehmoment von 23 Nm anziehen. Die angeschraubte Kupplung muss dann wie in Bild 142 gezeigt aussehen. Das Getriebe abschließend wieder einbauen. Nach dem Einbau der Kupplung das Kupplungspedal mindestens fünf Mal betätigen, ehe der Motor angelassen wird.

## Kupplungs-Ausrückung

Das Aus- bzw. Einrücken der Tellerfederkupplung erfolgt über die zentrale Ausrückeinheit. Das System ist demnach spielfrei und stellt sich, dem Verschleiß der Mitnehmerscheibe entsprechend, automatisch nach.

### Aus- und Einbau der hydraulischen Ausrückeinheit

***Vorsichtsmaßnahmen beim Umgang mit Bremsflüssigkeit***

Da die hydraulische Anlage mit Bremsflüssigkeit gefüllt ist, sollte man sich die untenstehenden Vorsichtsmaßnahmen durchlesen, ehe man irgendwelche Arbeiten an der Anlage durchführt. Die gleichen Vorsichtsmaßnahmen gelten natürlich ebenfalls bei Arbeiten an der Bremsanlage.

■ Bremsflüssigkeit nur in einem Behälter aufbewahren, welchen man entsprechend kennzeichnet. Bremsflüssigkeit ist giftig, bereits 100 ccm kann zum Tod führen.

■ Haut und Augen sind vorzugsweise mit Handschuhen bzw. Schutzbrille zu schützen. Sollte Bremsflüssigkeit auf die Haut kommen, muss man diese sofort mit Wasser und Seife abwaschen. In die Augen gespritzte Bremsflüssigkeit sofort mit sauberem Wasser ausspülen. Falls keine sofortige Linderung auftritt, einen Arzt aufsuchen.

■ Keine Bremsflüssigkeit auf lackierte Teile des Fahrzeuges tropfen lassen, da diese den Lack angreift. Sollte es einmal vorkommen, sofort mit sauberem Wasser abwischen.

■ Bremsflüssigkeit ist in der Lage, Feuchtigkeit aus der Luft aufzunehmen, wodurch der Siedepunkt verringert wird. Dies ist der Grund, dass man Bremsflüssigkeit in verschlossenen Behältern lagern muss.

■ Auch kleinste Anteile von Mineralöl in der Bremsflüssigkeit kann zum Anschwellen der Gummiteile von hydraulischen Anlagen führen. Besonders bei farblosen oder gelben Flüssigkeiten ist ein Eindringen von Mineralöl schwer feststellbar. Falls Öl auf irgendeine Weise in die Anlage gekommen ist, muss man die Betätigungszylinder und den Vorratsbehälter der Kupplungsanlage sowie alle Gummiteile der gesamten Bremsanlage erneuern. Abschließend die Anlage mit frischer Bremsflüssigkeit durchspülen und entlüften.

Deshalb – **unbedingt darauf achten, dass kein Öl in die Anlage kommen kann.**

■ Niemals beim Entlüften aus der Anlage ausgepumpte Flüssigkeit wieder einfüllen.

Das Ausrücklager wird beim Durchtreten des Kupplungspedals von der hydraulischen Ausrückeinheit in der Innenseite des Getriebes gegen die Spitzen der Tellerfeder gedrückt. Die Reibfläche der Druckplatte wird dabei entlastet und die Kupplungsscheibe kann frei umlaufen.
Das Getriebe muss ausgebaut sein, um an die Befestigung der Ausrückeinheit zu kommen. Bild 143 zeigt die Befestigungsweise. Nach Ausbau des Getriebes die vier Schrauben (1) lösen und die Ausrückeinheit (2) vom Getriebe (3) abziehen.
Der Einbau geschieht in umgekehrter Reihenfolge. Beim Einbau neue mikroverkapselte Schrauben (1) verwenden. Mit 8,5 Nm anziehen. Mercedes-Benz schreibt vor, dass man die Gewindebohrungen im Getriebe mit einem passenden Gewindeschneider nachschneidet, ehe die Ausrückeinheit wieder montiert wird. Abschließend das Getriebe wieder einbauen, wie es im Abschnitt »Schaltgetriebe« beschrieben wird.

## Geberzylinder aus- und einbauen

Bild 144 zeigt die Befestigungsweise des Kupplungsgeberzylinders in der Nähe des Kupplungspedals. In Bild 145 sind Großansichten der verschiedenen Anschlussstellen A, B und C gezeigt. Die Bildlegende von

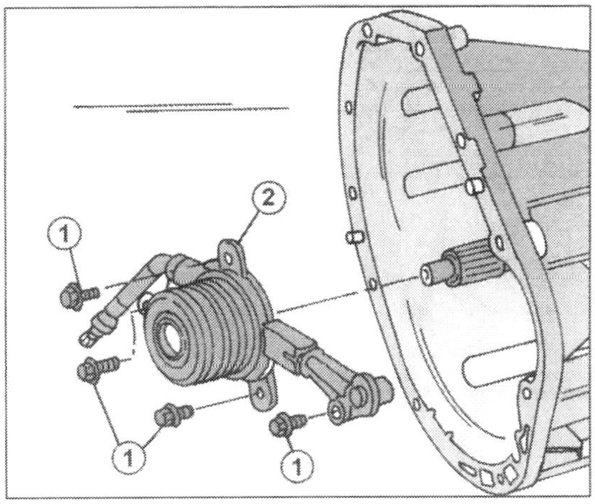


*Bild 143*
*Befestigung der Hydraulikeinheit an der Innenseite des Getriebes.*
*1 Befestigungsschrauben, 8,5 Nm*
*2 Hydraulikeinheit, Nehmerzylinder und Ausrücklager*

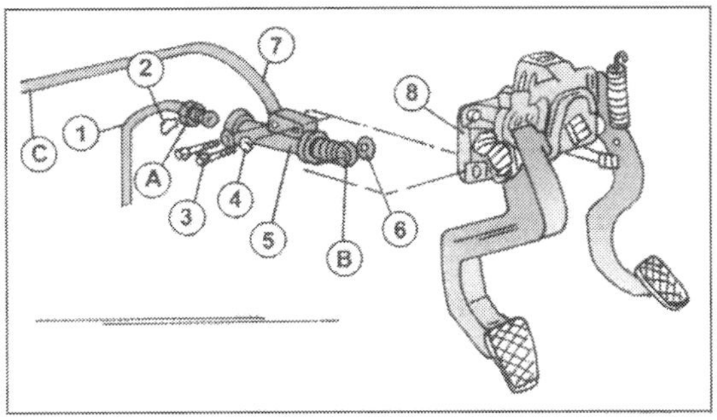


*Bild 144*
*Zum Aus- und Einbau des Kupplungsgeberzylinders. Auf die Buchstaben A, B und C wird in der Bildreihe 145 eingegangen.*
*1 Druckleitung*
*2 Federspange (Bild 145 links)*
*3 Befestigungsschrauben des Zylinders, 10 Nm*
*4 Unterlegscheiben*
*5 Hauptbremszylinder*
*6 Sicherungsring (Bild 145, rechts)*
*7 Flüssigkeitsleitung*
*8 Pedallagerbock*
*9 Vorratsbehälter (Bild 145, links)*

Bild 144 bezieht sich ebenfalls auf diese Bildreihe. Beim Ausbau folgendermaßen vorgehen:

■ Die Flüssigkeit aus dem Vorratsbehälter (9) in der linken Ansicht von Bild 145 aussaugen, bis der Flüssigkeitsstand unterhalb des Flüssigkeitsschlauchs (7) steht. Dies wird in der in Bild 146 gezeigte Weise durchgeführt, d. h. ein Sauger wird dazu verwenden. Keine Bremsflüssigkeit auf umliegende Teile tropfen lassen.

■ Den Flüssigkeitsschlauch (7) vom Vorratsbehälter (9) abschließen. Bei bestimmten Fahrzeugen kann an der Pfeilstelle ein »T«-Stück eingebaut sein. In diesem Fall wird der Schlauch (7) am »T«-Stück abgeschlossen, wie man es in Bild 145 im linken Bild an der Pfeilstelle sehen kann. In beiden Fällen das Schlauchende in geeigneter Weise gegen Eindringen von Fremdkörpern verschließen.

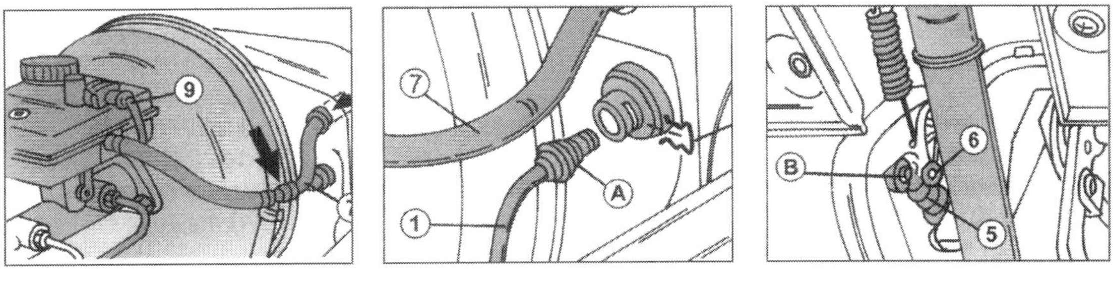


*Bild 145*
*Zum Ausbau des Kupplungsgeberzylinders. Die Zahlen und Buchstaben entsprechen den in Bild 144 genannten.*

*Bild 146*
*Flüssigkeit kann in der gezeigten Weise ausgesaugt werden.*

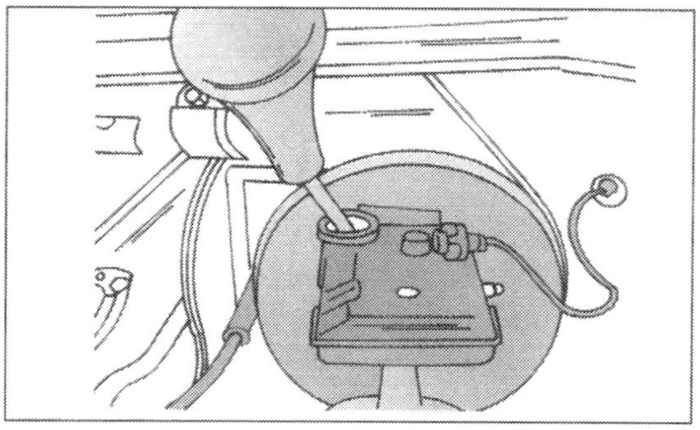

*Bild 147*
*Zum Aus- und Einbau der Flüssigkeitsleitung und des Schlauchs zur Hydraulikeinheit im Getriebe.*
*1 Flüssigkeitsschlauch*
*2 Abdrückzwinge*
*3 Befestigungsschelle*
*4 Federspange*
*5 Dichtring*

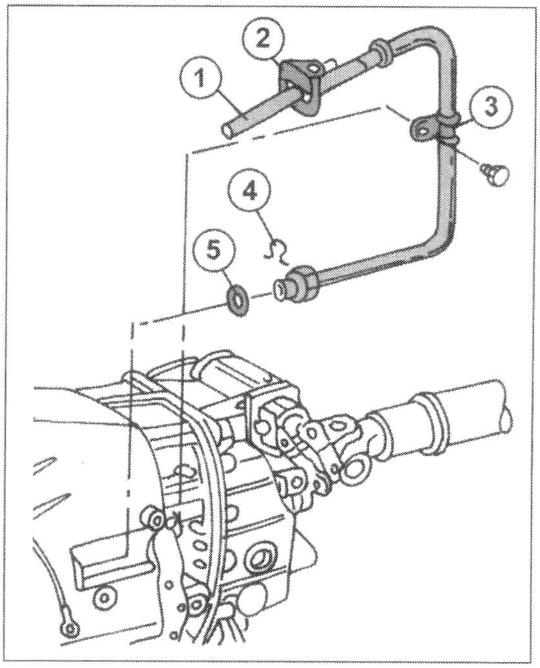


■ Die Sicherungsspange (2) auf der Motorraumseite herausziehen und die Druckleitung (1) nach Lösen der Überwurfmutter abschließen. Die mittlere Ansicht von Bild 145 zeigt eine Großansicht der Verbindung.

⚠ Vor Durchführung der nächsten Arbeit müssen wir darauf aufmerksam machen, dass das Kupplungspedal nach oben oder unten springen und dabei zu Verletzungen führen kann. In der Werkstatt wird die Übertotpunktfeder des Pedals ausgebaut, was wir in diesem Fall vermeiden wollen. Aus diesem Grund Vorsicht !

■ Bei einem Fahrzeug mit einem so genannten Stopp/Start-System den Schalter ausschrauben.

■ Die Schrauben (3) des Geberzylinders (5) lösen.

■ Den Sicherungsring (6) am Pedalbock (8) entfernen und den Zylinder (5) herausnehmen. Rechte Ansicht in Bild 145 zeigt die Verbindung.

Der Einbau findet in umgekehrter Reihenfolge statt. Die Schrauben (3) des Zylinders (5) werden erst angezogen (10 Nm), nachdem man die Druckleitung (1) und den Schlauch (7) angeschlossen hat. Abschließend die Kupplungsanlage entlüften.

## Druckleitung zur Hydraulikeinheit im Getriebe erneuern

Bild 147 zeigt, wie die Leitung von einem Ende zum anderen verlegt ist. Um die Flüssigkeit in der Anlage zu halten, sollte man den Kupplungsflüssigkeitsschlauch mit einer geeigneten Abdrückzwinge vorsichtig zusammendrücken. Beim Aus- und Einbau folgendermaßen vorgehen. Dabei wird vorausgesetzt, dass das Fahrzeug sicher aufgebockt ist.

■ Den Schlauch der Flüssigkeitsleitung (1) mit der genannten Zwinge an Stelle (2) abdrücken (vorsichtig).

■ Die Halteschelle (3) der Leitung vom Getriebe abschrauben.

■ Die Federspange (4) herausziehen und die Leitung an der im Bild gezeigten Stelle aus der Seite des Getriebes herausziehen. Der Dichtring (5) muss immer erneuert werden. Auf auslaufende Bremsflüssigkeit achten.

Der Einbau findet in umgekehrter Reihenfolge statt. Abschließend die Kupplungsanlage entlüften (siehe unten).

## Hydraulische Anlage entlüften

Wenn die Kupplung richtig trennt, ist in jedem Fall auch die Kupplungshydraulik in Ordnung. Trennt sie dagegen schlecht oder fällt das Pedal ohne Widerstand durch, ist sicher Luft in die hydraulische Anlage geraten. Nur Entlüften hilft da nicht – die Leckstelle muss ausfindig gemacht und repariert werden. Erst dann können Sie entlüften.
Wer eine vorbeugende Untersuchung der Kupplungshydraulik vornehmen will, sucht nach Spuren von Bremsflüssigkeit am Geberzylinder (oben am Kupplungspedal), aber auch an der Unterseite des Getriebes, falls Flüssigkeit aus dem in der Innenseite sitzenden Nehmerzylinder (Hydraulikeinheit) herausläuft.

Ölfeuchte Kupplungszylinder sind undicht und müssen ausgetauscht werden, was natürlich bei der Hydraulikeinheit einen Ausbau des Getriebes erforderlich macht. Werkstätten verwenden ein Entlüftungsgerät zum Entlüften der Kupplungsanlage. Bei der folgenden Beschreibung wird davon ausgegangen, dass die Anlage in normaler Weise entlüftet wird. Ein ca. 1 m langer, durchsichtiger Schlauch wird zum Entlüften benötigt.

- Bremsflüssigkeitsstand im Vorratsbehälter kontrollieren, wenn nötig nachfüllen.
- Den genannten Schlauch auf die Entlüftungsschraube in der seitlichen Öffnung des Getriebes aufschieben (Bild 148), die Entlüftungsschraube lösen und das Schlauchende in ein mit Bremsflüssigkeit gefülltes Glasgefäß halten.
- Durch eine zweite Person das Kupplungspedal vorsichtig betätigen lassen, bis sich der Schlauch mit Bremsflüssigkeit gefüllt hat und keine Luftblasen mehr vorhanden sind. Entlüftungsschraube festziehen (16 Nm) und den Schlauch vom Ende der Schraube abziehen.
- Kupplungsbetätigung durch Einlegen des Rückwärtsganges bei laufendem Motor auf Funktion und Dichtheit prüfen.

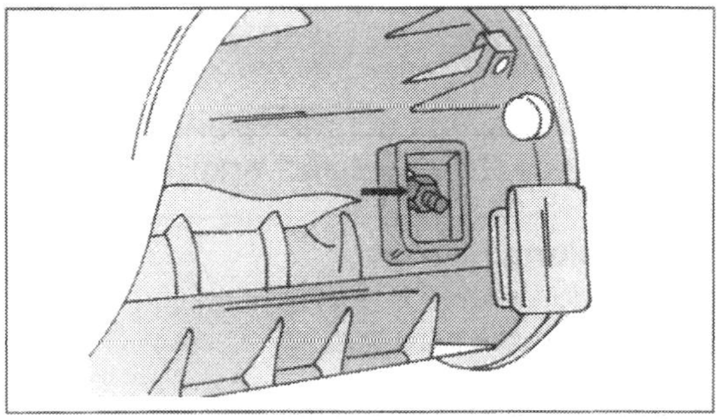

*Bild 148*
*Die Entlüftungsschraube sitzt an der Pfeilstelle an der Seite des Getriebes.*

- Bremsflüssigkeit im Vorratsbehälter nachfüllen, bis diese an der »Max«-Marke steht. Den Behälter auf keinen Fall überfüllen, da er sonst überlaufen kann. Sollte dies vorkommen, etwas Flüssigkeit absaugen wie man es in Bild 146 sehen kann.

## Kupplungspedal

Zum Ausbau des Kupplungspedals ist es erforderlich, die so genannte Übertotpunktfeder auszubauen. Zu dieser Arbeit ist jedoch ein Spezialwerkzeug erforderlich. Da es kaum vorkommen wird, dass man das Pedal ausbauen muss, werden die entsprechenden Arbeiten nicht beschrieben.

## Störungsbeistand an der Kupplung

Falls die Kupplung Schwierigkeiten macht, kann man anhand der folgenden Aufstellung sehen, welche Defekte dafür verantwortlich sein könnten.

| | |
|---|---|
| **A Kupplung rutscht** | |
| 1. Kupplung rutscht durch | Kupplungsscheibe ersetzen |
| 2. Anpressdruck zu gering | Druckplatte ersetzen |
| 3. Belag verölt | Kupplungsscheibe ersetzen, Leckstellen beheben |
| 4. Kupplung hat sich überhitzt | Kupplungsscheibe und vielleicht Druckplatte neu |
| 5. Hydraulikeinheit undicht | Hydraulikeinheit erneuern |
| **B Kupplung rückt nicht aus** | |
| 1. Luft in der Anlage | Entlüften |
| 2. Nehmer- oder Geberzylinder undicht | Entsprechenden Zylinder erneuern |
| 3. Kupplungsscheibe hat Schlag | Kupplungsscheibe ersetzen |
| 4. Kupplungsbeläge gebrochen | Kupplungsscheibe ersetzen |
| 5. Kupplungsscheibe auf Welle verklemmt | Gangbar machen und einfetten |
| 6. Belag an Schwungrad festgeklebt (nach langer Stillstandzeit des Wagens) | 1. Gang einlegen und Pedal treten. Fahrzeug kurz bei ausgeschalteter Zündung schleppen lassen |
| **C Kupplung rupft** | |
| 1. Siehe unter Punkt A3 | |
| 2. Falsche Beläge (nach Reparatur) | Nachprüfen und Abhilfe schaffen |
| 3. Ausrücklager drückt ungleichmäßig | Hydraulikeinheit erneuern |
| 4. Druckplatte drückt einseitig | Druckplatte erneuern |
| 5. Motor/Getriebeaufhängung defekt | Entsprechend erneuern |
| **D Kupplung trennt nicht und rutscht durch** | |
| 1. Kupplungsdruckplatte defekt | Druckplatte ersetzen |
| **E Geräusche von der Gegend der Kupplung** | |
| 1. Druckplatte/Kupplungsscheibe schlägt | Wie erforderlich erneuern |
| 2. Mitnehmerscheibenfedern lose | Mitnehmerscheibe erneuern |
| 3. Hydraulikeinheit nicht mehr einwandfrei | Erneuern |
| 4. Nietverbindung der Beläge lose | Wie erforderlich Scheibe erneuern |

# Das Schaltgetriebe

In Ihren Mercedes Sprinter wird serienmäßig ein Fünfganggetriebe eingebaut, welches unter der Bezeichnung G20-5/4.898-07 geführt wird und die Typenbezeichnung 711.605 trägt oder ein Getriebe mit der Bezeichnung G32-5/5,05-078 mit der Typenbezeichnung 711.620.
Wir wollen Sie mit den obigen Datenangaben nicht verwirren, jedoch wird es Ihnen anhand der Angaben möglich sein das richtige Getriebe, z. B. aus zweiter Hand, zu beziehen, falls es einmal im Leben Ihres Fahrzeuges erneuert werden muss.

⚠ Die Ölsorte wurde während der Produktionszeit der Sprinter-Modelle geändert. Bei diesen Modellen wird SAE 75 W 85-Getriebeöl eingefüllt. Bei der Durchführung eines Ölwechsels darf nur das genannte Öl eingefüllt werden.

Das Getriebe wird mithilfe eines im Fahrzeuginnenraum angebrachten Schalthebels geschaltet.
In der Innenseite des Getriebes wird die Übertragung auf die einzelnen Gänge durch die Schaltschiene hergestellt, die mithilfe der einzelnen Schaltgabeln die Synchronschaltmuffen mit den einzelnen Gangrädern verbindet.
Zwei elektrische Bauteile sind am Getriebe zu finden: ein Geber für den Tachometer sowie der Schalter der Rückfahrleuchten. Das durch das Tellerrad des Differentials erzeugte Signal wird durch den Geber aufgenommen und an den Tachometer weitergeleitet. Der Tachometer wandelt die erhaltenen Impulse in die entsprechende Fahrgeschwindigkeit um, die dann am Tachometer angezeigt wird. Der Schalter für die Rückfahrleuchten wird direkt durch die Schaltgabel des Rückwärtsganges betätigt. Wird das Getriebe in den Rückwärtsgang geschaltet, wird der Schalterkontakt durch die eingesetzte Feder nach außen bewegt, schließt dabei den elektrischen Stromkreis und schaltet die Rückfahrleuchte ein.
Die Motorleistung gelangt über die Kupplung zur Hauptwelle im Getriebe. Auf dieser Welle sitzen die Zahnräder für die Vorwärtsgänge und ein Zahnrad für den Rückwärtsgang. Die Zahnräder stehen mit Zahnrädern auf einer Nebenwelle im Eingriff. Das Rückwärtsgang-Zahnrad greift in ein Zwischenrad, das die Drehrichtung umkehrt. Ist kein Gang eingelegt, können die Zahnräder frei umlaufen. Wird geschaltet, verbindet sich jeweils ein Zahnradpaar mit der Welle, und die Motorkraft gelangt entsprechend übersetzt an den Getriebeausgang. Das Verhältnis der Zähnezahlen des jeweiligen Zahnradpaares ergibt die betreffende Übersetzungsstufe. Alle Vorwärtsgänge sind synchronisiert. Die unterschiedlich schnell drehenden Getriebeteile werden durch die Synchronisation beim Gangwechsel auf Gleichlauf gebracht. Die Gänge lassen sich so leichter einlegen, und es kracht beim Schalten nicht. Reibelemente zwischen den drehenden Teilen besorgen die Anpassung. Sie bremsen die schnelleren Teile ab. Diese Anpassung dauert einen Sekundenbruchteil, deshalb den Schalthebel möglichst nicht schnell durchreißen, sondern eher gemütlich schalten.

## Aus- und Einbau des Getriebes

In der Werkstatt wird das Fahrzeug auf einer Hebebühne angehoben, um die Arbeiten an der Unterseite durchzuführen. Bei der folgenden Beschreibung gehen wir davon aus, dass man das Fahrzeug anhebt und auf Unterstellböcke aufsetzt.

☞ Das Getriebe muss beim Ausbau von unten mit einem Wagenheber abgestützt werden, während der hintere Aufhängungsquerträger vom Getriebe und von den Seitenträgern abgeschraubt wird. Bei der folgenden Beschreibung muss man dies berücksichtigen. Bild 149 zeigt das Getriebe von der Unterseite.
Wo die jeweiligen Arbeiten durchgeführt werden, kann man der Bildreihe 150 entnehmen, die mit A, B und C gezeichnet ist und damit zeigt, wo sich die einzelnen, genannten Teile befinden. Beim Ausbau folgendermaßen vorgehen. Die Zahlen sind jeweils in der Bildreihe 150 gezeigt:

- Massekabel der Batterie abklemmen, Handbremse anziehen und das Getriebe in Neutral schalten.
- Getriebeöl ablassen (siehe spätere Beschreibung).

Sichtprüfung Messen

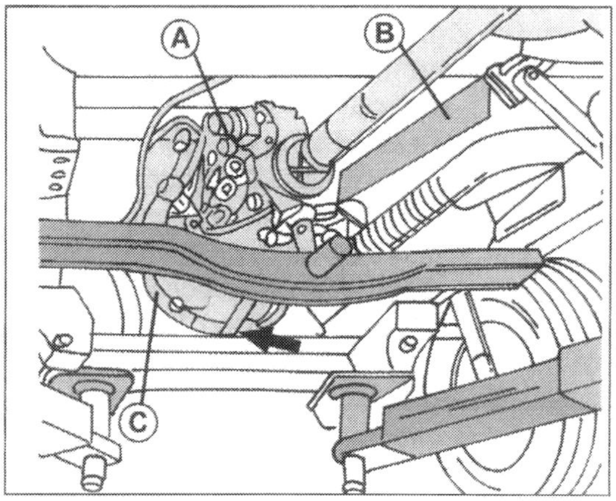


*Bild 149*
*Ansicht des Getriebes von unten. A, B und C weisen darauf hin, wo die einzelnen Teile in Bildreihe 150 angeschlossen sind.*
**1** *Schaltseil (blaue Kennzeichnung)*
**2** *Schaltseil (schwarze Kennzeichnung)*
**3** *Kabelstecker, Schalter der Rückfahrleuchte*
**4** *Sensor für Tachometer*
**5** *Abdeckkappe des Schalterkabels*
**6** *Schraube*
**7** *Sicherungsbügel der Gelenkwelle*
**8** *Schraube für Sicherungsbügel, 100 Nm*
**9** *Schraube der Gelenkwelle, 70 Nm*
**10** *Gelenkwelle*
**11** *Wärmeschutzschild*
**12** *Scheibe*
**13** *Schraube für (11)*
**14** *Schraube*
**15** *Flüssigkeitsleitung für Hydraulikeinheit (Innenseite des Getriebes)*
**16** *O-Dichtring*
**17** *Schraube für Leitungsschelle (18)*
**18** *Leitungsschelle für (15)*
**19** *Abdrückzwinge für Flüssigkeitsschlauch*
**20** *Haltewinkel*
**21** *Sicherungsspange*
**22** *Massekabel*
**23** *Schraube, Getriebe an Motor*
**24** *Unterlegscheibe*
**25** *Mutter*
**26** *Hinterer Aufhängungsquerträger*
**27** *Mutter*

■ Die Sicherungsbride, d. h. den Befestigungsbügel (7) abschrauben. Beim Einbau die Schrauben mit 100 Nm anziehen. Bild 151 zeigt, wo die Bride sitzt.

■ An der Rückseite des Getriebes die Gelenkwelle (10) vom Getriebe abflanschen. Die Schraubenköpfe dabei mit einem Ringschlüssel gegenhalten, während die Muttern mit einer Stecknuss gelöst werden. Die Welle kann verdreht werden, um an alle Schrauben zu kommen. Bild 152 zeigt die Verbindung. Die Welle nach rechts schieben und in dieser Lage am Unterboden festbinden (Draht).

■ Einen Holzblock entsprechend Bild 153 je nach Motor zurechtschneiden. Die Abmessungen gelten im linken Bild für den 612-Motor und im rechten Bild für den 611-Motor. Die Maße sind in Zentimetern angegeben.

■ Den Motor jetzt von unten abstützen. Der hergestellte Holzblock wird an der Pfeilstelle »A« in Bild 149 eingesetzt, wenn das Triebwerk mit einem Wagenheber angehoben wird. Den Holzblock zwischen die Ölwanne des Motors und den Querträger einschieben, um den Motor beim Ausbau des Getriebes in dieser Lage zu halten.

■ Den Geber für den Tachometer (4) ausbauen.

■ Den Kabelstecker vom Schalter der Rückfahrleuchte (3) abziehen.

■ Die beiden Schaltseile (1) und (2) vom Getriebe abschließen.

■ Die Befestigungsschelle (18) vom Getriebegehäuse abschrauben.

■ Den zur Hydraulikeinheit in der Innenseite des Getriebes führenden Kupplungsschlauch (15) mit einer Abdrückzwinge zusammenquetschen, die Sicherungsspange (21) herausziehen und den Anschluss der Leitung (15) trennen. Auf auslaufende Flüssigkeit achten. Schlauch auf eine Seite schiebe und festbinden. Beim Einbau den Dichtring (16) erneuern.

■ Anlasser ausbauen. Zu beachten ist, dass die obere Anlasserschraube den Haltebügel des Schlauchs (20) hält. Den Haltebügel auf eine Seite schieben und festbinden.

■ Bei den nächsten Arbeiten muss man Bild 154 hinzuziehen um weitere Teile vom Getriebe zu lösen. Als Erstes das Massekabel (22) abschrauben und auf eine Seite drücken.

■ Die Verbindungsschrauben (23) an der Unterseite des Getriebes herausdrehen. Zwei Schrauben (23) an der Oberseite bleiben einstweilen im Getriebe. Die Schrauben (23) beim Einbau mit 36 Nm anziehen.

■ Einen Wagenheber unter das Getriebe untersetzen. Dieser muss natürlich die entsprechende Hubhöhe haben, um bis zum Getriebe zu reichen. Andernfalls einen geeigneten Holzbalken auf den Wagenheberteller auflegen, um das Getriebe abzustützen. Den Wagenheber anheben, bis das Getriebe etwas unter Spannung steht. In Bild 155 ist der in der Werkstatt im Zusammenhang mit einer Hebebühne benutzte Wagenheber gezeigt, jedoch wird man aus dem Bild ersehen, wie es durchgeführt wird.

■ Den hinteren Querträger des Motors (26) abschrauben, indem man die in Bild 156 gezeigte Verbindung löst (Mutter 25 und Scheibe 24) und danach die in Bild 157 gezeigten Muttern auf beiden Seiten des Querträgers ausschraubt. Mutternverbindung

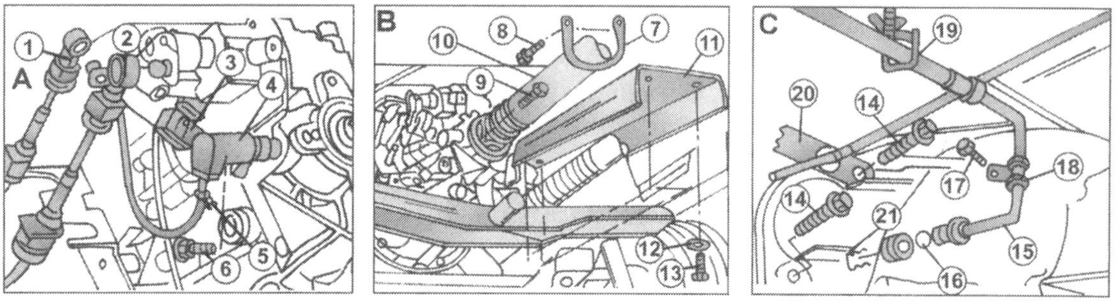


*Bild 150*
*Ansichten A, B und C und die Zahlen beziehen sich auf Bild 149 und dessen Bildlegende.*

(25) erst vollkommen trennen, nachdem der Träger außen abgeschraubt wurde. Die noch eingesetzten Getriebe-an-Motor-Schrauben (23) können jetzt ausgeschraubt werden.

- Das Getriebe auf dem Wagenheber ruhend nach hinten herausziehen und danach absenken.

Unbedingt darauf achten, dass die Kupplungswelle aus dem Eingriff mit der Mitnehmerscheibe gekommen ist, ehe man das Getriebe heraushebt, da man sonst die Kupplungswelle verbiegen oder die Mitnehmerscheibe beschädigen kann. Versuchen Sie diese Arbeit niemals allein. Ein Helfer muss das Getriebe halten, während der Wagenheber abgelassen wird – Achtung: Unfallgefahr!
Vor dem Einbau des Getriebes muss man über den Zustand der Kupplung Bescheid wissen: Wie viele Kilometer hat sie bereits zurückgelegt? Hat sie einwandfrei gearbeitet? Hat sie bis zum Ausbau des Getriebes vorschriftsmäßig aus- und eingerückt? usw.

Der Einbau des Getriebes geschieht in umgekehrter Reihenfolge, jedoch sollen die folgenden Punkte besonders hervorgehoben werden:

- Die Keilverzahnungen der Antriebswelle (Kupplungswelle) leicht mit einem Dauerfett einschmieren.
- Das Getriebe auf dem Wagenheber anheben und die Antriebswelle in Eingriff mit der Mitnehmerscheibe bringen. Den Flansch am Getriebeende etwas verdrehen, falls der Eingriff nicht sofort zustande kommt. Das Getriebe gegen den Motor drücken. Die Passhülsen im Motor müssen gut in die Aufnahmebohrungen des Getriebes eingreifen.
- Die Befestigungsschrauben des Kupplungsgehäuses mit einem Drehmoment von 38 Nm am Motor anziehen. Das gleiche Anzugsdrehmoment gilt für das Massekabel.
- Den Querträger von unten ansetzen, das Aufhängungslager in der Mitte lose anschrauben und die Schrauben an der Außenseite des Querträgers mit 45 Nm anziehen. Die Schraube und Mutter des Aufhängungslagers in der Mitte mit 90 Nm anziehen. Der Holzklotz kann jetzt wieder herausgenommen werden.
- Den Anschlussstecker für den Impulsgeber des Tachometers anbringen und die Schraube mit 8 Nm anziehen (siehe Bild 158).

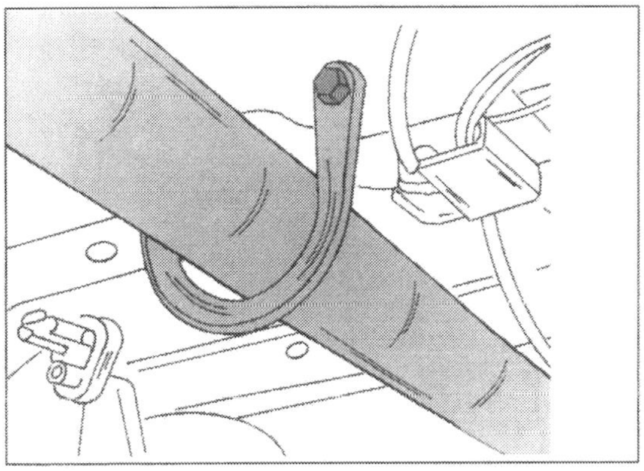

*Bild 151*
*Den Sicherungsbügel für die Gelenkwelle nach Lösen einer Schraube auf beiden Seiten ausbauen.*

*Bild 152*
*Die Gelenkwelle ist an der Oberseite des Getriebes angeschlossen.*

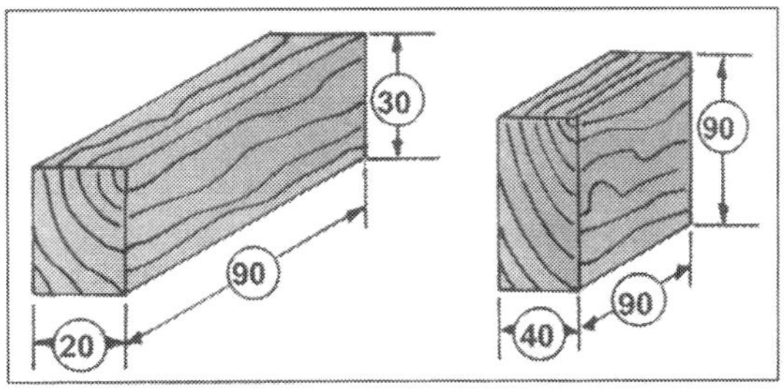


*Bild 153*
*Vermaßung des Holzblocks beim Ausbau des Getriebes. Links für den 612-Motor, rechts für den 611-Motor.*

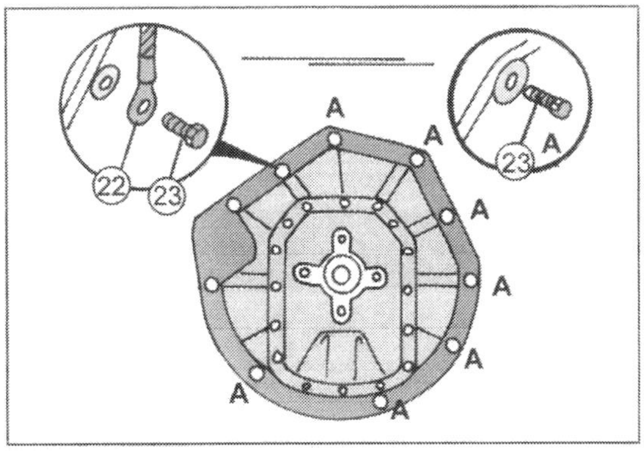


*Bild 154*
*An der Rückseite des Getriebes zu lösende Teile.*

- Den Stecker des Schalters der Rückfahrleuchte aufstecken.
- Gelenkwelle am Flansch des Getriebes anschließen und die Schrauben gleichmäßig ringsherum mit 70 Nm anziehen. Die Schraubenköpfe dabei gegenhalten. Im Abschnitt über die Gelenkwelle sind weitere Anweisungen beim Einbau zu beachten.
- Den Sicherungsbügel der Gelenkwelle in Bild 151 mit 100 Nm anziehen.

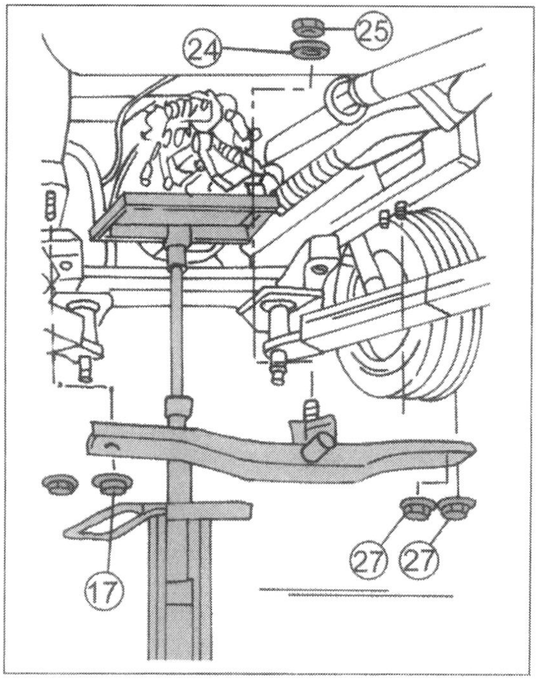


*Bild 155*
*Anheben des Getriebes und Lösen der Getriebeaufhängung.*

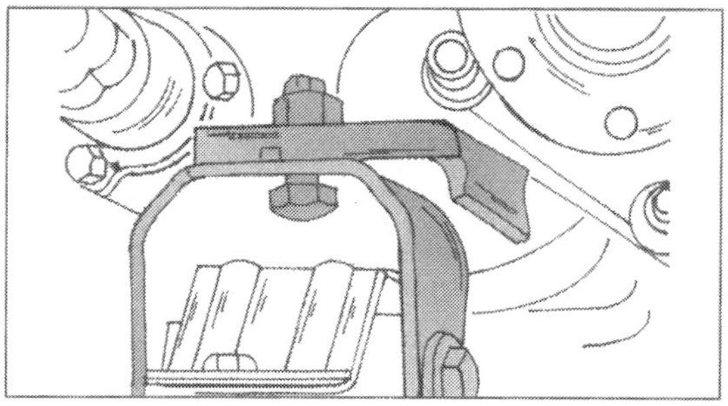

*Bild 156*
*Befestigung der Getriebeaufhängung in der Mitte des Querträgers.*

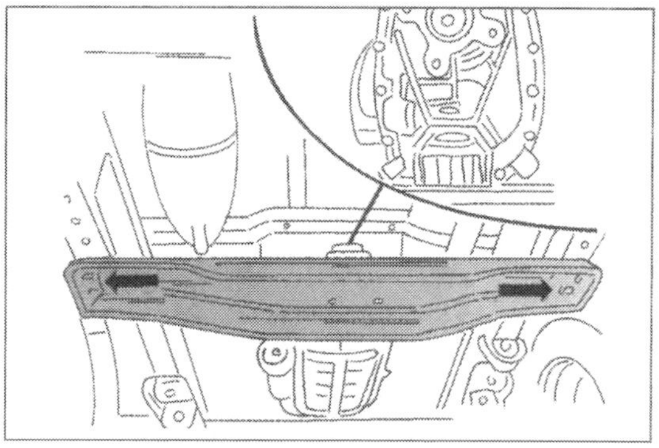

*Bild 157*
*Der hintere Querträger der Getriebeaufhängung ist an den Außenseiten mit den Längsträgern des Fahrgestells verschraubt.*

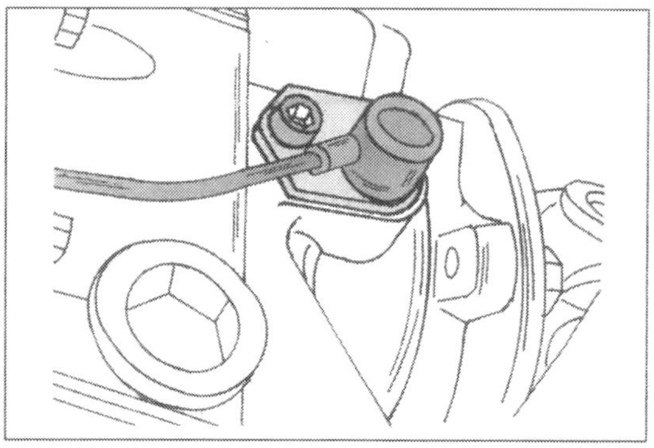

*Bild 158*
*Der gezeigte Stecker ist am Impulsgeber für den Tachometer aufgesteckt.*

- Massekabel der Batterie wieder anschließen.
- Getriebeöl einfüllen. Wurde es nicht abgelassen, muss man den Stand des Getriebeöls kontrollieren und ggf. berichtigen.
- Falls ein Radio mit Diebstahlsicherung eingebaut ist, muss man den Code neu eingeben. Ebenfalls muss die Zeituhr neu gestellt werden.

## Reparaturarbeiten am Getriebe

Da viele der Arbeiten durchgeführt werden können, ohne dass man das gesamte Getriebe zerlegt, werden die möglichen Arbeiten in den nächsten Kapiteln getrennt beschrieben. Beschrieben werden nur einfache Arbeiten, bei denen die Verwendung von komplizierten Werkzeugen nicht unbedingt erforderlich ist. Zur vollständigen Zerlegung des Getriebes werden verschiedene Spezialwerkzeuge gebraucht. Reparaturen an Getrieben sind heutzutage meistens Arbeiten für einen Spezialisten. Falls das Getriebe einen größeren Schaden erlitten hat, raten wir Ihnen, sich mit dem Kauf eines Austauschgetriebes zu befassen.

### Dichtring der Antriebswelle (Kupplungswelle) erneuern

Das Getriebe muss zur Erneuerung des Dichtringes in der Innenseite der Getriebeglocke ausgebaut sein. Ebenfalls auszubauen ist die Hydraulikeinheit für die Kupplungsbetätigung. Zum Ausbau wird in der Werkstatt ein Auszieher benutzt. Andernfalls den Dichtring heraushebeln und einen neuen Dichtring montieren. Den Raum zwischen den Dichtringen mit etwas Mehrzweckfett füllen. Zum Einschlagen einen passenden Schlagdorn benutzen, welchen man auf der Außenfläche des Dichtringes aufsetzt. Den Dichtring einschlagen, bis die Außenfläche bündig abschneidet. Die Keilverzahnungen der Welle mit etwas Langzeitfett einschmieren.

### Hinteren Dichtring erneuern

Ein Zweiarmabzieher muss zur Verfügung stehen, um den Antriebsflansch des Getriebes von der Welle herunterzuziehen. Außerdem braucht man einen passenden Schlagdorn zum Einschlagen des Dichtringes. Bild 159 zeigt die auszubauenden Teile.

- Fahrzeug auf sichere Unterstellböcke setzen.
- Die Gelenkwelle (2) an der Rückseite des Getriebes abflanschen und das Zwischenlager (4) abschrauben, wie es beim Ausbau des Getriebes beschrieben wurde.
- Den Antriebsflansch (7) am Getriebeausgang in geeigneter Weise gegenhalten und die in Bild 160 gezeigte Schraube (5) der Welle einige Umdrehungen lockern, ohne sie auszuschrauben.
- Den Flansch mit einem Zweiarmabzieher herunterziehen. Die zwei Arme werden dabei unter zwei der Flanscharme untergesetzt, die Mittelschraube drückt dabei gegen die noch eingeschraubte Schraube. Hätte man diese ausgeschraubt, würde man das Gewinde der Welle beschädigen. Den Abzieher abnehmen, die Schraube (5) mit der Scheibe (6) herausdrehen und den Flansch (7) herunterziehen.
- Den Radialdichtring aus der Öffnung des Getriebegehäuses (3) ausbauen. Um dabei keine anderen Teile zu beschädigen, kann man zwei Blechschrauben in den Dichtring einschrauben und den Dichtring mit Zange und Schraubenzieher heraushebeln. Die gelösten Teile sind in Bild 161 gezeigt.
- Den Raum zwischen den Dichtlippen des neuen Dichtringes mit Fett füllen und den Ring mit einem passenden Schlagdorn einschlagen, bis die Außenseite bündig abschneidet. Ausgedrücktes Fett abwischen.
- Den Antriebsflansch auf die Verzahnungen der Abtriebswelle aufschieben, die Scheibe auflegen und die Schraube eindrehen (siehe Bild 161).
- Flansch in geeigneter Weise gegenhalten und die Schraube mit 110 Nm anziehen.
- Gelenkwelle anschließen und Schrauben anziehen. (70 Nm).
- Sicherungsbügel unter der Gelenkwelle montieren und anziehen (100 Nm).
- Zwischenlager (4) unter der Gelenkwelle montieren und anziehen (105 Nm).

### Abschließen und Anschließen der Schaltseile

Zu beachten ist, dass die Befestigung der Schaltseile ab April 2003 abgeändert wurde. Die Befestigungsweise der Schaltseile ist in Bild 162 gezeigt. Beim Abschließen der Schaltseile folgendermaßen vorgehen:

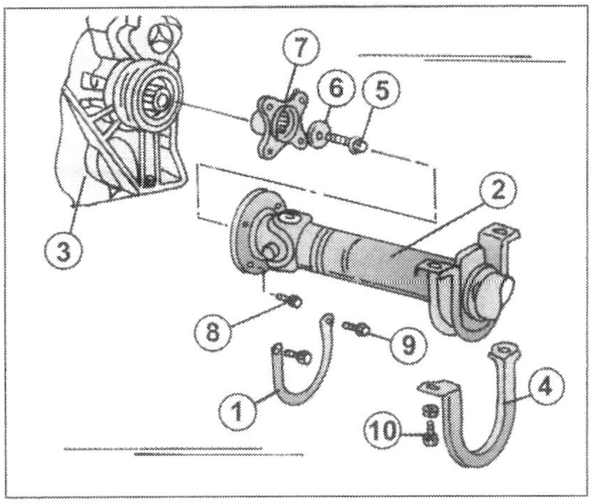


*Bild 159*
*Zum Aus- und Einbau des Antriebsflansches an der Rückseite des Getriebes.*
**1** *Sicherungsbügel*
**2** *Gelenkwelle*
**3** *Getriebe*
**4** *Zwischenlager der Gelenkwelle*
**5** *Dehnschraube, 110 Nm*
**6** *Unterlegscheibe*
**7** *Antriebsflansch*
**8** *Gelenkwellenschraube, 70 Nm*
**9** *Schraube des Sicherungsbügels, 100 Nm*
**10** *Schraube des Zwischenlagers, 105 Nm*

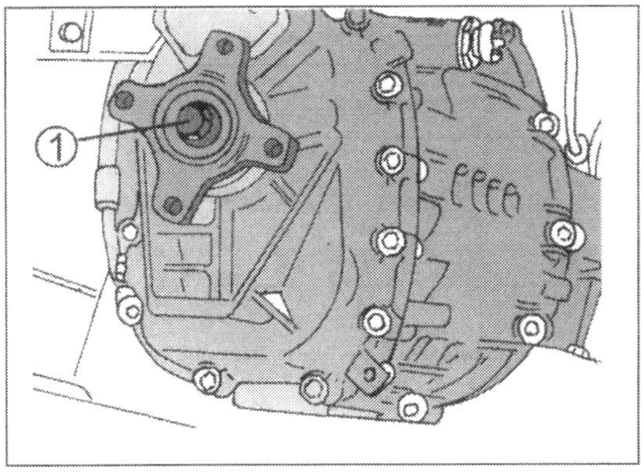


*Bild 160*
*Der Flansch muss beim Lösen oder Anziehen der Mutter (1) gegengehalten werden.*

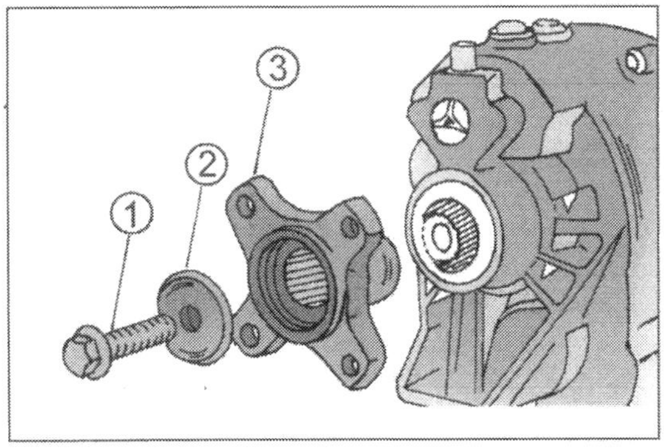


*Bild 161*
*Die Befestigungsteile des Antriebsflansches.*
**1** *Schraube*
**2** *Unterlegscheibe*
**3** *Antriebsflansch*

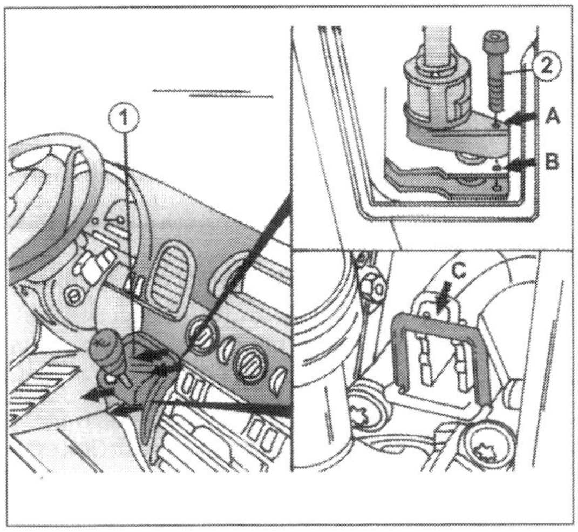


*Bild 162*
*Zum Lösen und Anschließen der Schaltseile auf der Getriebeseite. Zahlen und Buchstaben werden im Text erwähnt.*

Sichtprüfung Messen

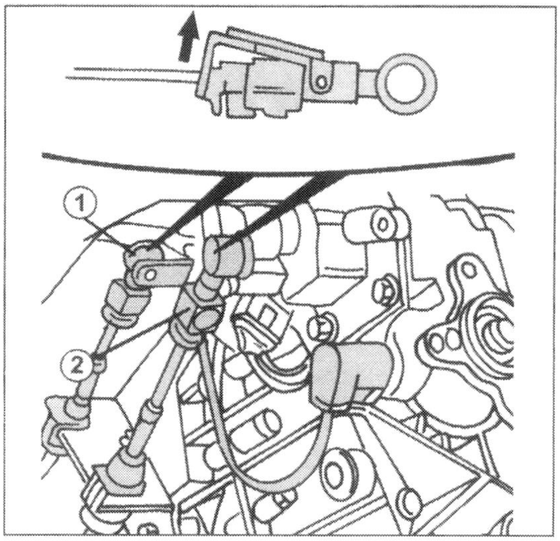


*Bild 163*
*Befestigung der Schaltseilkugelköpfe auf den Schalthebeln. Die Raste in Pfeilrichtung drücken.*

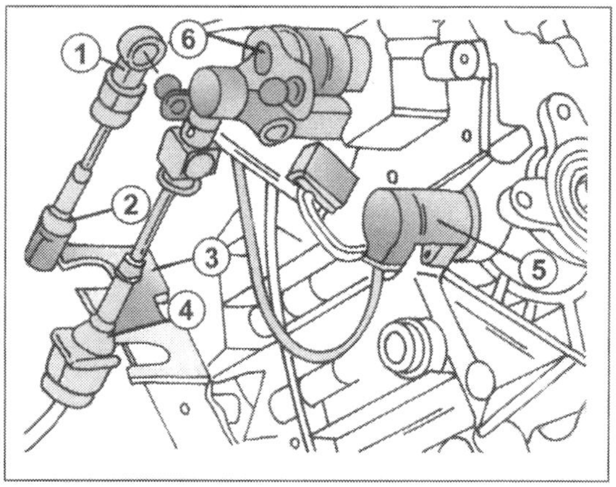


*Bild 164*
*Lösen der Schaltseile von der Befestigung am Getriebe. Schnappsicherungen in Pfeilrichtung zusammendrücken, um die Seile zu lösen.*
- **1** *Schaltseil*
- **2** *Schaltseilhaltebügel*
- **3** *Metallhalter*
- **4** *Schaltseilhaltebügel*
- **5** *Schalter der Rückfahrleuchte*
- **6** *Schaltseil*

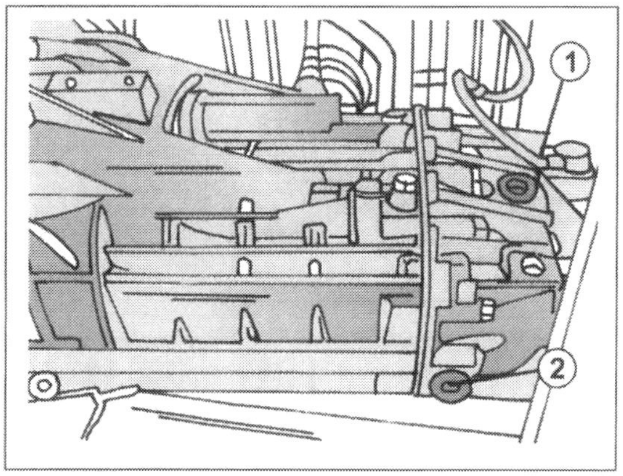


*Bild 165*
*Die Lage des Öleinfüllstopfens (1), ebenfalls zur Kontrolle des Ölstands benutzt, und des Ölablassstopfens (2).*

■ Getriebe in Neutral schalten und die Gummiabdeckung (1) des Schalthebels lösen und nach oben ziehen.

■ Bei vor April 2003 hergestellten Fahrzeugen eine M6-Schraube, 80 mm lang, durch die Bohrungen (A) und (B) der oben rechts gezeigten Sperre einschieben. Bei danach hergestellten Fahrzeugen das rechts unten gezeigte Klemmstück (C) nach unten drücken, um den Mechanismus zu sperren. Beim Einbau der Gummiabdeckung unbedingt daran denken, dass man die jeweiligen Sperren wieder entfernen muss.

■ Die Kugelkopfverbindungen der Schaltseile (1) und (2) in Bild 163 entsperren, indem die Sperren in Pfeilrichtung nach oben gedrückt werden, und mit einem Schraubendreher die Kugelgelenkköpfe der Seile von den Köpfen abdrücken. Beim Einbau werden die Kugelkopfverbindungen mit einer geeigneten Zange aufgedrückt.

■ Die Halterungen der beiden Schaltseile an der Unterseite aus dem Metallhalter an der Rückseite des Getriebes ausclipsen. Zum Lösen werden die Schnappsicherungen wie durch die Pfeile angegeben zusammengedrückt, um die Halterungen freizugeben. Beim Einbau das blaue Schaltseil an der Oberseite und das schwarze Schaltseil an der Unterseite anschließen. Einzelheiten können Bild 164 entnommen werden.

## Getriebeölstand und Ölwechsel

Das Getriebeöl wird entsprechend den geltenden Vorschriften des Herstellers gewechselt. Da die Ölwechselzeiten manchmal geändert werden, ist es besser, wenn Sie sich in einer Werkstatt erkundigen, wann der Ölwechsel fällig ist. Außerdem können Sie die Ölwechselzeiten für Ihr Fahrzeug Ihrem Wartungsscheckheft entnehmen.
Zur Kontrolle des Ölstandes den Stopfen (1) aus der Seite des Getriebes an der in Bild 165 gezeigten Stelle (1) herausschrauben (Innensechskantschlüssel) und mit dem Zeigefinger kontrollieren, ob das Öl bis zur Unterkante der Einfüllbohrung steht. Falls erforderlich, mit einer Handpumpe Getriebeöl einfüllen. Immer Öl entsprechend den Vorschriften von Mercedes-Benz benutzen (siehe Hinweis in der Einleitung dieses Abschnitts).
Um das Getriebeöl zu wechseln, sollte man das Fahrzeug einige Kilometer fahren, damit sich das Öl erwärmen kann. Einen geeigneten Behälter mit einer Aufnahmemenge von ca. 2,5 Liter unter das Getriebe untersetzen (Fahrzeug auf Böcken) und die Schraube (2) in Bild 165 mit einem Innensechskantschlüssel herausdrehen. Zur Beschleunigung des Entleerens sollte man die Öleinfüllschraube bereits jetzt herausdrehen. Das Öl gut ablaufen lassen. Am besten ist es,

wenn Sie das Fahrzeug eine Weile stehen lassen.
Den Ölablassstopfen einschrauben und mit 60 Nm anziehen. Frisches Öl mit einer Handpumpe in das Getriebe einfüllen. Falls Sie eine herkömmliche Fettpresse besitzen, kann man diese nach guter Reinigung mit Öl füllen und das Getriebe auffüllen. Das Getriebe nimmt ca. 2,0 Liter auf (genau gesagt 1,6 Liter beim 711.605-Getriebe bzw. 2,1 Liter beim 711.620-Getriebe). Falls man die Ölmenge nicht genau auslitern kann, füllt man das Getriebe, bis das Öl ca. an der Unterseite der Einfüllstopfenbohrung steht.
Den Stopfen anschließend einschrauben und mit 60 Nm anziehen.

# Die Vorderachse

Dieser Abschnitt befasst sich mit der eigentlichen Vorderachse. Alle zur Federung gehörenden Bauteile des Fahrzeuges, d. h. die Vorderfedern und der Kurvenstabilisator werden in einem getrennten Abschnitt behandelt.
Die Vorderradaufhängung besteht aus Dämpferbeinen mit eingebauten Stoßdämpfern, einem Dreiecksquerlenker an der Unterseite, einem Kurvenstabilisator (nicht alle Modelle) und einer quer zum Fahrzeug angeordneten Blattfeder. Ein Verbindungsgestänge, ebenfalls als Koppelstange bezeichnet, ist zwischen jedem Ende des Kurvenstabilisators und der oberen Aufhängungsträgerplatte auf jeder Seite eingesetzt. Das Gestänge ist an beiden Enden mit Gummibüchsen versehen, die jeweils ohne Mutternbefestigung auf das Ende des Kurvenstabilisators bzw. auf Lagerzapfen an den Trägerplatten aufgesteckt sind. Der Kurvenstabilisator ist an der Unterseite des Fahrgestells verschraubt.
Die beiden Querlenker sind an der Innenseite am Rahmen verschraubt und außen mit einem abschraubbaren Kugelgelenk mit dem Radlagergehäuse, d. h. dem Achsschenkel verbunden. Die Verbindung zwischen den Dämpferbeinen und dem Radlagergehäuse geschieht durch vier Schrauben. Oben wird das Dämpferbein mit dem Karosserieblech verschraubt. Bild 166 zeigt, wie die zusammengebaute Vorderradaufhängung auf einer Seite aussieht.

In den verschiedenen Modellen werden verschiedene Vorderachsen eingebaut. Die gleiche Achse wird bei den Modellen der Serien 901 und 902 eingebaut (unter der Bezeichnung 730.408 geführt), jedoch können diese Modelle ebenfalls mit einer Achse mit der Bezeichnung 730.410 versehen sein. Modelle der Serie 903 haben eine Achse mit der Bezeichnung 730.409. Schließlich verbleibt noch der Modell der Serie 904 mit einer Achse der Ausführung 730.411 oder 730.414. Die Angaben sind besonders wichtig, falls Ersatzteile gekauft werden müssen.

**Grundprinzipien des Fahrwerks**
Die richtige Radaufhängung ist eine Wissenschaft für sich. Bei jeder Fahrt zum Beispiel über eine Bodenwelle oder durch eine schnelle Kurve verändert sich die ausgeklügelte Geometrie der Räder, die in genau definierten Winkeln zur Fahrzeugachse stehen. Allerdings dürfen die Pneus nie den Kontakt zur Fahrbahn verlieren, weil sie dann keine Brems- und Lenkkräfte mehr übertragen können. Damit die Räder auf dem Boden bleiben, tritt die Federung in Aktion. Sie nimmt Stöße auf und folgt den Unebenheiten der Straße. Das unerwünschte Nachschwingen der Federn verhindern die Stoßdämpfer, in unserem Fall die Dämpferbeine. Sie müssten eigentlich Schwingungsdämpfer heißen, da sie keine Stöße dämpfen, sondern die Schwingungen der Federn abschwächen.

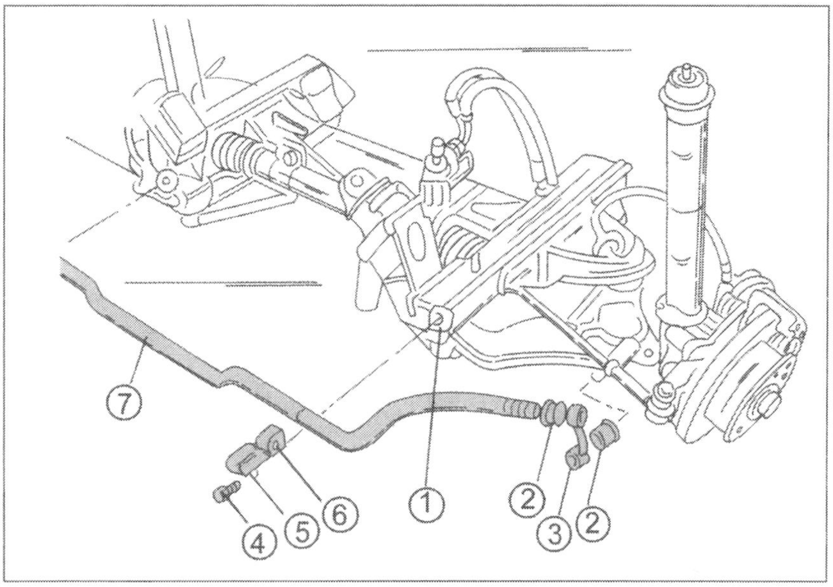


*Bild 166*
*Ansicht der eingebauten Vorderachse auf einer Seite (ohne Vorderfeder). Silentlager (2) und (6) müssen bei Erneuerung mit Öl eingeschmiert werden.*
1 *Mutter, 25–28 Nm*
2 *Gummisilentlager der Koppelstangen*
3 *Koppelstange*
4 *Schraube*
5 *Montageschelle des Kurvenstabilisators*
6 *Gummisilentlager*
7 *Kurvenstabilisator*

## Aus- und Einbau der Vorderachse

Im folgenden Text wird der Ausbau der kompletten Vorderachse beschrieben. Im Allgemeinen ist diese Arbeit jedoch nur notwendig, wenn das Fahrzeug in einen Unfall verwickelt war. Viele Teile der Vorderachse können ausgebaut werden, ohne die gesamte Einheit zu demontieren. Die entsprechenden Beschreibungen folgen später in diesem Kapitel. Bild 167 zeigt die Befestigungsweise des Federbeins und kann bei den folgenden Arbeiten als Bezug benutzt werden.

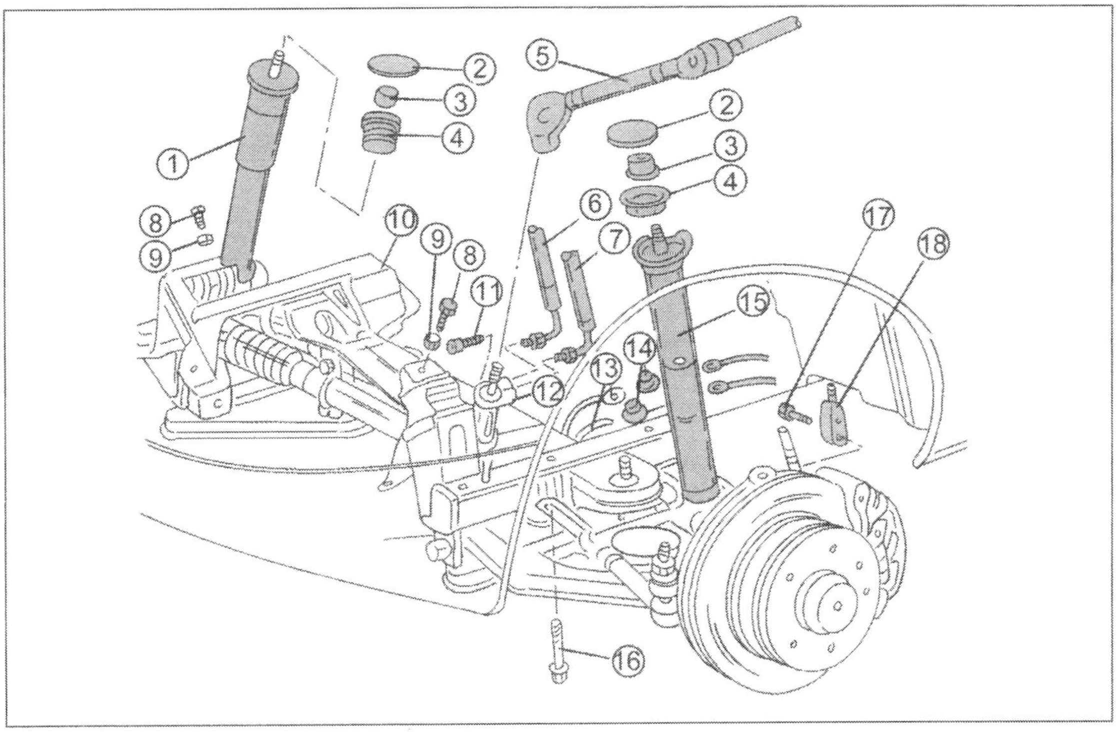


*Bild 167*
*Ansicht der eingebauten Vorderachse. Anzugsdrehmomente sind in der Beschreibung angeführt.*
*1 Dämpferbein, rechts*
*2 Abdeckung*
*3 Mutter für Dämpferbein,*
*4 Gummilager, Dämpferbein, oben*
*5 Lenkzwischenwelle mit Lenkungsgelenk*
*6 Flüssigkeitsdruckleitung (Lenkung)*
*7 Flüssigkeitsrücklaufleitung (Lenkung)*
*8 Schraube, Motoraufhängung*
*9 Unterlegscheibe*
*10 Vorderachse*
*11 Inbusschraube (Lenkungsgelenk)*
*12 Zahnstangenlenkung*
*13 Bremsleitung*
*14 »T«-Stück für Bremsleitungen*
*15 Dämpferbein, links*
*16 Bundschraube, Achse an Querträger*
*17 Schraube für Kabel des Bremsklotzverschleißanzeigers*
*18 Kabel für Bremsklotzverschleißanzeiger*

Beim Ausbau ist daran zu denken, dass die Vorderachse ziemlich schwer ist, der Wagenheber oder andere Hebezeuge müssen die notwendige Tragkraft haben.

**Ausbau**
Die folgenden Zahlenangaben beziehen sich auf Bild 167. Falls kein ABS eingebaut ist, kann man die Anweisungen betreffend Drehzahlfühler im Achsschenkel übergehen.

■ Radbolzen lockern, während die Räder noch auf dem Boden aufstehen, und die Vorderseite des Fahrzeuges auf Unterstellböcke setzen. Um an alle Teile einwandfrei heranzukommen, müssen sie links und rechts an den in Bild 168 gezeigten Stellen untergesetzt werden. Die beiden Vorderräder abschrauben.

■ Die Überwurfmuttern der Bremsleitungen (13) ,an den beiden »T«-Stücken (14) abschrauben und die Leitungen herausziehen. Die Anschlussweise ist jedoch nicht bei allen Fahrzeugen gleich. Bild 169 zeigt die beiden in Frage kommenden Versionen. Zwei »T«-Stücke sind vorhanden, wenn die Verbindung in der Ansicht »A« vorgefunden wird. In der Ansicht »B« ist die Anschlussweise bei eingebautem ABS gezeigt. In diesem Fall die Bremsleitungen (13) von den Schraubverbindungen (14a) trennen. Falls man nicht sicher ist, an welches »T«-Stück die Leitungen wieder angeschlossen werden, kann man sie kennzeichnen. Die Enden der Leitungen in geeigneter Weise verschließen, um Eindringen von Schmutz zu vermeiden. Die beiden »T«-Stücke in Ansicht »A« abnehmen.

■ Die Halterung für das Kabel des Bremsverschleißanzeigers (18) abschrauben (1 Schraube, 17) und den Stecker zum Kabelanschluss abziehen.

■ Bei eingebauter ABS-Anlage das Kabel zum Drehzahlfühler im Achsschenkel abschließen. Der Drehzahlfühler kann auch ausgebaut werden und am Kabel angeschlossen bleiben. In diesem Fall die Schraube herausdrehen und den Fühler herausziehen.

■ Die Klemmschraube (11) aus dem Lenkungsgelenk am Lenkritzel der Zahnstangenlenkung mit einem Inbusschlüssel herausdrehen und das Gelenk (5) zusammen

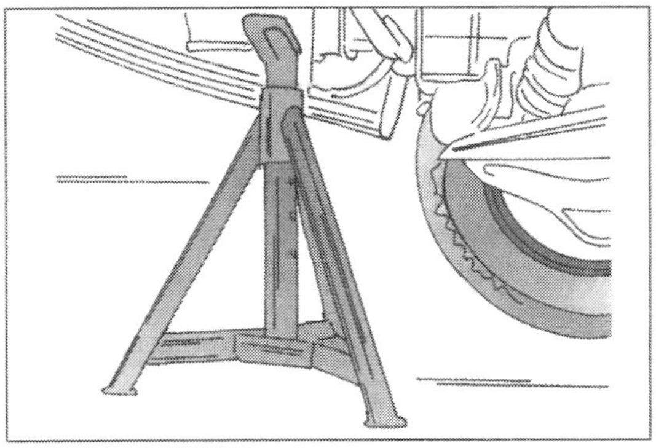

*Bild 168*
*Unterstellböcke an den gezeigten Stellen rechts und links untersetzen.*

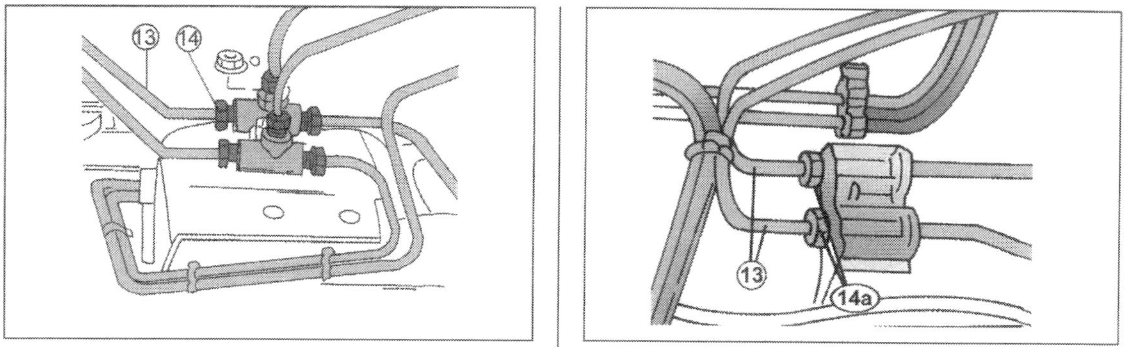


*Bild 169*
*Die Bremsleitungen (13) in Bild 167 sind an den beiden »T«-Stücken angeschlossen, wie es im linken Bild (Ansicht »A«) zu sehen ist. Die Ansicht »B« zeigt die Anschlussweise bei eingebautem ABS. Leitungen (13) in diesem Fall an der Schraubverbindung (14a) trennen.*

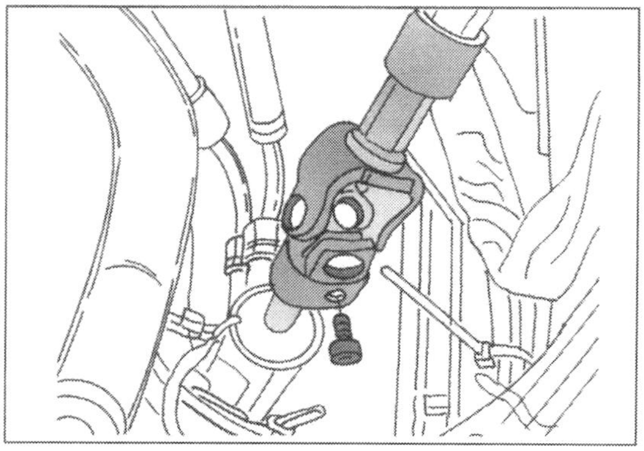

*Bild 170*
*Die Lenkzwischenwelle mit dem Lenkungsgelenk vom Lenkritzel der Zahnstangenlenkung abschließen.*

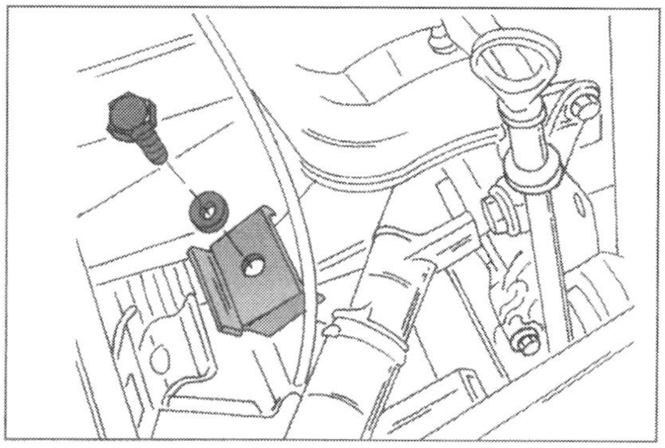

*Bild 171*
*Befestigung der Motoraufhängung auf der linken Seite.*

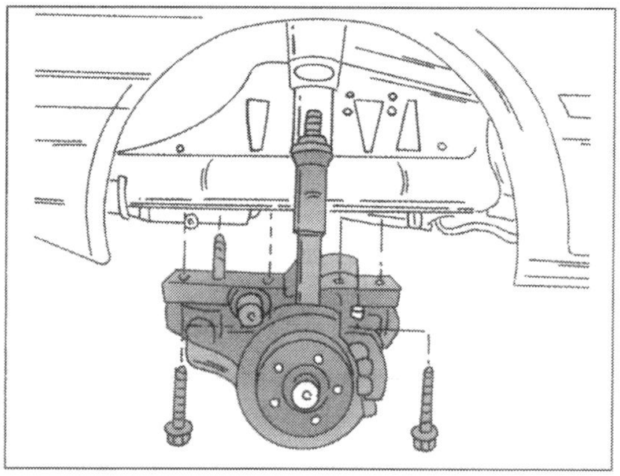

*Bild 172*
*Ausbau der Vorderachse. Auf beiden Seiten ist die Achse mit den gezeigten Schrauben befestigt.*

mit der Lenkzwischenwelle vom Lenkritzel (12) herunterziehen. Bild 170 zeigt die Verbindungsstelle.

■ Die beiden Schläuche (6) und (7) der Servolenkung mit geeigneten Zwingen zusammendrücken, um ein Auslaufen der Flüssigkeit zu vermeiden, und die Überwurfmuttern der Schläuche an den Anschlussstellen der Lenkung (12) abschrauben. Dabei wird etwas Flüssigkeit herauslaufen, die man in geeigneter Weise auffangen muss. Die Ende der Schläuche mit Klebband umwickeln, um Eindringen von Schmutz zu vermeiden.

■ Die Muttern (3) der Dämpferbeine in der Innenseite der Fahrerkabine nach Herausdrücken der Abdeckung (2) lockern. Auf der linken Seite kann diese neben dem Fußpedal gefunden werden.

■ Das Wärmeschutzschild des Abgasturboladers abschrauben (nicht im Bild gezeigt).

■ Den Motor mit einem Handkran oder Flaschenzug aus den Aufhängungen herausheben, bis die Spannung soeben von den Motoraufhängungen genommen wurde. Die Seile zum Anheben sind an den Hebeösen anzubringen.

■ Einen Wagenheber unter der Vorderachse ansetzen, ohne sie dabei anzuheben.

■ Die Motoraufhängung auf der rechten und linken Seite abschrauben (Schrauben 8 und Scheibe 9). In Bild 171 ist die Aufhängung auf der linken Seite gezeigt (unmittelbar neben dem Ölmessstab). Auf der rechten Weise sieht es ähnlich aus. Vor Lösen der Motoraufhängungen unbedingt nochmals kontrollieren, dass der Motor sicher an den Ketten hängt.

■ Die Vorderachse auf der rechten und linken Seite von den Längsträgern abschrauben. Bild 172 zeigt, wo die Schrauben eingesetzt sind (Schrauben 16 in Bild 167).

■ Die Achse langsam auf dem Wagenheber absenken. Ein Helfer muss dabei die Achse auf einer Seite halten. Besser ist es, wenn ein Helfer die Achse auf beiden Seiten führt. Dabei darf man sie nicht auf den beiden Spritzblechen der vorderen Scheibenbremsen absetzen, da diese dabei verbogen werden könnten.

**Einbau**

■ Die Vorderachse auf dem Wagenheber ruhend in die richtige Lage heben. Die Vorderachse muss dabei in Eingriff mit den Führungsbolzen kommen. An der Oberseite die beiden Dämpferbeine in die entsprechenden Aufnahmebohrungen im Karosserieblech einführen. Die Gummisilentlager müssen bereits auf den Dämpferbeinen sitzen. Wagenheber vollkommen anheben, bis die Achse fest gegen die Anlagen anliegt.

■ Die beiden in Bild 172 gezeigten Schrauben (16 in Bild 167) auf jeder Seite einführen und gleichmäßig anziehen. Danach mit einem Drehmomentschlüssel in mehreren Stufen auf 125 Nm anziehen.

■ Die Lenkung in Geradeausstellung bringen. Am Lenkritzel und am Lenkungsgehäuse ist eine Markierung eingezeichnet. Diese muss bei Geradeausstellung des Lenkrades und des Lenkritzels die in Bild 173 gezeigte Lage einnehmen.

■ Das Gelenk der Lenkzwischenwelle (5) auf das Lenkritzel (12) aufschieben (siehe Bild 170), die Schraube eindrehen und mit einem Anzugsdrehmoment von 25 Nm anziehen (Schraube 11 in Bild 167).

■ Den Motor langsam in die Motoraufhängungen auf den Vorderachskörper senken. Nachdem sie fest gegen den Achskörper anliegen, die Schrauben mit einem Drehmoment von 83 Nm anziehen. Die zum Anheben des Motors benutzte Vorrichtung kann danach abmontiert werden.

■ Wärmeschutzschild des Abgasturboladers wieder montieren.

■ Die Überwurfmuttern der Flüssigkeitsschläuche der Servolenkung wieder anschrauben und festziehen. Nicht die zum Abklemmen der Schläuche benutzten Zwingen vergessen. Überwurfmuttern mit 37 Nm anziehen.

■ Die Muttern (3) der Dämpferbeine an der Oberseite mit 100 Nm anziehen und die Verschlussdeckel (2) in Bild 167 aufsetzen. Die Muttern müssen immer erneuert werden.

■ Bremsleitungen lose an den »T«-Stücken anschließen, »T«-Stück festziehen (Ansicht »A« in Bild 169) und die Überwurfmuttern mit 12 – 16 Nm anziehen. Bei einem Fahrzeug mit ABS die Bremsleitungen entsprechend Ansicht »B« in Bild 169 anschließen und die Gewindeverbindung mit 14 Nm anziehen.

■ Kabel des Bremsklotzverschleißanzeigers (18) zusammenschließen und den Kabelhalter mit 10 Nm anschrauben. Kontrollieren, dass das Kabel einwandfrei verlegt ist. Den Drehzahlfühler bei Ausführung mit ABS wieder montieren.

■ Räder anschrauben und handfest anziehen. Nachdem das Fahrzeug wieder auf dem Boden aufsteht, die Radbolzen mit 160 – 180 Nm anziehen.

■ Radzierblenden aufdrücken.

■ Bremsanlage entlüften, wie es im betreffenden Kapitel beschrieben ist.

■ Motor anlassen und eine Weile laufen lassen. Das Lenkrad einige Male aus einem Anschlag in den anderen drehen. Den Motor abstellen und den Flüssigkeitsstand im Vorratsbehälter der Servolenkung kontrollieren und ggf. berichtigen.

## Untere Querlenker – aus- und einbauen

**Ausbau**

Die Befestigungsweise eines Querlenkers ist in Bild 174 zu sehen. Ein Dreiecksquerlenker kann ausgebaut werden, ohne dass man die Achse ausbaut. Wurde die Achse in der oben beschriebenen Weise ausgebaut, kann man die Arbeiten ebenfalls anhand der folgenden Anweisungen durchführen.

(Tipp) Zum Aus- und Einbau muss man sich ein Hilfswerkzeug aus Hartholz, Kunststoff oder Metall nach folgenden Abmessungen herstellen: 100 mm lang, 40 mm hoch und 20 mm breit.

Die herzustellenden Anzugsdrehmomente sind ziemlich hoch, ein Drehmomentschlüssel mit großem Anzugsbereich muss zur Verfügung stehen. Außerdem müssen Ku-

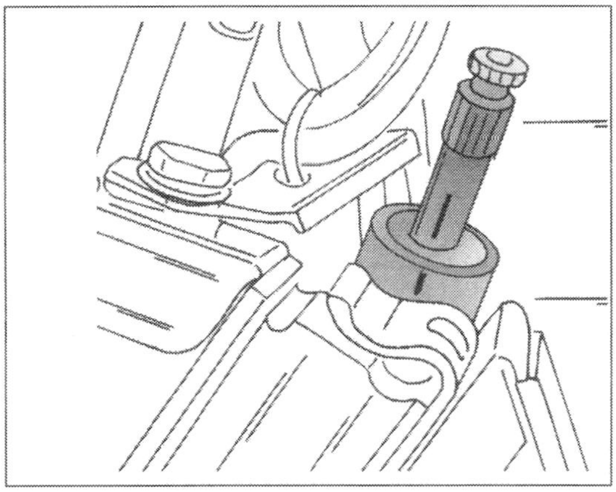

*Bild 173*
*Das Lenkritzel steht in Geradeausstellung, wenn die beiden eingezeichneten Linien an Ritzel und Zahnstangengehäuse gegenüber stehen.*

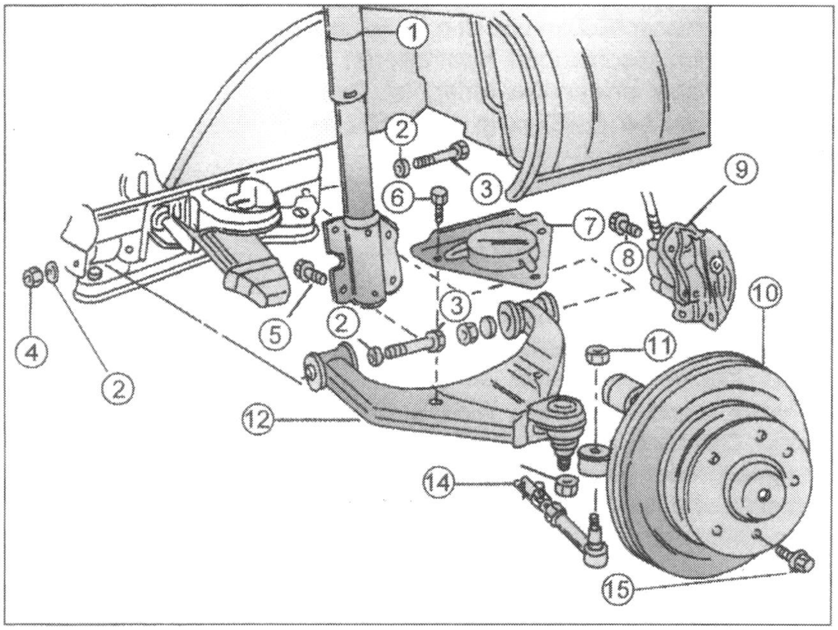


*Bild 174*
*Zum Aus- und Einbau eines Dreieckquerlenkers. Die Anzugsdrehmomente sind im Text angeführt.*
- ***1*** *Dämpferbein*
- ***2*** *Unterlegscheibe*
- ***3*** *Sechskantschraube, M14 x 1,5*
- ***4*** *Sechskantmutter*
- ***5*** *Sechskantschraube, M14 x 1,5*
- ***6*** *Sechskantschraube, M10*
- ***7*** *Obere Aufhängung*
- ***8*** *Bremssattelschraube, M14 x 1,5*
- ***9*** *Bremssattel*
- ***10*** *Achsschenkel mit Radnabe und Bremsscheibe*
- ***11*** *Sechskantmutter, M16 x 1,5*
- ***12*** *Dreiecksquerlenker*
- ***13*** *Sechskantmutter, M20 x 1,5*
- ***14*** *Spurstange*
- ***15*** *Radbolzen*

gelbolzenabzieher für den Spurstangenkugelbolzen und den Aufhängungsbolzen an der Unterseite des Querlenkers zur Verfügung stehen.

■ Die genannte Montageplatte in die Blattfeder und die Spannplatte der Feder einsetzen, wie es in Bild 175 zu sehen ist.

■ Radbolzen lockern, die Vorderseite des Fahrzeuges unter der Vorderachse anheben und auf Böcke setzen. Die Räder abschrauben.

■ Den Bremssattel (9) ausbauen und mit einer Drahtschlinge an geeigneter Stelle an der Vorderachse befestigen. Den Bremssattel nicht am Schlauch herunterhängen lassen.

■ Die Mutter vom Bolzen des Spurstangengelenks abschrauben und den Kugelbolzen mit einem geeigneten Abzieher vom Lenkhebel trennen.

■ Einen Rollwagenheber unter dem Querlenker ansetzen und diesen ca. 10 mm anheben, um die Spannung auf das Dämpferbein zu entlasten.

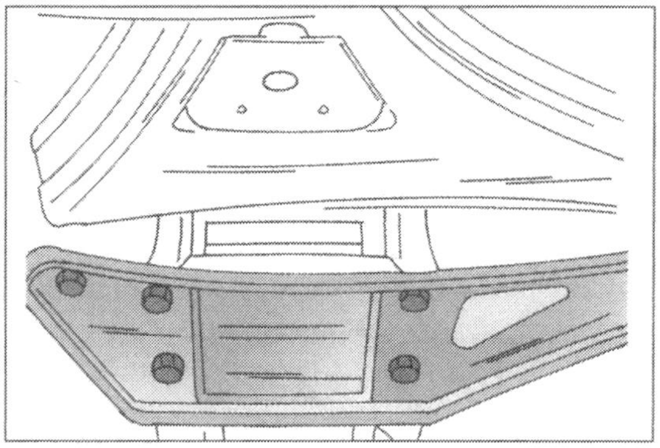

*Bild 175*
*Das genannte Hilfswerkzeug zwischen die Vorderfeder und die Montageplatte einschieben.*

■ Die vier in Bild 176 gezeigten Schrauben des Dämpferbeins (1) vom Achsschenkel (10) lösen und den Querlenker (12) langsam auf dem Wagenheber absenken.

■ An der Unterseite des Querlenkers die Mutter vom Aufhängungskugelgelenk abschrauben und die Gelenkverbindung mit einem geeigneten Kugelbolzenabdrücker vom Achskopf trennen.

■ Die dreieckige Platte (7) an der Oberseite abschrauben (3 Schrauben). Falls ein Kurvenstabilisator eingebaut ist, die Platte nach oben ziehen und am Kurvenstabilisatorende lassen. Andernfalls die Platte abnehmen.

■ Die Mutter des Lagerbolzens an der Rückseite lösen (Bild 177) und die Scheibe abnehmen. Den Bolzen ausschlagen. In ähnlicher Weise den Lagerbolzen an der Vorderseite lösen und ausschlagen. Bild 178 zeigt die Befestigung an der Rückseite des Querlenkers.

⚠ Nach Ausschlagen des letztgenannten Bolzens kann der Querlenker herunterfallen – Achtung.

### Einbau

■ Den Querlenker auf einen Wagenheber auflegen, den Wagenheber in die richtige Lage heben und die Querlenkerarme in die Konsolen einschieben. Den Lagerbolzen (1) der vorderen Befestigung von der in Bild 178 gezeigten Seite aus durch die Konsole und den Querlenker (3) schieben und die Mutter (2) mit der Scheibe aufschrauben. Die Mutter (2) muss erneuert werden. Den Wagenheber danach wieder absenken.

■ Den Querlenker nach hinten ziehen und den hinteren Arm des Querlenkers in die Konsole einsetzen. Die Schraube in der in Bild 177 gezeigten Richtung in die Konsole und den Arm (3) einschlagen und auf der anderen Seite die Scheibe mit der Mutter (2) anbringen und handfest anschrauben.

■ Obere Platte (2) mit oder ohne Kurvenstabilisatorlagerung (3) und (4) am Querlenker (1) in Bild 179 (links) anschrauben, und die drei Schrauben mit 60 Nm anziehen. Den Achsschenkel (2) in der rechten Ansicht von Bild 179 mit dem Kugelgelenk verbinden. Bei einer Achse der Ausführung 730,411/414 das Wärmeschutzschild auflegen und die Mutter (1) auf das Gelenk schrauben. Immer eine neue Mutter verwenden. Die Kugelbolzenmutter mit 280 Nm anziehen.

■ Einen Wagenheber unter den Querlenker untersetzen und diesen anheben, bis man die Verbindung zwischen dem Dämpferbein und dem Achskopf herstellen kann. Die vier Schrauben gleichmäßig mit einem Anzugsdrehmoment von 185 Nm anziehen.
■ Bolzen des Spurstangenkopfes in den Lenkhebel einsetzen. Mutter aufschrauben und mit 130 Nm anziehen.
■ Bremssattel wieder montieren. Die Schrauben mit 170 Nm anziehen.
■ Räder montieren, Fahrzeug auf den Boden ablassen und die Radbolzen mit 160 – 180 Nm anziehen.

## Erneuerung des Aufhängungskugelgelenks

Das Aufhängungskugelgelenk ist in den Dreiecksquerlenker eingepresst und kann durch Auspressen und Einpressen erneuert werden. Da man dazu jedoch die passenden Druckstempel braucht, schlagen wir vor, dass man den ausgebauten Arm in eine Werkstatt bringt, um das Gelenk erneuern zu lassen.

## Erneuerung der Gummilager im Querlenker

Die Gummilagerbüchsen in den Querlenkern sind an den in Bild 180 gezeigten Stellen eingepresst und können erneuert werden. Die Lager werden aus- und eingepresst. Falls man keine geeigneten Druckstempel zur Verfügung hat, kann man einen ausgebauten Querlenker in die Werkstatt bringen, um die Lagerbüchsen zu erneuern, falls man nach Ausbau des Querlenkers festgestellt hat, dass die Gummilager ausgeschlagen sind.

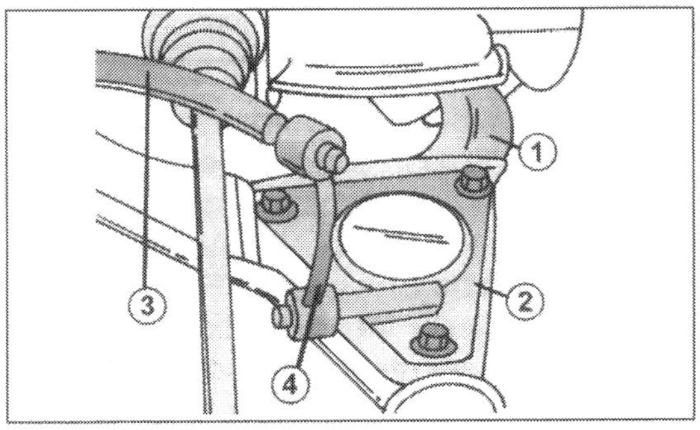


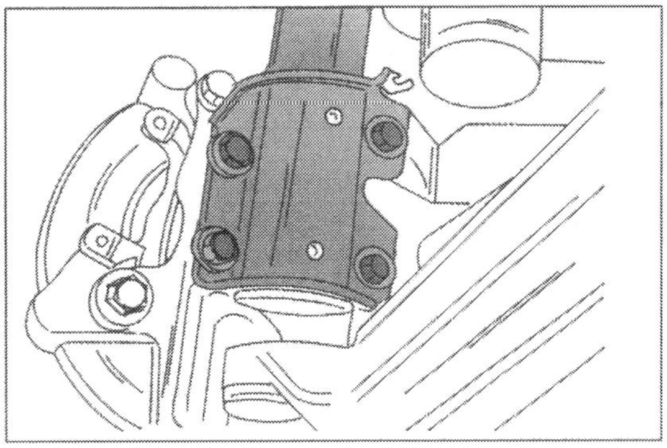

*Bild 176*
*Befestigung des Dämpferbeins an der Unterseite. Die vier Schrauben lösen, wenn der Querlenker in der beschriebenen Weise angehoben wurde.*

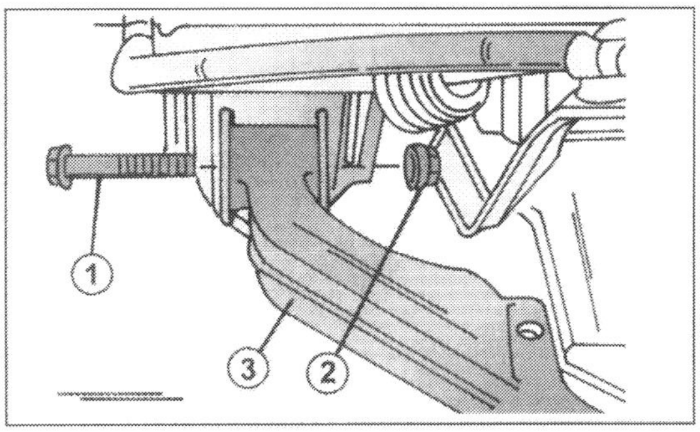


*Bild 177*
*Die Befestigung des Dreieckquerlenkers an der vorderen Befestigung.*

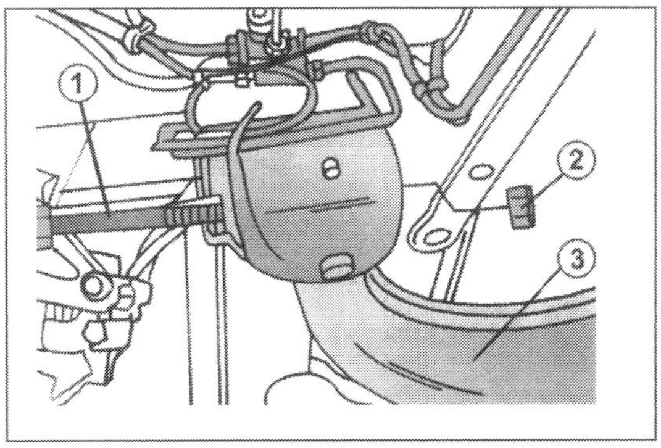


*Bild 178*
*Die Befestigung des Dreieckquerlenkers an der hinteren Befestigung.*

## Aus- und Einbau des Achsschenkels

Die Radnabe muss ausgebaut sein, um den Achsschenkel getrennt auszubauen. Die betreffenden Arbeiten werden anschließend beschrieben. Der Achsschenkel hat danach

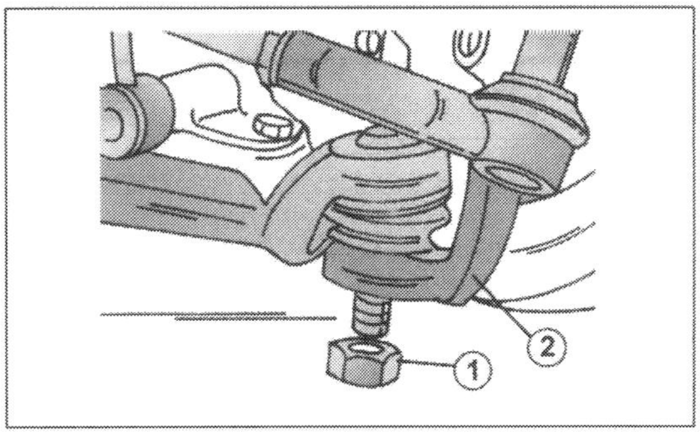


*Bild 179*
*Einzelheiten zum Einbau der Vorderachse. Die Zahlen werden im Text erwähnt.*

*Bild 180*
*Die Gummilager (2) sind rechts und links in die Querlenker (1) eingezogen.*

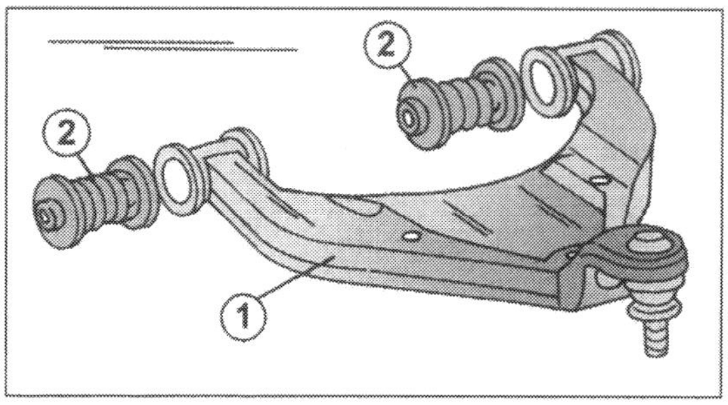


*Bild 181*
*Einzelheiten zum Aus- und Einbau der Vorderradnabe.*
*1 Dämpferbein*
*2 Schraube*
*3 Dreiecksquerlenker*
*4 Spurstange*
*5 Sechskantmutter*
*6 Achsschenkel*
*7 Sechskantmutter*

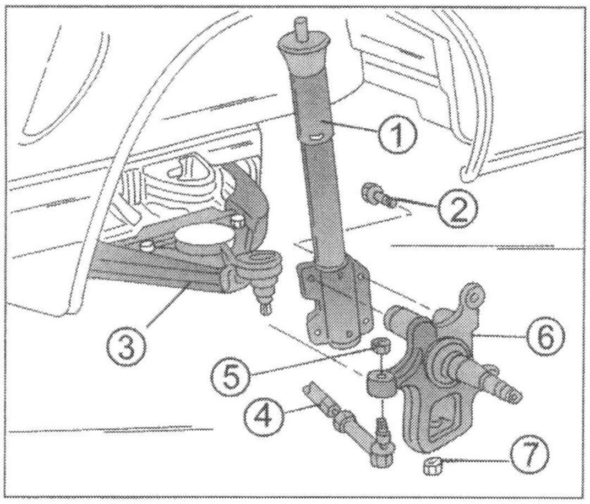


*Bild 182*
*Verbindung des Dämpferbeins (1) zum Achskopf (Achsschenkel, 3) geschieht mithilfe der Schrauben (2).*

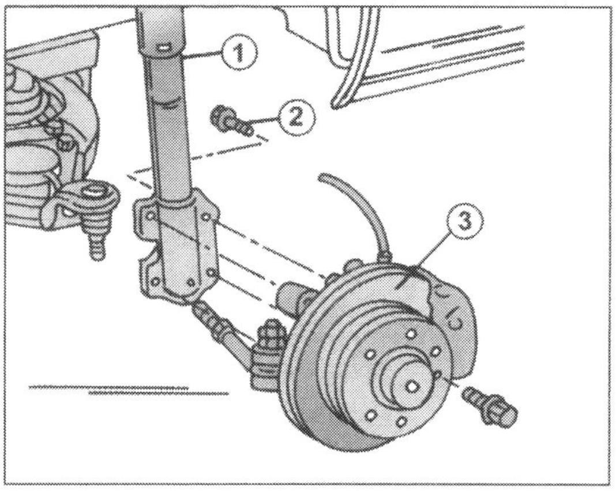


*Bild 183*
*Abziehen der Nabenfettkappe mit dem Spezialwerkzeug.*
*1 Vorderradnabe*
*2 Abzieh- und Andrückvorrichtung*
*3 Nabenfettkappe*

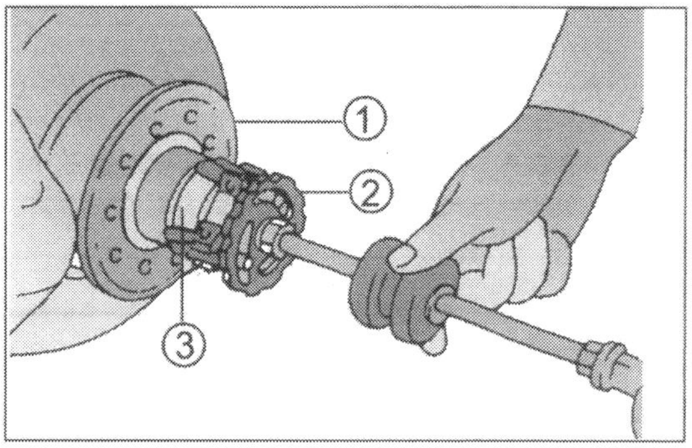


das in Bild 181 gezeigte Aussehen und kann folgendermaßen ausgebaut werden. Kugelbolzenabzieher sind für das Spurstangengelenk sowie das Aufhängungsgelenk an der Unterseite erforderlich.

■ Mutter des Spurstangengelenks abschrauben und das Spurstangengelenk mit einem Kugelbolzenabzieher trennen.
■ Einen Wagenheber unter den unteren Querlenker untersetzen und diesen ca. 10 mm anheben, um die Spannung des Dämpferbeins zu entlasten.
■ Die vier Schrauben des Dämpferbeins aus dem Achsschenkel herausdrehen (siehe Bild 182) und die Teile trennen.
■ Die Mutter an der Unterseite vom Aufhängungsgelenk abschrauben (Bild 179, rechts) und die Kugelbolzenverbindung mit einem geeigneten Abzieher trennen.
■ Den Querlenker herausnehmen.
Der Einbau geschieht in umgekehrter Reihenfolge wie der Ausbau. Die Anzugsdrehmomente wurden bereits beim Einbau des Querlenkers angegeben.

## Vorderradnaben und Vorderradlager

### Radlager-Axialspiel einstellen

■ Fahrzeug vorn auf Böcke setzen und das Vorderrad abschrauben.
■ Bremsklötze von der Bremsscheibe wegdrücken. Falls erforderlich, die Bremszange abschrauben, damit sie sich frei hin- und herbewegen kann.
■ Die Nabenfettkappe abziehen. Dazu wird normalerweise ein Abzieher mit einem Schlaghammer verwendet, wie es in Bild 183 gezeigt ist.
■ Unter Bezug auf Bild 184 die Innensechskantschraube der Klemmmutter (2) lockern und unter gleichzeitigem Drehen der Nabe die Klemmmutter anziehen, bis sich die Nabe noch soeben durchdrehen lässt, ohne dass man Klemmstellen spüren kann.
■ Aus dieser Stellung die Mutter wieder um eine $1/3$ Umdrehung lockern und die Spannung entlasten, indem man mit einem Kunststoffhammer gegen das Ende des Achsstumpfes (3) schlägt.
■ Eine Messuhr an der Vorderradnabe montieren, wie es in Bild 185 gezeigt ist und die Messuhr auf ca. 2 mm vorspannen.
Axialspiel der Radnabe durch kräftiges Ziehen und Drücken am Flansch kontrollieren. Vor jeder Messung die Radnabe einige Male durchdrehen, jedoch nicht bei der eigentlichen Messung. Die Anzeige

muss zwischen 0,2 und 0,4 mm betragen.

■ Die Innensechskantschraube der Klemmmutter mit 12 Nm festziehen (Bild 186) und das Radlagerspiel erneut ausmessen. Wenn das Radlager-Axialspiel richtig eingestellt ist, muss sich die zwischen dem äußeren Kegelrollenlager und der Klemmmutter eingesetzte Anlaufdruckscheibe mit dem Finger gerade noch drehen lassen.

■ Nabenfettkappe etwa bis zum Bördelrand mit vorgeschriebenem Fett füllen und mit Vorrichtung aufdrücken.

■ Vorderrad montieren und Fahrzeug auf die Räder absenken. Die Radbolzen mit 160 – 180 Nm anziehen.

**Vorderradnabe – Aus- und einbauen**

Nicht bei allen Fahrzeugen sind die gleichen Vorderradnaben eingebaut. Zwei Ausführungen sind in Bildern 187 und 188 gezeigt. Die Beschreibung bezieht sich in der Hauptsache auf Bild 188.

■ Radbolzen oder Radmuttern lockern, Fahrzeug vorn aufbocken und das Vorderrad abnehmen. Die Einbaulage des Rades sollte im Verhältnis zur Radnabe (6) gekennzeichnet werden.

■ Von einem Helfer das Bremspedal durchtreten lassen und die Schraube aus der Stirnfläche der Bremsscheibe (12) lockern (mit Kreuzschlitzkopf). Die Scheibe kann auch an der Nabe angeschraubt bleiben.

■ Den Gleitsattel (2) abschrauben und abnehmen. Den Sattel etwas in Richtung Bremsscheibe drücken, damit sich die Bremsklötze nach innen bewegen können. Dadurch wird mehr Raum geschaffen und der Ausbau des Bremssattels wird erleichtert. Den Bremssattel mit einer Drahtschlinge an der Vorderachse befestigen. Nicht am Schlauch herunterhängen lassen.

■ Die Schraube der Bremsscheibe (12) vollkommen herausdrehen und die Scheibe (7) abnehmen. Eventuell mit einem Gummihammer nachhelfen. Dies ist bei der in Bild 187 gezeigten Ausführung der Fall. Bei der in Bild 188 gezeigten Ausführung die Schrauben (14) herausdrehen und den Radflansch abziehen.

■ Die Nabenfettkappe (11) mit der in Bild 183 gezeigten Vorrichtung von der Nabe abziehen.

■ Die Klemmmutter (10) in Bild 188 mit einem Inbusschlüssel lockern (Bild 186) und die Klemmmutter abschrauben. Die darunterliegende Vierkantscheibe (9) in Bild 188 entfernen.

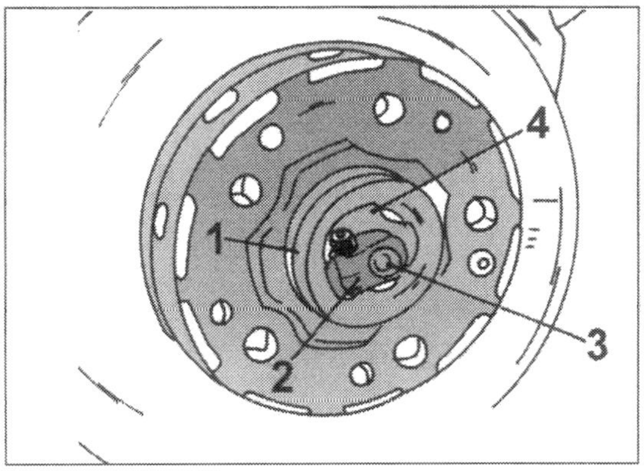


*Bild 184*
*Einzelheiten zum Einstellen des Radlager-axialspiels.*
*1 Vorderradnabe*
*2 Klemmmutter*
*3 Achsstumpf*
*4 Anlaufscheibe*

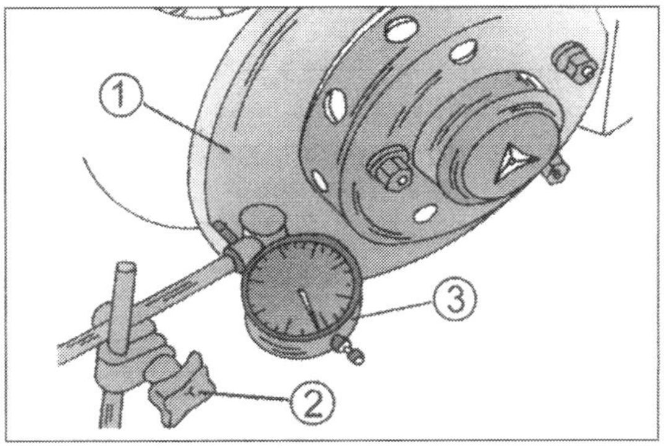


*Bild 185*
*Ausmessen des Axialspiels der Vorderradnaben (1). Eine Messuhr (3) mit einem Magnetfußhalter (2) an der Radnabe ansetzen, mit dem Messstift auf der Außenseite der Achsmutter ansetzen.*

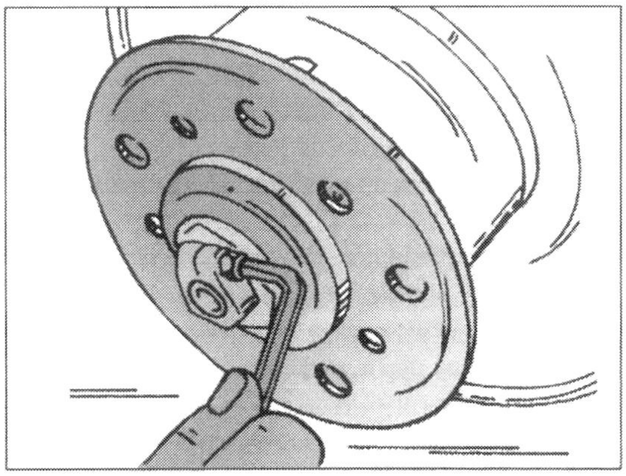

*Bild 186*
*Die Klemmmutter der Radlagereinstellung wird mit einem Inbusschlüssel gelöst.*

■ Die Vorderradnabe (6) vom Achsschenkel herunterziehen. Falls sie festsitzen sollte, muss ein Schlaghammer benutzt werden, welchen man an der Radnabe anschraubt, ähnlich wie es in Bild 183 gezeigt ist. Das äußere Radlager kann dabei auf den Boden fallen – auffangen.

■ Das innere Radlager, zusammen mit dem Radialdichtring, verbleibt auf der Radnabe und muss mit einem passenden Zweiarmabzieher heruntergezogen werden, wenn man die Radlager erneuern will.

Falls die Lager nicht erneuert werden müssen, kann man die Radnabe wie unten beschrieben wieder montieren. Andernfalls im

Sichtprüfung Messen

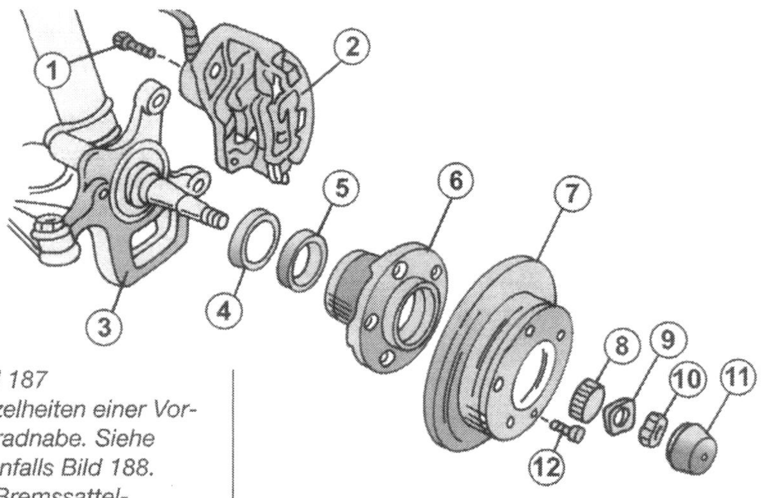


*Bild 187*
*Einzelheiten einer Vorderradnabe. Siehe ebenfalls Bild 188.*
**1** *Bremssattelschraube*
**2** *Bremssattel*
**3** *Achsschenkel*
**4** *Öldichtring*
**5** *Inneres Schrägrollenlager*
**6** *Vorderradnabe*
**7** *Bremsscheibe*
**8** *Äußeres Schrägrollenlager*
**9** *Anlaufdruckscheibe*
**10** *Klemmmutter mit Innensechskantschraube, M6*
**11** *Nabenfettkappe*
**12** *Bremsscheibenschraube*

nachfolgenden Abschnitt über die Erneuerung der Radlager nachlesen.

■ Die Lauffläche für den Öldichtring auf dem Achsstumpf leicht mit Heißlagerfett einschmieren.

■ Die Radnabe auf den Achsstumpf aufstecken und mit einem Gummihammer aufschlagen.

■ Das äußere, gut eingefettete Radlager in die Außenseite der Radnabe und über den Achsstumpf setzen und leicht einschlagen.

■ Anlaufscheibe aufstecken und die Klemmmutter aufschrauben.

■ Radlagerspiel einstellen, wie bereits beschrieben.

■ Bremsscheibe montieren und den Bremssattel am Achsschenkel befestigen.

■ Die Nabenfettkappe mit etwas Heißlagerfett füllen und die Kappe mit einem Gummihammer aufschlagen.

■ Rad anschrauben, Radbolzen festziehen (160 – 180 Nm) und das Fahrzeug auf die Räder absenken.

**Radlager erneuern**

Unter Bezug auf Bild 189:

■ In der Innenseite der Radnabe das innere Radlager und den Öldichtring mit einem Zweiarmabzieher abziehen. In ähnlicher Weise den Laufring des inneren Radlagers aus der Radnabe herausziehen. Bild 190 zeigt, wie ein Universal-Zweiarmabzieher angesetzt wird.

■ Den Außenring des äußeren Schrägrollenlagers ähnlich wie in Bild 190 von der Außenseite aus der Nabe ausziehen.

■ Falls erforderlich die Bremsscheibe von der Radnabe abschrauben. Dazu die Schraube an der Innenseite mit einem Inbusschlüssel lösen, wenn die Bremsscheibe mit Blechbacken in einen Schraubstock eingespannt ist.

Den Flansch der Nabe auf Schlag prüfen. Die Gewindelöcher für die Radbefestigung, Kegelrollenlager und Lagersitze in der Nabe kontrollieren. Die Lager können nicht wieder eingebaut werden, wenn man die folgenden Schäden feststellen kann:

■ Die Schrägrollen im äußeren Lagerkäfig zeigen Druckstellen auf, welche durch Chromabblätterung des inneren Ringes verursacht wurden.

■ Roststellen sind an den Lagerrollen zu sehen (verursacht durch Wassereindringen aufgrund eines defekten Öldichtringes).

■ Der äußere Lagerring ist hellbraun oder blau angelaufen, aufgrund von Überhitzung.

■ Falls ein Schrägrollenlager erneuert werden muss, ersetzt man das zweite Lager ebenfalls. Immer nur Lager des gleichen Herstellers verwenden. Falls die gebrauchten Lager wieder eingebaut werden, nicht die Lagerlaufringe mit den Lagerkäfigen untereinander verwechseln.

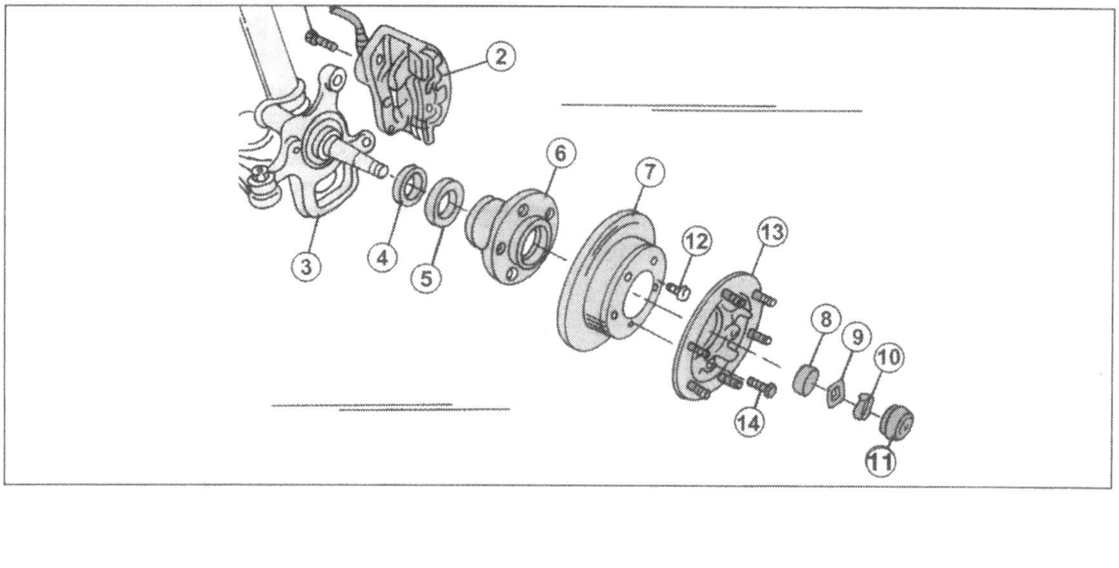


*Bild 188*
*Einzelheiten einer Vorderradnabe.*
**1** *Bremssattelschraube*
**2** *Bremssattel*
**3** *Achsschenkel*
**4** *Öldichtring*
**5** *Inneres Schrägrollenlager*
**6** *Radnabe*
**7** *Bremsscheibe*
**8** *Äußeres Schrägrollenlager*
**9** *Anlaufdruckscheibe*
**10** *Klemmmutter mit Innensechskantschraube, M6*
**11** *Nabenfettkappe*
**12** *Bremsscheibenschraube, M8*
**13** *Radflanschring (falls eingebaut)*
**14** *Bundschraube*

Beim Einbau der Radlager folgendermaßen vorgehen:

- Außenringe der Schrägrollenlager einzeln in die Vorderradnabe einschlagen oder einpressen.
- Vorgeschriebene Fettmenge von ca. 50g für Lager und Nabe abwiegen.
- Rollenkäfig des inneren Kegelrollenlagers gut mit Fett füllen.
- Innenring mit Rollenkäfig in die Nabe einsetzen und die Stirnflächen der Rollen mit Fett versehen. Den Radialdichtring zwischen Dichtlippe und Staublippe mit Fett füllen und vorsichtig in die Nabe einschlagen, ohne dabei den Ring zu beschädigen.
- Vorderradnabe mit dem restlichen Fett füllen. Falls zu viel Fett eingeschmiert wird, kann dies wandern und verliert seine Schmierkraft. Bei zu wenig Fett wird die Schmierung nicht gewährleistet.
- Die Radnabe jetzt wieder montieren, wie es im letzten Abschnitt beschrieben wurde.

## Vorderradeinstellung

Der Sturz und der Nachlauf können nur gemessen, jedoch nicht eingestellt werden, da er durch die Konstruktion der Achse bedingt ist. Bei der Vermessung muss das Fahrzeug vorn und hinten in der Höhe ausgemessen werden und die Höhe an der Vorderseite wird von der Höhe an der Rückseite abgezogen. Das Messergebnis wird dann in einer Tabelle abgelesen, aus welcher der Einstellwert ersichtlich ist. Dies bedeutet, dass man die beiden Einstellwerte nicht selbst ermitteln kann. Falls angenommen wird, dass Sturz oder Nachlauf nicht stimmen, muss man sich an eine Werkstatt werden, welche mit dem Ausmessen der Vorderradgeometrie des Sprinters vertraut ist.

**Vorspur einstellen**

Die Vorspur ist der Unterschied zwischen dem Abstand der Vorderräder an der Vorderseite, verglichen mit dem Abstand an der Rückseite, gemessen an den Felgenkanten in Höhen der Radnaben. Übermäßige Vorspur der Räder kann an der Abnutzung der Reifen an den Außenkanten erkannt werden, unzureichende Vorspur an der Abnutzung der Reifenkanten an der Innenseite. Zur einwandfreien Kontrolle wird ein gutes Spurmaß gebraucht, welches natürlich breit genug sein muss, um über beide Räder zu reichen.

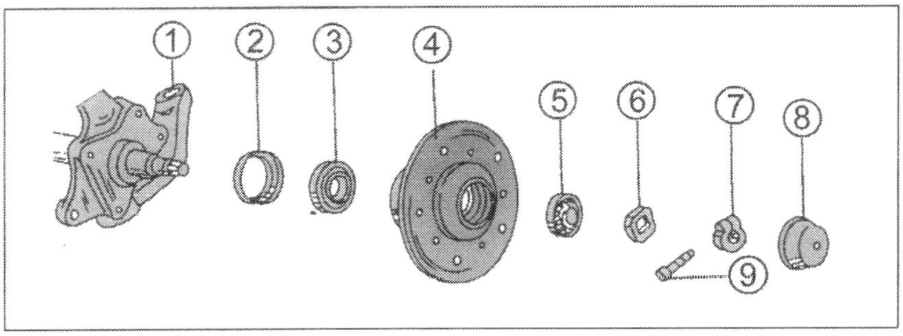


*Bild 189*
*Die Einzelteile einer Vorderradnabe.*
***1*** *Achskörper*
***2*** *Radialdichtring*
***3*** *Schrägrollenlager*
***4*** *Radnabe*
***5*** *Schrägrollenlager*
***6*** *Anlaufscheibe*
***7*** *Klemmmutter*
***8*** *Nabenfettkappe*
***9*** *Klemmschraube*

Bei der Kontrolle der Vorspur folgendermaßen vorgehen:

- Die Lenkung in die Mittelstellung bringen.
- Das Spurmaß in Höhe der Naben an der Vorderseite zwischen den Felgenkanten ansetzen, die Taststifte auf null setzen und die Ansatzstellen der Taststifte an den Reifen mit Kreide abzeichnen.
- Fahrzeug um eine halbe Umdrehung der Vorderräder nach vorn schieben und das Spurmaß an der Rückseite der Hinterräder ansetzen. Die Taststifte müssen wieder gegen die Kreidestellen angesetzt werden. Den angezeigten Wert jetzt ablesen. Bei der Messung sollte die Einstellung 0 mm ± 1 mm betragen. Falls dieser Wert erhalten wird, braucht man die Vorspur nicht einzustellen. Andernfalls den Sollwert einstellen. Wird das Fahrzeug in einer Werkstatt gemessen, werden die Werte in Graden angegeben.
- Falls die Vorspur nicht stimmt, wird die Spur durch Veränderung der Länge der Spurstange nach Lockern der Klemmschel-

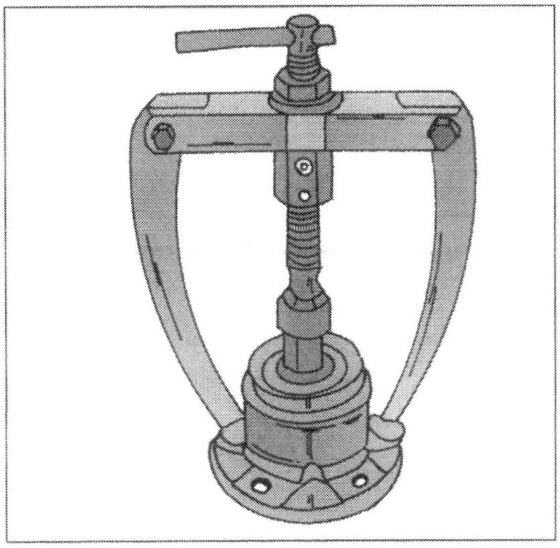

*Bild 190*
*Innere Radlagerlaufringe können in der gezeigten Weise aus der Radnabe ausgezogen werden. Andernfalls kann man sie mit einem Schlagdorn austreiben.*

Sichtprüfung Messen

len eingestellt. Ehe die Klemmschellen wieder angezogen werden, beide Spurstangenköpfe in der gleichen Richtung gegen den Anschlag drücken. Nach Festziehen der Klemmschellen kontrollieren, dass sich beide Spurstangenköpfe leicht hin- und herbewegen lassen.

■ Nach fertiger Arbeit die Vorspur wie oben beschrieben nachmessen.

## Wartungsarbeiten an der Vorderradaufhängung

### *Aufhängungskugelgelenke*

Sind die Aufhängungskugelgelenke ausgeschlagen, wird das Fahrzeug die nächste TÜV- oder Dekra-Überprüfung oder ähnliche technische Überprüfungen in anderen Ländern nicht überstehen. Bei der Kontrolle wird in der in Bildern 191 und 192 gezeigten Weise geprüft. Die Bilder zeigen nicht die Vorderradaufhängung des Sprinters, verrichten aber den Zweck dieser Beschreibung. Bei der Kontrolle muss man jedoch daran denken, dass die Teile der Vorderradaufhängung ziemlich schwerfällig sind und man eine gewisse Kraft aufwenden muss, um gute Resultate zu erzielen. Wichtig ist, dass der Vorderwagen sicher aufgebockt ist, damit man ihn nicht von den Böcken »schüttelt«.

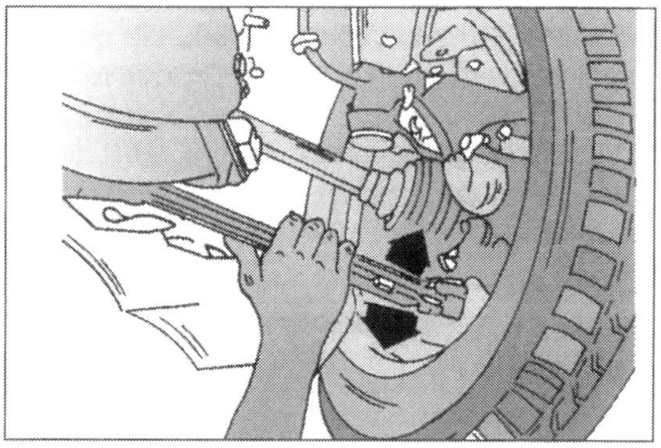

*Bild 191*
*Kontrolle des Axialspiels eines Tragkugelgelenks.*

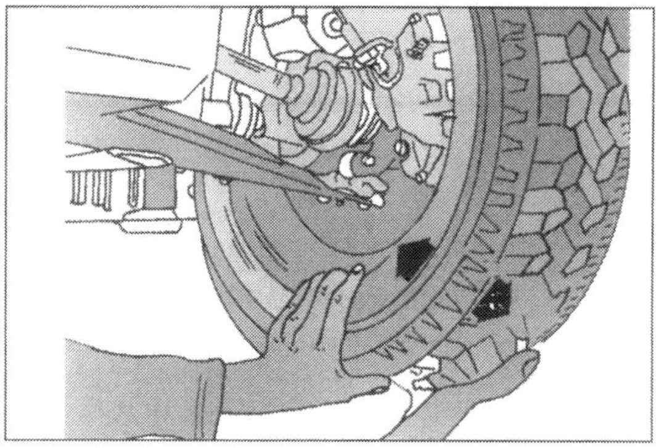

*Bild 192*
*Kontrolle des Radialspiels eines Tragkugelgelenks.*

In der erstgenannten Abbildung kontrolliert man das Axialspiel der Kugelgelenke. Bei aufgebocktem oder auf einer Hebebühne stehendem Fahrzeug den Achslenker fest erfassen und kräftig auf- und abbewegen. Kein übermäßig fühlbares Spiel darf dabei gespürt werden.

Im anderen Bild wird das Radialspiel eines Aufhängungskugelgelenks überprüft. Dazu das Rad in der gezeigten Weise erfassen und nach innen und außen bewegen. Auch hier darf man kein übermäßiges Spiel feststellen.

Ehe das Kugelgelenk sofort erneuert wird, muss man auch kontrollieren, dass das obere Federbeinlager nicht ausgeschlagen ist (wenn man die in Bild 191 gezeigte Prüfung durchführt) oder das Radlager ausgeschlagen ist (wenn man die in Bild 192 gezeigte Prüfung durchführt).

### *Staubschutzkappen der Aufhängungstraggelenke kontrollieren*

Die Achsgelenke an der Vorderachse zwischen den Querlenkern und dem Radlagergehäuse (auch »Achsschenkel« genannt) sind wartungsfrei. Die stählernen Kugelköpfe der Achsgelenke sitzen in einer Fettdauerfüllung und zusätzlich in Kunststoffschalen. Als Schutz vor Nässe und Schmutz dienen Staubkappen aus Gummi. Eindringender Schmutz wirkt wie Schmirgelsand im Gelenk; Feuchtigkeit lässt es mit der Zeit festrosten.

■ Lenkung nach einer Seite voll einschlagen.

■ Kappen der Achsgelenke rechts und links auf Beschädigungen kontrollieren.

Eine schadhafte Staubkappe kann nicht einzeln ersetzt werden. Man muss auch hier das komplette Kugelgelenk austauschen, was auch sinnvoll ist, denn sicher ist bereits Schmutz oder Wasser durch den Riss eingedrungen.

### *Stoßdämpfer kontrollieren*

Stoßdämpfer fallen gewöhnlich nicht schlagartig aus, sondern ihre Wirkung lässt allmählich nach, woran man sich unbemerkt gewöhnt. Faustregel: Nach zwei verschlissenen Reifensätzen besitzen die Stoßdämpfer nur noch 50% ihrer ursprünglichen Wirkung und sind somit zur Erneuerung reif.

Ein genaueres Bild über den Stoßdämpferzustand liefert ein spezieller Prüfstand. Anhand des Diagramms hat man einen Anhaltspunkt über die Funktionsfähigkeit der Stoßdämpfer. Solche Prüfstände haben Autoclubs sowie manche Werkstätten und TÜV-Stellen.

Es gibt einige untrügliche Anzeichen für nachlassende Stoßdämpferwirkung:

- Flatternde Lenkung, weil die Räder keinen ständigen Fahrbahnkontakt haben.
- Die Karosserie schwingt nach Überfahren von Unebenheiten nach.
- »Schwammiges« Fahrverhalten in Kurven, wobei die kurveninneren Räder nicht stark genug auf den Boden gedrückt und die äußeren nicht genügend entlastet werden.
- Springende Räder; das muss freilich ein neben- oder hinterher fahrender Begleiter beobachten.
- Vielfach unterbrochene Bremsspur bei Vollbremsung durch springende Räder (wird bei einem Fahrzeug mit Antiblockiersystem durch die ABS-Regelung unterdrückt).
- Ungleichmäßige Abnützung der Reifen und erhöhter Reifenverschleiß.

Sichtprüfung

Messen

# Hinterachse und Gelenkwelle

Je nach Modellausführung ist eine unterschiedliche Hinterachse eingebaut. Zu berücksichtigen ist außerdem der Unterschied bei Fahrzeugen mit oder ohne ABS, was besonders beim Aus- und Einbau der Achse eine wichtige Rolle spielt. Beim Bezug von Ersatzteilen muss man die betreffende Achsenausführungen beachten, d. h. man gibt das Fahrzeugmodell, den eingebauten Motor und die Serien Nummer, z. B. 901, 902, 903, 904 oder 905 an.
Die Federung aller Achsenausführungen ist jedoch gleich, Blattfedern mit hydraulischen Teleskop-Stoßdämpfern sind eingebaut.

## Aus- und Einbau der Hinterachse

**Ausführung ohne ABS**

Die Befestigung der Hinterachse ist in Bild 193 gezeigt. Dieses Bild ist bei den folgend beschriebenen Arbeiten hinzuzuziehen.

Zum Ausbau der Hinterachse ist ein kräftiger Wagenheber erforderlich, um die Last der Achse auszuhalten. Wir empfehlen, für diese Arbeit einen Helfer beizuziehen, um die Achse während dem Absenken zu halten.

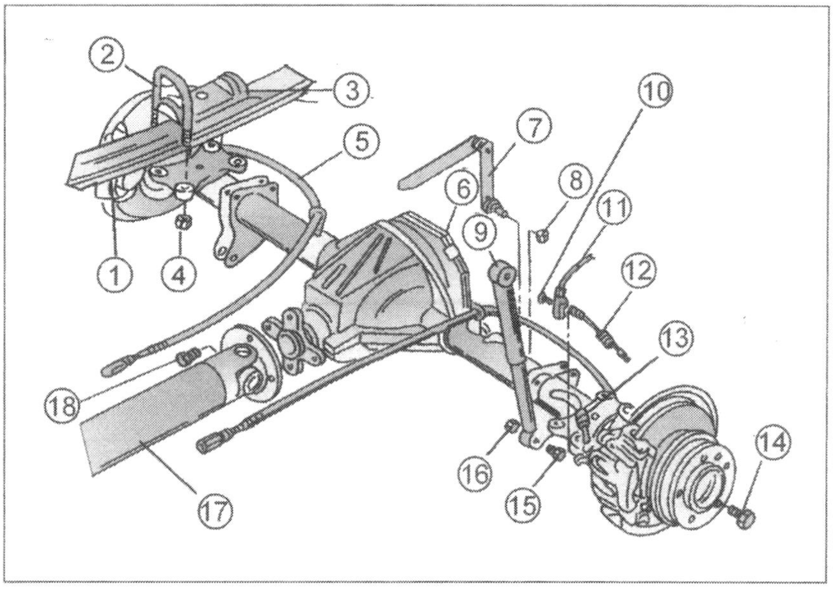


*Bild 193*
*Hinterachse ohne ABS.*
***1*** *Blattfeder*
***2*** *Federbügelschraube*
***3*** *Rückprallgummi*
***4*** *Federbügelmutter, 170 Nm, immer erneuern*
***5*** *Handbremsseil*
***6*** *Hinterachse*
***7*** *Hebel für Bremsdruckregler*
***8*** *Mutter, 35 Nm, immer erneuern*
***9*** *Stoßdämpfer*
***10*** *Schraube, 10 Nm, immer erneuern*
***11*** *Anschlusskabel für Bremsklotzverschleißanzeige*
***12*** *Kabel zum Bremsklotzverschleißanzeiger*
***13*** *Bremsschlauch, 12 – 16 Nm*
***14*** *Radschraube, 160 – 180 Nm*
***15*** *Stoßdämpferschraube*
***16*** *Mutter, 70 oder 110 Nm, je nach Schraube (siehe Text), immer erneuern*
***17*** *Gelenkwelle*
***18*** *Schraube für Gelenkwellenverbindung, 70 Nm*

- Die Radschrauben/muttern lösen, solange die Räder auf dem Boden aufsitzen.
- Rückseite des Fahrzeuges unter der Hinterachse anheben, bis man Böcke unterstellen kann. Diese kann man jedoch in diesem Fall nicht unter die Achse setzen. In Bild 194 sind die wahlweisen Stellen zum Unterstellen von Böcken zu sehen.
- Den Stecker des Kabels für den Verschleißanzeiger der Bremsklötze (12) abziehen und den Anzeiger (11) abschrauben und herausziehen. Die Schraube (10) muss immer erneuert werden (10 Nm).
- Unter dem Fahrzeug die in Bild 195 gezeigten Befestigungsbänder des Handbremsseils entfernen.
- Das vordere Handbremsseil aus dem Hebel am Handbremsausgleich aushängen, die Feststellschraube des Einstellexzenters in der Mitte des Hebels lockern und den Exzenter nach hinten verdrehen, bis man die Handbremsseile aushängen kann. Im Kapitel »Bremsanlage« kann man Einzelheiten über diese Arbeit finden.
- Falls ein Kurvenstabilisator eingebaut ist, die Stabilisatorstange von der Hinterachse trennen. Beim Einbau die Befestigungsmutter erneuern.
- Beide Stoßdämpfer von der Hinterachse abschrauben. Die Achse dazu anheben, bis sich die Stoßdämpfer etwas zusammengeschoben haben (siehe Bild 196).
- An der Unterseite, über der Achse, das Gestänge des Bremskraftreglers an der in Bild 197 gezeigten Stelle abschrauben. In Bild 196 kann man sehen, wie der Hebel angeschlossen ist.
- Bremsschlauchverbindung an der Bremsleitung trennen. Das Sechskant des Schlauches gegenhalten, während die Überwurfmutter der Leitung gelöst wird. Den Bremsschlauch danach aus der Halterung befreien (Federspannblech ausschlagen). Diese Arbeit auf beiden Seiten durchführen. Die offenen Enden der Bremsschläuche und Bremsleitungen in geeigneter Weise gegen Eindringen von Schmutz schützen. Ebenfalls kann man die Bremssättel abschrauben und an den Bremsleitungen hängend an geeigneter Stelle mit Draht festbinden, je nachdem, welche Arbeiten erforderlich sind.
- Die Luftauslassleitung aus der Hinterachse herausziehen.

⚠ Die Gelenkwelle vom Hinterachsflansch abflanschen. Die Welle kann herunterfallen, sobald die letzte Schraube herausgezogen wird. Mit der notwendigen Vorsicht vorgehen. Die Welle in geeigneter Weise mit Draht festbinden.

- Die Muttern der Federbügelschrauben lösen und die dabei frei werdenden Federplatten abnehmen. Eine zweite Person sollte bei dieser Arbeit die Achse in der aufrechten Stellung auf dem Wagenheber halten, damit sie nicht herunterfallen kann.
- Die Achse langsam auf dem Wagenheber ablassen, bis sie unter dem Fahrzeug herausgezogen werden kann.

Beim Einbau der Hinterachse folgendermaßen vorgehen. Je nach Angaben müssen die in Bild 193 gezeigten Muttern erneuert werden.

- Die Achse unter das Fahrzeug rollen, bis sie ungefähr in der Mitte zwischen den Federn sitzt.
- Die Achse in die richtige Lage heben. Die Herzbolzen der beiden Federn müssen in das Loch der Achse eingreifen. Achse weiter anheben, bis sie fest gegen die Feder gedrückt ist.
- Die Federplatten oben auflegen und die Federbriden einschlagen. Falls sie nicht ohne weiteres passen, kann man sie, in einen Schraubstock eingespannt, etwas zurechtbiegen. Mit unnützer Kraft eingeschlagene Federbriden beschädigen nur das Gewinde.
- Die Muttern aufschrauben und gleichmäßig über Kreuz mit einem Anzugsdrehmoment von 170 Nm anziehen (Bild 198).
- Bremsschlauch an der Halterung anbringen, die Bremsleitung anschließen und die Überwurfmutter mit 12 – 16 Nm anziehen. Den Schlauch dabei am Sechskant gegenhalten (Bild 199). Wurden die Bremssättel abgeschraubt, werden sie nach Montage mit 105 Nm angezogen.
- Gestänge des Bremskraftreglers anschließen. Die Mutter mit 35 Nm anziehen.
- Beide Stoßdämpfer mit der Achse verbinden. Die Befestigungsmuttern mit 70 Nm anziehen, wenn die Schraubenköpfe mit »8.8« gezeichnet sind, oder mit 110 Nm, wenn sie mit »10.9« gezeichnet sind.
- Die Gelenkwelle am Hinterachsflansch anschließen (70 Nm).
- Beide Handbremsseile in die Führungen einschieben und auf der anderen Seite mit den Federspangen befestigen. Die Seile ebenfalls mit neuen Befestigungsbändern befestigen.

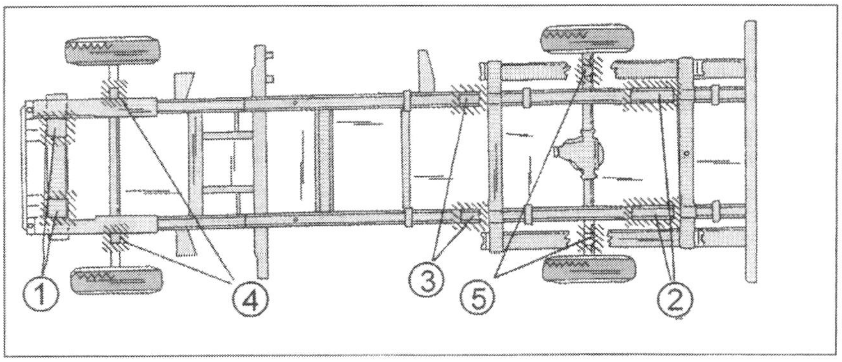


*Bild 194*
*Unterstellböcke können an den Stellen (1) bis (5) untergesetzt werden, je nachdem, wie das Fahrzeug aufgebockt werden soll.*

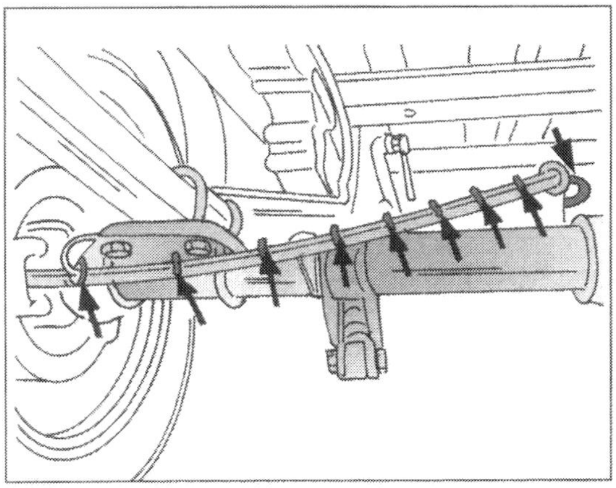

*Bild 195*
*Die mit den Pfeilen gezeigten Befestigungsbänder lösen, um die Handbremsseile freizulegen.*

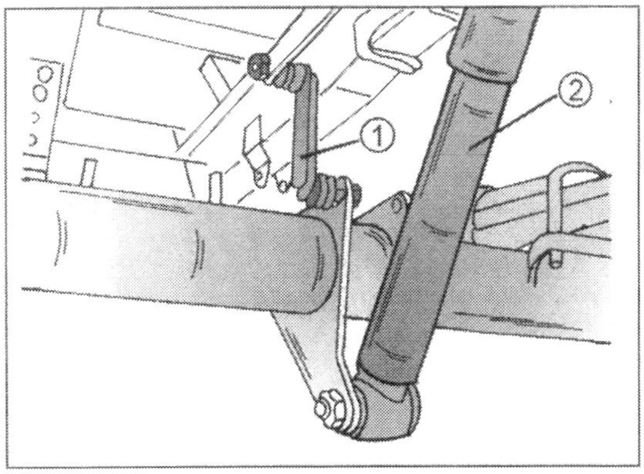


*Bild 196*
*Befestigung des Hebels für den Bremsdruckregler (1) und den Stoßdämpfer (2).*

*Bild 197*
*Das Gestänge des Bremsdruckreglers wird entweder oben oder unten abgeschraubt.*

- Handbremsseile am Ausgleichshebel anbringen. Die Handbremse muss eingestellt werden, wie es im Kapitel »Bremsen« beschrieben ist.
- Bremsanlage entlüften, falls die Bremsleitungen abgeschlossen wurden.

Sichtprüfung Messen

*Bild 198*
*Die Muttern der Federbügelschrauben werden von der Unterseite der Achse aus gelöst. Beim Einbau mit 170 Nm anziehen.*

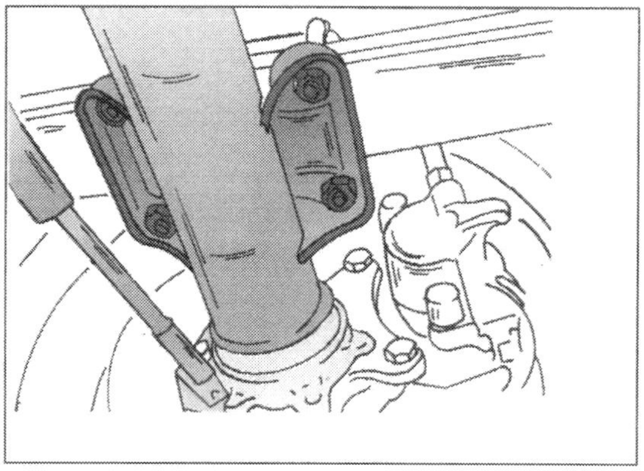

*Bild 199*
*Lösen einer Bremsleitung vom Bremsschlauch. Das Sechskant des Schlauchs dabei gegenhalten.*

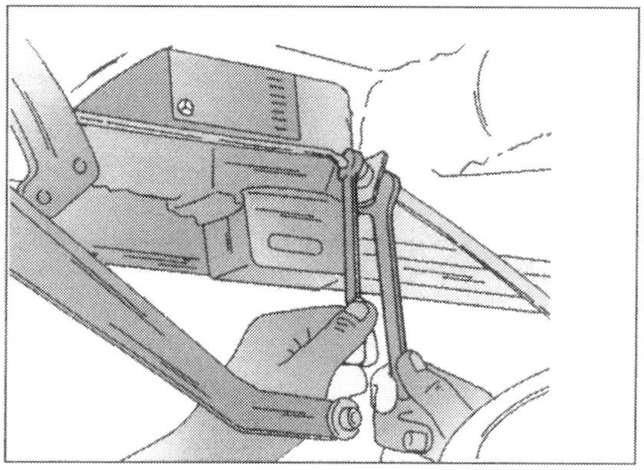

*Bild 200*
*Ausbau des Drehzahlgebers an der Hinterachse. Auf beiden Seiten ist einer eingebaut.*

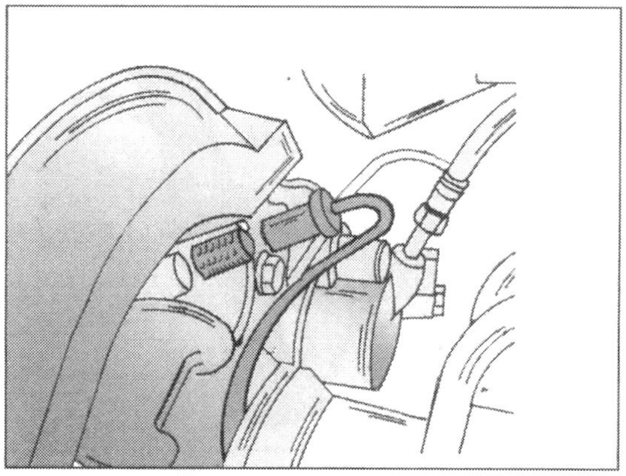

■ Ölstand in der Hinterachse kontrollieren, falls keine weiteren Arbeiten durchgeführt wurden.
■ Räder montieren, das Fahrzeug auf den Boden ablassen und die Radschrauben mit 160–180 Nm anziehen.

**Ausführungen mit ABS**
Der Aus- und Einbau der Achse findet in der oben beschriebenen Weise statt, mit dem Unterschied, dass man den Drehzahlgeber an der Rückseite der Bremsen aus der Achse ziehen muss. Dabei kommt eine Klemmbüchse heraus. Wo die Teile sitzen, kann man in Bild 200 sehen.

## Überholung der Hinterachse

Da viele Spezialwerkzeuge und Einstellwerkzeuge zum Überholen des Hinterachsantriebs und Differentials erforderlich sind, sehen wir von der Beschreibung der Arbeiten ab. Falls man den Achsantrieb kontrollieren will, kann man den Deckel an der Rückseite abschrauben (vorher das Öl ablassen). Ausgebrochene Zähne des Tellerrades kann man dabei zum Beispiel gut kontrollieren. Wir empfehlen, die Achse auszubauen und zur Überholung in eine Werkstatt zu bringen.

## Antriebswellen (Achswellen)

**Aus- und Einbau**
Die Arbeit muss bei abgenommenem Rad und aufgebocktem Fahrzeug durchgeführt werden. Bild 201 zeigt die auszubauenden Teile, wobei hinzuzufügen wäre, dass die Bremsbacken nur von den Federn befreit werden müssen.
■ Die Feststellschraube in der Mitte des Handbremsseilausgleichs lockern und den Exzenterversteller nach hinten drehen (siehe Kapitel »Bremsen«), bis man das am Hebel des Ausgleichs angeschlossene vordere Bremsseil aushängen kann.
■ Den hinteren Bremssattel ausbauen und mit einer Drahtschlinge an der Hinterachse festbinden.
Über die nächsten Arbeiten kann man im Kapitel »Bremsanlage« unter der betreffenden Überschrift nachlesen. Folgende Arbeiten sind davon betroffen:
■ Die Schraube (11) in der Stirnfläche der Bremsscheibe herausdrehen (Kreuzschlitzkopf) und die Bremsscheibe (10) herunterziehen. Falls erforderlich, den Backenversteller zurückstellen.
■ Die Backenrückzugfeder an der Oberseite und die waagerecht eingesetzte Feder aushängen.
■ An der Rückseite der Trägerplatte den Betätigungshebel öffnen, den Gelenkbolzen herausdrücken und den Hebel abnehmen.
■ Die Befestigungsmuttern des Lagerdeckels durch die Löcher im Achsflansch lösen (Bild 202). Die Welle dazu entsprechend verdrehen. Die Welle jetzt langsam herausziehen.

Sofort nach Ausbau auf der Welle vermerken, ob es sich um die linke oder rechte Welle handelt, falls beide Wellen ausgebaut werden, damit man sie wieder auf der gleichen Seite montieren kann.

- Den Dichtring (15) und die Bremsträgerplatte abnehmen. Manchmal verbleibt der äußere Lagerlaufring des Schrägrollenlagers im Achsrohr. In diesem Fall muss es mit einem passenden Abzieher herausgezogen werden.

Beim Einbau der Achswelle folgendermaßen vorgehen:

- Die Bremsträgerplatte an der Achse ansetzen.
- Die Dichtung zwischen dem Lagerdeckel und der Bremsträgerplatte einlegen.
- Die Achswelle entsprechend der Seitenkennzeichnung einschieben.
- Den Lagerdeckel im Einklang mit den Löchern in Bremsträgerplatte und Achsrohr ausrichten, und die Schrauben einsetzen. Die Schrauben müssen immer erneuert werden. Die Schrauben mit einem Anzugsdrehmoment von 72 Nm anziehen. Wiederum ist der Flansch dabei zu verdrehen, um das Loch oder eines der Löcher in eine Linie mit der jeweiligen Schraube zu bringen.
- Den Hebel der Bremsseilbetätigung nach links drücken, den Gelenkbolzen einsetzen. Der Hebel muss die in Bild 203 gezeigte Lage einnehmen.
- Die Bremsbacken wieder mit den Federn befestigen, wie es im Kapitel »Bremsanlage« beschrieben ist, und die Bremsscheibe montieren. Die Schraube mit 20 Nm anziehen.
- Den Geber für die Raddrehzahl mit einer neuen Büchse einschieben (nur mit ABS). Die Hülse muss nach jedem Ausbau des Gebers erneuert werden. Keine Einstellungen sind erforderlich, da sich das Spiel zum Zahnkranz während dem Betrieb selbst einstellt. Die Hülse muss mit Silikonfett eingeschmiert werden. In der Werkstatt wird dazu Molykote 44 Light benutzt.
- Abschließend den Ölstand in der Hinterachse kontrollieren und ggf. berichtigen und die Handbremse einstellen. Die Radschrauben mit 160 – 180 Nm anziehen.

**Überholen einer Achswelle**

Da eine Nutmutter zur Befestigung benutzt wird, wird man eher in der Lage sein, das Lager zu erneuern, jedoch wird zum Anziehen der Nutmutter ein Spezialschlüssel benutzt, um das hohe Drehmoment herzustellen. Man muss daran denken, dass eine sich lösende Mutter in der Innenseite der Achse großen Schaden anrichten kann. Ein Abzieher ist ebenfalls zum Abziehen des Lagers von der Welle erforderlich. Bild 204 zeigt die Einzelteile einer vollkommen zerlegten Achswelle.

- Die Welle in einen Schraubstock einspannen und die Verstemmung des Sicherungsblechs aus den beiden Nuten zurückschlagen. Um einen besseren Halt im Schraubstock zu gewährleisten, kann man zwei Radbolzen in die Achswelle schrauben und diese in den Schraubstock einspannen.
- Die Nutmutter in der in Bild 205 gezeigten Weise und unter Beachtung der folgenden Hinweise lösen: Die linke Welle hat ein Linksgewinde, die rechte Welle hat ein Rechtsgewinde. Eine Nutmutter mit einer Rille hat Linksgewinde, eine Nutmutter ohne Rille in der Außenseite hat Rechtsgewinde.
- Das Sicherungsblech von der Achswelle abziehen.

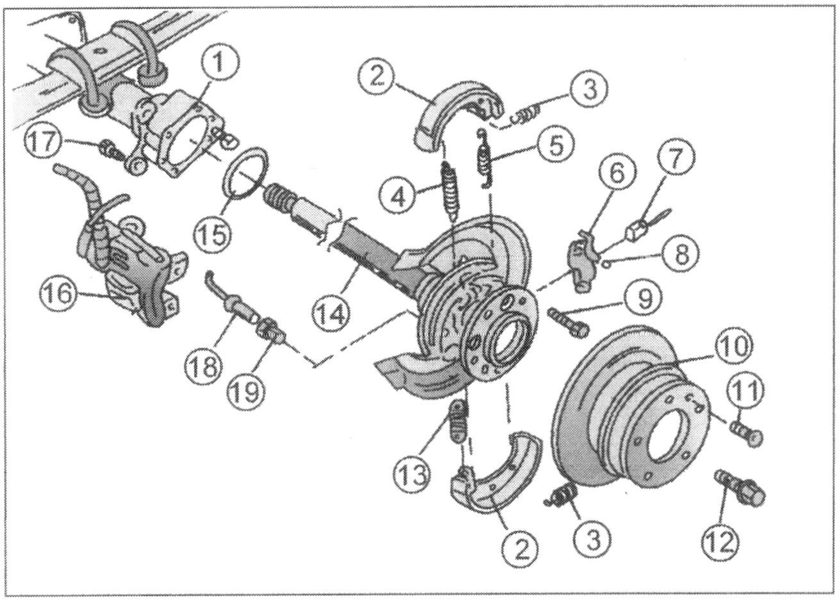


*Bild 201*
*Einzelheiten um Aus- und Einbau einer Achswelle der Hinterachse.*
*1 Hinterachsgehäuse*
*2 Bremsbacken der Handbremse*
*3 Druckfeder*
*4 Backenrückzugfeder*
*5 Backenrückzugfeder*
*6 Spreizschloss*
*7 Handbremsseil*
*8 Gelenkbolzen*
*9 Schraube, 72 Nm*
*10 Bremsscheibe*
*11 Schraube, 20 Nm*
*12 Radschraube, 160–180 Nm*
*13 Backenversteller*
*14 Achswelle*
*15 Dichtung, immer erneuern*
*16 Bremssattel*
*17 Bremssattelschraube, 105 Nm*
*18 ABS-Drehzahlgeber*
*19 Klemmhülse für (18)*

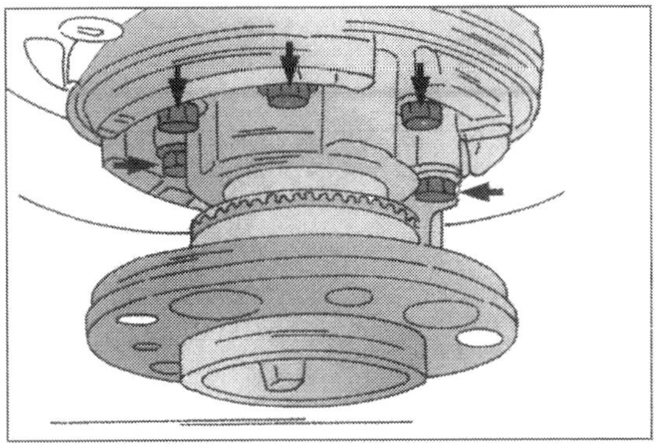

*Bild 202*
*Die hinter dem Flansch der Achswelle eingesetzten Schrauben werden durch die Löcher des Flansches mit einer Stecknuss und einem Knebel gelöst.*

Sichtprüfung Messen

*Bild 203*
*Nach Anschließen des Betätigungshebels der Handbremse diesen nach links drücken, bis er die gezeigte Lage eingenommen hat.*

■ Mit einem geeigneten Abzieher das Schrägrollenlager und den Lagerdeckel mit den Radialdichtring von der Welle herunterziehen. Falls man dabei Schwierigkeiten hat, muss man eine Werkstatt aufsuchen, da es mit einem gewöhnlichen Abzieher sehr schwer sein wird, einen geeigneten Ansatzpunkt zu finden. Falls man Zugang zu einer Presse hat, kann man eine Platte in der in Bild 206 gezeigten Weise zwischen den Achswellenflansch und den Lagerdeckel einschieben (das Bild zeigt die in der Werkstatt benutzte Pressplatte) und die Platte danach auf den Pressentisch auflegen. Die Welle kann jetzt ausgepresst werden. Dabei wird sie herunterfallen, d. h. man muss sie von unten festhalten.

■ Nach Abnehmen des Lagerdeckels den Radialdichtring mit einem passenden Dorn ausschlagen.

■ Alle Teile einwandfrei reinigen und auf Wiederverwendbarkeit kontrollieren.

Beim Zusammenbau folgendermaßen vorgehen:

■ Den Radialdichtring zwischen den Dichtlippen mit Mehrzweckfett einschmieren und von der Außenseite in den Lagerdeckel einschlagen. Die Außenfläche des Dichtringes muss bündig abschneiden. Der Schlagdorn muss auf dem gesamten Umfang aufgesetzt werden.

■ Den Lagerdeckel auf die Antriebswelle schieben und die Dichtung darüber legen. Die zusammengebaute Welle sieht bis zu diesem Arbeitsschritt wie in Bild 207 gezeigt aus. Das Abdeckblech danach über die Welle stecken.

■ Das Schrägrollenlager jetzt auf die Welle aufpressen. Beim Aufpressen den inneren Laufring des Lagers unterlegen und auf die Außenseite der Welle, d. h. den Flansch pressen. Das Aufpressen ist in Bild 208 gezeigt. Das Lager kann auf 80 °C angewärmt werden. Nicht beschädigen.

■ Das Lager abkühlen lassen und die Kegelrollen gut mit Lagerfett einschmieren.

■ Ein neues Sicherungsblech aufschieben (die flache Seite gegen die Nutmutter) und die Mutter entsprechend den gegebenen Anweisungen aufschrauben, d. h. die Mutter mit der Rille entsprechend der Seitenzugehörigkeit bestimmen. Den in Bild 209 gezeigten Schlüssel ansetzen und die Mutter mit 300 – 350 Nm anziehen. Wiederum sollte man die Welle vielleicht in eine Werkstatt bringen, um die Mutter anziehen zu lassen, wenn man die vorschriftsmäßigen Werkzeuge nicht zur Verfügung hat.

■ Das Sicherungsblech jetzt an gegenüberliegenden Seiten in die Nuten der Mutter einschlagen, um sie zu sichern. Die Sicherung ist wichtig, d. h. das Sicherungsblech muss in einer Nut gegen Lösen nach links und in der anderen Nut gegen Lösen nach rechts eingeschlagen werden.

■ Den Runddichtring mit dem quadratischen Querschnitt gegen das Schrägrollenlager drücken.

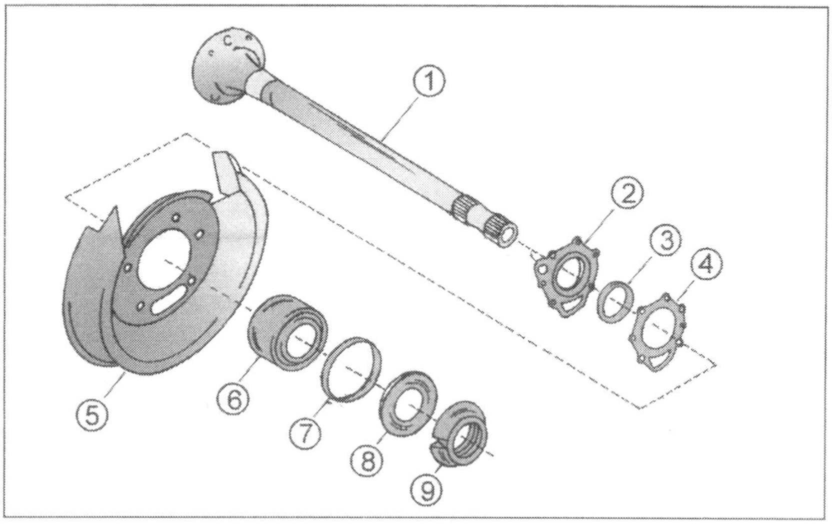


*Bild 204*
*Die Einzelteile einer zerlegten Achswelle.*
1 *Achswelle*
2 *Lagerdeckel*
3 *Radialdichtring, immer erneuern*
4 *Dichtung, immer erneuern*
5 *Staubschutzblech*
6 *Kegelrollenlager, nach Ausbau erneuern*
7 *Dichtring mit Vierkantquerschnitt*
8 *Sicherungsring*
9 *Nutmutter*

**Kegelraddichtring**

Falls man Ölleckstellen am Ausgang des Kegelrades, d. h. hinter dem Antriebsflansch, feststellen kann, lassen sich die Dichtringe erneuern, ohne dass man das Kegelrad ausbauen muss. Voraussetzung dafür ist jedoch ein guter Drehmomentschlüssel, mit welchem man das Drehmoment vor und nach der Erneuerung des Öldichtringes ausmessen kann. Außerdem braucht man einen Nutmutternschlüssel zum Lösen der Mutter des Kegelradflansches. Falls man sich diesen Schlüssel nicht besorgen kann, sollte man die Arbeit nicht versuchen.

■ Fahrzeug hinten auf Böcke setzen und die Hinterräder abschrauben.
■ Öl aus der Hinterachse ablassen. Falls eine Ölmenge von weniger als ca. 1 Liter herausläuft, könnte es sein, dass die Radlager aufgrund von Ölmangel gelitten haben. In diesem Fall die Lager ausbauen und kontrollieren. Das Öl ebenfalls auf eingeschlossene Metallteilchen kontrollieren. Falls diese festgestellt werden können, kann man annehmen, dass der Achsantrieb beschädigt ist. In diesem Fall hat die Erneuerung des Dichtringes keinen Zweck, da die Achse überholt werden muss.
■ Die Handbremse lösen und die Bremsscheiben durchdrehen. Falls sich diese nicht frei durchdrehen lassen, ist es manchmal möglich, dass die Bremsbacken gegen die Trommelflächen schleifen oder die Bremsklötze gegen die Bremsscheibe. Im ersten Fall die Bremsbacken zurückstellen, wie es im Kapitel »Bremsanlage« beschrieben wird.
■ Die Gelenkwelle am Antriebsflansch abschrauben.
■ Die Stellung der Nutmutter im Verhältnis zur Kegelradwelle genau anzeichnen, wie es aus Bild 210 ersichtlich ist. Die Linie wird mit einer Reißnadel eingeritzt.
■ Einen Drehmomentschlüssel mit dem Nutmutternschlüssel am Kegelrad ansetzen und die Kegelradwelle durchdrehen, während gleichzeitig das Drehmoment abgelesen wird. Den Wert aufschreiben.
■ Antriebsflansch in geeigneter Weise gegenhalten und die Mutter des Antriebsflansches lösen.
■ Antriebsflansch mit einem Zweiarmabzieher herunterziehen (Bild 211). In der Innenseite des Flansches ist eine Nut eingearbeitet, welche man gegenüber der Nut der Kegelradwelle finden wird. Dies ist beim Einbau wichtig. Die Lauffläche für die Dichtringe kontrollieren, da es sein kann, dass der Flansch erneuert werden muss.
■ Beide Dichtringe vorsichtig mit einem Schraubenzieher aushebeln und die Bohrung einwandfrei reinigen.
■ Neue Dichtringe zwischen Staubschutzlippe und Dichtlippe mit Mehrzweckfett füllen, und die Außenseite mit Dichtungsmasse einschmieren.
■ Dichtringe vorsichtig bis zum Anschlag in das Differentialgehäuse einschlagen.
■ Den Antriebsflansch so auf das Kegelrad aufstecken, dass die Nut in Flansch und Ke-

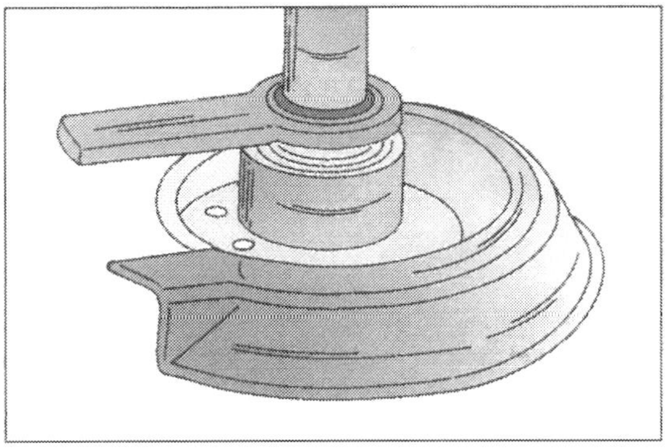

*Bild 205*
*Lösen der Nutmutter mit dem Spezialschlüssel. Falls dieser nicht zur Verfügung steht, kann man die Welle in einer Werkstatt zerlegen und zusammenbauen lassen.*

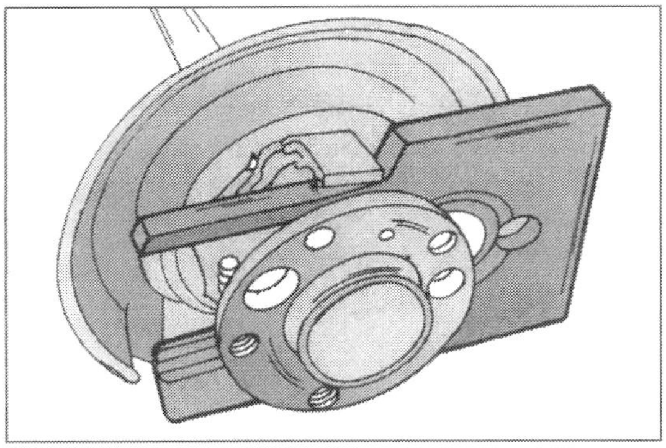

*Bild 206*
*Eine Pressplatte in der gezeigten Weise einschieben und beim Auspressen der Welle auf den Pressentisch auflegen.*

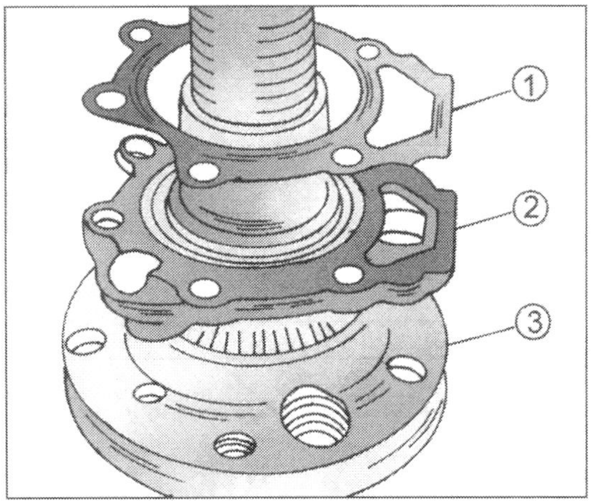


*Bild 207*
*Der Lagerdeckel (1) mit der Dichtung (2) über der Achswelle (3) aufgesetzt.*

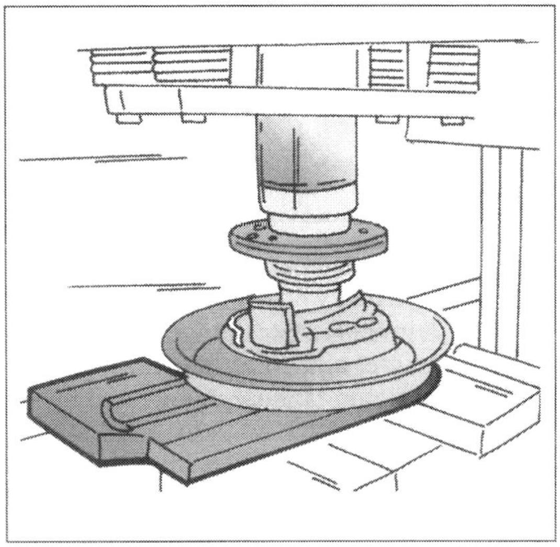

*Bild 208*
*Einpressen der Achswelle in das Schrägrollenlager. Die in Bild 206 gezeigte Pressplatte wird wieder untergelegt.*

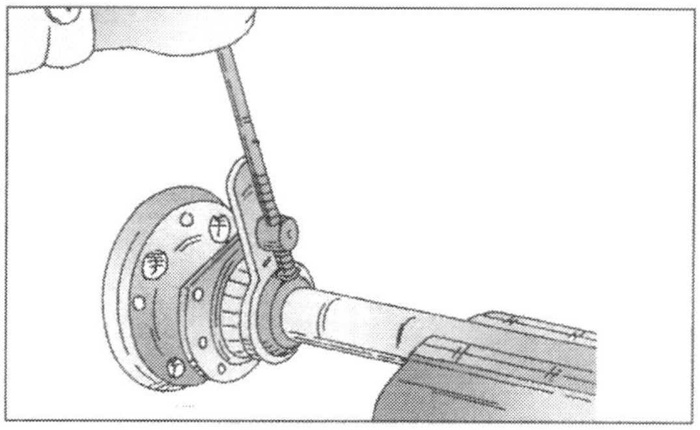

*Bild 209*
*Lösen oder Anziehen der Mutter zur Wellenlagerbefestigung.*

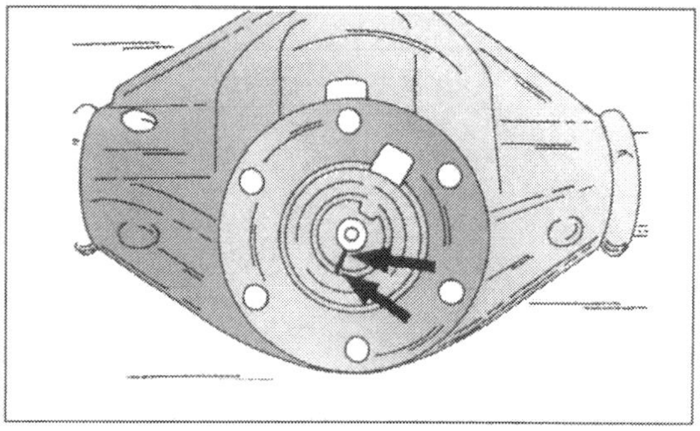

*Bild 210*
*Antriebsflansch und Kegelrad mit einer Reißnadel in der gezeigten Weise kennzeichnen.*

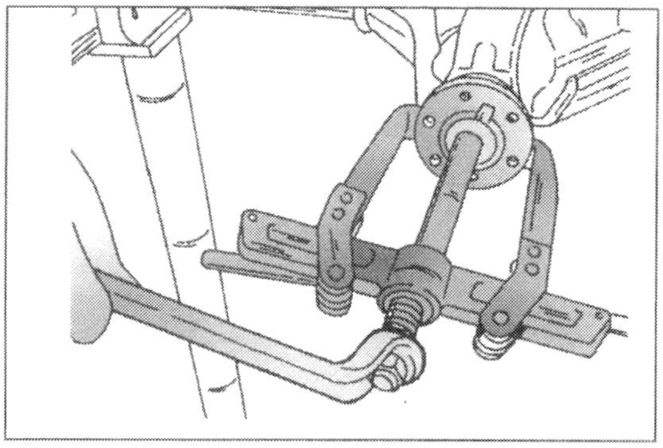

*Bild 211*
*Abziehen des Antriebsflansches.*

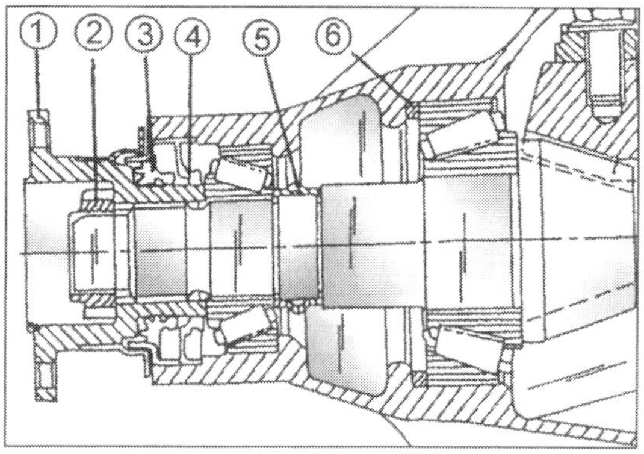


*Bild 212*
*Schnittansicht des Achsantriebs mit der Lage der einzelnen Teile.*
*1 Antriebsflansch*
*2 Nutmutter (nicht zu fest anziehen oder lockern)*
*3 Radialdichtring*
*4 Radialdichtring*
*5 Stauchhülse (wird beim übermäßigen Anziehen der Nutmutter zu weit zusammengedrückt)*
*6 Abstandsscheibe*

gelrad gegenüberstehen. Falls ein neuer Flansch eingebaut werden soll, benutzt man den alten Antriebsflansch zu dieser Arbeit.

■ Die Nutmutter aufschrauben, bis die in Bild 210 gezeigten Markierungen wieder gegenüberliegen. Damit dies jedoch beim richtigen Drehmoment stattfindet, muss man es mit dem aufgeschriebenen Wert vergleichen.

■ Falls ein neuer Flansch eingebaut wird, die Mutter wieder abschrauben, den neuen Flansch aufschlagen und die Mutter langsam anziehen, bis das erhaltene Drehmoment 0,5 Nm größer als das aufgeschriebene ist. Wichtig ist, dass man das Drehmoment nicht übersteigt, da andernfalls die Teile in der Innenseite des Antriebs zusammengedrückt werden, was eine Überholung des kompletten Antriebs bedeutet.

☞ Um nochmals zu wiederholen, das endgültige Drehmoment darf nicht mehr als 0,5 Nm größer sein, als das am Anfang gemessene Drehmoment. **Auch ein Lösen der Mutter zur Herstellung des Drehmoments ist nicht gestattet.**

■ Die Nutmutter durch Verstemmung sichern und die Gelenkwelle wieder anschließen. Abschließend die Hinterachse mit Öl füllen, wie es anschließend beschrieben ist. Der unerfahrene Mechaniker sollte sich Bild 212 ansehen, um die Lage der einzelnen Teile zu ermitteln.

## Ölstand und Ölwechsel der Hinterachse

Ein Stopfen im Deckel des Achsantriebs dient zur Kontrolle des Ölstands. Ein weiterer Stopfen ist an der Unterseite eingeschraubt, um das Öl abzulassen. Die Lage der Stopfen kann Bild 213 entnommen werden. In der linken Ansicht ist die Achse der Modellserien 901,902,903 und 904 gezeigt. Rechts kann man die Stopfen bei der Modellausführung 905 sehen. Vor Ausschrauben des Stopfens die Umgebung einwandfrei reinigen. Ein 14-mm-Inbusschlüssel wird zum Herausschrauben des Stopfens benötigt. Die Achse ist vorschriftsmäßig gefüllt, wenn das Öl an der Unterkante der Einfüllöffnung steht. Falls erforderlich SAE 90 oder 85W/90-Hypoidöl nachfüllen. Den Stopfen mit einem Anzugsdrehmoment von 100 Nm anziehen.

Bei Durchführung eines Ölwechsels folgendermaßen vorgehen:

■ Das Fahrzeug eine Strecke fahren, damit sich das Öl erwärmen kann.

■ Fahrzeug auf Böcke setzen und den Ablassstopfen (2) an der in Bild 213 gezeigten Stelle mit einem 14-mm-Inbusschlüssel ausschrauben. Die Umgebung des Stopfens vorher gut reinigen.

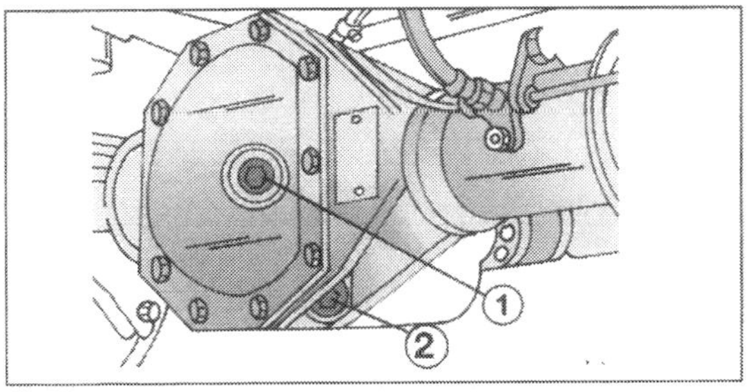


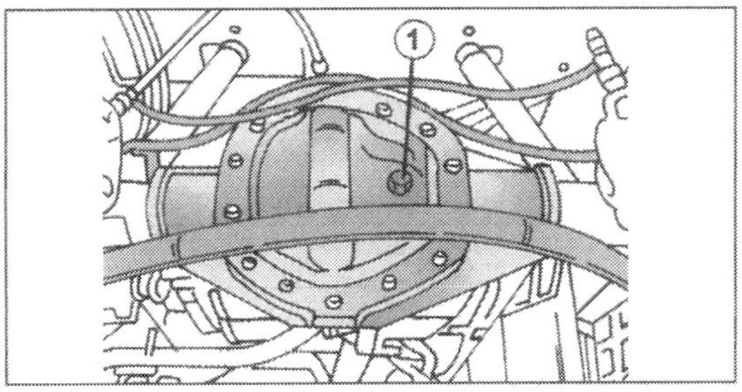


*Bild 213*
*Lage des Öleinfüllstopfens (1) und des Ölablassstopfens (2) in der Hinterachse bei den angegebenen Modellausführungen.*

Das Öl spritzt sofort heraus. Aufpassen, wenn es sehr heiß ist, um keine Verbrennungen zu erleiden.

- Deckel des Achsantriebs gut reinigen und den Öleinfüllstopfen (1) herausdrehen.
- Ölablassstopfen gut reinigen und wieder einschrauben. Mit 100 Nm anziehen.
- Die Achse mit Öl füllen. Je nach eingebauter Achse werden 1,5 Liter bis 1,8 Liter gebraucht. Wichtig ist jedoch, dass die Achse gefüllt wird, bis das Öl an der Unterkante des Öleinfüllstopfens steht. Zum Füllen eignet sich am besten eine mit dem bereits genannten Öl gefüllte Fettpresse.
- Öleinfüllstopfen gut reinigen und in den Deckel schrauben. Mit 100 Nm anziehen.

## Gelenkwelle

Der Aus- und Einbau der Gelenkwelle bereitet keine Schwierigkeiten. Die Welle ist an beiden Enden mit einem Flansch an den Flanschen des Getriebes bzw. der Hinterachse angeschraubt. Bei der Beschreibung des Aus- und Einbaus der Hinterachse wurde bereits auf Einzelheiten der Gelenkwelle eingegangen.
Je nach Modellausführung kann eine zwei- oder dreiteilige Gelenkwelle eingebaut sein. Auch die Länge der einzelnen Wellen ist nicht bei allen Fahrzeugen gleich. Der Grund dafür ist die Länge des Fahrzeuges bzw. ein eingebautes Schaltgetriebe oder automatisches Getriebe. Wie sich eine dreiteilige Gelenkwelle zusammensetzt, kann man in Bild 214 sehen. Eine zweiteilige Welle hat nur ein Zwischenlager, ist aber sonst in ähnlicher Weise befestigt, wie man Bild 215 entnehmen kann. Zu beachten ist, dass der Schwingungsdämpfer (4) nur bei einem Fahrzeug mit automatischem Getriebe eingebaut ist. Dieser ist in diesem Fall auch bei einer dreiteiligen Welle eingebaut.
Beim Einbau der Welle sind die folgenden Anzugsdrehmomente zu beachten:

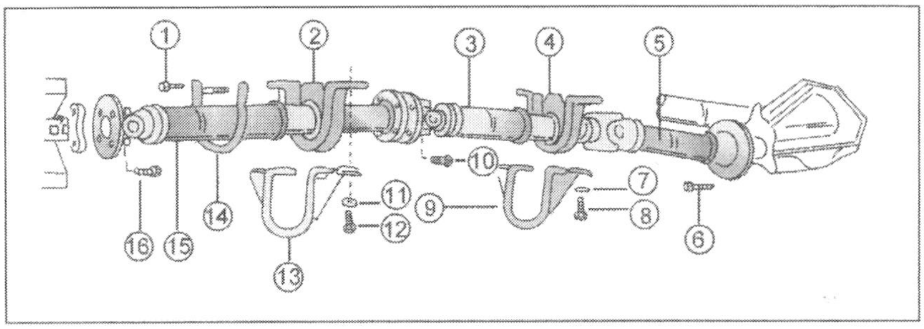


*Bild 214*
*Die Einzelteile einer dreiteiligen Gelenkwelle. Anzugsdrehmomente der Schrauben sind im Text angeführt.*
***1*** *Sechskantschraube*
***2*** *Zwischenlager, vordere Welle*
***3*** *Mittlere Gelenkwelle*
***4*** *Zwischenlager, hintere Welle*
***5*** *Hintere Gelenkwelle (mit Schwingungsdämpfer bei Automatik)*
***6*** *Gelenkwellenschraube*
***7*** *Unterlegscheibe*
***8*** *Sechskantschraube*
***9*** *Sicherungsbride für Zwischenlager*
***10*** *Gelenkwellenschraube*
***11*** *Unterlegscheibe*
***12*** *Schraube*
***13*** *Sicherungsbride für Zwischenlager*
***14*** *Sicherungsbride*
***15*** *Vordere Gelenkwelle*
***16*** *Gelenkwellenschraube*

- Schrauben der Gelenkwellenflansche (1), Gelenkwelle an Getriebeflansch 70 Nm
- Schrauben der Sicherungsbride (9) an Fahrzeugboden 100 Nm
- Schrauben der Zwischenlagerbefestigung (2) an Fahrzeugboden 105 Nm

Gelenkwellen werden nicht überholt. Falls ein Kreuzgelenk oder beide ausgeschlagen sind, muss eine neue Welle eingebaut werden. Erkundigen Sie sich bevor Sie eine neue Welle kaufen in Ihrer Mercedes-Benz-Werkstatt nach der Möglichkeit Ihre Welle zu überholen.

### Aus- und Einbau des Zwischenlagers der Gelenkwelle

Wie bereits erwähnt und in Bildern 214 und 215 gezeigt, können ein oder zwei Lager eingebaut sein. Ein Lager kann nach Ausbau der Gelenkwelle erneuert werden. Bild 216 zeigt, wie sich ein Zwischenlager zusammensetzt.

- Die Gummischutzmanschette (1) von der hinteren Gelenkwelle (7) trennen und die Welle aus der Gleitgelenkverbindung der vorderen Gelenkwelle (6) herausziehen. Die Manschette kann jetzt abgenommen werden. Eine beschädigte Manschette immer erneuern. Beim Aufsetzen auf einwandfreien Sitz achten.
- Den Sicherungsring (2) entfernen und das Zwischenlager (4) zusammen mit den Schutzkappen (3) und der Scheibe (5) herunterziehen.

Der Einbau findet in umgekehrter Reihenfolge statt. Kein neues Lager einbauen, falls die Gelenkwelle nicht mehr einwandfrei ist.

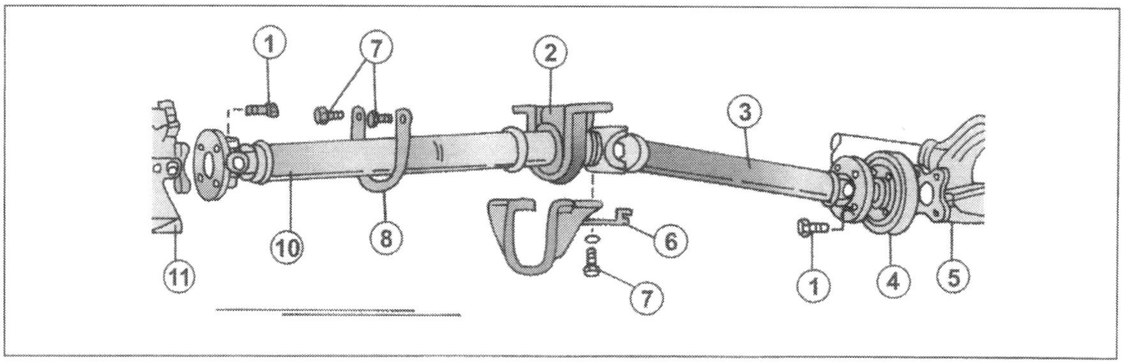


*Bild 215*
*Die Einzelteile einer zweiteiligen Gelenkwelle. Anzugsdrehmomente der Schrauben sind im Text angeführt.*
*1 Gelenkflanschschraube*
*2 Zwischenlager der Welle*
*3 Hintere Gelenkwelle*
*4 Schwingungsdämpfer (nur bei Automatik)*
*5 Hinterachse*
*6 Befestigungsbügel*
*7 Schraube des Zwischenlagers*
*8 Sicherungsbride für Zwischenlager*
*9 Sicherungsbride für Gelenkwelle*
*10 Vordere Gelenkwelle*
*11 Getriebe*

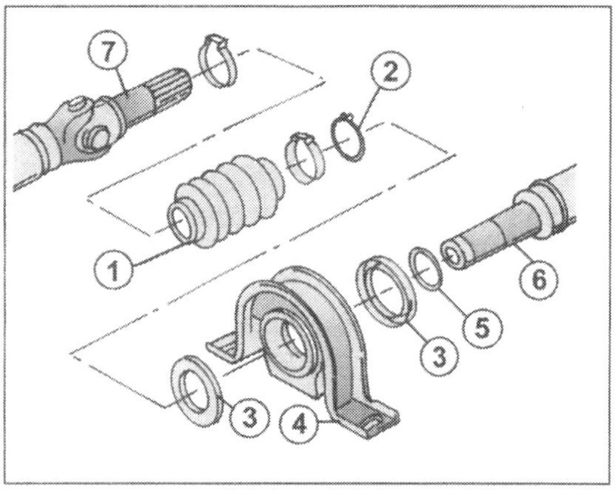


*Bild 216*
*Zum Aus- und Einbau des Gelenkwellenzwischenlagers.*
*1 Gummimanschette*
*2 Sicherungsring*
*3 Schutzkappen*
*4 Zwischenlager*
*5 Scheibe*
*6 Vordere Gelenkwelle*
*7 Hintere Gelenkwelle*

# Federung und Dämpfung

Vorderachse und Hinterachse werden durch Blattfedern und Stoßdämpfer an der Rückseite bzw. Dämpferbeine an der Vorderseite abgefedert. Beide Achsen sind entweder serienmäßig oder auf Sonderwunsch mit einem Kurvenstabilisator versehen. Es würde zu weit führen, auf die einzelnen Modelle einzugehen.
Die folgenden Beschreibungen gelten im Allgemeinen für alle Achsen. Die Dämpferbeine der Vorderradaufhängung wurden bereits im Kapitel »Vorderachse« beschrieben, da sie ein integrales Teil der Aufhängung bilden.

## Vordere Blattfedern erneuern

Bild 217 zeigt, wie die Vorderfeder befestigt ist. Die Abbildung ist zusammen mit der Ansicht der Vorderradaufhängung (Bild 174) zu benutzen.
Ehe man mit dem Ausbau beginnt, muss man sich einen kräftigen Holzbalken besorgen, welcher der Länge der Feder entspricht, da dieser beim Einbau gebraucht wird. Sonst werden nur ein Kugelbolzenabzieher zum Trennen des Spurstangengelenks sowie ein Rollwagenheber und ein hydraulischer Wagenheber gebraucht. Beim Ausbau der Feder folgendermaßen vorgehen:

- Fahrzeug am betreffenden Ende aufbocken und auf der linken und rechten Seite die beiden Montageträger an den in Bild 218 gezeigten Stellen abschrauben. Das Fahrzeug danach wieder auf die Räder ablassen.

> **Hinweis:** Falls man die Schrauben nicht in der beschriebenen Weise löst, wird es später unmöglich sein, sie herauszuziehen. Bei den folgenden Arbeiten gelöste Muttern müssen erneuert werden.

- Radzierdeckel entfernen und die Radschrauben lösen.
- Das Fahrzeug vorn anheben und Böcke unter das Fahrgestell untersetzen, wie es

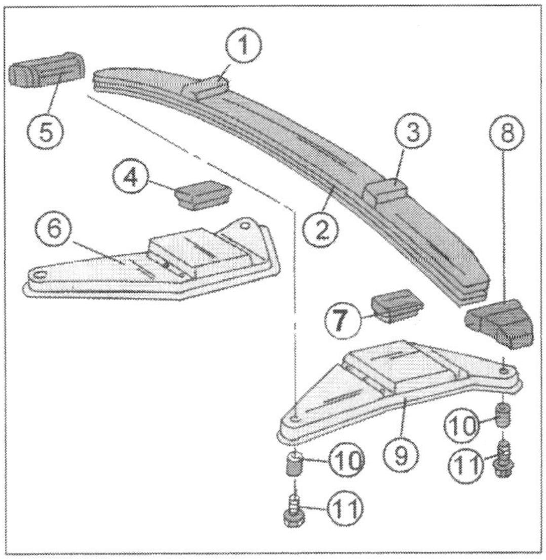


*Bild 217*
*Die Einzelteile einer Vorderfeder.*
*1 Federanschlaggummi, oben links*
*2 Vorderfeder*
*3 Federanschlaggummi, oben rechts*
*4 Federanschlaggummi, unten links*
*5 Federendkappe, links*
*6 Federmontageplatte, links*
*7 Federanschlaggummi, unten rechts*
*8 Federendkappe, rechts*
*9 Federmontageplatte, links*
*10 Führungshülse*
*11 Schraube, M12 x 1,5*

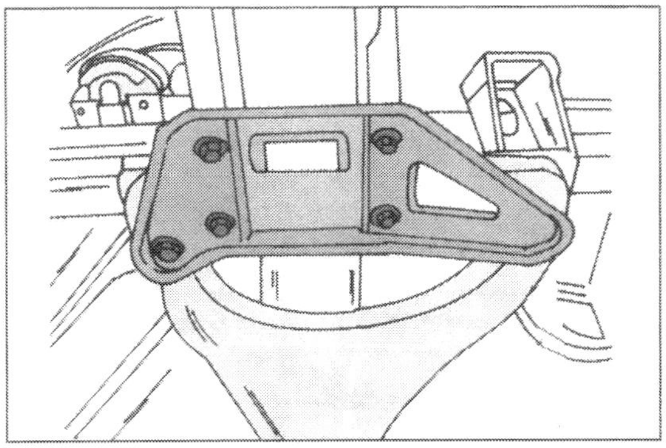

*Bild 218*
*Die beiden außen sitzenden Schrauben der Federmontageplatte müssen gelöst und ausgeschraubt werden, ehe man das Fahrzeug auf Böcke setzt.*

bereits weiter vorn gezeigt wurde. Böcke müssen vor der Vorderachse unter die Rahmenseitenträger untergesetzt werden. Das Rad abnehmen.

- Den Bremssattel ausbauen und mit einer Drahtschlinge an der Vorderradaufhängung festbinden. Nicht am Schlauch herunterhängen lassen.
- Den Drehzahlfühler der ABS-Anlage mit der Klemmbüchse aus der Bohrung im Achsschenkel herausziehen.
- Die Verbindung des Spurstangenkopfes am Lenkhebel trennen. Mit einem Kugelbolzenabzieher abziehen.
- Einen Rollwagenheber (oder hydraulischen Heber) unter den unteren Querlenker untersetzen und den Querlenker ca. 10 mm anheben, um das Dämpferbein zusammenzuschieben (dies entlastet den Druck des Dämpferbeins).
- Das Dämpferbein vom Achsschenkel abschrauben, wie es beim Ausbau des Teils beschrieben wurde. Den Querlenker jetzt wieder absenken.
- Den oberen Träger abschrauben (3 Schrauben). Falls ein Kurvenstabilisator ein-

gebaut ist, kann der Träger mit der daran angeschlossenen Stabilisatorstange nach oben geschoben und für den weiteren Ausbau in dieser Lage gelassen werden.

■ Die Schraube des Dreieckquerlenkers an der hinteren Befestigung lösen und ausschlagen. Die gleiche Arbeit an der vorderen Befestigung durchführen. Die Schraube ebenfalls ausschlagen und den Querlenker abnehmen.

■ Einen Wagenheber unter die Mitte der Vorderfeder untersetzen. Ab besten eignet sich dazu ein hydraulischer Wagenheber.

■ Die beiden Federmontageplatten (6) und (10) in Bild 217 von der Unterseite aus abschrauben (die vier in der Mitte von Bild 218 gezeigten Schrauben) und den Wagenheber langsam absenken. Ein Helfer sollte die Feder auf einer Seite halten. Sobald die Feder frei ist, wird sie nach einer Seite zu herausgezogen.

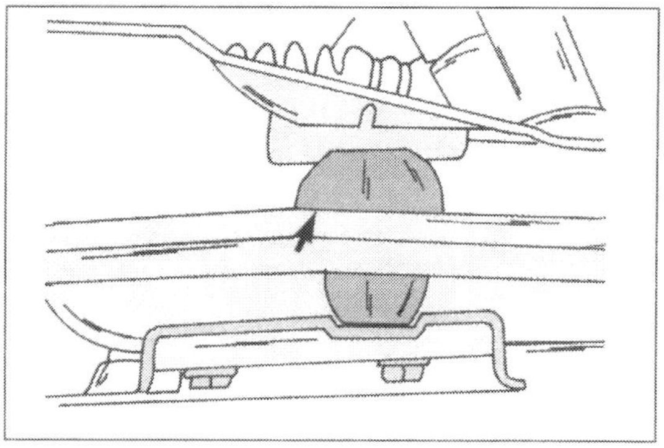

*Bild 219*
*Richtige Einbauweise der oberen Federanschlaggummi. Auf die unterschiedliche Farbkennzeichnung der beiden Anschlaggummi achten.*

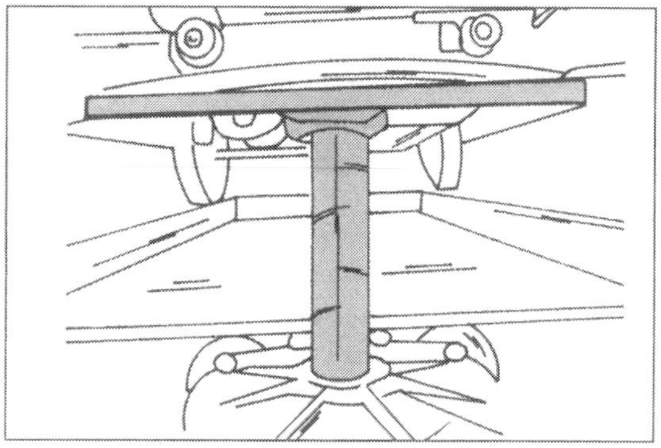

*Bild 220*
*Die Vorderfeder mit Wagenheber und Holzbalken anheben, bis die oberen Anschlaggummi anliegen.*

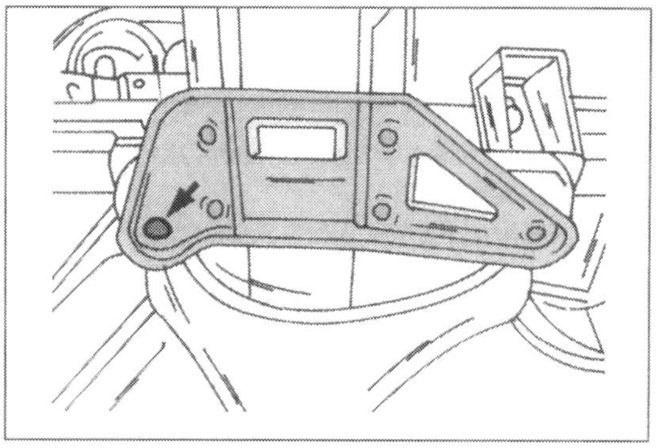

*Bild 221*
*Die Federmontageplatte mit dem Anschlaggummi in der gezeigten Weise ansetzen und die mit dem Pfeil gezeigte Schraube mit eingesetzter Hülse handfest anziehen.*

Beim Einbau der Vorderfeder folgendermaßen vorgehen:

■ Die Mitte der Vorderfeder und der Vorderachse mit einem Filzstift anzeichnen.

■ Die oberen Federanschlaggummis (2) und (4) mit den Haltern an der Feder ankleben und in die Aufnahmen des Achsträgers einführen.

Beim Einbau auf die richtige Einbauweise und die Farbkennzeichnung der Anschlaggummis achten. Der schwarze Anschlag kommt auf die Fahrerseite, der rote Anschlag auf die Beifahrerseite. Bild 219 zeigt, wie die Anschläge sitzen müssen, d. h. die flache Seite (Pfeilstelle) kommt nach unten.

■ Die über die Enden der Vorderfedern zu schiebenden Gummis (1) mit Fett einschmieren und die Gummis fest bis zum Anschlag über die beiden Federenden aufschieben. Die angeschrägte Seite beider Gummis müssen an der Oberseite liegen.

■ Die Vorderfeder mit den beiden mit den Gummikappen versehenen Federenden in die Aufnahmeöffnung der Querlenker einführen. Dabei ist zu beachten, dass die mit dem Filzstift gezeichnete Stelle an Feder und Vorderachskörper in eine Linie kommen. Um das Hineinrutschen der Gummikappen zu erleichtern, kann man sie mit Vaseline einschmieren (kein Fett, welches das Gummimaterial angreifen kann).

■ Den oben erwähnten Holzbalken auf den Wagenheber auflegen, so dass die beiden Enden des Holzbalkens die beiden Federenden erfassen, wie man es in Bild 220 sehen kann, und den Wagenheber anheben, bis die oberen Anschlaggummi der Feder anliegen.

■ Einen Rollwagenheber unter den Dreieckquerlenker untersetzen, diesen in die richtige Lage bringen und den Querlenker mit dem vorderen Arm in die Konsole einführen. Die Schraube einschlagen (von innen) und die Mutter mit der Scheibe befestigen. Die Mutter handfest anziehen. Den Wagenheber danach wieder absenken.

■ Den Querlenker nach hinten ziehen und den zweiten Querlenkerarm in die Konsole einführen. Die Befestigungslöcher ausrichten, die Schraube einschlagen und die Mutter mit Scheibe aufschrauben und handfest anziehen.

■ Die obere Tragplatte der Radaufhängung montieren und mit 65 Nm anziehen.

■ Dämpferbein in Verbindung mit dem Achsschenkel bringen und die vier Schrauben anziehen.

■ Spurstange anschließen, die Mutter aufschrauben und mit 130 Nm anziehen.

■ Bremssattel montieren. Die Schrauben mit 170 Nm anziehen.

■ Räder montieren, das Fahrzeug auf die Räder ablassen und die Radbolzen anziehen.

Normalerweise werden die folgenden Arbeiten durchgeführt, wenn das Fahrzeug auf einer Hebebühne oder über einer Montagegrube steht. Ohne diese Hilfsmittel ist der Arbeitsraum ziemlich knapp.

■ Eine Federmontageplatte (6) oder (10) in Bild 217 mit dem unteren Federanschlaggummi (5) oder (7), je nach Seite, montieren und an der in Bild 221 gezeigten Stelle anschrauben. Die Hülse (8) kommt in die Aufnahmebohrung. Dabei ist zu beachten, dass der flache Anschlaggummi auf die Fahrerseite und der hohe Gummi auf die Beifahrerseite kommt.

■ Die vier in der Mitte von Bild 222 gezeigten Schrauben der Reihe nach einschrauben und ringsherum handfest anziehen, ohne sie auf das endgültige Anzugsdrehmoment zu bringen. Die in Bild 221 mit dem Pfeil bezeichnete Schraube jetzt mit 130 Nm anziehen.

■ Einen passenden Schaftdorn an der in Bild 222 gezeigten Stelle in die vordere Bohrung der Federmontageplatte und der Gewindebohrung einführen (die Hülse darf nicht eingesetzt sein) und die beiden Bohrungen mit dem Dorn genau ausfluchten. Die vier in der Mitte mit den Pfeilen bezeichneten Schrauben in dieser Stellung mit einem Anzugsdrehmoment von 65 Nm anziehen.

■ Den Schaftdorn herausziehen, die Schraube mit der Hülse einschrauben und die Schraube mit 130 Nm anziehen.

■ Das Fahrzeug ca. 1 Meter nach vorn und danach nach hinten verschieben und einige Male fest durchschwingen. Die Befestigungen des Dreieckquerlenkers jetzt an den in Bild 223 gezeigten Stellen mit einem Anzugsdrehmoment von 150 Nm anziehen.

■ Das Bremspedal mehrere Male betätigen, bis man mit dem erhaltenen Bremsdruck zufrieden ist.

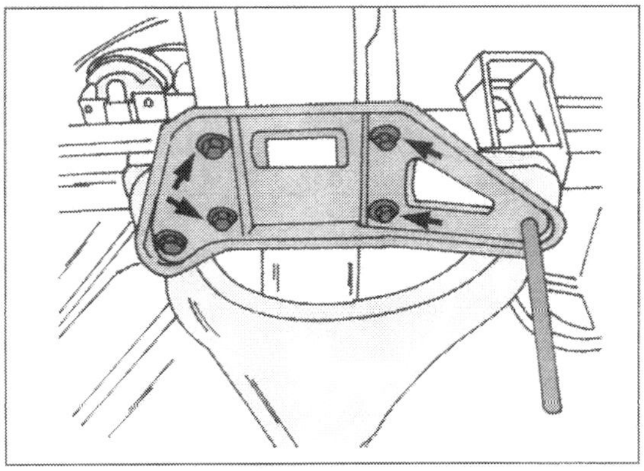

*Bild 222*
*Die vier mit den Pfeilen bezeichneten Schrauben mit dem angegebenen Drehmoment anziehen, nachdem die Federmontageplatte mit einem eingesetzten Dorn (rechts im Bild) ausgerichtet wurde.*

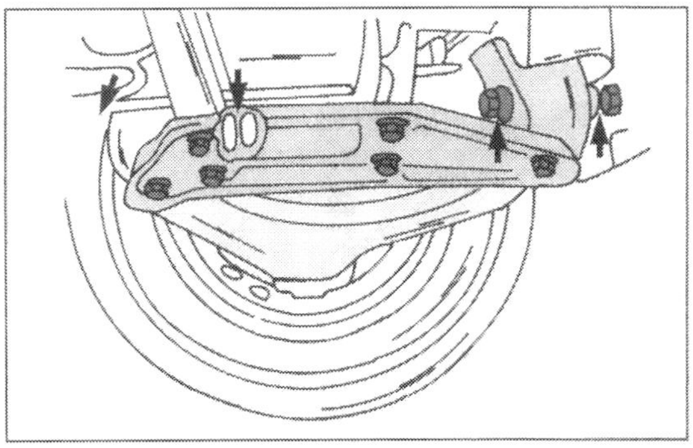

*Bild 223*
*Die Querlenkerbefestigung von der Unterseite aus anziehen. Dabei werden die Gummilager vorschriftsmäßig vorgespannt.*

## Vorderer Kurvenstabilisator – aus- und einbauen

Bild 224 zeigt die Befestigung des Kurvenstabilisators auf einer Seite. Die gleichen Teile werden auf der anderen Seite vorgefunden. Die Stabilisatorstange ist in Gummilagern an den gezeigten Stellen an den Seitenträgern verschraubt und wird mit Kop-

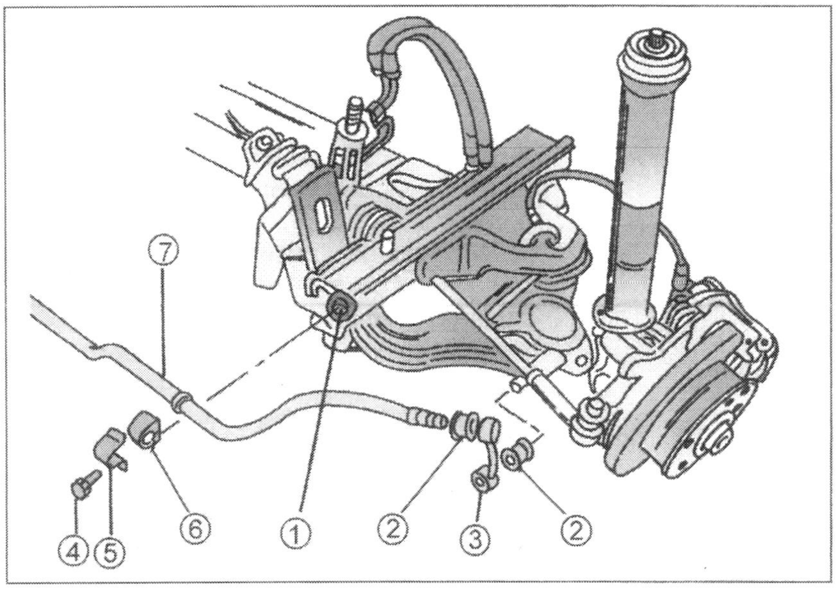


*Bild 224*
*Befestigung des vorderen Kurvenstabilisators.*
*1 M8-Mutter, 30 Nm*
*2 Silentblocklager*
*3 Koppelstange*
*4 M8-Schraube*
*5 Montageschelle*
*6 Silentblocklager*
*7 Kurvenstabilisator*

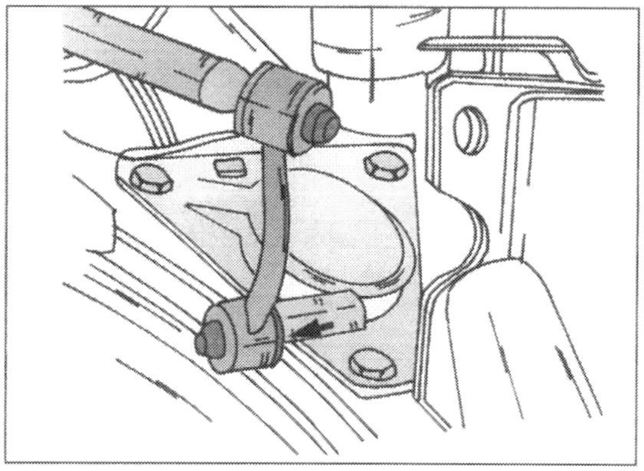

*Bild 225*
*Die Koppelstangen mit einem Schlagdorn in gezeigter Richtung von den Lagerzapfen der oberen Aufhängungsträgerplatte abschlagen.*

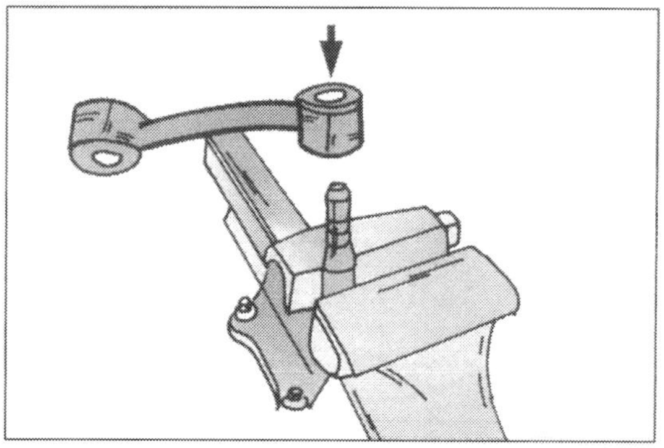

*Bild 226*
*Aufstecken der Koppelstangen auf die Enden der Stabilisatorstange.*

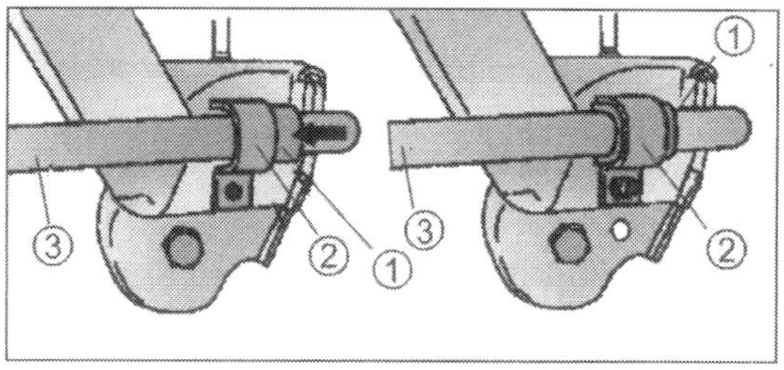


*Bild 227*
*Zum Einbau des Kurvenstabilisators. Gummilager wie links gezeigt in Pfeilrichtung in die Montageschelle eindrücken, die Stange zentrieren und danach die Montageschelle anziehen.*
*1 Gummilager*
*2 Montageschelle*
*3 Stabilisatorstange*

pelstangen an Lagerbolzen der oberen Trägerplatten der Radaufhängung angeschlossen. Beim Ausbau folgendermaßen vorgehen:

■ Die Montageschellen der Stabilisatorbefestigung an den Seitenträgern lockern und die Schellen etwas öffnen. Die Schellen verbleiben am Fahrgestell.

■ Die Gummibüchsen mit einem geeigneten Dorn aus den Montageschellen herausdrücken.

■ Mit einem geeigneten Dorn die Koppelstangen auf beiden Seiten von den Lagerzapfen an den oberen Aufhängungsträgern abschlagen, wie es in Bild 225 gezeigt ist. Die Silentbüchse verbleibt auf dem Lagerzapfen und wird mithilfe einer Wasserpumpenzange durch Hin- und Herdrehen heruntergezogen.

■ Die Stabilisatorstange herausziehen.

■ Die Stange in einen Schraubstock einspannen und die Koppelstangen von den Enden des Stabilisators abschlagen. Die genaue Lage der Koppelstangen muss vorher angezeichnet werden. Die Silentblockbüchse verbleibt wieder auf den Enden der Stange und wird mit einer Wasserpumpenzange »abgedreht«.

■ Falls die Gummilager der Koppelstangen erneuert werden sollen, die Koppelstangen auf einen Schraubstock auflegen und mit einem passenden Dorn die Hülsen der Gummilager ausschlagen.

■ Neue Lagerbüchsen mit Schmierseife einschmieren und in die Koppelstangen einpressen.

■ Die beiden Enden der Stabilisatorstange der Reihe nach in einen Schraubstock einspannen und die Koppelstangen entsprechend Bild 226 aufstecken. Die Innenseite der Gummilager mit Schmierseife einschmieren, damit sie besser aufrutschen. Nachdem die Koppelstangen in die angezeichnete Stellung gebracht wurden, schlägt man sie mit einem Kunststoffhammer vollkommen auf.

■ Stabilisatorstange am Fahrgestell anbringen und in die beiden Montageschellen einschieben. Die Schrauben nur handfest anziehen.

■ Die Innenseiten der Büchsen in den unteren Enden der Koppelstangen mit Schmierseife einschmieren und die Stangen auf die Lagerzapfen der oberen Aufhängungsträgerplatten stecken. Die Koppelstangen mit einem Kunststoffhammer bis zum Anschlag aufschlagen.

■ Die Gummilager des Stabilisators in der Innenseite mit Schmierseife einschmieren und auf die Stange drücken. Die Lager seitlich unter die bereits angeschraubten Montageschellen schieben, bis beide Seiten des Gummilagers um die gleiche Länge herausstehen.

■ Den Kurvenstabilisator genau in die Mittelstellung bringen und die Schrauben der Montageschellen mit einem Anzugsdrehmoment von 30 Nm anziehen (Bild 227).

## Hintere Blattfedern aus- und einbauen

Einzelheiten zum Aus- und Einbau der Hinterfedern sind in Bild 228 gezeigt. Wie aus dem Bild ersichtlich ist, wird die Feder vorn mit einer einfachen Federaugenschraube

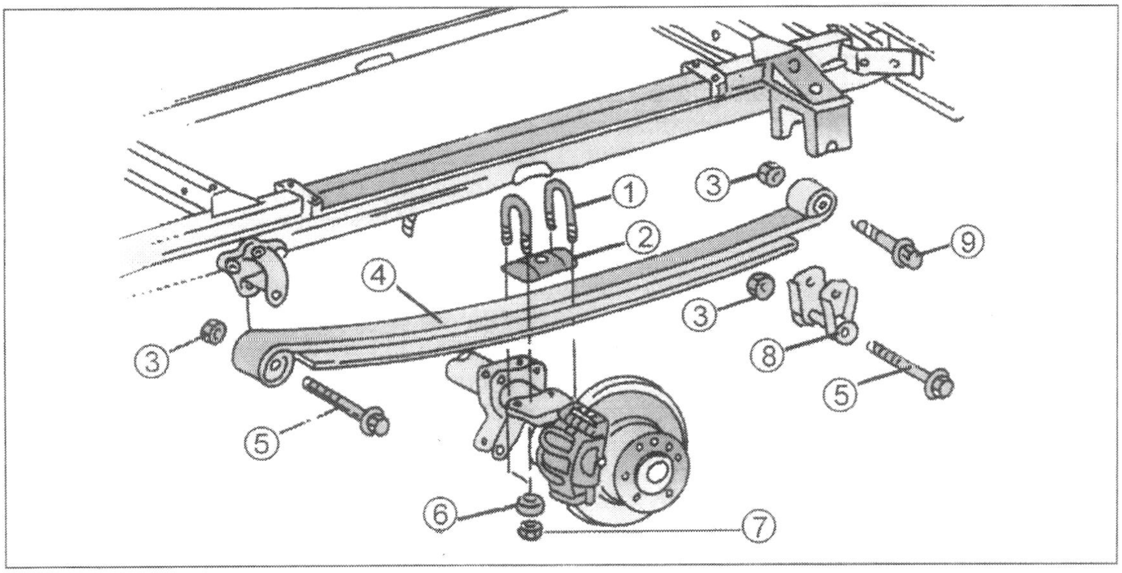


*Bild 228*
*Befestigung einer hinteren Blattfeder.*
*1 Federbügelschraube*
*2 Obere Federplatte*
*3 M12-Mutter, 85 Nm*
*4 Hinterfeder*
*5 M12-Schraube, 95 Nm*
*6 Unterlegscheibe*
*7 M14-Mutter, 170 Nm*
*8 Federlaschenaufhängung*
*9 M12-Schraube, 90 Nm*

und hinten mit einer Federlaschenaufhängung befestigt. Streckt sich die Feder aus oder zieht sich zusammen, bewegen sich die Federlaschenaufhängungen entsprechend in den eingezogenen Gummilagern.

**Aus- und Einbau**

- Radzierdeckel entfernen und die Radschrauben lösen. Das Rad abnehmen.
- Einen Wagenheber unter die Mitte der Hinterachse untersetzen und die Achse etwas anheben, bis sie soeben unter Spannung steht.
- Die Muttern der Federbügelschrauben lösen und die dabei frei werdenden Federplatten abnehmen (siehe auch Bild 229).
- Die Achse etwas absenken und die Federbügelschrauben nach oben ausschlagen. Die Bügelschrauben und die darunter sitzende Federplatte abnehmen.
- Die Achse weiter absenken, bis die Feder frei zwischen den Aufhängungsstellen hängt.
- Die Mutter der vorderen Federbefestigung lösen und die Schraube ausschlagen. Die Feder muss dabei gut gehalten werden, da sie nach Ausschlagen der Schraube absinken kann.
- Feder in gleicher Weise von der Federlaschenaufhängung lösen und herausnehmen. Die Feder muss dabei von einer zweiten Person gehalten werden, da sie sonst herunterfallen kann – Unfallgefahr.
- Federlaschenaufhängung von der Feder abschrauben. Beim Einbau der Feder die vorgeschriebene Einbaurichtung beachten. Das Loch für die Federbügelschraube ist

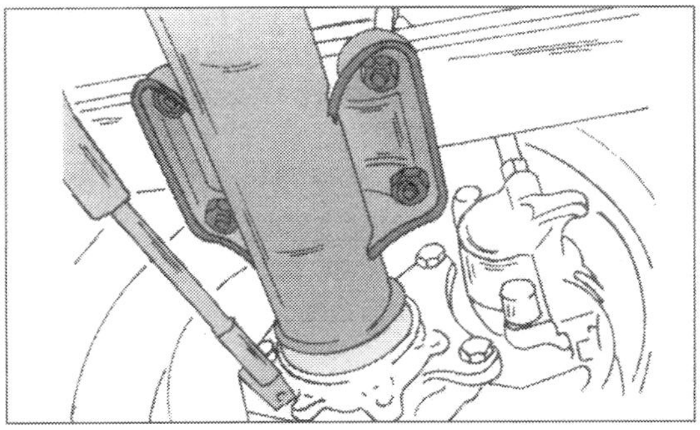

*Bild 229*
*Die Hinterfeder ist mit den gezeigten Muttern und Bügelschrauben an der Hinterachse befestigt.*

größer und kommt an die Vorderseite.
- Falls eines der Federblätter gebrochen ist, sollten Sie sich an eine Werkstatt wenden, um zu erfahren, ob man das Federblatt erneuern kann oder eine neue Feder einbauen muss. Die Gummilager der Feder und die Lagerbüchse in der Federlaschenaufhängung können durch Aus- und Einpressen mit einem passenden Pressdorn erneuert werden. Neue Lagerbüchsen vor dem Einpressen mit Schmierseife einschmieren.

Der Einbau der Feder geschieht in umgekehrter Reihenfolge wie der Ausbau, unter Beachtung der folgenden Punkte:
- Die Federlaschenaufhängung an der Feder anschrauben und schräg nach außen schieben, bis ein Maß von genau 1470 mm zwischen dem Mittelpunkt der Bohrung der vorderen Federbefestigung und dem Mittelpunkt der Federlaschenaufhängung erhalten wird. Die Federlaschenaufhängung in dieser Stellung von einem Helfer halten lassen und Schraube und Mutter 85 Nm anziehen.
- Feder am Längsträger montieren. Das Anziehen des vorderen Bolzens und des

Bolzens in der Federlaschenaufhängung wird durchgeführt, wenn das Fahrzeug mit den Rädern auf dem Boden aufsteht, um die Lagerbüchsen vorschriftsmäßig vorzuspannen. Die Anzugsdrehmomente sind Bild 229 zu entnehmen.

## Hintere Stoßdämpfer aus- und einbauen

Stoßdämpfer sind oben mit einer Mutter und unten mit Schrauben und Muttern befestigt. Wie die Teile angeordnet sind kann man in Bild 230 sehen.
Zum Ausbau muss die Achse angehoben werden, um den Stoßdämpfer zusammenzudrücken. Danach die folgenden Arbeiten durchführen:

- Den Stoßdämpfer an der Unterseite von der Achse abschrauben.
- Die Federspange (1) in Bild 229 der Befestigung des Betätigungshebels (3) herausdrücken und die Scheibe (2) abnehmen. Den Hebel danach von der Lagerschraube (4) herunterziehen.
- Den Bolzen (4) an den Schlüsselflächen gegenhalten und die Mutter (8) auf der anderen Seite lösen und abschrauben. Die Wellenscheibe (5) abnehmen und den Bolzen (4) ausschlagen.

Um einen Stoßdämpfer zu kontrollieren, spannt man ihn senkrecht in einen Schraubstock ein und »pumpt« ihn auf und ab. Der Stoßdämpfer sollte über den gesamten Arbeitsweg einen gleichmäßigen Widerstand zeigen, wenn man ihn zusammendrückt und wieder auseinander zieht. »Tote« Stellen bedeuten eine Erneuerung des Dämpfers.
Der Einbau geschieht in umgekehrter Reihenfolge, unter Beachtung der folgenden Anzugsdrehmomente:

- Die Stoßdämpferbefestigung an der Hinterachse mit 70 Nm anziehen, wenn der Schraubenkopf mit »8.8« gezeichnet ist, oder mit 110 Nm, wenn er mit »10.9« gezeichnet ist.
- Die Stoßdämpferbefestigung am Rahmenlängsträger mit 80 anziehen.

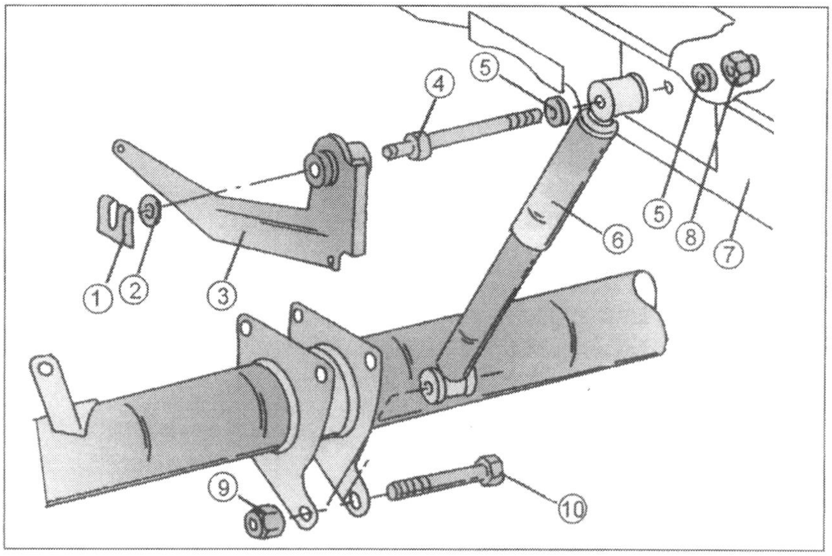


*Bild 230*
*Die Befestigung eines hinteren Stoßdämpfers.*
***1*** *Federblech*
***2*** *Unterlegscheibe*
***3*** *Befestigungsarm*
***4*** *Verbindungsbolzen*
***5*** *Unterlegscheibe*
***6*** *Stoßdämpfer*
***7*** *Seitenträger*
***8*** *Sechskantmutter, 80 Nm*
***9*** *Sechskantmutter, 65 Nm*
***10*** *Sechskantschraube*

## Hinterer Kurvenstabilisator aus- und einbauen

Bild 231 zeigt, wie der Kurvenstabilisator an der Hinterachse befestigt ist. Koppelstangen werden verwendet, um die Enden der Stabilisatorstange mit dem Fahrgestell zu verbinden. Das Fahrzeug muss auf sicheren Unterstellböcken aufsitzen, um den Kurvenstabilisator auszubauen,

- Die Koppelstangen auf beiden Seiten an der Oberseite abschrauben. Bild 232 zeigt diese Verbindung. Gelöst werden die Mutter (1) und die Schraube (4).
- Die Muttern (8) der Montageschellen (12) abschrauben und die Schrauben (6) herausziehen.
- Die Stabilisatorstange (5) zusammen mit den Montageschellen herausziehen.
- Die Muttern (9) des Halters (7) lösen und die Schrauben (6) herausziehen. Der Halter kann jetzt aus der Montageschelle herausgezogen werden.
- Die Montageschelle (12) vom Silentblock (13) herunterziehen und beide Teile vom Stabilisator abnehmen.
- Von den äußeren Enden des Stabilisators die Koppelstangen (3) abschrauben.
- Falls die Silentblöcke ausgetauscht werden sollen, werden die alten ausgepresst und neue eingepresst. Silentblöcke (2) in Koppelstangen und Kurvenstabilisator können erneuert werden. Beim Einziehen müssen die neuen Silentblöcke mit Schmierseife eingerieben werden.

Beim Einbau folgendermaßen vorgehen:

- Koppelstangen mit Schrauben und Mut-

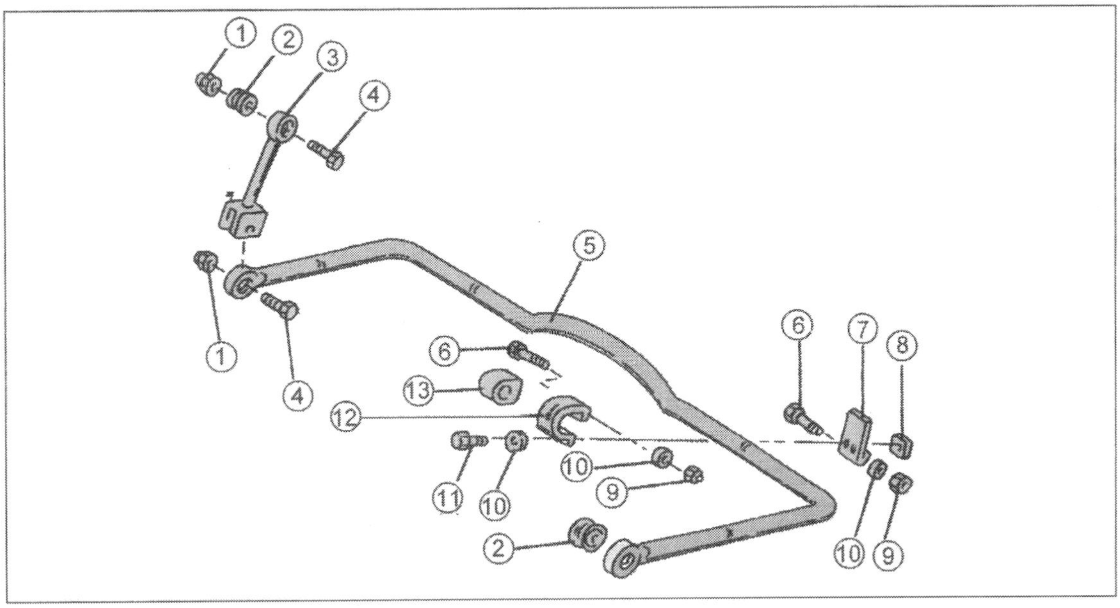


*Bild 231*
*Die Einzelheiten des eingebauten hinteren Kurvenstabilisators.*
***1*** *M12-Mutter*
***2*** *Silentblock*
***3*** *Koppelstange*
***4*** *M12-Schraube, 95 Nm*
***5*** *Stabilisatorstange*
***6*** *M8-Schraube, 25 Nm*
***7*** *Halter*
***8*** *Vierkantmutter*
***9*** *M8-Mutter*
***10*** *Unterlegscheibe*
***11*** *M8-Schraube, 25 Nm*
***12*** *Montageschelle*
***13*** *Silentblock*

tern an den Enden des Stabilisators anbringen (Bild 232).

- Die Gummilager (13) auf die Stange drücken und die Montageschelle seitlich über das Gummilager schieben. Falls möglich, die Lager mit Talkumpuder einschmieren.
- Die kleine Halteplatte (7) auf einer Seite in die Montageschelle einschieben und die Verbindung mit den Schrauben anziehen.
- Stabilisatorstange mit den Koppelstangen an der Befestigung am Fahrgestell anbringen.
- Den Stabilisator genau in die Mitte bringen und die Schrauben der Koppelstangen oben und unten mit 90 Nm anziehen.
- Die Verbindung der Montageschellen mit 20 Nm anziehen.

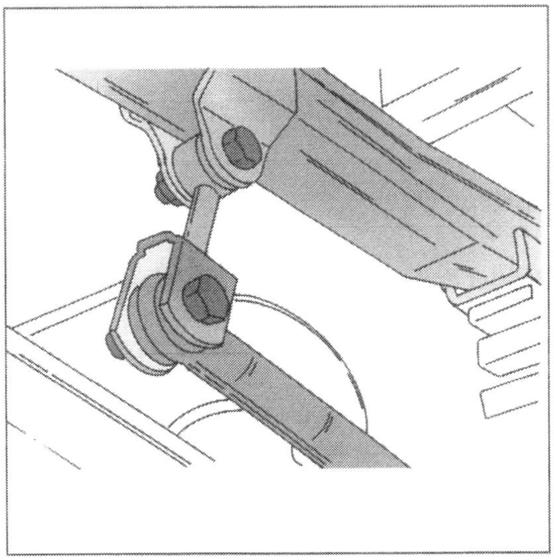

*Bild 232*
*Anschlussverbindung der Koppelstangen zwischen Stabilisatorstange und Fahrgestell auf einer Seite.*

# Die Lenkung

Eine Zahnstangenlenkung mit Servounterstützung ist serienmäßig eingebaut. Die Lenkung sitzt hinter dem Motor vor der Trennwand zum Innenraum, besitzt eine progressive Übersetzung und ist mit einer Sicherheitslenksäule versehen. Ein Aufkleber ist an der Unterseite der Lenkung angebracht, welcher Angaben über die Seriennummer der Lenkung, die Ersatzteilnummer und die Lenkungsnummer gibt.

☞ Dies ist wichtig, da nicht bei allen Fahrzeugen die gleiche Lenkung eingebaut ist.

Die Lenkung sowie die damit verbundene Lenkhilfspumpe können nicht repariert werden und sind im Schadensfall zu erneuern, oder man versucht eine Austauschlenkung zu erhalten.

## Das Lenkgetriebe

Bei der Servolenkung wird ein in einem Zylinder arbeitender Kolben verwendet, welcher an einem Ende der Lenkung montiert ist. Je nach Einschlag des Lenkrades wird der Kolben von der einen oder anderen Seite durch Flüssigkeit unter Druck gesetzt, wodurch der zum Lenken erforderliche Kraftaufwand verringert wird. Die in der Lenkungsanlage verwendete Flüssigkeit ist die gleiche, wie sie bei automatischen Getrieben eingefüllt ist. Ein getrennter Vorratsbehälter für die Lenkungsflüssigkeit ist an der in Bild 233 gezeigten Stelle eingebaut. Zu beachten sind jedoch die beiden verschiedenen Ausführungen, da Vorratsbehälter mit Flüssigkeitsmessstab und solche ohne Flüssigkeitsmessstab eingebaut werden. Bei den Letztgenannten muss die Flüssigkeit zwischen der »Min«- und »Max«-Markierung stehen.

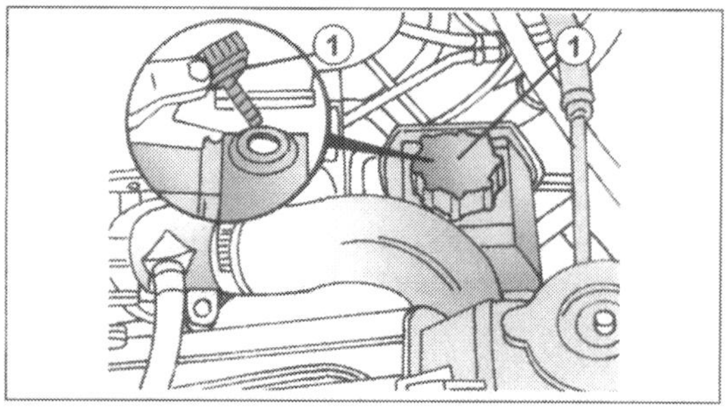


*Bild 233*
*Der Behälter für die Flüssigkeit der Servolenkung sitzt an der gezeigten Stelle. In der linken Ansicht mit Flüssigkeitsmessstab (1) an der Unterseite des Verschlussdeckels. In der rechten Ansicht ohne Messstab. In diesem Fall muss die Flüssigkeit an der Pfeilstelle stehen.*

Die Flüssigkeit wird durch eine Flügelradpumpe aus dem Vorratsbehälter abgesaugt und in ein Schieberventil geleitet.

☞ Ehe man irgendwelche Teile der Lenkung ausbaut, sollte man die in Frage kommenden Teile systematisch kontrollieren.

**Aus- und Einbau**

☞ Die folgenden Voraussetzungen gelten, wenn man irgendwelche Arbeiten an der Servolenkung durchführt:

- Arbeiten unter Beachtung größter Sauberkeit durchführen.
- Vor Lösen irgendwelcher Anschlüsse die Verschraubung sowie die unmittelbare Umgebung einwandfrei reinigen.
- Alle ausgebauten Teile auf einer sauberen Fläche ablegen und in geeigneter Weise abdecken.
- Keine flusenden Lappen zum Abreiben von Teilen benutzen.
- Neuteile erst unmittelbar vor dem Einbau aus der Verpackung nehmen.
- Nur Original-Ersatzteile verwenden.
- Abgelassene Flüssigkeit nicht wieder in die Anlage einfüllen.

Bild 234 zeigt, wie die Lenkung eingebaut ist, zusammen mit den abzumontierenden Teilen.

Beim Ausbau der Lenkung folgendermaßen vorgehen:

- Die Radschrauben lockern, die Vorderseite des Fahrzeuges auf Böcke setzen und die Räder abschrauben. Unbedingt überzeugen, dass das Fahrzeug nicht von den Böcken rollen kann. Nach Abschrauben der Räder kann man diese vor und hinter ein Hinterrad unterschieben. Andernfalls Bremskeile unter die Hinterräder unterschieben.
- Den Kurvenstabilisator von der Vorderachse lösen. Dazu unter Bezug auf Bild 235

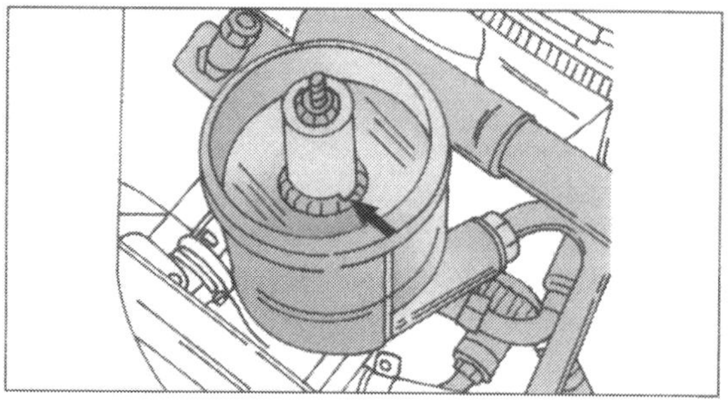

die Sechskantmuttern und Schrauben der beiden Montageschellen lösen und entfernen und die Stabilisatorstange in Richtung des Pfeile nach oben kippen, bis die Stange gelöst werden kann. Beim Einbau Muttern und Schrauben der Montageschellen mit 30 Nm anziehen.

- Die Mutter (1) in Bild 236 entfernen und das Kugelgelenk der Spurstange mit einem geeigneten Kugelbolzenausdrücker vom Lenkhebel trennen. Im Bild ist ein passender Abdrücker gezeigt, welchen man jedoch durch einen Universalabzieher ersetzen kann. Diese Arbeit auf beiden Seiten des Fahrzeuges durchführen. Das Kugelgelenk der linken Spurstange nach Lockern der Kontermutter (3) von der Spurstange (4) abschrauben. Beim Abschrauben des Kugelgelenks die Umdrehungen (auch halbe) zählen. Beim späteren Einbau wird das Gelenk wieder um die gleiche Anzahl Umdrehungen eingeschraubt. Auf diese Weise wird die Vorspur wieder auf den richtigen Wert gebracht.
- Die Motoraufhängung auf der Fahrerseite ausbauen.
- Den Hochdruckschlauch (4) und den Rücklaufschlauch (5) in Bild 234 von der Lenkung (1) abschließen. Um ein Auslaufen der Flüssigkeit zu vermeiden, die Schläuche mit einer geeigneten Abdrückzwinge zusammendrücken. Andernfalls die Flüssigkeit mit einem geeigneten Sauger aus dem Vorratsbehälter der Servolenkung absaugen. Auslaufende Flüssigkeit in einem Behälter oder mit einem Lappen auffangen. Beim Anziehen den Hochdruckleitung und die Rücklaufleitung mit 37 Nm anziehen.
- Die Lenkung in die Mittelstellung bringen, d. h. die Vorderräder müssen in der Geradeausstellung stehen. In dieser Stellung das Lenkrad festbinden, damit es sich nicht wieder verdrehen kann. Ebenfalls am Eingang des Lenkritzels kontrollieren, ob die eingezeichnete Linie an Lenkritzel und Lenkgetriebe in einer Linie stehen, wie es in Bild 237 gezeigt wird.
- Die Schraube aus dem Kreuzgelenk der Lenkungswelle ausschrauben. Die Verbindung ist in Bild 238 gezeigt. Diese Schraube hat einen Torx-Kopf, d. h. man muss einen Steckeinsatz der passenden Größe haben, um die Schraube zu lösen. Das Kreuzgelenk von der Lenkwelle herunterziehen. Beim Einbau das Kreuzgelenk aufschieben und nach unten drücken, die beiden Löcher in eine Linie bringen und die Schraube einschieben. Die Schraube mit 25 Nm anziehen. Bei richtigem Einbau muss der Abstand zwischen der Unterkante des Gelenks und dem Getriebegehäuse ca. 48 mm betragen.
- Die Lenkung von der Vorderachse abschrauben. Von unten gesehen, kann man die Befestigungsschrauben wie in Bild 239 gezeigt sehen. Die Lenkung herausnehmen. Dabei die Lenkung nach rechts verdrehen, nach vorn abkippen und nach vorne herausziehen. Beim Einbau neue Schrauben verwenden. Die Schrauben zuerst mit 25 Nm anziehen, danach im zweiten Durchgang mit 45 Nm anziehen und schließlich alle Schrauben um eine weitere Viertelumdrehung nachziehen (ohne Drehmomentschlüssel).

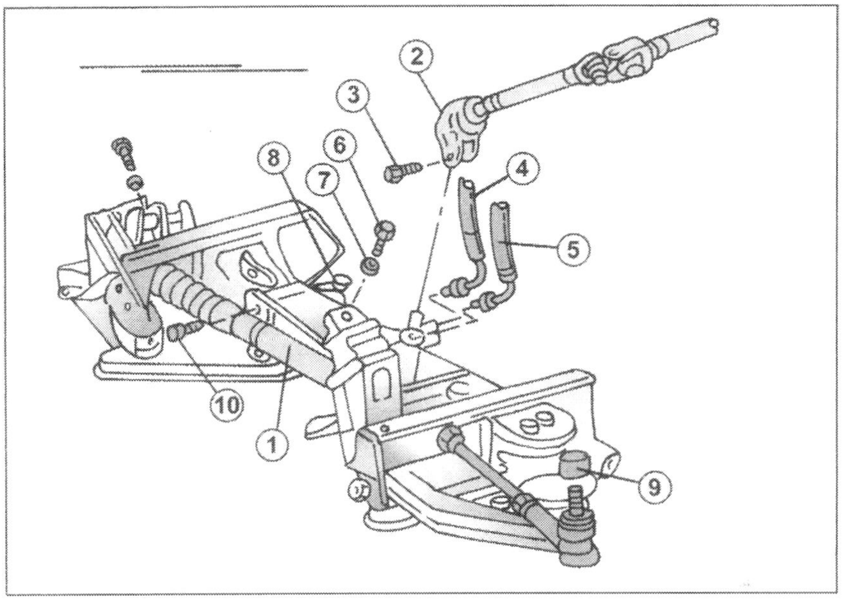


*Bild 234*
*Einzelheiten zum Aus- und Einbau der Lenkung.*
- **1** *Lenkung*
- **2** *Lenkwellenkreuzgelenk*
- **3** *Klemmschraube des Kreuzgelenks*
- **4** *Hochdruck-Dehnschlauch*
- **5** *Rücklaufschlauch*
- **6** *Schraube für Motoraufhängung*
- **7** *Unterlegscheibe*
- **8** *Mutter des Spurstangenkugelkopfes*
- **9** *Mutter der Lenkungsbefestigung*
- **10** *Schraube der Lenkungsbefestigung*

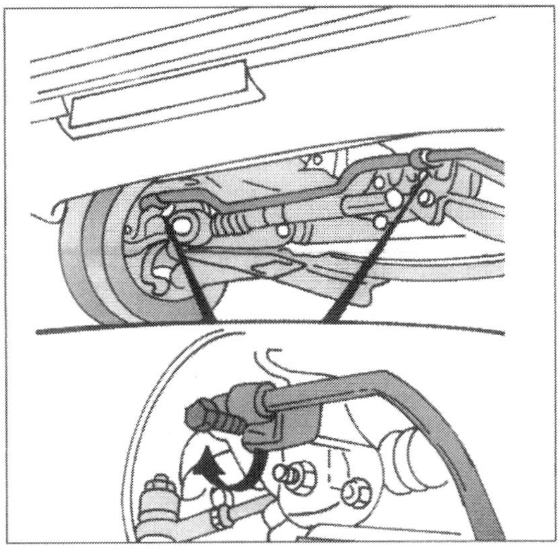

*Bild 235*
*Zum Ausbau des Kurvenstabilisators. Die Montageschellen an den Pfeilstellen lösen, die Schellen in Pfeilrichtung verdrehen und die Stabilisatorstange herausziehen.*

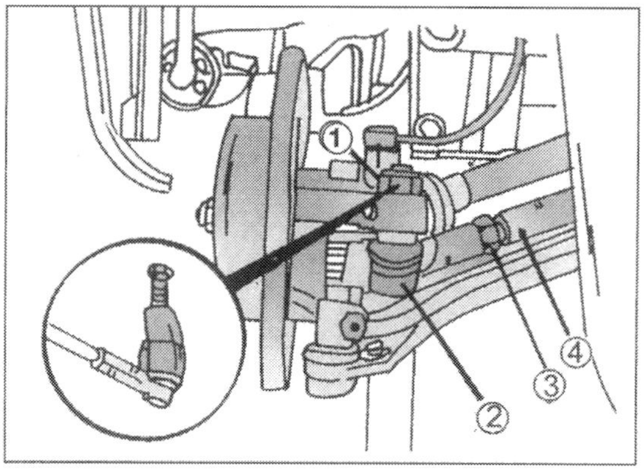


*Bild 236*
*Ansicht der Verbindung der Spurstange am Lenkhebel des Achsschenkels. Nach Lösen der Mutter (1) das Kugelgelenk trennen. Der Abdrücker wird wie unten links angesetzt.*
*1 Sechskantmutter*
*2 Spurstangenkugelgelenk*
*3 Kontermutter des Kugelgelenks*
*4 Spurstange*

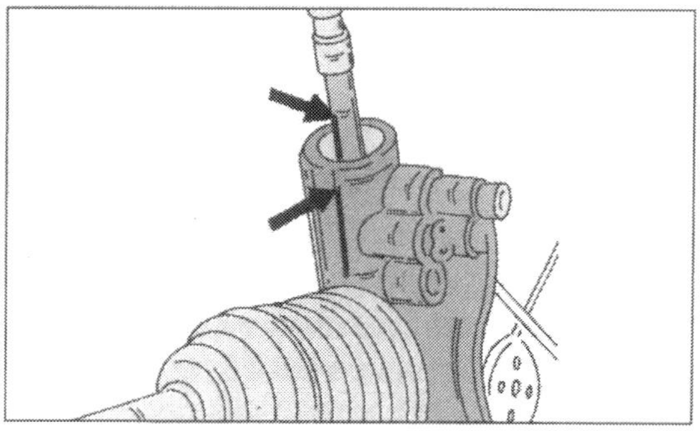

*Bild 237*
*Wenn die Lenkung in der Mittelstellung steht, liegen die beiden gezeigten Markierungen gegenüber. Die Lenkung vor Einbau in diese Stellung bringen.*

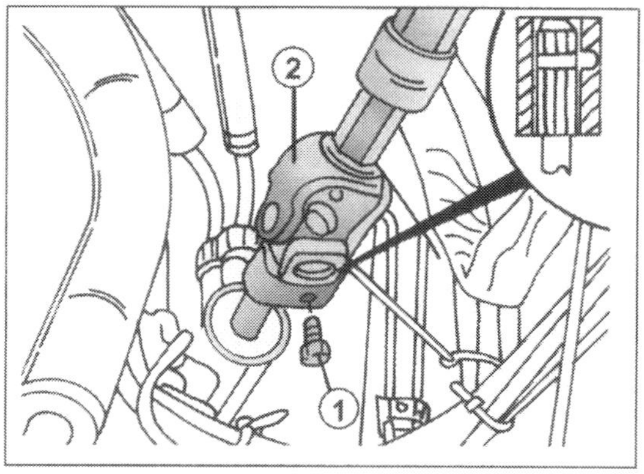


*Bild 238*
*Anschlussweise des Lenkwellenkreuzgelenks. Nach Lösen der Schraube (1) wird das Gelenk (2) mit der Welle nach oben gezogen.*

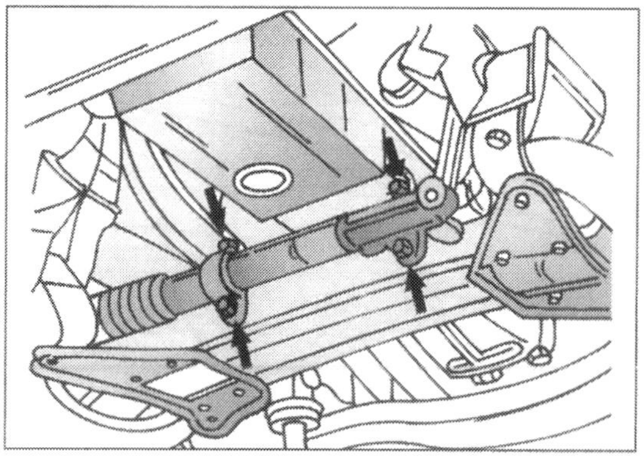

*Bild 239*
*Befestigungsschrauben der Lenkung sitzen an den gezeigten Stellen.*

Beim Einbau in umgekehrter Reihenfolge sind die nachstehenden Hinweise zu beachten.

■ Ehe die Lenkung eingebaut wird, die Welle des Lenkgetriebes vollkommen in einen Anschlag drehen (bis sie sich nicht mehr weiterdrehen lässt) und aus dieser Stellung unter Zählung der Umdrehungen in den gegenüberliegenden Anschlag drehen. Die Lenkwelle jetzt genau um die Hälfte der gezählten Umdrehungen zurückdrehen.

Wenn die genaue Mittelstellung erhalten wurde, stehen sich die Markierungen am Lenkungsgehäuse und der Lenkritzelwelle gegenüber, wie man es in Bild 237 sehen kann.

■ Die Lenkung nach links zu einführen und nach oben kippen.

■ Kontrollieren, dass die Lenkung immer noch in der Mittelstellung steht (es könnte sein, dass sich das Lenkritzel verdreht hat).

■ Die Lenkung in die richtige Lage bringen und die Schrauben (10) in Bild 234 eindrehen. Schrauben gleichmäßig über Kreuz mit den bereits angegebenen Anzugsdrehmomenten anziehen.

■ Kreuzgelenk über die Lenkritzelwelle schieben und befestigen, wie es oben beschrieben wurde.

■ Das Kugelgelenk auf die Spurstange schrauben (in die ursprüngliche Stellung), den Spurstangenkopf am Lenkhebel anschließen und die Mutter mit einem Anzugsdrehmoment von 130 Nm anziehen. Die Kontermutter der Spurstange wird am Spurstangenkopf am Ende mit 50 Nm angezogen.

■ Die beiden Leitungen an der Lenkung anschließen und festschrauben (siehe oben). Verwendete Abdrückschellen unbedingt entfernen.

■ Motoraufhängung wieder montieren. Schraube des Aufhängungsträgers an der Aufhängung mit 85 Nm, Motoraufhängung am Nebenrahmen mit 45 Nm anziehen.

■ Die Lenkungsanlage füllen und entlüften, wie es weiter hinten beschrieben ist.

■ Fahrzeug auf den Boden ablassen und die Radbolzen anziehen.

■ Kontrollieren, dass die Lenkung in der Mittelstellung steht (Räder in Geradeausstellung, Lenkrad muss richtig stehen). Falls dies nicht der Fall ist, muss man das Kreuzgelenk wieder abschrauben und um einen Zahn versetzen. Versetzung um einen Zahn versetzt das Lenkrad um 6°.

■ Abschließend die Anlage auf Leckstellen kontrollieren und den Flüssigkeitsstand im Vorratsbehälter nachprüfen.

## Spurstangenköpfe und Lenkungsmanschetten erneuern

Zur Erneuerung eines Spurstangenkugelgelenks muss das Fahrzeug vorn auf Unterstellböcken stehen und das Rad abmontiert sein. Die Lenkungsmanschette kann erst nach Ausbau des Gelenks erneuert werden. Beim Ausbau eines Gelenks unter Bezug auf Bild 236 vorgehen:

- Die Mutter (1) entfernen und das Kugelgelenk der Spurstange mit einem geeigneten Kugelbolzenausdrücker vom Lenkhebel trennen. Im Bild ist ein passender Abdrücker gezeigt, welchen man jedoch durch einen Universalabzieher ersetzen kann. Diese Arbeit auf beiden Seiten des Fahrzeuges durchführen. Das Kugelgelenk der linken Spurstange nach Lockern der Kontermutter (3) von der Spurstange (4) abschrauben. Beim Abschrauben des Kugelgelenks die Umdrehungen (auch halbe) zählen. Beim späteren Einbau wird das Gelenk wieder um die gleiche Anzahl Umdrehungen eingeschraubt. Außerdem kann man ein Zeichen mit einem Filzstift am Gewinde und an der Spurstange einzeichnen. Auf diese Weise wird die Vorspur wieder auf den richtigen Wert gebracht.
- Die Lenkungsmanschette an der Innenseite der Lenkung lösen und die Befestigungsschelle zurückziehen. An der Außenseite der Spurstange unter Bezug auf Bild 240 die kleine Schelle lösen und die Manschette abstreifen. Die Schellen werden beim Einbau mit 10–12 Nm angezogen. Falls Federschellen zur Befestigung benutzt wurden, kann man sie beim Einbau durch Schraubschellen ersetzen.
- Die neue Manschette über die Spurstange schieben und an der Innenseite mit der großen Schelle (1) in Bild 241 befestigen. Manschette ohne Verdrehung ausrichten.
- Den Spurstangenkopf wieder auf die Spurstange schrauben. Wird der alte Kopf wieder aufgeschraubt, wird er wieder in die ursprüngliche Stellung geschraubt; wird ein neues Spurstangengelenk eingebaut, schraubt man ihn in die ungefähre Stellung.
- Den Kugelbolzen von Fett oder Öl reinigen und in die Konusbohrung des Lenkhebels einschieben. Die Mutter aufschrauben und mit einem Anzugsdrehmoment von 130 Nm anziehen. Die Kontermutter des Spurstangengelenks an der Spurstange wird mit 50 Nm angezogen.
- Rad anschrauben, Fahrzeug auf die Räder senken, die Radbolzen anziehen und die Vorspur kontrollieren, wie es später in diesem Abschnitt beschrieben ist, oder die Einstellung in einer Werkstatt kontrollieren lassen.

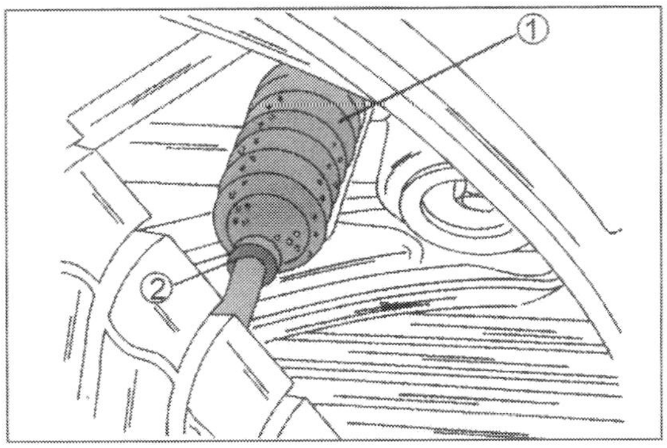


*Bild 240*
*Die Manschettenschelle (2) lösen und die Manschette herunterziehen. An der Innenseite der Manschette ist eine große Befestigungsschelle zu schließen.*

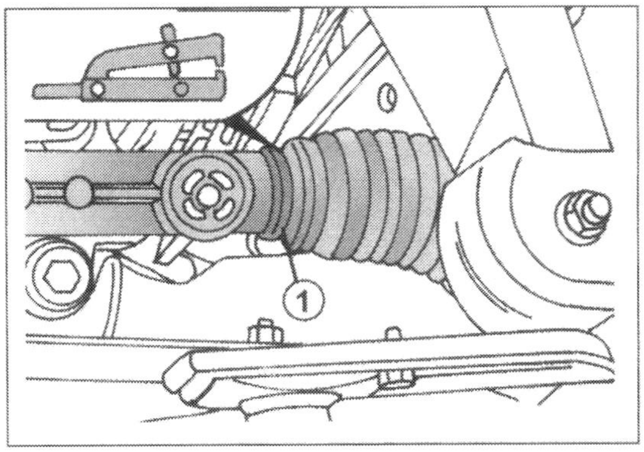


*Bild 241*
*Die Lenkungsmanschette (1) ist an der gezeigten Stelle am Lenkungsgehäuse befestigt. Schraubschellen oder Federspannschellen können eingebaut sein.*

## Spurstangen erneuern

Obwohl man schlecht an die Spurstangen heran kann, lassen sie sich bei eingebauter Lenkung erneuern. Das Fahrzeug muss an der Vorderseite auf Unterstellbücken ruhen. Das Rad wird abgeschraubt.

- Die Lenkungsmanschette von der infrage kommenden Seite abmontieren, wie es oben beschrieben wurde, und das Kugelgelenk an der Innenseite der Spurstange kontrollieren. Falls man hier Korrosion oder Leckstellen feststellen kann, muss die Lenkung erneuert werden und alle weiteren Arbeiten kann man sich ersparen.
- Die Zahnstange mit einem Gabelschlüssel an der in Bild 242 gezeigten Stelle gegenhalten, das innere Kugelgelenk mit einem Gabelschlüssel von 41 mm Schlüssel-

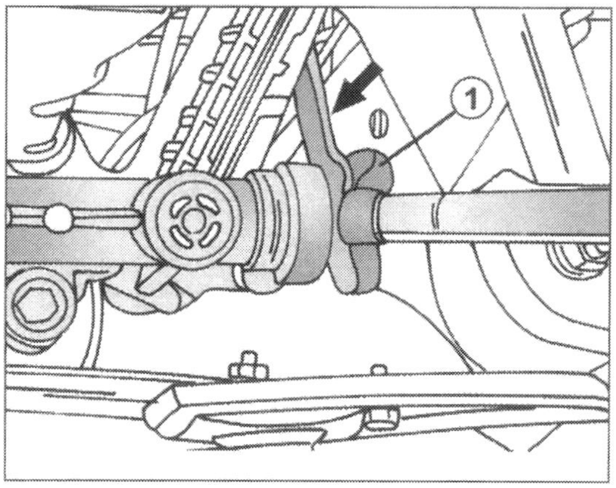


*Bild 242*
*Abschrauben des inneren Spurstangenkugelgelenks von der Zahnstange mit einem Gabelschlüssel von 41 mm Schlüsselweite. Die Zahnstange dabei mit einem Gabelschlüssel gegenhalten.*

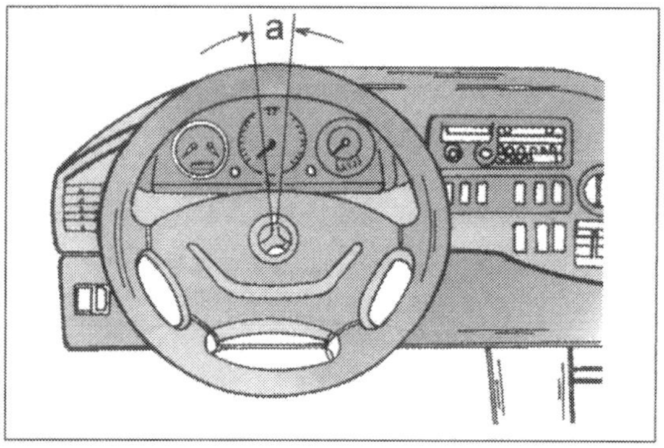


*Bild 243*
*Das Spiel in der Lenkung kann durch Hin- und Herbewegen des Lenkrades kontrolliert werden. Die Bewegung »a« darf nicht größer als 30 mm sein.*

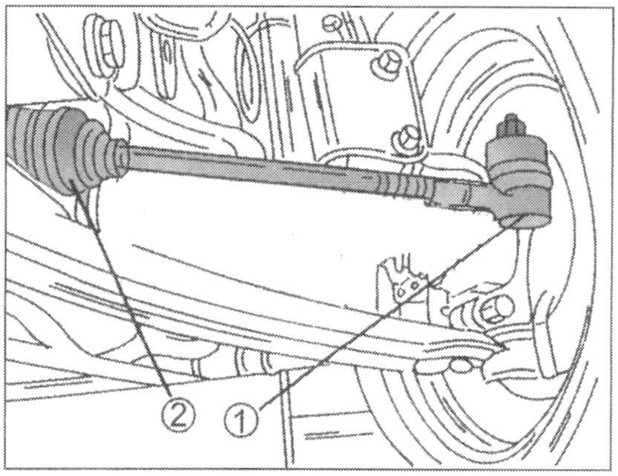


*Bild 244*
*Ansicht der eingebauten Spurstange.*
*1 Spurstangengelenk*
*2 Lenkungsmanschette*

weite lösen und die Spurstange abschrauben.

■ Die neue Spurstange mit dem Kugelgelenk an der Zahnstange anschrauben und wieder festziehen. In der Werkstatt wird ein Spezialschlüssel mit 41 mm Schlüsselweite benutzt, an welchem man einen Drehmomentschlüssel ansetzen kann. Sonst muss man ein Drehmoment von 115 Nm schätzen.

■ Alle weiteren Arbeiten in umkehrter Reihenfolge durchführen. Die Vorspur muss vermessen werden oder man lässt sie vermessen.

## Kontrolle der Lenkung

Die folgende Beschreibung erläutert die systematische Überprüfung der Lenkung. Aus dem Ergebnis der Überprüfung kann man die notwendigen Schlüsse ziehen, ob man die Arbeiten selbst erledigen kann oder besser der Werkstatt überlässt.

***Spiel in Lenkung überprüfen:*** Den Motor anlassen und die Räder in die Geradeausstellung bringen. Das Lenkrad an der Felge erfassen und wie in Bild 243 gezeigt hin- und herbewegen. Falls das mit »a« angegebene Spiel mehr als 30 mm beträgt, muss man die Lenkung und alle dazugehörigen Übertragungsteile auf übermäßiges Spiel kontrollieren. Sollte sich herausstellen, dass das Spiel in der Lenkung liegt, muss eine neue Lenkung eingebaut werden. Erkundigen Sie sich, ob eine generalüberholte Lenkung erhältlich ist.

***Spiel in den Spurstangenkugelgelenken überprüfen:*** Bei angeschraubtem Rad von der Unterseite des Fahrzeuges das Spurstangengelenk (1) in Bild 244 erfassen und kräftig auf- und abbewegen. Ein ausgeschlagenes Kugelgelenk zeigt sich durch übermäßiges Axialspiel an. Falls dieses mehrt als 2 mm beträgt, muss man das Kugelgelenk erneuern.
Die Staubschutzkappen dürfen ebenfalls keine sichtbaren Schäden aufweisen. Da man sie nicht getrennt erneuern kann, muss der entsprechende Spurstangenkopf erneuert werden.

***Staubschutzbälge der Lenkungsmanschetten überprüfen:*** Die in Bild 243 gezeigte Lenkungsmanschette (2) über die gesamte Länge und Umfang auf Risse oder Einschnitte überprüfen. Dabei besonders in der Unterseite der Faltenbälge prüfen. Ebenfalls kontrollieren, dass die Manschetten gut an der Lenkung und an der Spurstange befestigt sind. Spurstangengelenke mit verschlissenen Kugelbolzen oder mit beschädigten Lenkungsmanschetten müssen erneuert werden, wie es bereits beschrieben wurde.

## Arbeiten an der Servolenkung

**Füllen der hydraulischen Anlage**
Nach Aus- und Einbau der Lenkung muss die Anlage mit der von MB vorgeschriebenen Flüssigkeit gefüllt (0,8 bis 1,0 Liter) und anschließend entlüftet werden. Während dem Ausbau ausgelaufene Flüssigkeit darf nicht wieder eingefüllt werden. Die Verschraubung des Vorratsbehälters abschrauben und herausziehen. Dies sieht bei den beiden infrage kommenden Motoren wie in Bild 233 gezeigt aus. Der Vorratsbehälter ist vorschriftsmäßig gefüllt, wenn die Flüssigkeit zwischen der »Min«- und der »Max«-Marke am Ölmessstabe steht, wie es in der linken Ansicht zu sehen ist, oder zwischen der »Min«- und »Max«-Marke an der Pfeilstelle steht. Je nach Temperatur des Öls gibt es hier kleine Abweichungen. Zur Sicherheit den Ölmessstab gut sauber wischen und nochmals einsetzen. Die Kontrolle erneut durchführen.

■ Den Dichtring in der Verschraubung kontrollieren und ggf. erneuern. Die Kappe wieder aufschrauben.

Es ist eine gute Angewohnheit, dass man den Stand der Hydraulikflüssigkeit bei jeder Kontrolle des Motorölstands ebenfalls kontrolliert. Auf diese Weise kann man diese Überprüfung nicht vergessen. Beim Füllen der Anlage darauf achten, dass nichts in den geöffneten Behälter hineinfallen kann, da dies schnell zu Funktionsstörungen führen könnte.

**Entlüften der hydraulischen Anlage**

■ Falls der Flüssigkeitsstand nach kurzem Anlassen des Motors nicht mehr absinkt, kann man den Motor laufen lassen.

■ Das Lenkrad schnell mehrere Male aus einem Anschlag in den anderen drehen, damit die Luft aus dem Zylinder verdrängt wird. Das Lenkrad dabei aber nicht zu fest verdrehen. Es reicht, wenn der Kolben in beide Einschlagrichtungen gegen den Anschlag anliegt.

Den Flüssigkeitsspiegel des Vorratsbehälters bei dieser Arbeit beobachten. Falls er absinkt, muss sofort wieder Flüssigkeit nachgefüllt werden, da er gleichmäßig an der Max-Markierung bleiben muss (dazu muss man natürlich wieder die Verschraubung einschrauben und festziehen). Keine Luftblasen dürfen aufsteigen, während das Lenkrad aus einem Einschlag in den anderen gedreht wird.

**Kontrolle der Anlage auf Leckstellen**
Da es manchmal vorkommen kann, dass man Flüssigkeit aus der Anlage verliert, kann man durch eine kurze Prüfung feststellen, wo diese herausläuft.

■ Die Lenkung von einer zweiten Person in beide Einschläge drehen lassen, bis sie anschlägt, und kurz in dieser Einschlagstellung lassen. Dadurch wird der höchstmögliche Druck in der Anlage aufgebaut und irgendwelche Leckstellen lassen in diesem Moment die Flüssigkeit heraustreten.

■ Von der Unterseite des Fahrzeuges die Umgebung des Lenkritzels kontrollieren (Drehschieber), die Gummimanschetten an der Zahnstange lösen und die Enden der Zahnstange kontrollieren (Dichtringe der Zahnstange), die Lenkhilfspumpe überprüfen und alle Schlauchanschlüsse kontrollieren. Auslaufendes Öl an diesen Stellen weist auf Leckstellen hin.

## Keilriemen der Lenkhilfspumpe, Riemen erneuern

Die Pumpe der Servolenkung wird mit dem Poly-V-Riemen zusammen mit den anderen Aggregaten an der Vorderseite des Motors von der Motorkurbelwelle angetrieben. Die Beschreibung des Aus- und Einbaus des Riemens wurde bereits im Kapitel »Motor« für die betreffende Motorausführung behandelt.

## Lenkhilfspumpe aus- und einbauen

Die Befestigungsweise der Lenkhilfspumpe hängt von der eingebauten Lenkungsausführung statt. Die Pumpe sitzt bei bestimmten Motoren an der in Bild 245 gezeigten Stelle am Motor. Eine zweite Version wird nachfolgend behandelt. Beim Ausbau folgendermaßen vorgehen:

■ Den Poly-Antriebsriemen ausbauen (Kapitel »Motor«).

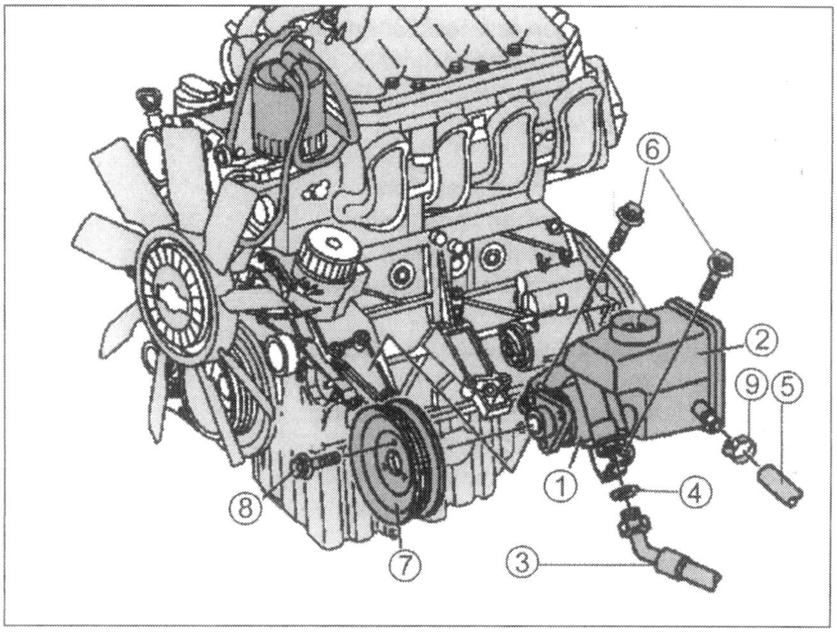


*Bild 245*
*Ansicht der eingebauten Lenkhilfspumpe. Auch die in Bild 246 gezeigte Pumpe kann eingebaut sein.*
- **1** *Lenkhilfspumpe*
- **2** *Vorratsbehälter*
- **3** *Hochdruck-Dehnschlauch*
- **4** *Dichtring*
- **5** *Rücklaufschlauch*
- **6** *Torxkopf-Schraube*
- **7** *Pumpenriemenscheibe*
- **8** *Torxkopf-Schraube*
- **9** *Schlauchschelle*

■ Die Verschraubung des Vorratsbehälters (2) der Lenkungsanlage entsprechend Bild 233 abdrehen und die Flüssigkeit mit einem geeigneten Sauger aus dem Behälter absaugen. Dabei keine Flüssigkeit auf Lackteile tropfen lassen. Am besten eignet sich ein Sauger mit einem Gummiball an der Oberseite. Das Saugende in die Flüssigkeit halten, den Gummiball zusammendrücken und dann loslassen. Die angesaugte Flüssigkeit entleeren und die verbleibende Flüssigkeit aus dem Behälter saugen.

■ Die Überwurfmutter des Hochdruck-Dehnschlauchs (3) von der Lenkungspumpe (1) abschrauben und den Schlauch abziehen. Darunter befindet sich ein Dichtring (4). Beim Einbau die Überwurfmutter mit 38 Nm anziehen.

■ Den Rücklaufschlauch (5) von der Lenkungspumpe (2) nach Lösen der Schlauchschelle (9) abziehen.

*Bild 246*
*Ansicht der eingebauten Lenkhilfspumpe. Auch die in Bild 245 gezeigte Pumpe kann eingebaut sein.*
- **1** *Hochdruck-Dehnschlauch*
- **2** *Rücklaufleitung*
- **3** *Schrauben der Riemenscheibe*

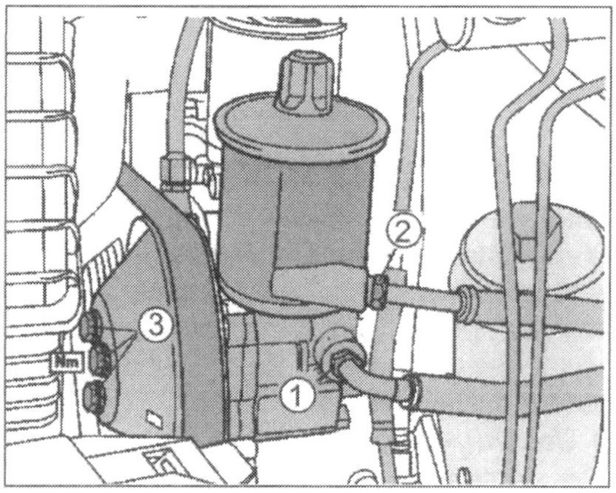


■ Die Befestigungsschrauben (8) der Riemenscheibe der Lenkhilfspumpe abschrauben (nur bei Erneuerung der Pumpe). Die Riemenscheibe dabei gegen Mitdrehen gegenhalten. In diesem Fall die Schrauben (8) der Riemenscheibe beim Einbau mit 30 Nm anziehen.

■ Die Lenkhilfspumpe (2) vom Steuergehäusedeckel abschrauben. Sie wird mit den Schrauben (6) gehalten. Die Pumpe herausheben und in der Pumpe enthaltene Flüssigkeit ausgießen. Die Pumpe wird beim Einbau mit 21 Nm angezogen.

Der Einbau der Pumpe geschieht in umgekehrter Reihenfolge wie der Ausbau unter Beachtung der bereits erwähnten Hinweise und Anzugsdrehmomente. Nach Einbau die Anlage mit Flüssigkeit füllen, wie es bereits beschrieben wurde, und die Anlage entlüften.

Falls die Pumpe in der in Bild 246 gezeigten Weise befestigt ist, wird sie folgendermaßen ausgebaut. Bei dieser Ausführung kann auch eine VDA- oder eine VT-Pumpe eingebaut sein:

■ Die Verschraubung des Vorratsbehälters der Lenkungsanlage entsprechend Bild 233 abdrehen und die Flüssigkeit mit einem geeigneten Sauger aus dem Behälter absaugen. Dabei keine Flüssigkeit auf Lackteile tropfen lassen. Am besten eignet sich ein Sauger mit einem Gummiball an der Oberseite. Das Saugende in die Flüssigkeit halten, den Gummiball zusammendrücken und dann loslassen. Die angesaugte Flüssigkeit entleeren und die verbleibende Flüssigkeit aus dem Behälter saugen.

■ Die Überwurfmutter des Hochdruck-Dehnschlauchs (1) von der Lenkungspumpe abschrauben und den Schlauch abziehen. Beim Einbau die Überwurfmutter mit 38 Nm (VDA-Pumpe) bzw. 48 Nm (VT-Pumpe) anziehen.

■ Den Rücklaufschlauch (2) von der Lenkungspumpe (2) nach Lösen der Überwurfmutter lösen. Mutter beim Einbau mit 38 Nm anziehen.

■ Die Befestigungsschrauben (3) der Riemenscheibe der Lenkhilfspumpe abschrauben. Die Riemenscheibe dabei gegen Mitdrehen gegenhalten. Die Schrauben (3) der Riemenscheibe beim Einbau mit 30 Nm anziehen.

■ Die Lenkhilfspumpe vom Steuergehäusedeckel/Träger abschrauben. Sie wird mit

Schrauben gehalten. Die Pumpe herausheben und in der Pumpe enthaltene Flüssigkeit ausgießen. Die Pumpe wird beim Einbau mit 21 Nm angezogen.
Der Einbau findet in umgekehrter Reihenfolge statt.

## Radeinstellung der Vorderräder

Die Radeinstellung der Vorderräder muss mit optischen Geräten durchgeführt werden. Aus diesem Grund möchten wir Ihnen dringend raten, dass Sie sich an die Werkstatt wenden, falls angenommen wird, dass irgendetwas mit der Einstellung nicht stimmt.
Der Nachlauf ist konstruktionsbedingt der Vorderradgeometrie einverleibt, kann also nicht verstellt werden. Der eigentliche Wert des Nachlaufs hängt vom Wert des Sturzwinkels ab. Alle Aspekte der Radeinstellung wurden bereits in Kapitel »Vorderachse« behandelt.

## Störungsbeistand – Lenkung

**1 Lenkung geht sehr schwer**

a. Ungleichmäßiger Reifendruck. Korrigieren.
b. Niedriger Flüssigkeitsstand im Vorratsbehälter. Flüssigkeit nachfüllen.
c. Festgefressene Spurstangenkugelgelenke oder Schwenkgelenke der Vorderradaufhängung. Entsprechende Kugelgelenke erneuern.
d. Radeinstellung der Vorderräder stimmt nicht. Einstellen oder einstellen lassen.
e. Lenkung muss auf Verschleiß kontrolliert werden. Werkstattarbeit.
f. Lenksäulenlager festgefressen. Kontrollieren lassen.

**2 Lenkung geht zu leicht**

a. Lenkung ausgeschlagen. In der Werkstatt kontrollieren lassen.
b. Spurstangengelenke lose oder ausgeschlagen. Gelenke überprüfen und ggf. erneuern.
c. Vorderradlager beschädigt oder haben zu viel Spiel. Lager erneuern.
d. Teile der Vorderradaufhängung haben sich gelöst.
e. Lenkrad hat sich gelöst (kaum möglich).
f. Lenkgetriebe ist lose (kann nur nach einer Reparatur möglich sein).
g. Lenkung ausgeschlagen. Einbau einer neuen Lenkung wird zur Wahrscheinlichkeit.

**3 Lenkrad »zittert« beim** Fahren

a. siehe 1a
b. siehe 1b
c. siehe 2b bis 2d
d. Siehe 2e bis 2g. Außerdem: Räder sind nicht einwandfrei ausgewuchtet (es passiert schon mal, dass ein Auswuchtgewicht sich gelöst hat) oder Reifendruck stimmt nicht. Reifendruck berichtigen und/oder Räder auswuchten lassen.
e. Schraubenfedern der Radaufhängung ermüdet oder gar gebrochen. Die Feder oder beide Federn müssen erneuert werden.

Sichtprüfung Messen

## Störungsbeistand – Lenkung

**4 Wagen zieht nach einer Seite**

a. siehe 1a
b. siehe 1d
c. siehe 2c
d. Radbolzen lose (kann z. B. bei einem Radwechsel passieren, wenn man zu hastig gearbeitet hat).
e. siehe 3d
f. siehe 3e
g. Bremsen ziehen einseitig. Fehler in den Bremsen herausfinden.
h. Vorderradgeometrie vollkommen außerhalb der Sollwerte. Das Fahrzeug fachmännisch vermessen lassen.
i. Fahrfehler. Wir möchten nicht Ihre Fahrweise beschuldigen, müssen es aber erwähnen.

**5 Lenkrad kehrt nicht in Geradeausstellung zurück**

a. 1a bis 1f

**6 Ungewöhnlich hoher Reifenverschleiß**

a. siehe 1a und 1d
b. siehe 2b bis 2d
c. siehe 3d und 3e
d. siehe 4g bis 4i

**7 Schlagende Geräusche in der Lenksäule**

a. siehe 1f
b. siehe 2b
c. siehe 2e
d. siehe 2f

**8 Ausfall der Servounterstützung**

a. Vorratsbehälter muss nachgefüllt werden.
b. Lenkung muss entlüftet werden.
c. Antriebsriemen gerissen. Ist der Riemen gerissen, werden Sie auch weitere Symptome feststellen.
d. Störung in der Lenkhilfspumpe.
e. Hydraulikleitungen geknickt, beschädigt oder andernfalls unterbrochen.
f. Druck in der Anlage unzureichend. Muss in der Werkstatt kontrolliert werden lassen.

**9 Regelmäßiger Verlust der Lenkungsflüssigkeit**

a. Flüssigkeitsverlust am Lenkgetriebe, an den Schlauch- und Leitungsanschlüssen oder schlechte Zahnstangenabdichtung. Anschlüsse kann man überprüfen und eventuell nachziehen. Andernfalls Werkstattarbeit.

# Die Bremsanlage

Die Straßenverkehrs-Zulassungsordnung in Deutschland (StVZO) oder entsprechende Gesetze in anderen Ländern schreiben vor, dass ein Fahrzeug stets mit zwei Bremsanlagen – der Feststellbremse (Handbremse) und der hydraulischen Betriebsbremse (Fußbremse) – ausgestattet ist, die unabhängig voneinander arbeiten. Sinn dieser Vorschrift: Fällt ein System aus, kann das andere das Fahrzeug immer noch abbremsen. Die Bremsanlage des Mercedes Sprinters erfüllt diese Bestimmung mit einer Handbremse sowie einer diagonal geteilten Zweikreisbremsanlage. Dabei ist ein Bremskreis jeweils für ein Vorderrad und das gegenüberliegende Hinterrad zuständig. Fällt ein Bremskreis aus, bleiben Vorderrad und Hinterrad des anderen Kreises bremsfähig. In diesem Fall müssen Sie freilich stärker aufs Bremspedal treten, um die gleiche Wirkung zu erreichen wie bei einer intakten Anlage. Das Pedal lässt sich weiter durchtreten und der Anhalteweg wird wesentlich länger.

## Die Konstruktion der Bremsen

Für die Vorderräder und die Hinterräder werden Scheibenbremsen verwendet, die abgesehen von kleinen Unterschieden gleich sind, d. h. sie arbeiten auf dem gleichen Prinzip. An beiden Achsen werden Gleitbremssättel, auch als Faustsättel bekannt, verwendet. Bremsscheiben können auch aus Festmaterial hergestellt sein oder sind innenbelüftet.

Die Bremsanlage ist serienmäßig mit einem Bremskraftverstärker ausgerüstet, welcher seinen Unterdruck über eine getrennte Unterdruckpumpe erhält.

Der Sprinter kann mit verschiedenen Einrichtungen ausgerüstet sein, welcher der Sicherheit und der Verbesserung des Fahrbetriebs dienen. Eine Antiblockier-Bremsanlage (ABS) und eine automatische Differentialsperre können eingebaut sein. Je nach Fahrzeugausführung ist ein einfacher Bremsdruckregler in den hinteren Bremskreis eingesetzt sein, oder das Fahrzeug ist mit einem Doppel-Bremsdruckregler im hinteren Bremskreis versehen (verstellbar) und hat im Hauptbremszylinder ein nicht verstellbares Bremsdruckausgleichsventil. Bilder 247 und 248 zeigen die beiden Ausführungen.

An der Vorderachse und an der Hinterachse verzögern Scheibenbremsen die Fahrgeschwindigkeit des Fahrzeuges, die jedoch nicht bei allen Modellen vom gleichen Hersteller stammen und auch eine unterschiedliche Bauweise haben (1 oder 2 Kolben pro Bremssattel). Beim Tritt aufs Bremspedal presst eine mit dem Pedal verbundene Druckstange zwei hintereinander liegende Kolben in den Hauptbremszylinder, der im Motorraum am Bremskraftverstärker montiert ist. Die Kolben übertragen die Fußkraft auf die im Hauptbremszylinder eingeschlossene Bremsflüssigkeit. Dadurch entsteht ein hydraulischer Druck, der sich über Rohr- und Schlauchleitungen zu den Bremszangenzylindern fortsetzt. Dabei drücken Kolben die Bremsklötze gegen die Bremsscheiben. Drücken ist dabei nur grob gesagt. Da die Bremssättel, auch Bremszangen genannt, nur einen Kolben haben, drückt der hergestellte Bremsdruck gegen diesen Kolben, welcher dabei den Bremsklotz gegen die Bremsscheibe drückt. Sobald der Kol-

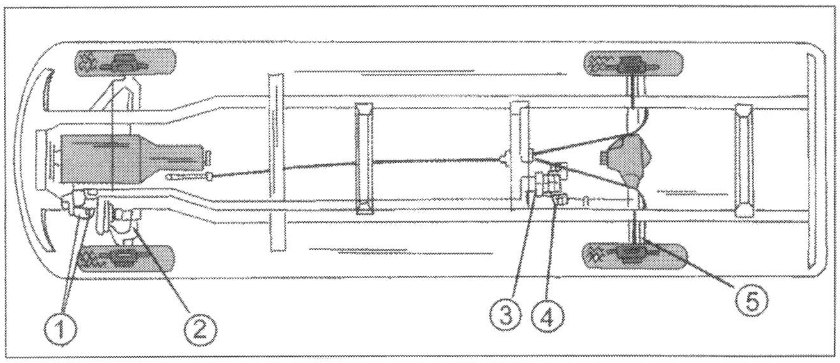


*Bild 247*
*Diagramm der Bremsanlage mit Bremsdruckausgleichsventil.*
1 *Bremsdruckausgleichsventil*
2 *Bremssattel, vorn*
3 *Doppel-Bremsdruckregler*
4 *Verstellbares Bremsdruckregelventil*
5 *Bremssattel, hinten*

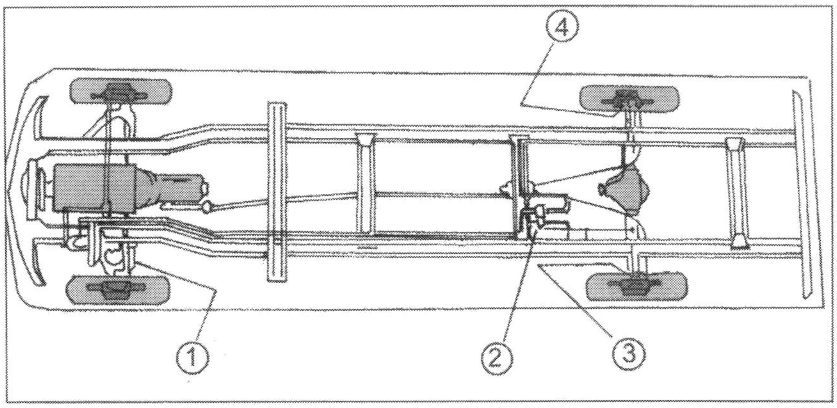


*Bild 248*
*Diagramm der Bremsanlage ohne Bremsdruckausgleichsventil.*
1 *Bremssattel, vorn*
2 *Bremsdruckregler*
3 *Bremssattel, hinten links*
4 *Bremssattel. Hinten rechts*

ben nicht weiter kann, wird der gesamte Bremssattel auf einem Mechanismus von Gleitbolzen auf die andere Seite gedrückt, der zweite Bremsklotz wird gegen die andere Seite der Bremsscheibe gedrückt. Die Bremsung ist damit komplett.
Wo ist aber die Handbremse, welche normalerweise bei Trommelbremsen durch einen Mechanismus aus Seilen und Hebeln auf die Bremsbacken wirkt? Der Mechanismus aus Hebeln und Seilen ist noch vorhanden. Jedoch ist bei der vorliegenden Ausführung die hintere Bremsscheibe so geformt, dass sie noch Platz für eine herkömmliche Trommelbremse bietet. Wenn das Pedal im Fahrerfußraum getreten wird, spannt sich das vordere Bremsseil. Dies führt zum Seilzugausgleich. Von dort verläuft je ein Bremsseil zur jeweiligen Hinterradbremse. Die Bremsbacken werden durch einen Spreizhebel auseinander bewegt. Vorder- und Hinterradbremsen stellen sich übrigens selbst nach.

## Wartungsarbeiten an den Bremsen – im Zweifel ein Fall für die Werkstatt

Die Bremsen entscheiden im Straßenverkehr über Ihre Sicherheit und die anderer Verkehrsteilnehmer. Deshalb ist eine regelmäßige Kontrolle der Bremsanlage Ihre beste Lebensversicherung. Scheuen Sie sich nicht, die Räder abzunehmen und den Zustand der Bremsklotzbeläge zu prüfen.
Die meisten Arbeiten an den Bremsen sind nicht zu schwer. Auf Arbeiten, die wir nicht empfehlen können, weisen wir hin, besonders da wir es mit einem schweren Kleintransporter zu tun haben. Trotzdem sollten Sie sich nur ans Schrauben machen, wenn Sie sich Ihrer Sache wirklich sicher sind. Überlassen Sie Arbeiten an der Bremse im Zweifelsfall lieber einer Fachwerkstatt. Falls Ihnen einige der mit der Bremsanlage verbundenen Teile nicht genau bekannt sind, werden Ihnen die folgenden Beschreibungen zum besseren Verständnis helfen:

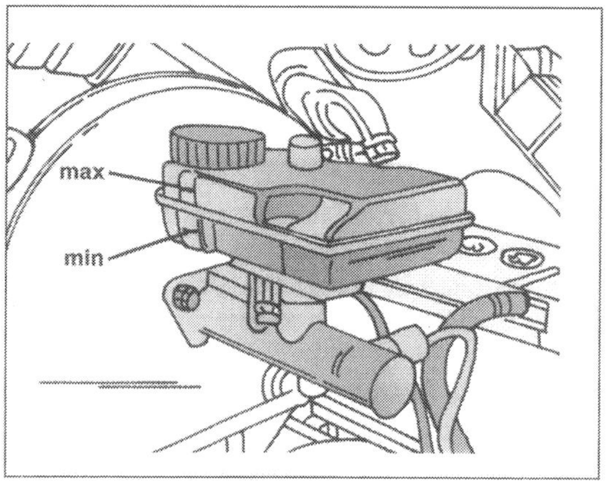


*Bild 249*
*Ansicht des Flüssigkeitsvorratsbehälters. Die Flüssigkeit muss zwischen der »Min«- und »Max«-Markierung stehen.*

**Zweikreisbremsanlage.** Diagonal geteilte hydraulische Anlage. Jeweils ein Bremskreis für Vorderrad und gegenüberliegendes Hinterrad.
**Hauptbremszylinder.** Wandelt die mechanische Kraft des Bremspedals in hydraulische Kraft um. Sorgt für schnellen Druckabbau im System beim Lösen der Bremsen.
**Bremskraftverstärker.** Sitzt links im Motorraum hinter dem Hauptbremszylinder. Bringt etwa 60 Prozent der Bremskraft. Bezieht seine Kraft über eine separate Unterdruckpumpe. Beim Bremsen reagiert eine elastische Membrane auf den Druckunterschied zwischen äußerem Luftdruck und dem Unterdruck aus der Unterdruckpumpe. Sie drückt zusätzlich auf die Kolben im Hauptbremszylinder.
**Bremsflüssigkeit.** Die Flüssigkeit in den Bremsleitungen und Bremszylindern ist eine Mischung aus Glykol, Polyglykoläther und ein paar weiteren Bestandteilen. Diese meistens gelbliche bis farblose – übrigens giftige und gegen Autolack aggressive – Flüssigkeit greift die Metall- und die Gummiteile des Bremssystems nicht an, sie bleibt selbst bei –40 °C noch ausreichend dünnflüssig, und sie hat trotz ihrer Dünnflüssigkeit den extrem hohen Siedepunkt von ca. 290 °C.
Aber die Bremsflüssigkeit hat auch eine sehr unangenehme Eigenschaft: Sie nimmt gern Wasser auf, sie ist »hygroskopisch«. Bei nur 2,5% Wassergehalt liegt der Siedepunkt nur noch bei 150 °C. Das wird bei starker Belastung der Bremsen gefährlich. In der Nähe der erhitzten Bremsen können sich Dampfblasen in der Hydraulikflüssigkeit bilden, die sich zusammenpressen lassen – das Bremspedal lässt sich tief durchtreten, manchmal tritt man sogar ins Leere (in diesem Fall hilft bisweilen noch schnelles Pumpen mit dem Bremspedal).

***Stand der Bremsflüssigkeit prüfen***
Der Bremsflüssigkeitsbehälter sitzt im Mo-

torraum links hinten auf dem Hauptbremszylinder (Bild 249). Im durchscheinenden Behälter muss die Bremsflüssigkeit stets zwischen den Markierungen »MIN« und »MAX« stehen.
Bedingt durch die im Durchmesser verhältnismäßig großen Kolben in den Bremssätteln sinkt der Flüssigkeitsspiegel ein wenig, wenn die Kolben durch die verschleißenden Bremsklötze weiter herauswandern und Bremsflüssigkeit nachfließt. Ein gewisses, minimales Absinken der Bremsflüssigkeit muss also nicht unbedingt alarmierend sein. Fällt der Stand der Bremsflüssigkeit innerhalb kurzer Zeitabstände immer wieder unter die »MIN«-Marke, muss dringend nach den Ursachen geforscht werden.

***Bremsflüssigkeit austauschen***

Es spricht einiges dafür, die Bremsflüssigkeit jährlich zu wechseln. Für diese Arbeit sind Sie in der Werkstatt gut aufgehoben. Wer unbedingt den Ehrgeiz zum Selbermachen besitzt, geht ähnlich vor wie beim Entlüften der Bremsanlage. Das Folgende nur in Stichwortform:

- Den Bremsflüssigkeitsbehälter mit einer Spritze o. Ä. bis auf etwa 1 cm leer saugen. Dazu kann man einen Sauger benutzen, wie man es in Bild 250 sehen kann.
- Mit neuer Bremsflüssigkeit (DOT 4) auffüllen.
- Nacheinander an jeder Radbremse die Entlüftungsschrauben öffnen und mit dem Bremspedal langsam Bremsflüssigkeit herauspumpen. Das Bremspedal pro Bremse 10-mal durchtreten.
- Unbedingt auf den Stand der Bremsflüssigkeit im Vorratsbehälter achten und rechtzeitig Bremsflüssigkeit nachfüllen, bevor Luft angesaugt wird.
- An der rechten Hinterradbremse beginnen (am weitesten entfernt).

***Bremsen überprüfen***

Am besten suchen Sie sich eine wenig befahrene Straße oder einen leeren Parkplatz. Auf solch einer ebenen und trockenen Teststrecke bremsen Sie mehrmals mehr oder weniger stark ab. Zieht der Wagen einseitig nach rechts, ist die Wirkung der linken Vorder- oder Hinterradbremse zu schwach. Ungleich lange Bremsspuren – sie werden durch kurze Vollbremsungen aus ca. 40 km/h erzeugt – weisen ebenfalls auf ungleiche Bremswirkung hin. Bei einer weiteren Prüfung können Sie noch das Lenkrad leicht loslassen (Hände griffbereit!) und fühlen, ob es während des Bremsens einzuschlagen versucht. Die Feststellbremse prüfen Sie beim Ausrollenlassen des Wagens. Beim Anziehen der Handbremse müssen sich gleich lange Bremsspuren ergeben. Genauer ist der preisgünstige Bremsentest auf einem Prüfstand in der Werkstatt. Den Test spätestens vor jeder TÜV/DEKRA-Untersuchung durchführen lassen.

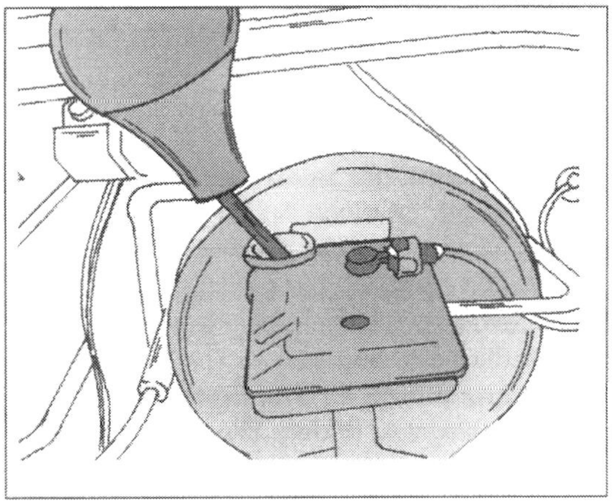

*Bild 250*
*Die Bremsflüssigkeit muss aus dem Vorratsbehälter für die Bremsflüssigkeit abgesaugt werden, um ihn zu entleeren. Auf keinen Fall mit einem Schlauch durch Absaugen mit dem Mund entleeren.*

Tipp: Durch Streusalzeinwirkung auf Bremsscheibe und Bremsbeläge kann sich besonders bei überwiegendem Stadtverkehr die Bremswirkung deutlich verschlechtern. Zur Abhilfe das Fahrzeug mehrmals aus ca. 80 km/h kräftig abbremsen. Unfallgefahr beachten.

***Bremsanlage auf Dichtheit und Beschädigung prüfen***

- Verfolgen Sie die Bremsleitungen unter dem Wagen: Sie dürfen nicht angerostet, geknickt oder platt gedrückt sein. Schwarzer feuchter Schmutz an den Leitungsanschlüssen deutet auf undichte Stellen hin. Die Bremsschläuche dürfen nicht spröde oder angescheuert sein.
- Feuchter dunkler Schmutz an den Bremssätteln, an den Entlüftungsventilen und am Anschluss des Bremsschlauches lässt Undichtheit vermuten.
- Alle Staubschutzkappen auf den Entlüftungsventilen vorhanden?
- Zuletzt eine provisorische Bremsdruckprüfung: Treten Sie mit großer Kraft auf das Bremspedal. Der harte Widerstand darf auch nach einigen Minuten nicht nachgeben. Sonst ist das System irgendwo un-

dicht, oder der Hauptbremszylinder ist defekt.

***Bremsklötze kontrollieren***

Für denjenigen, der seine Bremsanlage selbst wartet, ist diese Arbeit mit die wichtigste. Pünktlich ist die Kontrolle durchzuführen. Die Bremsklötze der Vorderachse verschleißen relativ schnell – besonders bei Automatik-Fahrzeugen.
Im Armaturenbrett ist eine Bremsbelagverschleißanzeige zu finden. Diese leuchtet beim Bremsen auf, wenn der bremskolbenseitige Bremsbelag einer Vorderradbremse weniger als 3,5 mm dick ist. Von den Bremsklotzbelägen ist dann so viel abgeschliffen, dass alle vier vorderen Bremsklötze erneuert werden müssen.
Die hinteren Bremsklötze sind immer dann zu prüfen, wenn vorne neue eingebaut werden.
Obwohl man die Stärke des Bremsklotzmaterials bei angeschraubtem Rad kontrollieren kann, ist es besser das Rad abzuschrauben. Danach die Stärke des Bremsbelagmaterials kontrollieren. Vorn und hinten müssen noch 2 mm Restbelag verbleiben.

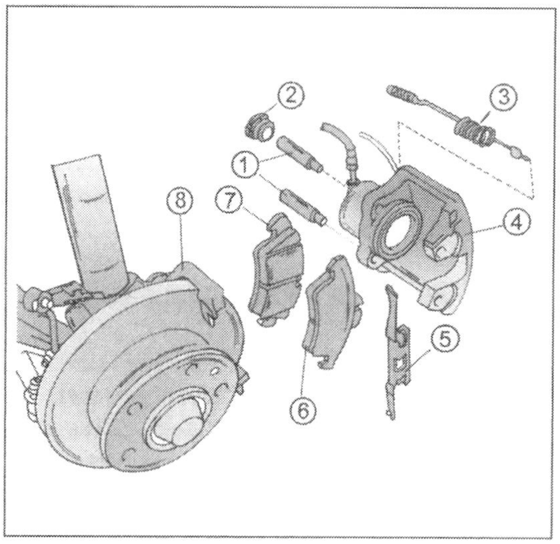


*Bild 251*
*Montagebild der Vorderradbremse mit einem Kolben im Bremssattelzylinder.*
*1 Führungsbolzen, 25 Nm*
*2 Staubschutzstopfen*
*3 Bremsklotzverschleißanzeiger mit Kabel*
*4 Bremssattelzylinder*
*5 Elastische Feder*
*6 Bremsklotz, außen*
*7 Bremsklotz, innen (mit Haltefeder)*
*8 Bremssattelträger (an Vorderachse verschraubt)*

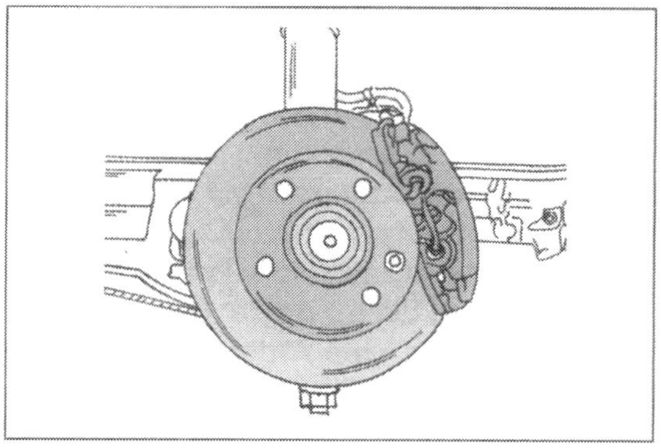

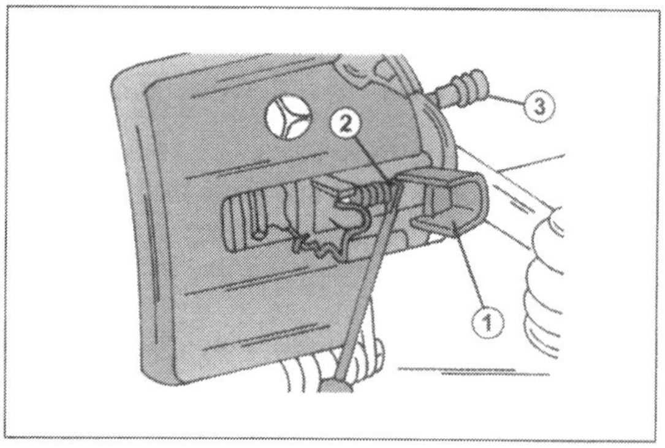


*Bild 252*
*Nach Abschrauben des Vorderrades sieht man den Bremssattel an der gezeigten Stelle (links). In der rechten Ansicht wird die Feder (5) in Bild 251 ausgebaut.*
*1 Abdeckung*
*2 Kabelstecker*
*3 Entlüftungsschraube*

***Feststellbremse nachstellen***

Auf die Einstellung wird im betreffenden Abschnitt eingegangen.

## Vorderradscheibenbremsen (Gleitsättel)

Wie bereits erwähnt, sind Gleitsättel (Faustsättel) zum Abbremsen der Vorderräder (sowie der Hinterräder) eingebaut. Diese Bremssattelart besteht aus dem fest am Achsschenkel verschraubten Bremssattelträger und einem Zylindergehäuse. Das Zylindergehäuse ist an der inneren Radseite angebracht und enthält, je nach Ausführung, einen oder zwei Kolben. Es würde zu weit führen, die einzelnen Modellvarianten anzuführen. Nach Ausbau werden Sie schnell die Anzahl der eingebauten Kolben sehen.

**Bremsklötze erneuern**
***Bremssattel mit einem Kolben***

Bild 251 zeigt die zu einem Bremssattel gehörenden Teile. Beim Aus- und Einbau der Bremsklötze kann man sich an dieses Bild halten. Obwohl die Beschreibung nur für eine Seite gilt, müssen die Bremsklötze immer im Satz erneuert werden.
Falls die Bremsklötze wieder eingebaut werden sollen, sind sie entsprechend ihrer Seitenzugehörigkeit, auch innen und außen, zu zeichnen.

- Das Bremspedal bei abgestelltem Motor einige Male durchtreten, um allen Unterdruck aus der Anlage auszuscheiden.
- Die Verschraubung des Vorratsbehälters für die Bremsflüssigkeit abschrauben.
- Die Radbolzen lockern, das Fahrzeug vorn auf Böcke setzen und die Räder abschrauben.
- Das elektrische Kabel der Bremsklotzver-

*Bild 253*
*Nach Entfernen der Verschlussstopfen die beiden mit den Pfeilen gezeigten Inbusschrauben herausdrehen und den Bremssattel abheben.*

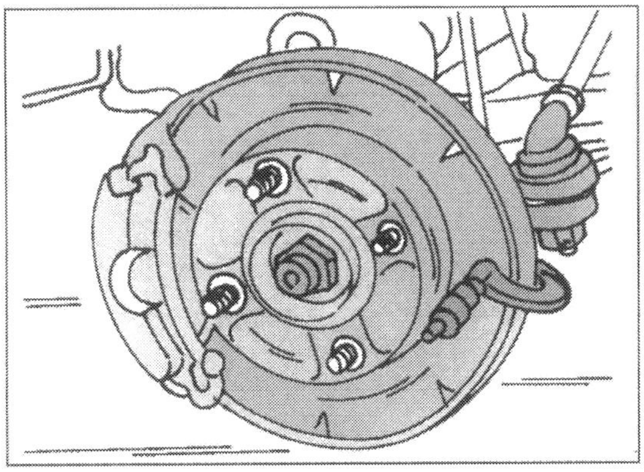

*Bild 254*
*Bremsscheiben können im eingebauten Zustand in der gezeigten Weise ausgemessen werden.*

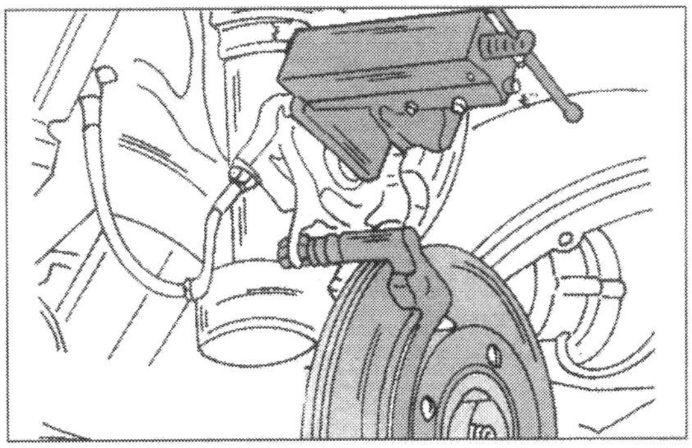

*Bild 255*
*Kolben müssen vor dem Einbau der Bremsklötze in die Bohrungen zurückgestoßen werden. Dazu benutzt man eine Kolbenrücksetzzange oder eine Zwinge, die die gezeigte Arbeitsweise hat.*

schleißanzeige abschließen. Dazu die Abdeckung abnehmen und den Stecker abdrücken (Bild 252).

- Mit einem Schraubendreher den Befestigungsclip (5) in Bild 251 zwischen dem Bremssattel und dem Bremssattelträger heraushebeln.
- An der Rückseite des Bremssattels die beiden Abdeckstopfen (2) über den Gleitbolzen (1) des Bremssattels (4) herausdrücken (Schraubendreher) und die darunter liegenden Inbuskopfschrauben (Pfeile, Bild 253) mit einem passenden Schlüssel herausdrehen. Dazu sollte man einen geraden Inbusschlüssel benutzen, welchen man in eine Stecknuss einsetzen kann. Da man die Schrauben beim Einbau mit einem bestimmten Drehmoment anziehen muss (25 Nm), eignet sich z. B. kein im rechten Winkel abgebogener Inbusschlüssel zum Festziehen. Nachdem beide Schrauben ausgedreht wurden, kann man den Bremssattelzylinder abnehmen. Den Bremssattelzylinder mit einem Stück Draht an der Vorderachse festbinden, damit er nicht am Bremsschlauch herunterhängen kann.
- Die Bremsklötze von der Seite der Bremszange abnehmen. Der zweite Bremsklotz verbleibt am Bremssattelträger und wird von der Seite der Bremsscheibe abgenommen.

Falls das Bremsklotzmaterial bis auf eine Stärke von 2,0 mm abgeschliffen ist oder die Beläge verölt sind, muss man neue Bremsklötze im Satz einbauen. Obwohl die Bremsklötze bis auf eine Stärke von 2,0 mm abgenutzt sein können, wird man feststellen, dass die Warnleuchte des Bremsklotzverschleißes bei einer Stärke von 3,5 mm aufleuchtet.

Niemals einen einzelnen Bremsklotz erneuern, auch wenn die anderen noch gut aussehen.

Falls die Bremsklötze übermäßig verschlissen sind, kann es sein, dass der Kolben hängt. In diesen Fall muss man den Bremssattel überholen lassen oder erneuern. Wir sagen überholen lassen, da wir das Überholen eines Bremssattels aus Sicherheitsgründen nicht empfehlen können.

Das Gleiche gilt, falls die Staubschutzkappe im Zylindergehäuse eingerissen ist.

Die Fühler für den Bremsbelagverschleiß sollten erneuert werden, falls der Isolierüberzug an der Kontaktplatte durchgescheuert oder irgendein anderes Teil, einschließlich des Kabels, beschädigt ist.

Die Flächen der Bremsscheiben kontrollieren und vor dem Einbau neuer Bremsbeläge gut reinigen.

Die Stärke der Bremsscheiben ausmessen, wie es in Bild 254 gezeigt ist. Mindestmaß muss noch 19,0 mm betragen (alle Bremssattelausführungen, auch mit 4 Kolben). Eventuell muss die Bremsscheibe erneuert werden oder man lässt sie nachschleifen.

Beim Einbau der Bremsklötze folgendermaßen vorgehen (Bild 251):

- Die Kontaktflächen für die Bremsklötze im Bremssattelträger reinigen.

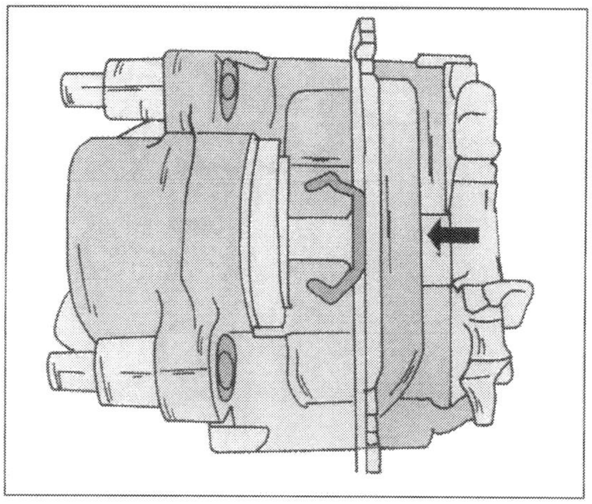

*Bild 256*
*Der innere Bremsklotz wird mit der Haltefeder in den Bremssattelzylinder eingedrückt.*

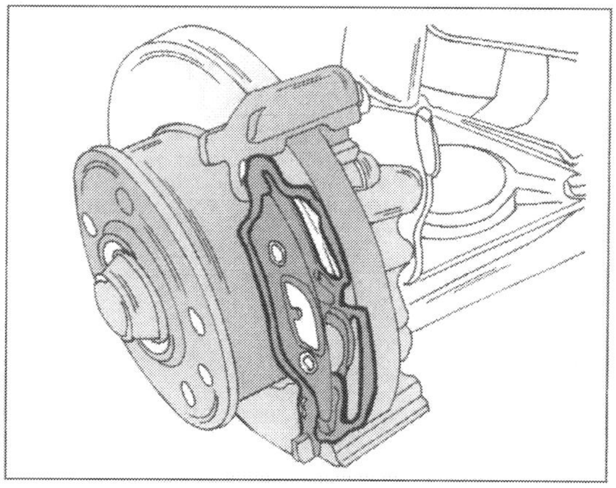

*Bild 257*
*Nach Abheben des Bremssattelzylinders verbleibt der äußere Bremsklotz an der Seite der Bremsscheibe. Der innere Bremsklotz wird mit einer Haltefeder im Bremssattel befestigt.*

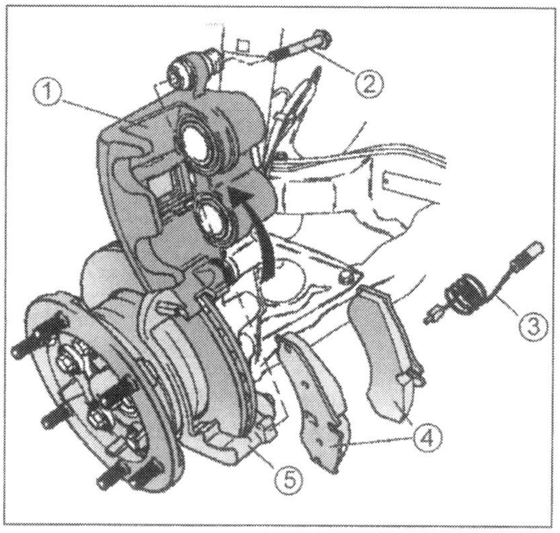


*Bild 258*
*Zum Aus- und Einbau der Bremsklötze bei einem Bremssattelzylinder mit zwei Kolben. Der Bremssattel wird nach Lösen der unteren Schraube (2) nach oben geklappt (Pfeilrichtung).*
- *1 Bremssattel*
- *2 Gleitbolzen, M8 oder M10, Anzugsdrehmoment beachten*
- *3 Bremsbelagverschleißanzeiger*
- *4 Bremsklötze*
- *5 Bremssattelträger*

■ Aus dem Vorratsbehälter des Hauptzylinders etwas Bremsflüssigkeit absaugen, wie es bereits gezeigt wurde.
■ Den Kolben mit einer Kolbenzange in die Zylinderbohrung zurückdrücken. Dazu wird die in Bild 255 gezeigte Zwinge verwendet.
■ Den Bremsklotz mit der Feder (7) in den Bremssattelzylinder einsetzen, wie es in Bild 256 gezeigt ist, und in Pfeilrichtung nach innen drücken.
■ Den äußeren Bremsklotz (6) in die Aufnahmeöffnung des Bremssattelträgers (4) einsetzen, so dass er die in Bild 257 gezeigte Lage einnimmt.
■ Das Zylindergehäuse (4) vorsichtig über die Bremsklötze setzen und die Gleitbolzen (1) durch den Bremssattel in den Bremssattelträger einschrauben. Die Bolzen mit einem Inbusschlüssel mit einem Anzugsdrehmoment von 25 Nm anziehen.
■ Nach Festziehen der Schrauben die beiden Abdeckkappen (2) aufdrücken.
■ Die elastische Feder (5) wieder in Bremssattel und Bremssattelträger einsetzen.
■ Das Kabel des Verschleißfühlers (3) zu einer Spirale zusammenrollen und an der Anschlusszunge des Bremssattels anklemmen. Abdeckung der Steckerverbindung schließen.
■ Bremspedal einige Male sehr fest betätigen, um die Bremsklötze an die Scheibe heranzubringen.
■ Flüssigkeitsstand im Vorratsbehälter des Hauptbremszylinders berichtigen.
■ Räder anschrauben, das Fahrzeug auf die Räder absenken und die Räder anziehen.

Nach dem Einbau das Bremspedal mehrere Male durchtreten, bis der normale Pedalweg wieder hergestellt ist. Versäumen Sie dies, könnte es vorkommen, dass die Bremsen bei der ersten Probe versagen. Falls sich das Bremspedal senken sollte, kann man die Anlage auf Leckstellen kontrollieren. Außerdem darf man während der ersten Fahrkilometer mit neuen Bremsklötzen die Bremsen nicht zu fest betätigen. Um die Bremsen gut einzubremsen, bremst man das Fahrzeug bei leichtem Pedaldruck mehrere Male von 80 auf 40 km/h ab. Nach jeder Abbremsung jedoch warten, bis sich die Bremsen wieder etwas abgekühlt haben, um sie nicht zu überhitzen.

***Bremssattel mit zwei Kolben***
Bild 258 zeigt die Einbauweise dieser Bremssättel. Beim Ausbau in der oben beschriebenen Weise vorgehen, bis die Vorderräder abgeschraubt und der Kabelstecker für den Fühler des Bremsklotzverschleißes (3) abgezogen sind. Danach folgendermaßen vorgehen:
■ Den Bremssattel erfassen und kräftig nach außen ziehen. Dadurch werden die

Kolben ca. 3 mm nach innen gedrückt. Wird dies nicht durchgeführt, kann der Bremssattel später nicht nach oben geschwungen werden, da die Niete an der Rückseite der Bremsklötze anstoßen würden.

- Schraube (2) herausdrehen, die Oberseite des Bremssattels (1) nach oben schwingen und die Bremsklötze (4) links und rechts vom Bremssattelträger (5) abnehmen.

Der Einbau findet in umgekehrter Reihenfolge statt. Folgende Punkte beachten:

- Falls die alten Bremsklötze eingebaut werden, zuerst die Stärke des Belags ausmessen. Erneuern, falls die Stärke des Belagmaterials weniger als 2,0 mm beträgt. Wird ein neuer Bremsklotzsatz eingebaut, darf man nur Mercedes-Benz-Originalteile verwenden.
- Aus dem Vorratsbehälter des Hauptzylinders etwas Bremsflüssigkeit absaugen, wie es bereits gezeigt wurde.
- Gewindebohrungen im Bremssattelträger (5) mit einem M8-Gewindeschneider (oder M10-Gewindeschneider, je nach Schraubengewinde) von altem Sicherungsmittel reinigen. Die Schraube (2) muss immer erneuert werden.
- Den Kolben mit einer Kolbenzange in die Zylinderbohrung zurückdrücken. Dazu wird die in Bild 255 gezeigte Zwinge verwendet, jedoch muss man beide Kolben in die Bohrungen zurückdrücken. Dabei darauf achten, dass die Kolbendichtringe nicht beschädigt werden.
- Die Seitenführungen und die Berührungsflächen der Kolben an der Rückseite der Bremsklötze mit einem leichten Film Bremsfett einschmieren und die Bremsklötze links und rechts ansetzen.
- Den Bremssattel vorsichtig nach unten schwingen, bis man die Schraube (2) einschrauben kann. Die Schraube mit 25 Nm (M8-Schraube) oder mit 30 Nm (M10-Schraube) anziehen.
- Alle anderen Arbeiten in umgekehrter Reihenfolge durchführen. Die beim Bremssattel mit 2 Kolben gegebenen Anweisungen befolgen.

### Bremssattel aus- und einbauen

Wiederum wird der Bremssattel entsprechend der eingebauten Ausführung ausgebaut.

#### *Bremssattel mit einem Kolben*

Die Arbeiten werden unter Bezug auf Bild 259 durchgeführt:

- Bremspedal einige Male durchtreten, um den Unterdruck aus der Anlage auszuscheiden, das Fahrzeug vorn auf Böcke setzen und das Rad abschrauben.
- Einen Entlüftungsschlauch auf die Entlüftungsschraube aufstecken und das andere Schlauchende in ein Gefäß einhängen.
- Entlüftungsschraube öffnen und das Bremspedal durchpumpen, bis die Flüssigkeit ausgeschieden ist.
- Bremsschlauch (3) am Sechskant am Bremssattel abschrauben, damit er sich später leicht verdrehen kann. Ebenfalls kann man den Bremsschlauch an der Verbindung zur Bremsleitung abschließen. In diesem Fall die Überwurfmutter der Leitung lösen, das Federblech der Schlauchhalterung ausschlagen und den Schlauch herausziehen. Der Schlauchanschluss am Bremssattelzylinder sollte trotzdem gelockert werden. Offene Anschlüsse in geeigneter Weise gegen Eindringen von Schmutz schützen.
- Die Schraube des Kabelanschlusses für den Bremsklotzverschleißanzeiger (1) lösen und den Anzeiger mit dem Kabel (2) abziehen.
- Die beiden Befestigungsschrauben (4) des Bremssattels lösen und den Bremssattel herunterheben. Die beiden Bremsklötze von den Seiten der Bremsscheiben abnehmen.
- Den Bremssattel durch Drehen vom Bremsschlauchanschluss abdrehen, bis er frei ist.

Der Einbau geschieht in umgekehrter Reihenfolge, unter Beachtung der folgenden Punkte:

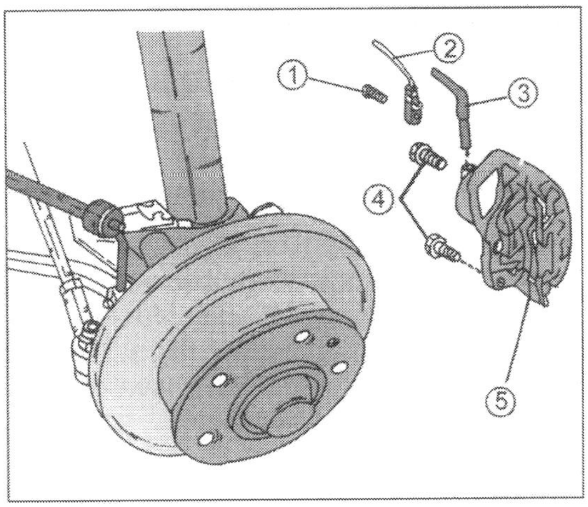


*Bild 259 Einzelheiten zum Aus- und Einbau des Bremssattels mit einem Kolben.*
*1 Schraube, 10 Nm*
*2 Kabel für Bremsklotzverschleißanzeige*
*3 Bremsschlauch, 14 Nm*
*4 Schrauben, 170 Nm*
*5 Bremssattelzylinder*

Bild 260
*Ansicht des ausgebauten Bremssattels im Fall von zwei eingebauten Kolben. Die untere Ansicht zeigt, wo die Schrauben (1) zu lösen sind.*
*1 Gleitbolzen, M8 oder M10, Anzugsdrehmoment beachten*
*2 Bremsschlauch*
*3 Bremssattelzylinder*
*4 Federn*
*6 Bremsklotzsatz*

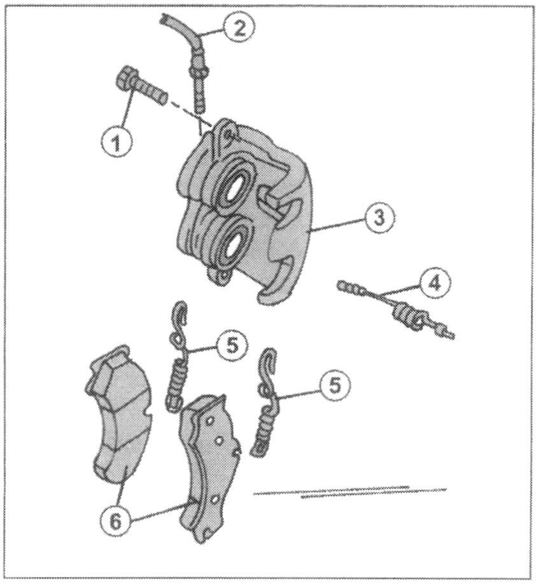


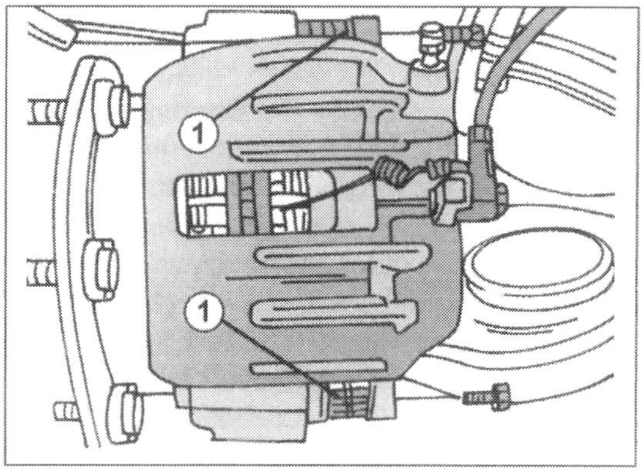


Bild 261
*Einzelheiten zum Aus- und Einbau der Bremsklötze der hinteren Scheibenbremsen, wenn die Bremssättel einen Kolben haben. Kann an der Ausführung der Radnabe erkannt werden.*
*1 Hinterachse*
*2 Haltefeder*
*3 Bremsklotz, außen*
*4 Bremsklotz, innen*
*5 Bremssattelzylinder*
*6 Kabel für Bremsklotzverschleißanzeiger*
*7 Staubschutzstopfen*
*8 Führungsbolzen, M8 oder M10, Anzugsdrehmoment beachten*

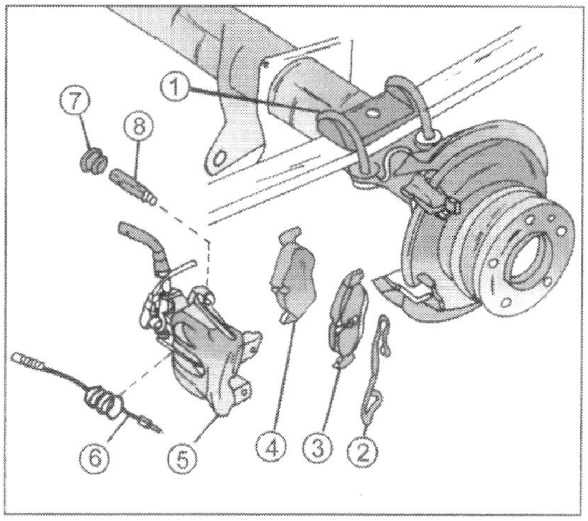


■ Beim Anschrauben des Montagerahmens neue selbstsichernde Schrauben verwenden. Diese sind speziell für den Montagerahmen hergestellt, d. h. die entsprechenden Schrauben müssen bestellt werden. Die Schrauben mit 170 Nm anziehen.
■ Den Bremssattel auf den Bremsschlauch aufdrehen, bis er fest festgeschraubt ist.

Das endgültige Festziehen findet bei eingebautem Bremssattel statt.
■ Die Bremsklötze und den Bremssattelzylinder montieren, wie es bereits beschrieben wurde.
■ Den Bremssattelschlauch mit einem Anzugsdrehmoment von 14 Nm anziehen. Dabei darauf achten, dass sich der Bremsschlauch nicht innerlich verdrehen kann. Sollte dies vorkommen, muss man den Bremssattel wieder ausbauen und den Schlauch etwas fester anziehen. Ebenfalls kontrollieren, dass der Bremsschlauch und die Bremsleitung nicht an anderen Teilen der Vorderradaufhängung scheuern können.
■ Bremsanlage entlüften.

***Bremssattel mit zwei Kolben – Wabco-Perrot-Bremssattel***

■ Der Aus- und Einbau eines Bremssattels geschieht in ähnlicher Weise, wie bei einem Bremssattel mit einem Kolben. Bild 260 zeigt diesen Bremssattel. Die Schrauben (1) in der unteren Ansicht von Bild 260 müssen oben und unten gelöst werden. Der Bremssattel kann danach abgenommen werden. Beim Aus- und Einbau der Bremsklötze den entsprechenden Anweisungen bei einem Bremssattel mit zwei Kolben (siehe oben) folgen.
■ Beim Einbau die Schrauben (1) einschrauben. Die Schrauben mit 25 Nm (M8-Schraube) oder mit 30 Nm (M10-Schraube) anziehen.

**Bremssattelreparaturen**

☞ Wie bereits erwähnt, empfehlen wir keinerlei Reparaturen, wie z. B. Erneuerung des Dichtringes in der Innenseite des Bremssattels oder Erneuerung der Staubschutzkappe. Erkundigen Sie sich in der Werkstatt, ob der Bremssattel überholt werden kann. Andernfalls muss ein neuer Zylinder eingebaut werden.

## Hinterrad-Scheibenbremsen

**Bremsklötze erneuern**

Wie bei den Vorderradbremsen, werden auch an der Hinterachse je nach Ausführung Bremssättel mit einem oder zwei Kolben eingebaut.

☞ Bei allen Ausführungen gilt jedoch: Die Bremsklötze sollten erneuert werden, wenn die Stärke des Belagmaterials bis auf 2 mm abgenutzt ist. Dies kann man bei eingebautem Bremssattel nach Abnehmen des Rades kontrollieren.

***Bremssattel mit einem Kolben***

Bild 261 zeigt die Einzelteile eines hinteren Bremssattels und der Bremsklötze und kann bei der folgenden Arbeitsbeschreibung hinzugezogen werden. Bei der Beschreibung werden die Arbeiten an einem Bremssattel beschrieben, jedoch sind die Klötze des anderen Sattels in gleicher Weise auszubauen. Wie bei der Vorderachse dürfen die Bremsklötze nur im Satz erneuert werden.

- Verschraubung des Vorratsbehälters für die Bremsflüssigkeit abschrauben.
- Bremspedal einige Male betätigen, um den Unterdruck aus der Anlage auszuscheiden, das Fahrzeug unter der Hinterachse anheben und hinten auf Böcke setzen. Die Hinterräder abschrauben.
- Das Kabel für den Bremsklotzverschleiß vom Anschluss an der in Bild 262 gezeigten Stelle trennen.
- Die Enden der Feder (2) in Bild 262 mit einem Schraubendreher herausheben und die Feder abnehmen.
- An der Rückseite des Bremssattels die beiden Abdeckstopfen (7) über den in Bild 263 gezeigten Befestigungsschrauben des Bremssattels herausdrücken (Schraubendreher) und die darunterliegenden Inbuskopfschrauben mit einem passenden Inbusschlüssel herausdrehen. Dazu sollte man einen geraden Inbusschlüssel benutzen, welchen man in eine Stecknuss einsetzen kann. Da man die Schrauben beim Einbau mit einem bestimmten Drehmoment anziehen muss, eignet sich z. B. kein im rechten Winkel abgebogener Inbusschlüssel zum Festziehen. Nachdem beide Schrauben ausgedreht wurden, kann man den Bremssattelzylinder abnehmen. Den Bremssattelzylinder mit einem Stück Draht an der Achse festbinden, damit er nicht am Bremsschlauch herunterhängen kann. Den Bremsklotz aus dem abgehobenen Bremszylinder abnehmen.
- Den zweiten Bremsklotz vom Bremssattelträger abnehmen.

Die Aufnahmeschlitze der Bremssättel gründlich reinigen und prüfen, dass die Staubschutzabdichtungen oder Zylinder nicht beschädigt sind.

- Falls die Bremsklötze sehr abgenutzt waren, müssen die Kolben in den Zylindern zurückgedrückt werden, ähnlich wie man es in Bild 255 sehen kann. Andernfalls kann man den inneren Bremsklotz gegen den Kolben anlegen und den Letztgenannten langsam nach innen drücken. Dabei ist darauf zu achten, dass keine Bremsflüssigkeit aus dem Vorratsbehälter herausgedrückt wird. Falls erforderlich, etwas Flüssigkeit absaugen.

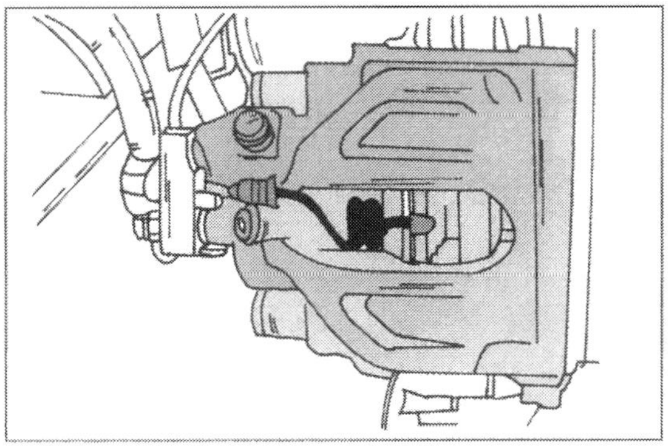

*Bild 262*
*Das Kabel für den Verschleißanzeiger der Bremsklötze am Anschluss (links) trennen.*

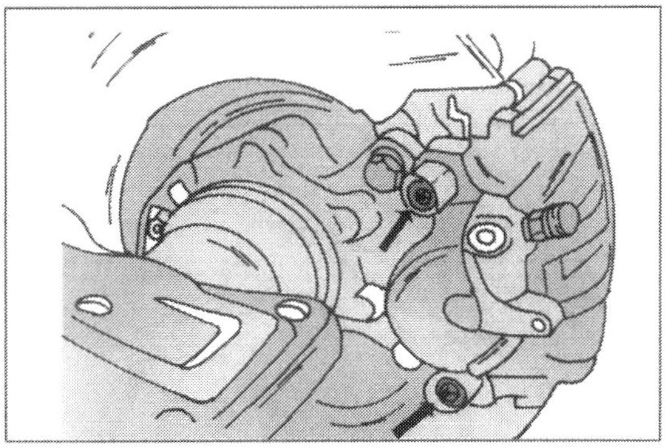

*Bild 263*
*Die beiden Inbusschrauben oben und unten herausdrehen.*

Beim Einbau der Bremsklötze folgendermaßen vorgehen:

- Die Kontaktflächen für die Bremsklötze im Bremssattelträger reinigen.
- Aus dem Vorratsbehälter des Hauptzylinders etwas Bremsflüssigkeit absaugen, wie es bereits gezeigt wurde.
- Den Kolben mit einer Kolbenzange in die Zylinderbohrung zurückdrücken. Dazu wird die in Bild 255 gezeigte Zwinge verwendet.
- Den Bremsklotz mit der Feder in den Bremssattelzylinder einsetzen, wie es in Bild 256 gezeigt ist, und in Pfeilrichtung nach innen drücken.
- Den äußeren Bremsklotz in die Aufnahmeöffnung des Bremssattelträgers einsetzen, so dass er die in Bild 257 gezeigte Lage einnimmt.
- Den zweiten Bremsklotz in den Bremssattelträger einsetzen. Dabei die Außenseiten des Bremsklotzes in der in Bild 264 gezeigten Weise anordnen.
- Das Zylindergehäuse vorsichtig über die

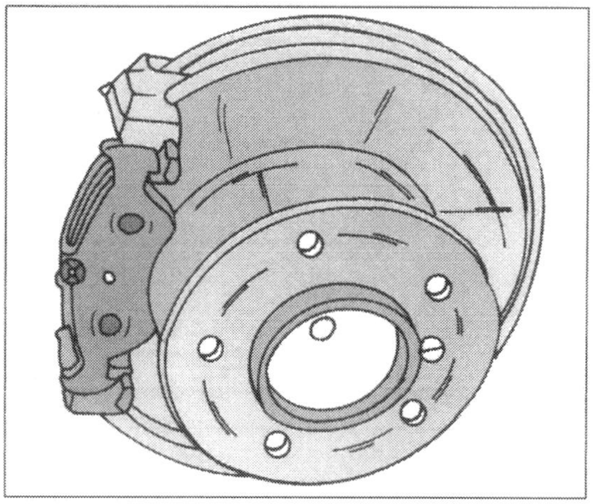

*Bild 264*
*Der äußere Bremsklotz wird in der gezeigten Weise in den Bremssattelträger eingesetzt.*

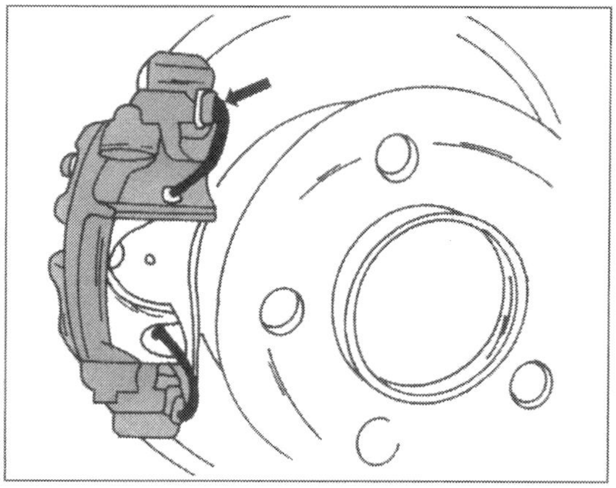

*Bild 265*
*Die Feder muss in der gezeigten Weise oben und unten eingehängt werden.*

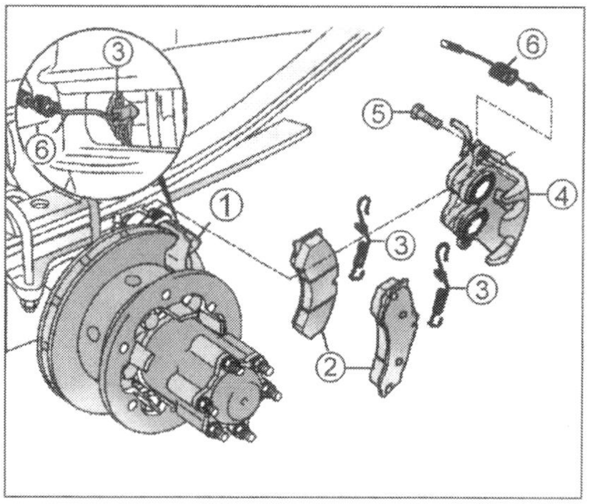


*Bild 266*
*Einzelheiten zum Aus- und Einbau der Bremsklötze der hinteren Scheibenbremsen, wenn die Bremssättel zwei Kolben haben. Kann an der Ausführung der Radnabe erkannt werden.*
***1*** *Bremssattelträger*
***2*** *Bremsklotzsatz*
***3*** *Federn*
***4*** *Bremssattel*
***5*** *Schraube, M8, 25 Nm*
***6*** *Bremsklotzverschleißanzeiger*

Bremsklötze setzen und die Schrauben durch den Bremssattel in den Bremssattelträger einschrauben. Die Schrauben mit einem Inbusschlüssel mit einem Anzugsdrehmoment von 25 Nm (M8-Gewinde) bzw. 30 Nm (M10-Gewinde) anziehen. Der Inbusschlüssel muss gerade sein, damit man einen Drehmomentschlüssel ansetzen kann.

■ Nach Festziehen der Schrauben die beiden Abdeckkappen aufdrücken.

■ Die Feder wieder in Bremssattel und Bremssattelträger einsetzen. Anhand Bild 265 kontrollieren, dass die Feder einwandfrei sitzt.

■ Das Kabel des Verschleißfühlers zu einer Spirale zusammenrollen und an der Anschlusszunge des Bremssattels anklemmen.

■ Bremspedal einige Male sehr fest betätigen, um die Bremsklötze an die Scheibe heranzubringen.

■ Flüssigkeitsstand im Vorratsbehälter des Hauptbremszylinders berichtigen.

■ Räder anschrauben, das Fahrzeug auf die Räder absenken und die Räder anziehen.

☞ Nach dem Einbau das Bremspedal mehrere Male durchtreten, bis der normale Pedalweg wieder hergestellt ist. Versäumen Sie dies, könnte es vorkommen, dass die Bremsen bei der ersten Probe versagen. Falls sich das Bremspedal senken sollte, kann man die Anlage auf Leckstellen kontrollieren. Außerdem darf man während der ersten Fahrkilometer mit neuen Bremsklötzen die Bremsen nicht zu fest betätigen. Um die Bremsen gut einzubremsen, bremst man das Fahrzeug bei leichtem Pedaldruck mehrere Male von 80 auf 40 km/h ab. Nach jeder Abbremsung jedoch warten, bis sich die Bremsen wieder etwas abgekühlt haben, um sie nicht zu überhitzen.

### *Bremssattel mit zwei Kolben*

Bild 266 zeigt die beim Ausbau betroffenen Teile. Der Aus- und Einbau findet in gleicher Weise statt, wie es oben beschrieben wurde. Beim Einbau das Zylindergehäuse vorsichtig über die Bremsklötze setzen und die Schrauben durch den Bremssattel in den Bremssattelträger einschrauben. Die Schrauben mit einem Inbusschlüssel mit einem Anzugsdrehmoment von 25 Nm (M8-Gewinde) bzw. 30 Nm (M10-Gewinde) anziehen.

### Bremssattel aus- und einbauen

Die Arbeiten werden unter Bezug auf Bilder 266 bzw. Bild 267 durchgeführt, je nach eingebauter Bremssattelausführung. Der einzige Unterschied ist, dass man die Federn (3) in Bild 266 aushängen muss. Bei bestimmten Modellen ist jedoch auch der in Bild 268 gezeigte Bremssattel eingebaut. Beim Ausbau:

■ Verschraubung des Vorratsbehälters der Bremsflüssigkeit abschrauben.

■ Bremspedal einige Male durchtreten, um den Unterdruck aus der Anlage auszuscheiden, das Fahrzeug hinten auf Böcke setzen und das Rad abschrauben (Fahrzeug unter der Hinterachse aufbocken).
■ Einen Entlüftungsschlauch auf die Entlüftungsschraube aufstecken und das andere Schlauchende in ein Gefäß einhängen.
■ Entlüftungsschraube öffnen und das Bremspedal durchpumpen, bis die Flüssigkeit ausgeschieden ist.
■ Bremsschlauch am Sechskant am Bremssattel abschrauben, damit er sich später leicht verdrehen kann. Ebenfalls kann man den Bremsschlauch an der Verbindung zur Bremsleitung abschließen. In diesem Fall die Überwurfmutter der Leitung lösen, das Federblech der Schlauchhalterung ausschlagen und den Schlauch herausziehen. Der Schlauchanschluss am Bremssattelzylinder sollte trotzdem gelockert werden. Offene Anschlüsse in geeigneter Weise gegen Eindringen von Schmutz schützen.
■ Die Schraube des Kabelanschlusses (1) in Bild 267 und Bild 268 für den Bremsklotzverschleißanzeiger (2) lösen und das Kabel abziehen (6 in Bild 266).
■ Die beiden Befestigungsschrauben des Bremssattels (4) in Bild 267 oder (5) in Bild 266 und Bild 268 lösen. Dies sind die Schrauben mit den Sechskantköpfen, die an den in Bild 269 gezeigten Stellen sitzen.
■ Den Bremssattel durch Drehen vom Bremsschlauchanschluss abdrehen, bis er frei ist.

Der Einbau geschieht in umgekehrter Reihenfolge, unter Beachtung der folgenden Punkte:
■ Beim Anschrauben des Montagerahmens neue selbstsichernde Schrauben verwenden. Diese sind speziell für den Montagerahmen hergestellt, d. h. die entsprechenden Schrauben müssen bestellt werden. Die Schrauben (4) in Bild 267 mit 105 Nm anziehen. Bei den in Bild 266 mit (5) bezeichneten Schrauben handelt es sich um die Gleitbolzen, die – wie bereits beim Ausbau der Bremsklötze erwähnt – mit 25 Nm angezogen werden.
■ Den Bremssattel auf den Bremsschlauch aufdrehen, bis er festgeschraubt ist. Das endgültige Festziehen findet bei eingebautem Bremssattel statt.
■ Den Bremssattelschlauch mit einem Anzugsdrehmoment von 14 Nm anziehen. Dabei darauf achten, dass sich der Bremsschlauch nicht innerlich verdrehen kann. Sollte dies vorkommen, muss man den Bremssattel wieder ausbauen und den Schlauch etwas fester anziehen. Ebenfalls kontrollieren, dass der Bremsschlauch und die Bremsleitung nicht an anderen Teilen der Vorderradaufhängung scheuern können.
■ Bremsanlage entlüften.

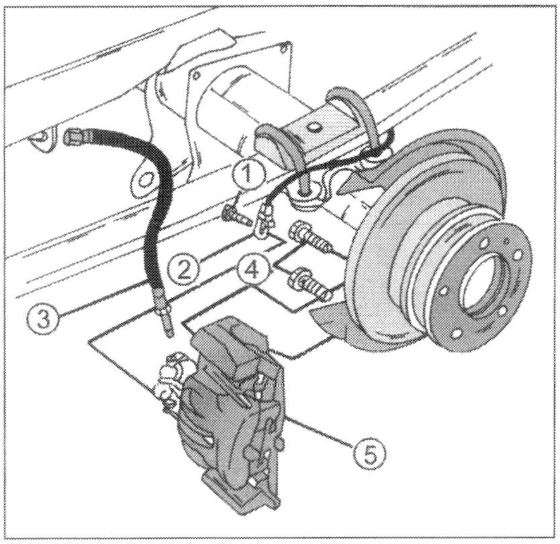


*Bild 267*
*Einzelheiten zum Aus- und Einbau eines Bremssattelzylinders mit einem Kolben.*
*1 Schraube für Kabelanschluss, 10 Nm*
*2 Verschleißanzeiger*
*3 Bremsschlauch, 14 Nm*
*4 Bremssattelschraube, 105 Nm*
*5 Bremssattelzylinder*

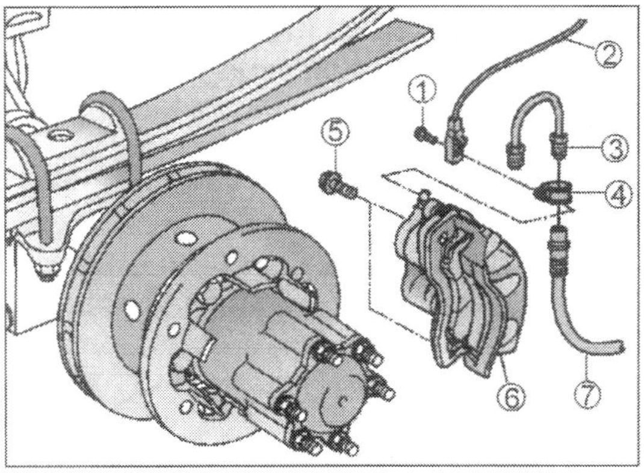


*Bild 268*
*Einzelheiten zum Aus- und Einbau eines Bremssattelzylinders mit zwei Kolben.*
*1 Schraube für (2), 10 Nm*
*2 Bremsklotzverschleißanzeiger*
*3 Bremsleitung, 14 Nm*
*4 Klemmschelle*
*5 Schraube, M14, 170 Nm*
*6 Bremssattel*
*7 Bremsschlauch*

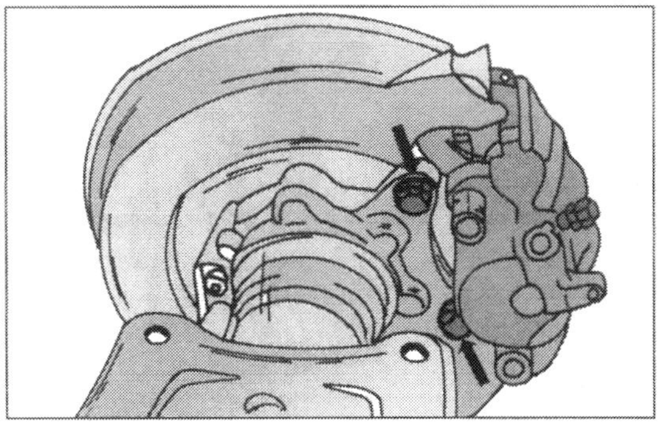

*Bild 269*
*Die beiden Schrauben (Pfeile) halten den gesamten Bremssattel an der Achse. Beim Einbau mit 105 Nm anziehen.*

### Bremssattelreparaturen

Wie bereits erwähnt, empfehlen wir keinerlei Reparaturen, wie z. B. Erneuerung des Dichtringes in der Innenseite des Bremssattels oder Erneuerung der Staubschutzkappe. Erkundigen Sie sich in einer Werkstatt, der Bremssattel überholt werden kann. Andernfalls muss ein neuer Zylinder eingebaut werden.

## Bremsscheiben

### Aus- und Einbau einer vorderen Bremsscheibe

Der Ausbau einer Bremsscheibe erfordert den Ausbau der Bremsklötze, wie es bereits beschrieben wurde. Bild 270 zeigt Einzelheiten der auszubauenden Teile bei einem Bremssattel mit einem Kolben. Ähnlich sieht es bei der anderen Ausführung aus. Danach die Befestigungsschrauben des Montagerahmens für den Bremssattel von der Vorderachse abschrauben und abnehmen. Die Bremsscheibe ist mit einer Schraube an der Radnabe befestigt und kann nach Lösen der Schraube abgenommen werden. Eventuell

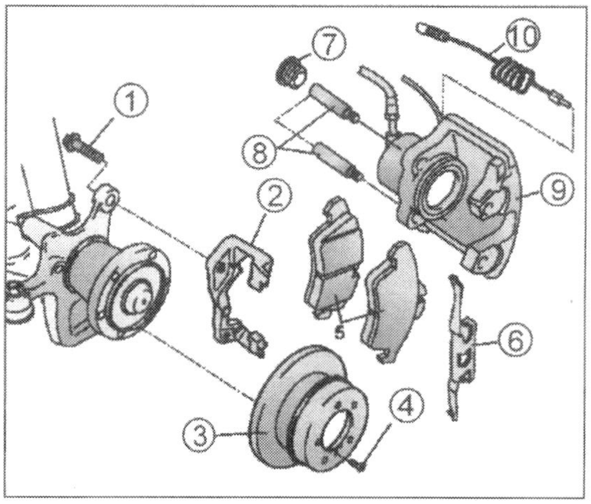


*Bild 270*
*Zum Aus- und Einbau einer vorderen Bremsscheibe bei einem Bremssattel mit einem Kolben. Kann an der Bremstrommel erkannt werden.*
- **1** *Schraube, M14, 170 Nm*
- **2** *Bremssattelträger*
- **3** *Bremsscheibe*
- **4** *Schraube, M8, 23 Nm*
- **5** *Bremsklötze*
- **6** *Feder*
- **7** *Verschlussstopfen*
- **8** *Gleitbolzen*
- **9** *Bremssattel*
- **10** *Kabel für Bremsbelagmaterialverschleissanzeiger*

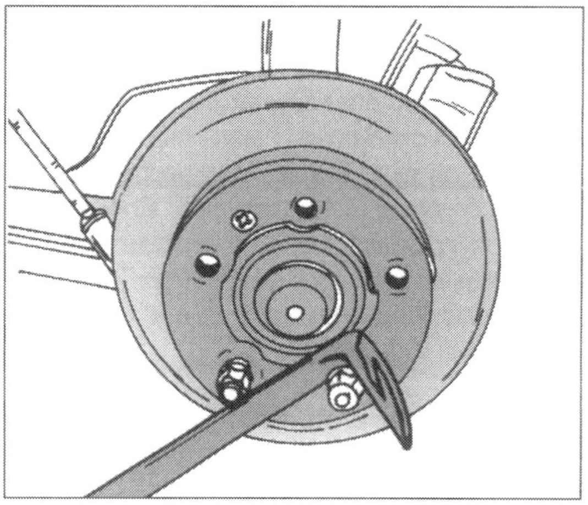

*Bild 271*
*Gegenhalten einer Vorderradnabe beim Lösen der Bremsscheibe. Diese Methode kann angewandt werden, wenn man die Nabe gegenhalten muss.*

mit einem Gummi- oder Kunststoffhammer abschlagen. Um die Bremsscheibe dabei gegenzuhalten, kann man zwei der Radmuttern auf zwei Bolzen schrauben und einen Reifenhebel in der in Bild 271 gezeigten Weise zwischen die Bolzen einsetzen.

☞ Vor dem Einbau der ursprünglichen Bremsscheibe die Anweisungen bei der Erneuerung der Bremsklötze durchlesen.

Der Einbau geschieht in umgekehrter Reihenfolge wie der Ausbau. Die Befestigungsschraube der Bremsscheibe mit 23 Nm anziehen, die Befestigungsschrauben des Montagerahmens mit 170 Nm.

### Aus- und Einbau einer hinteren Bremsscheibe

Bild 272 zeigt, wie die Bremsscheibe an der Hinterachse bei einem Bremssattel mit einem Kolben befestigt ist. Sind zwei Kolben eingebaut, wird man die in Bild 273 gezeigten Teile vorfinden. Der Ausbau einer Bremsscheibe erfordert den Ausbau des gesamten Bremssattels zusammen mit dem Bremssattelträger, wie es bei der Hinterradbremse beschrieben wurde.

- Die Befestigungsschrauben der Bremszange herausdrehen und die Bremszange abnehmen. Die Bremszange mit einem Stück Draht an geeigneter Stelle der Hinterradaufhängung festbinden, ohne dass sie dabei am Bremsschlauch herunterhängen kann. Beim Einbau der Bremszange darauf achten, dass sich der Bremsschlauch nicht verdreht hat oder gegen andere umliegende Teile scheuern kann.
- Die Befestigungsschraube der Bremsscheibe herausdrehen. Bei der in Bild 273 gezeigten Ausführung wird dabei der Radflanschring mitgelöst. Die Handbremse beim Lösen der Schraube anziehen. Danach die Handbremse wieder zurückstellen.
- Vor Ausbau der Bremsscheibe jedoch den Einsteller der Handbremse zurückstellen. Dazu einen Schraubendreher in der in Bild 274 gezeigten Weise durch ein Loch in der Bremsscheibe einführen und das Verstellrädchen der Bremsbacken zurückstellen. Dies verhindert, dass die Backen an der Trommel hängen, wenn diese abgezogen wird. Die Scheibe mit einem Gummi- oder Kunststoffhammer abschlagen.

Vor dem Einbau der Bremsscheibe die im nächsten Kapitel angeführten Anweisungen durchlesen. Die Schraube der Bremsscheibe mit 23 Nm anziehen. Die Schrauben der Bremszange bei der in Bild 272 gezeigten Ausführung mit 105 Nm anziehen. Bei der in Bild 273 gezeigten Bremsscheibe die Schraube (5) zusammen mit dem Radflanschring mit 200 Nm anziehen. Nach Festziehen nochmals die einwandfreie Verlegung des Bremsschlauchs kontrollieren. Die Handbremse jetzt wieder in die Grundstellung bringen:

- Den Schraubendreher wie in Bild 274 gezeigt in die Bremsscheibe einführen und das Verstellrädchen erfühlen.
- Den Versteller verdrehen, bis sich die Bremsscheibe nicht mehr durchdrehen lässt, d. h. sie steht fest.
- Aus dieser Stellung den Versteller um 5 Zähne zurückstellen.

**Nacharbeiten von Bremsscheiben**

Bremsscheiben können nachgeschliffen werden, um sie wieder verwendungsfähig zu machen. Ebenfalls auf die Planflächigkeit der Bremsscheiben achten, d. h. beim Abschleifen müssen diese so geschliffen sein, dass die beiden Seiten parallel zueinander liegen. Falls angenommen wird, dass eine Bremsscheibe Schaden erlitten hat, kann sie im eingebauten Zustand mit einer Messuhr an der Außenkante auf Schlag kontrolliert werden.

Nach dem Einbau der Bremsscheibe diese auf Schlag kontrollieren. Dazu eine Messuhr mit einem geeigneten Halter so anbringen, dass der Taststift gegen die Außenkante der Scheibe ansitzt und die Scheibe langsam durchdrehen (siehe Bild 275). Falls der Schlag mehr als 0,2 mm beträgt, die Bremsscheibe wieder abnehmen und auf der Radnabe versetzen. Ebenfalls kontrollieren, dass die Anlageflächen frei von Fremdkörpern sind.

Das Bremspedal einige Male durchpumpen, damit sich die Bremsklötze an die Bremsscheiben heransetzen können.

## Hauptbremszylinder

Bei allen Fahrzeugen ist ein Tandem-Hauptbremszylinder eingebaut, welcher mit einem Doppelvorratsbehälter versehen ist (obwohl der Behälter nur eine Einfüllöffnung hat), so dass beide Abschnitte der Zweikreisbremsanlage mit Bremsflüssigkeit versorgt werden können. Die Bremsleitungen sind vorn und hinten geteilt, so dass der Druckkolben, der sich am nächsten zur Stößelstange befindet, die Vorderradbremsen und der Zwischenkolben die Hinterradbremsen versorgt. Der Stand der Bremsflüssigkeit wird durch eine Warnleuchte in der Instrumententafel überwacht.

**Aus- und Einbau des Hauptbremszylinders**

Der Hauptbremszylinder ist an der Stirnfläche des Bremskraftverstärkers angeschraubt und kann von der Motorraumseite her ausgebaut werden. Bild 276 zeigt die Montageteile des Zylinders zusammen mit dem Bremskraftverstärker. Beim Ausbau des Zylinders folgendermaßen vorgehen:

- Die Verschraubung des Vorratsbehälters (1) abschrauben und das darunter liegende Sieb mit einem kleinen Schraubendreher herausheben.
- Den Stecker vom Warnschalter (7) für den Bremsflüssigkeitsstand von der Seite des Zylinders (3) abziehen.

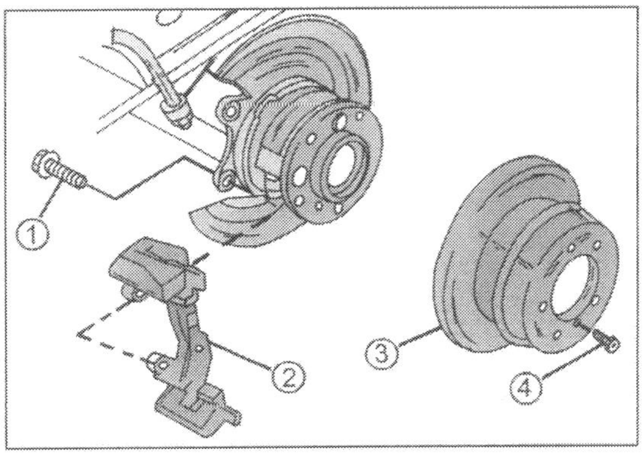


*Bild 272*
*Ansicht der Bremsscheibe an der Hinterachse bei einem Bremssattelzylinder mit einem Kolben. Nach Abnehmen der Scheibe wird man die Bremsbacken der Handbremse sehen.*
*1 Schraube, 105 Nm*
*2 Bremssattelträger*
*3 Bremsscheibe*
*4 Schraube, 23 Nm*

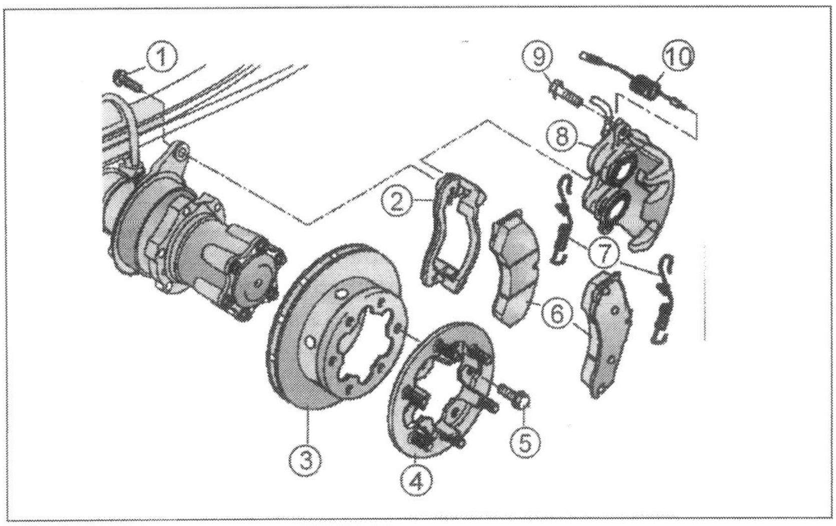


*Bild 273*
*Ansicht der Bremsscheibe an der Hinterachse bei einem Bremssattelzylinder mit zwei Kolben. Nach Abnehmen der Scheibe wird man die Bremsbacken der Handbremse sehen.*
*1 Schraube, M8*
*2 Bremssattelträger*
*3 Bremsscheibe*
*4 Radflanschring*
*5 Schraube, M14, 170 Nm*
*6 Bremsklotzsatz*
*7 Federn*
*8 Bremssattel*
*9 Schraube*
*10 Bremsklotzbelagverschleißanzeiger*

Sichtprüfung Messen

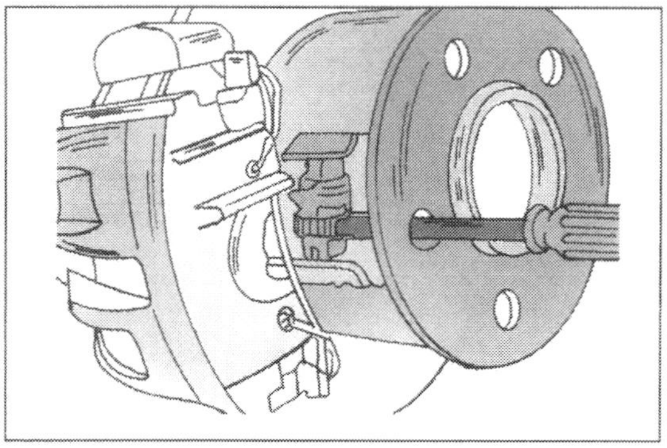

*Bild 274*
*Zurückstellen bzw. Einstellen der Bremsbacken in der Innenseite der Bremsscheibe (Handbremse). Schraubendreher in der gezeigten Weise einführen (Bremssattel mit einem Kolben).*

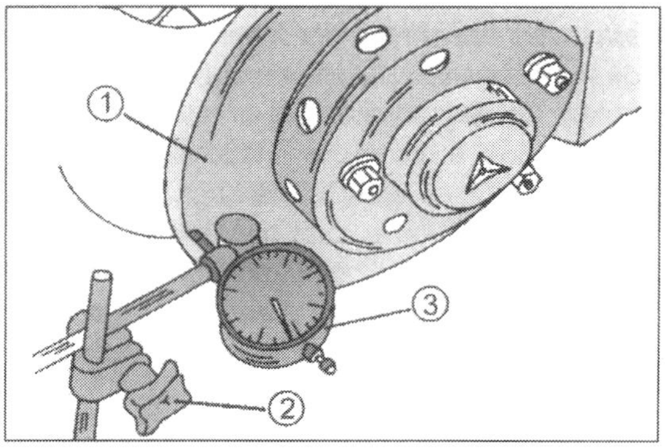


*Bild 275*
*Kontrolle einer Bremsscheibe auf Schlag.*
*1 Bremsscheibe*
*2 Messuhrhalter*
*3 Messuhr*

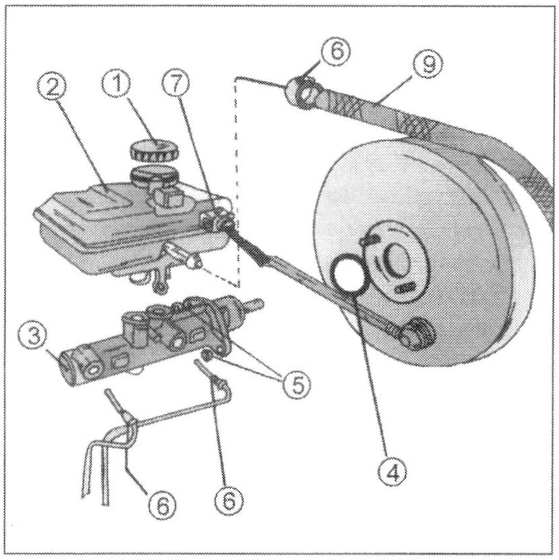


*Bild 276*
*Einzelheiten zum Aus- und Einbau des Hauptbremszylinders.*
*1 Verschlusskappe*
*2 Vorratsbehälter der Flüssigkeit*
*3 Hauptbremszylinder*
*4 Dichtring, immer erneuern*
*5 M8-Befestigungsmutter, 28 Nm*
*6 Überwurfmutter, Bremsleitung, 14 Nm*
*7 Stecker für Warnschalter*
*8 Schlauchschelle*
*9 Hydraulikschlauch*

■ Einen Entlüftungsschlauch an einer der Entlüftungsschrauben an den vorderen Bremssätteln anbringen, das andere Ende in ein Gefäß hängen, die Schraube öffnen und die Bremsanlage durch Betätigen des Pedals leer pumpen. Andernfalls die Flüssigkeit mit einem Sauger aus dem Vorratsbehälter aussaugen, wie es bereits gezeigt wurde. Dabei einen Lappen unter den Zylinder halten, damit die Bremsflüssigkeit nicht auf Teile im Motorraum tropfen kann.

■ Den zum Vorratsbehälter führenden Schlauch mit einer geeigneten Zwinge abdrücken.

■ Die Schlauchschelle (8) mit einem Seitenschneider zerschneiden und den Schlauch (9) vom Behälter abziehen.

■ Die beiden Befestigungen des Vorratsbehälters (2) nach außen ziehen (Bild 277) und den Behälter herunternehmen.

■ Die Bremsleitungen (6) vom Hauptbremszylinder abschrauben. Die Leitungen vorsichtig zur Seite drücken. Die Enden der Leitungen müssen gegen Eindringen von Schmutz geschützt werden. Wiederum darauf achten, dass keine Bremsflüssigkeit auf Teile im Motorraum tropfen kann. Die Überwurfmuttern werden beim Anschließen mit 14 Nm angezogen.

■ Zylinder abschrauben und in waagerechter Lage zur Stößelstange des Bremskraftverstärkers herausziehen. Unbedingt darauf achten, dass der Zylinder dabei nicht abgekippt wird, um die Stößelstange nicht aus ihrer Einbaulage zu zwingen. Die Dichtung hinter dem Zylinder abnehmen.

Der Einbau des Zylinders geschieht in umgekehrter Reihenfolge wie der Ausbau. Die Gummidichtung immer erneuern. Die Schrauben (5) mit 28 Nm anziehen. Die Stößelstange des Bremskraftverstärkers braucht nicht eingestellt werden. Abschließend den Vorratsbehälter wieder aufstecken, die Anlage mit Bremsflüssigkeit füllen und entlüften, wie es später beschrieben wird.

**Hauptbremszylinder überholen**

Eine Überholung des Hauptbremszylinders ist nicht vorgesehen. Falls der Zylinder ausgefallen ist, baut man einen neuen Zylinder ein. Beim Bestellen eines neuen Zylinders immer das Modell und das Baujahr angeben, da Zylinder manchmal ohne vorherige Bekanntmachung in ihrem Durchmesser geändert werden und sich verbesserte Zylinder der vielleicht in ältere Fahrzeugmodelle einbauen lassen.

## Die Feststellbremse (Handbremse)

Die Feststellbremse ist als Duo-Servobremse ausgebildet. Die Bezeichnung Duo gibt an, dass die Bremswirkung in beiden Drehrichtungen der Bremsscheibe gleich ist, und Servo weist auf die Wirkung der einen

Bremsbacke auf die andere hin. Die Bremsbacken der Handbremse können von außen nicht gesehen werden, da sie sich in der Innenseite der Bremsscheibe/Bremstrommel befinden. Der verbleibende Mechanismus der Feststellbremsbetätigung besteht aus einem normalen Handbremshebel, einem Ausgleichshebel und den Anschlusshebeln an den beiden Hinterrädern.

**Bremsbacken der Feststellbremse aus- und einbauen**
Alle mit der Feststellbremse verbundenen Arbeiten werden aufgrund der Bauweise getrennt beschrieben.

***Fahrzeuge mit einem Hinterrad pro Seite***
Das im Text genannte Einbauwerkzeug muss vorhanden sein, um die Federn der Bremsbacken aus- und einzuhängen. Andernfalls kann man die Hinterachsnabe ausbauen, um leichter an die Bremsbacken heranzukommen. Bild 278 zeigt die ausgebauten Bremsbackenteile. Der obere Bremsbacken ist im Bild noch montiert, wird aber durch zwei Federn mit dem unteren Backen verbunden. Der Ausbau wird für eine Seite beschrieben, jedoch muss man bei Erneuerung der Bremsbacken immer beide Seiten ausbauen, um die Bremsbacken im Satz zu erneuern.
Beim Ausbau folgendermaßen vorgehen:

- Fahrzeug vorn auf Böcke setzen und die Hinterräder abschrauben.
- Das vordere Handbremsseil am Ausgleichshebel unter dem Fahrzeug aus dem Eingriff bringen. Dazu den Einsteller zurückdrehen, bis man das Seil vom Hebel aushängen kann,
- Den Exzenterversteller des Handbremsausgleichshebels in Bild 279 lockern, um die hinteren Seile zu entspannen.
- Die hintere Bremsscheibe ausbauen, wie es bereits für die verschiedenen Ausführungen beschrieben wurde. Falls die Bremsscheibe nicht sofort herunterkommt, kann man die Handbremsseile am Ausgleichshebel durch Lockern der Mutter länger machen.
- Das Verstellrädchen (3) in Bild 278 mit einem Schraubenzieher zurückdrehen, wie es bereits gezeigt wurde, bis die Backen so weit wie möglich zurückgestellt sind.
- Das Feststellbremsseil an der Außenseite aus dem Spreizschloss (4) aushängen.

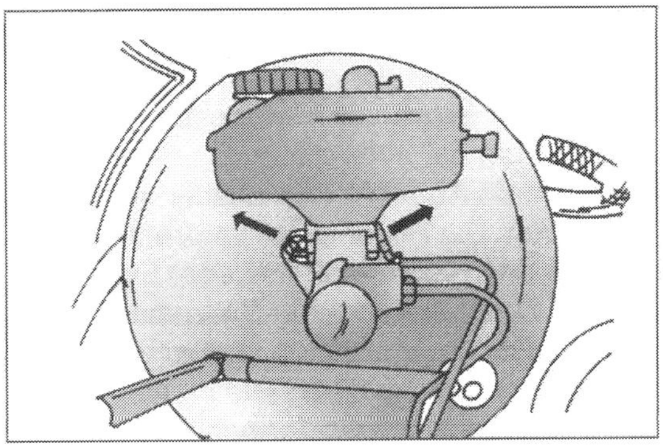

*Bild 277*
*Zum Ausbau des Vorratsbehälters.*

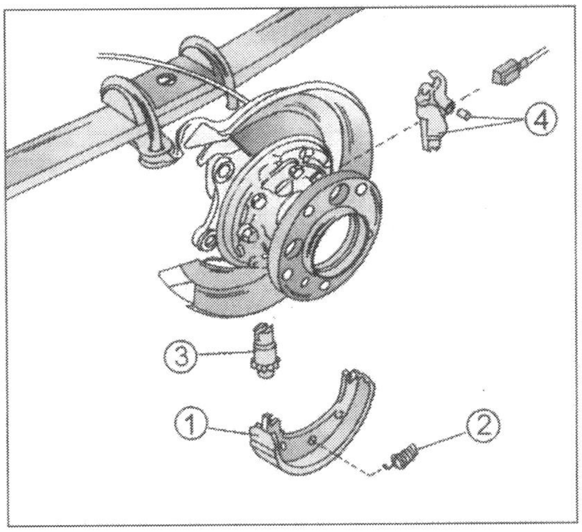


*Bild 278*
*Einzelheiten zum Aus- und Einbau der Backen für die Feststellbremse, wenn die Backen oben und unten eingebaut sind.*
***1*** *Bremsbacken*
***2*** *Rückzugfeder für Betätigungshebel*
***3*** *Backenversteller*
***4*** *Betätigungshebel*

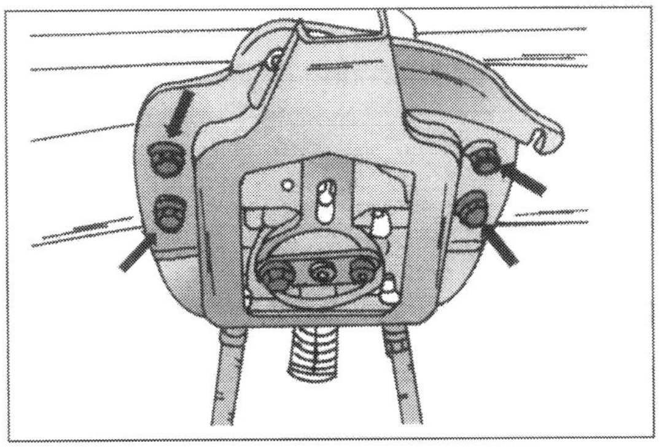

*Bild 279*
*Ansicht des Handbremsausgleichshebels. Das vordere Handbremsseil wurde bereits aus dem Hebel oben rechts ausgehängt.*

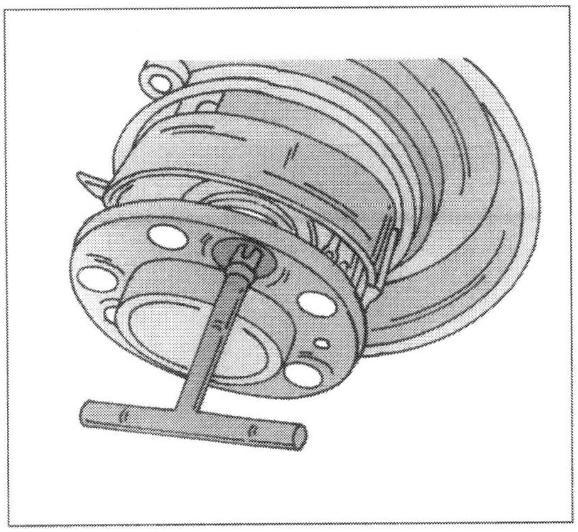

*Bild 280*
*Das Spezialwerkzeug in der gezeigten Weise einsetzen, um die Rückzugfedern auszuhängen (falls die Backen oben und unten eingebaut sind, wie in Bild 278 gezeigt).*

■ Das in Bild 280 gezeigte Werkzeug (112 589 09 061 00) in der gezeigten Weise aufstecken aufsetzen, die Feder nach innen drücken, um ca. 90° verdrehen und die Feder aus dem Abdeckblech aushängen und abnehmen. Die Feder muss verdreht werden, bis das Hakenende aus dem Eingriff kommt. Feder am anderen Bremsbacken ebenso aushängen. Die waagerecht eingesetzte Feder an der Oberseite in der gleichen Weise aushängen, jedoch wird das Werkzeug 116 589 01 62 00 gebraucht. Dieses wird von oben eingeführt. Das Werkzeug hat einen Haken, welcher zwischen Antriebsflansch und Bremsbacken eingesetzt und in die Feder eingehängt wird. In Bild 281 kann man sehen, wie man sich im Notfall helfen kann.

■ Die untere Rückzugfeder mit einer Zange aushängen.

■ Beide Bremsbacken unten so weit wie möglich auseinander ziehen, so dass sie über den Hinterachswellenflansch abgenommen werden können. Das Verstellstück an der Unterseite wird dabei herunterfallen oder kann vorher herausgenommen werden.

Beim Einbau der Bremsbacken folgendermaßen vorgehen:

■ Sämtliche Lager- und Gleitflächen am Spreizschloss mit Molykote-Paste einreiben.

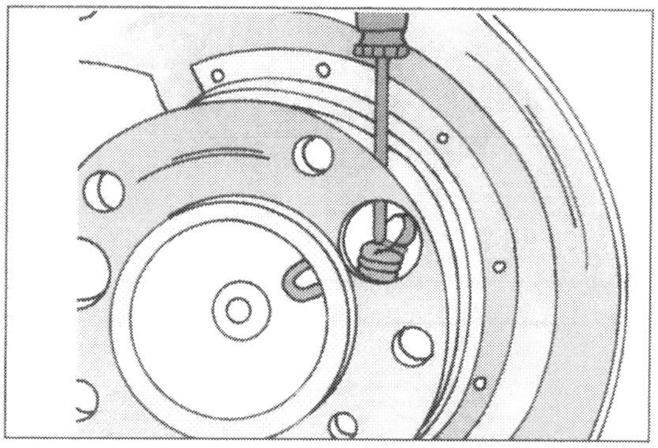

*Bild 281*
*Die Feder des oberen Bremsbackens kann in der gezeigten Weise mit einem Werkzeug mit einem Haken ausgehängt werden.*

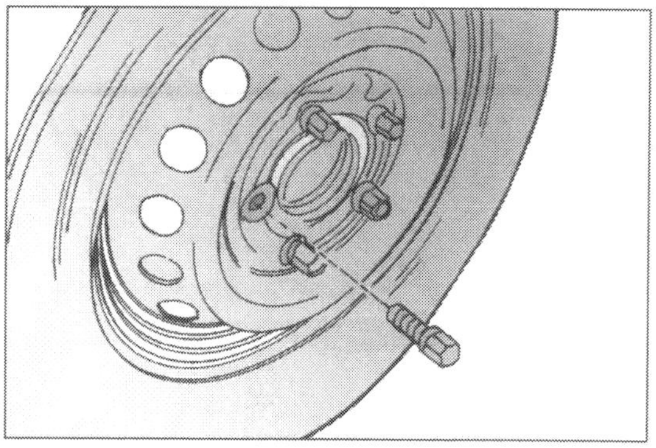

*Bild 282*
*Nach Herausdrehen der Radschraube, mit dem Rad in der gezeigten Stellung, einen Schraubendreher durch die Gewindebohrung einführen, um das Verstellrädchen zu verdrehen.*

■ Bremsseilzug mit dem Stift am Spreizschloss befestigen.

■ Spreizschloss zum Abdeckblech drücken.

■ Gewinde des Druckstücks und zylindrischen Teil des Stellrades mit einem Langzeitschmiermittel einreiben.

■ Nachstellvorrichtung zusammenbauen und ganz zurückdrehen.

■ Nachstellvorrichtung so in beide Bremsbacken einsetzen, dass sie die in Bild 278 gezeigte Stellung einnimmt (Stellrad sitzt unten).

■ Obere Rückzugfeder von vorne in die Bremsbacken einhängen.

■ Bremsbacken unten auseinander ziehen, über den Hinterachswellenflansch einfahren und in das Spreizschloss einhängen.

■ Druckfeder von der Seite in den Bremsbacken einhängen.

■ Das genannte Einbauwerkzeug durch ein Gewindeloch des Hinterachswellenflansches einfahren, die Feder etwas zusammendrücken, um 90° verdrehen und in das Abdeckblech einhängen.

■ Ein hakenförmiges Werkzeug (das oben genannte Spezialwerkzeug oder ein Werkzeug, wie es in Bild 281 zu sehen ist) in die große Öse der Rückzugfeder einhängen, danach die Rückzugfeder in den anderen Bremsbacken einhängen.

■ Bremsscheibe und Bremssattel montieren.

■ Feststellbremse einstellen.

**Feststellbremse einstellen – Einfachbereifung**

Die Handbremse muss nachgestellt werden, wenn sich der Handbremshebel bei mittlerem Kraftaufwand mehr als 4 Rasten anziehen lässt, ohne dass Bremswirkung erzeugt wird. Zu beachten sind die Unterschiede bei Fahrzeugen mit Zwillingsrädern an der Hinterachse und mit nur einem Rad, was bei der Verstellung einen Unterschied macht.

■ Rückseite des Fahrzeuges auf Böcke setzen und die Handbremsseile am Ausgleichshebel lockern.

■ Einen Schraubendreher in das in Bild 282 gezeigte Loch einsetzen (Radschraube vorher herausdrehen) und das Einstellrad der Nachstellvorrichtung verdrehen, bis das Rad nicht mehr durchgedreht werden kann (ca. 3 – 4 Zähne). Dies sieht ähnlich wie in Bild 274 gezeigt aus. Danach das Einstellrad um

3 – 4 Zähne zurückstellen, bis das Rad wieder frei durchgedreht werden kann.

Falls Leichtmetallräder angebaut sind, müssen diese abgeschraubt werden, um die Einstellung durchzuführen.

- Der Schraubendreher muss bei der Einstellung wie folgt bewegt werden:
  – Auf der linken Seite von unten nach oben.
  – Auf der rechten Seite von oben nach unten.
- Handbremshebel einige Male betätigen. Nach der Einstellung kontrollieren, ob sich die Bremsbacken einwandfrei von den Bremstrommeln lösen können. Andernfalls entsprechend nachstellen.
- Die gelöste Radschraube wieder einschrauben oder die Räder anschrauben.
- Nach fertigem Einbau die Bremsbacken »einbremsen«, wie es am Ende des folgenden Abschnitts beschrieben wird.

**Bremsbacken der Feststellbremse aus- und einbauen**

***Fahrzeuge mit Zwillingsbereifung***

Bei diesen Ausführungen (z. B. Modelle 408, 411,413, 416) sind die Bremsbacken in der in Bild 283 gezeigten Weise montiert, d. h. sie sitzen links und rechts an der Bremsträgerplatte. Bei der Erneuerung der Bremsbacken folgendermaßen vorgehen:

- Fahrzeug vorn auf Böcke setzen und die Hinterräder abschrauben.
- Bremsscheibe ausbauen, wie es für diese Modelle beschrieben wurde (die Radnabe hat das in Bild 268 gezeigte Aussehen).
- vordere Handbremsseil am Ausgleichshebel unter dem Fahrzeug aus dem Eingriff bringen. Dazu den Einsteller zurückdrehen, bis man das Seil vom Hebel aushängen kann.
- Die obere Rückzugfeder (8) mit einem Schraubendreher aus den beiden Bremsbacken (3) aushängen und den Versteller (7) herausnehmen.
- Den Backenhaltestift (1) und die Druckfeder (2) ausbauen. Dazu einen Steckschlüssel von 11 mm Schlüsselweite auf der Außenseite aufsetzen und den Federsitz verdrehen, bis er frei wird. Den Stift von der Rückseite dabei nach außen drücken.
- Untere Rückzugfeder (9) mit einem Schraubendreher aus dem Eingriff bringen.
- Die Bremsbacken (3) jetzt abnehmen. Sicherungsstift (5), Spreizschloss (6) vom Handbremsseil (4) lösen.

Der Einbau findet in umgekehrter Reihenfolge statt. Kontrollieren, dass sich das Spreizschloss leicht bewegen lässt.

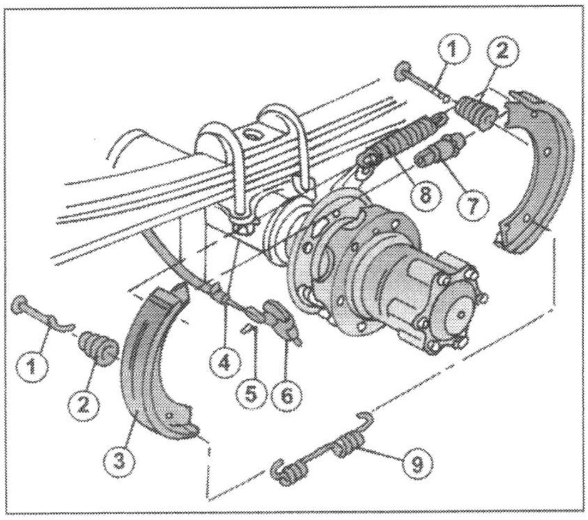


*Bild 283*
*Ansicht der Bremsbacken der Feststellbremse, wenn diese links und rechts montiert sind.*
*1 Backenankerstifte*
*2 Druckfedern*
*3 Bremsbacken*
*4 Handbremsseil*
*5 Sicherungsstift*
*6 Spreizschloss*
*7 Bremsbackenversteller*
*8 Obere Rückzugfeder*
*9 Untere Rückzugfeder*

**Feststellbremse einstellen – mit Zwillingsbereifung**

- Rückseite des Fahrzeuges auf Böcke setzen und die Hinterräder abschrauben.
- Einen Schraubendreher in das in Bild 284 gezeigte Loch einsetzen und das Einstellrad der Nachstellvorrichtung verdrehen (in diesem Fall ist dies der Versteller (7) in Bild 283), bis das Rad nicht mehr durchgedreht werden kann (ca. 3 – 4 Zähne). Danach das Einstellrad um 3 – 4 Zähne zurückstellen, bis das Rad wieder frei durchgedreht werden kann. Der Schraubendreher muss bei der Einstellung wie folgt bewegt werden:
  – Auf der linken Seite von Bild 284 werden die Bremsbacken gegen die Bremstrommel der Bremsscheibe bewegt.
  – Auf der rechten Seite von Bild 284 werden die Bremsbacken von der Bremstrommel weg bewegt.

*Bild 284*
*Zur Einstellung der Bremsbacken. In der linken Ansicht den Versteller verdrehen, um die Bremsbacken gegen die Trommel zu stellen; in der rechten Ansicht die Backen zurückstellen.*

**Handbremsseile einstellen**

Fahrzeuge mit einem Hinterrad pro Seite

- Die vier Schrauben in Bild 285 lockern. Die sind die Schrauben (1) in Bild 286.
- Unter Bezug auf Bild 286 einen Inbusschlüssel (2) mit SW 6 zwischen den Handbremsausgleich (3) und den vorderen Hebel (4) an der gezeigten Stelle einführen und den Ausgleich durch Verdrehen des Inbusschlüssels nach hinten schieben (Pfeilrichtung), bis die Bremsseile weder Spiel haben noch unter Spannung stehen.
- In dieser Stellung die in Bild 285 gezeigten Schrauben (1, Bild 286) festziehen (25 Nm) und den Inbusschlüssel herausziehen.
- Den Handbremshebel in der Fahrerkabine um eine Raste anziehen.
- Die Feststellschraube in der Mitte des Einstellexzenters lockern.
- Eine Stecknuss an der in Bild 287 gezeigten Schraube ansetzen und diese in Pfeilrichtung mit einem Drehmoment von 15 Nm anziehen. Die Feststellschraube in der Mitte anziehen.
- Die Handbremse jetzt anziehen und kontrollieren, dass die beiden Hinterräder feststehen. Die Räder müssen dazu natürlich vom Boden abgehoben sein. Danach den Handbremshebel zurücklassen und kontrollieren, dass sich die Räder frei durchdrehen lassen.

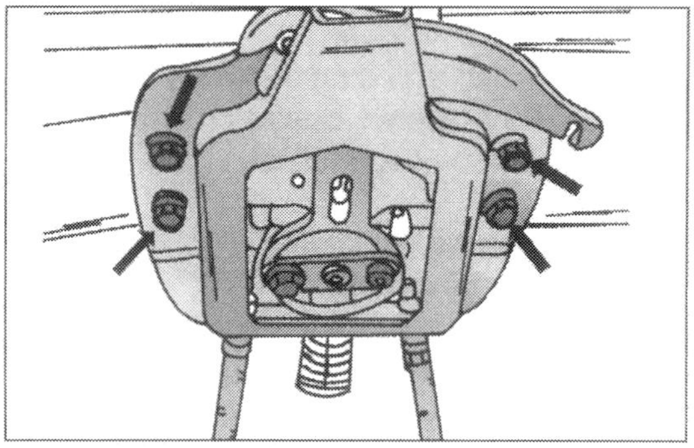

*Bild 285*
*Ansicht des Handbremsausgleichs. Zum Lockern der Handbremsseile die vier mit den Pfeilen gezeigten Schrauben lockern.*

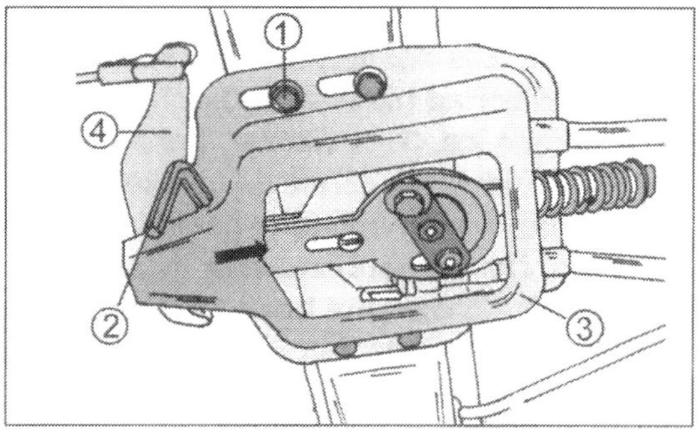


*Bild 286*
*Den Handbremsausgleich in Pfeilrichtung verschieben, um die Handbremsseile einzustellen.*

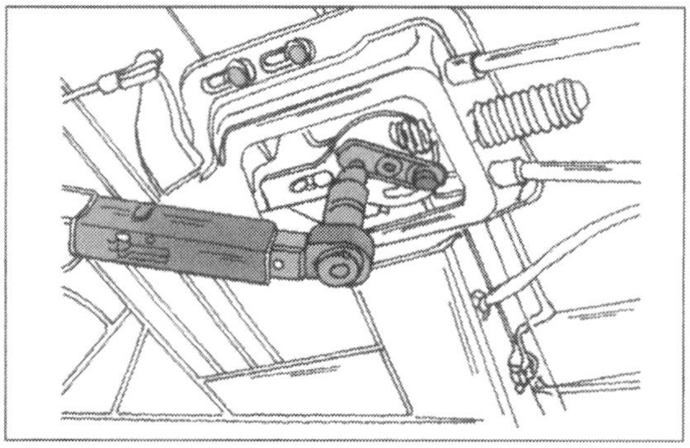

*Bild 287*
*Verstellen des Einstellexzenters an der Unterseite des Handbremsausgleichs.*

***Fahrzeuge mit Zwillingsrädern***

- Rückseite des Fahrzeuges auf Böcke setzen und die Hinterräder abschrauben. Handbremsseile am Ausgleichshebel lockern, indem man die in Bild 287 gezeigte Schraube lockert.
- Einen Schraubendreher in das in Bild 284 gezeigte Loch einsetzen und das Einstellrad der Nachstellvorrichtung verdrehen, bis das Rad nicht mehr durchgedreht werden kann (ca. 3 – 4 Zähne). Danach das Einstellrad um 3 – 4 Zähne zurückstellen, bis das Rad wieder frei durchgedreht werden kann. Der Schraubendreher muss bei der Einstellung entsprechend den Angaben in Bild 284 bewegt werden:

**Vorderes Feststellbremsseil – Erneuerung**

Die Befestigung des vorderen Bremsseils am Fahrzeugaufbau ist in Bild 288 bei Fahrzeugen mit Einzelrädern gezeigt. Ähnlich sieht es jedoch bei Fahrzeugen mit Zwillingsrädern aus. Das Bremsseil ist zwischen dem Handbremshebel und dem Handbremsausgleich an der Unterseite des Fahrzeuges angeschlossen.

Bei der Erneuerung des Seils folgendermaßen vorgehen, jedoch möchten wir darauf hinweisen, dass in der Werkstatt ein Spezialwerkzeug zum Ausbau eines Sicherungsringes benutzt wird:

- Den Handbremsausgleichs an der Unterseite des Fahrzeuges lockern (vier Schrauben, siehe Bild 285) und den gesamten Hebel nach vorn schieben.
- Das am Ausgleich angeschlossene Seil aus dem Hebel aushängen.
- Die Sicherungsspange aus dem Lagerbolzen für das Handbremsseil herausziehen und den Bolzen ausdrücken.
- Die Befestigungsbänder des Handbremsseils zerschneiden.
- Sicherungsspangen an den Zugseilführungen aus den Querträgern herausziehen.

■ Die Sicherungsspange am Ende des Handbremsseils herausziehen, wo dieses in den Fahrzeugboden verschwindet, und das Seil nach unten herausziehen.
■ Den Sicherungsring der Seilbefestigung entfernen (hier wird das erwähnte Spezialwerkzeug benutzt, welches die Nummer 901 589 00 63 00 trägt) und das Seil nach vorn herausziehen.
Der Einbau geschieht in umgekehrter Reihenfolge wie der Ausbau. Abschließend die Handbremse einstellen, wie es oben beschrieben wurde.

**Hintere Bremsseile erneuern**
Die Arbeitsschritte sind auf beiden Seiten gleich.
■ Rückseite des Fahrzeuges auf Böcke setzen.
■ Das Rad auf der betreffenden Seite abschrauben.
■ Den Handbremsausgleich lockern, wie es oben beschrieben wurde, bis die Handbremsseile locker sind.
■ Das betreffende Bremsseil vom Ausgleichshebel aushängen.
■ Bremsseil(e) von den Seilhalterungen freimachen.
■ Die hintere Bremsscheibe ausbauen (siehe weiter vorn) und das Bremsseil vom Hebel der Bremsbacken abschließen und herausziehen.
Beim Auswechseln eines Bremsseils immer die Gelegenheit wahrnehmen, um den Zustand der Bremsbacken der Feststellbremse zu kontrollieren. Falls sie noch einwandfrei aussehen, sollte man sie mit einem Stück Schmirgelleinen abreiben.

Der Einbau geschieht in umgekehrter Reihenfolge wie der Ausbau. Die Bremsseile müssen nach fertigem Einbau eingestellt werden. Ebenfalls die Handbremseinstellung kontrollieren und ggf. einstellen. Falls die Bremsbacken erneuert wurden, kann man sie »einbremsen«. Das Fahrzeug mit einer Geschwindigkeit von ca. 80 km/h fahren und den Handbremshebel auf die erste Raste durchtreten, jedoch nicht länger als 10 Sekunden. Den Hebel danach wieder entsperren. Nach Anhalten des Fahrzeuges die Feststellbremse 2 bis 3 Mal vollkommen betätigen und kontrollieren, dass sich die Räder nach Freigabe der Feststellbremse ohne Schwierigkeiten durchdrehen lassen (dazu natürlich die Rückseite des Fahrzeuges anheben).

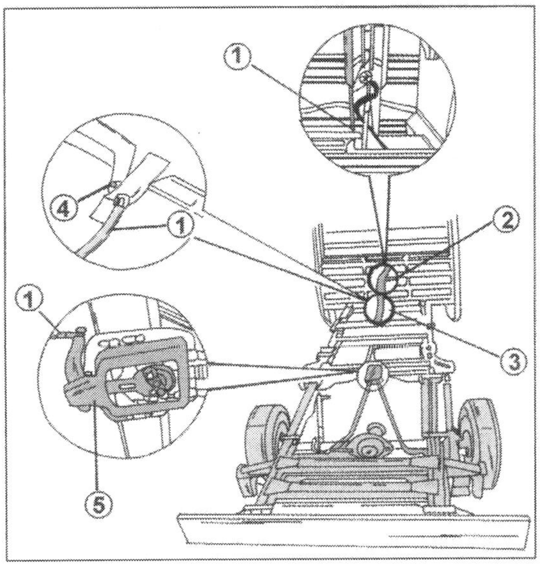


*Bild 288*
*Einzelheiten zur Erneuerung des vorderen Handbremsseils.*
*1 Vorderes Zugseil*
*2 Handbremshebel*
*3 Kabeldurchführung im Fahrerkabinenboden*
*4 Sicherungsspangen*
*5 Handbremsausgleich*

## Bremskraftverstärker prüfen

Scheibenbremsen wirken nicht selbstverstärkend, so dass Sie eine hohe Fußkraft aufbringen müssten, wenn Ihr Fahrzeug keinen Bremskraftverstärker hätte. Diese Hilfseinrichtung sitzt links im Motorraum hinter dem Hauptbremszylinder. Die zusätzliche Bremskraft erzeugt eine große Membran, die sich beim Bremsen durch den Unterdruck von der eingebauten Unterdruckpumpe kraftvoll in Richtung Hauptbremszylinder bewegt und dort mit auf dessen Kolben drückt. Bei stehendem Motor fehlt dieser Unterdruck und damit auch die Bremskraftunterstützung. Sie müssen, z. B. beim Abschleppen, wesentlich stärker aufs Bremspedal treten, um die gewohnten Bremswerte zu erzielen.
Um zu kontrollieren, ob der Bremskraftverstärker einwandfrei arbeitet, kann man die folgende Prüfung durchführen:
■ Bremspedal mehrmals durchtreten und zuletzt unten halten. Wenn Sie jetzt den Motor starten, muss sich das Pedal noch ein Stück weiter absenken. Dann ist alles in Ordnung.
■ Motor laufen lassen und das Bremspedal treten. Nun den Motor abstellen – das Bremspedal darf nicht nach oben zu drücken beginnen.

■ Den Motor laufen lassen und wieder abstellen. Das Pedal jetzt mehrmals durchtreten. Beim ersten Mal muss der Pedalweg am größten sein und nach und nach kleiner werden.

■ Arbeitet der Bremskraftverstärker nicht richtig, kann dies an einem undichten Unterdruckschlauch liegen. Auch könnte das Rückschlagventil im Unterdruckschlauch schadhaft sein.

■ Es arbeitet alles einwandfrei, wenn Sie am Schlauchende einen saugenden Unterdruck fühlen können. Dazu den Schlauch am Bremskraftverstärker losschrauben und dort prüfen.

■ Beim Einbau eines neuen Ventils beachten, dass es richtig herum eingebaut wird.

■ Ist der Bremskraftverstärker selbst defekt, muss er komplett ausgetauscht werden.

■ Eine Überholung des Bremskraftverstärkers sollte nicht vorgenommen werden, da zum Zerlegen und Zusammenbauen Spezialwerkzeuge erforderlich sind und auch die Werkstatt kaum noch Bremskraftverstärker überholt. Ein Ausfall des Bremskraftverstärkers bedeutet keinen Verlust der Bremsleistung, lediglich ist der Kraftaufwand am Bremspedal größer, um den gleichen Bremsweg einzuhalten, was natürlich bei einem Kleintransporter Schwierigkeiten mit sich bringen könnte.

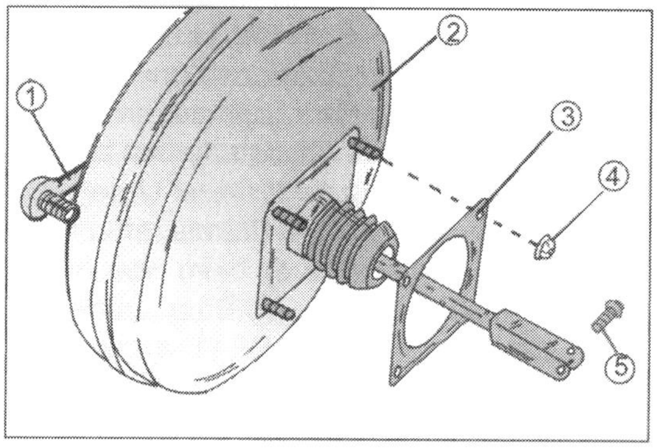


*Bild 289*
*Der Bremskraftverstärker.*
*1 Unterdruckschlauch*
*2 Bremskraftverstärker*
*3 Dichtung*
*4 Mutter, 25 Nm*
*5 Lagerbolzen, mit Sicherungsspange gehalten*

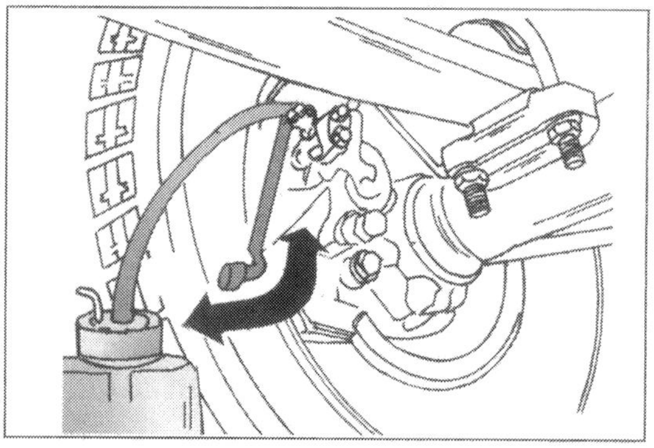

*Bild 290*
*Entlüften eines Bremssattels. Der Schlauch wird in das Glasgefäß eingehängt, die Entlüftungsschraube wird mit einem Ringschlüssel gelockert oder festgezogen.*

**Aus- und Einbau des Bremskraftverstärkers**

Der Ausbau des Bremskraftverstärkers gleicht in vielerlei Hinsicht dem bereits beschriebenen Ausbau des Hauptbremszylinders, da dieser ausgebaut werden muss, ehe man den Bremsservo ausbauen kann. Bild 289 kann beim Ausbau hinzugezogen werden. Nachdem der Zylinder herausgenommen wurde, die Federspange des Splintbolzens (5) ausdrücken und die Muttern (4) der Befestigung vom Pedalbock abschrauben. Die an der Rückseite sitzende Dichtung (3) abnehmen.

Der Einbau findet in umgekehrter Reihenfolge statt. Die Dichtung (3) immer erneuern. Beim Einsetzen des Bremsservos darauf achten, dass man das Kabel der Warnanzeige für die Bremsflüssigkeit nicht einklemmt, da es gern zwischen den Spalt fällt. Die Muttern (4) mit 25 Nm anziehen.

Nach Anlassen des Motors das Bremsservogerät auf Funktion kontrollieren, wie es bereits beschrieben wurde.

⚠ Manchmal kommt es vor, dass Bremsflüssigkeit in den Bremskraftverstärker eindringt (durch den Hauptbremszylinder). Falls man nach Ausbau feststellt, dass mehr als 100 cm_ im Bremskraftverstärker vorhanden sind, muss man ein neues Gerät einbauen.

## Bremsen entlüften

Ein Entlüften der hydraulischen Anlage ist erforderlich, falls das Bremsleitungsnetz an irgendeiner Stelle geöffnet wurde oder Luft auf andere Weise in die Anlage gekommen ist.

⚠ In der Werkstatt wird die Bremsanlage unter Druck mit einem Entlüftungsgerät entlüftet. Die folgende Beschreibung kann deshalb nur mit bestem Wissen und Gewissen erteilt werden. Auf keinen Fall darf man losfahren, wenn das Pedal nicht den von Ihnen erwarteten Druck hat.

Vor der Entlüftung der Anlage sind Schmutz und Fremdkörper von den Entlüftungsstellen und dem Einfüllverschluss des Vorratsbehälters zu entfernen.

Falls nur ein Bremssattel abgeschlossen wurde, könnte es ausreichen, wenn man nur diesen betreffenden Bremskreis entlüftet, d. h. vorn oder hinten. Andernfalls kann die

Entlüftung entweder an den Hinterrädern oder an den Vorderrädern begonnen werden, jedoch ist die vom Hersteller empfohlene Reihenfolge hinten rechts, vorn links, hinten links und vorn rechts.

Normalerweise ist die am nächsten am Hauptbremszylinder liegende die letzte Entlüftungsstelle, jedoch nicht bei diesen Fahrzeugen.

- Nach Entfernen der Staubschutzkappe einen durchsichtigen Kunststoffschlauch auf das betreffende Entlüftungsventil aufstecken. Das andere Ende des Schlauches in ein mit etwas Bremsflüssigkeit gefülltes Glasgefäß einhängen.
- Bremspedal von einer zweiten Person auf den Boden durchtreten lassen. Die Entlüftungsschraube um eine halbe Umdrehung öffnen (Bild 290), wenn das Pedal auf dem Boden aufsitzt. Den aus dem Schlauch austretenden Flüssigkeitsstrom beobachten.
- Sobald keine Luftblasen mehr herauskommen, ist alle Luft aus der Anlage ausgeschieden. Das Bremspedal beim letzten Hub auf dem Boden halten und das Entlüftungsventil schließen. Das Pedal langsam zurückkehren lassen.
- Gleiche Arbeiten in der angegebenen Reihenfolge an den anderen Entlüftungsschrauben durchführen.

Es wird nochmals darauf hingewiesen, dass der Stand der Bremsflüssigkeit laufend kontrolliert werden muss, so dass keine Luft in die Anlage gesaugt wird. Niemals aus der Anlage ausgepumpte Flüssigkeit wieder in den Behälter einfüllen. Auch keine Flüssigkeit verwenden, welche längere Zeit ohne Verschluss gestanden hat.

## ABS-Anlage

Arbeiten an der ABS-Anlage werden nicht empfohlen, mit Ausnahme des Aus- und Einbaus der Fühler an der Vorder- und Hinterachse. Vorn sind die Fühler im Achsschenkel montiert, hinten sitzen die Fühler im Achsenstützrohr.

Die folgenden Vorsichtsmaßnahmen sollten jedoch getroffen werden, wenn Arbeiten an einem Fahrzeug mit ABS-Anlage durchgeführt werden:

- Bei Durchführung von Schweißarbeiten muss der Stecker aus dem elektronischen Steuergerät herausgezogen werden.
- Falls Ihr Fahrzeug außerhalb einer Mercedes-Benz-Werkstatt lackiert wird, müssen Sie darauf hinweisen, dass das elektronische Steuergerät nur kurze Zeit einer Temperatur von 95 °C und bis ca. 2 Stunden einer Temperatur von 85 °C ausgesetzt werden darf.
- Beim Anklemmen der Batterie die Klemmen gut festziehen.

Bei allen Arbeiten an der Bremsanlage muss die ABS-Anlage folgendermaßen auf ihre Funktion überprüft werden:

- Motor anlassen und kontrollieren, dass die gelbe, mit »ABS« gekennzeichnete Warnleuchte erlöscht und sich nach einer Fahrgeschwindigkeit von 5 – 7 km/h nicht mehr erhellt.

Auf die Funktion der Anlage einzugehen, ist nicht der Zweck dieser Anleitung, jedoch sollten Sie das Folgende wissen:

- Die Fühler für die Raddrehzahl sind so genannte Impulssensoren. Vier Fühler sind im Fahrzeug eingebaut. Je ein Fühler überwacht die beiden Vorderräder und die Hinterräder.
- Die beiden vorderen Fühler sind in die Achsschenkel eingesetzt, hinten in die Hinterachse.
- Die Fühler überwachen die Raddrehzahl mithilfe von Zahnkränzen. Bei der Vorderachse sind diese auf die Radnaben aufgepresst, bei der Hinterachse sind sie auf die Achswelle aufgepresst. Die Fühler bestehen aus einem Magnetkern und einer Wicklung. Die Drehung des Zahnkranzes, welcher in einem bestimmten Abstand vom Fühler entfernt steht, ändert das magnetische Feld, so dass ein Wechselstrom in die Wicklung induziert wird. Dieser Wechselstrom ändert die Frequenz im Einklang mit der Raddrehzahl und der Anzahl der Zähne, d. h. die Frequenz ist proportional zur Raddrehzahl.

Obwohl der Aus- und Einbau der Fühler keine Schwierigkeiten mit sich bringt (Zündung ausschalten, Rad abschrauben), muss man das Kabel des Fühlers an einer leicht zugänglichen Stelle zerschneiden und das Kabel des neuen Fühlers mit dem alten Kabel verbinden. Dies muss natürlich fachmännisch durchgeführt werden. Falls Sie keine Erfahrung im vorschriftsmäßigen Verbinden von elektrischen Kabeln haben (d. h. einwandfreie Isolierung,

Sichtprüfung Messen

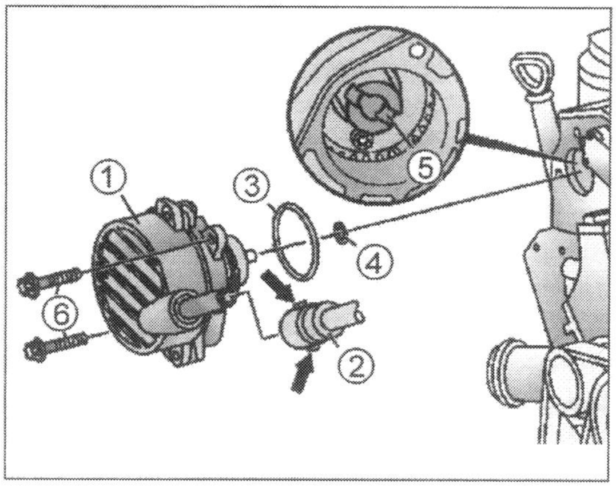


*Bild 191*
*Befestigung der Unterdruckpumpe an der Vorderseite des Motors. Die Pfeile geben an, wo der Anschluss zusammengedrückt wird.*
*1 Unterdruckpumpe*
*2 Unterdruckschlauch*
*3 Dichtring*
*4 Dichtring*
*5 Auslassnockenwelle*
*6 Schrauben, 14 Nm*

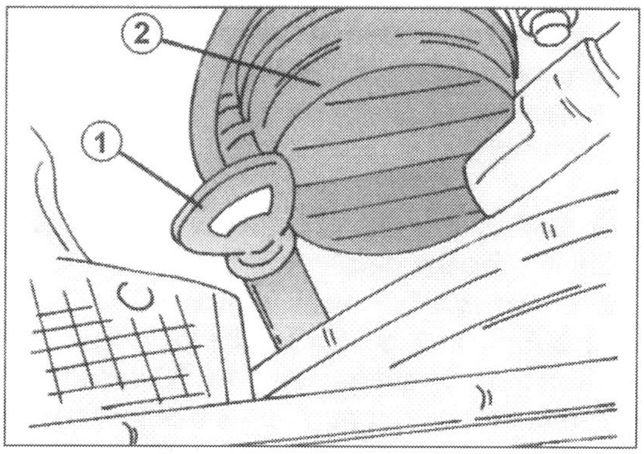


*Bild 292*
*Die Unterdruckpumpe (2) sitzt an der gezeigten Stelle neben dem Ölmessstab (1).*

Schützen gegen Korrosion, usw.), sollten Sie von einer Selbsterneuerung absehen. Bei den folgenden Arbeiten werden Bauteile der ABS-Anlage direkt oder indirekt betroffen:
Erneuerung der Bremszangen, Bremsklötze, Bremsschläuche, Bremsscheiben, Handbremsseile und Teile der Feststellbremse.

## Unterdruckpumpe

Die Unterdruckpumpe sitzt an der in Bild 291 gezeigten Stelle neben dem Ölmessstab, wie man es in Bild 292 sehen kann. Beim Aus- und Einbau der Pumpe folgendermaßen vorgehen:

- Luftfilter und den Antriebsriemen ausbauen.
- Die Unterdruckleitung (2) von der Unterdruckpumpe (1) abschließen. Die beiden Sperren dazu entsprechend der Pfeilrichtung zusammendrücken und den Schlauch abziehen.
- Führungsrohr für den Ölmessstab vom Zylinderkopf abschrauben.
- Die Schrauben (6) der Pumpe lösen und die Pumpe nach vorne abziehen. Nach Abnehmen der Pumpe die Dichtungen (3) und (4) entfernen und sofort die Anschlussfläche am Steuerdeckel säubern. Die Dichtung muss immer erneuert werden. Falls die Pumpe aufgrund eines Lagerfressers erneuert wurde, muss man die gesamte Anschlussgegend auf verbleibende Metallspäne kontrollieren.

Der Einbau geschieht in umgekehrter Reihenfolge wie der Ausbau. Den Antriebsmitnehmer an der Rückseite der Pumpe in Eingriff mit dem Antriebsschlitz in der Nockenwelle bringen. Schrauben (6) mit 14 Nm anziehen.

# Die Elektrische Anlage

Alle in dieser Ausgabe behandelten Fahrzeuge sind mit einer elektrischen Anlage mit einer Spannungsstärke von 12 Volt ausgerüstet. Die Masserückstromführung erfolgt über die Minusklemme der Batterie. Die Batterie ist im Wesentlichen wartungsfrei.
Ein Schubtriebanlasser wird zum Anlassen des Motors verwendet. Der Anlassschalter bildet einen Teil des Zündschalters und erregt bei Betätigung einen im Anlasser montierten Einrückmagnetschalter. Die eingebaute Drehstromlichtmaschine hat bei allen eingebauten Motoren eine Leistung von 120 A. Die Lichtmaschine wird von Bosch hergestellt.
Die Lichtmaschine wird über einen Polyriemen von der Kurbelwelle aus angetrieben.
Ein elektromechanischer Regler dient zur Regulierung des Ladestromes und befindet sich auf dem hinteren Deckel.
Eine in die Instrumententafel eingesetzte Ladekontrollleuchte gibt eine Anzeige über das einwandfreie Funktionieren der elektrischen Anlage, so weit die Aufladung der Batterie betroffen ist.

## Allgemeine Begriffe

***Batterie, Generator und Anlasser – Die Grundbegriffe der Elektrik***
Elektrischer Strom kann nur in einem geschlossenen Stromkreis fließen. Der besteht aus Erzeuger (z. B. Batterie), Verbraucher (z. B. Glühlampe, Anlasser) und den Leitungen (Kabel), mit denen Erzeuger und Verbraucher verbunden sind. Die Grundbegriffe der Elektrik veranschaulicht folgendes Beispiel. Stellen Sie sich eine Wasserleitung vor, durch die unter einem bestimmten Druck eine bestimmte Menge Wasser fließt. Dieses System lässt sich mit einem Stromkreis vergleichen.

**Spannung.** Sie entspricht dem Druck in der Wasserleitung. Wird in Volt (V) gemessen.

**Strom.** Entspricht der Wassermenge, die in einer bestimmten Zeit durch die Leitung fließt. Maßeinheit ist Ampere (A).

**Leistung.** Das Produkt aus Spannung und Strom gibt an, welche elektrische Arbeit ein Stromerzeuger an einen Verbraucher abgibt. Wird in Watt (W) angegeben.

**Widerstand.** Vergleichbar mit dem Absperrhahn der Wasserleitung. Ist er ganz geöffnet, fließt das Wasser ungehindert (Widerstand 0). Dreht man den Hahn zu, erhöht sich der Widerstand, bis das Wasser nicht mehr fließen kann (Widerstand ∞). Maßeinheit ist Ohm (Ω).

**Kabel.** Entsprechen der Wasserleitung. Die Dicke der Leitung (Querschnitt) hängt vom Verbraucher ab. Ein Kontrolllämpchen kommt mit einer Kabelstärke von 0,5 mm² aus, der Anlasser braucht dagegen eine 16-mm²-Leitung. Ein zu dünnes Kabel heizt sich auf – die Spannung fällt ab. Dann kommen zum Beispiel am Scheinwerfer nicht 12 Volt, sondern nur 10 oder 9,5 Volt an – das Licht wird trübe.

***Spannung, Strom und Widerstand messen***
Wenn Sie wissen wollen, ob die verschiedenen elektrischen Systeme Ihres Fahrzeuges in Ordnung sind, brauchen Sie nicht gleich einen Elektriker. Im Handel gibt es eine Reihe von Prüfgeräten, mit denen Sie sich selbst über den Zustand Ihrer elektrischen Anlage informieren können.

**Prüflampe** (mit Nadelkontakt). Damit testen Sie, ob Spannung in einem Stromkreis anliegt. Je heller die Lampe leuchtet, desto mehr Spannung ist vorhanden. Mit der Nadel der Lampe die Isolierung des zu prüfenden Kabels durchstechen. Die Klemme am Kabel der Lampe wird am blanken Metall angeclipst (Masse).
⚠ Vorsicht: Die Prüflampe nimmt viel Leistung auf und eignet sich daher nicht für Messungen an elektronischen Bauteilen. Hier müssen Sie einen Spannungsprüfer mit Leuchtdioden verwenden.

**Spannungsprüfer mit Leuchtdioden.** Je nach Ausführung zeigt dieses Gerät Gleich- und Wechselspannungen zwischen sechs und rund 700 Volt an. Die Spannungsanzeige erfolgt optisch über die Leuchtdioden. Einfache Geräte gibt's im Handel bereits zu erschwinglichen Preisen.

**Multimeter** (Vielfachinstrument). Damit lassen sich Spannung, Strom (Gleich-/Wechselstrom) und Widerstand messen. Geeignete Geräte mit digitaler Anzeige gibt's bereits für wenig Geld. Die Stromversorgung des Multimeters erfolgt in der Regel durch eine Batterie.

**Spannung messen.** Um mit einem Multimeter zum Beispiel die Ruhespannung der Batterie zu messen, müssen Sie das mit »–« gekennzeichnete Kabel an den Minuspol der Batterie oder Masse anklemmen. Das »+«-Kabel des Messgeräts an den Pluspol der Batterie oder die zu messende Leitung klemmen. Zeigt das Instrument etwa nur 10,4 Volt an, deutet das auf einen Kurzschluss in einer Batteriezelle hin. Prüfen Sie einmal die Spannung der Batterie, während der Anlasser betätigt wird – ein Messergebnis von 5 Volt bedeutet, dass es um den Akku nicht mehr gut steht.

**Strom messen.** Dazu müssen Sie den Stromkreis auftrennen und das Messgerät dazwischen schalten. Bei einer Reihe von Messungen in Ihrem Fahrzeug genügt es, wenn Sie einen Steckkontakt abziehen und dann das Messgerät zwischen Stecker und Kontaktzunge schalten.

⚠ Achten Sie stets auf den Messbereich Ihres Multimeters. In Verbrauchern wie Anlasser und Glühkerzen fließen sehr hohe Ströme, die Ihr Gerät bei einer Messung beschädigen könnten.

**Widerstand messen.** Mit dem Multimeter prüfen Sie, ob eine Leitung oder ein Schalter Durchgang hat. Fließt der Strom ungehindert, zeigt das Gerät den Messwert 0. Ist der Stromweg jedoch an einer Stelle unterbrochen, erhalten Sie den Messwert unendlich (∞). Außerdem können Sie feststellen, welchen Innenwiderstand ein bestimmtes Bauteil hat.

***Der Schub-Schraubtrieb-Anlasser***

- Beim Drehen des Zündschlüssels in Richtung »Start« liefert die Klemme 50 am Zündschloss über das rote Kabel Spannung an den Magnetschalter, der oben auf dem Anlasser sitzt.
- Eine Einrückgabel schiebt das Zahnritzel des Anlassers auf einem Steilgewinde der Ankerwelle in den Zahnkranz des Motorschwungrads (Schubweg).
- Das Ritzel greift ein, dann schaltet der Magnetschalter über die Hauptkontakte den vollen Batteriestrom ein (kommt von Klemme 30). Das Ritzel schraubt sich in den Zahnkranz und stellt so den Kraftschluss her (Schraubweg) – der Anlasser dreht den Motor durch.
- Ist der Motor angesprungen und wird der Zündschlüssel losgelassen, bricht das magnetische Feld in der Haltewicklung des Magnetschalters zusammen. Die Einrückgabel wird durch eine Rückzugfeder in die Ruhestellung gezogen. Das Ritzel spurt aus und die Stromzufuhr zum Anlasser wird unterbrochen.

## Die Batterie

Die eingebaute 12-Volt-Batterie besitzt sechs Zellen, die aus positiven und negativen Platten bestehen, welche in eine Schwefelsäurelösung eingetaucht sind. Die Batterie hat die Aufgabe, den Strom zum Anlassen des Fahrzeugs, zur Beleuchtung des Fahrzeugs sowie für andere Stromverbraucher zu liefern. Die in Ihrem Mercedes eingebaute Batterie hat eine bestimmte Kapazität. Falls eine neue Batterie eingebaut wird, muss diese der ursprünglichen Kapazität entsprechen.

Die folgenden Arbeiten sind von Zeit zu Zeit ☞ durchzuführen, um der Batterie eine lange Lebensdauer zu geben und deren Leistung immer auf dem Höhepunkt zu halten. Die Batterie wird als wartungsfrei bezeichnet, d. h. unter normalen Betriebsbedingungen sollte es nicht notwendig sein, sie nachzufüllen. Manchmal passiert es jedoch, dass der Flüssigkeitsspiegel durch bestimmte Umstände absinkt.

- Batterie und die sie umgebenden Teile immer sauber halten. Die Oberfläche der Batterie muss immer gut trocken sein, da sich sonst zwischen den einzelnen Zellen Kriechströme entwickeln können, wovon sich die Batterie von selbst entladen kann.
- Die Batteriesäure muss jederzeit bis zur Höhe des unteren Striches an der Außenseite des Batteriegehäuses stehen. Zum Nachfüllen destilliertes Wasser verwenden.
- Bei kaltem Wetter die Batterie nicht in ungeladenem Zustand stehen lassen, da sie sonst einfriert. Schwach geladene Batterien

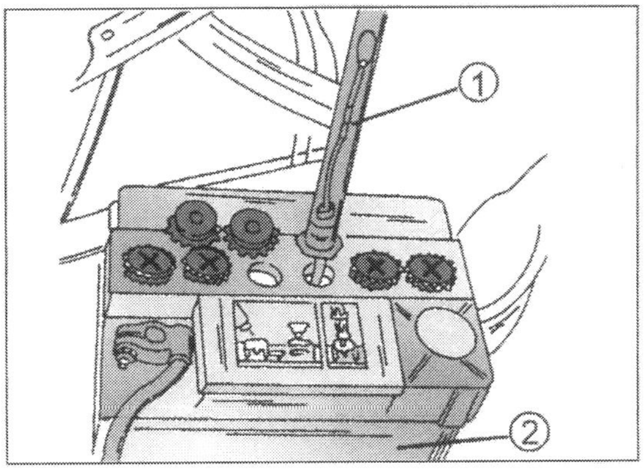


*Bild 293*
*Kontrolle der Säuredichte. Die Schraubstopfen sehen bei der eingebauten Batterie unterschiedlich aus.*
***1*** *Säureheber*
***2*** *Markierung für Säurestand*

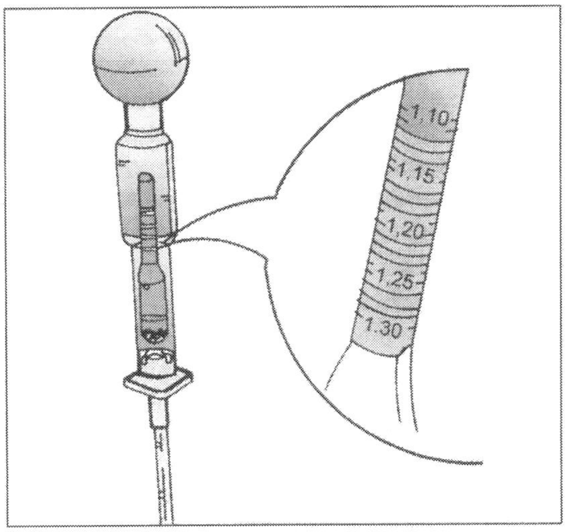


*Bild 294*
*Prüfgerät zur Kontrolle der Säuredichte.*

frieren eher ein als geladene, d. h. man muss der Batterie die notwendige Pflege geben, um dies zu verhindern.

**Prüfen der Batterie**
***Säurestand:*** Wie bereits erwähnt, ist die Batterie wartungsfrei. Die Batterie ist mit Schwefelsäure gefüllt, die mit destilliertem Wasser verdünnt wurde. Da die Wasseranteile verdunsten können, muss man gelegentlich den Säurestand überprüfen und ggf. destilliertes Wasser nachfüllen. Die Batteriesäure muss zwischen den Markierungen am Batteriegehäuse liegen. Die Originalbatterie ist mit einem Überfüllschutz versehen. Zum Nachfüllen den Batteriestopfen herausdrehen und destilliertes Wasser einfüllen, bis dieses sichtbar wird.

***Ladezustand:*** Zur Kontrolle des Ladezustandes ist ein Säureheber erforderlich. Die Verschlussstopfen herausdrehen und die Spitze des Säurehebers durch den Gummi des Überfüllschutzes stoßen (Bild 293). Mithilfe des Gummiballs genügend Säure ansaugen, dass der Schwimmer frei schwimmen kann. Dies wird in Bild 294 veranschaulicht. Je nach Ladezustand besitzt die Säure ein unterschiedliches spezifisches Gewicht, welches durch das Eintauchen des Schwimmers in die Säure angezeigt wird. Bei einer Anzeige von 1,28 ist die Batterie voll geladen; bei 1,12 ist die Batterie vollkommen entladen. Dazwischen liegende Werte weisen auf die entsprechende Ladestärke hin. Die Anzeigen am Säureheber sind in kg/l gegeben.

**Aufladen der Batterie:** Eine sehr entladene Batterie sollte erst nach dem Aufladen mit destilliertem Wasser aufgefüllt werden. Beim Laden steigt der Säurestand an, und eine vorschriftsmäßig gefüllte Batterie könnte aus diesem Grund »überkochen«. Der Ladestrom sollte am Anfang 10% der Batteriekapazität nicht überschreiten. Je nach Aufbau des verwendeten Batterieladegeräts, wird sich der Ladestrom allmählich automatisch verringern. Die Batterie ist voll geladen, wenn sich die Säuredichte innerhalb zwei aufeinander folgender Stunden nicht verändert.

Die Verschlussstopfen der Batterie sollten im Allgemeinen herausgeschraubt und lose auf die Einfüllöffnungen gelegt werden. Damit kann das aus Sauerstoff und Wasserstoff entstehende Knallgas entweichen. Da bei lebhafter Aufladung ein Spritzen der Säure unvermeidlich ist, sollte man die Umgebung der Batterie mit Zeitungen oder Ähnlichem schützen. Wird die Aufladung in einem geschlossenen Raum durchgeführt, muss dieser gut belüftet sein. Auf keinen Fall mit nackter Flamme in die Batterieöffnungen leuchten.
Bei Verwendung eines Heimladegerät kann die Batterie im Auto verbleiben. Auch die Kabel braucht man nicht abzuschließen. Anders ist es bei der Verwendung eines Schnellladegeräts. Beide Batteriekabel abklemmen, um die Dioden der Drehstromlichtmaschine, die elektronischen Schaltgeräte, Autoradio, usw. nicht zu gefährden. In diesem Fall darf der Ladestrom 50% der Kapazität nicht überschreiten und die Ladedauer darf nicht mehr als 30 Minuten betragen.

**Aus- und Einbau der Batterie**
Die Batterie sitzt im Motorraum an der in Bild 295 gezeigten Stelle. Vor dem Ausbau der Batterie die »Zündung« ausschalten. Die

Sichtprüfung Messen

*Bild 295*
*Einbaulage der Batterie.*

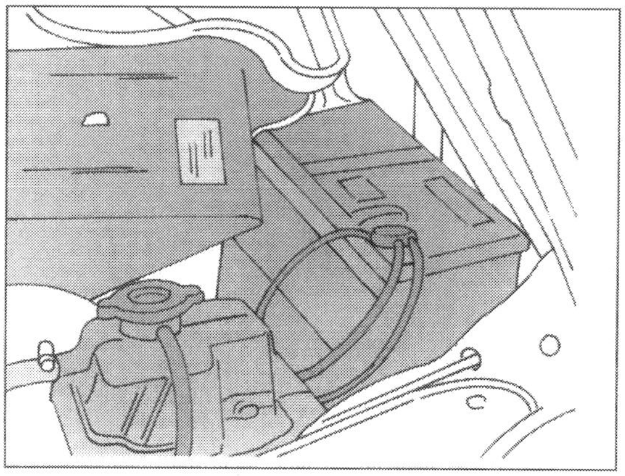

seitliche und die obere Plastikabdeckung der Batterie ausbauen. Nach Abschrauben des Massekabels und des positiven Kabels von den Batterieklemmen abschließen und die Batterie nach Lösen der Schrauben und Herausnehmen der Batteriehalterungen herausnehmen. Zuerst das Minuskabel abklemmen. Beim Einbau der Original-Batterie zuerst die Polköpfe reinigen und mit einem guten Polfett einschmieren. Zuerst das Pluskabel anschließen und festschrauben. Die Befestigungsschrauben der Batterie mit 20 Nm anziehen.

Bei einem Autoradio mit Diebstahlcode muss die Eingabenummer zur Hand sein, um das Radio wieder in Gang zu setzen.

Wird das Fahrzeug für längere Zeit stillgelegt, muss man das Massekabel der Batterie abklemmen, um Dauerverbraucher, wie z. B. die Zeituhr, aus dem Stromkreis zu nehmen. Mindestens alle 3 Monate sollte man die Batterie nachladen, da eine entladene Batterie schnell untauglich wird.

**Hinweis zur Entsorgung von Batterien:** Falls eine Batterie erneuert wurde, muss man die alte Batterie entsprechend den geltenden, örtlichen oder Landesvorschriften entsorgen. Alte Batterien niemals in den Haushaltabfall werfen. Erkundigen Sie sich über eine Sammelstelle für Batterien. Beim Transport der Batterie in einem Fahrzeug unbedingt darauf achten, dass sie nicht umfallen kann, da dabei die Batteriesäure ausläuft und Ihr Fahrzeug erheblich beschädigen kann. Nach Handhabung einer Batterie sofort die Hände waschen – ***Hände nicht an der Kleidung abwischen.***

**Start mit leerer Batterie:** Am einfachsten ist die Verwendung von Starthilfekabeln, die aber einen kräftigen Querschnitt und starke Anschlussklemmen haben müssen, um den Strom von einer Batterie zur anderen durchzulassen. Beim Anschaffen solcher Kabel sollte man immer etwas tiefer in die Tasche greifen, um Kupferkabel zu kaufen. Aluminiumkabel sind zwar billiger, werden aber sehr heiß, so dass die Isolierung schmilzt und man sich beim Abnehmen der Klemmen die Finger verbrennen kann. Zuerst das Pluskabel an die beiden Pluskabel anklemmen und danach erst die Minuskabel anschließen. Bild 296 zeigt, wie die Verbindungen aussehen müssen. Der »Helfer« sollte den Motor anlassen und mit mittleren Drehzahlen laufen lassen, damit die Lichtmaschine zusätzlichen Stromauf bauen kann.

Die folgenden Vorsichtsmaßnahmen müssen ebenfalls beachtet werden:

- Die zweite Batterie muss die gleiche Spannung und Kapazität wie die Fahrzeugbatterie haben.
- Damit keine Masse von einem Fahrzeug auf das andere überspringen kann, dürfen sich die beiden Fahrzeuge nicht berühren.
- Alle elektrischen Stromabnehmer ausschalten.
- Das am Minuspol der Batterie angeschlossene Starthilfekabel muss von der eingebauten Batterie entfernt »angeklemmt« werden, nicht an der Fahrzeugbatterie. Im genannten Bild ist das Kabel am Zylinderblock angeklemmt.
- Der Motor des Strom liefernden Fahrzeuges muss laufen.

Anschieben oder Anrollen lassen sowie Anschleppen sind die bekanntesten Methoden zum Anlassen eines Motors mit schwacher Batterie.

**Wagen anschieben:** Mit zwei Helfern lässt sich der Mercedes bei gutem Motorzustand anschieben, was natürlich aufgrund der Größe leichter gesagt als getan ist: Nur, wenn der Motor aufgrund einer leeren Batterie nicht anspringt, sollte man das Anschieben versuchen. Außerdem muss der Motor kalt sein. Falls man keine andere Lösung hat, kann man versuchen, das Fahrzeug in der folgenden Weise in Gang zu setzen:

- Zündung einschalten, d. h. Zündschlüssel auf Betriebsstellung bringen.

■ Gang einlegen. Einschalten des 2. Ganges könnte bedeuten, dass die Lichtmaschine sich für eine gute Stromlieferung zu langsam durchdreht.
■ Kupplung durchtreten, Fahrzeug anschieben lassen, bis es eine gute Geschwindigkeit erreicht hat.
■ Kupplungspedal schnell durchtreten. Der Motor wird dadurch durchgedreht und sollte anspringen.
■ Kupplung sofort durchtreten und Gas geben.
Voraussetzung zum Gelingen des Startens sind einige Erfahrung und die notwendigen Helfer zum Anschieben.

**Wagen anschleppen:** Anschleppen lassen hat immer Nachteile, da manchmal durch Ungeschicklichkeit größere Schäden entstehen können. Denken Sie daran, dass bei still stehendem Motor die Servounterstützung der Bremsanlage und der Lenkung nicht arbeiten. Aus diesem Grund raten wir vom Anschleppen ab.
⚠ Falls es jedoch unumgänglich ist, beachten Sie die folgenden Vorsichtsmaßnahmen:
■ Die Batterie muss eingebaut und angeschlossen sein.
■ Falls der Motor nicht sofort anspringt, kann ein eingebauter Katalysator beschädigt werden. Außerdem muss der Katalysator kalt sein, ehe man einen Startversuch vornimmt.
■ Zum Anschleppen sollte man eine starre Schleppstange benutzen, die natürlich nicht jeder hat.
■ Die Warnleuchte für die Vorglühanlage muss erloschen sein.
■ 2. oder 3. Gang einlegen.
■ Nach Anfahren das Kupplungspedal langsam zurücklassen und dabei das Fahrpedal durchtreten.

Auch ein Fahrzeug mit automatischem Getriebe kann angeschleppt werden. Wiederum jedoch die folgenden Vorsichtsmaßnahmen beachten:
■ Zündschlüssel in Stellung »2« schalten und abwarten, bis die Leuchte der Vorglühanlage erlöscht.
■ Den Wählhebel in Stellung »N« schalten.
■ Das Fahrzeug jetzt schleppen (wie oben, starre Schleppstange) und bei kaltem Getriebe mit nicht mehr als 25 km/h oder bei

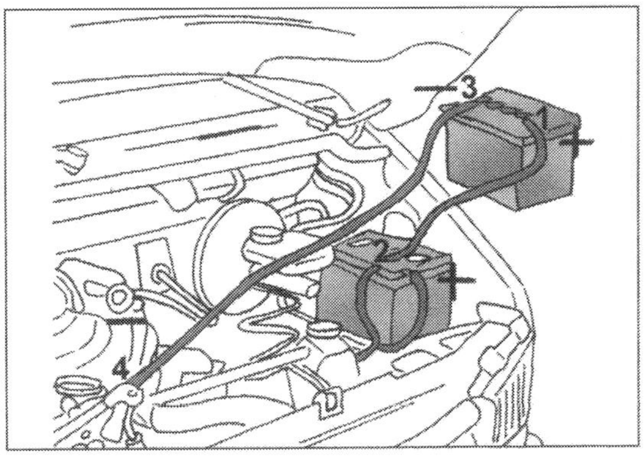


*Bild 296*
*Anschlussweise einer Batterie zum Fremdstarten des Motors.*
*1 Stromklemme der Fremdbatterie*
*2 Plusklemme der Fahrzeugbatterie*
*3 Minuspol der Fremdbatterie*
*4 Masseanschluss am Zylinderblock*

warmem Getriebe mit 40 km/h schleppen. Diese Geschwindigkeit ca. 2 Minuten beibehalten, damit sich ausreichender Druck im Getriebe aufbauen kann.
■ Den Wählhebel in Stellung »2« schalten.
■ Nicht das Fahrpedal betätigen, ehe das Getriebe den Motor dreht. Nachdem der Motor angesprungen ist, den Wählhebel ohne Verzögerung in Stellung »N« (neutral) schalten.

**Falls der Motor nicht anspringen will**
In diesem Fall muss das Fahrzeug abgeschleppt werden. Auch hier wollen wir Ihnen einige wichtige Hinweise geben:
■ Die Bremskraftverstärkung und die Servolenkung arbeiten nicht.
■ Nur eine starre Abschleppstange benutzen, die an der in Bild 297 gezeigten Abschleppöse anzukoppeln ist.
Bei eingebautem Schaltgetriebe: Das Fahrzeug darf nicht weiter als 100 km abgeschleppt werden, ohne die Gelenkwelle auszubauen. Den Schalthebel in die Leergangstellung schalten. Ist die Fahrstrecke länger, die Welle ausbauen.
Bei eingebauter Getriebeautomatik: Das Fahrzeug darf nicht weiter als 50 km abgeschleppt werden, ohne die Gelenkwelle auszubauen. Eine Fahrgeschwindigkeit von 40 km/h nicht überschreiten. Ist die Fahrstrecke länger, die Welle ausbauen.

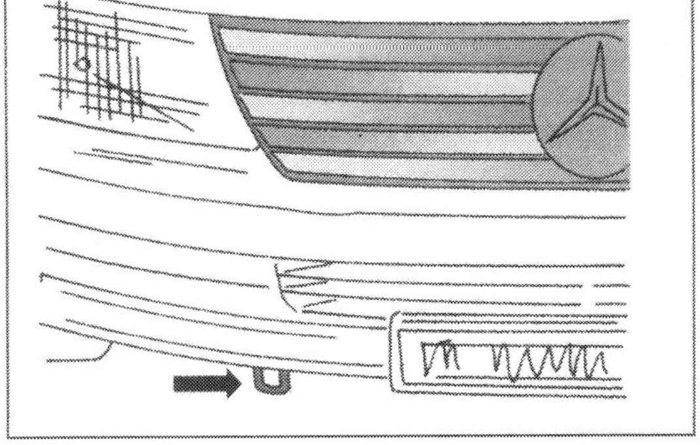

*Bild 297*
*Nur an der Abschleppöse darf das Fahrzeug abgeschleppt werden.*

### Defekten Verbraucher ermitteln

Liefert die am Vortag intakte Batterie keinen Strom, hat vielleicht ein defekter Verbraucher im Bordnetz den Akku über Nacht leer gesaugt.

Das überprüfen Sie zunächst mit einer Strom-Messung. Wenn nötig, ermitteln Sie dann den betreffenden Verbraucher.

- Batterie-Minuskabel abnehmen, Kabel des Multimeters zwischen Minuspol und Batteriekabel anschließen. Zeigt das Gerät einen Stromfluss an, ist ein Verbraucher defekt.
- Massekabel anschließen, Sicherungskasten öffnen und eine Sicherung herausnehmen. An die Kontakte das Multimeter anschließen. Fließt kein Strom, ist der betreffende Stromkreis in Ordnung. Auch ein geringer Stromfluss ist kein Alarmsignal. Geräte wie Uhren, Radios und Alarmanlagen zehren ständig Energie von der Batterie. Der Stromfluss ist freilich viel geringer als bei einem defekten Verbraucher.
- Wiederholen Sie die Messungen, bis das Gerät einen höheren Stromfluss anzeigt. Die Sicherungstabelle in Ihrer Betriebsanleitung zeigt Ihnen, welche Verbraucher zu diesem Stromkreis gehören.
- Die Verbraucher der Reihe nach ausbauen und jeweils den Strom messen. Wenn das Multimeter keinen Strom mehr anzeigt, haben Sie den Übeltäter ermittelt.

## Die Drehstromlichtmaschine

### Vorsichtsmaßnahmen bei Arbeiten an der Ladestromanlage

Ehe irgendwelche Arbeiten an der Ladestromanlage durchgeführt werden, müssen die folgenden Vorsichtsmaßnahmen unbedingt eingeprägt werden:

- Niemals die Batterie oder den Spannungsregler abklemmen, während der Motor und somit die Lichtmaschine laufen. Ansonsten entstehen Spannungsspitzen, die den elektronischen Geräten schaden können.
- Niemals die Erregerklemme (Feldklemme) der Lichtmaschine oder das daran befestigte Kabel in Berührung mit Masse kommen lassen.
- Niemals die beiden Leitungen des Spannungsreglers verwechseln.
- Niemals den Spannungsregler in Betrieb bringen, wenn er mit Masse verbunden ist (sofortige Beschädigung).
- Niemals die Lichtmaschine ausbauen, wenn die Batterie nicht vorher aus dem Stromkreis genommen wurde (mindestens Minusklemme abschrauben). Andernfalls können irreparable Schäden auftreten.
- Beim Einbau der Batterie darauf achten, dass die Minusklemme an Masse angeschlossen wird.
- Niemals eine Prüflampe verwenden, die direkt an das Hauptstromnetz (110 oder 220 V) angeschlossen ist. Nur eine Prüflampe mit einer Spannungsstärke von 12 V benutzen.
- Falls eine Batterie im eingebauten Zustand mit einem Batterieladegerät aufgeladen wird, müssen die beiden Batteriekabel abgeklemmt werden. Die positive Klemme des Ladegerätes an den positiven Pol der Batterie und die negative Klemme des Ladegerätes an den negativen Pol der Batterie anschließen. Verwechseln kann man die Klemmen kaum, da sie einen unterschiedlichen Innendurchmesser haben.
- Falsches Anschließen der Leitungen führt zur Zerstörung der Gleichrichter und des Spannungsreglers sowie anderer elektrischer/elektronischer Bauteile.

### Eingebaute Drehstromlichtmaschine prüfen

Während normaler Fahrt muss die Ladekontrollleuchte erlöschen. Falls dies nicht der Fall ist, liegt ein Fehler in der Drehstromlichtmaschine oder im Spannungsregler vor. Als Erstes alle Stromverbindungsanschlüsse der Drehstromlichtmaschine prüfen. Kontrollieren, ob der Antriebsriemen einwandfrei durch die Spannvorrichtung gespannt wird. Falls man ein Voltmeter und ein Amperemeter zur Verfügung hat, kann man folgende Prüfungen durchführen, vorausgesetzt, dass man einige Erfahrung im Umgang mit Prüfgeräten hat. Denken Sie an die elektronischen Bauteile:

- Die Kabel an der Rückseite der Lichtmaschine ausfindig machen. Die Anschlüsse der roten Kabel werden an der Lichtmaschine an Klemme »B+« angeschlossen, der Anschluss des kleineren blauen Kabels an »D+«. Bei der ersten Prüfung das Voltmeter zwischen »D+« und Masse anschließen (Kabel nicht abziehen und Zündung nicht einschalten). Die Anzeige muss »null« Volt betragen.

■ Die Zündung einschalten und kontrollieren, dass die Anzeige zwischen 1 bis 3 Volt liegt. Falls dies nicht der Fall ist, kann man den Spannungsregler oder eine Wicklung in der Lichtmaschine verdächtigen.

■ Motor anlassen und auf 2000/min beschleunigen. Bei gleicher Anschlussweise wird jetzt die Regelspannung gemessen. Diese sollte zwischen 13,7 und 14,5 V liegen. Falls dies nicht der Fall ist, muss der Fehler im Regler liegen oder die Kohlen der Lichtmaschine sind abgenutzt. Bei hoher Anzeige (um die 20 Volt herum) können die Dioden ausgebrannt sein.

■ Das Amperemeter an Klemme »B+« und Masse anlegen und den Motor anlassen. Motor auf ca. 1200/min beschleunigen und viele Stromverbraucher einschalten. Das Amperemeter muss eine Stromstärke von mindestens 30 A anzeigen. Falls dies nicht der Fall ist, könnte der Schaden in den Dioden liegen. Die weiteren Überprüfungsarbeiten können nur bei ausgebauter Drehstromlichtmaschine durchgeführt werden.

Ergibt die Prüfung, dass die Lichtmaschine defekt ist, können Sie sich günstigen Ersatz auf folgende Arten beschaffen:

■ Die defekte Lichtmaschine ausbauen und in eine Autoelektrik-Werkstatt (Bosch-Dienste) bringen. Prüfung und Reparaturen, wie das Ersetzen der Schleifkohlen oder der Einbau eines neuen Spannungsreglers, können Sie dort durchführen lassen.

■ Wer schon Erfahrung im Umgang mit Lichtmaschinen hat, kann versuchen, die Lichtmaschine selbst zu reparieren. Der Spannungsregler kann recht einfach getauscht werden – genauso die Schleifkohlen. Zum Zerlegen der ausgebauten Lichtmaschine die Durchgangsschrauben am Gehäuse herausdrehen. Die Diodenplatten, ja selbst der Läufer und die Wicklung können einzeln ersetzt werden.

### Aus- und Einbau der Lichtmaschine

■ Massekabel der Batterie abklemmen.

■ Fahrzeug vorn auf Böcke setzen.

■ Schutzblech unter dem Motorraum abschrauben (falls eingebaut), um besser an alle Teile heran zu kommen.

■ Den Poly-Antriebsriemen lockern (siehe Kapitel »Motor«) und von der Riemenscheibe der Lichtmaschine herunterheben.

■ Die beiden Kabel von der Rückseite der Drehstromlichtmaschine abschrauben.

■ Die beiden Befestigungsschrauben der Lichtmaschine von der Vorderseite (vom Steuergehäusedeckel) lösen und herausziehen.

■ Die Lichtmaschine nach unten herausheben. Der Einbau der Lichtmaschine geschieht in umgekehrter Reihenfolge wie der Ausbau. Die Schrauben der Lichtmaschine mit 20 Nm anziehen. Die Mutter der kleinen Klemme (Klemme 61/D+) mit 5 Nm, die Mutter der großen Klemme (30/B+) mit 18 Nm anziehen. Den Antriebsriemen wieder montieren und spannen, wie es im Kapitel »Motor« beschrieben ist.

■ Nach dem Einbau den Diebstahl-Code in das Radio eingeben (falls dieses damit versehen ist) und die Zeituhr stellen.

### Drehstromlichtmaschine reparieren

Die Drehstromlichtmaschine und der damit verbundene Regler sollten nicht eingestellt oder repariert werden. Eine nicht mehr aufladende Drehstromlichtmaschine ist im Austausch gegen Rückgabe des alten Aggregates erhältlich und sollte immer eingebaut werden. Kleinere Reparaturen, wie z. B. das Erneuern der Schleifbürsten, kann man in einer Bosch-Werkstatt durchführen lassen. Die Drehstromlichtmaschine ist mit Lagern versehen, welche auf Lebenszeit geschmiert sind und keine regelmäßige Wartung verlangen. Die Außenseite der Lichtmaschine sauber halten und kein Wasser oder andere Lösungsmittel darüber laufen lassen.

Die Bürsten der Drehstromlichtmaschine laufen auf glatten Schleifringen und haben aus diesem Grund eine sehr lange Lebens-

*Bild 298*
*Einzelheiten zur Erneuerung des Spannungsreglers/Bürstenträgers von der Rückseite der Drehstromlichtmaschine.*

*1 Deckelschrauben*
*2 Deckel*
*3 Führungsnase*
*4 Reglerschraube*
*5 Spannungsregler*
*6 Masseklemme*
*7 Drehstromlichtmaschine*

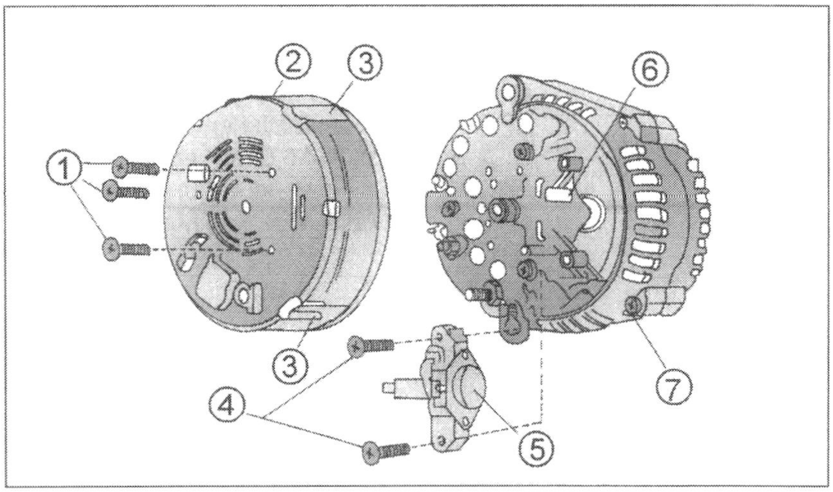

*Bild 299*
*Die Enden der Bürsten müssen mindestens 5,0 mm herausstehen.*

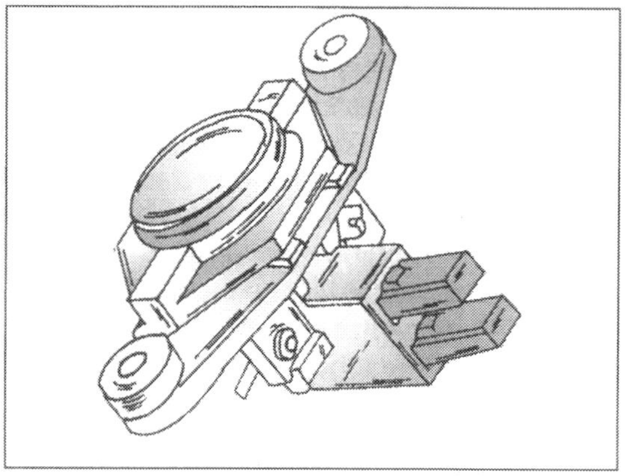

dauer. Zum Prüfen der Bürsten muss die Lichtmaschine ausgebaut sein.
Folgende Arbeiten unter Bezug auf Bild 298 durchführen:

- Drei Schrauben (1) lösen und den Deckel (2) abnehmen.
- Bürstenträger/Spannungsregler (5) von der Lichtmaschine abschrauben und herausziehen. Der Spannungsregler muss dazu etwas angekippt werden, um die Bürsten nicht zu beschädigen.
- Länge der Bürsten entsprechend Bild 299 ausmessen. Falls die Bürsten bis auf 5 mm abgeschliffen sind, sind die Zuleitungen an den Pfeilstellen abzulöten.
- Neue Bürsten einlöten und Teile in umgekehrter Reihenfolge wieder montieren. Darauf achten, dass die Bürsten einwandfrei auf den Schleifringen aufsitzen können. Beim Einschieben des Spannungsreglers muss dieser Kontakt mit der Masseklemme (6) herstellen.

***Kohlebürsten und Bürstenträger überprüfen***

Kohlebürsten auf guten Kontakt mit den Schleifringen prüfen. Beweglichkeit der Kohlen in den Bürstenführungen kontrollieren, gegebenenfalls den Bürstenhalter mit einer fettlösenden Flüssigkeit säubern.

Falls die herausstehende Länge der Bürste bis auf 5,0 mm abgenutzt ist (Bild 299), muss eine neue Bürste eingelötet werden. Ein Messlineal zum Messen benutzen.

## Der Anlasser

Der Anlasser bekommt beim Durchdrehen des Zündschlüssels erst an Klemme »50« Strom. Zunächst wird also der Magnetschalter (auch als Einschaltrelais bezeichnet) aktiviert. Dessen Einrückhebel schiebt das Anlasserritzel in Richtung Zahnkranz auf der Schwungscheibe des Motors. Rutscht das Ritzel direkt in den Zahnkranz, schließt hinten im Magnetschalter eine Kontaktplatte den Stromkreis zum Anlassermotor – der Anlasser dreht kraftvoll los. Stoßen hingegen Zähne von Anlasserritzel und Zahnkranz aufeinander, sorgt ein steiles Gewinde dafür, dass sich das Anlasserritzel etwas verdrehen kann, sich also in den Zahnkranz »hineinschraubt«. Erst anschließend läuft der Anlassermotor los.
Wenn der Fahrzeugmotor angesprungen ist und sich der Zahnkranz schneller dreht als das Anlasserritzel, sorgt ein Rollenfreilauf dafür, dass sich die Verbindung zwischen Ankerwelle und Anlasserritzel löst. Das Ritzel wird aus dem Zahnkranz ausgespurt, der Kontakt im Magnetschalter öffnet, und der Anlassermotor wird stromlos.

**Arbeitet der Anlasser nicht?**

Schadhafte Anlasser zeigen oft folgendes Verhalten:

- In Startstellung »klickt« es aus Richtung Anlasser, der Startermotor dreht aber nur kurz mit rauem Laufgeräusch oder gar nicht. Legen Sie den 1. Gang ein und halten Sie den Zündschlüssel in Startstellung, während ein Helfer etwas am Fahrzeug schiebt bzw. daran hin und her ruckelt. Dreht der Anlasser jetzt los, sind entweder seine Kohlen abgenutzt, die Ankerwicklung stellenweise durchgebrannt oder der Kollektor stark eingelaufen.
- Bisweilen kommt es auch vor, dass nach langer Fahrt der heiße Anlasser streikt. Dieser Effekt ist darauf zurückzuführen, dass bei starker Erwärmung Ankerwelle und Ritzel gegeneinander klemmen, das Ritzel kann nicht mehr verschoben werden, und folglich wird auch der Kontakt im Magnetschalter nicht mehr geschlossen. Manchmal hilft dann ein Hammerschlag auf die Seite des Anlassers, während ein Helfer gleichzeitig den Zündschlüssel in Startstellung hält.

**Anlasser prüfen**

Um den Anlasser unter voller Batteriespannung zu kontrollieren, sind die Klemme »30« (große Klemme) und »50« (kleines Kabel neben der großen Klemme) mit einem Kabel von

mindestens 4,0 $mm^2$ Querschnitt zu verbinden. Falls der Anlasser jetzt einwandfrei arbeitet, ist die Zuleitung zum Anlasser zu kontrollieren. Spurt der Anlasser nicht ein, muss er ausgebaut und überprüft werden.
Eine einwandfreie Prüfung des Anlassers in einer Prüfbank sollte von einer Elektrowerkstatt durchgeführt werden.

**Anlasser aus- und einbauen**
Die Arbeiten werden unter Bezug auf Bild 300 durchgeführt:

- Massekabel der Batterie abklemmen.
- Den Kabelschacht für die Kabel der Drehstromlichtmaschine abnehmen und von der Schraube an der Ölwanne lösen. Ebenfalls den Stecker des OT-Gebers (5) der Kurbelwelle abziehen.
- Eine Kabelschelle an der Abdeckung (6) an der Seite des Anlassers öffnen und die Kabelsteckerverbindung trennen. Danach die Abdeckung vom Anlasser (1) abnehmen.
- Anlasserkabel (3) und (4) abklemmen.
- Schrauben (2) lösen und den Anlasser herausheben. Dieser kann soeben am Motorquerträger vorbeigeführt werden. Aus diesem Grund den Anlasser mit dem Einrückmagnetschalter etwas nach unten verdrehen, etwas herausziehen und zur Seite zu entfernen.

Der Einbau des Anlassers geschieht in umgekehrter Reihenfolge. Die Anlasserschrauben mit 40 Nm, die Mutter der Anschlussklemme 30 (3) mit 14 Nm, die Mutter der Anschlussklemme 50 (4) mit 6 Nm anziehen.

**Anlasser zerlegen und zusammenbauen**
Der Anlasser wurde neu für die Dieselfahrzeuge entwickelt und besitzt ein Vorgelege-Planetengetriebe, wodurch es möglich wurde, den Anker und damit den Anlasser kürzer zu gestalten. Anlasser haben eine hohe Lebensdauer. Falls ein Anlasser bereits sehr lange in Betrieb war, sollte man von einer Überholung absehen. Am besten ist es in diesem Fall, einen Austauschanlasser von einer Mercedes-Benz-Werkstatt oder einem Bosch-Dienst zu beziehen. Der alte Anlasser ist dabei im Austausch zurückzugeben. Manchmal sind es jedoch geringe Anlasserfehler, die man ohne weiteres beheben kann:

***Magnetschalter erneuern***

- Verbindungskabel zwischen Einrückmagnetschalter und Anlasser abklemmen.

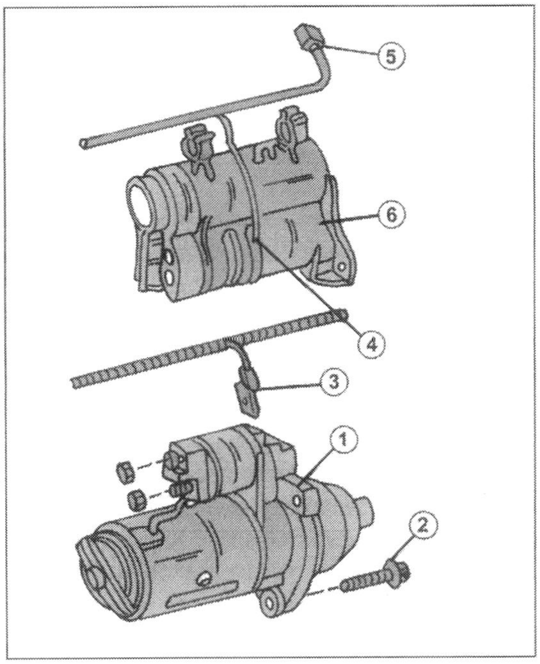


*Bild 300*
*Einzelheiten zum Aus- und Einbau des Anlassers. Auf die Zahlen wird im Text eingegangen.*

- Von der Vorderseite des Einrückmagnetschalters die Schrauben lösen und den Einspurhebel aus dem Eingriff bringen, um den Schalter abzunehmen.
- Neuen Schalter in umgekehrter Reihenfolge wieder am Anlasser montieren.

***Kohlebürsten erneuern***

- Von der Rückseite des Anlassers die Abdeckkappe abschrauben und abnehmen.
- Die beiden Schrauben des Kollektorlagerdeckels lösen.
- Sicherungsspange aus dem Ende der Ankerwelle herausdrücken (Schraubendreher), die Kleinteile abnehmen und den Deckel vom Anlasser abziehen. Falls erforderlich, mit einem Schraubendreher abdrücken. Die untergelegten Scheiben aufbewahren.
- Die beiden Kohlebürsten aus den Halterungen ziehen und den Bürstenträger abnehmen. Die Kohlebürsten sind entweder angeschraubt oder angelötet. Falls sie angelötet sind, muss man natürlich im Umgang mit einem Lötkolben versiert sein. Neue Bürsten entweder anschrauben oder anlöten. Den Anlasser wieder in umgekehrter Reihenfolge zusammenschrauben.

Wenn der Anlasser schon einige Jahre in Betrieb ist, sollte man von Reparaturversuchen absehen und besser gleich einen Tausch-Anlasser einbauen. Diesen können Sie auch beim Bosch-Dienst erhalten.

**Störungen am Anlasser**

Ein nicht arbeitender Anlasser ist vielleicht die ärgerlichste Angelegenheit am Auto. Im folgenden Text geben wir einige Hinweise, die Ihnen vielleicht helfen, den Fehler an Ort und Stelle zu beheben.

■ Beim Drehen des Zündschlüssels dreht sich der Anlasser nur langsam, nichts passiert oder er dreht sich nur kurz und bleibt stehen. Falls die Warnleuchten nur schwach aufleuchten oder vollkommen verlöschen, als Erstes die Ladestärke der Batterie kontrollieren. Lose oder oxidierte Kabel am Anlasser oder ein auf Masse geschlossener Anlasser können weitere Ursachen sein. Wurde die Batterie kurz vorher wieder in den Stromkreis geschlossen, kann es sein, dass die Batterieklemmen keinen einwandfreien Kontakt herstellen. Zur Abhilfe eine Starthilfe benutzen oder den Wagen anschleppen lassen.

■ Falls die Warnleuchten erhellt bleiben und ein Klicken im Motorraum hörbar ist, kann der Stößel des Einrückmagnetschalters hängen. Man kann versuchen, mit einem Metallgegenstand gegen den Schalter zu klopfen. Manchmal löst sich der Stößel. Falls kein Erfolg erzielt wird, kann man annehmen, dass die Kohlebürsten abgenutzt oder die Kontakte im Magnetschalter verschmort sind. In diesem Fall muss der Anlasser ausgebaut werden, um Magnetschalter und/oder Kohlebürsten zu erneuern. Bleiben die Warnleuchten erhellt und kein Anlassergeräusch ist hörbar, Leitungen zwischen Batterie und Anlasser überprüfen.

■ Falls man hören kann, dass sich der Anlasser durchdreht, ohne aber den Motor zu drehen, kann man einen defekten Magnetschalter vermuten, der Einspurmechanismus oder das Anlasserritzel und die Zähne des Schwungrades sind beschädigt, so dass der Zahneingriff nicht zustande kommt. In diesem Fall einen Gang einlegen, das Fahrzeug ein Stück vorwärts »ruckeln« und den Anlasser erneut betätigen. Falls kein Erfolg erzielt wird, den Anlasser austauschen.

■ Falls der Anlasser nach Anspringen des Motors weiterhin von diesem durchgedreht wird, obwohl der Zündschlüssel in der Betriebsstellung steht, hängt der Einrückmagnetschalter, d. h. die Kontakte öffnen sich nicht (auch das Zündschloss kann schadhaft sein). Falls dies passiert, den Motor sofort abstellen.

■ Falls das Anlasserritzel nach Anlassen des Motors weiterhin mitläuft (durch heulendes Geräusch angezeigt), kehrt der Einspurhebel nicht in seine Ruhestellung zurück oder bleibt im Zahnkranz des Schwungrades hängen. Ein neuer Anlasser und/oder Schwungradzahnkranz muss höchstwahrscheinlich eingebaut werden. Auf jeden Fall den Anlasser ausbauen und prüfen.

## Die Beleuchtung

Nacht und Nebel machen dem Fahrer das Leben schwer, da ist gutes Licht von höchster Wichtigkeit. Einerseits, damit Sie sehen, wohin Sie fahren und andererseits, damit andere Verkehrsteilnehmer rechtzeitig Ihren Mercedes erkennen. Das sichere Funktionieren der Außenbeleuchtung wird im Mercedes durch ein elektronisches Lampenkontrollgerät überwacht, welches sofort Alarm gibt, wenn eine Glühlampe der Außenbeleuchtung ausfällt. Im Innenraum sorgen viele Lämpchen für gutes Zurechtfinden bei Nacht.

**Ständige Kontrolle der Beleuchtung**

Der Gesetzgeber schreibt vor, dass Sie sich vor Antritt jeder Fahrt vergewissern müssen, ob auch alle Lampen am Auto brennen. So häufig wird wohl kaum jemand die Beleuchtung prüfen, aber einmal in der Woche ist durchaus angebracht. Bei Dunkelheit geht die Kontrolle am einfachsten vor sich. In einer Kolonne reflektieren Vordermänner das Licht beider Abblendscheinwerfer oft durch die Stoßstange oder die Lackierung.

**Kontrolle der Glühbirnen**

Diese Aufgabe erfüllt ein elektronisches Schaltgerät. Es ist im Relaiskasten angeordnet. Die Leitungen der überwachten Glühlampen führen alle über das Schaltgerät. Fließt kein Strom zur Glühlampe, obwohl der jeweilige Schalter eingeschaltet ist, wird dies vom Steuergerät erkannt, und die Glühlampenausfalls-Kontrolle im Armaturenbrett leuchtet auf. Welche der Glühlampen durchgebrannt ist, müssen Sie selbst herausfinden. Folgende kommen in Betracht: Abblendlicht links oder rechts, Fernlicht links oder rechts, Standlicht, Nebellicht, Schlusslicht, Nebelschlusslicht, Rückfahrleuchte,

Bremslicht und Kennzeichenbeleuchtung. Laut Gesetz muss die Außenbeleuchtung trotz Kontrolleinrichtung nach der oben beschriebenen Methode überprüft werden. Noch Folgendes beachten:

- Beim Einschalten der Zündung muss die Lampe im Armaturenbrett aufleuchten (Selbstkontrolle). Bei laufendem Motor verlöscht sie, wenn alle Lampen in Ordnung sind.
- Leuchtet die Kontrolllampe bei laufendem Motor, ist eine Glühlampe ausgefallen.
- Die Kontrolllampe leuchtet nur so lange auf, wie die jeweilige Lampe auch eingeschaltet ist
- Ist die Glühlampe im Bremslicht ausgefallen, leuchtet die Kontrolllampe beim Bremsen auf und verlöscht erst wieder, wenn die Zündung ausgeschaltet wird.
- Anhängersteckdose nach Schaltplan anschließen, falls Sie Erfahrung mit elektrischem Kabelsalat haben. Andernfalls verbleibt die Werkstatt.

**Scheinwerfer-Glühbirnen erneuern**

Die Erneuerung der Scheinwerferglühbirnen erfolgt von der Rückseite des Scheinwerfers. Bild 301 zeigt Einzelheiten der Birnenbefestigung, Anschlüsse, usw.

Bei der Erneuerung der in der Leuchteneinheit sitzenden Glühbirnen folgendermaßen vorgehen:

- Massekabel der Batterie abklemmen. Die Motorhaube öffnen, um Zugang von der Innenseite zu erhalten.
- Die Sicherungsbügel (1) und (3) an der Rückseite des Scheinwerfers öffnen und die Abdeckung an der Rückseite des Scheinwerfers abnehmen.
- Die Sicherungsspange (2) zurückschnappen, die Glühbirne (7) für das Abblendlicht herausziehen und den Kabelstecker abziehen.
- Um die Glühbirne für das Standlicht zu erneuern, die Lampenfassung mit der Glühbirne (8) aus der Rückseite des Scheinwerfers herausziehen. Die Fassung ist mit einem Renkverschluss befestigt. Zum Ausbau die Fassung nach innen drücken und nach Verdrehen herausziehen.
- Um die Glühbirne für die Nebelleuchte zu erneuern, die Sicherungsspange (4) öffnen, die Glühbirne (5) herausziehen und den Kabelstecker abziehen.
- Bei der Erneuerung einer Glühbirne des Fernlichts die Sicherungsspange (10) zurückschnappen, die Glühbirne (9) herausziehen und den Kabelstecker abziehen.

Die neue Glühbirne mit einem Papiertaschentuch am Glaskolben erfassen und in die Birnenfassung einsetzen. Darauf achten, dass sie richtig in der Führung sitzt. Alle anderen Arbeiten in umgekehrter Reihenfolge wie beim Ausbau durchführen. Falls man nur die Glühbirne eines Scheinwerfers erneuert hat, sollte die Scheinwerfereinstellung stimmen.

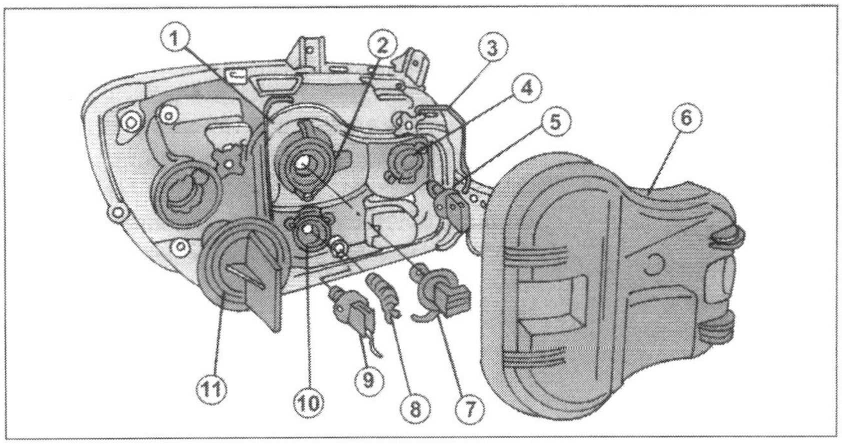


*Bild 301*
*Ansicht der Rückseite eines Scheinwerfers mit Lage der einzelnen Glühbirnen.*
*1 Sicherungsbügel*
*2 Federklammer*
*3 Sicherungsbügel*
*4 Federklammer*
*5 Glühbirne der Nebelleuchte*
*6 Gehäuseabdeckung*
*7 Glühbirne für Abblendlicht*
*8 Glühbirne für Standlicht*
*9 Glühbirne für Fernlicht*
*10 Federklammer*
*11 Blinkleuchte mit Fassung*

**Scheinwerfereinsatz erneuern**

Da die Erneuerung der Scheinwerfer auch immer ihre Einstellung zur Folge hat, und diese in einer Elektro-Werkstatt oder in der Mercedes-Benz-Werkstatt durchgeführt werden muss, beschreiben wir die erforderliche Arbeiten nur unter dem Vorbehalt, dass Sie die Einstellung der Scheinwerfer abschließend vorschriftsmäßig überprüfen lassen. Die Befestigung eines Scheinwerfers auf einer Seite ist in Bild 302 zu sehen.

- Massekabel der Batterie abklemmen.
- Die Motorhaube öffnen und das Kühlergitter ausbauen, wie es bereits weiter vorn beschrieben ist. Daran denken, dass die Befestigung ab Baujahr 2003 abgeändert wurde.
- Die Abdeckung (2) an der Unterseite des Scheinwerfers nach Ausschrauben der Schraube (1) abnehmen.

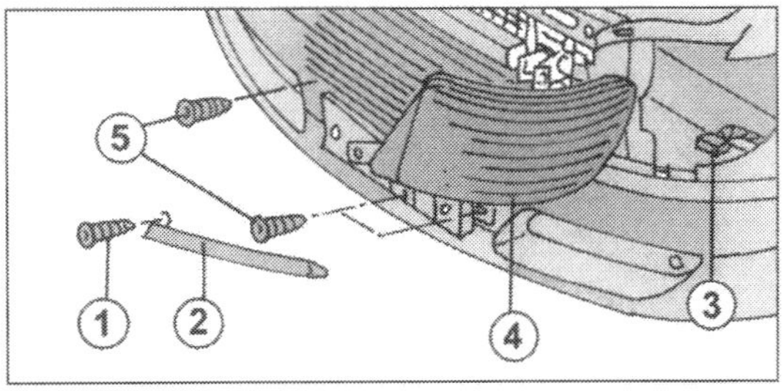


*Bild 302*
*Zum Aus- und Einbau eines Scheinwerfers.*
*1 Schraube*
*2 Abdeckleiste*
*3 Mehrfachkabelstecker*
*4 Scheinwerfereinsatz*
*5 Schraube*

■ Den Mehrfachstecker (3) an der Rückseite des Scheinwerfers (4) abziehen.
■ Die Befestigungsschrauben (5) des Scheinwerfers oben und unten lösen und den Scheinwerfer nach vorn herausziehen.
Der Einbau findet in umgekehrter Reihenfolge statt. Nach dem Einbau die Einstellung der Scheinwerfer kontrollieren lassen.

**Vordere Blinkleuchte erneuern**
Die Batterie muss abgeklemmt sein, ehe man eine Blinkleuchte erneuert. Die Leuchte wird von der Innenseite des Motorraums aus erneuert. Eine Sicherungsfeder hält die Lampe in ihrer Stellung. Nach Zurückdrücken der Feder die Leuchte herausziehen und den Kabelstecker abziehen. Bild 303 zeigt die Befestigung der Leuchte. Um die Birne zu erneuern, die Birnenfassung nach links verdrehen und herausziehen. Danach die Birne aus dem Renkverschluss herausdrehen.
Beim Einbau in umgekehrter Reihenfolge vorgehen. Die Birne nicht mit bloßen Fingern anfassen.

**Scheinwerfer einstellen**
Die Einstellung der Scheinwerfer erfolgt von der Rückseite. Die Scheinwerfer müssen mit einem optischen Gerät eingestellt werden. Um die strikten Gesetze nicht zu verletzen, sehen wir deshalb von einer Beschreibung ab.
Die billige, bisweilen sogar kostenlose Einstellarbeit überlässt man der Werkstatt, einer Tankstelle oder dem mobilen Prüfstand eines Autoclubs. Behelfsmäßig gibt es verschiedene, unterschiedlich genaue Methoden.
Die folgende Beschreibung soll aus diesem Grund nur im Notfall unter den folgenden Bedingungen befolgt werden:
■ Das Fahrzeug darf nicht beladen sein.
■ Die Reifendrücke müssen stimmen, anderenfalls berichtigen.

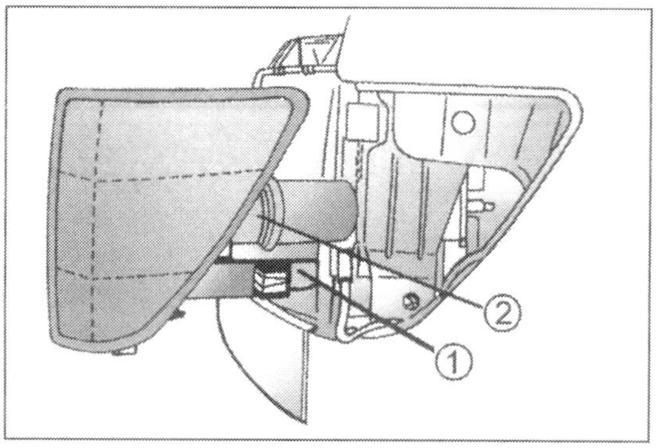


*Bild 303*
*Zum Aus- und Einbau einer vorderen Blinkleuchte.*
***1** Sicherungszunge*
***2** Lampenfassung*

■ Der Kraftstofftank muss vollkommen gefüllt sein, anderenfalls ausreichend Gewicht in den Laderaum einlegen.
■ Eine Person muss im Fahrersitz sitzen, anderenfalls ein Gewicht von 75 kg in den Sitz legen.
■ Das Fahrzeug auf einer geraden Fläche abstellen.

Bei der Einstellung werden zwei mit Kordelkopf versehene Schrauben benutzt, welche links und rechts des Scheinwerfers liegen. Diese Schrauben sind in Bild 304 zu sehen. Die Schraube (2) wird zum Verstellen der Scheinwerferstrahlen in der Höhe benutzt, die Schraube (1) zur Seiteneinstellung.
■ Den Motor kurz anlassen und die Leuchtenweitenregulierung (falls eingebaut) auf »O« stellen (oben im Schalter).
■ Das Fahrzeug ca. 10 m vor eine helle Wand oder eine Garagentür fahren und kontrollieren, in welcher Richtung die Scheinwerferstrahlen liegen. Falls nur ein Scheinwerfer schlecht eingestellt ist, verstellt man die Einstellhöhe, bis beide Scheinwerfer auf gleicher Höhe strahlen.
Falls die Scheinwerfer vollkommen verstellt sind, auch seitlich, und man hat eine Wand oder Garagentür zur Verfügung, auf welche man das in Bild 305 gezeigte Diagramm übertragen kann, hilft man sich folgendermaßen, wobei aber nochmals hinzuzufügen sei, dass dies nur provisorisch ist:
■ Fahrzeug genau 10 m vor die Garagentür oder eine Wand fahren und in Höhe »d« die Scheinwerfermittelpunkte durch die Linie »F« markieren. Da diese nicht bei allen Fahrzeugen gleich ist, muss der eigentliche Abstand vom Boden bis zum Mittelpunkt des Scheinwerfers ausgemessen werden.
■ Eine zweite Linie »A« genau 5 cm darunter einzeichnen. Dies ist die Richtlinie für das Abblendlicht.
■ Von der Mittellinie »M« aus den Mittelpunkt des Scheinwerfers für das Fernlicht »g« und das Abblendlicht »f« durch ein Kreuz einzeichnen.
■ Fernlicht einschalten, eine Leuchteinheit mit einer Decke verhängen und kontrollieren, ob der Strahlenmittelpunkt in der Mitte des betreffenden Kreuzes »f« liegt. Falls dies nicht der Fall ist, die Leuchtstrahlen mithilfe der in den Bild 304 gezeigten Schrauben verstellen.
■ Fernlicht des Scheinwerfers auf der anderen Seite in gleicher Weise einstellen.

■ Scheinwerfer auf Abblendlicht umschalten und kontrollieren, ob die Strahlen im Kreuz der Linie »a« liegen.

Aufgrund der Sicherheit im Straßenverkehr sollte man die Scheinwerfer immer mit einem Messgerät einstellen.

**Leuchtweitenregulierung**
Auf Sonderwunsch kann eine pneumatische Leuchtweiten-Regulierung eingebaut sein. Die Einstellung erfolgt je nach Belastungsgrad des Fahrzeuges, entweder gleichmäßig über das gesamte Fahrzeug verteilt oder vorwiegend auf die Hinterachse, von einem Stellrad neben dem Lichtschalter. Da die Einstellung nicht bei allen Fahrzeugen gleich ist, brauchen Sie die Betriebsanleitung. Sollten Sie keine haben, wird Ihnen Ihre Werkstatt bestimmt die notwendigen Informationen zukommen lassen Zur Betätigung wird Unterdruck eingesetzt. Damit bei jeder Drehzahl ein möglichst konstanter Unterdruck zur Verfügung steht, besitzt das Unterdrucksystem einen Vorratsbehälter. Damit der Unterdruck sich nicht abbaut, ist das System mit einem Rückschlagventil ausgestattet. Mit dem Stellrad im Armaturenbrett wird der Unterdruck geregelt und gelangt dann zu den Stellelementen in den Leuchteinheiten. Dies Stellelemente haben einen Maximalhub von 3 mm.

**Scheinwerferreinigungsanlage**
Fahrzeuge, die damit ausgestattet wurden, haben im Motorraum einen größeren Waschwasserbehälter, der mit zwei Pumpen ausgestattet ist. Jeder der beiden kleinen Wischerarme hat seinen eigenen Motor. Nach dem Ausschalten laufen die Wischer von selbst in die Ausgangslage zurück. Der rechte Wischermotor besitzt einen Kontakt, welcher die Wischwasser-Pumpe während des Wischens nur ganz kurz einschaltet. Durch die beiden Spritzdüsen am Wischerarm sprüht so nur wenig Wasser im rechten Augenblick auf die Scheinwerfergläser. Dadurch wird verhindert, dass sich nachts bei Gegenlicht eine undurchsichtige »Sprühwasserwand« bildet. Außerdem wird Wasser gespart.
Die Scheinwerfer-Reinigungsanlage tritt in Aktion, wenn das Licht eingeschaltet ist und am Kombihebel der Schalter für die Scheibenwaschanlage betätigt wird.

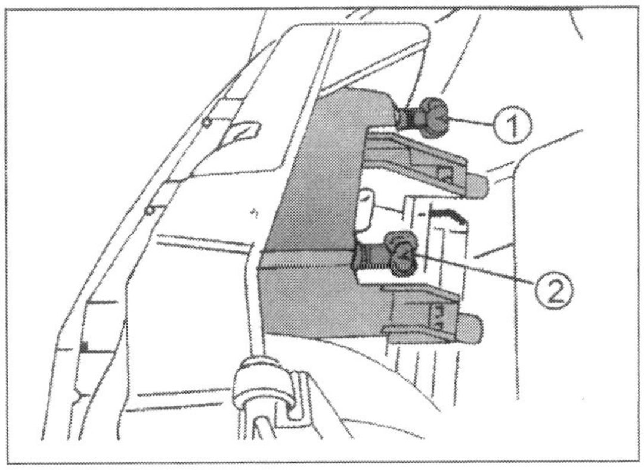


*Bild 304*
*Die Lage der Einstellschrauben der Scheinwerfer.*
*1 Seiteneinstellschraube*
*2 Höheneinstellschraube*

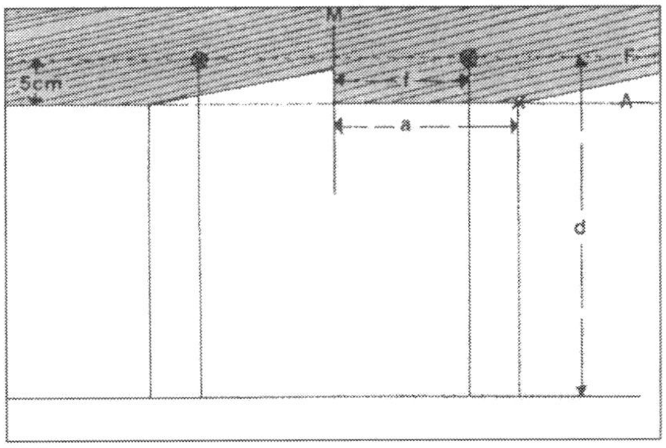


*Bild 305*
*Diagramm zum Einstellen der Scheinwerfer. Auf die Zahlen wird im Text verwiesen.*

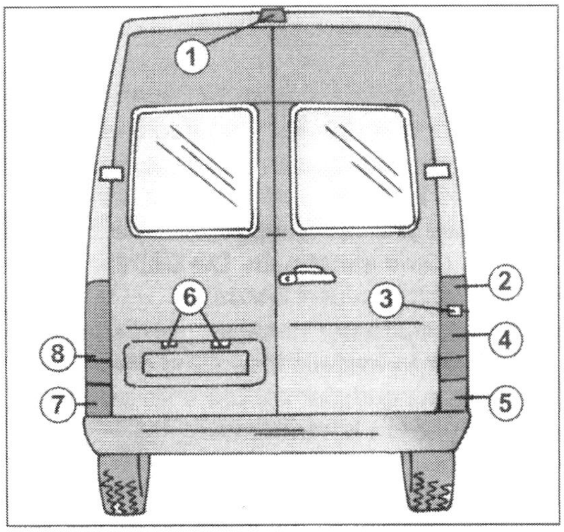


*Bild 306*
*Die Lage der einzelnen Leuchten am Heck des Fahrzeuges.*
*1 Hochgesetzte Bremsleuchte*
*2 Brems/Schluss/Standleuchte*
*3 Rückfahrleuchte*
*4 Blinkleuchten*
*5 Rückfahrleuchte (nur 4x4-Fahrzeuge)*
*6 Kennzeichenleuchte*
*7 Nebelschlussleuchte (nur 4x4-Fahrzeuge)*
*8 Nebelschlussleuchte (Fahrerseite)*

**Heckleuchten**
Die Heckleuchte besteht aus dem Lampenträger, dem Reflektorenteil und der farbigen, äußeren Kunststoffabdeckung. Diese Abdeckung ist mit einer Gummiabdichtung von außen ans Karosserieblech angesetzt und von innen zusammen mit dem Reflektorenteil mittels Muttern verschraubt. Je nach Fahrzeugausführung hat die Leuchte ein unterschiedliches Aussehen. In der folgenden Beschreibung beziehen wir uns auf die am meisten verwendete Ausführung. Bild 306 zeigt, wo die einzelnen Leuchten am Heck des Fahrzeuges montiert sein können.

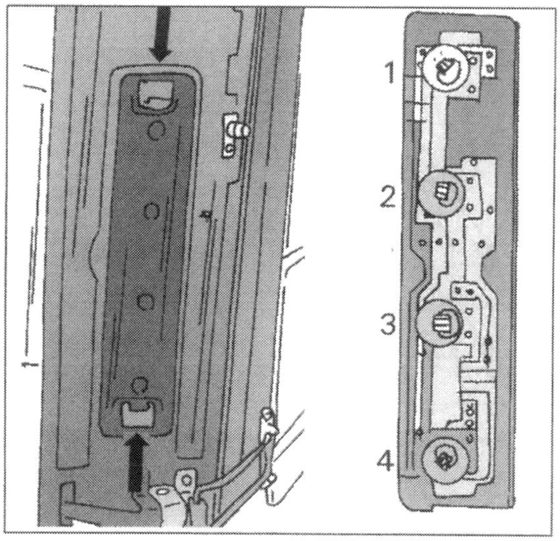


*Bild 307*
*Die Lage der Glühbirnen. Links ist gezeigt, wo die Abdeckung mit den Sicherungszungen gehalten wird.*
*1 Glühbirne für Bremsleuchten, Schlussleuchten, Parkleuchten, 12 V, 21/5 W*
*2 Glühbirne für Rückfahrleuchte, 12 V, 21 W*
*3 Glühbirne für Blinkleuchte, 21 V, 21 W*
*4 Nebelschlussleuchte (nur Fahrerseite), 12V, 21 W*

Die Erneuerung der Heckleuchtengruppe (2) in Bild 306 kann unter Bezug auf Bild 307 durchgeführt werden. Die Glühbirnen werden von der Innenseite des Laderaums aus ausgewechselt.

■ Zum Erneuern der Glühbirnen die beiden Sicherungen in Bild 307 in Pfeilrichtung drücken und die Birnenfassung herausziehen. Den Kabelstecker abziehen. Die entsprechende Glühbirne in die Fassung drücken, nach links drehen und herausziehen. Die neue Birne einsetzen und die Lampenfassung wieder eindrücken und nach rechts verdrehen. Kabelstecker wieder aufstecken.

■ Um die Leuchte zu erneuern, die vier Schrauben aus der Streuscheibe herausdrehen und diese abnehmen. Die Glühbirnen können jetzt erneuert werden.

■ Zum Ausbau der Heckleuchte die Muttern an der Innenseite lösen und die Leuchtenabdeckung abziehen. Die untergelegte Dichtung sofort kontrollieren.

Der Einbau findet in umgekehrter Reihenfolge statt.

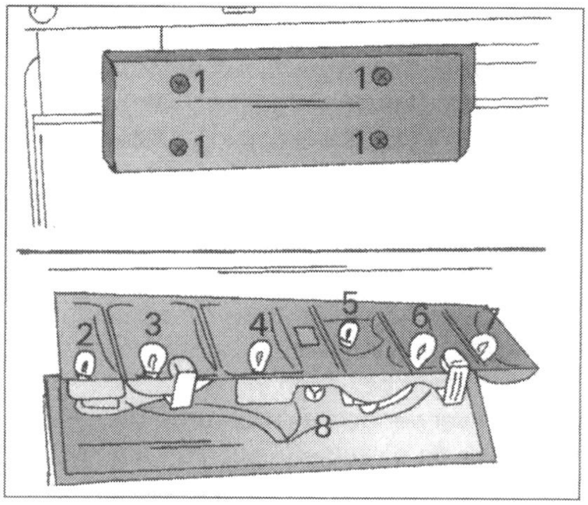


*Bild 308*
*Einzelheiten zum Erneuern von Glühbirnen bei rechteckiger Schlussleuchtengruppe.*
*1 Befestigungsschrauben*
*2 Glühbirne für Außenleuchte, 12 V, 5 W*
*3 Glühbirne für Blinkleuchte, 12 V, 21 W*
*4 Glühbirne für Bremsleuchte, 12 V, 21 W*
*5 Glühbirne für Schlussleuchte, 12 V, 5 W*
*6 Glühbirne für Nebelschlussleuchte (nur Fahrerseite), 12 V, 21 W*
*7 Glühbirne für Rückfahrleuchte, 12 V, 21 W*
*8 Glühbirne für Kennzeichenleuchte (nur Fahrerseite), 12 V, 5 W*

**Andere Heckleuchten**

Die Erneuerung der Heckleuchten kann unter Bezug auf Bild 308 durchgeführt werden.

■ Zur Erneuerung der Glühbirnen die vier Schrauben (1) herausdrehen und die Streuscheibe abnehmen. Die entsprechende Glühbirne in die Fassung drücken, nach links drehen und herausziehen. Die neue Birne einsetzen und die Streuscheibe wieder anschrauben. Alle Glühbirnen werden in gleicher Weise erneuert.

**Blinkleuchten**

Die Rundumwarnblinkanlage wird ständig mit Strom versorgt. Drücken Sie bei ausgeschalteter Zündung auf den roten Wippschalter. Alle vier Blinkerlampen und der transparente Schalterknopf leuchten im gleichen Rhythmus auf.

Zur Kontrolle der Richtungsblinker muss die Zündung eingeschaltet, aber die Warnblinkanlage ausgeschaltet sein, denn die Warnblinker überlagern die Richtungsblinker. Bei gedrücktem Blinkerhebel müssen eine Blinkerseite und die entsprechende grüne Kontrollleuchte in regelmäßigen Abständen aufleuchten. Die gesamte Blinkanlage ist etwas kompliziert, weil vorschriftsgemäß die Warnblinkanlage ständig funktionieren muss – der Warnblinkschalter bezieht den Strom direkt von der Batterie. Die Richtungsblinker erhalten dagegen nur bei eingeschalteter Zündung Strom über eine eingesetzte Sicherung.

Störungen gibt es schon einmal an der Blinkanlage und die folgenden Anregungen könnten Ihnen im Notfall einmal helfen:

■ Wenn die Blinkerkontrolle in irgendeiner Weise nicht einwandfrei funktioniert oder nur rhythmisch kurz aufblinkt, ist meist eine Blinkerlampe defekt.

■ Bleibt der Blinkrhythmus der Warnblinkanlage aus, brennt also Dauerlicht statt Blinklicht, liegt der Fehler im Blinkrelais.

■ Leuchten die Blinker mal in langsamer Folge, mal schnell und sind alle Steckverbindungen einschließlich der Massekabel in Ordnung, muss das Relais erneuert werden.

■ Leuchten die Warnblinker auf, während die Richtungsblinker bei eingeschalteter Zündung dunkel bleiben, ist die Sicherung defekt. Es kann aber auch der betreffende Schalter defekt oder der Stromweg zum Schalter unterbrochen sein.

■ Wenn weder Warn- noch Richtungsblinken funktioniert, ist das Blinkrelais schuld. Neben den Blinkerkontrollen, die im Blinkrhythmus mitblinken, werden Sie beim Mercedes durch ein akustisches Geräusch ans Blinken erinnert. Das Klacken stammt von einem Relais im Kombiinstrument. Bei Störungen muss das Kombiinstrument ausgebaut werden – eine ziemlich umfangreiche Arbeit.

**Vordere und hintere Blinkleuchten**
Der Aus- und Einbau der Blinkleuchten wurde bereits im Zusammenhang mit dem Scheinwerfer bzw. den Heckleuchten behandelt.

**Seitenblinkleuchten**
Bei den seitlichen Wiederholblinkleuchten muss man zwischen einer kleinen Ausführung und einer großen Leuchte unterscheiden. Auch der Aus- und Einbau ist unterschiedlich.

■ Ist eine kleine Blinkleuchte eingebaut, wird sie in Fahrtrichtung gegen den Federdruck nach vorn geschoben und danach vorsichtig herausgenommen. Die Birnenfassung mit der Birne herausziehen (siehe Bild 309). Der Einbau findet in umgekehrter Reihenfolge statt.

■ Ist eine große Leuchte eingebaut, wie man sie in Bild 310 sehen kann, wird die Streuscheibe angeschraubt. Zum Ausbau die Schrauben (1) lösen und die Streuscheibe abnehmen. Die Lampe nach unten kippen, wie es in Bild 310 zu sehen ist, und die Birne durch Linksdrehung herausdrehen (Renkverschluss). Der Einbau findet in umgekehrter Reihenfolge statt.

**Kennzeichenleuchte**
Zur Erneuerung der Glühbirne die Kennzeichenleuchte mit einem kleinen Schraubendreher aushebeln, die Abdeckung abnehmen und die Glühbirne aus dem Lampenträger herausnehmen. Neue Soffitten-Birne einsetzen. Bei anderen Ausführungen die Birnenfassung in Richtung des Pfeils in Bild 311 nach rechts drücken und das Lampengehäuse abnehmen. Die Glühbirne kann jetzt erneuert werden. Danach das Gehäuse wieder anschrauben.

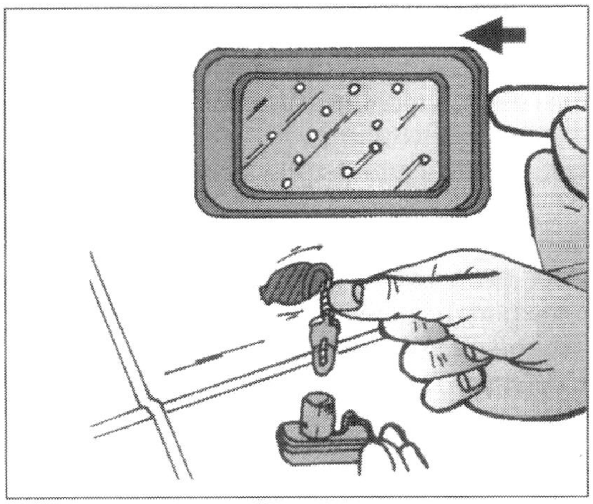

*Bild 309*
*Ausbau der kleinen Blinkwiederholleuchte. Streuscheibe in Pfeilrichtung drücken und abnehmen. Die Glühbirne danach herausnehmen.*

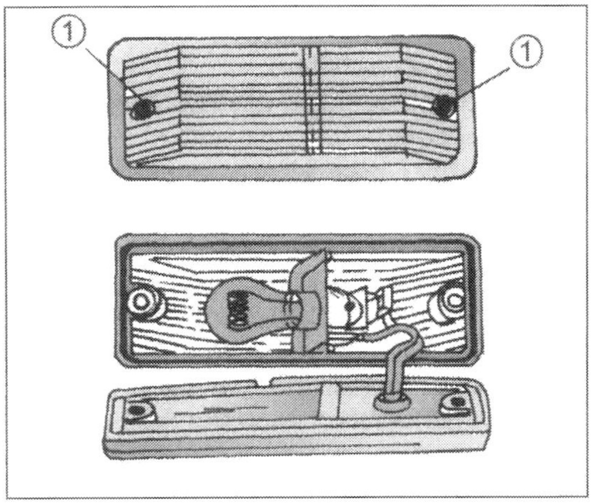


*Bild 310*
*Ausbau der großen Blinkwiederholleuchte. Die Streuscheibe ist mit den Schrauben (1) befestigt.*

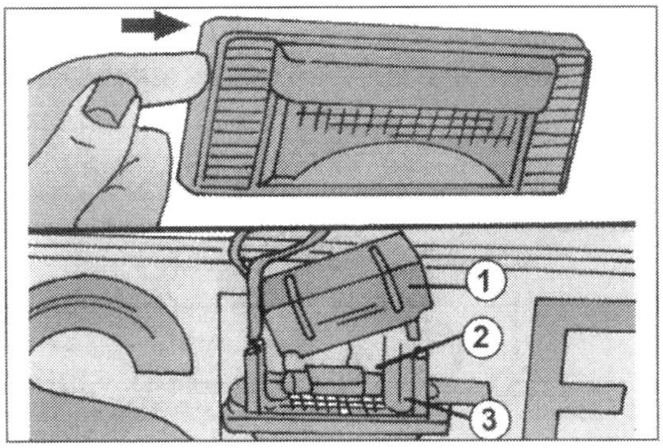


*Bild 311*
*Ausbau der Kennzeichenleuchte. Deckel (1) in Pfeilrichtung schieben, um an die Glühbirne zu kommen.*
*1 Abdeckung (Deckel)*
*2 Glühbirne*
*3 Birnenfassung*

## Scheibenwischer

***Scheibenwischer kontrollieren***
Drücken Sie auf den Knopf für die Scheibenwaschanlage, fördert die Wasserpumpe am Waschwasserbehälter, und die Spritzdüsen in der Motorhaube sprühen drei Wasserstrahlen auf die Frontscheibe. Verdrehen Sie den Knopf um eine Stufe in Stellung »1«, nimmt der Scheibenwischer den Intervallbetrieb auf. In Stellung »2« wird langsam ge-

wischt, die Stellung »3« ist für schnelles Wischen. Lassen sich die letzten »Putzstreifen« einfach nicht entfernen, ist es Zeit, ein neues Wischerblatt zu montieren. Etwa halbjährlich sollte der Austausch erfolgen.

***Scheibenwischerarm erneuern***

Nach etwa einem halben Jahr ist das Wischergummi so weit verschlissen, dass es besonders auf einer verregneten Nachtfahrt nicht mehr für einen verkehrssicheren »Durchblick« sorgen kann. Entscheiden Sie sich, ob das komplette Wischerblatt oder nur der Wischergummi erneuert werden soll. Zuerst den Wischerarm unter Bezug auf Bild 312 ausbauen:

- Zündung ausschalten.
- Die Abdeckkappe (1) am Wischerlager zurückklappen.
- Die Mutter (2) der Wischerarmbefestigung herausdrehen.
- Den Wischerarm (5) an der Gelenkstelle halten und von der Spindel herunterziehen. Sollte er festsitzen, kann man die Mutter vorübergehend aufschrauben und ihn durch Hin- und Herwackeln von der Spindel lockern. Darauf achten, dass der Arm nicht auf die Windschutzscheibe aufschlagen kann.

Der Einbau des Wischerarms geschieht in umgekehrter Reihenfolge wie der Ausbau. Den Wischerarm auf die Spindel aufstecken, wenn diese in der Ruhestellung (Parkstellung) steht. Nach dem Einbau kontrollieren, dass der Wischerarm seinen vorgeschriebenen Wischbogen ausführt.

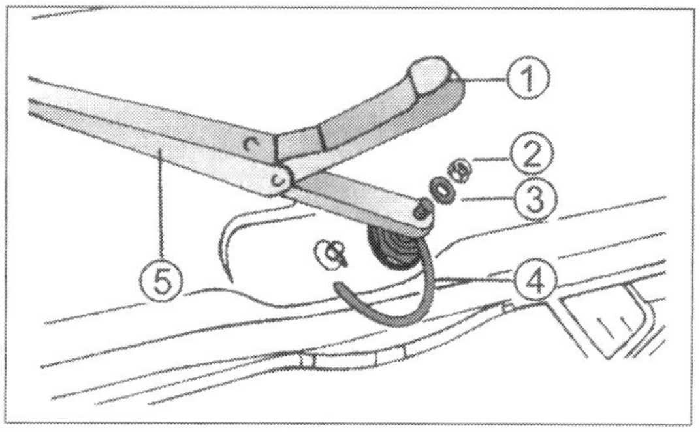


*Bild 312*
*Befestigung eines Wischerarms.*
***1*** *Abdeckkappe*
***2*** *Sechskantmutter*
***3*** *Unterlegscheibe*
***4*** *Schlauch*
***5*** *Wischerarm*

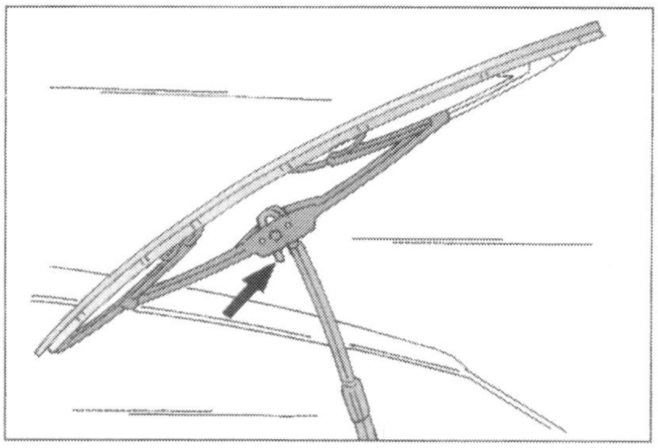

*Bild 313*
*Zum Ausbau des Wischerblatts die Sicherungszunge in Pfeilrichtung drücken und den Wischerarm aus dem Eingriff bringen.*

**Falls Sie es nicht wissen sollten:**
Falls bei starkem Schneetreiben der Wischerarm nicht mehr in die Endstellung zurückkehren kann, steht der Wischermotor weiterhin unter Spannung und die Wicklung kann durchbrennen, wenn man dies eine geraume Zeit zulässt. In diesem Fall so schnell wie möglich anhalten und den Wischerarm von der Scheibe abheben, damit er wieder in die Endposition zurückkehren kann. Hält das Wischerblatt jedoch in der Mitte der Scheibe an, wenn die Zündung ausgeschaltet wird, ist dies nur ein Schönheitsfehler, welcher keinen Schaden anrichtet. Zündung erneut einschalten. Der Wischer wird jetzt in die Ruhestellung zurückkehren.

**Aus- und Einbau des Wischersystems**

Beim Aus- und Einbau von Teilen des Wischersystems unterscheidet man zwischen dem Wischergestänge und dem Wischermotor. Ehe man den Motor ausbauen kann, muss das Wischergestänge ausgebaut werden.

***Aus- und Einbau des Wischerblatts***

Ein Haken am Wischerarm ist in der Mitte des Wischerblatts eingehängt. Zum Ausbau des Wischerblatts den Arm von der Windschutzscheibe abheben. Um ein Zurückschlagen des Wischerarms auf die Windschutzscheibe zu vermeiden, sollte man sofort eine Decke über die Windschutzscheibe auflegen. Die Sicherungsfeder in der Mitte des Wischerblatts zum Arm drücken, wie es in Bild 313 mit dem Pfeil angedeutet ist, und den Haken des Wischerarms aus dem Eingriff bringen.
Der Einbau findet in umgekehrter Reihenfolge statt.

***Aus- und Einbau des Wischermotors mit Wischergestänge***

Bild 314 zeigt Einzelheiten zum Aus- und Einbau des Wischermotor und Wischergestänges.

- Motorhaube öffnen und den Kabelstecker vom Kabelstrang trennen.
- Die beiden Wischergestänge (2) mit einem Schraubendreher von den Kugelbol-

zenverbindungen des Hebels (3) abdrücken, ohne dabei die Hebel oder das Gestänge zu verbiegen.

■ Die Sechskantmutter vom Ende der Motorwelle abschrauben, die Scheibe abnehmen und den Hebel nach Kennzeichnung der Einbaustellung von der Welle herunterziehen.

■ Die drei im Bild mit (7) bezeichneten Schrauben herausdrehen und den Scheibenwischermotor herausheben.

Der Einbau der genannten Teile findet in umgekehrter Reihenfolge statt. Die Gestänge werden auf die Kugelbolzen der betreffenden Hebel aufgedrückt.

Nach dem Einbau den Wischer einschalten, um zu kontrollieren, dass alles einwandfrei funktioniert.

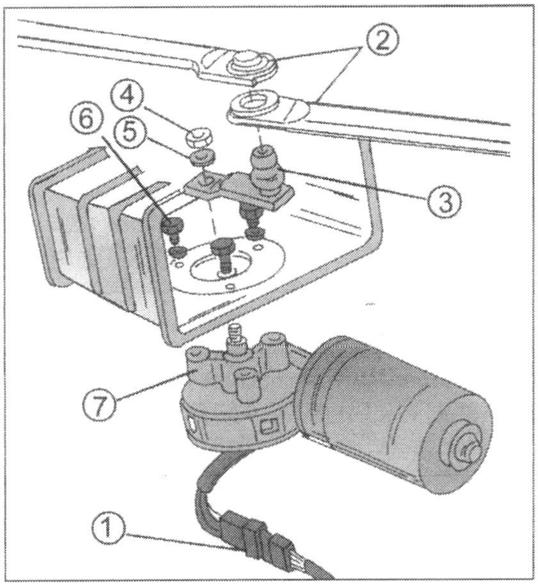


*Bild 314*
*Die Einzelteile der Wischermotor- und Wischergestängebefestigung.*
1 *Kabelstecker*
2 *Wischergestänge*
3 *Kurbelhebel auf der Motorwelle*
4 *Sechskantmutter*
5 *Unterlegscheibe*
6 *Sechskantschraube*
7 *Scheibenwischermotor*

## Die Sicherungen

Die Sicherungen befinden sich in einem Kasten unter der Lenksäule. Um Zugang zu den Sicherungen zu erhalten, die in Bild 315 gezeigte Klappe öffnen. Auf der Innenseite der Abdeckung finden Sie die Sicherungstabelle. Die Sicherungen sind nummeriert. Die Sicherung für das Heizungsgebläse ist an getrennter Stelle angeordnet und ist unter dem Fahrersitz zu finden, wie man es in Bild 316 sehen kann. Die genaue Lage hängt von der Ausrüstung des Fahrzeuges ab.

■ Eine Sicherung brennt selten wegen Überlastung durch. Entweder wird bei Arbeiten ein Kurzschluss verursacht, oder ein Gerät ist schadhaft. Meist ist irgendwo eine Verbindung zur Fahrzeugmasse entstanden. Wird der Fehler nicht gefunden, nützt der Austausch einer durchgebrannten Sicherung nichts.

■ Mit dem Schaltplan klären, wann die Sicherung Strom erhält. Dies kann entweder ständig sein oder erst bei entsprechender Zündschlüsselstellung. Klären Sie, welche Verbraucher an die Sicherung angeschlossen sind.

■ Statt einer neuen Sicherung verwendet man nun ein Drahtstück und überbrückt die beiden Halteklemmen der Sicherung ganz kurz (ca. 1 Sekunde). Funkt es kräftig, besteht im entsprechenden Zweig der Fahrzeugelektrik irgendwo ein Kurzschluss. Nacheinander versuchsweise die Leitungsverbindungen zu den angeschlossenen Verbrauchern auftrennen. Verschwindet das starke Funken, am gerade abgeklemmten Verbraucher den Fehler weitersuchen.

■ Funkt es beim Überbrücken nicht gleich, den Zündschlüssel so weit drehen, bis an die Sicherung Strom gelangt – Nachweis mit einer Prüflampe. Entsteht beim Überbrü-

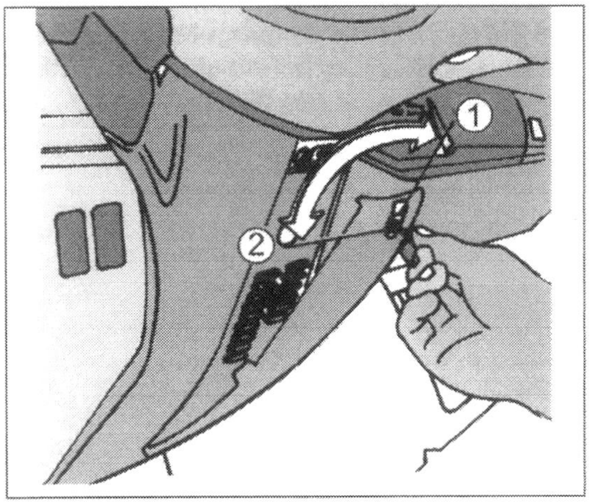


*Bild 315*
*Die Sicherungsdose sitzt unter der Lenkradverkleidung. Den Deckel in Richtung (1) schließen und in Richtung (2) öffnen.*

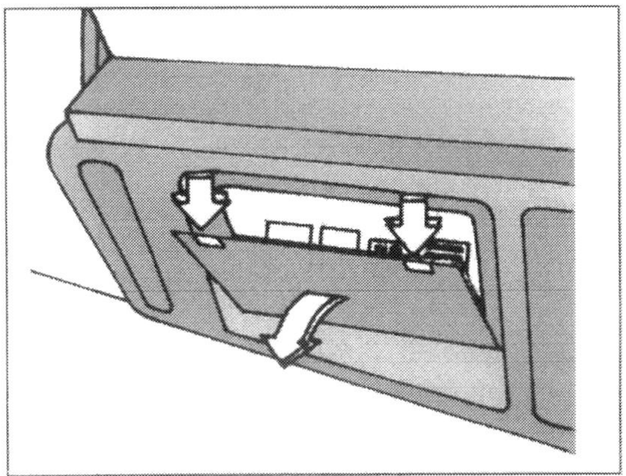

*Bild 316*
*Unter dem Deckel des Fahrersitzes befindet sich die Sicherung des Heizungsgebläses. Alle elektrischen Zusatzstromabnehmer können an dieser Sicherungsdose angeschlossen werden.*

Sichtprüfung Messen

cken nun der starke Funke, wie beschrieben die Verbraucher durchprüfen.

■ Bisweilen entsteht der Kurzschluss erst dann, wenn der defekte Verbraucher eingeschaltet wird (z. B. Heckscheibenheizung, Scheibenwischer, Blinklichter, Bremslichter usw.). Die »Funkenprobe« wird dann schwieriger, und es ist mehr Erfahrung nötig. Leichteres Funken ist jetzt normal, weil ja ein Strom zum eingeschalteten Verbraucher fließt. Starkes Funken deutet hingegen weiter auf einen Kurzschluss hin. Verwendet man statt der Drahtbrücke ein Amperemeter im etwa 30-Ampere-Bereich, kann man dies besser klären. Schlagartiger Vollausschlag des Zeigers zeigt den Kurzschluss an (Messkabel sofort wieder wegziehen).

***Sicherungstabelle***

Eine Aufstellung der eingebauten Sicherrungen ist jeweils an der Innenseite des geöffneten Deckels zu finden (Bilder 315 und 316).

☞ Wenn ein Stromverbraucher ausfällt, liegt es bisweilen auch daran, dass die Haltezungen der betreffenden Sicherung lose oder oxidiert sind, so dass der Strom nicht hindurchfließen kann. Sicherungen herausnehmen, Haltezungen sauber kratzen und neue Sicherung einsetzen.

## Verstehen der Schaltpläne

Alle Geräte sind im Schaltplan mit einem Großbuchstaben und einer Ziffer bezeichnet. In der Geräteliste zum Schaltplan finden Sie unter dieser Bezeichnung den Namen des Gerätes und zusätzlich eine Koordinatenangabe. Damit können Sie das Gerät schnell im Schaltplan finden. Wenn ein elektrisches Gerät nicht funktioniert, dieses im Schaltplan suchen und dann seine Verschaltung verfolgen.

# Das Automatik-Getriebe

Auf Wunsch können bestimmte Modelle in der Sprinter-Baureihe mit einem Viergang-Automatik-Getriebe ausgestattet sein, welches unter der Bezeichnung »Sprintshift« geführt wird. Zwischen Motor und Getriebe ist ein hydraulischer Drehmomentwandler geschaltet, in dem das Drehmoment des Motors auf Schaufelräder übertragen wird. Bei laufendem Motor versetzt das mit ihm gekoppelte Pumpenrad die Wandlerflüssigkeit (ATF) in eine Drehbewegung und schleudert sie nach außen gegen das Wandlergehäuse. Dabei trifft die Flüssigkeit auf das so genannte Leitrad, das den ATF-Strom in die vorgesehene Richtung lenkt und das mit dem Getriebe verbundene Turbinenrad in Drehung versetzt. Weil die Zahnräder des Planetengetriebes dauernd im Eingriff stehen und die Wandlerflüssigkeit bei laufendem Motor immer versucht – durch den Motor in Drehung versetzt – das Getriebe und damit auch die Antriebsräder zu bewegen, »kriecht« der Wagen im Leerlauf, muss also mit der Fuß- oder Feststellbremse gehalten werden.
Die Übersetzungsänderung erfolgt beim automatischen Getriebe durch Zusammenschalten verschiedener Zahnräder unter Betätigung von Kupplungen und Bremsbändern durch das hydraulische Steuersystem. Das geschieht je nach Gaspedalstellung und Motordrehzahl über ein getrenntes Steuergerät für das Getriebe. Es würde zu weit führen, auf jede Einzelheit der Funktion der Steuerung einzugehen, jedoch wollen wir Ihnen einige Allgemeininformationen nicht vorenthalten.

- In der Wählhebelstellung »D« wird bei Teilgas so früh wie möglich hochgeschaltet. Das Fahrzeug beschleunigt langsam, was Kraftstoff spart und gemütliches Fahren fördert. In Stellung »D« stehen alle Gänge zur Verfügung – diese Stellung werden Sie zumeist eingelegt haben.
- In den Stellungen »2« und »3« wird nur bis in den 2. bzw. 3. Gang hochgeschaltet. Bei Steigungen diese Bereiche wählen, wenn der Motor durchzugsstark drehen soll. Die Automatik schaltet herunter, wenn Sie beispielsweise im Gefälle diese Stellungen wählen, um die Bremswirkung des Motors auszunutzen. Damit der Motor aber nicht überdreht wird, auf die Drehzahlen des Motors achten.
- In die Stellungen »P« (Parksperre) und »R« (Rückwärtsgang) nur bei stehendem Fahrzeug schalten. Hartes, verschleißförderndes Rucken wird so vermieden.
- Wählhebelstellung »N« bedeutet Leerlauf. Der Wagen kann frei herumgeschoben oder abgeschleppt werden (unter Beachtung der unten gegebenen Anweisungen über Anschleppen und Abschleppen).
- Bei »Kickdown« (Gaspedal voll durchtreten) werden die Gänge bis kurz vor die Höchstdrehzahl ausgedreht. Auch wird ggf. zurückgeschaltet, um so die größtmögliche Beschleunigung zu erreichen. Über das elektromagnetische Kickdown-Ventil am Getriebe wird das hydraulische Steuersystem so beeinflusst, dass hochgeschaltet wird.

**Ratgeber:** Beim Herunterschalten von Hand (Bremsschaltung) die Marken im Tachometer beachten. Wird durch zu frühes Schalten der Motor überdreht, können im Extremfall die Kolben an die Ventile anstoßen und sie so verbiegen. Achten Sie darauf, dass Sie oder z. B. Kinder den Wählhebel nicht versehentlich bewegen.

**Anschleppen mit eingebauter Automatik**

- Zündschlüssel kurz ganz nach rechts (Startstellung) drehen und wieder loslassen (Zündung bleibt eingeschaltet).
- Stellung »N« einlegen und den Wagen in Bewegung bringen.
- Nach »2« schalten, und erst wenn der Motor mitdreht, Gas geben.
- Nach dem Anspringen gleich wieder nach »N« schalten.
- Springt der Motor nach einigen Sekunden nicht an, nicht weiter in Stellung »2« bleiben, sondern wieder »N« einlegen, bevor erneut versucht wird, den Motor zu starten. Unterlässt man das Zurückschalten nach »N«, kann das Getriebe Schaden nehmen.

**Abschleppen mit eingebauter Automatik**

Das Automatik-Fahrzeug darf nicht unbedacht abgeschleppt werden, weil sonst das Getriebe Schaden nimmt. Im Kapitel »Elektrische Anlage«, im Zusammenhang mit der Batterie, sind einige Hinweise zum Abschleppen bei eingebauter Getriebeautomatik angegeben, welche man durchlesen sollte, ehe man das Fahrzeug abschleppt. Sonst den Wagen verladen.

**Automatik überprüfen**

Bei der Prüfung der Funktion und besonders bei notwendigen Reparaturen am Getriebe sind dem Heimwerker enge Grenzen gesetzt. Schnell wird hierzu Spezialgerät und gezielte Erfahrung nötig. Nachfolgend eine Aufzählung von eher einfacheren Prüfungen, mit denen Sie Fehler besser einkreisen oder gar beheben können.

- Der ATF-Stand im Getriebe ist bei Störungen als Erstes zu prüfen. Diese Arbeit ist untenstehend beschrieben.
- Auf einer Probefahrt können die Schaltpunkte überprüft werden.
- Die Einstellung des Steuerzuges zwischen Getriebe und dem Gasgestänge ist eine wichtige Voraussetzung für fehlerfreie Arbeitsweise. Diese Arbeitet sollten Sie einer Werkstatt überlassen.
- Druckmessungen von Arbeits-, Regler- und Modulierdruck (Werkstattsache; manche Druckwerte können verstellt werden).
- Beurteilen der Schaltvorgänge. Die Leerlaufdrehzahl muss exakt stimmen, sonst ist keine Beurteilung möglich.

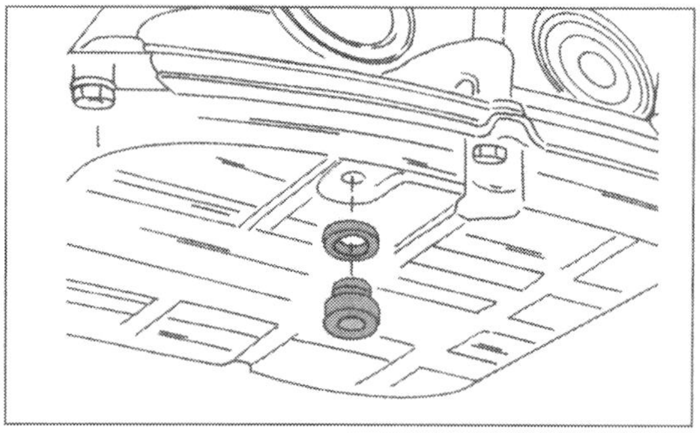

*Bild 317*
*Ablassstopfen in der Ölwanne der Getriebeautomatik.*

*Bild 318*
*Der Ablassstopfen im Drehmomentwandler erscheint in der Öffnung des Wandlergehäuses.*

## Aus- und Einbau des Getriebes

Der Aus- und Einbau des Getriebes ist eine ziemlich umfangreiche Arbeit. Da das Getriebe nur ausgebaut werden muss, wenn es einen größeren Schaden erlitten hat und in diesem Fall aufgrund der elektronischen Funktionen einige Einstellarbeiten durchzuführen sind, die nur die Werkstatt bewerkstelligen kann, sehen wir von einer Beschreibung der Arbeiten ab.

## Ölstand prüfen und Öl wechseln

Der Flüssigkeitsstand im Getriebe verändert sich mit der Temperatur der Flüssigkeit. Am Peilstab der Flüssigkeit sind zwei Markierungen zu sehen, eine gilt für eine Temperatur von 30 °C (kalt) und eine für eine Temperatur von 80 °C (heiß). Auf der anderen Seite des Peilstabs sind die entsprechenden Temperaturen in Grad Fahrenheit angegeben. Falls der Flüssigkeitsstand stimmt, muss die Flüssigkeit zwischen den Marken »Min« und »Max« stehen. Das Getriebe ist mit Flüssigkeit für automatische Getriebe (ATF) gefüllt. Empfohlen wird Dexron II. Die Gesamtfüllmenge des Getriebes beträgt 6,2 Liter.

Bei der Kontrolle des Flüssigkeitstands ist größte Sauberkeit zu beachten. Auch der Eintritt von kleinen Fremdkörpern kann bereits zu Störungen in der Automatik führen. Zum Abwischen des Peilstabs unbedingt flusenfreie Lappen benutzen.

Beim Nachfüllen von Flüssigkeit, durch das Rohr für den Peilstab, muss der Motor laufen. Bei angezogener Handbremse und getretener Fußbremse der Reihe nach alle Gänge durchschalten. Abschließend den Wählhebel in »P« schalten und den Flüssigkeitsstand erneut nachprüfen.

Um die Flüssigkeit zu wechseln, muss man die alte Flüssigkeit an zwei verschiedenen Stellen aus dem Getriebe ablassen. Der Ablassstopfen des Getriebes sitzt in der Ölwanne an der in Bild 317 gezeigten Stelle. Ein zweiter Ablassstopfen ist in den Drehmomentwandler eingeschraubt. Um an diesen Stopfen zu gelangen, muss der Motor mit der Hand durchgedreht werden, bis der

Stopfen in der Öffnung des Drehmomentwandlergehäuses an der in Bild 318 gezeigten Stelle erscheint.
Beim Flüssigkeitswechsel folgendermaßen vorgehen:

- Das Fahrzeug eine kurze Strecke fahren, um die Flüssigkeit anzuwärmen. Sie sollte jedoch nicht zu heiß sein.
- Das Fahrzeug auf Unterstellböcke setzen und einen großen Behälter unter das Getriebe untersetzen. Dieser sollte eine Aufnahmemenge von ca. 6 Liter haben.
- Den Ablassstopfen aus der Ölwanne an der im Bild gezeigten Stelle ausschrauben (ein Inbusschlüssel wird gebraucht) und die Flüssigkeit ablassen. Hier ist zu beachten, dass die Flüssigkeit nicht zu heiß ist. Fassen Sie die Ölwanne an. Ist diese zu heiß, lassen Sie das Fahrzeug eine Weile stehen, bis man die Hand dagegenhalten kann. Dann wird auch die Flüssigkeit nicht zu heiß sein. Nach Ablauf der Flüssigkeit den Dichtring des Stopfens kontrollieren und ggf. erneuern und den Stopfen wieder einschrauben und mit 14 Nm anziehen.
- Den Motor durchdrehen (Stecknuss an der Schraube in der Kurbelwellenriemenscheibe ansetzen), bis die Ablassschraube des Wandlers in der Öffnung erscheint. Den Stopfen mit einem Inbusschlüssel ausschrauben und die Flüssigkeit ablassen. Nachdem es nur noch tropft, den Stopfen mit 16 Nm anziehen. Den Dichtring falls erforderlich erneuern.
- Getriebe mit der vorgeschriebenen Flüssigkeit füllen. Die oben angegebene Füllmenge wird sich nicht einfüllen lassen, da etwas altes Öl im Getriebe verbleibt. Man muss also laufend am Peilstab kontrollieren, wie weit der Flüssigkeitsstand gestiegen ist. Abschließend den Peilstab einschieben und den Flüssigkeitsstand kontrollieren, wie es oben beschrieben wurde.

## Ölwanne aus- und einbauen

Wenn das Fahrzeug eine hohe Kilometerleistung hinter sich hat, wäre es angebracht, dass man die Ölwanne abschraubt und sie gründlich reinigt. Abgesehen von einer neuen Dichtung und einer frischen Flüssigkeitsfüllung werden keine Werkzeuge oder besonderen Erfahrungen gebraucht.

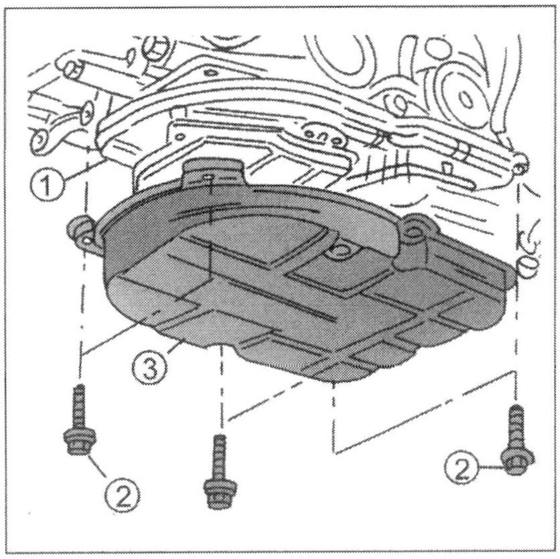


*Bild 319*
*Ausbau der Ölwanne des automatischen Getriebes.*
***1*** *Dichtung*
***2*** *Schrauben*
***3*** *Ölwanne*

- Wählhebel in Stellung »P« schalten und das Fahrzeug auf Unterstellböcke setzen.
- Die Ablassschraube aus der Ölwanne herausdrehen und das Öl ablassen, wie es oben beschrieben wurde.
- Die in Bild 319 gezeigten Schrauben (2) herausdrehen und die Ölwanne (3) abnehmen. Dabei könnte Flüssigkeit heraustropfen, d. h. der Arbeitsplatz ist in geeigneter Weise zu schützen. Die Dichtung (1) abnehmen und wegwerfen.
- Die Ölwanne gut reinigen und in umgekehrter Reihenfolge mit einer neuen Dichtung montieren. Die Schrauben werden mit 7 Nm angezogen.
- Ablassstopfen einschrauben (14 Nm) und das Getriebe auffüllen, wie es oben beschrieben wurde.

## Der Anlasssperrschalter

Damit beim Motorstart ein Fahrzeug mit Automatik-Getriebe nicht sofort losfährt, können diese Fahrzeuge nur gestartet werden, wenn kein Gang (Fahrbereich) eingelegt ist. Dazu muss sich der Wählhebel in der Stellung »P« oder »N« befinden. Der so genannte Anlasssperrschalter seitlich links am Automatikgetriebe unterbricht beim Einlegen einer Fahrstufe die violett/weiße Leitung (Klemme 50) zwischen Zündschloss und Anlasser.
Falls beim Drehen des Zündschlüssels nichts passiert, kann dies an den Leitungen am Schalter oder am Schalter selbst liegen. Folgende Prüfung kann durchgeführt werden:

- Feststellbremse betätigen.
- Zündschlüssel in Startstellung drehen und gleichzeitig den Wählhebel hin und her bewegen.
- Läuft der Anlasser immer noch nicht los, im Motorraum mit einem Hilfskabel direkt den Pluspol der Batterie zur Steckverbindung Klemme 50 vor dem Anlasser überbrücken. Der Anlasser dreht sofort los.

⚠ **Hinweis – Verletzungsgefahr:** Bei dieser Arbeit unbedingt den Wählhebel auf »N« oder »P« stellen und Feststellbremse betätigen, damit Ihr Fahrzeug nicht sofort losfährt.

# Die Abgasanlage und der Turbolader

## Die Auspuffanlage (Abgasanlage)

Die Abgasanlage ist ein wichtiger Teil des Motors. Sie hat die Aufgabe, die Schadstoffe im Abgas möglichst gering zu halten (Katalysatorbetrieb). Außerdem reduziert sie die Geräusche, die bei der Verbrennung entstehen, auf ein Minimum. Alle in dieser Ausgabe behandelten Modelle sind ab Werk mit einer mehrteiligen Abgasanlage ausgestattet. Ihre Werkstatt und auch Auspuffzentren haben die verschiedenen Teile im Ersatzteillager. Das hat den Vorteil, dass Sie bei einer Reparatur auch einzelne Abschnitte der Auspuffanlage erneuern können.

## Abgasanlage aus- und einbauen

Die Lebensdauer einer Abgasanlage hängt im Allgemeinen von den Einsatzbedingungen des Fahrzeuges ab. Bei vorwiegenden Kurzstreckenfahrten ist der Anfall von Kondensat und aggressiven Säuren im Inneren des Auspufftopfes wesentlich höher und der Auspuff kann leichter von innen nach außen durchrosten. Längere Langstreckenfahrten bei Betriebstemperatur und günstiger Verbrennung des Kraftstoff-Luftgemischs verringern die korrosiven Bestandteile im Abgas. Außerdem werden in der Innenseite der Abgasanlage sitzende Fremdkörper durch die hohe Verbrennungstemperatur stets verbrannt. Eine Rostdurchsetzung von außen wird dagegen durch Spritzwasser und Streusalz gefördert. Steinschlag trägt weiterhin zur Beschädigung der Abgasanlage bei. Lose Motoraufhängungen führen zu Schwingungen des Motors, die sich sofort auf die starre Verbindung der beiden Auspuffrohre und die verbleibende Anlage übertragen.

Gelegentlich sollte man die Abgasanlage überprüfen, um bald auftretenden Schäden vorzubeugen:

- Verschraubungen am Auspuffkrümmer und an den Halterungen auf festen Sitz kontrollieren, aber nicht mit Gewalt anziehen, falls man lose Befestigungen feststellen kann.
- Gummilager auf Brüchigkeit, Einrisse oder sonstige Schäden überprüfen und ggf. ersetzen.
- Mit einem Lappen in der Hand bei laufendem Motor das Ende des Auspuffrohres zuhalten. Falls der Motor nach kurzer Zeit stehen bleibt, kann man annehmen, dass das Abgas nicht abströmen kann, d. h. der Auspuff ist dicht. Kann man zischende Geräusche hören, ist die Anlage an der Geräuschstelle undicht.
- Tönt der Auspuff ziemlich dumpf, wird es nicht lange dauern, bis man den betreffenden Auspufftopf erneuern muss.
- Der Katalysator ist nach den vorderen Auspuffrohren in die Abgasanlage eingesetzt. Er sieht wie ein »angeschwollener« Schalldämpfer aus und besteht meistens aus feinen Metall- oder Keramikwaben, welche mit Platin oder ähnlichen Metallen überzogen sind, über welche die Abgase strömen. Platin leitet eine chemische Reaktion ein, bei welcher die schädlichen Abgase in harmlose Gase umgewandelt werden. Die in den Katalysator eingesetzte Lambda-Sonde ist in der Lage, jederzeit die Menge der schadhaften CO-Anteile im Abgas zu messen und teilt dies dem Steuergerät für die Zündung und die Einspritzanlage mit, um die notwendigen Korrekturen durch die elektronischen Bauteile vorzunehmen, d. h. das Kraftstoff-Luft-Gemisch wird entsprechend verändert.

*Bild 320*
*Die Auspuffanlage kann aus den gezeigten Teilen bestehen oder setzt sich entsprechend Bild 321 zusammen.*
*1 Wärmeschutzschild*
*2 Montageschelle mit Klemmschraube und Mutter*
*3 Mutter*
*4 Befestigungsbügel*
*5 Schraube für (9)*
*6 Auspuffrohr*
*7 Schalldämpfer*
*8 Auspuffschelle mit Klemmschraube und Mutter*
*9 Gummiaufhängungen*
*10 Abgasturbolader*

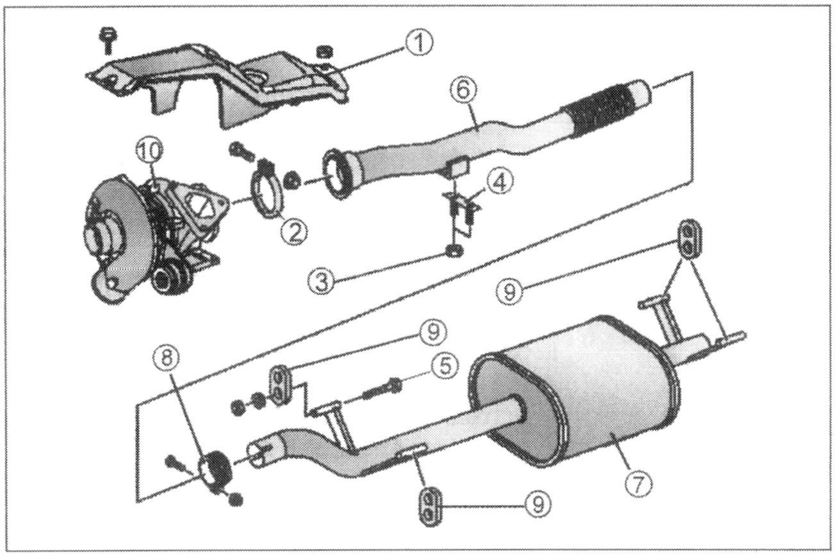

Sichtprüfung Messen

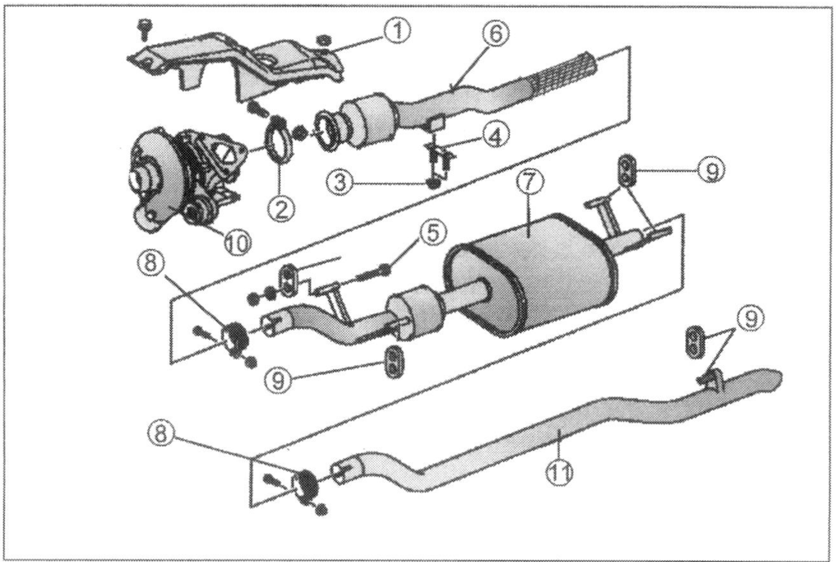


*Bild 321*
*Die Auspuffanlage kann aus den gezeigten Teilen bestehen, wenn das Fahrzeug entsprechend der letzten europäischen Abgasbestimmungen gebaut wurde.*
**1** *Wärmeschutzschild*
**2** *Auspuffschelle mit Klemmschraube und Mutter*
**3** *Mutter*
**4** *Befestigungsbügel*
**5** *Schraube für (9)*
**6** *Auspuffrohr mit Katalysator*
**7** *Schalldämpfer mit Katalysator*
**8** *Auspuffschelle mit Klemmschraube und Mutter*
**9** *Gummiaufhängung*
**10** *Abgasturbolader*
**11** *Auspuffrohr*

Der Aus- und Einbau bringt keinerlei Schwierigkeiten mit sich, jedoch ist die eingebaute Anlage nicht bei allen Modellen gleich. Bilder 320 und 321 zeigen die beiden infrage kommenden Anlagen, wobei die in Bild 321 gezeigte Anlage den verschärfen Abgasbestimmungen entspricht.

Die folgenden Punkte sind besonders zu beachten:

- Die Verbindung der Auspuffkrümmerbefestigung lösen.
- Bereits schlecht aussehende Gummiaufhängungen nicht wieder verwenden.
- Die Dichtung zwischen dem vorderen Doppelrohr und dem Katalysator immer erneuern, falls die Verbindung gelöst wurde.
- Die Rohre gut zusammenschieben, ehe die Klemmschellen festgezogen werden. Die Muttern nicht übermäßig anziehen.

**Tipps für die Arbeit an der Abgasanlage**
Die folgenden Anweisungen gelten im Allgemeinen bei allen Arbeiten an der Auspuffanlage.

Auf rostigem Blech können Sie nicht mehr richtig schweißen. Der Erfolg von Reparaturen an einer durchgerosteten Abgasanlage ist daher meist nur von kurzer Dauer. Auspuffkitt und Bandagen halten zwar recht lange, aber das Blech bricht dann bald neben der Reparaturstelle aus. Bei Abgasanlagen mit mehr als einem Schalldämpfer kommt es häufig vor, dass nach dem Austausch des ersten wenige Monate später auch der zweite den Geist aufgibt. Werkstätten wechseln deshalb die Abgasanlage in der Regel komplett aus. Das muss jedoch nicht immer sein. Prüfen Sie den Zustand der Anlage genau und entscheiden Sie erst dann, ob Sie einzelne Teile oder das ganze System austauschen.

- Das Fahrzeug muss absolut rüttelsicher aufgebockt sein. Es soll schließlich nicht kippen, wenn Sie heftig an den Rohren drehen oder zerren.
- Wenn sich beim Demontieren eine Verschraubung nicht lösen lässt, sollten Sie sie durch Überdrehen abreißen. Beim Einbau grundsätzlich neue Schrauben und Muttern verwenden.
- Haltegummis zur Sicherheit ebenfalls gleich austauschen.
- Ist schon einmal ein Teil der Abgasanlage ersetzt worden, lassen sich die Steckverbindungen der Rohrenden am besten in erhitztem Zustand trennen. Die Werkstatt nimmt dafür einen Schweißbrenner. Sie können aber auch einen Propangasbrenner für Heimwerker verwenden. Halten Sie bei dieser Arbeit unbedingt einen Feuerlöscher bereit. Wenn Sie das Gerät nicht haben: Versuchen Sie es mit Rostlösemitteln.
- Die Rohre werden durch kräftige Drehbewegungen oder Hammerschläge getrennt.
- Hilft das nicht, sägen Sie die Rohrverbindung des defekten Schalldämpfers knapp 10 Zentimeter hinter der Verbindungsstelle ab. Den Rest des Rohres mit der Metallsäge in Längsrichtung aufsägen und mit einem kräftigen Schraubenzieher aufhebeln.
- Die Verschraubungen der Abgasanlage lassen sich beim nächsten Mal leichter lösen, wenn Sie die Gewinde beim Einbau mit Kupferfett bestreichen. Das gilt auch für die Rohrverbindungen.

## Der Abgasturbolader

Falls man feststellt, dass der Motor weniger Leistung aufbringt als man erwartet, wenn z. B. die Höchstgeschwindigkeit nicht mehr erzielt wird, kann der Turbolader defekt sein. Falls der Turbolader nicht mehr einwandfrei arbeitet, muss er erneuert werden, da man ihn mit einfachen Werkstattausrüstungen nicht reparieren kann.
Zur Gewährleistung des einwandfreien Betriebs des Turboladers und zum Erzielen des Aufladedrucks muss die gesamte Anlage auf der Ansaug- und der Abgasseite voll-

kommen luftdicht abgeschlossen sein. Diese Möglichkeit ist als Erstes zu überprüfen:
- Den Luftschlauch zwischen dem Turbolader und dem Ansaugrohr und den Schlauch zwischen dem Ansaugrohr und der Einspritzpumpe kontrollieren. Schläuche können entweder lose oder undicht sein.
- Luft kann zwischen Ansaugrohr und Zylinderkopf in den Motor eintreten.
- Die Flansche am Ansaugrohr können undicht sein.
- Die Klemmschelle des Abblaseventils ist lose oder die Dichtung defekt.
- Eine Undichtigkeit hat sich zwischen dem Auspuffkrümmer und dem Zylinderkopf oder zwischen dem Krümmer und dem Turbolader gebildet.

Zur Kontrolle des Aufladedrucks wird ein spezieller Druckmesser benötigt und diese Arbeit sollte einer Werkstatt überlassen werden. Falls der Druck zu hoch ist, obwohl die Leitung zum Ladedruckregler nicht verstopft ist, ist höchstwahrscheinlich eine Erneuerung des Turboladers fällig.
Ein Fehler kann auch im Abblaseventil auftreten, wodurch der Ladedruck zu niedrig bleibt.
Die kostspieligste Störung ist der Ausfall der Ladedruckanreicherung, d. h. der Ausgleich in der Kraftstoffzufuhr findet nicht statt. Diese sitzt in der Einspritzpumpe. Falls die Anreicherung nicht stattfindet, die Einspritzpumpe erneuern.
Falls der Auspuffrauch sich in der Farbe ändert, stimmt irgendetwas in der Einspritzanlage nicht. Sofort kontrollieren lassen.

**Turboladerstörungen**

Arbeitet der Turbolader nicht mehr einwandfrei, kann man dies durch abfallende Leistung oder Nichterreichen der Höchstgeschwindigkeit feststellen, vorausgesetzt, dass die Kraftstoffeinspritzung einwandfrei arbeitet. Einmal kann dies an einer Leckstelle in der Aufladeanlage liegen, zum anderen an einem defekten Turbolader. Wir schlagen die folgende Reihenfolge beim Prüfen vor:

*Undichte Turboladeranlage*
- Den Luftschlauch zwischen dem Turbolader und dem Ansaugsammelrohr über dem Ladeluftkühler auf Bruch, Risse, Lockerung, usw. kontrollieren und Defekte beheben.
- Undichtheit zwischen dem Zylinderkopf und dem Ansaugsammelrohr kontrollieren. Dies kann durch schlechte Dichtungen oder in schlimmen Fällen durch einen geplatzten Krümmer vorkommen.
- Die Verbindungsflansche zwischen dem Auspuffkrümmer und dem Zylinderkopf oder zwischen dem Auspuffkrümmer und dem Turbolader sind undicht.

*Defekter Turbolader*
- Den Ladedruck in einer Werkstatt kontrollieren lassen. Der Ladedruck kann entweder zu hoch oder zu niedrig sein. Ist der Druck zu hoch, kann der Fehler im Magnetventil für die Ladedruckbegrenzung liegen, oder die Druckdose des Ladedruckregelventils am Turbolader ist defekt. Die Auslesung des Fehlerspeichers wird der Werkstatt zeigen, wo der Fehler liegt.
- Ist der Ladedruck zu niedrig, kann man die Druckdose für die Ladedruckbegrenzung verdächtigen. Andernfalls muss der Fehler im Turbolader liegen.

**Wissenswertes über den Abgasturbolader**

Nach einer langen, schnellen Fahrt darf man einen Motor nicht sofort abstellen, sondern muss ihn eine Weile im Leerlauf laufen lassen. Der Grund dafür: Würde man den »überheißen« Motor sofort abstellen, könnte sich das Wellenlager des Turboladers so stark erhitzen, dass das Schmieröl im Lager verbrennen kann. Bei einer solchen, wiederholten »Behandlung« würde der Turbolader bald festfressen.
Der Turbolader ist ziemlich empfindlich auf Schmutz oder andere Fremdteile, so dass beim Aus- und Einbau größte Reinlichkeit empfohlen wird.

## Turbolader aus- und einbauen

Bild 322 zeigt die Lage und Befestigungsweise des Turboladers. Falls der Turbolader ausgebaut werden soll, muss man alle versperrenden Teile abmontieren und danach den Turbolader von den gezeigten Befestigungen lösen. Beim Aus- und Einbau unter Bezug auf die Abbildung folgendermaßen vorgehen:
- Schrauben lösen und Wärmeschutzschild (23) abnehmen.
- Die Befestigungsschelle (11) lösen und

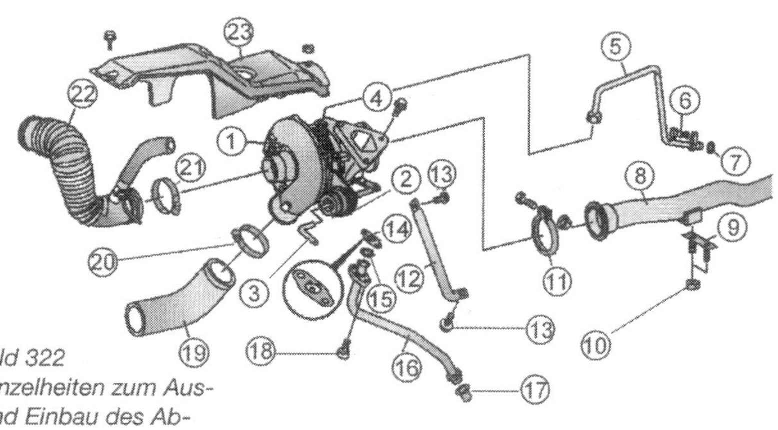


*Bild 322*
*Einzelheiten zum Aus- und Einbau des Abgasturboladers (alle Motoren).*
- **1** *Abgasturbolader*
- **2** *Unterdruckdose*
- **3** *Unterdruckschlauch*
- **4** *Sechskantschraube, 30 Nm*
- **5** *Ölzufuhrleitung*
- **6** *Schraube*
- **7** *Dichtring*
- **8** *Vorderes Auspuffrohr*
- **9** *Befestigungsbügel*
- **10** *Sechskantmutter*
- **11** *Auspuffschelle mit Klemmschraube und Mutter*
- **12** *Turboladerstütze*
- **13** *Schrauben, Anzugsdrehmoment beachten*
- **14** *Dichtung, Einbauweise beachten*
- **15** *Dichtring*
- **16** *Ölrücklaufleitung*
- **17** *Dichtung*
- **18** *Schraube, 9 Nm*
- **19** *Ladeluftschlauch*
- **20** *Schlauchschelle*
- **21** *Schlauchschelle*
- **22** *Luftansaugschlauch*
- **23** *Wärmeschutzschild*

von der Rückseite des Abgasturboladers (1) abziehen.

■ Muttern (10) am Stützbügel (9) lösen. Die Muttern müssen erneuert werden.

■ Den Luftansaugschlauch (22) und den Ladeluftschlauch (19) vom Turbolader abschließen. In beiden Fällen die Schlauchschellen (20) und (21) lockern, ehe die Schläuche abgezogen werden können. Schlauchschellen vor Wiederverwendung kontrollieren und beim Einbau auf gute Verbindung der Schläuche achten.

■ Den Unterdruckschlauch (2) von der Unterdruckdose (3) am Turbolader abschließen.

■ Die Ölzufuhrleitung (5) am Zylinderkopf und am Turbolader (1) abschließen. Beim Einbau die Leitung am Zylinderkopf mit 9 Nm (Überwurfmutter) und mit 18 Nm (Hohlschraube) oder 30 Nm am Turbolader anziehen. Den Dichtring (7) immer erneuern.

■ Die Ölrücklaufleitung (16) vom Turbolader abschrauben und die Leitung abnehmen. Auslaufendes Öl in einem Behälter auffangen. Die Schrauben mit 9 Nm anziehen. Dichtung (14) und Dichtring (15) immer erneuern. Besonders darauf achten, dass die Dichtung (14) richtig angesetzt wird.

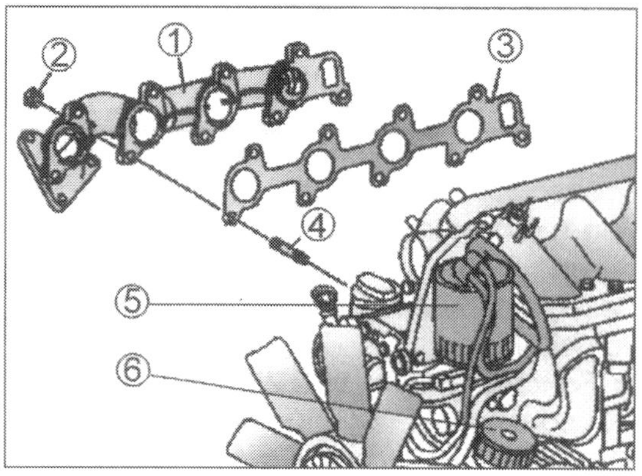


*Bild 323*
*Zum Aus- und Einbau des Abgaskrümmers.*
- **1** *Abgaskrümmer*
- **2** *Sechskantmuttern, 30 Nm*
- **3** *Abgaskrümmerdichtung*
- **4** *Stiftschraube im Zylinderkopf*
- **5** *Kraftstofffilter*
- **6** *Ölfilter*

■ Turbolagerstütze (12) nach Lösen der Schrauben (13) abnehmen. Schrauben am Turbolader mit 30 Nm, am Kurbelgehäuse mit 20 Nm anziehen. Beim Anbringen zuerst die obere Schraube anziehen, danach die untere. Dies gewährleistet einen spannungsfreie Installation.

■ Den Abgasturbolader (1) vom Auspuffkrümmer abschrauben und herausnehmen. Die Schrauben werden mit 30 Nm angezogen.

Der Einbau findet unter Beachtung der bereits angegebenen Anzugsdrehmomente in umgekehrter Reihenfolge statt. Einige der zu beachtenden Punkte wurden bereits im obigen Text angeführt.

## Auspuffkrümmer aus- und einbauen

Bild 323 zeigt, wie der Krümmer zusammen mit der Dichtung am Zylinderkopf und am Abgasturbolader montiert ist. Zum Ausbau muss der Turbolader ausgebaut werden, wie es oben beschrieben wurde. Nach Lösen der selbstsichernden Muttern (2) den Krümmer (1) und die Dichtung (2) abnehmen. Beim Einbau die Dichtflächen einwandfrei reinigen. Die Dichtung (3) muss immer erneuert werden. Wir schlagen auch vor, dass man die Stiftschrauben (4) auf gutes Aussehen kontrolliert und ggf. erneuert. Zum Ausschrauben zwei Muttern aufschrauben und gegeneinander kontern. Schlüssel an der unteren Mutter ansetzen, um die Stiftschrauben herauszudrehen. Beim Einschrauben Muttern auf die neue Stiftschraube übertragen und Schlüssel an der oberen Mutter ansetzen. Die Muttern (2) beim Einbau des Krümmers gleichmäßig ringsherum mit 30 Nm anziehen.

# Der Wartungsplan

In der Mercedes-Werkstatt werden Wartungsarbeiten in fünf Kategorien eingeteilt. Bei den in dieser Ausgabe behandelten Fahrzeugen wird eine kleine Wartung, ein so genannter Pflegedienst, alle 15 000 km oder einmal im Jahr durchgeführt, je nachdem, welcher Zeitpunkt eher eintritt. Besonders ist jedoch auf die Zusatzarbeiten zu achten, die untenstehend unter getrennter Kategorie angeführt sind. Nach dem zweiten Jahr oder dem Ablauf von 30 000 km werden die gleichen Wartungsarbeiten durchgeführt, mit dem Unterschied, dass man zusätzlich die angegebenen Arbeiten durchführen muss. Nach 60 000 kommen weitere Zusatzarbeiten hinzu.
Die in normaler Schrift angeführten Wartungsarbeiten sind in diesem Ratgeber Schritt für Schritt erklärt oder sind als selbstverständlich anzusehen. Fett und kursiv geschrieben bedeutet, dass Sie die Arbeiten vielleicht durchführen können oder aber Spezialgeräte erforderlich sind, die nur Ihre Mercedes-Werkstatt besitzt. Im Allgemeinen ist das Letztere zutreffend.
Außer den nach Vorschrift festgelegten Zwischenzeiten, gibt es aber bestimmte Arbeiten, die man ständig durchführen kann, um das Auto immer im Schuss zu haben. Auch auf diese wollen wir eingehen.

**Ständige Kontrollen**
- Scheibenwaschwasser auffüllen
- Scheibenwischer und Waschanlage prüfen
- Motorölstand prüfen
- Kühlflüssigkeit prüfen und nachfüllen
- Flüssigkeitsstand der Servolenkung prüfen
- Reifendruck prüfen
- Bremsen prüfen
- Bremsflüssigkeit prüfen
- Standlicht, Abblendlicht, Fernlicht prüfen
- Rücklichter und Nebelschlussleuchten prüfen
- Bremsleuchten und Blinker prüfen
- Warnblinker (Rundumwarnanlage) prüfen
- Hupe prüfen

**Wartung alle 15 000 km oder einmal im Jahr**
Auch wenn man die oben erwähnten, ständigen Kontrollen regelmäßig durchgeführt hat, sollte man Schritt für Schritt anhand der folgenden Arbeitsschritte vorgehen. Auf diese Weise kann es nicht passieren, dass ein bestimmter Wartungspunkt übersehen wird.
- Motoröl wechseln.
- Ölfilter austauschen.
- Schmierarbeiten durchführen.

**Zusätzlich alle 30 000 km**
- ***Leerlauf und Abgas kontrollieren lassen.***
- Luftfilter reinigen.
- Riementrieb an der Vorderseite des Motors prüfen.
- Bremsanlage auf Dichtheit und Beschädigung überprüfen.
- Teile der Bremsanlage von der Unterseite des Fahrzeuges aus auf offensichtliche Leckstellen kontrollieren.
- Stärke der vorderen Bremsklotzbeläge kontrollieren. Falls sehr abgenutzt, ebenfalls die hinteren Bremsklötze überprüfen. Vor Anschrauben der Räder die Innenseite der Felgen reinigen.
- Auspuffanlage auf Leckstellen oder Beschädigung kontrollieren.
- Feststellbremse nachstellen kontrollieren, ggf. nachstellen.
- ***Bremsen auf einem Prüfstand kontrollieren lassen.***
- Radaufhängung überprüfen oder ***überprüfen lassen***.
- Lenkung überprüfen oder ***überprüfen lassen.***
- Reifenzustand überprüfen. Eventuell Räder vertauschen.
- Sicherheitsgurte kontrollieren oder ***kontrollieren lassen***.
- Alle Kontrollleuchten und Instrumente auf einwandfreie Funktion überprüfen.
- Scheibenwischer und Scheibenwaschanlage überprüfen.
- Scheibenwischerblätter auf richtige Ruhestellung und Funktion kontrollieren.
- Radschrauben nachziehen.
- Säurestand in der Batterie kontrollieren (falls erforderlich) und ggf. destilliertes Wasser nachfüllen.
- Stand des Kühlmittels und Stärke des Frostschutzes kontrollieren und ggf. berichtigen.

- Motor und Motorraum von oben auf offensichtliche Öllecksstellen, lose Anschlüsse, Leitungen, usw. überprüfen.
- Vorratsbehälter der Scheibenwaschanlage nachfüllen.
- Scheibenwischerblätter erneuern, falls sie nicht mehr einwandfrei aussehen.
- Einwandfreie Funktion der Kupplung kontrollieren (dies werden Sie bestimmt wissen, ehe Sie mit der Wartung beginnen).
- Spurstangengelenkköpfe auf übermäßigen Verschleiß oder Beschädigung der Gummistaubschutzkappen kontrollieren.
- Motor, Getriebe, Achsantrieb, Lenkung, usw. auf verdächtige Öllecksstellen kontrollieren.
- Stand der Flüssigkeit im Vorratsbehälter der Bremsanlage kontrollieren. Besonders, wenn man starken Verschleiß der vorderen Bremsklotzbeläge festgestellt hat.
- Stand der Flüssigkeit im Vorratsbehälter der Lenkung überprüfen.
- Ölstand im Differential kontrollieren.
- Ölstand im Schaltgetriebe kontrollieren.

**Zusätzlich alle 60 000 km**

Die oben beschriebenen Wartungsarbeiten sowie die unten stehenden Zusatzarbeiten durchführen:

- ***Öl- und Filterwechsel im automatischen Getriebe durchführen lassen.***
- Kraftstofffilter erneuern.
- Luftfiltereinsatz erneuern.
- Gelenkwelle überprüfen.

**Zusätzlich jedes Jahr**

- Bremsflüssigkeit wechseln .
- Wasserabläufe reinigen. Falls Sie nicht genau wissen wo diese sich befinden, ***Werkstatt aufsuchen***.

**Zusätzlich alle zwei Jahre**

- ***CO-Anteil des Kraftstoffgemischs und andere Teile der Abgasregulierung in der Werkstatt kontrollieren lasse, besonders, wenn das Fahrzeug dem TÜV/DEKRA vorgeführt werden muss.***

**Zusätzliche alle drei Jahre**

- Kühlmittel austauschen.
- Zustand des Unterschutzes kontrollieren. Falls erforderlich, ausbessern lassen.

# Maß- und Einstellwerte

## Motoren – Allgemeines

Eingebauter Motor (611-Motor = 2.2 Liter, 612-Motor = 2.7 Liter):

| | |
|---|---|
| – 208 CDI, 211CDI, 213 CDI, 216 CDI in Modell 901.621 | 611.981 oder 611.987 |
| – 208 CDI, 211CDI, 213 CDI, 216 CDI in Modell 902.621/622 | 611.981, 611.987, 611.987, 612.981 |
| – 208 CDI, 211CDI, 213 CDI, 216 CDI in Modell 901.666/622 | 611.981, 611.987 |
| – 208 CDI, 211CDI, 213 CDI, 216 CDI in Modell 902.611/612 | 611.981, 611.983, 611.987, 612.961, 612.981 |
| – 208 CDI, 211CDI, 213 CDI, 216 CDI in Modell 902.661/662 | 611.981, 611.983, 611.987, 612.981 |
| – 208 CDI, 211CDI, 213 CDI, 216 CDI in Modell 902.671/672 | 611.981, 611.983, 611.987, 612.671 |
| – 308 CDI, 311CDI, 313 CDI, 316 CDI in Modell 903.621/623 | 611.981, 611.983, 612.981, 6.12.987 |
| – 308 CDI, 311CDI, 313 CDI, 316 CDI in Modell 903.622/611/612/613/661/662/663/671/672/673 | 611.981, 611.983, 611.987, 612.981 |
| – 408 CDI, 411CDI, 413 CDI, 416 CDI in Modell 904.622/623/612/613/662/663 | 611.981, 611.983, 612.981 |
| Arbeitsweise | Dieselmotor mit »Common Rail« (CDI) Direkteinspritzung und Turbolader mit Ladeluftkühler. |
| Motorbezeichnung: | |
| – OM 611 DELA, eingebaut in | 208 CDI, 308 CDI, 211 CDI, 311 CDI, 411 CDI, 413 CDI |
| – OM 612 DELA, eingebaut in | 216 CDI, 316 CDI, 416 CDI |
| Anzahl der Zylinder: | |
| – 611-Motor | Vier |
| – 612-Motor | Fünf |
| Einspritzfolge: | |
| – Vierzylindermotor | 1 – 3 – 4 – 2 |
| – Fünfzylindermotor | 1 – 2 – 4 – 5 – 3 |
| Anordnung der Zylinder | In Reihe |
| Hubraum: | |
| – 611-Motor | 2151 $cm^3$ |
| – 612-Motor | 2686 $cm^3$ |
| Zylinderbohrung – Alle Motoren | 88,00 mm |
| Kolbenhub – Alle Motoren | 88,40 mm |
| Verdichtungsverhältnis: | |
| – 611-Motor | 19.0 : 1 |
| – 612-Motor | 18.0 : 1 |

| | |
|---|---|
| Max. Leistung: | |
| – 208 CDI, 308 CDI (611-Motor) | 60 kW (82 PS) bei 3800/min |
| – 211 CDI, 311 CDI, 411 CDI (611-Motor) | 80 kW (109 PS) bei 3800/min |
| – 213 CDI, 313 CDI, 413 CDI (611-Motor) | 95 kW (129 PS) bei 3800/min |
| – 216 CDI, 316 CDI, 416 CDI (612-Motor) | 115 kW (156 PS) bei 3800/min |
| Max. Drehmoment: | |
| – 208 CDI, 308 CDI (611-Motor) | 200 Nm bei 1400 – 2600/min |
| – 211 CDI, 311 CDI, 411 CDI (611-Motor) | 270 Nm bei 1400 – 2400/min |
| – 213 CDI, 313 CDI, 413 CDI (611-Motor) | 300 Nm bei 1600 – 2400/min |
| – 216 CDI, 316 CDI, 416 CDI (612-Motor) | 330 Nm bei 1400 – 2400/min |
| Kurbelwellenlager: | |
| – Vierzylindermotor | 5 Vielstoff-Reiblager |
| – Fünfzylindermotor | 6 Vielstoff-Reiblager |
| Anordnung der Ventile | Hängend |
| Anordnung der beiden Nockenwellen | Im Zylinderkopf |
| Kühlanlage | Umlaufkühlung mit Wasserpumpe, Thermostat mit Umleitrohr |
| Kühlungsventilator | Kunststoffventilator mit Visko-Kupplung |
| Kühler | Röhrenkühler |
| Schmierung | Druckumlaufschmierung mit Zahnradölpumpe |
| Ölfilter | Kombinierter Hauptstrom- und Umleitfilter |
| Luftfilter | Trockenfilter mit Papiereinsatz |
| **Zylinderblock** | |
| Zylinderdurchmesser: | |
| Nenndurchmesser | 88,00 mm |
| – Gruppenbuchstabe A | 88,000 – 87,006 mm |
| – Gruppenbuchstabe X | 88,006 – 88,012 mm |
| – Gruppenbuchstabe B | 88,012 – 88,018 mm |
| Max. Verschleiß in Längs- oder Querrichtung | 0,20 mm |
| Zulässige Unrundheit und Konizität: | |
| – Im Neuzustand | 0,014 mm |
| – Verschleißgrenze | 0,07 mm |
| Zulässige Rautiefe | 0,003 – 0,006 mm |
| Zulässige Welligkeit | 50 % der Rautiefe |
| Messstellen für Bohrungen | Oberkante, Mitte und Unterkante der Bohrung, Längs- und Querrichtung |
| **Zylinderkurbelgehäuse** | |
| Zulässige Unebenheit der Trennflächen: | |
| – In Längsrichtung | 0,10 mm |
| – In Querrichtung | 0,05 mm |
| Max. Abweichung der Parallelität zwischen oberer und unterer Trennfläche | 0,05 mm |
| Zulässige Rauigkeit der: | |
| – oberen Trennfläche | 0,006 – 0,016 mm |
| – unteren Trennfläche | 0,025 mm |
| **Kurbelwelle** | |
| Bearbeitungstoleranzen: | |
| Zulässige Unrundheit der Kurbel- und Pleuellagerzapfen | 0,005 mm |

| | |
|---|---|
| Zulässige Konizität der Pleuellagerzapfen | 0,010 mm |
| Zulässige Konizität der Kurbelzapfen | 0,015 mm |
| Zulässiger Axialschlag der eingebauten Lager | 0,02 mm |
| Übergangsradien an Hauptlagerzapfen | 2,5 – 3,0 mm |
| Übergangsradien an Kurbelzapfen | 3,0 – 3,5 mm |
| Zulässiger Radialschlag des hinteren Kurbelwellenflansches | 0,02 mm* |
| Zulässiger Axialschlag des hinteren Kurbelwellenflansches | 0,02 mm* |
| Zulässiger Schlag der Kurbelzapfen: | |
| – Lagerzapfen II und IV | 0,07 mm* |
| – Lagerzapfen III | 0,10 mm* |

* Kurbelwelle mit Lagerzapfen Nr. I und V (601-Motor) oder I und IV (612-Motor) in Prismen eingelegt, bei einer Umdrehung der Kurbelwelle

| | |
|---|---|
| Kurbelwellenlagerzapfendurchmesser: | |
| – Normalmaß | 57,950 – 57,965 mm |
| – 1. Reparaturstufe | 57,700 – 57,715 mm |
| – 2. Reparaturstufe | 57,450 – 57,465 mm |
| – 3. Reparaturstufe | 57,200 – 57,215 mm |
| – 4. Reparaturstufe | 56,950 – 56,965 mm |
| Breite des Zapfens am Passlager: | |
| – Normalmaß | 24,520 – 24,50 mm |
| – 1. Reparaturstufe | 24,730 – 24,700 mm |
| – 2. Reparaturstufe | 24,920 – 24,900 mm |
| – 3. Reparaturstufe | 25,020 – 25,000 mm |
| Pleuellagerzapfendurchmesser: | |
| – Normalmaß | 47,950 – 47,965 mm |
| – 1. Reparaturstufe | 47,700 – 47,715 mm |
| – 2. Reparaturstufe | 47,450 – 47,460 mm |
| – 3. Reparaturstufe | 47,200 – 46,965 mm |
| – 4. Reparaturstufe | 46,950 – 46,965 mm |
| Breite der Pleuellagerzapfen: | |
| – Normalmaß | 27,960 – 28,044 mm |
| – Reparaturstufen | bis zu 28,30 mm |
| Grundlagerbohrungen: | |
| – Für Kurbelwellenlager | 62,500 – 62,519 mm |
| – Für Pleuellager | 51,600 – 51,614 mm |
| Zulässige Unrundheit der Lagerbohrungen | 0,02 mm |
| Lagerradialspiel: | |
| – Kurbelwellenlager | 0,031 – 0,073 mm |
| – Pleuellager | 0,031 – 0,073 mm |
| – Verschleißgrenze | 0,080 mm |
| Lageraxialspiel: | |
| – Kurbelwellenlager | 0,10 – 0,25 mm |
| – Pleuellager | 0,12 – 0,26 mm |
| Lageraxialspiel: | |
| – Verschleißgrenze – Kurbelwellenlager | 0,30 mm |
| – Verschleißgrenze – Pleuellager | 0,50 mm |

| Lagerschalen: | *Kurbelwellenlager* | *Pleuellager* |
|---|---|---|
| Normalmaß | 2,25 mm | 1,80 mm |
| 1. Reparaturstufe | 2,37 mm | 1,92 mm |
| 2. Reparaturstufe | 2,50 mm | 2,05 mm |
| 3. Reparaturstufe | 2,62 mm | 2,17 mm |
| 4. Reparaturstufe | 2,75 mm | 2,30 mm |

| | |
|---|---|
| Zulässige Verschränkung der Pleuellagerbohrung zur Pleuelbüchsenbohrung bezogen auf eine Länge von 100 mm | 0,10 mm |
| Zulässige Abweichung der Achsenparallelität von Pleuellagerbohrung zur Pleuelbüchsenbohrung bezogen auf eine Länge von 100 mm | 0,045 mm |
| Zulässiger Gewichtsunterschied der kompletten Pleuelstangen innerhalb eines Motors | 5 Gramm |
| Pleuelschrauben: | |
| – Gewinde | M8 x 1 |
| Anzugsdrehmoment: | |
| – Erste Stufe | 5 Nm |
| – Zweite Stufe | 25 Nm |
| – Dritte Stufe | 90° Winkelanzug |

**Kolben**

| | |
|---|---|
| Kolbendurchmesser – Sollmaß: | |
| – Gruppe A | 87,970 – 87,976 mm |
| – Gruppe X | mehr als 87,975 – 87,983 mm |
| – Gruppe B | mehr als 87,982 – 87,988 mm |
| Kolbenlaufspiel: | |
| – Neuzustand | 0,017 – 0,043 mm |
| – Verschleißgrenze | 0,12 mm |
| Laufspiel des Kolbenbolzens: | |
| – In Pleuelaugenbüchse | 0,018 – 0,024 mm |
| – Im Kolben | 0,004 – 0,015 mm |
| Kolbenringstoßspiele: | |
| – Oberer Ring | 0,22 – 0,42 mm |
| – Verschleißgrenze | 1,5 mm |
| – Mittlerer Kolbenring | 0,20 – 0,40 mm |
| – Verschleißgrenze | 1,0 mm |
| – Unterer Kolbenring | 0,20 – 0,40 mm |
| – Verschleißgrenze | 1,0 mm |
| Höhenspiel der Kolbenringe in Nuten: | |
| – Oberer Ring | 0,12 – 0,16 mm |
| – Verschleißgrenze | 0,20 mm |
| – Mittlerer Ring | 0,050 – 0,090 mm |
| – Verschleißgrenze | 0,15 mm |
| – Unterer Ring | 0,030 – 0,07 mm |
| – Verschleißgrenze | 0,10 mm |

**Zylinderkopf**

| | |
|---|---|
| Gesamthöhe des Zylinderkopfes ohne Nockenwellengehäuse | 126,85 – 127,15 mm |
| Max. zulässiger Verzug der Trennfläche: | |
| – In Längsrichtung | 0,08 mm |
| – In Querrichtung | 0,00 mm |

**Nockenwelle**

| | |
|---|---|
| Anzahl der Lager: | |
| – Vierzylindermotor (611) | 5 |
| – Fünfzylindermotor (612) | 6 |
| Nockenwellenlagerbohrungen: | |
| – Rautiefe | 0,003 – 0,006 mm |
| – Zulässige Unrundheit | 0,012 mm |

| | |
|---|---|
| Nockenwellenlagerradialspiel: | |
| – Im Neuzustand | 0,050 – 0,091 mm |
| – Verschleißgrenze | 0,11 mm |
| Nockenwellenaxialspiel: | |
| – Im Neuzustand | 0,07 – 0,15 mm |
| – Verschleißgrenze | 0,18 mm |

**Ventilsteuerung**

| | |
|---|---|
| Einlassventil öffnet | 19° nach OT |
| Einlassventil schließt | 7° nach UT |
| Auslassventil öffnet | 9° vor UT |
| Auslassventil schließt | 22° vor OT |

**Ventile**

| | |
|---|---|
| Ventiltellerdurchmesser: | |
| – Einlassventile | 30,10 – 30,30 mm |
| – Auslassventile | 28,30 – 28,50 mm |
| Ventilsitzwinkel | 45° + 15' |
| Ventilschaftdurchmesser: | |
| – Einlassventile | 6,960 – 6,975 mm |
| – Auslassventile | 6,955 – 8,990 mm |
| Ventillänge: | |
| – Einlassventile | 104,70 – 104,90 mm |
| – Auslassventile | 104,50 – 104,90 mm |
| Ventilsitzbreite – alle Ventile | 1,7 – 1,9 mm |
| Ventilkennzeichnung: | |
| – Einlassventile | E 611 01 |
| – Auslassventile | A 611 01 05 |

*Ventilsitze*

| | |
|---|---|
| Ventilsitzbreite – alle Ventile | 1,7 – 1,9 mm |
| Ventilsitzwinkel | 45° +15' |
| Oberer Korrekturwinkel | 15° |
| Unterer Korrekturwinkel | 60° |
| Bearbeitung | Fräsen oder Einschleifen |

*Ventilfedern*

| | |
|---|---|
| Farbkennzeichnung | Gelb-grün oder purpur-grün |
| Außendurchmesser | 33,20 mm |
| Drahtdurchmesser | 4,25 mm |
| Ungespannte Länge | 50,80 mm |
| Länge unter Last von 72 – 77 kg | 27,00 mm |
| – Verschleißgrenze | 27,00 mm bei 65 kg |

**Ventilführungen**

| | |
|---|---|
| Einlassventilführungen: | |
| Außendurchmesser: | |
| – Normalgröße | 14,044 – 14,051 mm |
| – Reparaturgröße | 14,214 – 14,222 mm |
| Innendurchmesser | 7,000 – 7,015 mm |
| Grundbohrung in Zylinderkopf: | |
| – Normalgröße | 14,030 – 14,035 mm |
| – Reparaturgröße | 14,198 – 14,203 mm |
| Passungsschrumpfsitz in Bohrung: | |
| – Normalmaß | 0,009 – 0,021 mm |

| | |
|---|---|
| – Reparaturgröße | 0,011 – 0,024 mm |
| Auslassventilführungen: | |
| Außendurchmesser: | |
| – Normalgröße | 14,044 – 14,051 mm |
| – Reparaturgröße | 14,214 – 14,222 mm |
| Innendurchmesser | 7,000 – 7,015 mm |
| Grundbohrung in Zylinderkopf: | |
| – Normalgröße | 14,030 – 14,035 mm |
| – Reparaturgröße | 14,198 – 14,203 mm |
| Passungsschrumpfsitz der Führungen: | |
| – Normalmaß | 0,009 – 0,021 mm |
| – Reparaturgröße | 0,011 – 0,024 mm |

## Motorschmierung

| | |
|---|---|
| Bauart | Druckumlaufschmierung mit Zahnrad-ölpumpe |
| Motorölfüllmenge – Vierzylindermotor: | |
| – Ölwechsel und Filteraustausch | ca. 8,5 Liter |
| Motorölfüllmenge – Fünfzylindermotor: | |
| – Ölwechsel und Filteraustausch | 9,0 Liter |
| Min. zulässige Ölfüllmenge: | |
| – Vierzylindermotor | 5,0 Liter |
| – Fünfzylinder | 5,5 Liter |
| Ölfilterwechsel | alle 10 000 km |
| Öldruck: | |
| – Vierzylindermotor bei 720 – 750/min | 0,3 bar |
| – Fünfzylindermotor bei 680 – 700/min | 0,3 bar |
| – Alle Motoren bei 3000/min | 3,0 bar |

## Kühlanlage

| | |
|---|---|
| Bauart | Pumpenumlaufsystem |
| Wasserpumpe | Flügelradpumpe |
| Füllmenge (je nach Heizungsanlage, genaue Angaben in Betriebsanleitung): | |
| – Vierzylinder | ca. 9,5 – 10,0 Liter |
| – Fünfzylinder | ca. 10,0 – 11,0 Liter |
| Frostschutzmittel | Siehe entsprechendes Kapitel |
| Überdruckventil öffnet | 1,4 bar Unterdruck |

## Mechanisches Getriebe

| | |
|---|---|
| Eingebautes Getriebe | 711.605 (G20-5/4.898-07) oder 711.620 (G32-5/5-078) oder »Sprintshift«-Sechsgang-Getriebe |
| Getriebeübersetzungen – 711.605 (G20-Getriebe): | |

| | |
|---|---|
| – 1. Gang | 4,898 : 1 |
| – 2. Gang | 2,532 : 1 |
| – 3. Gang | 1,486 : 1 |
| – 4. Gang | 1,000 : 1 |
| – 5. Gang | 0,783 : 1 |
| – Rückwärtsgang | 4,585 : 1 |

Getriebeübersetzungen – 711.620 (G32-Getriebe):

| | |
|---|---|
| – 1. Gang | 5,053 : 1 |
| – 2. Gang | 2,601 : 1 |
| – 3. Gang | 1,521 : 1 |
| – 4. Gang | 1,000 : 1 |
| – 5. Gang | 0,784 : 1 |
| – Rückwärtsgang | 4,756 : 1 |

Getriebeübersetzungen – »Sprintshift«-Getriebe:

| | |
|---|---|
| – 1. Gang | 5,014 : 1 |
| – 2. Gang | 2,831 : 1 |
| – 3. Gang | 1,789 : 1 |
| – 4. Gang | 1,256 : 1 |
| – 5. Gang | 1,000 : 1 |
| – 6. Gang | 0,797 : 1 |
| – Rückwärtsgang | 4,569 : 1 |

**Getriebeöl**

| | |
|---|---|
| Ölfüllmenge | ca. 2,0 Liter, je nach Getriebe |

## Automatisches Getriebe

| | |
|---|---|
| Eingebautes Getriebe | 716.643 |
| Flüssigkeitssorte | ATF Dexron II |
| Füllmenge | 6,2 Liter |

## Vorderachse und Vorderradaufhängung

| | |
|---|---|
| Bauart | Dämpferbeinen mit eingebauten Stoßdämpfern, einem Dreiecksquerlenker an der Unterseite, einem Kurvenstabilisator und einer quer zum Fahrzeug angeordneten Blattfeder. |
| Achsenzuordnung | Nicht alle Modelle haben die gleiche Achse. Eingebaute Achsen z. B. 730.410, 730.408, 730.409, 730.410, 730.606 |
| Anzahl der Federblätter | Je nach Achse 1 oder 2 |
| Stärke der Federblätter, in der Mitte des Federblatts gemessen | Je nach Achse 11,9, 12,1, 13,1, 13,4 ,14,9 oder 29,0 mm |
| Länge der Feder, alle Achsen | 1300 mm |

## Hinterachse und Hinterradaufhängung

| | |
|---|---|
| Bauart | Nicht alle Modelle haben die gleiche Achse |
| Ölsorte | SAE 90, 85 W/90, Hypoidöl |
| Ölmenge in der Achse | Je nach Achse 1,5 oder 1,8 Liter |

## Bremsanlage

| | |
|---|---|
| Bauart: | |
| – Vorderradbremsen | Je nach Modell Gleitsättel mit einem Kolben oder mit zwei Kolben |
| – Hinterradbremsen | Wie oben |
| **Vorderradbremsen** | |
| Kolbendurchmesser der Vorderradbremse: | |
| – Mit einem Kolben | 60 mm |
| – Mit zwei Kolben | 44,00 mm |
| Stärke der Bremsklötze mit Metallplatte: | |
| – Bremssattel mit einem Kolben | 20,5 mm |
| – Bremssattel mit zwei Kolben | 20,0 mm |
| Mindeststärke des Belagmaterials | 2,0 mm |
| Mindeststärke mit Metallplatte: | |
| – Bremssattel mit einem Kolben | 7,5 mm |
| – Bremssattel mit zwei Kolben | 7,0 mm |
| Stärke der Bremsscheibe, alle Modelle | 22,0 mm, 26,0 mm (905) oder 28,0 mm (906) |
| Min. Stärke der Bremsscheibe | 19,0 mm, 23,0 mm (905) oder 25,0 mm (906) |
| Max. Schlag der Bremsscheiben | 0,10 mm<br>Verschleiß pro Seite der Bremsscheibe darf nicht größer als 0,05 mm sein |
| **Hinterradbremsen** | |
| Durchmesser des Bremssattelkolbens | Je nach Ausführung 45,0 mm, 52 mm oder 44,0 mm |
| Bremsscheibendurchmesser | 258,0 mm, 272,0 mm oder 285,0 mm |
| Stärke der Bremsscheiben | 16,0 mm oder 22,0 mm, je nach Ausführung |
| Min. Stärke der Bremsscheiben | 13,0 mm oder 19,0 mm, je nach Ausführung |
| Mindeststärke des Belagmaterials | 2,0 mm |
| Mindeststärke mit Metallplatte | 7,0 mm oder 7,5 mm |
| **Hauptbremszylinder** | |
| Durchmesser | 23,81 mm |
| Kolbendurchmesser, Druckkreis | 20,0 mm |
| Kolbendurchmesser, Zwischenkreis | 22,5 mm |

# Anzugsdrehmomente

Die folgende Aufstellung ist eine Schnellreferenzliste mit den wichtigsten Anzugsdrehmomenten. Genaue Drehmomentwerte sind jeweils in den betreffenden Abschnitten beim Aus- und Einbau des jeweiligen Teils angegeben und wir raten Ihnen, dass Sie sich ohne Ausnahme an diese halten.

## Motor – Typ 611/612

| | |
|---|---|
| Zylinderkopfschrauben: | Siehe Bild 41 und Anzugsmethode auf gleiche Weise<br>Schrauben (B) mit 60 Nm anziehen.<br>Schrauben (A) mit 20 Nm anziehen.<br>Schrauben (B) mit 90 Nm anziehen und das Drehmoment der Schrauben (A) nochmals überprüfen.<br>Schrauben (B) mit 90 Nm anziehen. |
| Zylinderkopfschrauben (im Kettenkasten) | 20 Nm |
| Zylinderkopfhaube an Zylinderkopf | 9 Nm |
| Abdeckblech an Zylinderkopf | 10 Nm |
| Abdeckblech an Ladeluftverteilerrohr | 10 Nm |
| Kurbelwellenlagerdeckel: | |
| – Erste Stufe | 55 Nm |
| – Zweite Stufe | 90° Winkelanzug |
| Pleuellagerdeckel: | |
| – Erste Stufe | 5 Nm |
| – Zweite Stufe | 25 Nm |
| – Winkelnachzug | 90° Winkelanzug |
| Kettenspanner | 80 Nm |
| Schrauben für Nockenwellenlagerdeckel | 9 Nm |
| Schraube des Antriebsrads der Hochdruckpumpe | 40 Nm |
| Mittelschraube der Riemenscheibe: (Kopf mit 8.8 markiert): | |
| – 1. Stufe | 200 Nm |
| – 2. Stufe | 90° Winkelanzug |
| Mittelschraube der Riemenscheibe: (Kopf mit 10.9 markiert): | |
| – 1. Stufe | 325 Nm |
| – 2. Stufe | 90° Winkelanzug |
| Schwungrad, Zweimassenschwungrad oder Antriebsscheibe: | |
| – Erster Anzug | 45 Nm |
| – Winkelnachzug | 90° Winkelanzug |
| Ölablassstopfen in Ölwanne | 25 Nm |
| Ölwanne an Zylinderblock: | |
| – M6-Schrauben | 9 Nm |
| – M8-Schrauben | 20 Nm |
| – Kupplungsgehäuse an Ölwanne | 40 Nm |
| Auspuffkrümmer an Zylinderkopf | 30 Nm |
| Riemenscheibe der Wasserpumpe | 35 Nm |
| Motorträger, an Vorderachse | 45 Nm |

| | |
|---|---|
| Motorträger an vordere Motoraufhängung | 83 Nm |
| Motorträger an Kurbelgehäuse | 20 Nm |
| Mutter/Schraube, hinterer Querträger | 45 Nm |
| Hintere Motoraufhängung an Getriebe | 90 Nm |
| Hinterer Träger an Getriebe | 45 Nm |
| Hintere Aufhängung an Motorquerträger | 45 Nm |
| Motorlager hinten an Motorträger | 45 Nm |
| Kraftstofffilterschraubkappe | 25 Nm |
| Steuergehäusedeckel: | |
| – M6-Schrauben | 10 Nm |
| – M8-Schrauben | 25 Nm |
| Schraube für o.T.-Geber | 10 Nm |
| Auspuffanlage an Getriebebügel | 20 Nm |
| Ölleitungen an Getriebe (Automatik) | 25 Nm |
| Masseband an Rahmenbodengruppe | 23 Nm |
| Ablassschraube im Kühler | 3 Nm |
| Kupplung an Schwungrad | 23 Nm |

## Vorderachse/Vorderradaufhängung

| | |
|---|---|
| Querlenker an Vorderachskörper | 130 Nm |
| Obere Platte an Vorderachskörper | 40 Nm |
| Dämpferbein an Karosserie | 90 Nm |
| Vorderachskörper an Querträger | 90 Nm |
| Schraube, Motoraufhängung, M12 | 80 Nm |
| Kabel der Bremsklotzverschleißanzeige | 10 Nm |
| Lenkung an Vorderachskörper | 55 Nm |
| Spurstange an Spurstangenhebel | 120 Nm |
| Spannplatte der Vorderfeder an Vorderachskörper, M12 | 140 Nm |
| Spannplatte der Vorderfeder an Vorderachskörper, M10 | 65 Nm |
| Anschlagplatte an Querlenker, M10 | 40 Nm |
| Kurvenstabilisator an Vorderachskörper, M8 | 20 Nm |
| Druckleitung an Gewindeanschluss der Lenkung | 35 Nm |
| Lenkungsgelenk an Lenkwelle (Inbusschraube) | 30 Nm |
| Kugelbolzenmutter an Querlenker | 280 Nm |
| Dämpferbein an Achskopf (4 Schrauben) | 300 Nm |
| Bremsleitungsanschlüsse | 12 Nm |
| Radbolzen | 160 Nm |

## Hinterachse/Hinterradaufhängung

| | |
|---|---|
| Bremssattel an Radträger | 175 Nm |
| Dämpferbein an hinteren Längsträger (Mutter, oben) | 90 Nm |
| Stoßdämpfer an Hinterachse | 65 Nm |
| Kurvenstabilisator an Hinterachse | 20 Nm |
| Koppelstange an Kurvenstabilisator | 90 Nm |
| Mutter der Federlaschenaufhängung | 75 Nm |
| Federbügelmuttern | 120 Nm |
| Gelenkwelle an Hinterachsflansch | 75 Nm |
| Bremsleitungsanschlüsse | 12 Nm |
| Ölablassschraube und Öleinfüllschraube | 80 Nm |
| Halbachse an Hinterachsgehäuse | 60 Nm |
| Mutter der Lagerbefestigung an der Halbachse | 300 Nm |
| Handbremsseil an Hinterachse | 20 Nm |
| Hinterer Bremssattel an Hinterachse | 105 Nm |
| Rad an Radnabe | 180 Nm |

## Bremsanlage

| | |
|---|---|
| Vorderer Bremssattel an Achsschenkel | 180 Nm |
| Hinterer Bremssattel an Hinterachse | 105 Nm |
| Bremssattelzylinder an Bremssattel | 25 Nm |
| Bremsscheibe an Radnabe | 20 Nm |
| Bremsseil an Hinterachse | 20 Nm |
| Entlüftungsschrauben der Bremssättel | 12 Nm |
| Bremsleitungsanschlüsse | 12 Nm |
| Handbremshebel | 23 Nm |
| Bremskraftregler an Halterung | 23 Nm |

# Schaltpläne

**Legende zu den Schaltplänen**
Die folgenden Angaben beziehen sich auf die in den verschiedenen Schaltplänen gezeigten Bezeichnungen. Nicht alle Stromabnehmer sind in alle Modelle eingebaut.

**Legende für Schaltpläne 1a und 2a – Anlasser und Generator** (Seite 208)

| | | |
|---|---|---|
| A12 | Zentralelektrik | 25A |
| A80 | Steuergerät, CDI | 28L |
| B16 | Temperaturfühler für Kühlmittel | 31A |
| D4 | Glühzeitendstufe | 5A, 10A |
| F70 | Sicherung (15 A), Relais D | 7H |
| F95 | Sicherung (50 A), Ladelift | 10G |
| F152 | Sicherung (7,5 A), Relais für Warnsummer, Nebelschlussleuchte, Klemme 15 | 18E |
| G1 | Generator | 20L |
| G2 | Batterie | 13L |
| J16 | Endhülse, Klemme 30 | 12H |
| J18 | Endhülse, Klemme 15, gesichert | 22E |
| J19 | Endhülse, Klemme 61 | 8H |
| J22 | Endhülse, Klemme 15, gesichert | 14E |
| J31 | Endhülse, Klemme 15, gesichert | 16E |
| J89 | Endhülse, Klemme 56b | 6H |
| J312 | Endhülse, Klemme 30 | 23E |
| J352 | Endhülse, Klemme 50 | 24E |
| J421 | Endhülse, CAN-Low | 28G |
| J422 | Endhülse, CAN-High | 29G |
| K26 | Relais, Klemme D+ | 7L |
| K61 | Starterrelais | 24L |
| K70 | Relais, Klemme 15 für SA | 16A |
| M1 | Anlasser (Starter) | 18L |
| P15 | Kombiinstrument | 4L, 21A |
| S53 | Lenkschloss mit mechanischer Anlasswiederholsperre | 29A |
| W4 | Massepunkt an der Stirnwand | 12H |
| W5 | Massepunkt an der Sitzkiste | 5H, 8H, 15E |
| W7 | Massepunkt, Motorraum | 4H |
| X167 | Steckverbindung, Ladelift | 10L |
| X195 | Steckverbindung, Rahmen/Motor | 20H |
| A | Zur Kippeinrichtung | |
| B | Zur Außenbeleuchtung, Blinkleuchten | |
| C | Zu CAN-Bus, Motor | |

**Legende für Schaltpläne 2a bis 2d – Common Rail Diesel-Injection (CDI) – 611-Motor – Fahrzeugseitiger Leitungssatz** (Seiten 209–210)

| | | |
|---|---|---|
| A10 | Steuergerät für Airbag | 31L |
| A12 | Zentralelektrik | 4L, 44L |
| A18 | Steuergerät für Wegfahrsperre | 53L |
| A60 | Steuergerät für Sprintshift | 6L |
| A64 | Steuergerät für Airbag/Fensterairbag | 32L |
| A80 | Steuergerät, CDI | oben |
| A82 | Diebstahlwarneinrichtung | 55L |
| B96 | Pedalwertgeber | 9L |
| B101 | Luftmassenmesser | 18L |
| B112 | Ladedruckkühler | 11L |
| D4 | Glühzeitendstufe | 26L |
| G2 | Batterie | 23L |
| G14 | Temperaturfühler, Ansaugluft | 8L |

| | | |
|---|---|---|
| J18 | Endhülse, 15 gesichert | 33E |
| J20 | Endhülse, Rückfahrleuchte, rechts | 43G |
| J46 | Endhülse, Klemme 56 | 33G, 47G |
| J142 | Endhülse, Klemme 15, gesichert | 35E |
| J340 | Endhülse, CAN-High | 29G |
| J342 | Endhülse, Klemme 30 | 2E |
| J345 | Endhülse, Masse, Kupplungsschalter | 58E |
| J346 | Endhülse, MSS/Sprintshift | 40E |
| J352 | Endhülse, Klemme 50 | 4E |
| J368 | Endhülse, Endschalter, Nebenantrieb | 12G |
| J369 | Endhülse, Drehzahlsignal | 5E |
| J371 | Endhülse, Airbag-Crash-Signal | 31E |
| J378 | Endhülse, CAN-Low | 28G |
| J421 | Endhülse, CAN-Low | 28E |
| J422 | Endhülse, CAN-High | 29E |
| P11 | Diagnosesteckdose, 14-polig | 7H |
| S3 | Tester, ADR | 35L |
| S19.1 | Getriebeneutral/Rückfahrleuchten-Schalter | 42L |
| S28 | Schalter, Kupplungspedal 2 | 59 L |
| S32 | Schalter, MMS | 47L |
| S105 | Schalter, Kupplungspedal | 38L |
| S123 | Schalter, Tempomat | 39L |
| S123s1 | Wiederaufnahme aus Speicher | 40J |
| S123s2 | Verzögern/Fixieren | 40K |
| S123s3 | Beschleunigen/Fixieren | 40K |
| S123s4 | Ausschalten | 40K |
| S123s5 | Kontrollkontakt | 40L |
| S123x1 | Steckverbindung, Tempomatschalter | 58H |
| S159 | Schalter, MSS | 49L |
| S160 | Doppelschalter, EDW/MSS (Motorhaube) | 51L |
| W2.1 | Massepunkt, EDW, Scheinwerfer rechts | 51G |
| W4 | Massepunkt, Stirnwand | 2E, 22G |
| W7 | Massepunkt, Motorraum | 27G |
| W8 | Massepunkt, Brüstung | 34G, 48G |
| X80 | Steckverbindung, Rahmen/Brüstung | 45H |
| X81 | Steckverbindung, Rahmen/Brüstung | 14H, 35H |
| X176 | Steckverbindung, EDW | 52H |
| X194 | Steckverbindung, EDW 2 | 54H |
| Y83 | Druckwandler, Abgasrückführung | 19L |
| Y87 | Druckwandler, Ladedruckregelung | 20L |
| Y88 | Magnetventil, Elnlasskanalabschaltung | 21L |
| A | CAN-Bus, Motor | |
| B | Anlasser, Generator, Batterie | |
| C | Mechanisches Getriebe | |
| D | Einbruchdiebstahl-Warnanlage (EDW) | |

**Legende für Schaltplan 3 – Common Rail Diesel-Injection (CDI) – 611-Motor – Motorseitiger Leitungssatz** (Seite 211)

| | | |
|---|---|---|
| A12 | Zentralelektrik | 14L |
| A80 | Steuergerät, CDI | oben |
| B16 | Temperaturfühler, Kühlmittel | 2L |
| B30 | Temperaturfühler, Kraftstoff | 3L |
| B73 | Kurbelwellensensor | 9L |
| B108 | Nockenwellensensor | 4L |
| B110 | Motorölsensor | 6L |
| B113 | Raildrucksensor | 8L |
| J402 | Endhülse, Abgasrückführung | 14G |
| J404 | Endhülse, Einspritzdüsen | 18G |
| J405 | Endhülse, Einspritzdüsen | 16G |

| | | |
|---|---|---|
| R41 | Entlüftungsheizung, Kurbelgehäuse | 13L |
| X195 | Steckverbindung, Rahmen/Motor | 13E |
| Y14 | Einspritzventil 4 | 17L |
| Y16 | Einspritzventil 1 | 16L |
| Y17 | Einspritzventil 2 | 18L |
| Y18 | Einspritzventil 3 | 18L |
| Y68 | Elektrisches Abschaltventil | 10L |
| Y92 | Raildruckregelventil | 11L |
| Y83 | Abschaltventil, Hochdruckpumpenelement | 12L |

**Legende für Schaltpläne 4a bis 4d – Common Rail Diesel-Injection (CDI) – 612-Motor – Fahrzeugseitiger Leitungssatz** (Seiten 212–213)

| | | |
|---|---|---|
| A10 | Steuergerät für Airbag | 32L |
| A12 | Zentralelektrik | 4L, 45L |
| A18 | Steuergerät für Wegfahrsperre | 54L |
| A60 | Steuergerät für Sprintshift | 6L |
| A64 | Steuergerät für Airbag/Fensterairbag | 32L |
| A80 | Steuergerät, CDI | oben |
| A82 | Diebstahlwarneinrichtung | 56L |
| B96 | Pedalwertgeber | 10L |
| B101 | Luftmassenmesser | 19L |
| B112 | Ladedruckkühler | 12L |
| D4 | Glühzeitendstufe | 26L |
| G2 | Batterie | 23L |
| G14 | Temperaturfühler, Ansaugluft | 9L |
| J18 | Endhülse, 15 gesichert | 33E |
| J20 | Endhülse, Rückfahrleuchte, rechts | 43G |
| J46 | Endhülse, Klemme 56 | 34G, 47G |
| J142 | Endhülse, Klemme 15, gesichert | 36E |
| J340 | Endhülse, CAN-High | 30G |
| J342 | Endhülse, Klemme 30 | 2E |
| J345 | Endhülse, Masse, Kupplungsschalter | 58E |
| J346 | Endhülse, MSS/Sprintshift | 41E |
| J352 | Endhülse, Klemme 50 | 4E |
| J368 | Endhülse, Endschalter, Nebenantrieb | 14G |
| J369 | Endhülse, Drehzahlsignal | 6E |
| J371 | Endhülse, Airbag-Crash-Signal | 32E |
| J378 | Endhülse, CAN-Low | 29G |
| J421 | Endhülse, CAN-Low | 29E |
| J422 | Endhülse, CAN-High | 30E |
| P11 | Diagnosesteckdose, 14-polig | 8H |
| S3 | Tester, ADR | 35L |
| S19.1 | Getriebeneutral/Rückfahrleuchten-Schalter | 43L |
| S28 | Schalter, Kupplungspedal 2 | 59L |
| S32 | Schalter, MMS | 47L |
| S105 | Schalter, Kupplungspedal | 58L |
| S123 | Schalter, Tempomat | 40L |
| S123s1 | Wiederaufnahme aus Speicher | 40J |
| S123s2 | Verzögern/Fixieren | 40K |
| S123s3 | Beschleunigen/Fixieren | 40K |
| S123s4 | Ausschalten | 40K |
| S123s5 | Kontrollkontakt | 40L |
| S123x1 | Steckverbindung, Tempomatschalter | 38H |
| S159 | Schalter, MSS | 49L |
| S160 | Doppelschalter, EDW/MSS (Motorhaube) | 51L |
| W2.1 | Massepunkt, EDW, Scheinwerfer rechts | 51G |
| W4 | Massepunkt, Stirnwand | 2E, 23G |
| W7 | Massepunkt, Motorraum | 28G |
| W8 | Massepunkt, Brüstung | 34G, 48G |

| | | |
|---|---|---|
| X80 | Steckverbindung, Rahmen/Brüstung | 46H |
| X81 | Steckverbindung, Rahmen/Brüstung | 15H, 36H |
| X176 | Steckverbindung, EDW | 53H |
| X194 | Steckverbindung, EDW 2 | 55H |
| Y87 | Druckwandler, Ladedruckregelung | 21L |
| Y88 | Magnetventil, Einlasskanalabschaltung | 22L |
| A | CAN-Bus, Motor | |
| B | Anlasser, Generator, Batterie | |
| C | Mechanisches Getriebe | |
| D | Einbruchdiebstahl-Warnanlage (EDW) | |

**Legende für Schaltplan 5 – Common Rail Diesel-Injection (CDI) – 612-Motor – Motorseitiger Leitungssatz** (Seite 214)

| | | |
|---|---|---|
| A12 | Zentralelektrik | 17L |
| A80 | Steuergerät, CDI | oben |
| B16 | Temperaturfühler, Kühlmittel | 2L |
| B30 | Temperaturfühler, Kraftstoff | 3L |
| B73 | Kurbelwellensensor | 7L |
| B108 | Nockenwellensensor | 4L |
| B110 | Motorölsensor | 12L |
| B113 | Raildrucksensor | 6L |
| J402 | Endhülse, Abgasrückführung | 17G |
| J403 | Endhülse, Abgasrückführung | 12G |
| J404 | Endhülse, Einspritzdüsen | 20G |
| J405 | Endhülse, Einspritzdüsen | 19G |
| J406 | Endhülse, Abgasrückführung | 16G |
| R41 | Entlüftungsheizung, Kurbelgehäuse | 16L |
| X195 | Steckverbindung, Rahmen/Motor | 16E |
| Y14 | Einspritzventil 4 | 21L |
| Y16 | Einspritzventil 1 | 20L |
| Y17 | Einspritzventil 2 | 18L |
| Y18 | Einspritzventil 3 | 22L |
| Y65 | Einspritzventil 5 | 19L |
| Y68 | Elektrisches Abschaltventil | 8L |
| Y85 | Abgasrückfuhrsteller | 14L |
| Y92 | Raildruckregelventil | 9L |
| Y83 | Abschaltventil, Hochdruckpumpenelement | 10L |

**Legende für Schaltplan 6 – Mechanisches Getriebe** (Seite 215)

| | | |
|---|---|---|
| A80 | Steuergerät CDI | oben |
| F127 | Sicherung, 15 A, Nebenantrieb/Differentialsperre | 13J |
| J31 | Endhülse, Klemme 15, gesichert | 13L |
| J46 | Endhülse, Klemme 58 | 7G, 11G |
| J142 | Endhülse, Klemme 15 | 4G, 13G |
| J359 | Endhülse, Klemme 15 | 5G |
| J368 | Endhülse, Endschalter, Nebenantrieb | 1G |
| S1 | Endschalter, Nebenantrieb | 2L |
| S3 | Taster, ADR | 10L |
| S47 | Schalter, Nebenantriebe | 6L |
| W7 | Massepunkt, Motorraum | 3G |
| W8 | Massepunkt, Brüstung | 8G, 11G |
| X81 | Steckverbindung, Rahmen/Brüstung | 5E |
| Y32 | Magnetventil, Nebenantrieb | 3L |

**Legende für Schaltplan 7a bis 7c – Sprintshift-Getriebe** (Seiten 215–216)

| | | |
|---|---|---|
| A12 | Zentralelektrik | 21L |
| A12f4 | Sicherung, Rückfahrleuchte | 20K |
| A60 | Steuergerät, Sprintshift | oben |
| A80 | Steuergerät, CDI | 12L |
| A91 | Schaltgerät, Sprintshift | 25L |
| B97 | Kick-down-Schalter | 5L |
| E68 | Heckleuchte, rechts | 13L, 15L |
| E68e1 | Rückfahrleuchte, rechts | 13K, 15K |
| F131 | Sicherung (40 A), Relais, Pumpe, Sprintshift, Klemme 30 | 30G |
| F132 | Sicherung (10 A), Sprintshift, Klemme 30 | 1G |
| F134 | Sicherung (7,5 A), Sprintshift, Klemme 15 | 22G |
| J3 | Endhülse, Innenlicht | 9G |
| J16 | Endhülse, Klemme 30 | 1L, 30E |
| J23 | Endhülse, Rückfahrleuchte, rechts | 14E |
| J31 | Endhülse, Klemme 15, gesichert | 23L |
| J340 | Endhülse, CAN-High | 3G |
| J369 | Endhülse, Drehzahlsignal | 11E |
| J370 | Endhülse, Klemme 15, gesichert | 18G |
| J378 | Endhülse, CAN-Low | 2G |
| J389 | Endhülse, Sprintshift | 7E |
| J420 | Endhülse, Klemme 15, gesichert | 22E |
| J421 | Endhülse, CAN-Low | 2E |
| J422 | Endhülse, CAN-High | 3E |
| K84 | Relais, Pumpe, Sprintshift | 29L |
| K85 | Relais, Rückfahrleuchte, Sprintshift | 18L |
| M56 | Pumpe; Sprintshift | 28L |
| M56x1 | Steckverbindung, Pumpe, Sprintshift | 27J |
| P11 | Diagnosesteckdose, 14-polig | 6E |
| S41 | Schalter, Türkontakt, rechts (DOKA) | 7L |
| S42 | Schalter, Türkontakt, links | 9L |
| S43 | Schalter, Türkontakt, rechts | 10L |
| W4 | Massepunkt, Stirnwand | 27G |
| W5 | Massepunkt, Sitzkiste | 2E, 5E, 29G |
| W6 | Massepunkt, Schlussleuchte | 14E |
| X45 | Steckverbindung, Rahmen/Dach | 8E |
| X142 | Steckverbindung, Rahmen/Brüstung | 23E |
| X200 | Sprintshift-Sensor-Einheit | 38L, 42L |
| X200b1 | Schaltventil 1 | 32K |
| X200b2 | Schaltventil 2 | 33K |
| X200b3 | Regelventil, Kupplung | 34K |
| X200b4 | Schaltventil, hydraulische Bremse | 35K |
| X200b5 | Drehzahlsensor, Kupplung | 40K |
| X200b6 | Sensor, Kupplungsposition | 42K |
| X200b7 | Drucksensor | 38K |
| X200b8 | Sensor, Gangerkennung | 37K |
| X200x1 | Steckverbindung, Gear-Sensor und Shift-Sensor | 36J |
| X200x2 | Steckverbindung, Sensor, Kupplungsposition | 41H |
| X200x3 | Steckverbindung, Sprintshift | 31F |
| A | CA-Bus, Motor | |
| B | Kombischalter an Zentralelektrik, Innenschalter | |

**Legende für Schaltplan 8a bis 8e – Großinstrument (Kombi-Instrument)** (Seiten 217–219)

| | | |
|---|---|---|
| A2 | Steuergerät, ABS | 53L |
| A8 | Steuergerät, Zentralverriegelung | 68L |
| A9 | Autoradio | 70L |
| A10 | Steuergerät, Airbag | 62L |
| A12 | Zentralelektrik | 48L |
| A60 | Steuergerät, Sprintshift | 9L |

| | | |
|---|---|---|
| A64 | Steuergerät, Airbag/Fensterairbag | 63L |
| A81 | Steuer- und Bediengerät, Klimatisierung | 59L |
| A89 | Bedienteil, Navigation | 70L |
| B3 | Kraftstoffvorratsgeber | 31L |
| B7 | Schalter, Kühlmittelstand | 29L |
| B18 | Druckschalter, Bremslicht, 4-polig | 51L |
| B37 | Außentemperaturfühler | 47L |
| B54 | Schalter, Bremsflüssigkeit, Linkslenker | 15L, 17L |
| B55 | Schalter, Bremsflüssigkeit, Rechtslenker | 15L, 17L |
| B66 | Druckschalter 1, Federspeicher | 13L |
| B67 | Druckschalter 2, Federspeicher | 12L |
| B118 | Druckschalter, Feststellbremse | 1L |
| F11 | Sicherung (7,5 A), Kombiinstrument | 65H |
| G1 | Generator | 73L |
| G4 | Geber, Tachometer | 46L |
| G5 | Geber, Bremsbelagverschleißanzeige, VL | 19L |
| G6 | Geber, Bremsbelagverschleißanzeige, VR | 20L |
| G7 | Geber, Bremsbelagverschleißanzeige, HL | 21L |
| G8 | Geber, Bremsbelagverschleißanzeige, HR | 23L |
| G15 | Generator, 115 A | 73L |
| G17 | Geber, Verschleißanzeige, HL | 25L |
| G18 | Geber, Verschleißanzeige, HR | 25L |
| J2 | Endhülse, Signal, Verschleißanzeige | 20E |
| J3 | Endhülse, Innenlicht | 5G |
| J8 | Endhülse, Bremslicht | 51G |
| J16 | Endhülse, Klemme 30 | 54G, 64L |
| J18 | Endhülse, Klemme 15, gesichert | 50E |
| J30 | Endhülse, Signal, Verschleißanzeige, hinten | 21G |
| J38 | Endhülse, Klemme 56a | 60G |
| J39 | Endhülse, Masse für Bremsbelagverschleißanzeige | 22G |
| J80 | Endhülse, Bremslicht, rechts | 47G |
| J81 | Endhülse, Bremslicht, links | 49G |
| J89 | Endhülse, Klemme 56b | 56G |
| J250 | Endhülse, Wischerschalter | 39G |
| J277 | Endhülse, Klemme 15 | 50G |
| J340 | Endhülse, CAN-High | 33G |
| J354 | Endhülse, Nebelschlussleuchte | 18E |
| J372 | Endhülse, Diagnoseleitung | 43G |
| J378 | Endhülse, CAN-Low | 33G |
| J381 | Endhülse, Druckschalter, Federspeicher | 13G |
| J382 | Endhülse, Relais, Federspeicher | 12G |
| J389 | Endhülse, Sprintshift | 9G |
| J394 | Endhülse, Geschwindigkeitssignal | 68G |
| J395 | Endhülse, Signal, Bremsbelagverschleißanlage, hinten | 24G |
| J396 | Endhülse, Masse, Bremsbelagverschleißanzeige | 65E |
| J415 | Endhülse, Klemme 30 | 65E |
| J426 | Endhülse, Klemme 30 | 64E |
| J446 | Endhülse, Klemme 58 | 61G |
| K26 | Relais, Klemme D+ | 56L |
| M58 | Waschwasserpumpe mit Anzeige | 39L |
| P9 | Tachograf | 38L |
| P11 | Diagnosesteckdose, 14-polig | 42L |
| P15 | Kombiinstrument | oben |
| P17 | Diagnosesteckdose, 16-polig | 43L, 66L |
| S41 | Schalter, Türkontakt, rechts (DOKA) | 4L |
| S42 | Schalter, Türkontakt, links | 6L |
| S43 | Schalter, Türkontakt, rechts | 7L |
| S76 | Schalter, Gurtschloss | 45L |
| S80 | Schalter, Feststellbremse | 3L |
| S139 | Schalter, Zündschloss | 74L |

| | | |
|---|---|---|
| W2 | Massepunkt, Scheinwerfer, rechts | 38G |
| W4 | Massepunkt, Stirnwand | 15G, 17G |
| W5 | Massepunkt, Sitzkiste | 3G, 11G |
| W6 | Massepunkt, Schlussleuchte | 22L, 26L |
| W7 | Massepunkt, Motorraum | 29G |
| X4.1 | Steckverbindung, Tankgeber/Pumpe | 30G |
| X4.2 | Steckverbindung, Tankgeber/Pumpe | 30H |
| X45 | Steckverbindung, Rahmen/Dach | 5E |
| X78 | Steckverbindung, Rahmen/Motor | 72H |
| X79 | Steckverbindung, Rahmen/Brüstung | 59H, 70H |
| X179 | Steckverbindung, Rahmen/Motor | 72G |
| A | CAN-Bus-Motor | |
| B | Automatisches Getriebe | |
| C | Kombischalter an Zentralelektrik, Innenschaltung | |
| D | Außenbeleuchtung, Blinkleuchten | |
| E | Nebelscheinwerfer, Nebelschlussleuchte | |
| F | Radio | |
| G | Auto-Pilot-System (APS) | |
| H | Klimatisierung | |

**Legende für Schaltplan 9 – Signalanlage** (Seite 219)

| | | |
|---|---|---|
| A12 | Zentralelektrik | 4A, 10A |
| A12f7 | Sicherung, Horn, heizbare Heckscheibe | 7A |
| H17 | Horn | 10L |
| J22 | Endhülse, Klemme 15, gesichert | 6E, 9L |
| J251 | Endhülse, Signalanlage | 10F |
| K37 | Relais, Horn | 7L |
| R5 | Kontaktspirale, Airbag | 2J |
| S21 | Schalter, Horn | 1G |
| S53 | Lenkschloss mit mechanischer Anlasswiederholsperre | 12L |
| W4 | Massepunkt, Stirnwand | 5G |
| W5 | Massepunkt, Sitzkiste | 7G |
| X113 | Steckverbindung, Hauptleitungssatz/Airbag | 4J |

**Legende für Schaltplan 10 – Beheizte Heckscheibe** (Seite 220)

| | | |
|---|---|---|
| E60 | Heizbare Heckscheibe, rechts | 3L |
| E61 | Heizbare Heckscheibe, links | 8L |
| F63 | Sicherung (30 A), Heckscheibe | 1H |
| J16 | Endhülse, Klemme 30 | 1L |
| J19 | Endhülse, Klemme 61 | 11E |
| J22 | Endhülse, Klemme 15, gesichert | 10E |
| J46 | Endhülse, Klemme 58 | 11G |
| J60 | Endhülse, Klemme 15, gesichert | 1E |
| K3 | Relais, Heckscheibe | 4A, 11A |
| S81 | Taster, Heizung für Heckscheibe | 11L |
| W5 | Massepunkt, Sitzkiste | 2E |
| W6 | Massepunkt, Schlussleuchte | 6D, 9E |
| W8 | Massepunkt, Brüstung | 12H |
| X29 | Kontaktplatte, hinten links, 3-polig | 7H |
| X32 | Kontaktplatte, hinten rechts, 2-polig | 2H |
| X34 | Kontaktplatte, hinten rechts, 3-polig | 5H |
| X80 | Steckverbindung, Rahmen/Brüstung | 10H |

**Legende für Schaltplan 11 – Fensterheber** (Seite 220)

| | | |
|---|---|---|
| F52 | Sicherung (25 A), Fensterheber, Beifahrertür | 3J |
| F53 | Sicherung (25 A), Fensterheber, Fahrertür | 3J |
| J31 | Endhülse, Klemme 15, gesichert | 3L |

| | | |
|---|---|---|
| J109 | Endhülse, Klemme 15, gesichert | 4E |
| J152 | Endhülse, Klemme 15, gesichert | 7G, 12G |
| M27 | Motor, Fensterheber, Fahrertür | 2L |
| M28 | Motor, Fensterheber, Beifahrertür | 14L |
| S106 | Schalter, Fensterheber, Beifahrer (Fahrertür) | 8A |
| S108 | Schalter, Fensterheber, Beifahrer (Fahrertür) | 3A |
| S109 | Schalter, Fensterheber, Beifahrer (Beifahrertür) | 12A |
| W8 | Massepunkt, Brüstung | 6G |
| X74 | Steckverbindung, Fensterheber, Fahrer | 1E |
| X75 | Steckverbindung, Fensterheber, Beifahrer | 14E |
| X80 | Steckverbindung, Rahmen/Brüstung | 2G |
| X202 | Steckverbindung, Schalter, Fensterheber (Fahrertür) | 3E, 6E |
| X203 | Steckverbindung, Schalter, Fensterheber (Beifahrer) | 10E |

**Legende für Schaltplan 12a bis 12b – Blinkleuchten und Warnblinker** (Seite 221)

| | | |
|---|---|---|
| A12 | Zentralelektrik | 12A, 20A, 28A, 34A |
| A18 | Steuergerät, Einbruchdiebstahlanlage (EDW) | 15L |
| A21 | Zusatzblinkmodul I | 32L |
| A23 | Zusatzblinkmodul II | 29L |
| A82 | Steuergerät, EDW 2 | 19L |
| E25 | Scheinwerfer, links | 26L |
| E25h21 | Blinkleuchte, links | 26K |
| E26 | Scheinwerfer, rechts | 10L |
| E26h3 | Blinkleuchte, rechts | 10K |
| E67 | Heckleuchte, links | 21L |
| E67h22 | Blinkleuchte, hinten links | 21K, 23K |
| E68 | Heckleuchte, rechts | 121L 13L |
| E68h4 | Blinkleuchte, hinten rechts | 11K, 13K |
| F18 | Sicherung (10 A), Zusatzblinkmodul I | 32H |
| F87 | Sicherung (7,5 A), EDW, Blinkleuchte, links | 17J |
| F88 | Sicherung (7,5 A), EDW, Blinkleuchte, rechts | 16J |
| H2 | Blinkleuchte, vorne rechts, seitlich (5 W) | 8L |
| H5 | Blinkleuchte, vorne links, seitlich (5 W) | 24L |
| H9 | Blinkleuchte, vorne rechts, seitlich (21 W) | 8L |
| H10 | Blinkleuchte, vorne links, seitlich (21 W) | 24L |
| H47 | Blinkleuchte, zusätzlich, Aufbau, links | 2L |
| H48 | Blinkleuchte, zusätzlich, Aufbau, rechts | 5L |
| H49 | Blinkleuchte, zusätzlich, links | 36L |
| H50 | Blinkleuchte, zusätzlich, rechts | 35L |
| J16 | Endhülse, Klemme 30 | 32E |
| J23 | Endhülse, Klemme AS | 33E |
| J24 | Endhülse, Signal, Blinkleuchte, links, Dachaufbau | 29H |
| J25 | Endhülse, Signal, Blinkleuchte, recht, Dachaufbau | 29H |
| J80 | Endhülse, Blinkleuchte, rechts | 8E, 30E |
| J81 | Endhülse, Blinkleuchte, links | 2A, 6G, 24E |
| J147 | Endhülse, Masse, Blinkleuchten | 2H |
| J358 | Endhülse, Klemme 31 | 3L |
| P15 | Kombiinstrument | 7L |
| S127 | Schalter, Anhängererkennung | 25A |
| W2 | Massepunkt, Scheinwerfer, rechts | 9H |
| W4 | Massepunkt, Stirnwand | 4L |
| W5 | Massepunkt, Sitzkiste | 33H |
| W6 | Massepunkt, Schlussleuchte | 35E, 36H |
| W7 | Massepunkt, Motorraum | 25H |
| X45 | Steckverbindung, Rahmen/Dach (Serie) | 4H |
| X46 | Steckverbindung, Rahmen/Dach (SA) | 1E |
| X219 | Steckverbindung, Restlaufaufzeichnungsgerät | 27L |
| A | Anhängerkupplung | |
| B | Wegfahrsperre mit Funkfernbedienung | |

**Legende für Schaltplan 13 – Dritte Bremsleuchte** (Seite 222)

| | | |
|---|---|---|
| A2 | Steuergerät, ABS | 9A |
| A12 | Zentralelektrik | 11A |
| B18 | Druckschalter, Bremslicht, 4-polig | 9L |
| E12 | Zusätzliche Bremsleuchte | 2A |
| E67 | Heckleuchte, links | 3L, 5L |
| E67h18 | Bremsleuchte, links | 3K, 5K |
| E68 | Heckleuchte, rechts | 3L, 5L |
| E68h19 | Bremsleuchte, rechts | 3K, 5K |
| J8 | Endhülse, Bremslicht | 8G |
| J15 | Endhülse, Bremslicht | 4G |
| J277 | Endhülse, Klemme 15 | 9G |
| J358 | Endhülse, Klemme 31 | 1E |
| P15 | Kombiinstrument | 7A |
| W4 | Massepunkt, Stirnwand | 2L |
| X45 | Steckverbindung, Rahmen/Dach (Serie) | 1H, 2E |
| X219 | Steckverbindung, Restlaufaufzeichnungsgerät | 7L |
| A | Kombischalter an Zentralelektrik, Innenschaltung | |

**Legende für Schaltplan 14 – Nebelscheinwerfer, Nebelschlussleuchte** (Seite 222)

| | | |
|---|---|---|
| A12 | Zentralelektrik | 14A |
| E25 | Scheinwerfer, links | 1A |
| E25e4 | Nebelscheinwerfer, links | 1B |
| E26 | Scheinwerfer, rechts | 2A |
| E26e5 | Nebelscheinwerfer, rechts | 2B |
| E33 | Nebelschlussleuchte, Allrad, Rechtslenker | 7A |
| E34 | Nebelschlussleuchte, Allrad, Linkslenker | 7A |
| E67 | Heckleuchte, links | 6L, 8L |
| E67e33 | Nebelschlussleuchte, links | 6K, 8K |
| E68 | Heckleuchte, rechts | 6L, 8L |
| E68e34 | Nebelschlussleuchte, rechts | 6K, 8K |
| J26 | Endhülse, Nebelschlusslicht | 6G |
| J46 | Endhülse, Klemme 58 | 12H, 16G |
| J148 | Endhülse, Klemme 56b | 12E |
| J353 | Endhülse, Nebelscheinwerfer | 4G, 14E |
| J354 | Endhülse, Nebelschlussleuchte, EIN | 11E |
| J355 | Endhülse, Nebelscheinwerfer EIN | 2G, 15E |
| K83 | Relais, Nebelleuchten | 3L |
| P15 | Kombiinstrumente | 11A |
| S44 | Schalter, Nebelschlusslicht | 11L |
| S119 | Schalter, alle Nebelleuchten | 15L |
| W5 | Massepunkt, Sitzkiste | 3G |
| W6 | Massepunkt, Schlussleuchte | 8A |
| X18 | Anhängersteckdose, 13-polig | 10L |
| X73 | Anhängersteckdose | 10L |
| X79 | Steckverbindung, Rahmen/Brüstung | 11G |

**Legende für Schaltplan 15 – Innenbeleuchtung** (Seite 223)

| | | |
|---|---|---|
| F62 | Sicherung (15 A), Zeitrelais, Lüfter, Laderaumbeleuchtung | 11G |
| F145 | Sicherung (30 A), Steckverbindung, Laderaunbeleuchtung, Klemme 30 | 1G |
| F146 | Sicherung (15 A), Steckverbindung, Laderaunbeleuchtung, Klemme 30 | 2G |
| J16 | Endhülse, Klemme 30 | 1L, 11L |
| J31 | Endhülse, Klemme 15, gesichert | 2L |
| J46 | Endhülse, Klemme 58 | 6G |
| J358 | Endhülse, Klemme 31 | 12E |
| J436 | Endhülse, Lüfter, Zeitrelais | 11E |

| | | |
|---|---|---|
| J437 | Endhülse, Taster, Lüfter, Laderaum | 3G |
| J438 | Endhülse, Steckverbindung, Lüfter, Laderaum | 5E |
| J439 | Endhülse, Steckverbindung, Laderaum, Klemme 30 | 1E |
| J440 | Endhülse, Steckverbindung, Laderaum, Klemme 15 | 2E |
| S162 | Schalter, Laderaumbeleuchtung | 5L |
| S164 | Schalter, Leseleuchte | 8L |
| W4 | Massepunkt, Stirnwand | 12L |
| W5 | Massepunkt, Sitzkiste | 4E |
| W8 | Massepunkt, Brüstung | 5G, 8G |
| X45 | Steckverbindung, Rahmen/Dach (Serie) | 12H |
| X161 | Steckverbindung, Leseleuchte | 10A |
| X169 | Steckverbindung, Leseleuchte | 8H |
| X225 | Steckverbindung, Laderaum | 4A |
| X226 | Steckverbindung, Laderaum | 1D |
| X227 | Steckverbindung, Laderaum | 4H, 10E |

**Legende für Schaltplan 16 – Scheibenwischer** (Seite 223)

| | | |
|---|---|---|
| A12 | Zentralelektrik | 1F |
| A12k2 | Wischerrelais | 8C |
| A12n1 | Steuergerät für Wischer, Blinker, Motorstart | 7C |
| J250 | Endhülse, Wischerschalter | 7J |
| M6 | Pumpe; Scheibenwaschanlage | 9L |
| M7 | Scheibenwischermotor, Linkslenker (LL) | 3L |
| M9 | Scheibenwischermotor, Rechtslenker (RL) | 3L |
| S2 | Kombischalter | 5A |
| S2s7 | Wischerschalter | 4B |
| W2 | Massepunkt, Scheinwerfer, rechts | 9H |
| W4 | Massepunkt, Stirnwand | 4H |

**Legende für Schaltplan 17a bis 17d – Außenbeleuchtung** (Seiten 224–225)

| | | |
|---|---|---|
| A12 | Zentralelektrik | oben |
| A12f4 | Sicherung, Rückfahrlicht | 51B |
| A60 | Steuergerät, Sprintshift | 54L |
| A83 | Steuergerät, ME | 47L |
| A88 | Navigationsrechner | 45L |
| E1 | Rückfahrleuchte, Allrad, Rechtslenker | 44L |
| E19 | Rückfahrleuchte, Allrad, Linkslenker | 44L |
| E25 | Scheinwerfer, links | 6L, 12L |
| E25e4 | Nebelscheinwerfer, links | 8K |
| E25e9 | Standlicht, links | 7K |
| E25e64 | Abblendlicht, links | 9K |
| E25e66 | Fernlicht, links | 12K |
| E25h21 | Blinkleuchte, links | 8K |
| E26 | Scheinwerfer, rechts | 15L, 21L |
| E26e5 | Nebelscheinwerfer, rechts | 17K |
| E26e6 | Standlicht, rechts | 19K |
| E25e63 | Abblendlicht, rechts | 16K |
| E26e65 | Fernlicht, rechts | 14K |
| E26h3 | Blinkleuchte, rechts | 18K |
| E26m1 | Motor, Leuchtweitenregulierung, rechts | 22K |
| E67 | Heckleuchte, links | 25L, 30L |
| E67e8 | Schlussleuchte, links | 26K, 32K |
| E67e19 | Rückfahrleuchte, links | 24K, 29K |
| E67e33 | Nebelschlussleuchte, links | 26K, 31K |
| E67e36 | Umrissleuchte, links | 28K |
| E67e81 | Kennzeichenbeleuchtung, Fahrgestell, links | 31K |
| E67h18 | Bremsleuchte, hinten links | 25K, 30K |
| E67h22 | Blinkleuchte, hinten links | 24K |

| | | |
|---|---|---|
| E68 | Heckleuchte, rechts | 35L, 40L |
| E68e1 | Rückfahrleuchte, rechts | 36K, 42K |
| E68e7 | Schlussleuchte, rechts | 34K, 40K |
| E68e34 | Nebelschlussleuchte, rechts | 34K, 38K |
| E68e37 | Umrissleuchte, rechts | 37K |
| E68e82 | Kennzeichenbeleuchtung, Fahrgestell, rechts | 39K |
| E68h4 | Blinkleuchte, hinten rechts | 35K, 41K |
| E68h19 | Bremsleuchte, hinten rechts | 35K, 40K |
| F146 | Sicherung (15 A), Steckverbindung, Laderaum-Beleuchtung, Klemme 15 | 56G |
| F147 | Sicherung (25 A), Fahrlichtabschaltung, Klemme 30 | 58G |
| J4 | Endhülse, Klemme 58R | 19H, 33E |
| J16 | Endhülse, Klemme 30 | 58E |
| J20 | Endhülse, Rückfahrleuchte, links | 26E, 38E |
| J28 | Endhülse, Klemme 58R | 36E |
| J29 | Endhülse, Klemme 58L | 27E |
| J31 | Endhülse, Klemme 16, gesichert | 56L |
| J33 | Endhülse, Klemme 58 | 5H |
| J38 | Endhülse, Klemme 56a | 12E |
| J46 | Endhülse, Klemme 58 | 2H, 22C |
| J79 | Endhülse, Klemme 58L | 7H, 30E |
| J148 | Endhülse, Klemme 56b | 9E |
| J356 | Endhülse, Leuchtweitenregulierung | 5H, 21H |
| J370 | Endhülse, Klemme 15, gesichert | 53G |
| J440 | Endhülse, Steckverbindung, Laderaum, Klemme 15 | 57G |
| K55 | Relais, Fahrlichtabschaltung | 58L |
| K85 | Relais, Rückfahrlicht, Sprintshift | 52L |
| P15 | Kombiinstrument | 13L |
| S19 | Rückfahrlichtschalter | 48L |
| S19.1 | Getriebeneutral/Rückfahrlichtschalter | 50L |
| S25 | Schalter, Leuchtweitenregulierung | 3L |
| S53 | Lenkschloss mit mechanischer Anlasswiederholsperre | 1A |
| W2 | Massepunkt, Scheinwerfer, rechts | 15H, 20H, 22H |
| W5 | Massepunkt, Sitzkiste | 57G |
| W6 | Massepunkt, Schlussleuchte | 28E, 39E, 43H |
| W7 | Massepunkt, Motorraum | 6H, 13H |
| W8 | Massepunkt, Brüstung | 1H |
| X79 | Steckverbindung, Rahmen/Brüstung | 4H, 22E |
| X219 | Steckverbindung, Restaufzeichnungsgerät | 11C, 29C, 38C |
| A | Anhängerkupplung | |
| B | Tagfahrlicht | |

**Legende für Schaltplan 18a bis 18b – Diebstahlwarnanlage (EDW)** (Seite 226)

| | | |
|---|---|---|
| A8 | Steuergerät, Zentralverriegelung | 20L |
| A12 | Zentralelektrik | 28L |
| A18 | Steuergerät, EDW | oben |
| A62 | Steuergerät, WSP | 18L |
| A80 | Steuergerät, CDI | 10L |
| F85 | Sicherung (20 A), EDW, Klemme 30 | 25H |
| F86 | Sicherung (7,5 A), EDW, Klemme 15 | 16E |
| F87 | Sicherung (7,5 A), EDW, Blinker links | 5E |
| F88 | Sicherung (7,5 A), EDW, Blinker rechts | 6E |
| H34 | Horn, EDW | 1L |
| J3 | Endhülse, Innenlicht | 24H |
| J31 | Endhülse, Klemme 15, gesichert | 16H |
| J46 | Endhülse, Klemme 58 | 31H |
| J77 | Endhülse, Innenlicht | 24H |
| J80 | Endhülse, Blinklicht, rechts | 6G |
| J81 | Endhülse, Blinklicht, links | 5G |

| | | |
|---|---|---|
| J278 | Endhülse, Klemme 15 | 25E |
| J282 | Endhülse, Blinkersignal, links (Anhänger) | 20H |
| J283 | Endhülse, Blinkersignal, rechts (Anhänger) | 23H |
| J284 | Endhülse, EDW (Blinker, Anhänger) | 21H |
| J312 | Endhülse, Klemme 30 | 27G |
| J346 | Endhülse, MSS/Sprintshift | 9G |
| J375 | Endhülse, Diagnoseleitung | 15G |
| P11 | Diagnosesteckdose, 14-polig | 13L |
| P17 | Diagnosesteckdose, 16-polig | 15L |
| S18 | Kontaktschalter, EDW (Motorhaube) | 14L |
| S32 | Schalter, MSS | 8L |
| S45 | Schalter, Fahrertürschloss | 4L |
| S97 | Panikschalter | 31L |
| S160 | Doppelschalter, EWD/MSS (Motorhaube) | 11L |
| V9 | Diode EDW 1 | 21L |
| V10 | Diode EDW 2 | 23L |
| W2.1 | Massepunkt, EDW, Scheinwerfer, rechts | 1H, 12E |
| W4 | Massepunkt, Stirnwand | 5H |
| W5 | Massepunkt, Sitzkiste | 5E |
| W8 | Massepunkt, Brüstung | 32H |
| X46 | Steckverbindung, Rahmen/Dach (SA) | 24E |
| X80 | Steckverbindung, Rahmen/Brüstung | 7H |
| X142 | Steckverbindung, Rahmen/Brüstung | 29H |
| X176 | Steckverbindung, EDW | 2H, 13E, 18E, 27E |
| A | Kombischalter an Zentralelektrik, Innenschaltung | |
| B | Außenbeleuchtung, Richtungs-/Warnblinker | |

**Kabelfarbenerklärung**

| | | |
|---|---|---|
| BA | = | Weiß |
| BE | = | Blau |
| BJ | = | Beige |
| CY | = | Durchsichtig |
| GR | = | Grau |
| JA | = | Gelb |
| MA | = | Braun |
| NO | = | Schwarz |
| OR | = | Orangefarben |
| RG | = | Rot |
| SA | = | Rosa |
| VE | = | Grün |
| VI | = | Lila |

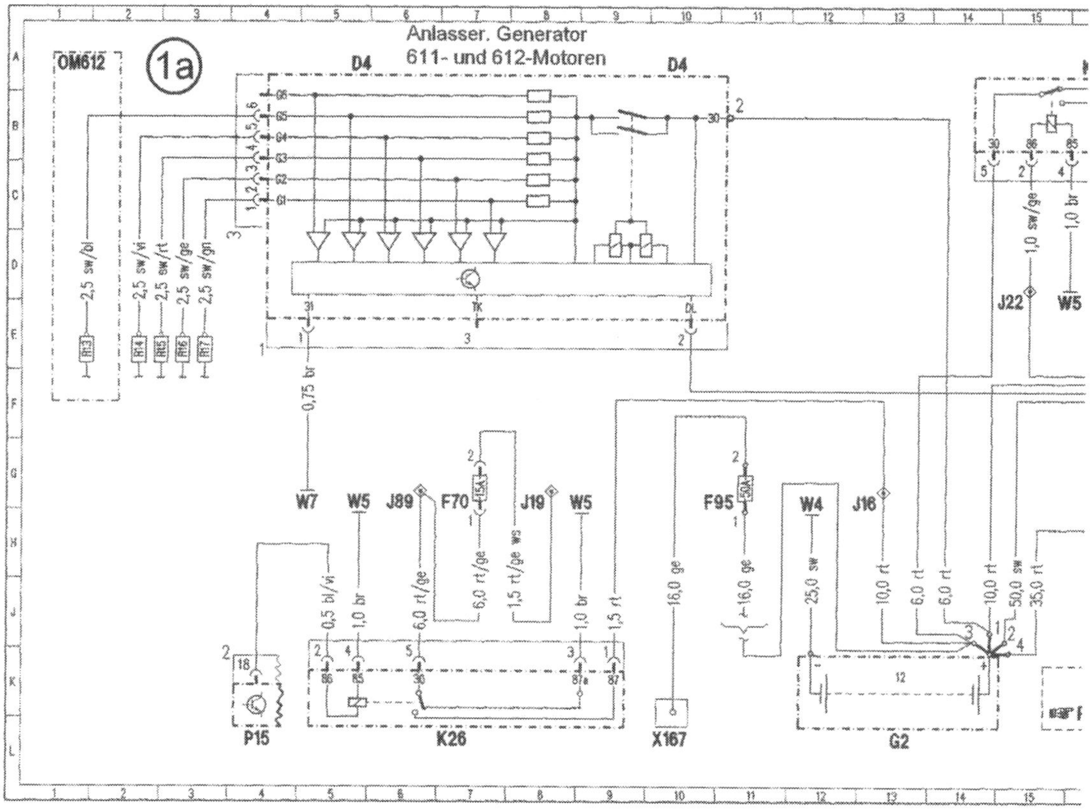
Anlasser, Generator
611- und 612-Motoren
OM612
1a
D4
D4
P15
K26
X167
G2
W7
W5
J89
F70
J19
W5
F95
W4
J16
J22
W5

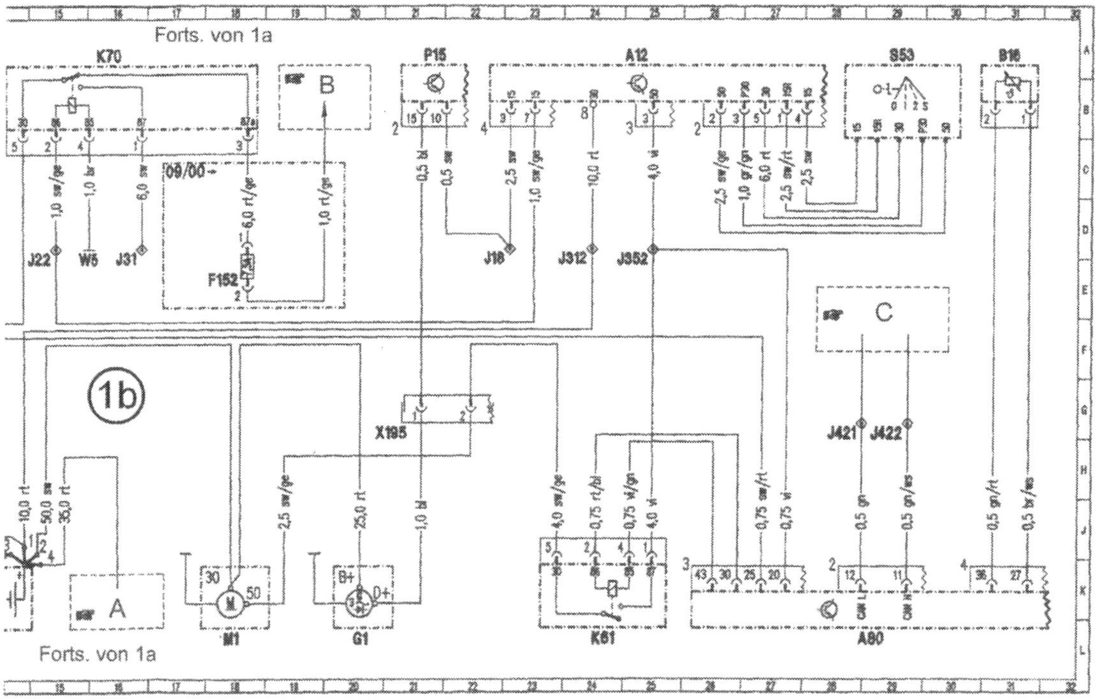
Forts. von 1a
K70
B
P15
A12
S53
B16
09/00→
J22
W5
J31
F152
J18
J312
J352
C
1b
X195
J421
J422
A
M1
G1
K61
A80
Forts. von 1a

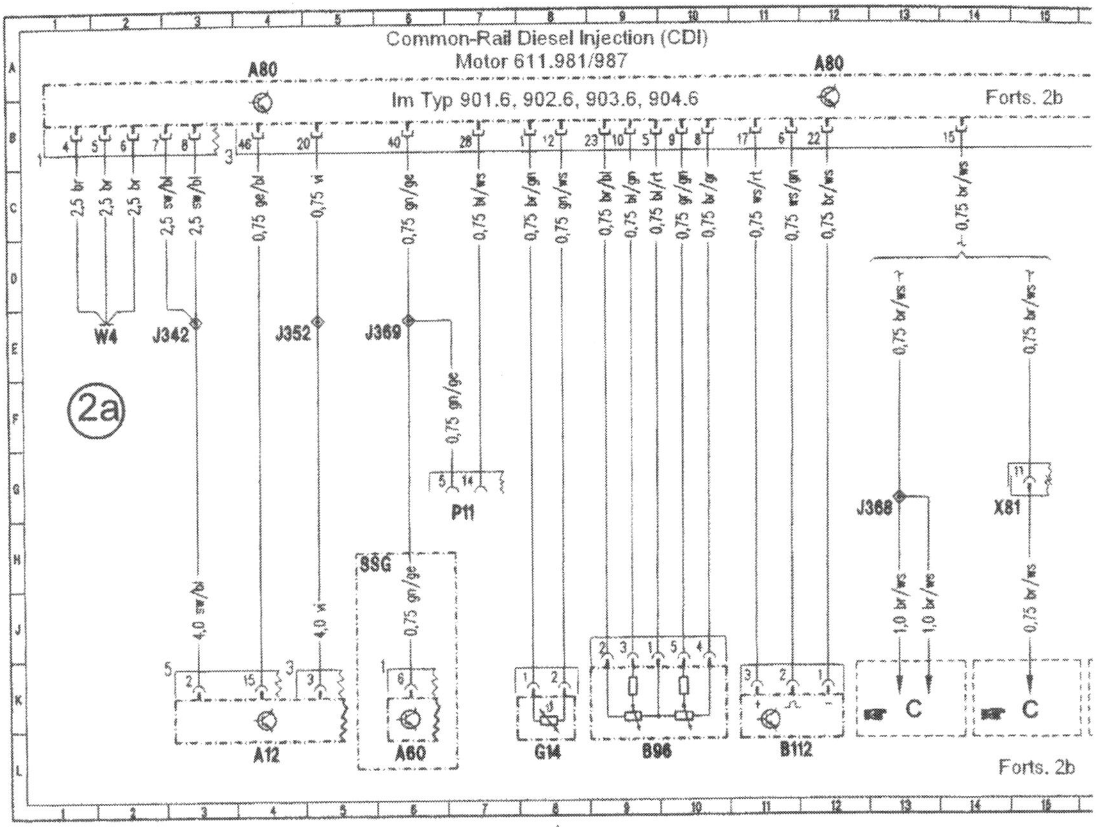
Common-Rail Diesel Injection (CDI)
Motor 611.981/987
Im Typ 901.6, 902.6, 903.6, 904.6
A80
Forts. 2b
2a
W4
J342
J352
J369
P11
SSG
J368
X81
A12
A60
G14
B96
B112
C
Forts. 2b

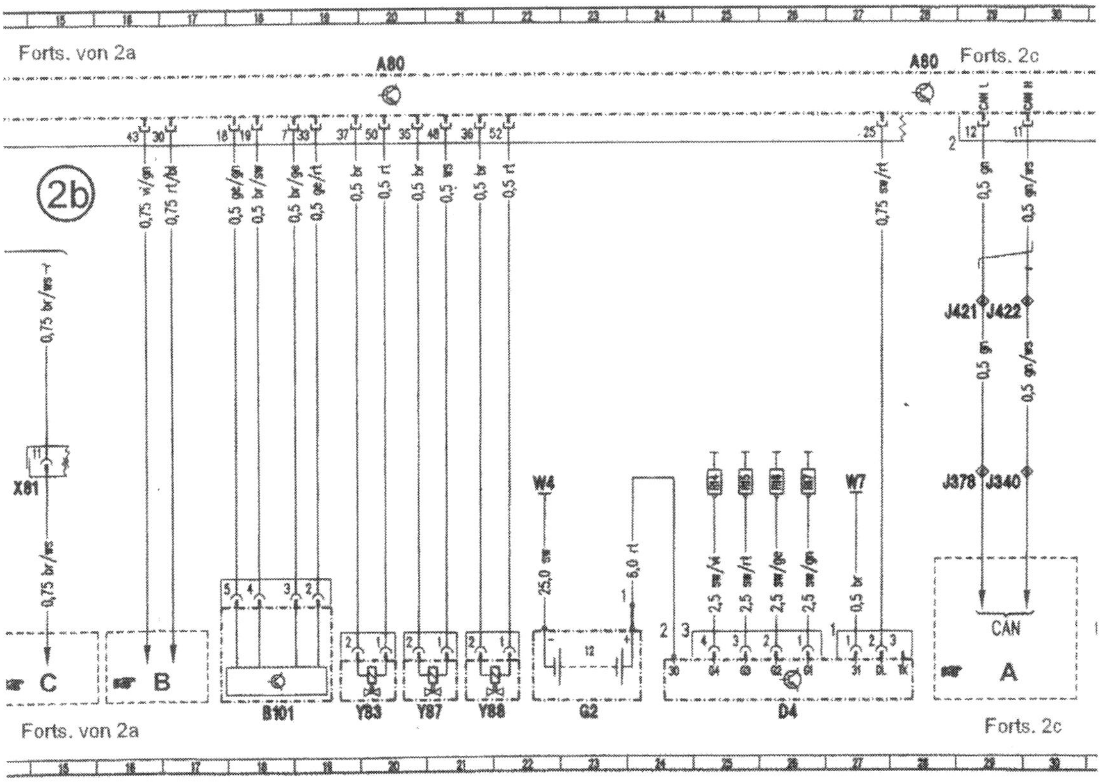
Forts. von 2a
A80
Forts. 2c
2b
X81
C
B
B101
Y83
Y87
Y88
G2
D4
W4
W7
J421
J422
J378
J340
CAN
A
Forts. von 2a
Forts. 2c

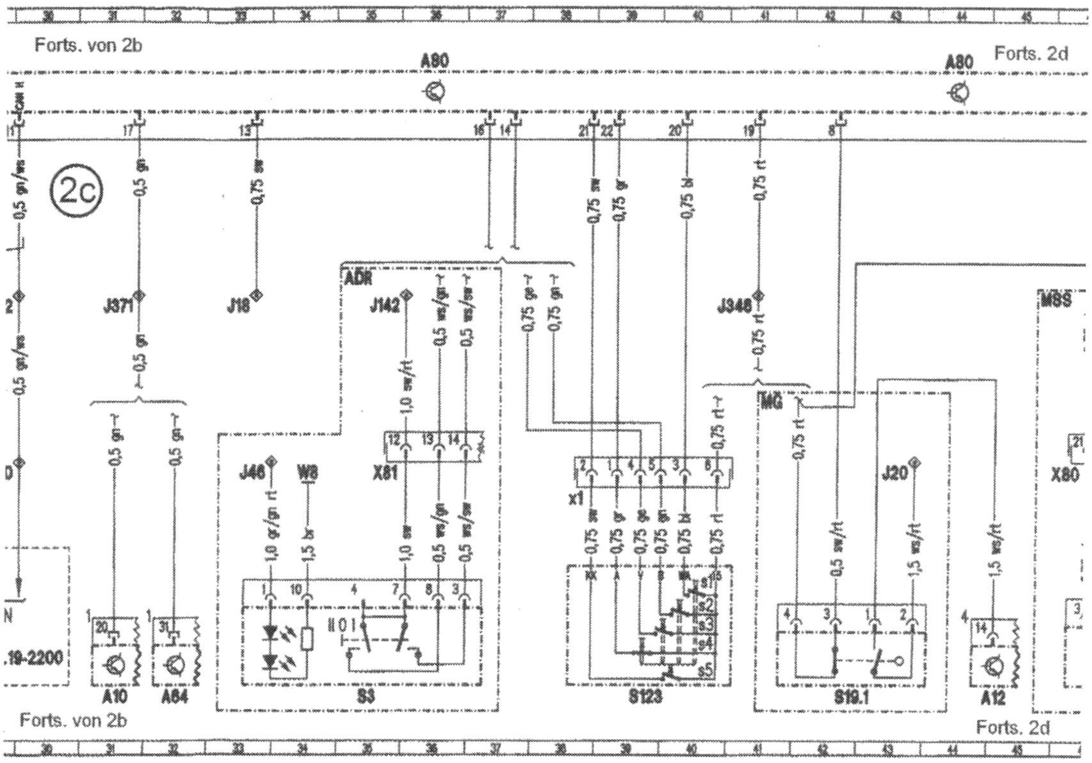
Forts. von 2b
A80
Forts. 2d
2c
J371
J18
ADR
J142
J348
MG
MSS
J46
W8
X81
X1
J20
X80
A10
A64
S3
S123
S19.1
A12
Forts. von 2b
Forts. 2d

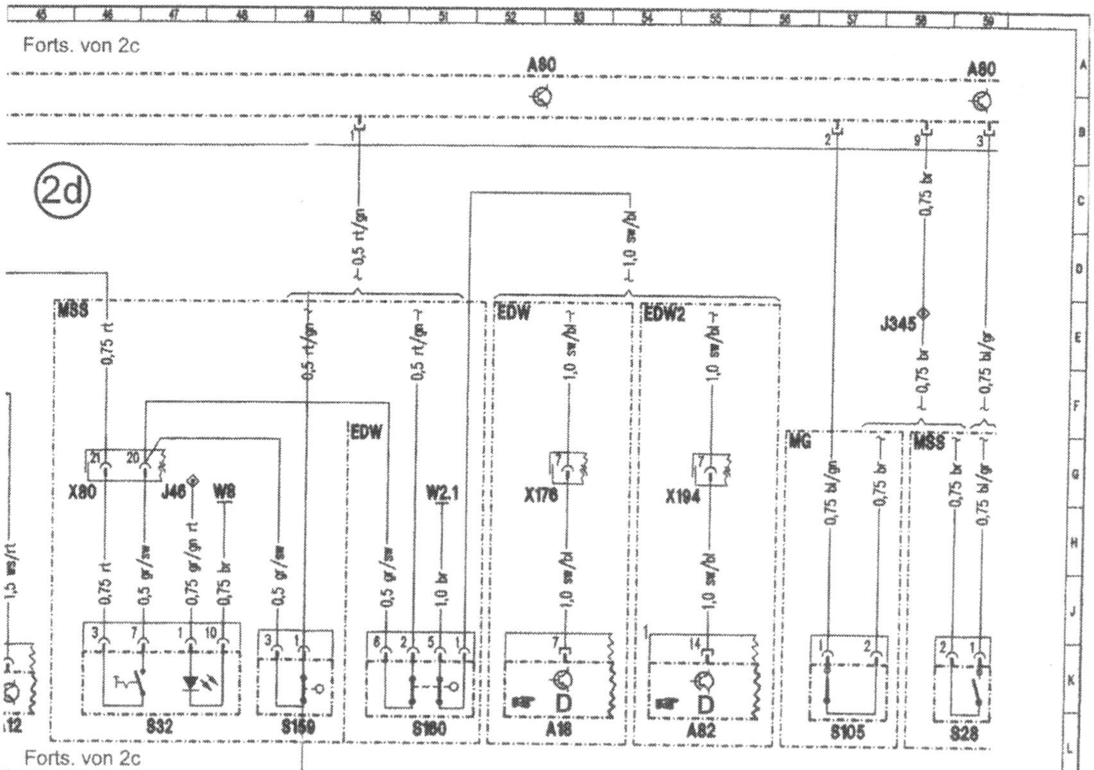
Forts. von 2c
A80
2d
MSS
EDW
EDW2
J345
X80
J46
W8
W2.1
X176
X194
MG
S32
S159
S160
A16
A82
S105
S28
Forts. von 2c

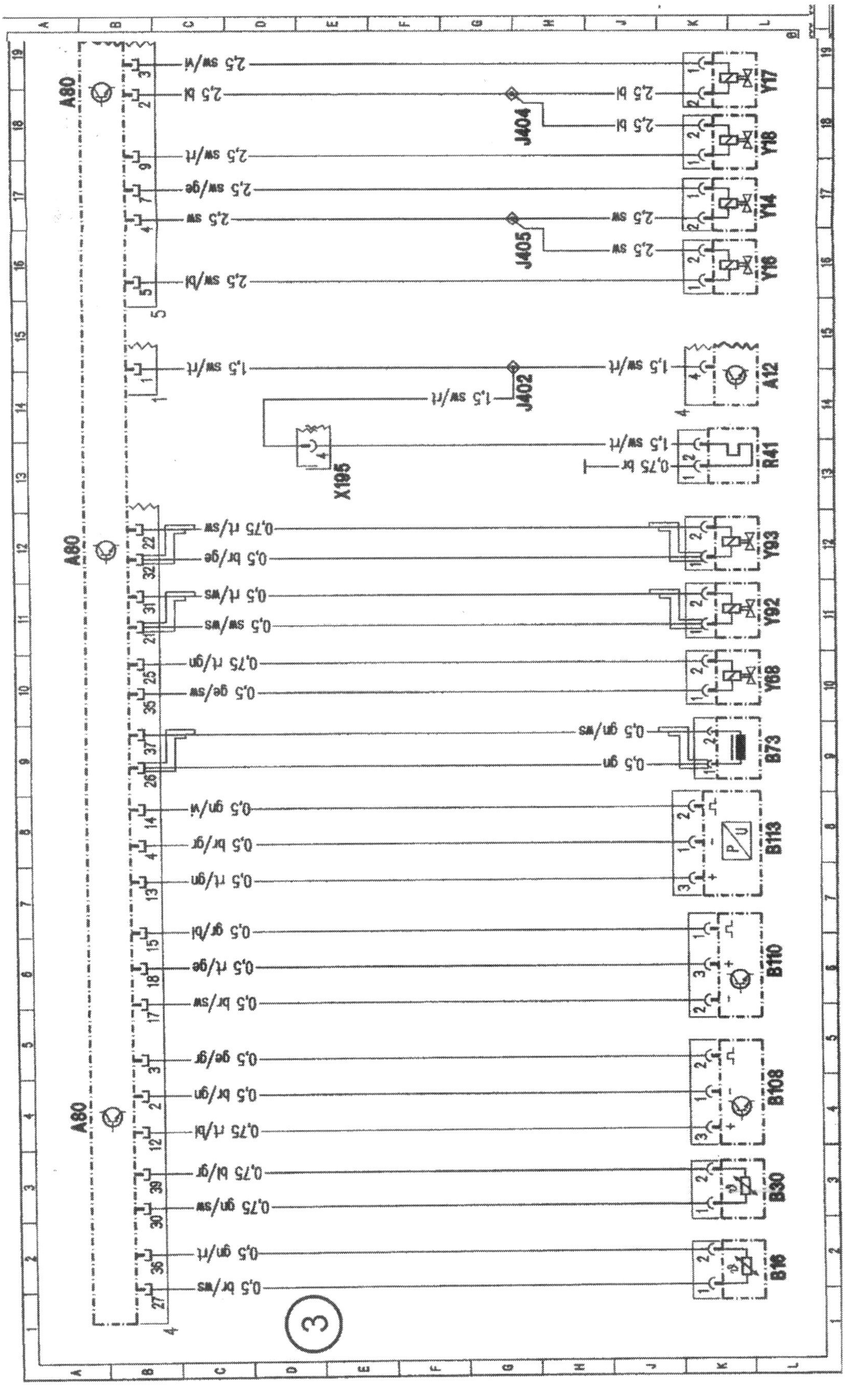
A80
Y17
Y18
Y14
Y16
J404
J405
A12
J402
R41
X195
Y93
Y92
Y68
B73
B113
B110
B108
B30
B16
2,5 sw/vi
2,5 bl
2,5 sw/rt
2,5 sw/ge
2,5 sw
2,5 sw/bl
1,5 sw/rt
0,75 br
0,75 rt/sw
0,5 br/ge
0,5 rt/ws
0,5 sw/ws
0,75 rt/gn
0,5 ge/sw
0,5 gn/ws
0,5 gn
0,5 gn/vi
0,5 br/gr
0,5 rt/gn
0,5 gr/bl
0,5 rt/ge
0,5 br/sw
0,5 ge/gr
0,5 br/gn
0,75 rt/bl
0,75 bl/gr
0,75 gn/sw
0,5 gn/rt
0,5 br/ws
3

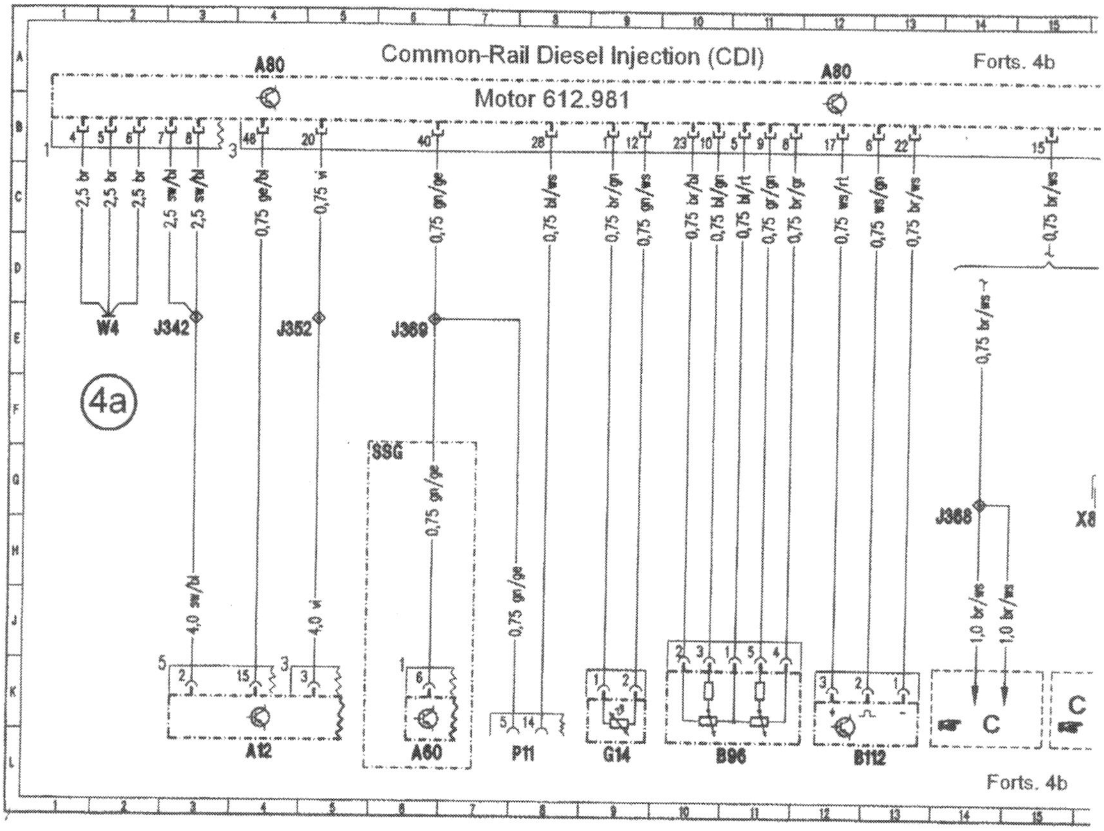
Common-Rail Diesel Injection (CDI)
Motor 612.981
Forts. 4b
A80
4a
W4
J342
J352
J369
SSG
J368
A12
A60
P11
G14
B96
B112
C
Forts. 4b

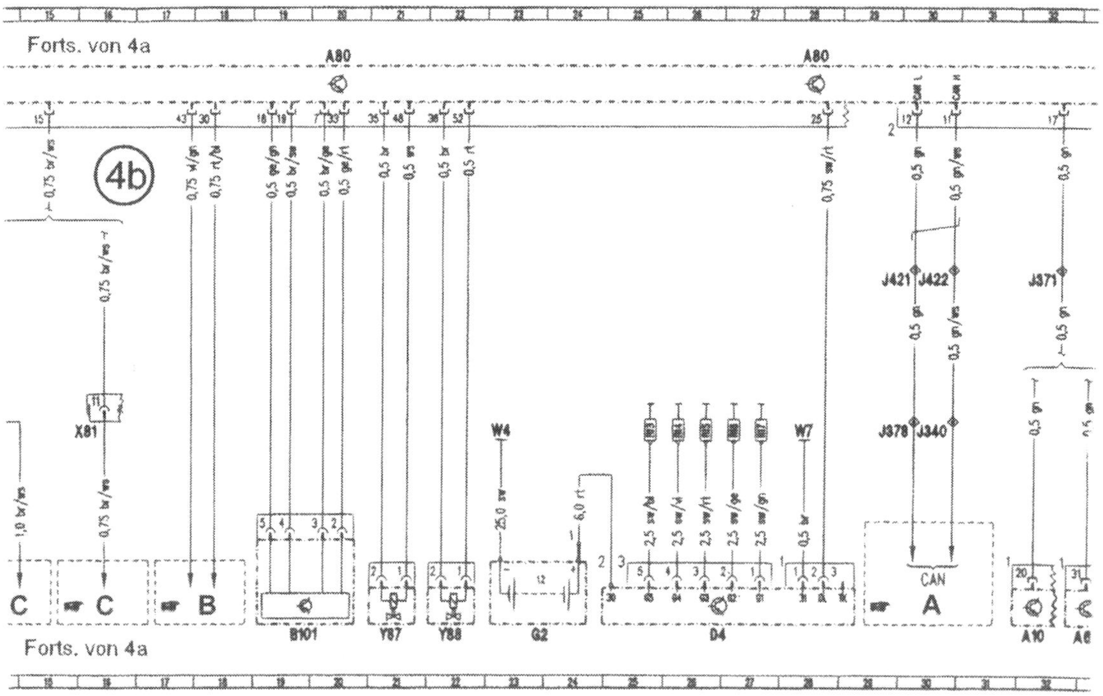
Forts. von 4a
A80
4b
J421
J422
J371
X81
W4
W7
J378
J340
CAN
C
B
A
B101
Y87
Y88
G2
D4
A10
Forts. von 4a

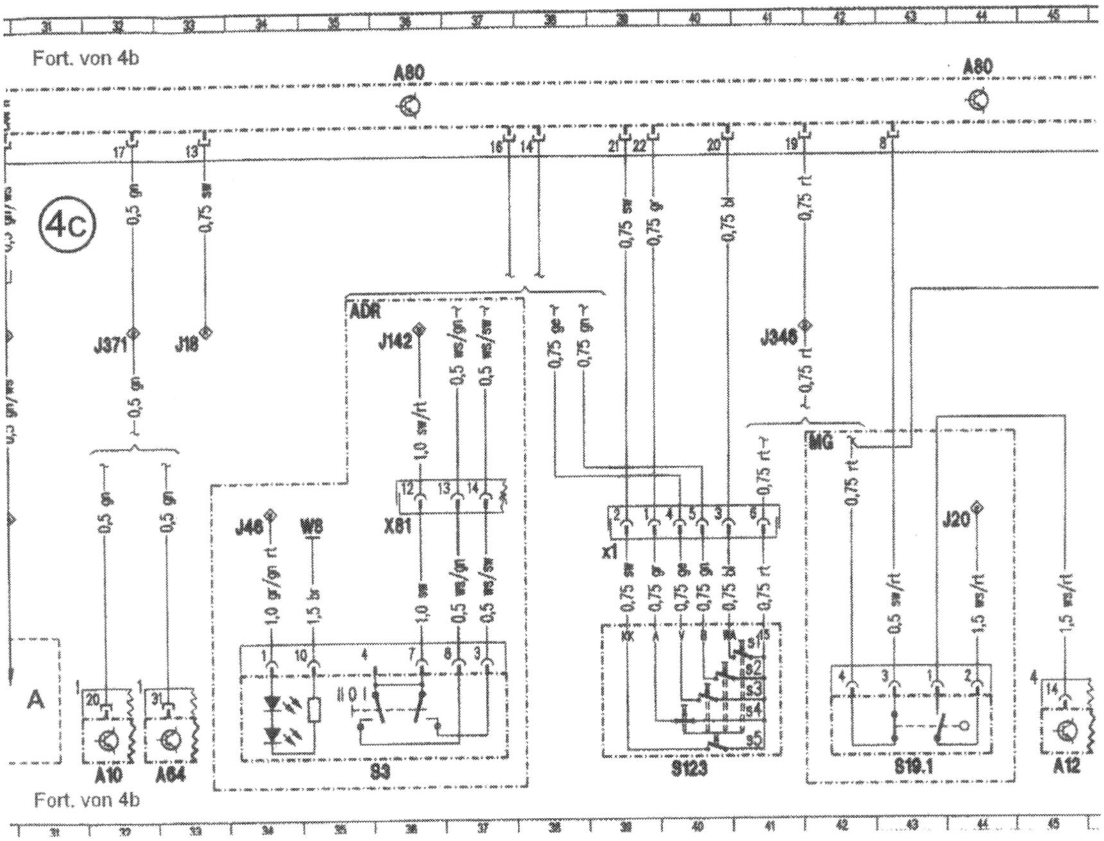
Fort. von 4b
A80
A80
4c
J371
J18
ADR
J142
J348
MG
J46
W8
X81
X1
J20
A
A10
A64
S3
S123
S19.1
A12
Fort. von 4b

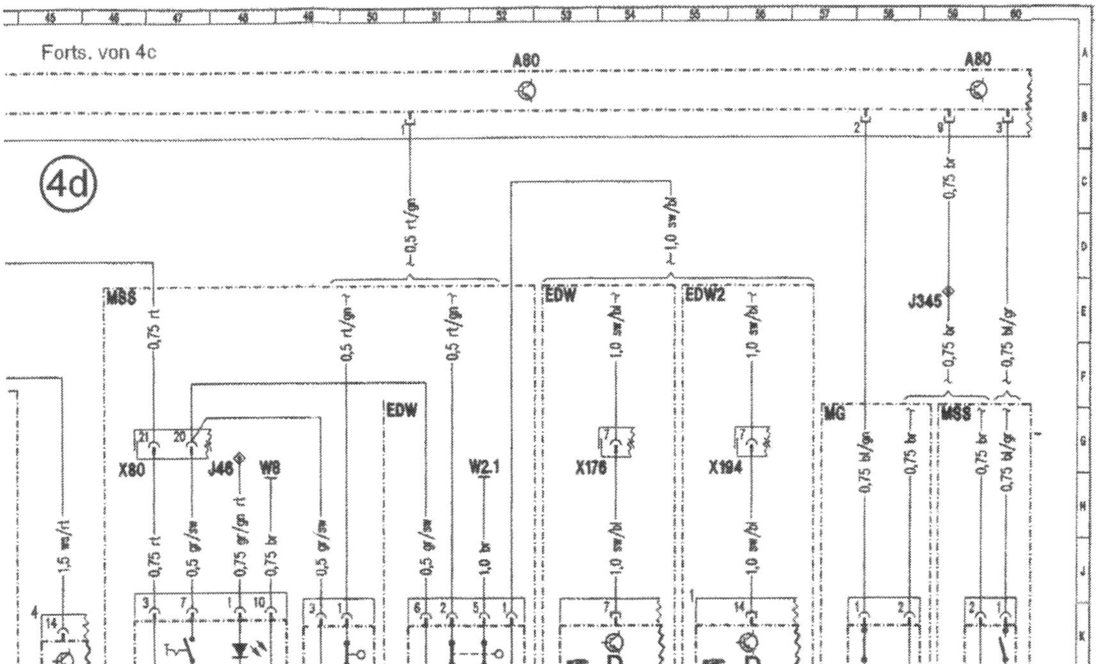
Forts. von 4c
A80
A80
4d
MSS
EDW
EDW2
J345
X80
J46
W8
EDW
W2.1
X176
X194
MG
MSS
A12
S32
S159
S160
A16
A82
S105
S28
Forts. von 4c

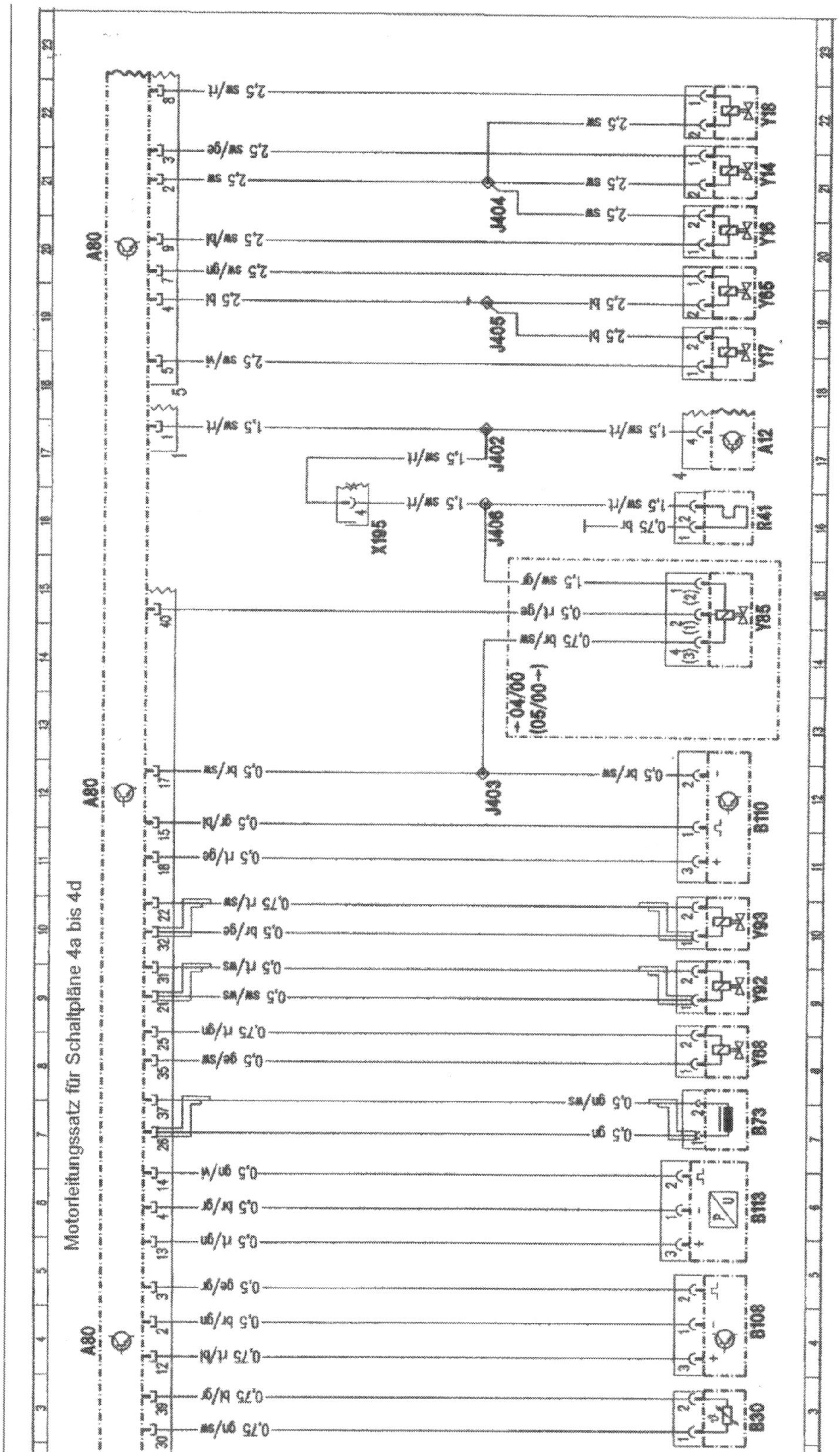
Motorleitungssatz für Schaltpläne 4a bis 4d
A80
A12
B16
B30
B73
B108
B110
B113
R41
X195
Y16
Y17
Y18
Y14
Y35
Y65
Y88
Y92
Y93
J402
J403
J404
J405
J406
← 04/00
(05/00 →)
5

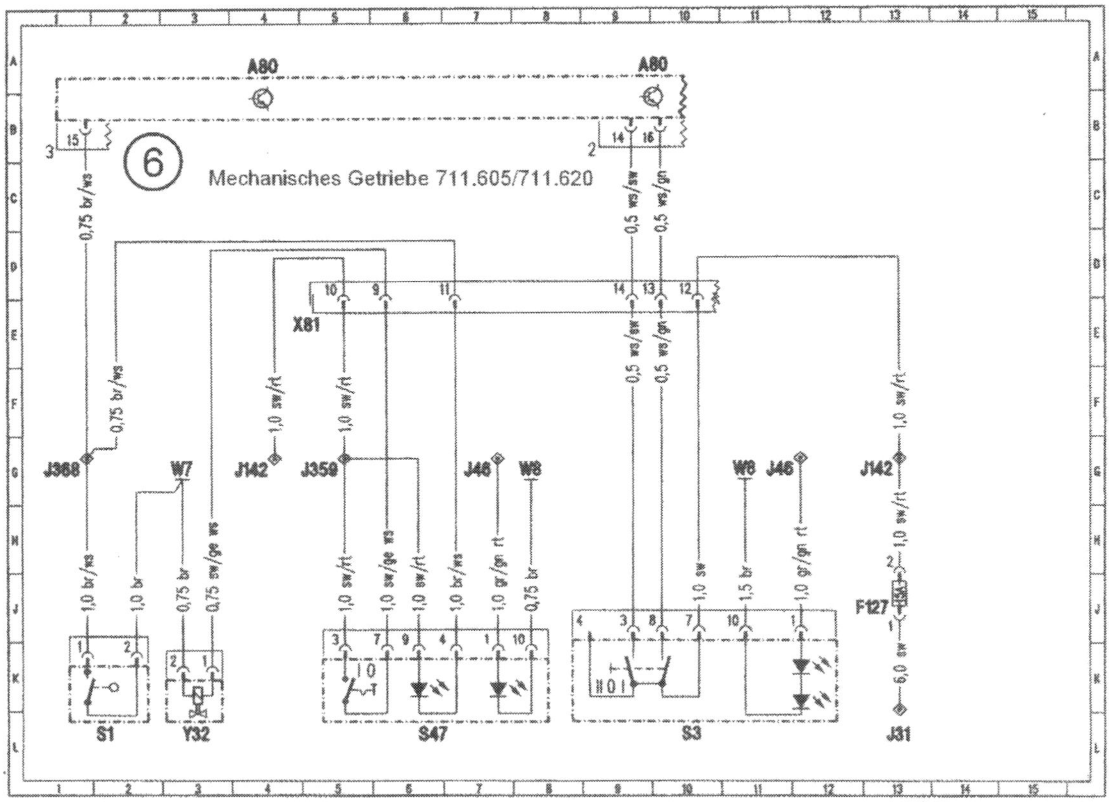
6
Mechanisches Getriebe 711.605/711.620
A80
X81
J368
W7
J142
J359
J46
W8
S1
Y32
S47
S3
F127
J31

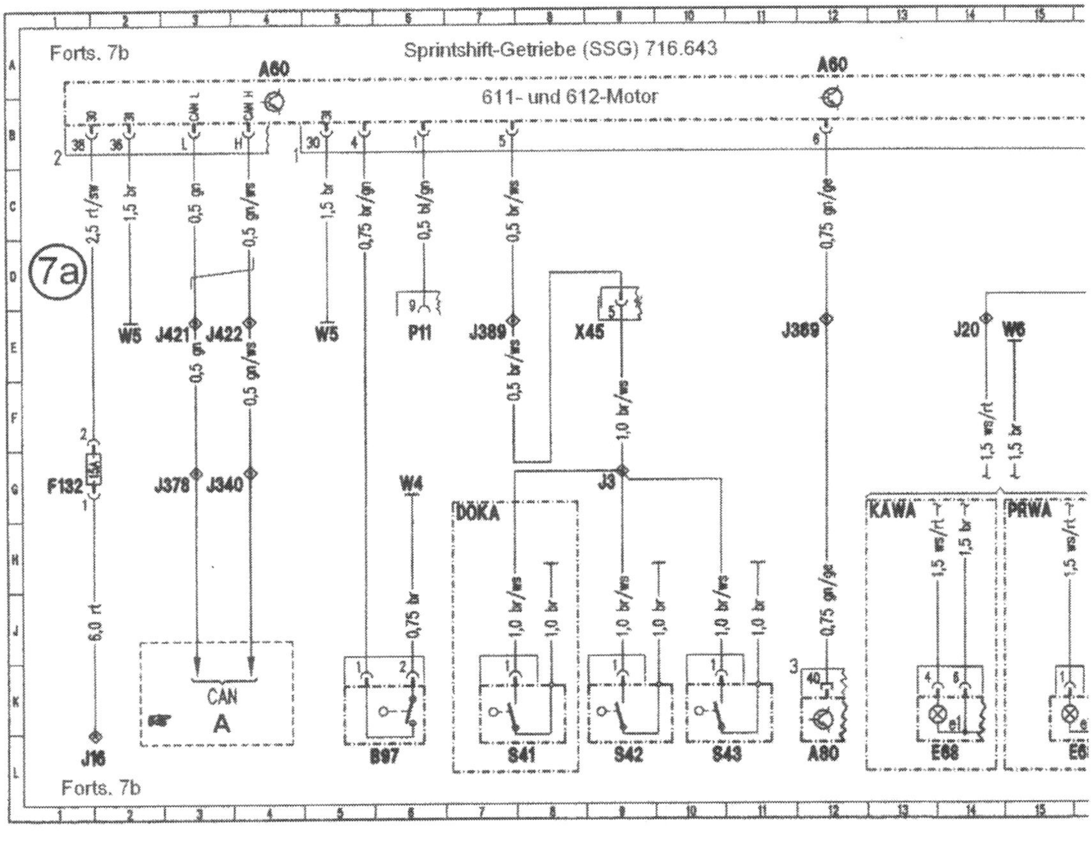
7a
Forts. 7b
Sprintshift-Getriebe (SSG) 716.643
611- und 612-Motor
A60
W5
J421
J422
P11
J389
X45
J369
J20
W6
F132
J378
J340
W4
J3
DOKA
KAWA
PRWA
CAN
A
J16
B97
S41
S42
S43
A80
E68
Forts. 7b

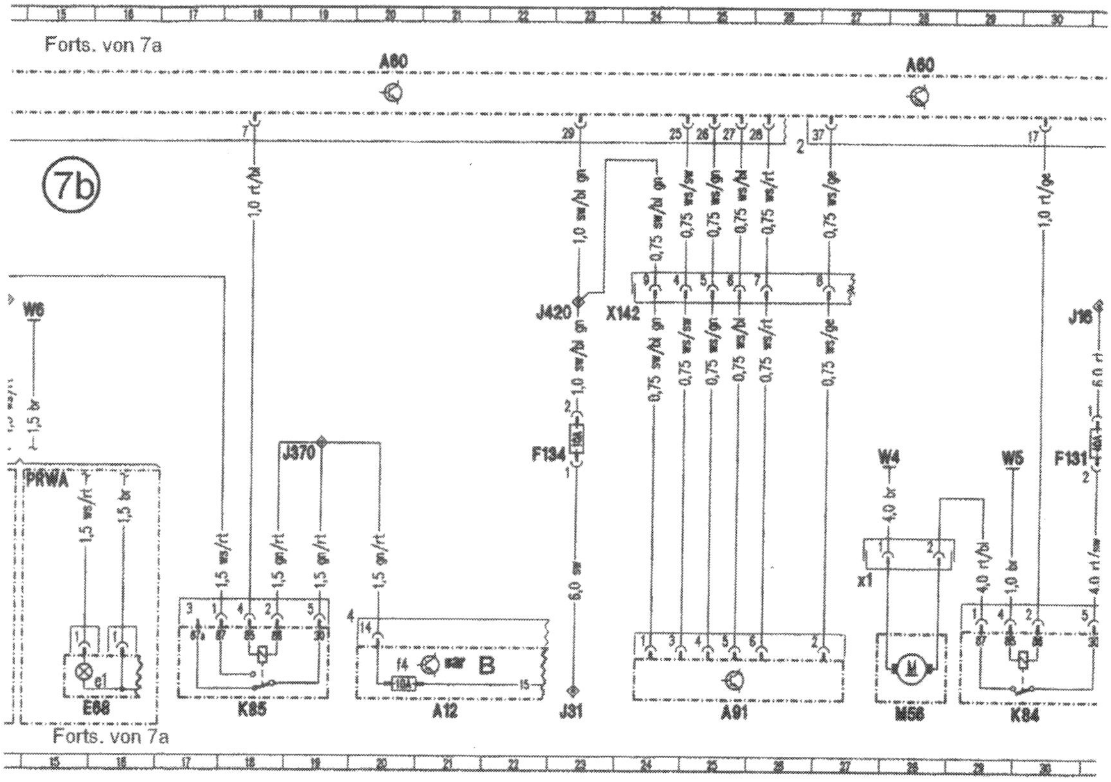
Forts. von 7a
7b
A60
W6
PRWA
E66
K85
J370
A12
F134
J420
X142
J31
A91
W4
W5
F131
J16
M56
K84
Forts. von 7a

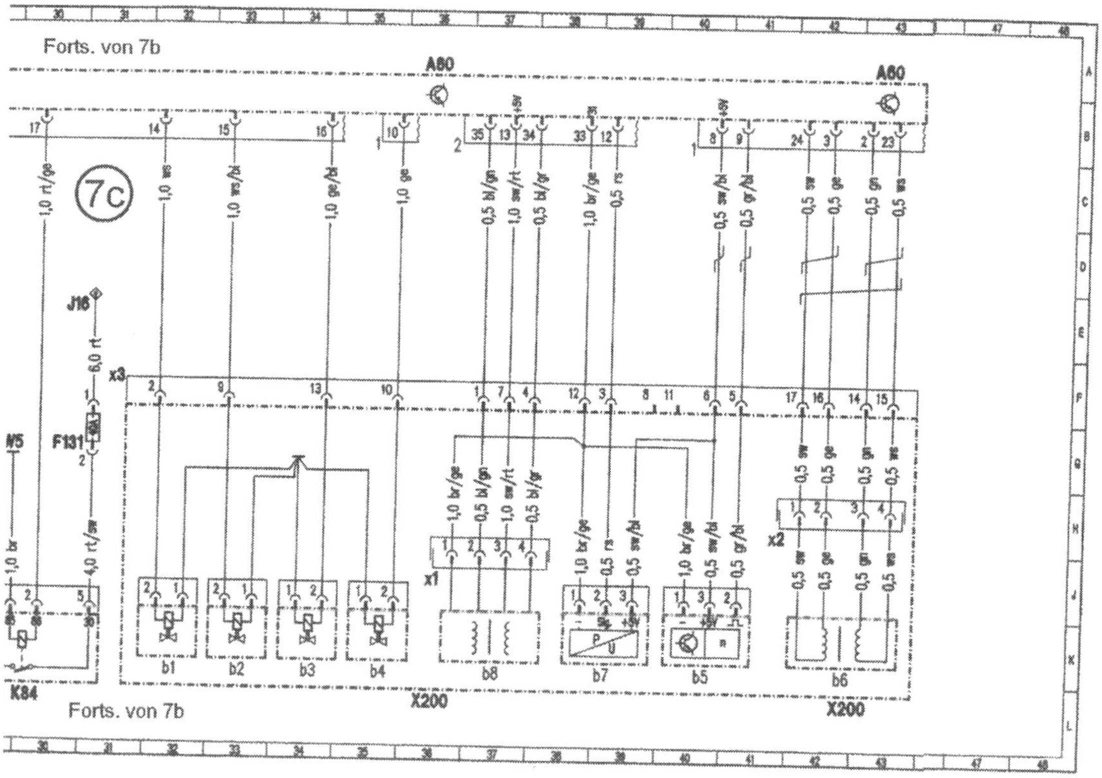
Forts. von 7b
7c
A60
J16
F131
W5
x3
x1
x2
K84
b1
b2
b3
b4
b8
b7
b5
b6
X200
Forts. von 7b

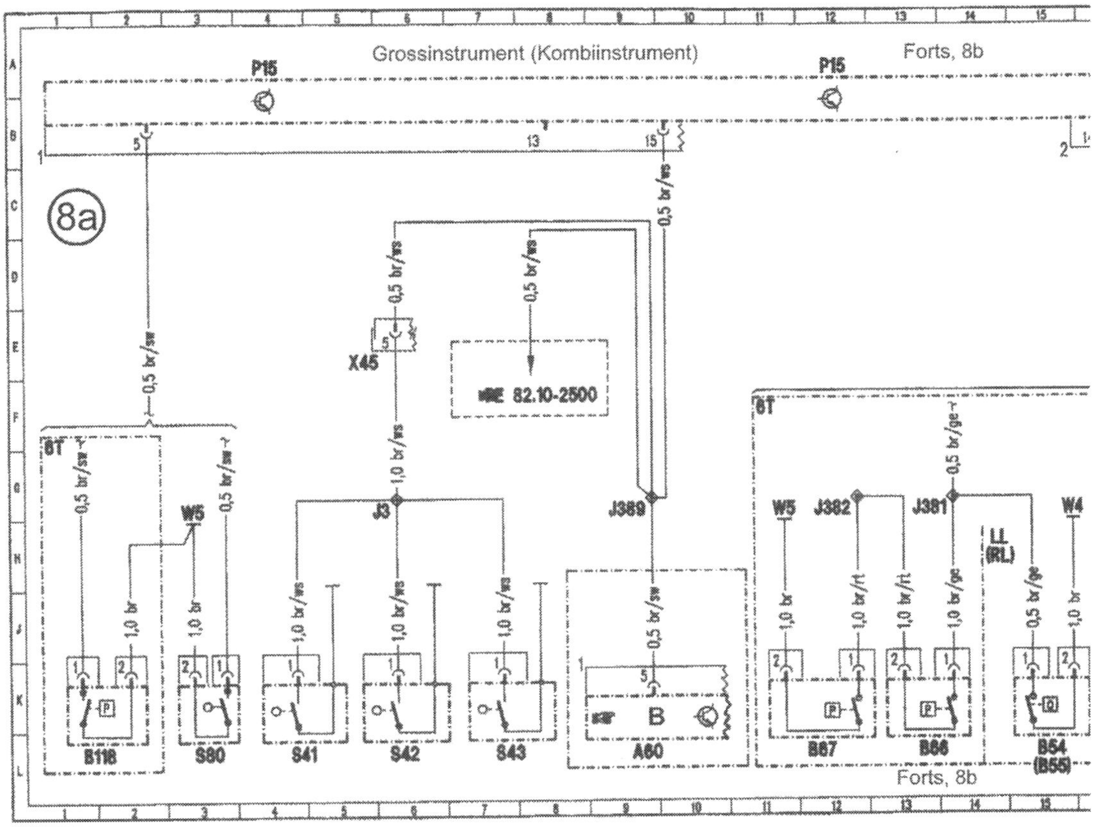

Grossinstrument (Kombiinstrument)
Forts, 8b
P15
8a
X45
82.10-2500
J3
J389
J382
J381
W5
W4
LL
(RL)
B116
S80
S41
S42
S43
A60
B67
B66
B54
(B55)


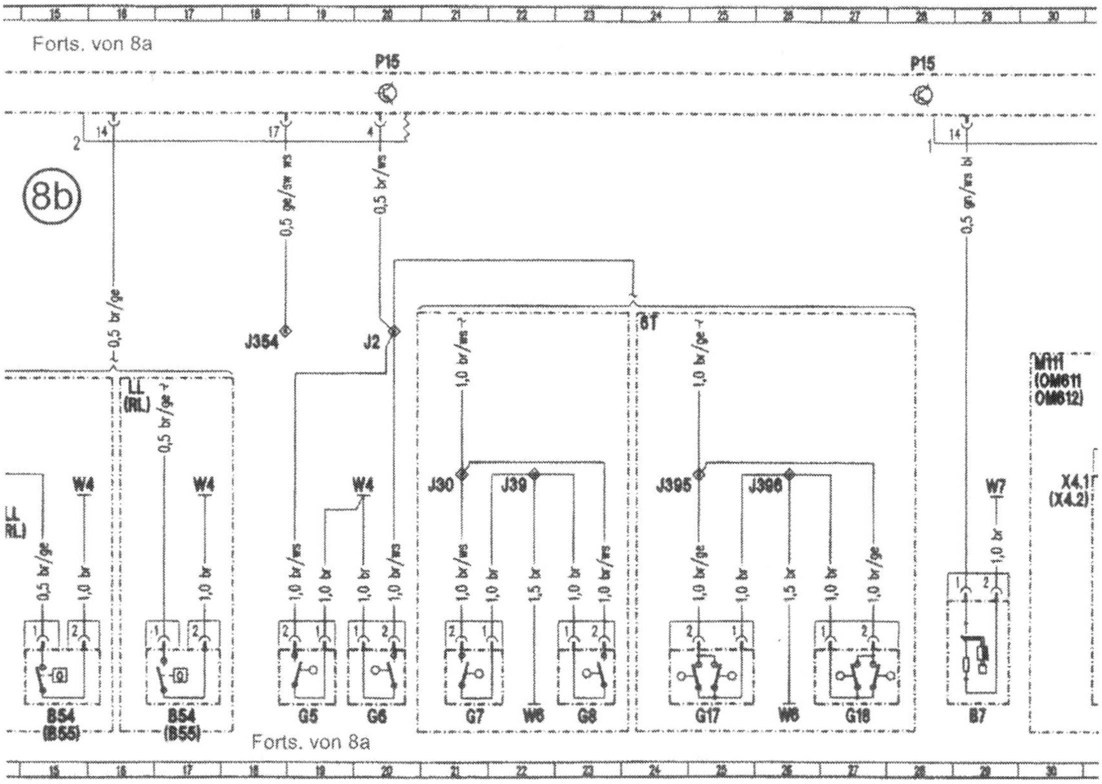

Forts. von 8a
P15
8b
J354
J2
J30
J39
J395
J396
W4
W7
LL
(RL)
M11
(OM611
OM612)
X4,1
(X4.2)
B54
(B55)
G5
G6
G7
W6
G8
G17
G18
B7

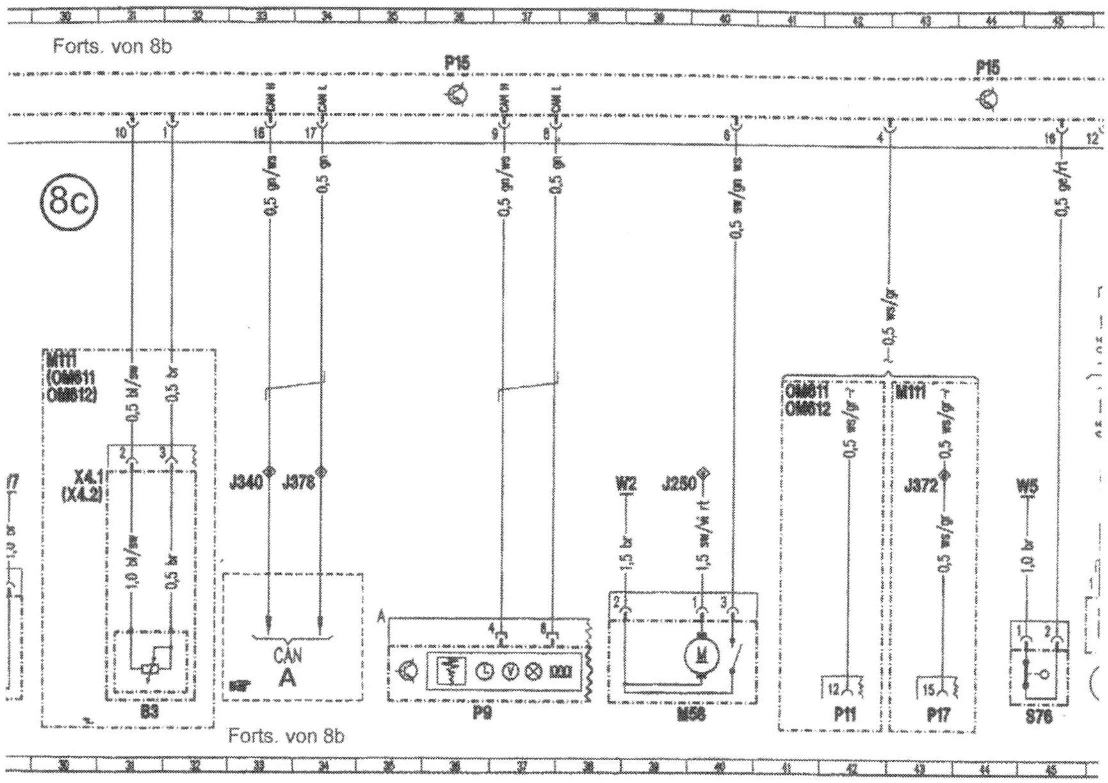
Forts. von 8b
8c
P15
M111
(OM611
OM612)
X4.1
(X4.2)
J340
J378
CAN
A
P9
W2
J250
M56
OM611
OM612
M111
J372
W5
P11
P17
S76
B3
Forts. von 8b

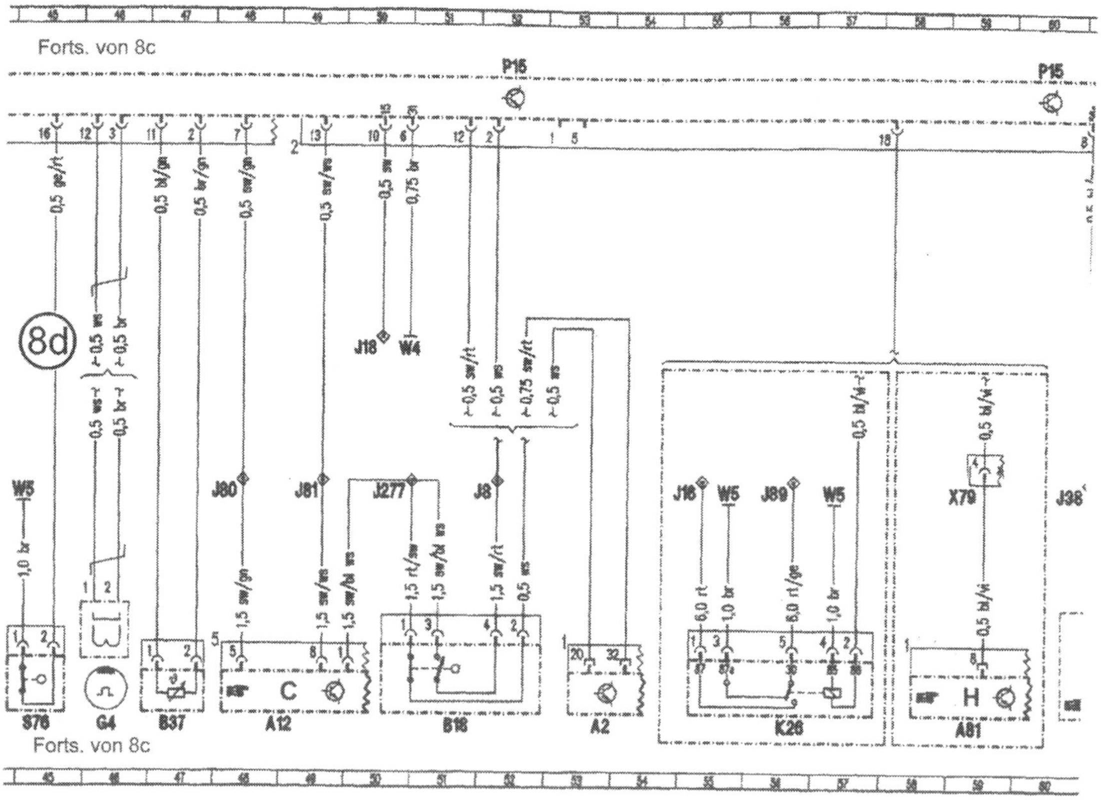
Forts. von 8c
P15
8d
W5
J80
J81
J277
J8
J18
W4
J16
J89
X79
J38
S76
G4
B37
C
A12
B16
A2
K26
H
A81
Forts. von 8c

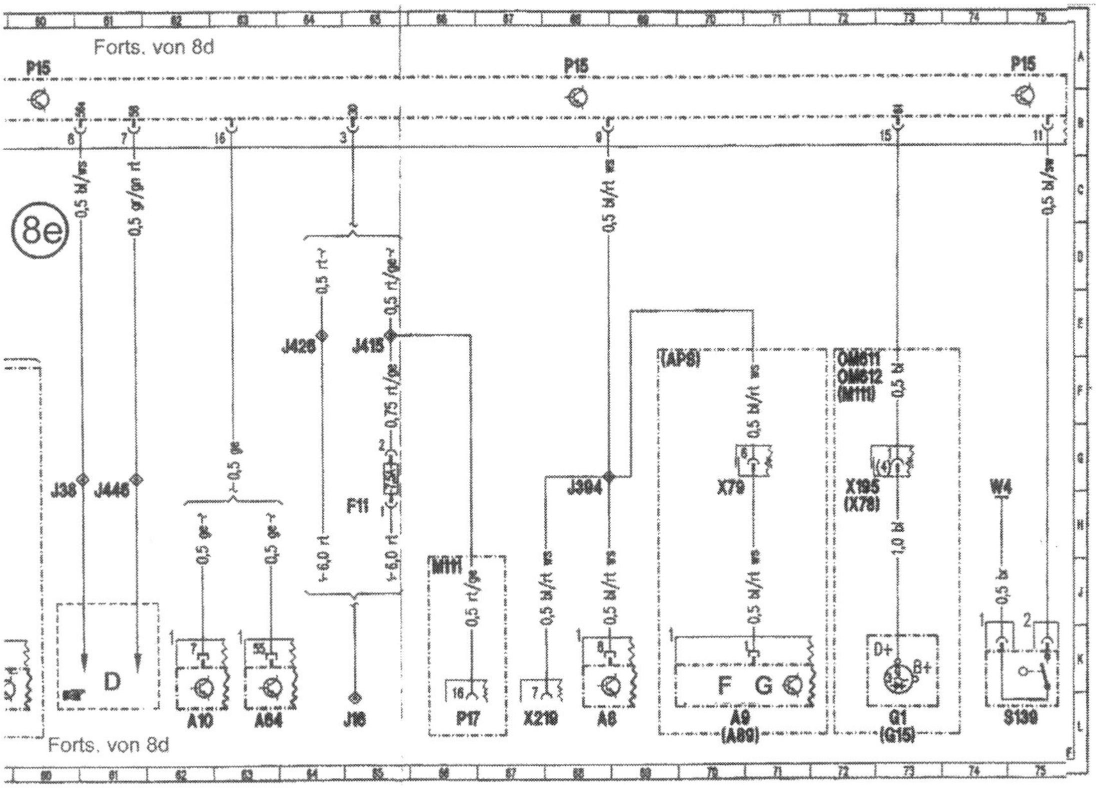
Forts. von 8d
8e
P15
J426
J415
F11
J38
J446
D
A10
A64
J18
M11
P17
X219
J394
A8
(APS)
X79
A9
(A89)
OM611
OM612
(M111)
X195
(X78)
D+
B+
G1
(G15)
W4
S139
Forts. von 8d

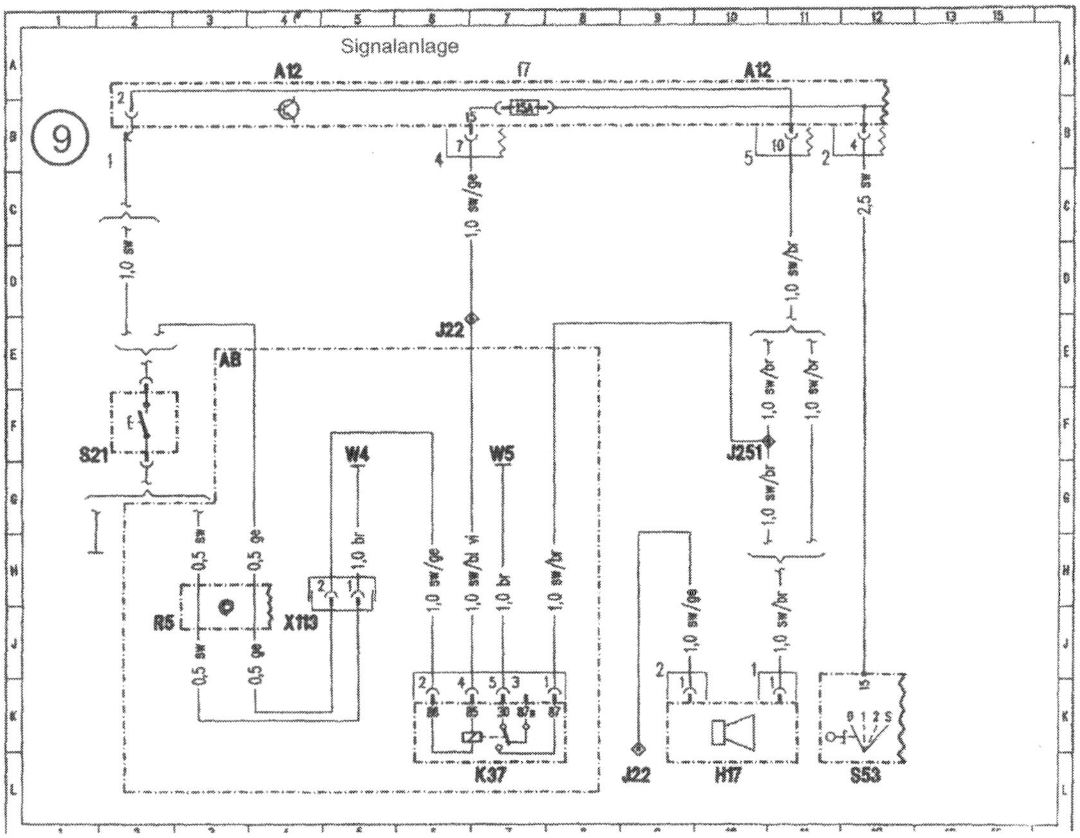
Signalanlage
9
A12
f7
A12
15A
J22
S21
AB
W4
W5
J251
R5
X113
K37
J22
H17
S53

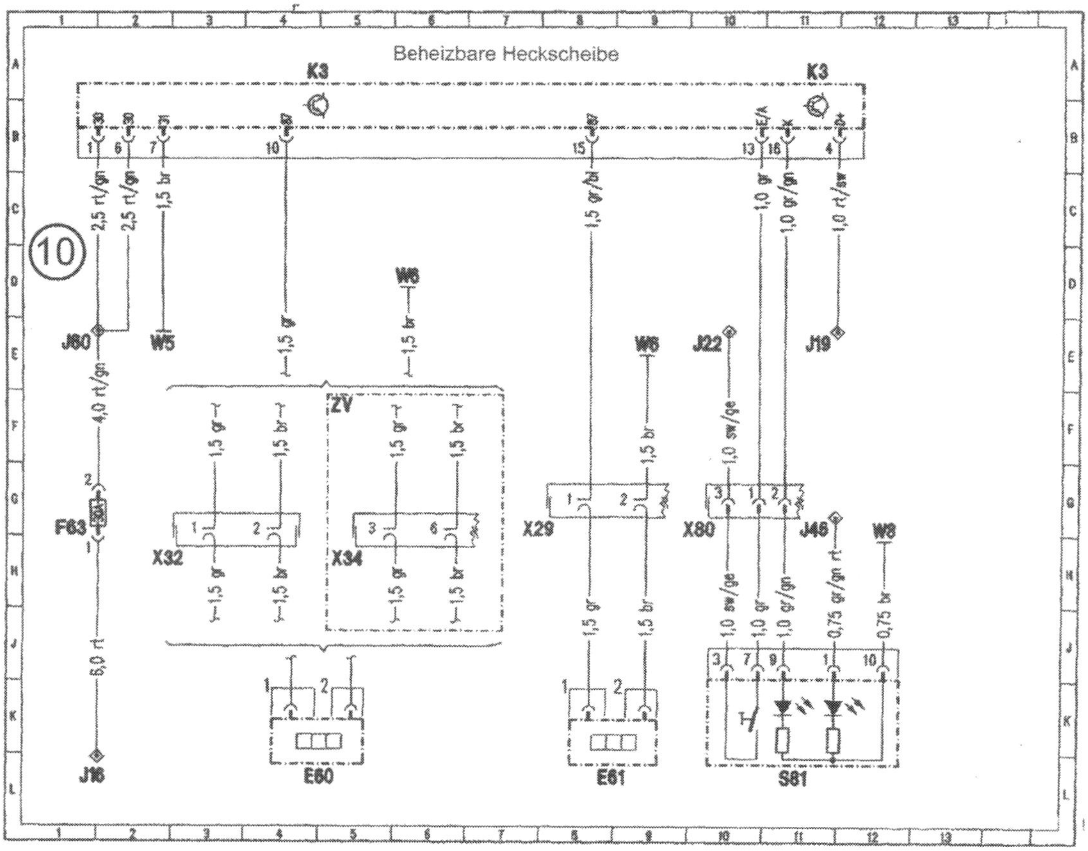
Beheizbare Heckscheibe
10
K3
K3
J60
W5
W6
W6
J22
J19
ZV
F63
X32
X34
X29
X80
J46
W8
J16
E60
E61
S81

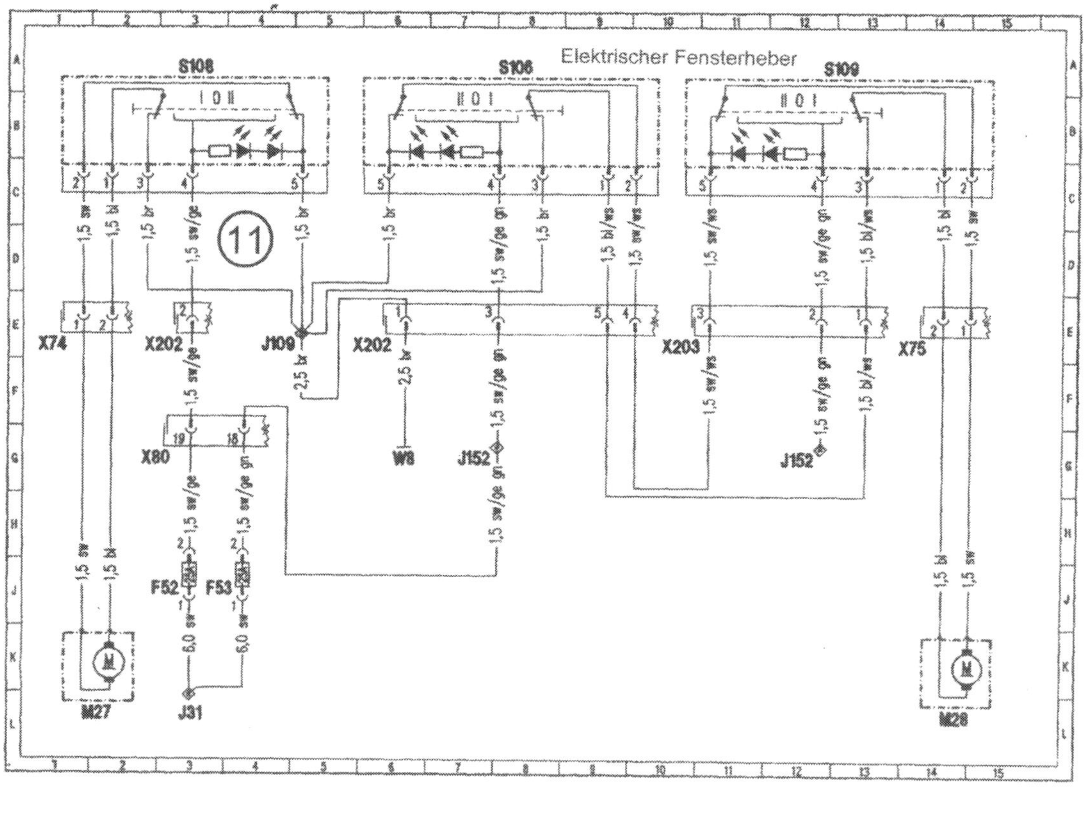
Elektrischer Fensterheber
S108
S106
S109
11
X74
X202
J109
X202
X203
X75
X80
W8
J152
J152
F52
F53
M27
J31
M28

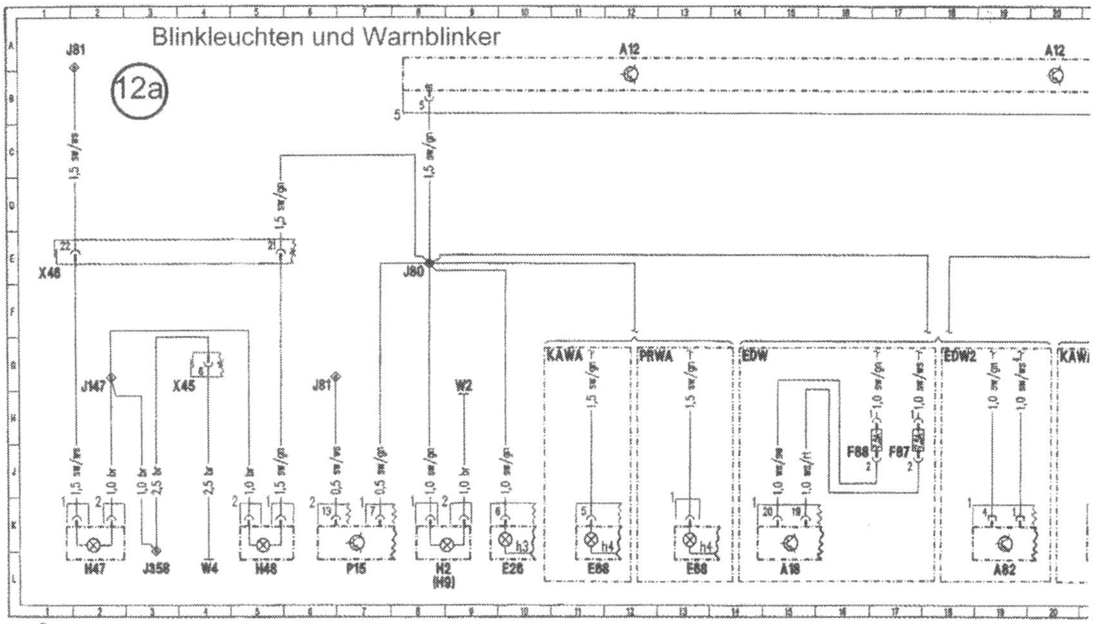
Blinkleuchten und Warnblinker
12a
J81
A12
A12
X46
J80
J147
X45
W2
KAWA
PRWA
EDW
EDW2
F88
F87
H47
J358
W4
H48
P15
H2
(H9)
E26
E68
E68
A18
A82

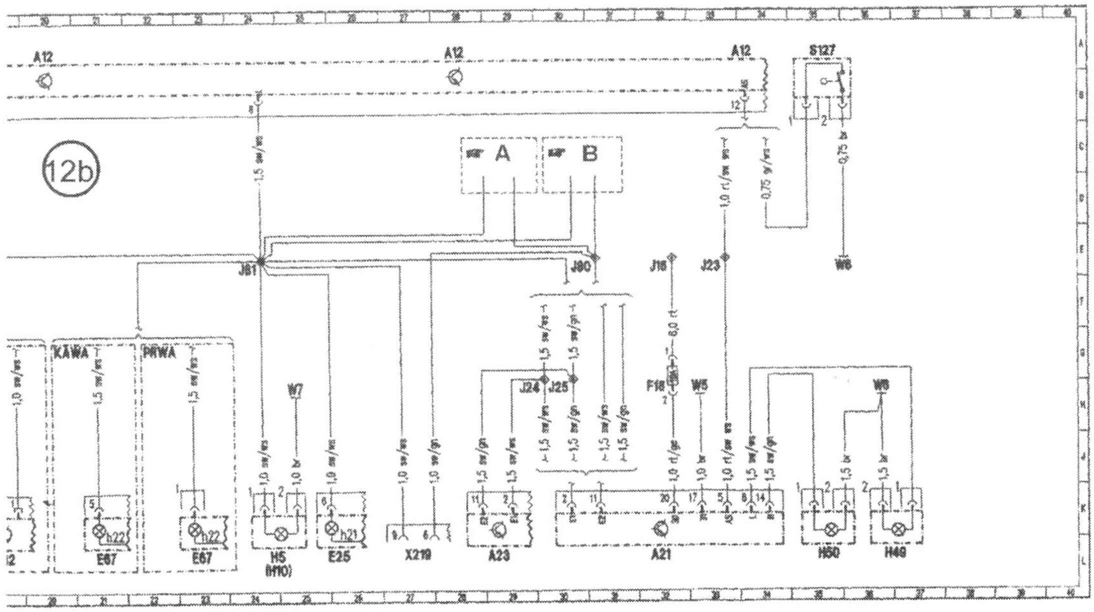
12b
A12
A12
A12
S127
A
B
J81
J80
J16
J23
W6
KAWA
PRWA
W7
J24
J25
F18
W5
W8
E67
E67
H5
(H10)
E25
X219
A23
A21
H50
H49

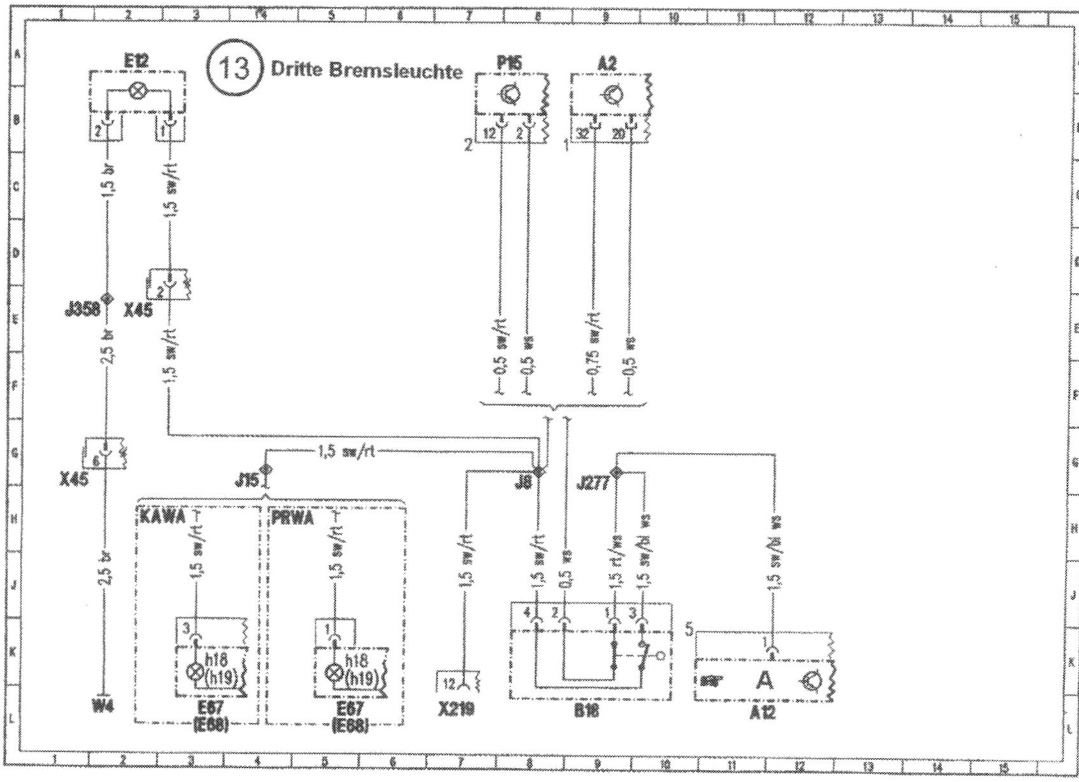
13
Dritte Bremsleuchte
E12
P15
A2
J358
X45
J15
J8
J277
KAWA
PRWA
h18
(h19)
E67
(E68)
W4
X219
B18
A12
1,5 br
1,5 sw/rt
2,5 br
0,5 sw/rt
0,5 ws
0,75 sw/rt
1,5 rt/ws
1,5 sw/bl ws

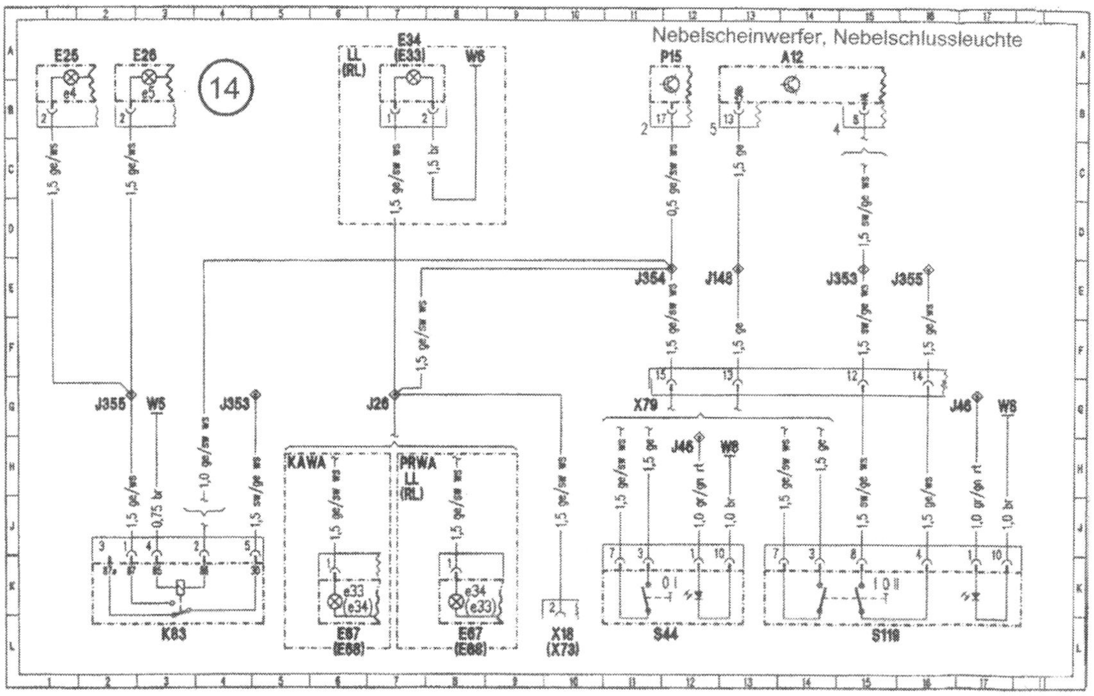
14
Nebelscheinwerfer, Nebelschlussleuchte
E25
E26
E34
(E33)
LL
(RL)
W6
P15
A12
J354
J148
J353
J355
J26
W5
X79
J46
KAWA
PRWA
e33
(e34)
e34
(e33)
E67
(E68)
K63
X18
(X73)
S44
S118
1,5 ge/ws
1,5 ge/sw ws
0,5 ge/sw ws
1,5 ge
1,5 sw/ge ws
1,5 br
0,75 br
1,0 ge/sw ws
1,0 gr/gn rt
1,0 br

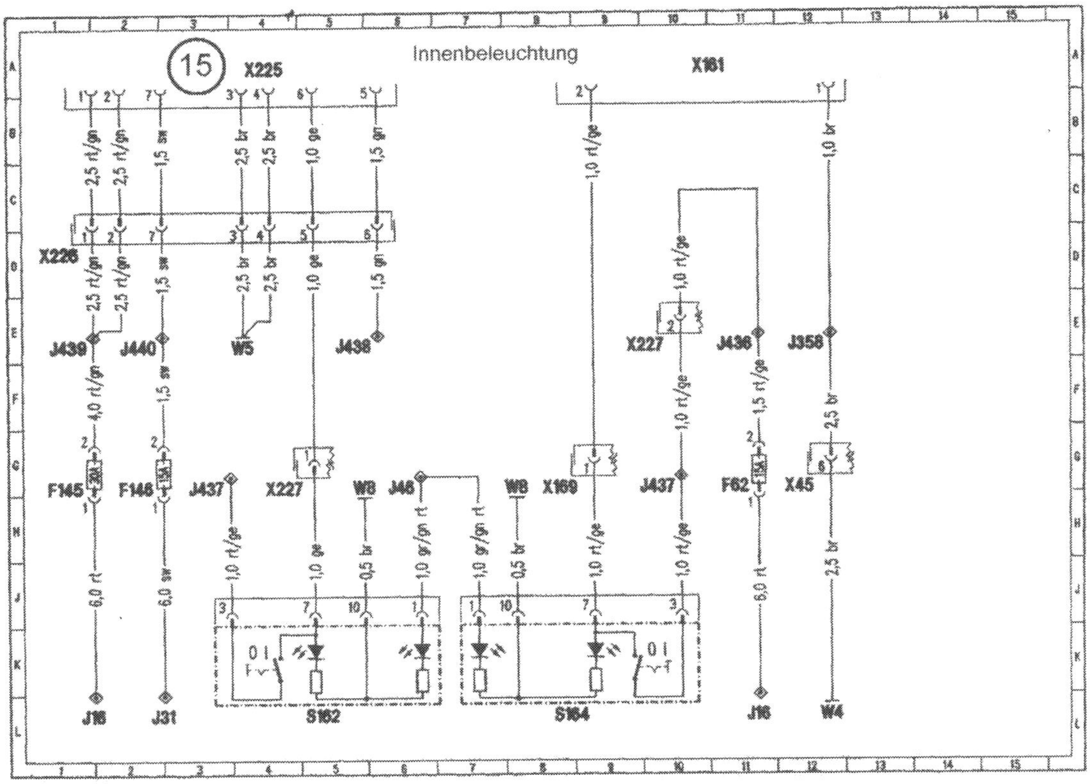
Innenbeleuchtung
15
X225
X161
X226
J439
J440
W5
J438
X227
J436
J358
F145
F146
J437
X227
W8
J48
W8
X169
J437
F62
X45
J16
J31
S162
S164
J16
W4

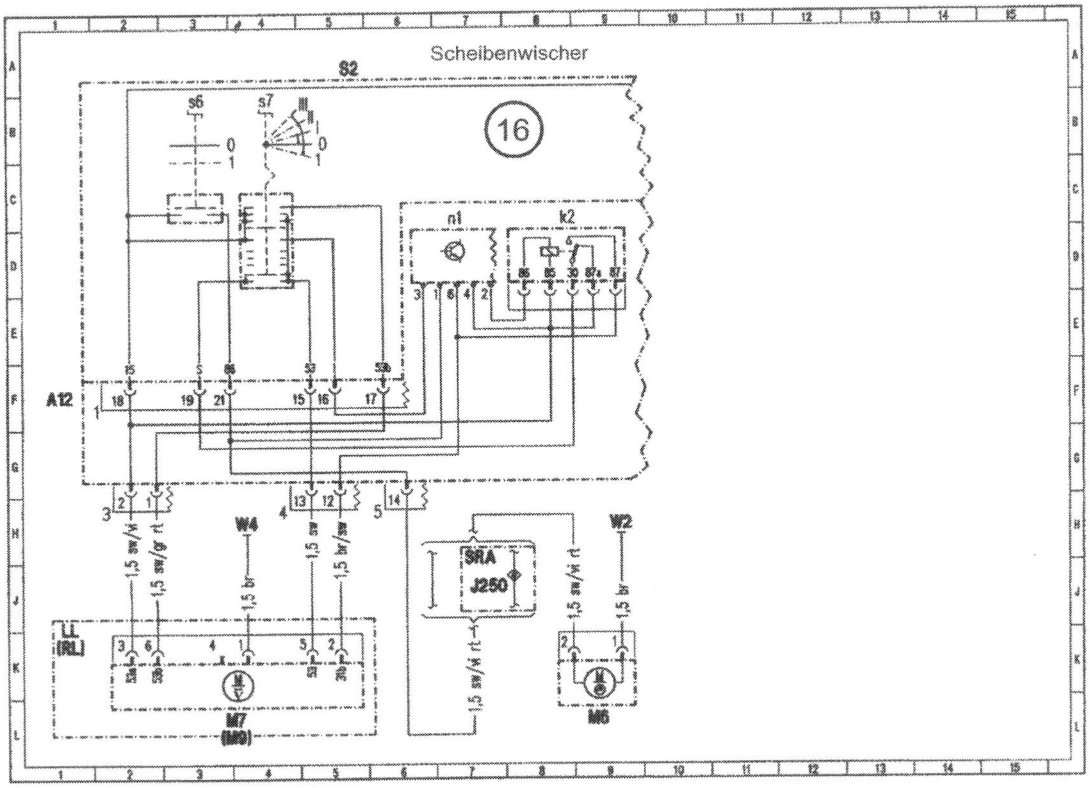
Scheibenwischer
S2
16
s6
s7
n1
k2
A12
W4
SRA
J250
W2
M7
(M9)
M6

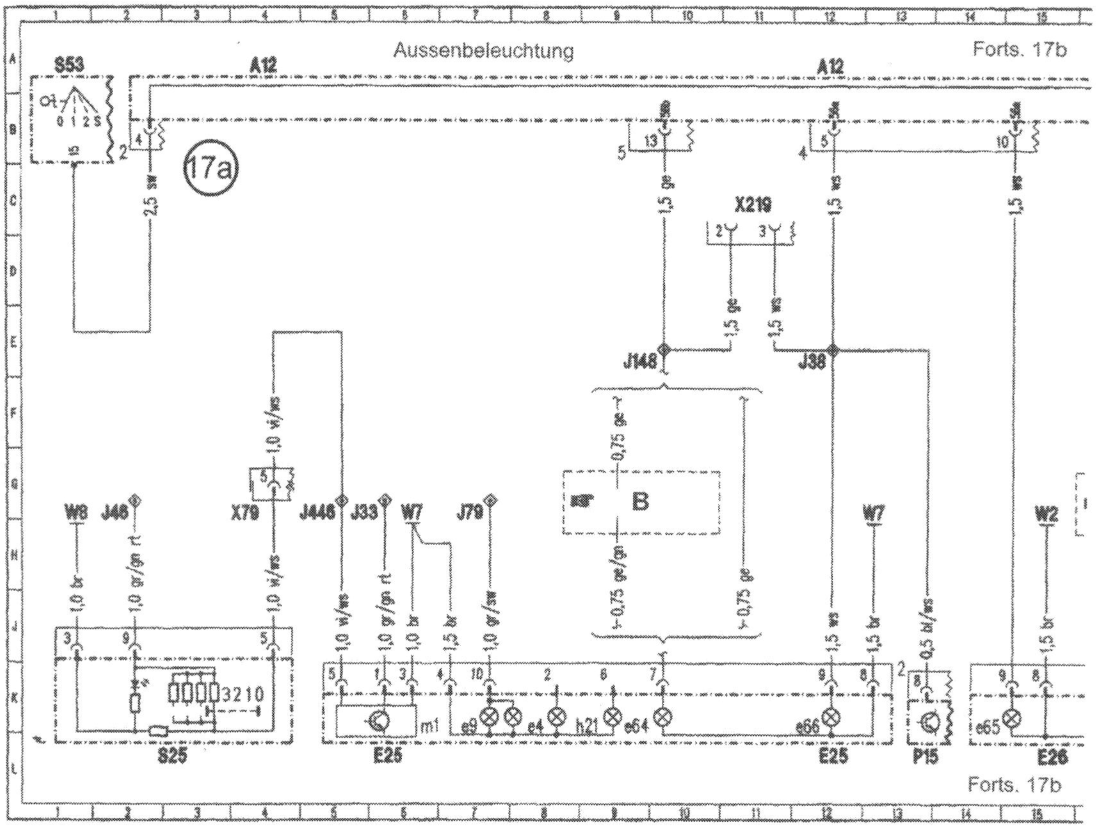
Aussenbeleuchtung
Forts. 17b
17a
S53
A12
X219
J148
J38
B
W8
J46
X79
J446
J33
W7
J79
W2
S25
E25
P15
E26
m1
e9
e4
h21
e64
e66
e65
Forts. 17b

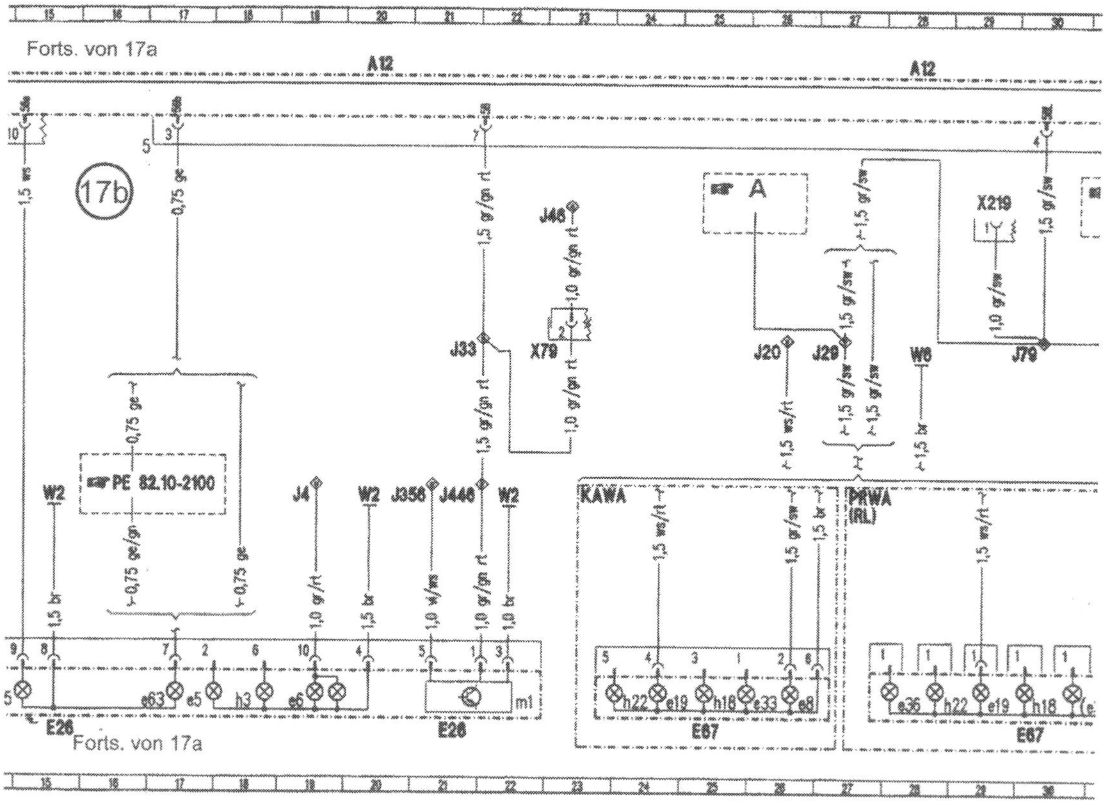
Forts. von 17a
A12
17b
A
X219
J46
J33
X79
J20
J29
W8
J79
PE 82.10-2100
W2
J4
J356
J446
KAWA
PRWA
(RL)
E26
m1
e63
e5
h3
e6
h22
e19
h18
e33
e8
e36
E67
Forts. von 17a

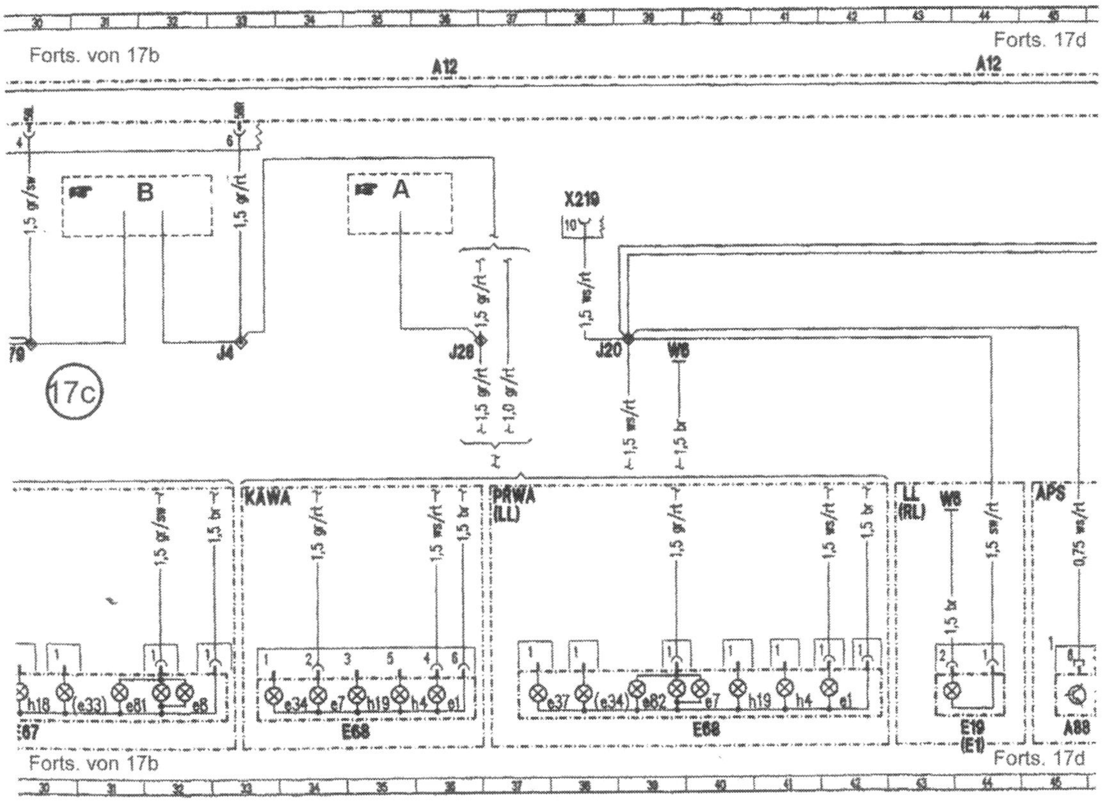
Forts. von 17b
Forts. 17d
A12
B
A
X219
J4
J28
J20
W8
17c
KAWA
PRWA (LL)
LL (RL)
APS
E67
E68
E68
E19 (E1)
A88
Forts. von 17b
Forts. 17d

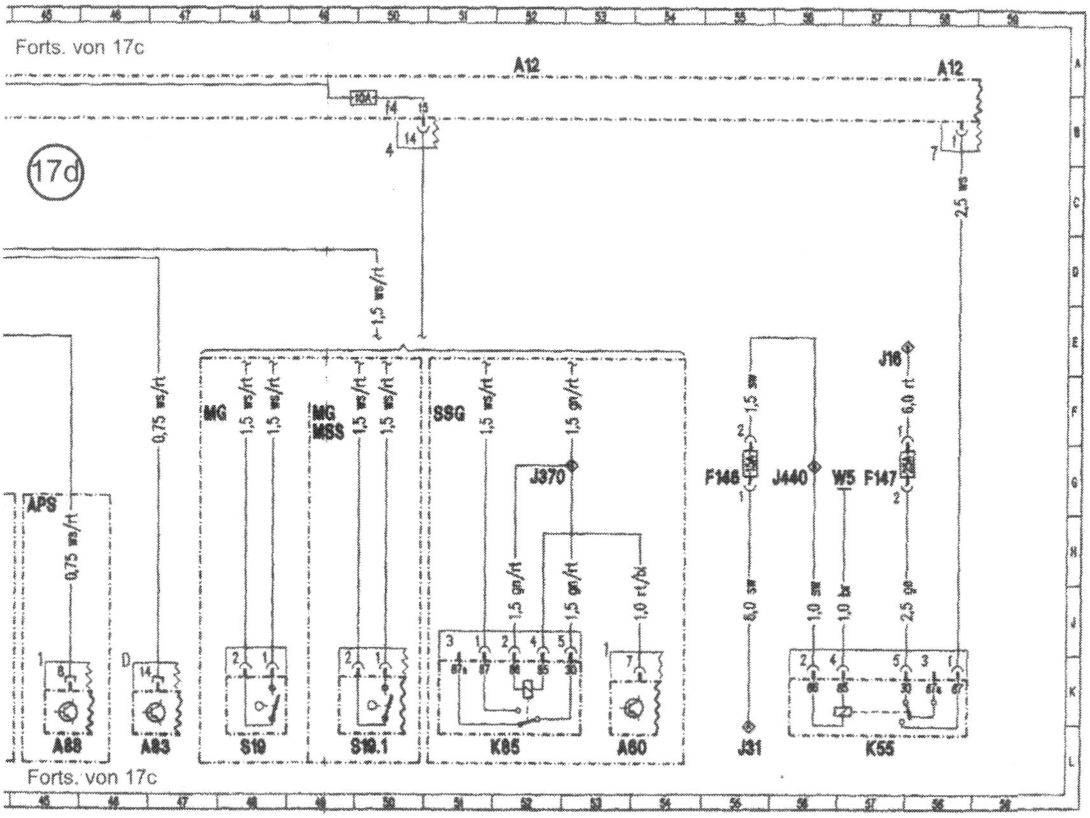
Forts. von 17c
A12
f4
17d
APS
MG
MG MSS
SSG
J16
J370
F146
J440
W5
F147
A88
A83
S19
S19.1
K85
A60
J31
K55
Forts. von 17c

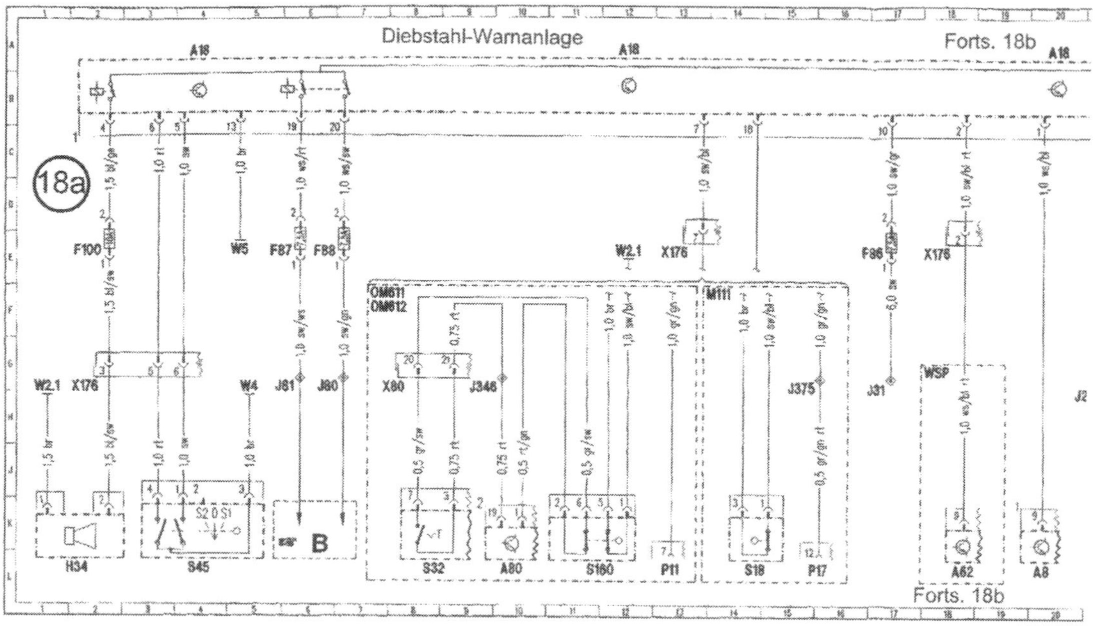
Diebstahl-Warnanlage
Forts. 18b
A18
18a
F100
W5
F87
F88
W2.1
X176
F86
OM611
OM612
M111
W4
J61
J60
X80
J346
J375
J31
WSP
H34
S45
B
S32
A80
S160
P11
S18
P17
A62
A8
Forts. 18b

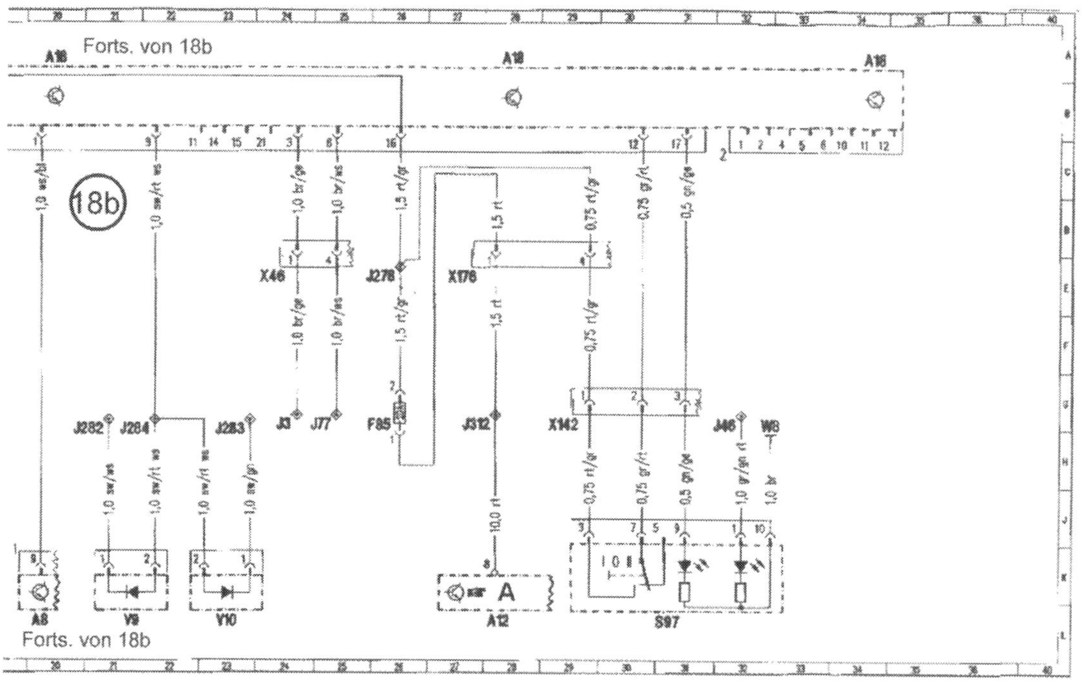
Forts. von 18b
A18
18b
X46
J278
X176
J282
J284
J283
J3
J77
F85
J312
X142
J46
W6
A
A8
V9
V10
A12
S97
Forts. von 18b

Kolibri 360 GmbH
Ferdinand-Jühlke-Straße 7
99095 Erfurt, Deutschland
produktsicherheit@kolibri360.de